Bestimmungsbuch
der Pflanzengesellschaften
Deutschlands

Rudolf Schubert, Werner Hilbig, Stefan Klotz

Bestimmungsbuch der Pflanzengesellschaften Deutschlands

Mit 43 Abbildungen

Spektrum
AKADEMISCHER VERLAG

Autoren
Prof. Dr. Rudolf Schubert
Eythstraße 28
D-06118 Halle/Saale

Dr. sc. Werner Hilbig
Münchner Straße 8
D-85238 Petershausen

Dr. Stefan Klotz
Umweltforschungszentrum Leipzig-Halle GmbH
Sektion Biozönoseforschung
Theodor-Lieser-Straße 4
D-06120 Halle/Saale

Bibliografische Information der Deutschen Nationalbibliothek
Die Deutsche Nationalbibliothek verzeichnet diese Publikation in der Deutschen Nationalbibliografie; detaillierte bibliografische Daten sind im Internet über http://dnb.d-nb.de abrufbar.

Springer ist ein Unternehmen von Springer Science+Business Media
springer.de

2. Auflage 2001, unveränderter Nachdruck 2010

Spektrum Akademischer Verlag ist ein Imprint von Springer-Verlag GmbH

10 11 12 13 14 5 4 3 2 1

Lektorat: Merlet Behncke-Braunbeck, Bettina Saglio
Umschlaggestaltung: SpieszDesign, Neu–Ulm
Satz: Typomedia, Ostfildern

ISBN 978-3-8274-2584-3

Vorwort

Die Vegetationskunde ist seit ihrer Entstehung auf das engste mit anderen Wissenschaftsdisziplinen verknüpft und liefert wichtige Methoden und Informationen für angewandte Gebiete wie Forstwirtschaft, Landwirtschaft, Wasserwirtschaft, Landschaftspflege, Landschaftsplanung, Umweltbeobachtung (Bioindikation, Biomonitoring) und nicht zuletzt Naturschutz. Besonders wichtig ist die Vegetationskunde für Umweltverträglichkeitsstudien, Landschaftspläne, Grünpläne, Biotopkartierungen usw. geworden. Der Hauptgrund dafür ist die Möglichkeit, die Pflanzengesellschaften als komplexe Umweltindikatoren und als wesentliche Elemente für die Definition von Biotoptypen zu nutzen.

Um den Bedarf an den notwendigen allgemeingültigen pflanzensoziologischen Informationen für größere zusammenhängende Gebiete decken zu können, wird in vielen Ländern Europas, aber auch außerhalb, an Übersichten der Biotoptypen bzw. an Monographien der Pflanzengesellschaften gearbeitet. Für Deutschland liegt eine ganze Reihe von verschiedenen Bearbeitungen vor (siehe Kap. 2.3). Als landesweite Übersichten stehen „Die Pflanzengesellschaften Deutschlands“ (2. Auflage) von Pott (1995) und das jüngst erarbeitete Gemeinschaftswerk „Verzeichnis und Rote Liste der Pflanzengesellschaften Deutschlands“ (www.vim.de/pflanzges/) zur Verfügung. An letzterem haben die Autoren mitgearbeitet. Hinzu kommen Vegetationsbearbeitungen größerer Regionen Deutschlands und eine kaum noch zu überschauende Zahl von Einzelpublikationen. Ohne einigermaßen umfassende Kenntnis der Vegetationsgliederung anhand der vorhandenen Fachliteratur ist es häufig schwierig, in unserem Raum einen Pflanzenbestand einer bekannten Assoziation oder einem Verband zuzuordnen. Mit dem vorliegenden Bestimmungsbuch wollen wir eine praktische Hilfe geben. Wir konnten dabei auf die Erfahrungen mit der Erarbeitung und der Verwendung des Bestimmungsbuches der Pflanzengesellschaften Mittel- und Nordostdeutschlands zurückgreifen (Schubert et al. 1995).

Unser Ziel ist es, mit Hilfe eines Bestimmungsbuches dazu beizutragen, dass die Pflanzengesellschaften in Deutschland schneller erkannt und im Gelände leichter angesprochen werden können. Damit soll das Buch eine Hilfe für Studenten, alle vegetationskundlich Tätigen und für Mitarbeiter im Bereich der Landschaftspflege und des Naturschutzes sein.

Unser Buch kann und soll nicht eine vegetationskundlich-syntaxonomische Bearbeitung der Vegetation Deutschlands ersetzen. Diese Arbeit kann nur von einem großen Team von Pflanzensoziologen bewältigt werden, die mit einheitlicher Methodik die riesige Zahl der vorhandenen Vegetationsaufnahmen und die lokalen und regionalen Bearbeitungen neu sichten und analysieren. Mit der Synopsis der Pflanzengesellschaften Deutschlands wurde damit begonnen.

Wir haben versucht, als Kompromiss eine syntaxonomische Gliederung vorzulegen, die sich an der in Deutschland traditionell üblichen Gliederung orientiert, neuere Vorschläge berücksichtigt und die Handhabbarkeit in einem Bestimmungsbuch beachtet. Die Vegetationseinheiten eines solchen Bestimmungsbuches müssen in der Natur durch ihre räumliche Struktur (Physiognomie), die Standorteigenschaften und ihre diagnostisch wichtige Artengruppe, zu der Charakterarten, Assoziationen oder höhere syntaxonomische Einheiten auszeichnende Differenzialarten und hochstete oder dominante Arten gehören, für den Betrachter erkennbar sein.

Die meisten unserer Pflanzengesellschaften sind vom Menschen geschaffen oder doch von ihm beeinflusst und verändert. Es wurden deshalb auch, soweit wie möglich, Forstgesellschaften und Saatgrasland in den Bestimmungsschlüssel einbezogen.

Die Schlüssel sind durch gegensätzliche Fragen dichotom aufgebaut. Sie führen zunächst zu den großen Vegetationseinheiten der Klassen, Ordnungen und Verbände. Wenn der Nutzer des Buches nicht weiter vordringen will, kann er bei diesen Einheiten verbleiben. Sie sind in ihrer Struktur, Verbreitung, Standortbindung und Naturschutzrelevanz (Bindung an Biotope und Gefährdung) erklärt. Auch bei Pflanzenbeständen, deren eindeutige Zuordnung zu einer Assoziation nicht möglich ist, kann dadurch die Zugehörigkeit zu einer höheren Vegetationseinheit gesichert werden.

Von den Verbänden gelangt man durch einen weiteren Bestimmungsschlüssel zu den Assoziationen bzw. Gesellschaften, die dann jeweils gesondert besprochen werden. Durch die Anführung wichtiger Synonyme soll eine Vergleichbarkeit mit anderen pflanzensoziologischen Bearbeitungen erreicht werden. Im Register sind alle Namen der Pflanzengesellschaften, höherer syntaxonomischer Einheiten und die Synonyme enthalten. Wir hoffen, dadurch dem Leser das Auffinden von in der Literatur genannten Vegetationseinheiten zu erleichtern und die Syntaxonomie überschaubarer gemacht zu haben. Dabei hielten wir uns weitgehend an den Code der pflanzensoziologischen Nomenklatur. Eine nomenklatorische Überprüfung der verwendeten Namen konnten wir jedoch nicht generell vornehmen. Sie muss einer monographischen Bearbeitung vorbehalten bleiben.

Hinsichtlich der Nomenklatur der Pflanzensippen haben wir uns nach der Rothmalerschen Exkursionsflora, Bd. 2, 16. Aufl. (1996) gerichtet. Wenn Arten, insbesondere Kleinarten und Unterarten dort nicht verzeichnet waren, folgen wir der Nomenklatur der Standardflorenliste (Wisskirchen & Haeupler 1998). Wenn der Name der Pflanzengemeinschaften auf einem nicht mehr verwendeten Sippennamen fußt, haben wir das entsprechende Synonym hinter dem derzeit gültigen Pflanzennamen genannt.

Da das Buch insbesondere auch im Gelände während Exkursionen nutzbar sein soll, mussten wir uns im Umfang beschränken. Deshalb erfolgte keine weitere Untergliederung der Assoziationen in Subassoziationen, Varianten, geographische Rassen. Lokale oder regionale Pflanzengesellschaften wurden z. T. Assoziationen mit größerem Umfang zugeordnet (gekennzeichnet als incl. – inklusive). Auf syntaxonomische und nomenklatorische Diskussionen und Hinweise auf synökologische Untersuchungen wurde dabei verzichtet.

Besonderen Wert haben wir auf die Angabe der Gefährdung und z. T. auch der Gefährdungsursachen gelegt. Dabei gehen wir im Allgemeinen mit den Angaben der Roten Liste der Pflanzengesellschaften Deutschlands (Arbeitsstand 31. 10. 2000, www.vim.de/pflanzges/) konform. Wenn die bei uns genannte Assoziation in der o.g. Liste fehlt oder wir zu einer abweichenden Gefährdungseinschätzung gekommen sind, werden diese Angaben in Klammern gesetzt.

Von Fotos zu den Vegetationseinheiten wurde Abstand genommen. Dafür wurden einige Vegetationsprofile aufgenommen, die auch z.T. die Bewurzelungsverhältnisse zeigen.

Für das Schreiben des Manuskriptes danken wir Frau Andrea Evers und Frau Beate Hübner. Für die kritische Durchsicht und Korrekturen möchten wir Frau Dr. Annette Trefflich ganz herzlich danken. Für die Anregung zur Erarbeitung des Buches und den unermüdlichen Einsatz danken wir Frau Dr. Johanna Schlüter. Für die Betreuung vom Spektrum Verlag sind wir Frau Merlet Behncke-Braunbeck und Frau Bettina Saglio zu Dank verpflichtet. Nicht zuletzt müssen wir unseren Familien für die Unterstützung, Ermutigung und Nachsicht danken.

Wir wünschen, dass das Bestimmungsbuch der Pflanzengesellschaften Deutschlands für viele ein Helfer beim Erkennen der heimischen Pflanzengemeinschaften wird und zu den Bemühungen um ihren Schutz und ihre Pflege beiträgt. Für kritische Hinweise und Anregungen sind wir stets dankbar.

Halle und Petershausen, Februar 2001

R. Schubert, W. Hilbig, S. Klotz

Inhaltsverzeichnis

Urstromtälern, heute oft von großen Flüssen durchströmt, herrschen wegen des hohen Grundwasserspiegels Feuchtwälder, Feuchtwiesen oder Niedermoore.

Schmolz das Eis stärker ab, als es Nachschub erhielt, gab es großflächig vormals vom Eis bedeckte Gebiete frei. Der im Eis enthaltene Gesteinsschutt wurde auf der Landoberfläche abgelagert und bildete die aus Geschiebelehm und Geschiebemergel bestehende Grundmoräne, die vorwiegend landwirtschaftlich genutzt wird. In der Nähe der Endmoräne ist die Grundmoräne meist stärker kuppig ausgebildet (kuppige Grundmoräne). Es treten flachelliptische Rückenberge, die Drumlins, auf. Sie flankieren oft Rinnen- und Zungenbeckenseen. Schmelzende Toteisschollen bildeten die Grundmoränen- und Endmoränenseen. Kleinere ausschmelzende Toteisschollen ergaben dabei die Sölle (Singular: das Soll), rundliche, oft wassergefüllte Vertiefungen bis zu 30 m Durchmesser. Rinnen- und Zungenbeckenseen verdanken dagegen oft ihre Entstehung auch der ausschürfenden Wirkung von Wasser in Gletscherspalten und von Eiszungen. Besondere Landschaftsformen der Grundmoränen sind die Kames, die als Geröllhügel aus Toteisschollen entstanden, und die Wallberge oder Oser (Singular: das Os), lange, oft Bahndämmen ähnliche Gebilde aus Sedimenten, die sich in Eisspalten oder Eistunneln gebildet haben.

Auch die weitere Umgebung jenseits des Inlandeises ist durch Fließerdebildungen und die Sedimentation von Löß, einem eiszeitlichen Steppenstaub, von den Eiszeiten mitgeprägt, Durch diese beiden Bildungen sind oft Reliefunterschiede ausgeglichen worden.

Weit in die Nordsee vorgeschoben liegt der Buntsandsteinfelsen der Insel Helgoland, ein aufragendes Stück des geologischen Untergrundes. Als Reste einer zerbrochenen Dünenkette sind die durch schmale Rinnen, die so genannten Balgen, getrennten ostfriesischen Inseln der eigentlichen Nordseeküste vorgelagert. Dahinter erstrecken sich die bei Niedrigwasser trocken fallenden, bei Hochwasser überfluteten Watten. Landeinwärts schließen sich, durch Deiche vor dem Eindringen des Meeres gesichert, die fruchtbaren Schlick- und Schlammabsätze der Marschen an. Erst die höhergelegenen Geestlandschaften zeigen dann die geschilderten pleistozänen Landschaftsformen.

Die regionalen Klimaunterschiede sind in den pleistozänen Tief- und Hügelländern gering. Das relativ flache Relief in Höhenlagen, die nur kleinflächig 160 m ü. NN übersteigen, gewährt den Luftmassen fast ungehindert Zutritt und Durchzug.

Die Lufttemperaturen liegen im Jahresmittel zwischen +8 °C und +8,5 °C. Auch im jahreszeitlichen Gang sind die regionalen Unterschiede gering. Die mittleren Temperaturen des Januar liegen überwiegend zwischen 0 °C und –1 °C und die des Juli zwischen +17 °C und +19 °C.

Das Jahresmittel des Niederschlags liegt in der Spanne zwischen 480 und 650 mm. Hier lassen sich größere Unterschiede in den einzelnen Landschaften feststellen.

Die meeresnächsten Gebiete lassen mit Ausnahme der besonders windexponierten, über das flache Küstengelände hinausragenden, niederschlagsreicheren und kühleren Hochflächen Besonderheiten des Küstenklimas erkennen. Sie zeigen eine starke Humusakkumulation auch auf sauren, grundwasserfernen oder schwächer vom Grundwasser beeinflussten Böden (Filz), hervorgerufen durch eine stärkere, klimatisch bedingte Durchfeuchtung der Böden. Die Zahl der frostfreien Tage ist in diesem Gebiet am höchsten. Landeinwärts schließt sich ein zunächst noch stark maritim beeinflusstes Gebiet an , das durch Niederschläge über 600 mm im Jahresdurchschnitt und durch geringe Schwankung der Lufttemperatur ausgezeichnet ist. Es wird durch eine Übergangszone abgelöst, die bereits ein schwächer maritim beeinflusstes Klima aufweist, obwohl die Niederschläge und die Humidität noch relativ hoch sind. Dies gibt sich zu erkennen in dem hohen Anteil der Rotbuche (*Fagus sylvatica*) in der natürlichen

Baumartenzusammensetzung auf nicht vom Wasser gestalteten, anhydromorphen Böden. In den östlichen Bereichen dieser Zone werden allerdings die Jahresschwankungen der Lufttemperatur bereits größer.

Entsprechend der Reichhaltigkeit an Landschaftsformen haben sich in den pleistozänen Landschaften im Zusammenwirken von Klima, Ausgangsgestein, Vegetation und Tierwelt sehr verschiedene Böden gebildet. Meist sind anhydromorphe Böden, vor allem Ranker, Braun- und Fahlerden sowie Podsole zu finden. Es treten aber auch semihydromorphe und hydromorphe, also vom Wasser gestaltete Böden auf, wie Grund- und Staugleye, Amphigleye und schließlich von Torfen aufgebaute Moorböden.

Nach Südwesten schließt sich an die pleistozäne Tiefebene die gegen Nordwest geöffnete Münsterländer Bucht an, die geomorphologisch zwar Tiefebenencharakter besitzt, deren Untergrund jedoch aus waagerecht gelagerten Kreideschichten besteht, die vielfach auch zu Tage treten. Das Klima ist ozeanisch.

Nach Südosten grenzen an die pleistozänen Landschaften die fast ebenen Ackerlandschaften der Börden an. Die Ausgangsgesteine sind von einem dicken Lößmantel überdeckt, der die Grundlage der fruchtbaren Schwarzerde darstellt. Das Klima ist kontinental.

Am Südrand des Tieflandes tauchen die älteren Gesteine des Untergrundes aus den immer geringermächtig werdenden eiszeitlichen Sedimenten in tektonisch verschiedener Weise empor und bestimmen das Landschaftsbild.

Je nach ihrer Erhebung über Seehöhe lassen sich die geschilderten geologisch geprägten Landschaften den Hügelländern, Mittelgebirgsvorländern oder Mittelgebirgen zuordnen.

Zwischen dem Tiefland und den Mittelgebirgsvorländern befinden sich die Hügelländer, die in ihren klimatischen Verhältnissen, in ihrem geologischen Aufbau und damit auch in ihrer Vegetationsbedeckung sehr große Unterschiede aufweisen.

Bezeichnend für alle Hügelländer ist ihre geringe Reliefenergie. Nur in der Nähe der Flüsse kommt es zu größeren Höhenunterschieden. Sonst herrschen sanftwellige Landschaftsformen vor, die sich durchschnittlich 150–300 m ü. NN erheben. Die geringere Erhebung bedingt zusammen mit der Lage vieler Hügelländer im Lee von Mittelgebirgen eine geringere jährliche Niederschlagsmenge (450–700 mm mittlerer Niederschlag im Jahr) und höhere Lufttemperatur (+7 °C bis +9 °C mittlere Lufttemperatur im Jahr).

Rheinisches Schiefergebirge, Weserbergland, Hessisches Bergland, Rhön, Spessart, Harz, Thüringer Wald, Thüringisches Schiefergebirge, Elstergebirge und Erzgebirge sind Mittelgebirge der Mitteldeutschen Gebirgsschwelle. Der 300 km lange Grabenbruch der milden Oberrheinischen Tiefebene gehört wie Pfälzer Bergland und Pfälzer Wald, Odenwald, Schwarzwald, Schwäbisch-Fränkisches Stufenland, Fichtelgebirge, Oberpfälzer Wald und Böhmerwald zur Süddeutschen Gebirgsschwelle. Schwäbische Alb, Fränkische Alb und Bayrischer Wald bilden die Grenze zum südlich der Donau beginnenden Alpenvorland. Als hochgehobene Rumpfgebirge (500–1000 m ü. NN) besitzen die Mittelgebirge keine starke Reliefenergie, wenngleich überall die konvexen Geländeformen vorherrschen. Sie erhalten durch ihre größeren Höhen wesentlich mehr Niederschläge als die ihnen vorgelagerten Hügelländer (>800 mm mittlerer Niederschlag im Jahr). Gleichzeitig weisen sie niedrigere Temperaturen auf (< +7 °C mittlere Lufttemperatur im Jahr), sodass ein kühles, niederschlagsreiches Mittelgebirgsklima entsteht, das viele durch boreale oder subatlantische Pflanzen geprägte Pflanzengemeinschaften gedeihen lässt. Die klimatischen und geologischen Verhältnisse bedingen das Überwiegen von Gebirgsbodentypen, Rankern, Rendzinen und Braunerden, die schwach bis mäßig gebleicht sein können.

Ähnliche Standortsverhältnisse wie in den Mittelgebirgen herrschen auch in den

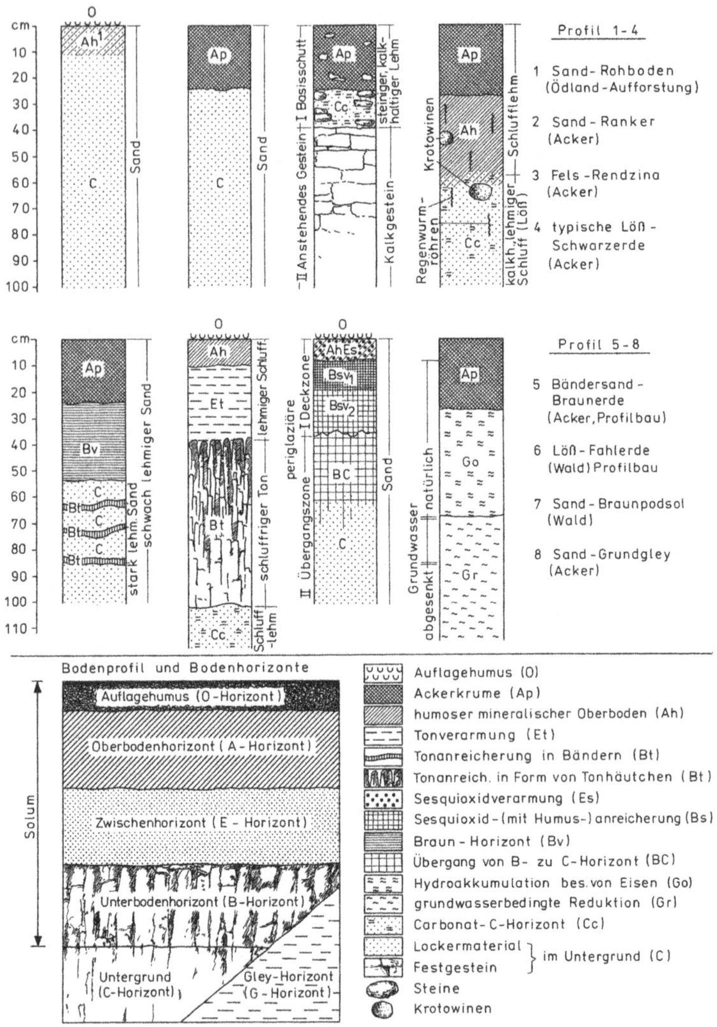

Abb. 3. Der Aufbau wichtiger Bodentypen Deutschlands. Nach MÜLLER et al. 1950 aus SCHUBERT 1991.

Mittelgebirgsvorländern, wenngleich diese in vieler Hinsicht einen Übergang zu den Hügelländern darstellen. Meist mit relativ großen Reliefenergien noch Mittelgebirgscharakter tragend, erheben sich diese Landschaften jedoch nicht mehr so hoch (300–500 m ü. NN). Die Niederschläge sind bereits geringer (600–800 mm mittlerer Nieder-

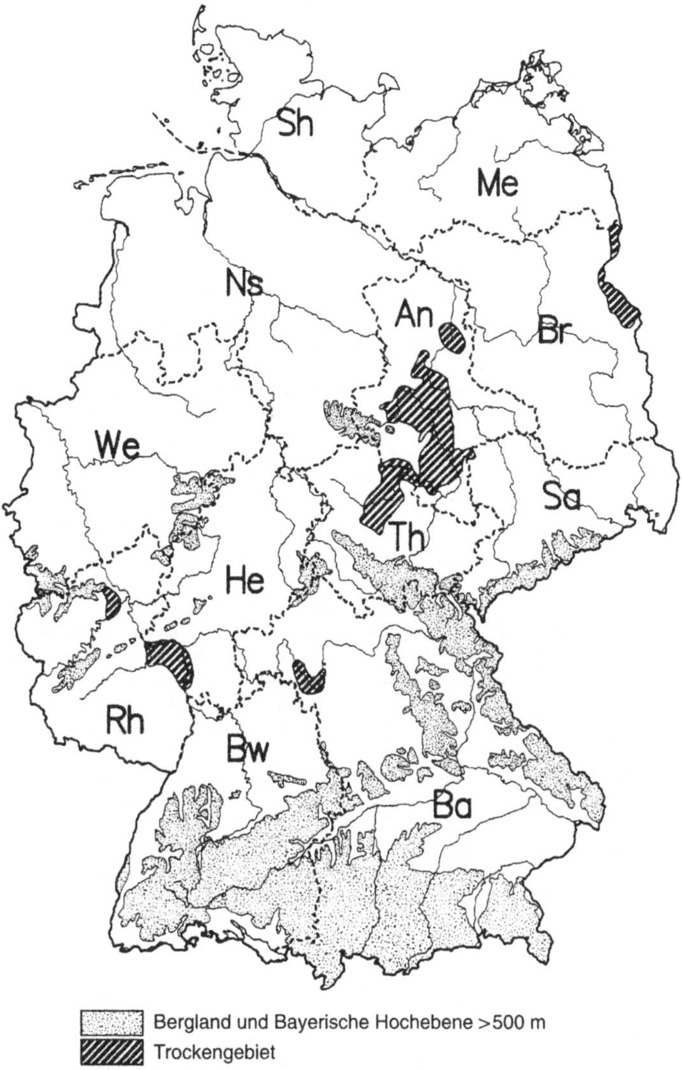

Abb. 4. Grobgliederung Deutschlands mit Kennzeichnung der Bergländer, Tiefländer und Trockengebiete (Jahresmittel der Niederschläge unter 550 mm) sowie der Bundesländer. Ba – Bayern, Bw – Baden-Württemberg, Rh – Rheinland-Pfalz mit Saarland, We – Nordrhein-Westfalen, He – Hessen, Th – Thüringen, Sa – Sachsen, An – Sachsen-Anhalt, Br – Brandenburg mit Berlin, Ns – Niedersachsen mit Bremen, Me – Mecklenburg-Vorpommern, Sh – Schleswig-Holstein mit Hamburg. Aus Bässler et al. 1996.

schlag im Jahr), die Lufttemperaturen dagegen höher (+6,5 bis +7,5 °C im Jahresdurchschnitt). Die Böden gehören nur noch in den höheren Lagen dieser Landschaften und an steilen Hängen den Gebirgsbodentypen, den Rankern und Rendzinen an. Meist sind es Braunerden, die nur eine schwache Podsolierung aufweisen.

Sowohl in den Mittelgebirgen als auch in den Mittelgebirgsvorländern kann es bei Staunässe oder bei der Verlandung von Seen zu semihydromorphen und hydromorphen Böden wie Stau- und Grundgley oder zu Torfböden kommen.

Südlich der Donau und des Tertiärhügellandes beginnt das Alpenvorland, das von ausgedehnten Schotterebenen eingenommen wird. Der anschließende schmale deutsche Alpenanteil umfasst die Allgäuer Alpen und die Bayrischen Alpen mit der 2963 m hohen Zugspitze sowie die Salzburger Kalkalpen mit dem 2713 m hohen Watzmann.

An den größeren Flüssen entwickeln sich oft durch breite alluviale Ablagerungen der Flüsse weite, fast ebene Auenlandschaften. Nur gelegentlich erheben sich innerhalb dieser Ebenen kleine Binnendünen. Der Boden, der meist aus nährstoffreichen Aulehmen aufgebaut ist, gehört den hydromorphen Bodentypen der Vega und Gleye an.

Berücksichtigt man für die Landschaftsgliederung sowohl die Geologie, Ausgangsgesteine, Reliefgestaltung, das Klima, die Böden und die Vegetation, so ergibt sich ein Mosaik von Naturräumen, die in ihrer Grobgliederung in Abb. 4 dargestellt sind.

1.1.2 Ergebnis der menschlichen Einflussnahme auf die Pflanzendecke in Vergangenheit und Gegenwart

Unmittelbar nach dem Abschmelzen des Inlandeises ist auch der Mensch in unseren Landschaften ansässig geworden. Der in kleinen Sippen vorwiegend von Jagd und Fischfang lebende Mensch der älteren Steinzeit wird jedoch nur wenig in das ursprüngliche Waldbild eingegriffen und die Landschaft beeinflusst haben.

Die Menschen des Vollneolithikums, der jüngeren Steinzeit, die bereits Ackerbau trieben, und in noch stärkerem Maße die Ackerbauer der Bronze-, Hallstatt- und La Tène-Zeit haben dagegen durch umfangreiche Rodungen sehr stark den Waldbestand verändert. Der extensive Pflanzenbau und die Unkenntnis der Düngung führten dazu, dass die bebauten Flächen durch eintretende Bodenerschöpfung innerhalb kurzer Zeit im Ertrag nachließen. Durch Anlegen neuer Rodungen entstanden neue Äcker. Das ausgezehrte Land überließ man sich selbst. Der Wald wurde durch das in den Wäldern weidende Vieh geschädigt und zurückgedrängt, denn durch den Verbiss war seine natürliche Verjüngung in Siedlungsnähe sehr in Frage gestellt. Durch diese extensive Landwirtschaft kam es naturgemäß auch ohne bewusstes Eingreifen in die Artenzusammensetzung der Wälder zu einer Bevorzugung von Arten, die diese genannten Eingriffe gut ertrugen wie Hainbuche (*Carpinus*) und Eiche (*Quercus*) sowie zu einem Zurückdrängen der Rotbuche (*Fagus*).

Erste Anzeichen einer Ackerbaukultur haben, wie Funde nach ^{14}C-Messungen ergaben, ein Alter von bis zu 6200 Jahren.

Der prähistorische Mensch bevorzugte für die Anlage seiner Siedlungen die wärmebegünstigten Landschaften, Gebiete mit fruchtbaren Böden (vor allem Lößböden und Humuskarbonatböden), Orte, an denen Trinkwasser leicht erreichbar war und die eine bestimmte Sicherheit boten, und schließlich Orte, die Fischfang ermöglichten.

Solche bevorzugten alten Siedlungsgebiete vergrößerten sich im Laufe der Bronze- und Eisenzeit nicht sehr beträchtlich, griffen aber gelegentlich auch auf schwere Böden über, die jetzt mit der durch Eisen verstärkten Pflugschar bearbeitet werden konnten.

Nach der Völkerwanderung, während der sicherlich manch alte Kulturfläche durch den Wald zurückerobert wurde, setzte mit der Karolingerzeit eine große Rodungsperiode ein, die in den Flussauen durch die Anhäufung des älteren Aulehms zu erkennen

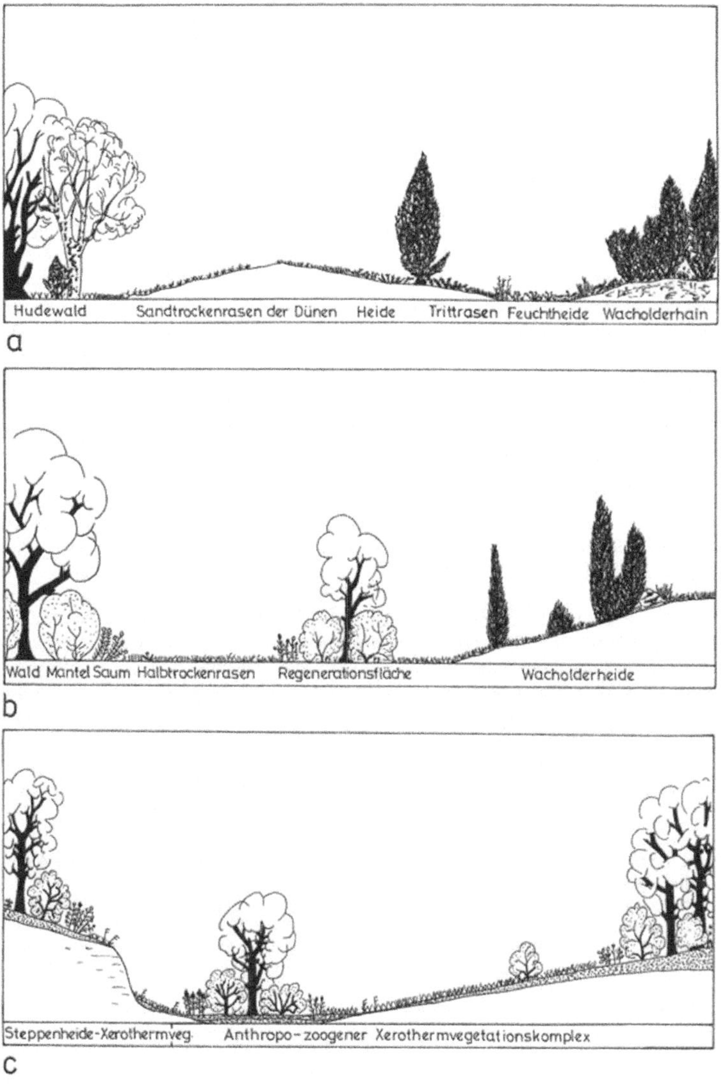

Abb. 5. Schematisiertes Pflanzengesellschaftsgefüge von ausgewählten Weidelandschaften. Nach Pott 1988, verändert. a Bereich pleistozäner Eichen-Birkenwälder; b Bereich nährstoffreicher Rotbuchenwälder; c Bereich wärmeliebender Eichenwälder. Aus Schubert et al. 1995.

ist. Die Waldgebiete wurden so stark verkleinert, dass bereits mit dem Ausgang des 12. Jahrhunderts der Wald annähernd in seiner heutigen Flächenausdehnung vorhanden war.

Die Öffnung des Waldes leitete mit dem Herausbilden kleinräumig differenzierter, gehölzarmer oder gehölzfreier Ersatzgesellschaften in der ehemals geschlossenen, wenig differenzierten Waldlandschaft eine Phase anthropogener Vegetationsbereicherung und -differenzierung ein. Zahlreiche Sekundärbiotope in Form von Hecken, Wiesen und Weiden, Brachen, Feldern und bebauten Flächen entstanden.

Auf diese Rodungsperiode folgte jedoch bald ein Rückschlag, die so genannte negative Siedlungsperiode, die wohl vor allem in den schlechten wirtschaftlichen Verhältnissen der neu gegründeten Ortschaften, deren Felder oftmals auf für Ackerbau ungünstigen Standorten lagen, ihre Ursache hatte. Die Fehden des Mittelalters, Seuchen und das Aufblühen der Städte hatten jedoch auch einen gewissen Anteil am Rückgang der Flächen des in Kultur genommenen Landes. In den Flussauen lagerte sich erneut kiesiges Material ab. Insgesamt kann man die Zeit bis zum späten Mittelalter als die Periode der extensiven Landnutzung bezeichnen (Pott 1995)

Am Ende des Mittelalters setzte erneut eine Rodungsperiode ein, die sich in den Flussauen durch die Ablagerung des jüngeren Aulehms widerspiegelt. Planmäßig stießen Neusiedler in bisher nicht erschlossene Gebiete vor. Bis zu den Gipfeln der Mittelgebirge wurde die Landnutzung vorangetrieben. Mit dem 18./19. Jahrhundert beginnt die Periode der intensiven Landnutzung. Im Bereich der Äcker ist durch die Einführung mineralischer Düngemittel eine neue Fruchtfolge möglich. Die alte Dreifelderwirtschaft verschwindet und wird durch die verbesserte Dreifelderwirtschaft ersetzt. Der Anbau von Kartoffeln, Futter- und Zuckerrüben sowie Kohlarten führte zu Hackfruchtkulturen. An die Stelle von Waldweiden, Trift- und Standweiden traten intensive Fett- und Umtriebsweiden. Die Industrien, Bergwerke, Salinen, Glashütten benötigten immer mehr Holz, sodass durch die Forstwirtschaft die Weidewälder, Nieder- und Mittelwälder durch Laub- und Nadelhochwälder abgelöst bzw. Nadelholzforsten angelegt wurden. Das Entstehen großer Siedlungs- und Industrieballungszentren mit ausgedehnten Randzonen brachte neue Biotope in die Landschaft, die in dieser Zeit einem erneuten Wandel unterlag.

In der Gegenwart erleben wir eine weitere Qualitätsänderung der Landnutzung, die wir als Periode der industriemäßigen Landnutzung bezeichnen können. Sowohl in der

Abb. 6 (Seite 11). Vegetationskarte der Agrarlandschaft bei Wanzleben (Magdeburger Börde). A nach Mahn & Schubert 1962, B nach Westhus 1980. Aus Schubert 1991.
Es bedeuten: **I Äcker:** 1 Chenopodio-Oxalidetum fontanae; 2 Euphorbio exiguae-Melandrietum noctiflori, verarmte Ausbildungsform und Stellario-Papaveretum; 3 Übergangsbestände zwischen Typ 7 und 5; 4 Übergangsbestände zwischen Typ 8 und 6; 5 Euphorbio exiguae-Melandrietum noctiflori, typ. Subass., typ. Var.; 7 Euphorbio exiguae-Melandrietum noctiflori, Campanula-Subass., Stachys palustris Var.; 8 Euphorbio exiguae-Melandrietum noctiflori, Campanula Subass., typ. Var. **II Grünland:** 9 Festuco rupicolae-Brachypodietum pinnati; 10 Arrhenatheretum elatioris, typ. Subass.; 11 Arrhenatheretum elatioris, Festuca rupicola-Subass.; 12 Cynosuro cristati-Lolietum perennis, typ. Subass. u. Ranunculus bulbosus-Subass.; 13 Cynosuro cristati-Lolietum perennis, Lotus uliginosus-Subass.; 14 Ononido spinosae-Caricetum distantis; 15 Ononido spinosae-Caricetum distantis, Carex acutiformis-Subass.; 16 Deschampsia caespitosa-Fragmentgesellschaft; 17 Galio palustris-Caricetum ripariae; 18 Caricetum gracilis; 19 Ranunculo-Alopecuretum geniculati; 20 Juncetum gerardii; 21 Bolboschoenetum maritimi; 22 Phragmitetum australis, 23 Ranunculus repens-Gesellschaft; 24 Intensivgrasland; 25 Intensivgrasland Puccinellia distans-Typ; 26 Calamagrostis epigeios-Bestände; 27 Urtica dioica-Fragmentgesellschaft. **III Gebüsche und Gehölzpflanzungen:** 28 Roso-Ulmetum minoris; 29 Populus-Anpflanzung; 30 Salix-Anpflanzung. **IV Sonstiges:** 31 stark vom Menschen beeinflusster Standort; 32; Ortslage; 33 Steinbruch; 34 Böschungen.

0
500m
A
500m
B
I
II
III
IV
1
2
3
4
5
6
7
8
9
10
11
12
13
14
15
16
17
18
19
20
21
22
23
24
25
26
27
28
29
30
31
32
33
34

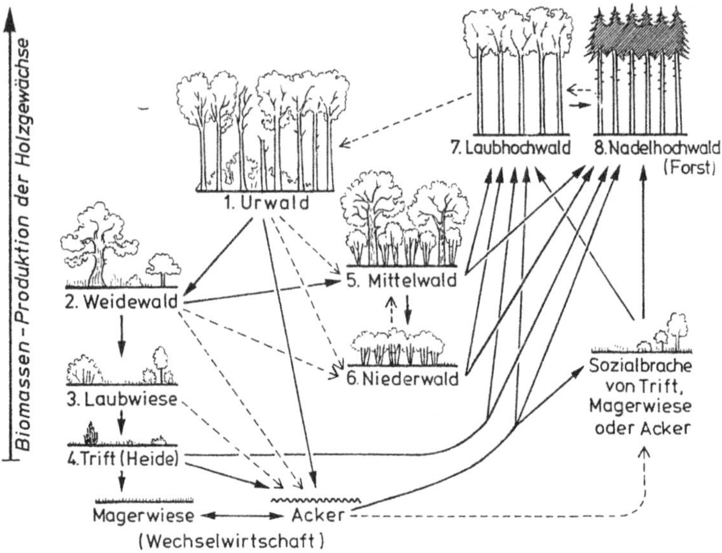

Abb. 7. Umwandlungsformen des Urwaldes durch den Menschen. Nach Ellenberg 1978 aus Schubert et al. 1995.

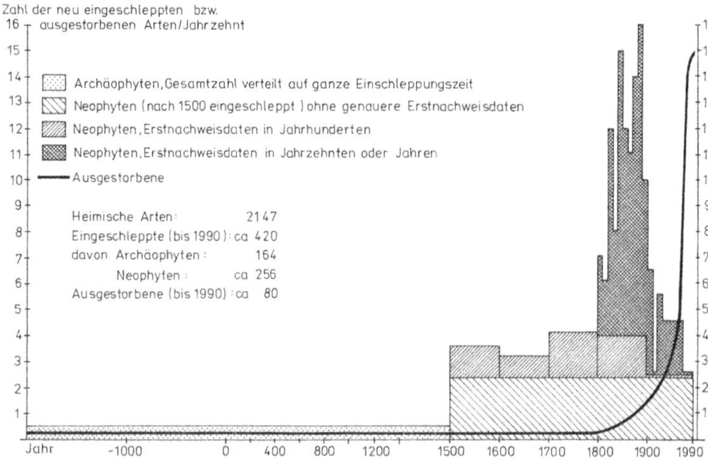

Abb. 8. Florenveränderung, dargestellt am Beispiel der ungefähren Artenzahl der Samenpflanzen Deutschlands. Nach Jäger aus Schubert 1991b.

Land- als auch in der Forstwirtschaft beginnen industriemäßige Produktionsweisen vorzuherrschen. Die Industrie selbst hat neue riesige Dimensionen erreicht. Durch sie und die entstehenden Siedlungsballungsgebiete hat auch der Verkehr sehr stark zugenommen. Industriegüter, Nahrungsgüter, Pflanzen und Tiere werden weltweit transportiert und ausgetauscht. Durch das wachsende Erholungsbedürfnis der Menschen entsteht eine Fremdenverkehrsindustrie. Eine Homogenisierung und Uniformierung der Landschaften mit einer Verringerung der ökologischen Nischen setzt ein. Damit einher geht die Gefährdung und ein Aussterben vieler Arten und Sippen, eine Generosion. Faktoren, die früher mit geringer Intensität wirkten, wie der Schwefeldioxid-, Kohlendioxid- sowie Stickoxidgehalt der Luft oder der Phosphat- und Ammoniumgehalt der Gewässer, der pflanzenverfügbare Aluminium- und Bleigehalt der Böden, ihre Düngung durch N-Verbindungen aus der Luft erreichen jetzt so große Ausmaße, dass sie zahlreiche Lebewesen und oft auch Menschen gefährden. Neue, erst vom Menschen geschaffene Faktoren wie Biozide oder schwer zersetzbare Kunststoffe treten hinzu. Viele Belastungsfaktoren, die früher lokal begrenzt waren, beginnen sehr große, oft weltweite Dimensionen einzunehmen, so z. B. Radionukleide.

Alle beabsichtigten oder unbeabsichtigten Einflussnahmen des Menschen auf die ihn umgebende Natur haben für die Pflanzensippen entweder eine Einschränkung oder eine Vergrößerung ihres Wohngebietes, ihres Areals, zur Folge. Damit einher geht eine Veränderung in der Artenzusammensetzung der Pflanzengemeinschaften, die bis zur Ausbildung neuer, auf die gegenwärtigen Standortsfaktoren eingestellter Assoziationen geht. Alte, über Jahrhunderte bewährte Pflanzengemeinschaften werden dagegen seltener und sterben aus, wenn sie nicht durch Naturschutzmaßnahmen des Menschen erhalten werden.

1.1.3 Wichtige Florenelemente und ihre Vorkommen in den Pflanzengemeinschaften

Deutschland gehört pflanzengeographisch zum Florenreich der Holarktis, das die gesamte Nordhalbkugel mit Ausnahme ihres tropischen Teiles umfasst. Innerhalb dieses Florenreiches ist es zur mitteleuropäischen Florenregion zu rechnen. Der nord-südlichen Arealdifferenzierung dieser Florenregion wird durch eine Gliederung in mehrere Florenzonen Rechnung getragen. In unserem Raum spielen Florenelemente aus folgenden Florenzonen eine Rolle:

1. **Die arktische Florenzone:** Zu ihr werden die Arealtypen gezählt, die ihre Hauptverbreitung in der arktischen Zone haben, aber auch in den Gebirgen der südlicheren Zonen ausgedehnte Areale aufweisen können (arktisch-alpin). Beispiele: Frühlingsmiere (*Minuartia verna*) und Alpenflachbärlapp (*Diphasiastrum alpinum*).
2. **Die boreale Florenzone:** Hierher gehören Arten, die mit ihrem Hauptareal nördlich der gemäßigten Zone liegen, sich aber z. T. auch auf die Berglagen der südlicheren Zonen erstrecken. Beispiele: Wald-Kiefer (*Pinus sylvestris*), Krähenbeere (*Empetrum nigrum*).
3. **Die temperate Florenzone** mit den Arealen, die ihre Hauptflächenausdehnung im mittleren Teil der gemäßigten Breiten haben, gelegentlich aber auch bis in die Berglagen der südlich anschließenden Zone reichen können. Beispiele: Rotbuche (*Fagus sylvatica*), Traubeneiche (*Quercus petraea*).
4. **Die submeridionale Florenzone**. Zu ihr gehören Arten mit Hauptverbreitung in wärmeliebenden Laubwäldern und Steppen · Beispiele: Flaum-Eiche (*Quercus pubescens*) und Frühlings-Adonisröschen (*Adonis vernalis*).

Durch unterschiedliche Ozeanität oder Kontinentalität des Klimas bedingt, lassen sich durch Einführen einer Ozeanitäts-/Kontinentalitätsgliederung die Florenzonen in

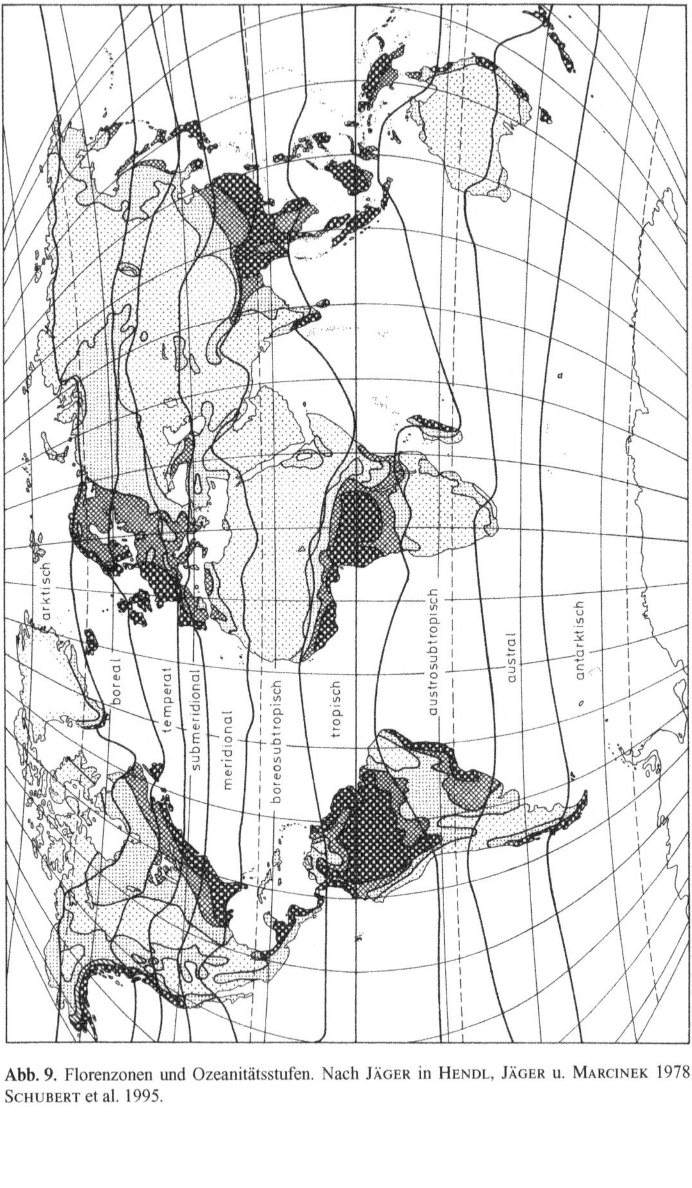

Abb. 9. Florenzonen und Ozeanitätsstufen. Nach Jäger in Hendl, Jäger u. Marcinek 1978 aus Schubert et al. 1995.

Arealtypenkreise mit den Bezeichnungen ozeanisch I (am stärksten ozeanisch ausgeprägt), ozeanisch II (subozeanisch), ozeanisch III (am schwächsten ozeanisch), kontinental III (am schwächsten kontinental), kontinental II (subkontinental) und kontinental I (am stärksten kontinental geprägt) unterscheiden. Beide Skalen sind miteinander verzahnt, sodass vier Arealtypenkreise entstehen (oz_1, oz_2/k_3, oz_3/k_2, k_1; vgl. Abb. 9).

Ist eine Art z. B. in Eurasien vom Atlantik bis zum Stillen Ozean in der ganzen Florenzone verbreitet, so wird sie als circumpolar bezeichnet, ist sie nur auf einen Kontinent beschränkt, so wird der Kontinent angegeben, z. B. eurasisch oder amerikanisch. Erstreckt sich ein Areal über mehrere Florenzonen, kann auch das durch die Namen der beiden Zonenbezeichnungen angegeben werden, z. B. arktisch-boreal. Bindungen an bestimmte Höhenstufen werden durch Zusätze wie alpin, montan, kollin oder planar gekennzeichnet.

Von der Küste zu den Kammlagen der Mittelgebirge ist eine Gliederung der Vegetation in Höhenstufen von der küstennahen, planaren Stufe der Dünenvegetation, der Kiefern-Strandwälder und der planaren Rotbuchen-Mischwälder über eine kolline Eichen-Hainbuchen-Waldstufe, eine submontane Eichen-Rotbuchen-Waldstufe, eine montane Rotbuchen- und Rotbuchen-Fichten-Waldstufe zu einer hochmontanen (altimontanen) Fichten-Waldstufe zu erkennen. Die Kammlagen und Gipfel der Alpen und Mittelgebirge tragen gelegentlich Regenmoore und alpine bzw. subalpine Strauch- und Grasfluren.

Dieser vertikalen, vorwiegend klimatisch bedingten Vegetationsstufung und der regionalen Klimaabwandlung in niederschlagsreichere und -ärmere Landschaften entsprechend sind die Florenelemente der verschiedenen Vegetationseinheiten räumlich verteilt. Entsprechend ihrer soziologischen Wichtung nach Häufigkeit und Artmächtigkeit in den Pflanzengemeinschaften tragen sie wesentlich zu deren Differenzierung in den unterschiedlichen Ranghöhen (Klasse, Ordnung, Verband, Assoziation, Rasse, geographische Ausbildung) bei.

2 Methoden ökologisch-geobotanischer Arbeit

2.1 Pflanzengemeinschaften als Teil von Lebensgemeinschaften

In der Natur leben die Organismen nicht isoliert voneinander, sondern sind miteinander in Lebensgemeinschaften vergesellschaftet. Die Formen des Zusammenlebens der Organismen sind äußerst mannigfaltig. Sie beeinflussen die Entwicklung der Einzellebewesen wie auch der Lebensgemeinschaft ganz entscheidend.

Die Einheit der belebten und unbelebten Natur eines bestimmten Ortes, in der Gesteinssphäre, Bodensphäre, Atmosphäre, Vegetation und Tierwelt in einer sich gegenseitig beeinflussenden Verbindung stehen, eine bestimmte Entwicklungstendenz aufweisen und auf exogene Einflüsse reagieren, wird von FRIEDRICHS (1927) als Holocoen bezeichnet und von SUKAČEV (1926) als Biogeocoenose gefasst.

Den Pflanzengesellschaften kommt als dem Teil der Biogeocoenose, der die Primärproduzenten umfasst, eine fundamentale Bedeutung zu. Sowohl die Zoocoenosen als auch die Pedocoenosen werden von den Phytocoenosen in ihrer Zusammensetzung und in ihren Lebensäußerungen entscheidend beeinflusst. Da sie außerdem meist relativ ortsbeständig sind, werden sie zu Recht, besonders im terrestrischen Bereich, zur Abgrenzung der einzelnen Biogeocoenosen herangezogen, zu deren endgültiger Charakterisierung jedoch unsere Kenntnisse noch nicht ausgereift sind.

Die Pflanzengemeinschaften bieten somit eine wesentliche Hilfe bei der Identifikation von Biotopen (Lebensräumen). Im Buch sind deshalb bei den entsprechenden Vegetationseinheiten auch Hinweise auf ihre Bedeutung für das Erkennen von Biotopen angegeben.

Bei der Besprechung der Erscheinungen und Gesetzmäßigkeiten der Pflanzengemeinschaften werden immer wieder folgende Hauptfragen zu beantworten sein:

a) Wie sind die Pflanzengemeinschaften zusammengesetzt, und wie sind sie zu klassifizieren? (Synmorphologie und Syntaxonomie)
b) Welches sind die gemeinschaftsbedingenden Umweltfaktoren, und wie wirken sie auf die Pflanzengemeinschaften? (Synökologie)
c) Wie ist die Lebensgeschichte der Pflanzengemeinschaften? (Syndynamik und Synchronologie)
d) Wie sind die Pflanzengemeinschaften im Raum verteilt? (Synchorologie)

2.2 Struktur und Klassifizierung der Pflanzengemeinschaften

Pflanzengemeinschaften sind als Vergesellschaftungen von Pflanzen anzusehen, die sich voneinander in ihrer floristischen Zusammensetzung unterscheiden und durch vielfältige Wechselbeziehungen gekennzeichnet sind. Diese Wechselbeziehungen bestehen meist im Kommensalismus, bei dem ohne Schädigung des Partners ein Organismus durch das Zusammenleben einen Vorteil genießt. Sie können aber auch vom Parasitismus über Konkurrenz bis zur Symbiose, zum Mutualismus gehen. Jede Pflanzengemeinschaft weist eine spezifische Struktur auf. Sie kann unterteilt werden in eine innere Struktur, unter der man die Artenzusammensetzung versteht, und eine äußere, räumliche Struktur, die die vertikale und horizontale Schichtung betrifft. Für das Feststellen der Struktur eines Pflanzenbestandes bedient man sich u.a. der Vegetationsaufnahme. Sie gibt Auskunft über die Gleichmäßigkeit der Verteilung (Dispersion) der Pflanzensippen.

Einen guten Eindruck von der vertikalen und horizontalen räumlichen Struktur eines Pflanzenbestandes vermitteln die Transekt- und Vegetationsprofile.

Die artenmäßige Zusammensetzung einer Pflanzengemeinschaft, als deren innere Struktur, ist in vielfacher Hinsicht aussagekräftig. Vergleicht man Vegetationsaufnahmen mehrerer Pflanzengemeinschaften miteinander, so kann man vegetationsstatistisch folgende soziologische Artengruppen gewinnen:

1. **Konstante** bzw. **stete Arten,** d. h. Arten, die in einer bestimmten Vegetationseinheit sehr häufig (hochstet) sind, aber auch in anderen Vegetationseinheiten häufig sein können.
2. **Treue Arten,** (Charakter-, Leit- oder Kennarten), d. h. Arten, die ausschließlich oder fast ausschließlich nur in einer bestimmten Vegetationseinheit auftreten.

Um die Differenzierbarkeit der Vegetation mittels Charakterarten zu erhöhen, wird neuerdings vorgeschlagen, die Treue der Arten auf bestimmte Formationen wie Wälder, Gebüsche, Zwergstrauchheiden, Grasländer, Kraut- und Pionierfluren, Wasserpflanzengesellschaften und Kryptogamengesellschaften zu beschränken sowie ihre Gültigkeit auf eine bestimmte Florenregion zu begrenzen. Mit diesen ökologisch begründeten Gültigkeitsbeschränkungen von Charakterarten wird eine wesentliche Stärkung ihrer Aussagekraft erreicht (Schubert 1995, vgl. Abb. 10).

Da Verbands- und/oder Ordnungs- und/oder Klassen-Charakterarten innerhalb eines Verbandes, einer Ordnung oder einer Klasse eine gewisse Präferenz zu einer Ordnung, einem Verband oder zu einer Assoziation zeigen können, werden sie als Verbands-, Ordnungs- oder Klassen-Charakterarten sowie als transgressive Charakterart der Ordnung, des Verbandes oder der Assoziation bezeichnet. Die transgressive Charakterart einer Assoziation zeigt in der Assoziation eine geringere Treue als im übergeordneten Verband. (vgl. Mucina in Mucina et al. 1993).

3. **Unterscheidungsarten** (Differenzial- oder Trennarten), d. h. Arten, die verschiedene sonst ähnliche Vegetationseinheiten voneinander trennen, sie differenzieren, in anderen Einheiten jedoch durchaus ebenfalls auftreten.

Die Einzelarten einer soziologischen Gruppe sind in ihren Standortsansprüchen, ihren Reaktionen auf die Umweltverhältnisse ähnlich und lassen sich damit ökologisch interpretieren. Sie werden deshalb auch als soziologisch-ökologische Gruppen bezeichnet. Sie stellen die Basis für die Vegetationsdifferenzierung dar.

Wesentlich schwieriger als die durch statistische Vergleiche gewonnene Vegetationsdifferenzierung, die durch Cluster- und Ordinationsverfahren wesentlich erleichtert wird, ist die Vegetationsklassifizierung. Hier wird bis jetzt immer noch am erfolgreichsten das Prinzip der größtmöglichen floristischen Ähnlichkeit angewandt.

Grundlegende Einheit in der hierarchischen Ordnung der Pflanzengemeinschaften (Syntaxonomie) ist die Assoziation. Zu ihr werden die Pflanzenbestände zusammengefasst, die sich durch die gleiche charakteristische Arten(gruppen)kombination auszeichnen, damit auch gleiche Physiognomie besitzen und auch im Wesentlichen die gleichen Standortbedingungen fordern sowie eine gleiche Entwicklung aufweisen. Es sollen relativ große Einheiten sein, die sich in allen ihren Merkmalen deutlich von den nächst ähnlichen Einheiten unterscheiden. Sie bieten damit die Möglichkeit zum Aufbau eines überschaubaren, handhabbaren Systems der Vegetationseinheiten.

Damit ist die Assoziation ein naturwissenschaftlicher Typus, ein Abstraktum, nur

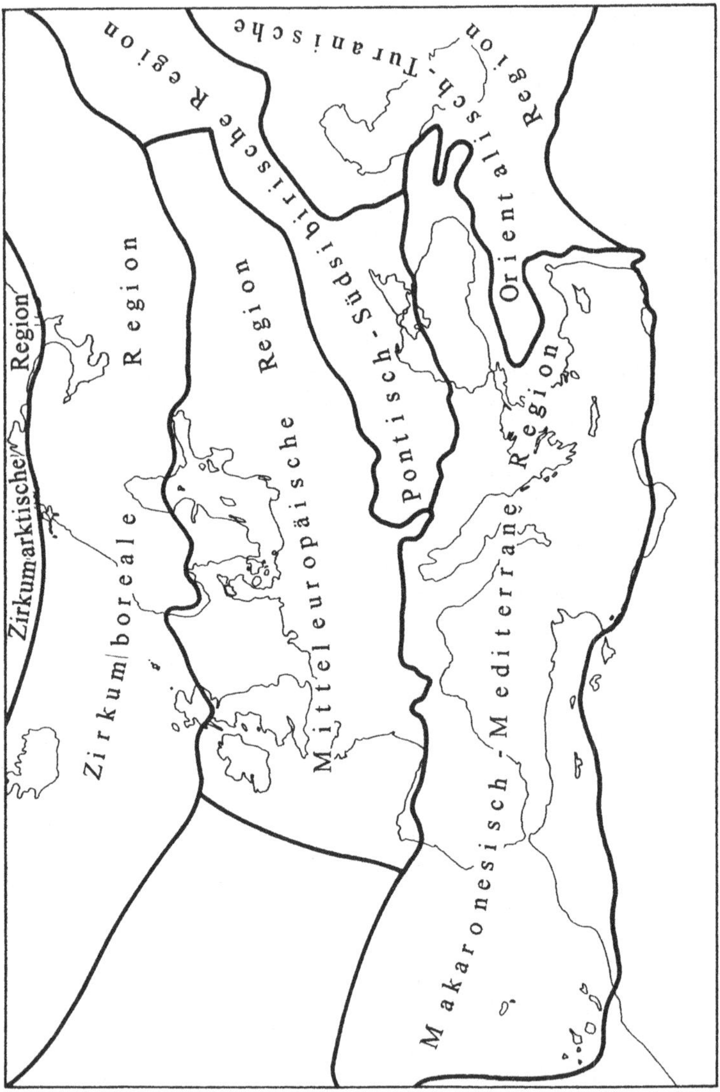

Abb. 10. Florenregionen, auf die der Gültigkeitsbereich von Charakterarten in Europa beschränkt werden sollte. Aus SCHUBERT 1995.

das Assoziationsindividuum, der konkrete Pflanzenbestand in der Natur, ist real existierend.

Um die Zuordnung der konkreten Pflanzenbestände in der Natur zu bestimmten Assoziationen vornehmen zu können, werden diagnostisch wichtige, charakteristische Arten für jede Assoziation ausgewiesen. Dies können Arten sein, die nur oder vorwiegend in der betreffenden Assoziation vorkommen (**Charakterarten**), hochstete Arten mit einem hohen Bauwert (**hochstete Dominante**) und Arten, die eine Assoziation von einer ähnlichen trennen, ohne auf sie in ihrem Vorkommen beschränkt zu sein (**Assoziationsdifferenzialarten/Trennarten**).

Die diagnostisch wichtigen Arten lassen sich durch Tabellenarbeit, aber auch statistische Verfahren gewinnen. Sie gestatten auch im mittleren ökologischen Bereich und bei stärkerer menschlicher Beeinflussung, gut abgrenzbare Assoziationen auszuweisen.

Mit den in den letzten Jahrzehnten in der Etappe der industriellen Landnutzung einsetzenden Vegetationsveränderungen konnten immer mehr Pflanzenbestände nicht mehr in das klassische syntaxonomische System eingeordnet werden. Da frühere, typische Charakterarten zurückgingen, waren diese Bestände nach der klassischen Charakterartenlehre nicht mehr klassifizierbar. Brun-Hool (1966) entwickelte deshalb die Konzeption der Fragmentgesellschaften. Er unterscheidet zwei Typen von Fragmentgesellschaften:

- Fragmentarische Gesellschaften im Sinne von noch nicht vollkommen entwickelten Gesellschaften, pionierhafte, im Entstehen begriffene und erst teilweise ausgeprägte Gesellschaften ohne eigene Charakterarten. Sie werden auch mit dem Namen Rumpfgesellschaften belegt.
- Fragmentgesellschaften im Sinne von Assoziationsresten, Überreste von ehemals voll ausgebildeten Gesellschaften, die jetzt gekappt erscheinen. Sie werden als Restgesellschaften bezeichnet.

Sehr ähnlich ist die Konzeption der deduktiven Methode von Kopecký & Hejný (1974). Sie unterscheiden:

a) Basalgesellschaften, die Bestände umfassen, die nur durch Kennarten höherer Ordnung (höherer Syntaxa: Verband, Ordnung, Klasse) charakterisiert sind,
b) Derivatgesellschaften, die zusätzlich durch höhere Deckungsgrade einer oder mehrerer Begleitarten bestimmt sind.

Basalgesellschaften sind oft auch als Zentralassoziationen im Sinne von Dierschke (1981) zu werten, wenn sie die wichtigsten Charakterarten eines Verbandes aufweisen.

So weiterführend diese Betrachtungsweisen auch sind, so werden jedoch mit diesen Methoden bei formalem Herangehen häufig ökologische Kriterien außer Acht gelassen. Es wird nicht berücksichtigt, dass in der intensiv genutzten Kulturlandschaft durch neue Faktorenkombinationen artenarme, oft sehr uniforme Pflanzengesellschaften großflächig entstanden sind, die alle floristisch-ökologischen Ansprüche erfüllen, die an eine Assoziation gestellt werden müssen. Neben zu Recht bestehenden Fragment- und Basalgesellschaften gibt es neu entstandene Assoziationen, die ihre Existenz dem auch in historisch kurzen Zeiträumen sich vollzogenen Vegetationswandel verdanken.

Mithilfe der charakteristischen Arten(gruppen)kombination, unter Verwendung der diagnostisch wichtigen Arten und soziologisch-ökologischer Gruppen, lassen sich auch die heute weit verbreiteten synanthropen Pflanzengesellschaften typisieren und klassifizieren, was natürlich nicht die Existenz von Fragment- und Rumpfgesellschaften ausschließt. Eine gewisse Subjektivität wird sich bei der Typisierung und vor allem bei der hierarchischen Klassifizierung der real existierenden Pflanzenbestände wohl nie ausschließen lassen. Eine weitgehend objektive Festlegung der Ranghöhe einer Pflanzengesellschaft ist erst dann möglich, wenn die betreffende höhere Vegetationseinheit in ihrem gesamten Areal monographisch bearbeitet wurde.

Ähnliche Assoziationen lassen sich zu Verbänden vereinigen. Für sie gilt das gleiche wie für die Assoziationen. Sie sind aber bereits umfassendere, jedoch standörtlich noch recht einheitliche Vegetationseinheiten.

Ähnliche Verbände werden zu Ordnungen, ähnliche Ordnungen zu Klassen zusammengefügt. Alle diese floristisch und ökologisch, aber nicht abstammungsmäßig verwandten Einheiten bilden die Grundlage des pflanzensoziologischen Systems. Im Sinne von OBERDORFER (1977) sollte es ein nach eindeutigen floristischen Kriterien erarbeitetes Hilfsmittel für eine Überschau der Vegetation bilden. Eine ausführliche Darstellung der vegetationskundlichen Methodik gibt DIERSCHKE (1994).

2.3 Wichtige vegetationskundliche Übersichtsdarstellungen und die Vegetationseinheiten im Bestimmungsbuch

Da es bis jetzt für Deutschland keine monographische Bearbeitung der Pflanzengesellschaften gibt, konnten wir uns bei der Bearbeitung des Bestimmungsbuches auch nicht an einem Standardwerk orientieren. Eine wichtige Hilfe für die Erarbeitung des Bestimmungsbuches war die Übersicht von POTT (1995): Die Pflanzengesellschaften Deutschlands, 2. Auflage. Diese Übersicht enthält leider keine Tabellen. Weiterhin standen wir vor dem Problem, dass verschiedene regionale monographische Vegetationsübersichten mit Tabellen vorliegen, deren syntaxonomische Gliederungen leider sehr verschieden sind. Wir haben uns hauptsächlich auf folgende regionale Bearbeitungen gestützt:

- Süddeutsche Pflanzengesellschaften – OBERDORFER (1977, 1978, 1983, 1992)
- Pflanzengesellschaften des nordostdeutschen Flachlandes – PASSARGE (1964), PASSARGE & HOFMANN (1968)
- Pflanzengesellschaften Nordostdeutschlands – PASSARGE (1996, 1999)
- Bestimmungsbuch der Pflanzengesellschaften Mittel- und Nordostdeutschlands (SCHUBERT et al. 1995)
- Pflanzengesellschaften Niedersachsens – PREISING et al. (1990a, 1990b, 1993, 1995, 1998)
- Prodromus der Pflanzengesellschaften Sachsen-Anhalts – SCHUBERT (2001a).
- Eine weitere wichtige Quelle für die Erarbeitung des Bestimmungsbuches waren die Roten Listen der Pflanzengesellschaften einzelner Bundesländer: z. B. Bayern (WALENTOWSKI et al. 1990, 1992), Niedersachsen (PREISING et al. 1990a, 1990b, 1993, 1995, 1998), Nordrhein-Westfalen (VERBÜCHELN et al. 1995), Schleswig-Holstein (DIERSSEN et al. 1988), Sachsen-Anhalt (SCHUBERT 2001b), Thüringen (WESTHUS et al. 1993).

Gegenwärtig steht ein »Verzeichnis und Rote Liste der Pflanzengesellschaften Deutschlands«, welches von einer Arbeitsgruppe des Bundesamtes für Naturschutz, koordiniert und zusammengestellt von der Firma »V.I.M. – Verlag für interaktive Medien«, erarbeitet wird, kurz vor dem Abschluss (im Internet verfügbar unter: www.vim.de/pflanzges/. Die von der Arbeitsgruppe zusammengestellte syntaxonomische Übersicht ist aber auch keine vegetationskundliche Monographie auf der Basis von Tabellenarbeit und wird von dieser Arbeitsgruppe auch selbst nur als Verzeichnis charakterisiert. Die Autoren des Buches sind Mitglieder dieser Arbeitsgruppe.

Die von der Floristisch-soziologischen Arbeitsgemeinschaft und der Reinhold-Tüxen-Gesellschaft herausgegebene Reihe »Synopsis der Pflanzengesellschaften Deutschlands« steht noch am Anfang. Bislang sind erst 7 Hefte mit insgesamt 5 vollständig bearbeiteten Klassen (Erico-Pinetea, Franguletea, Rhamno-Prunetea, Salicetea arenariae, Isoeto-Nanojuncetea), einer Ordnung (Arrhenatheretalia) und einem Verband (Quercion roboris) erschienen (Hölzel et al. 1996, Härdtle et al. 1997, Dierschke 1997, Weber 1998, Weber 1999a, Weber 1999b, Täuber & Petersen 2000).

Neue komplexe Vegetationsbearbeitungen liegen aber aus Nachbarländern vor, an denen wir uns auch z. T. orientieren konnten. Zu nennen sind u. a.: »Die Pflanzengesellschaften Österreichs«, 3 Bände, (Mucina et al. 1993a, Grabherr & Mucina 1993, Mucina et al. 1993b,) mit guter nomenklatorischer Überarbeitung der syntaxonomischen Einheiten, »De Vegetatie van Nederland« (Schaminée et al. 1995a, 1995b, 1996, 1998, Stortelder et al. 1999) und die » British Plant Communities« (Rodwell et al. 1991a, 1991b, 1992, 1995, 2000).

Für Angaben zur Verbreitung der Assoziationen wurden in starkem Umfang auch regionale Arbeiten herangezogen, die im Einzelnen hier nicht aufgeführt werden können.

In unserem Buch standen wir nun vor dem Problem, bestimmbare Einheiten zu definieren. Da nicht die Neubearbeitung der Vegetation Deutschlands unser Ziel war, sondern die Erstellung einer Bestimmungshilfe für die Vegetationseinheiten, haben wir uns oft an monographische Bearbeitungen gehalten, sind aber auch an einigen Stellen aus pragmatischen Gründen, z. B. bessere Bestimmbarkeit, abgewichen. Wir haben stets versucht, durch Angabe von Synonymen oder von eingeschlossenen, enger gefassten Assoziationen oder Regionalassoziationen eine Kompatibilität zu anderen Publikationen herzustellen. Insbesondere haben wir die Bezüge zum Gemeinschaftswerk »Verzeichnis und Rote Liste der Pflanzengesellschaften Deutschlands« hergestellt. Es wurden im vorliegenden Buch vorwiegend große, umfassende Vegetationseinheiten als Assoziationen ausgewiesen und diesen lokale Einheiten untergeordnet. Sie können meist als geographische Rassen oder Subassoziationen gefasst werden. Aus Platzmangel konnte im Einzelfall nicht darauf näher eingegangen werden. Bei regionalen Arbeiten ist natürlich dieser Gegebenheit Rechnung zu tragen. Bei der Benennung der Vegetationseinheiten haben wir uns an die Regeln und Empfehlungen des Codes der pflanzensoziologischen Nomenklatur (Barkman et al. 1986) gehalten, die für die Kriterienfindung sehr wertvoll sind. Die dritte Auflage des Code erschien 2000 (Weber et al. 2000).

2.4 Hinweise zur Benutzung der Bestimmungsschlüssel

Die Einführungskapitel 1 und 2 dienen dazu, die für die Bestimmung der Pflanzengesellschaften notwendigen Kenntnisse über die Grundgesetzmäßigkeiten der Vegetationsdifferenzierung in Deutschland zu vermitteln. Ihre Lektüre ist daher vor der Bestimmungsarbeit dringend zu empfehlen, da hier auch die verwendeten Fachausdrücke erklärt sind.

Das Bestimmen einer unbekannten Pflanzengesellschaft kann mithilfe der in unserem Buch vorhandenen Bestimmungstabellen erfolgen. In ihnen sind sowohl wichtige Standorts- und Strukturmerkmale als auch diagnostisch wichtige Arten als Differenzierungshilfen angegeben. Ohne eine gewisse Artenkenntnis wird es nicht möglich sein, eine Vegetationseinheit niederen soziologischen Ranges wie Verband oder Assoziation sicher zu erkennen.

Das Bestimmungsbuch behandelt im Allgemeinen nur Pflanzengesellschaften, die

T	Trennart
H	Hochstete Art, häufiger Begleiter
K/A, O/A, V/A	
K/O, O/V	Transgressive Charakterarten
agg.	Aggregat: Sammelart
ssp.	Subspecies, Unterart
var.	Varietät
(dom.)	Dominante Art in der Pflanzengesellschaft

2.5.2 Angaben zum Naturschutz und Erklärung der Gefährdungskategorien

▽ Angaben zur Gefährdung, zu Gefährdungsursachen und zum Naturschutz
§ Vegetationseinheit (Biotop) nach § 20c Bundesnaturschutzgesetz geschützt
* Vegetationseinheit im Komplex mit geschützten Biotopen

Gesamtgefährdung
nach www.vim.de/pflanzges (30. 10. 2000)

Gefährdung durch Rückgang der Zahl und/oder Größe der Bestände sowie Schrumpfung des Verbreitungsgebiets einer Pflanzengesellschaft, durch Verlust von Ausbildungsformen einer Pflanzengesellschaft sowie durch floristische Verarmung und Wandel in der Bestandsstruktur der Restbestände.

0	Verschwunden oder verschollen	Pflanzengesellschaften, deren Bestände im Gebiet verschwunden, ausgerottet oder verschollen sind. Seit mindestens 5 Jahren im Gebiet nicht mehr nachgewiesen (je nach der Dynamik temporärer Gesellschaften sind z. T. auch längere Zeiträume zugrunde zu legen).
1	Vom Verschwinden bedroht	Pflanzengesellschaften, die durch anhaltend starken oder sehr raschen Rückgang und/oder entsprechend starken inhaltlichen Wandel im gesamten Gebiet so stark zusammengeschmolzen sind, dass ihr Fortbestand akut gefährdet ist. Es sind in der Regel nur wenige kleinflächige, vielfach fragmentarische und kaum überlebensfähige Einzelbestände verblieben. In weiten Landesteilen können die Vorkommen bereits erloschen sein. Bei weiterem Einwirken der zu beobachtenden Gefährdungsfaktoren ist innerhalb der nächsten ein bis zwei Jahrzehnte ein vollständiger Verlust der Gesellschaft zu befürchten, bzw. ein derartiger inhaltlicher Wandel, dass nur noch schwer zu klassifizierende Fragmente oder Degradationsstadien übrigbleiben
2	Stark gefährdet	Pflanzengesellschaften mit ehemals häufigeren Vorkommen, die im nahezu gesamten Gebiet hinsichtlich Bestandesgröße und Bestandeszahl sehr stark zurückgegangen und regional bereits verschwunden sind. Gefährdung im größten Teil ihres hiesigen Verbreitungsgebietes. Ferner von vornherein seltene Pflanzengesellschaften mit stärkeren Rückgangstendenzen, die aber noch nicht in allen Teilen des Gebiets wirksam sind.

3	Gefährdet	Pflanzengesellschaften, die in großen Teilen des Gebietes deutlich und stetig zurückgehen und lokal bereits verschwunden sind. Gefährdung in großen Teilen ihres hiesigen Verbreitungsgebietes. Ferner relativ seltene Pflanzengesellschaften mit leichten bis mäßigen Rückgangstendenzen.
G	Gefährdung anzunehmen	Gesellschaften, die sehr wahrscheinlich gefährdet sind. Einzelne Untersuchungen und Beobachtungen lassen eine Gefährdung der betreffenden Bestände erkennen, die Informationen reichen aber für eine Zuordnung zu den Kategorien 1–3 nicht aus
R	Extrem selten	Gesellschaften, die im Gebiet von jeher nur in wenigen, räumlich eng begrenzten Beständen vorkommen, derzeit aber nicht gefährdet zu sein scheinen. Wegen ihrer Seltenheit ist ihre schlagartige Vernichtung oder erhebliche Dezimierung durch unvorhersehbare Einwirkungen jedoch nicht auszuschließen.
V	Zurückgehend, Gesellschaft der Vorwarnliste	Gesellschaften, die (bei mäßig selten Gesellschaften deutlich, bei noch häufigeren Gesellschaften stark) zurückgegangen sind, insgesamt aber aktuell noch nicht gefährdet sind. Bei Fortbestehen der bestandsreduzierenden direkten oder indirekten menschlichen Einwirkungen ist in naher Zukunft eine Einstufung in die Kategorie »gefährdet« wahrscheinlich
D	Daten mangelhaft	Die Informationen zu Verbreitung, Ansprüchen und Gefährdung einer Gesellschaft sind mangelhaft, wenn sie: – bisher oft übersehen bzw. im Gelände nicht unterschieden wurde – erst in jüngster Zeit syntaxonomisch untersucht wurde, sodass sich noch kein realistisches Bild über Verbreitung, Biologie und Gefährdung ableiten lässt – oder wenn sie als syntaxonomisch problematisch anzusehen ist (Abgrenzung gegenüber anderen Syntaxa ungeklärt).

2.5.3 Schlüssel für die Biotoptypen

Die Schlüssel für die Biotoptypen wurden HAEUPLER & MUER (2000) entnommen und gekürzt.

Schlüssel für die Biotoptypen (aus HAEUPLER & MUER 2000, gekürzt)

Zur Bedeutung der Hierarchie-Symbole

~ kennzeichnet jeweils eine hierarchische Ebene, die mit über- wie nachgeordneten Ebenen frei verknüpft werden kann, während

O hängt nur mit derjenigen übergeordneten Ebene zusammen, unter der der so gekennzeichnete Biotoptyp steht.

Beispiel: T1 ~ Wälder
Können sowohl mit
T1.1 ~ Laubwälder, als auch
T1.3 ~ Parks oder
T1.4 ~ Nadelwälder und diese
z. B. wiederum auf der 7. Ebene mit
1 ~ nass
2 ~ frisch
3 ~ trocken
verknüpft werden

aber 1 O Flaumeichenwälder
2 O Steppeneichenwälder
können jeweils nur mit der einen übergeordneten Ebene 4 O Wärmeliebende Eichenwälder verknüpft werden und diese wieder nur mit 2 ~ Laubwälder außerhalb der Flussauen, aber nicht mit T1 ~ Buchen- und Buchenmischwälder.

H ~ Salzwasser- u./od. Tidebeeinflusste Lebensräume (weitgehend haline Biotope)

H1 ~ Meeresküsten

- 1 ~ schlickige Flachküsten (Binnenküste)
  - 1 ~ Unterwasserlebensräume
    - 1 O Ohne Höhere Pflanzen (Freiwasser, Pelagial, weiter zu untergliedern)
    - 2 O Unterwasserrasen des Tiefwassers (nicht trockenfallend)
    - 3 O Unterwasserrasen des Litoral (trockenfallend)
      Zosteretum noltii
  - 2 ~ Wattflächen
    - 1 ~ Schlickwatt
    - 2 ~ Mischwatt
    - 3 ~ Sandwatt
      - 1 ~ vegetationsfrei
      - 2 ~ Quellerwatt
      - 3 ~ Schlickgras-Fluren
      - 4 ~ Sommertrockene Halophyten-Pionierfluren
      - 5 ~ Priele
  - 3 ~ Salzwiesen
    - 1 O Andelrasen
    - 2 O Strandnelkenrasen, Salzbinsenweiden
    - 3 O kurzlebige Salzbodengesellschaften (auch H2)
    - 4 O Ephemere, wechselhaline Strand-Mastkrautfluren
    - 5 O Festuca rubra-Rasen oberhalb Springtide-Hochwasser
- 2 ~ sandige Flachküsten u. Dünen (Außenküste)
  - 1 ~ Unterwasserlebensräume im Freiwasser, Pelagial (weiter zu untergliedern)
  - 2 ~ Sandflächen
    - 1 O Sandstrände (ohne Höhere Pflanzen)
    - 2 O Spülsäume
    - 3 O Vordünen
    - 4 O Strandhaferdünen (Weißdünen) (Kontakte zu T2.1.1.4)

(Salzgrenze)

5 ○ Graudünen
1 ○ Rasen → T6.4
2 ○ Gebüsch → T2.2.1.4
6 ○ Braundünen
1 ○ primäre Krähenbeerenheiden → T4.1
2 ○ sekundäre Calluna-Heiden → T4.2
7 ○ Dünentäler
1 ○ trocken → T6.4
2 ○ feucht → u. a. S2
3 ~ Brackwasserformationen
1 ~ submers
1 ○ Armleuchteralgenrasen sauberen Brackwassers
2 ○ Untergetauchte Brackwasser-Meersalden-Gesellschaften (auch H2)
3 ○ Submerse Teichfadengesellschaften
2 ~ amphibisch
1 ○ Brackwasserröhrichte → H2.5
4 ~ weiche Steilküsten (Kies, Lehm, Sand, Moränen, v. a. Ostsee) → T5.3
1 ○ Steilhänge
2 ○ Hangfüße
3 ○ Geröll- u. Blockstrände
5 ~ Felsküsten (nur Helgoland)

H2 ~ Binnensalzstellen
1 ~ natürliche Salzquellen
2 ~ künstliche Salzstellen
1 ~ Salinen (incl. Gradierwerke u. ä.)
2 ~ Kalihalden → T10
3 ~ Zechenteiche, Bergehalden
1 ~ makrophytenfreie Flächen
2 ~ Quellerfluren
3 ~ kurzlebige Salzboden-Gesellschaften
4 ~ Strandnelkenrasen, Salzbinsenweiden
5 ~ Strandsimsenröhrichte → H1.3.4

H3 ~ Süßwasser-Tidebereiche (Kontakte zu L4)
1 ~ Ästuare
2 ~ Deltabildungen
1 ~ Freiwasser
2 ~ Süßwasserwatten
3 ~ Röhrichte
4 ~ Hochstaudenfluren von diversen Endemiten u. Neophyten → L5.2.6
5 ~ Tideauenwald → L5.2

L ~ Binnengewässer (Limnische Biotope)

L1 ~ Unterirdische Gewässer
1 ~ Grundwasser
2 ~ Höhlengewässer
1 ○ Fließgewässer
2 ○ Stillgewässer
3 ~ Gewässer in künstlichen Höhlungen → T10
1 ~ kalkarm
2 ~ kalkreich (Karst)

L2 ~ Quellgewässer, Quellfluren
1 ~ Tümpelquellen (Limnokrenen)
2 ~ Karstquelltöpfe

3 ~ Sicker- u. Rieselquellen, Sumpfquellen (Helokrenen)
  1 ○ kalkarm (Weichwasser)
    1 ○ montan
    2 ○ alpin
  2 ○ kalkreich (Hartwasser)
  3 ○ Waldquellfluren → T7.3.7
4 ~ Sturz- oder Fließquellen (Rheokrenen)
5 ~ Quellbäche
6 ~ Thermalquellen
7 ~ gefasste Quellen → T10
  1 ~ beschattet
  2 ~ teilbeschattet
  3 ~ unbeschattet
    1 ~ temporär
    2 ~ dauernd
8 ~ überrieselte Felsen

L3 ~ **Stehende Gewässer** (incl. Ufer- u. Verlandungsbereiche ohne Gehölze, Kontakt zu L4, S2, T7.3, T7.4)
1 ~ Seen
2 ~ seeähnliche Altwasser von Flüssen
3 ~ temporäre Kleingewässer (Tümpel)
4 ~ Kleinstgewässer
  1 ○ mit Wasser gefüllte Wagenspuren, Ackerfurchen
  2 ○ Pfützen
  3 ○ Regentonnen
  4 ○ Jauchepfützen
  5 ○ vollgesogene Moospolster
5 ~ Stauseen }
6 ~ kommerzielle Fischteiche } vgl. T10
7 ~ Zierteiche, Gartenteiche }
8 ~ Rieselfelder, Klärteiche (Zuckerfabriken u. ä.)
9 ~ Kiesgruben-, Steinbruchs- u. Tagebaugewässer in Sandgruben (o. a. Bodenabbau)
  1 ~ makrophytenfreies Wasser
  2 ~ Unterwasserrasen
    1 ○ in sauren Gewässern u. Torfstichen
    2 ○ in Grundwasseraustritten voralpiner Schotterflächen, tiefe, klare Seen
    3 ○ im Hartwasser
    4 ○ ephemer in episodischen Kleingewässern
  3 ~ freischwimmende Pflanzendecken
    1 ○ in Sauberwasser
    2 ○ in nährstoffreichem Wasser
    3 ○ wärmeliebende Schwimmfarngesellschaften
    4 ○ Krebsscheren- u. Froschbissdecken
  4 ~ wurzelnde Laichkraut- u. Schwimmblattbestände
    1 ○ ohne Schwimmblätter
    2 ○ mit Schwimmblättern
    3 ○ amphibische Wasserfeder- u. Wasserhahnenfußbestände
  5 ~ Großröhrichte (vgl. S2.1) (Schilf, Rohrkolben)
  6 ~ subaquatisch-amphibische Litoralgesellschaften oligotropher bis mäßig nährstoffreicher Gewässer
    1 ○ oligotrophe Heideseen auf reinen Quarzsanden
    2 ○ wechselnasse Flachgewässer über organischen Bodensubstraten
    3 ○ wechselnasse bis schwach brackige Dünentäler
    4 ○ dichte Teppiche basenreicher Wechselwasserzonen
    5 ○ endemische Bodensee-Strandschmielen-Bestände
  7 ~ einjähriger Bewuchs trockengefallener Teichböden u. Ackersenken (Kontakt zu T9.1)

1 ○ Teichböden
2 ○ Zwergpflanzengesellschaften wechselfeuchter Standorte
3 ○ dto. auf Standorten mit erhöhter Bodensalzkonzentration
1 ~ kalkarm (Weichwasser)
2 ~ kalkreich (Hartwasser)
1 ~ dystroph
2 ~ oligotroph
3 ~ mesotroph
4 ~ eutroph
5 ~ polytroph
1 ~ wechselnde Wasserstände
2 ~ gleichbleibende Wasserstände
1 ~ mit Flachufer
2 ~ mit Steilufer
1 ~ sonnig
2 ~ beschattet

L4 ~ **Fließende Gewässer** (incl. Uferbereiche ohne Gehölze, Kontakte zu H3, L3, L5, T7.3, T7.4)
1 ~ Bäche, kleine Flüsse, stark fließend (meist sommerkalt) (Rhitral)
2 ~ große Flüsse u. Ströme, langsam fließend (meist sommerwarm) (Potamal)
1 ○ sandig-kiesige Fließgewässer-Abschnitte, Epipotamal (Barbenregion)
2 ○ sandig-schlammige Fließgewässer-Abschnitte der Ebene, Metapotamal (Brassenregion)
3 ○ Mündungsbereich, Hypopotamal (Kaulbarsch-Flunderregion)
3 ~ Altläufe in Verbindung mit dem Fluss
4 ~ kleine, langsam fließende Gräben
5 ~ temporäre Fließgewässer
6 ~ Wasserfälle
7 ~ technisch ausgebaute Fließgewässer } vgl. T10.4
8 ~ Stauhaltungen in Flüssen } vgl. T10.4
9 ~ Kanäle u. träge fließende Kunstgewässer } vgl. T10.4
10 ~ Beton- u. Steinrinnen
1 ~ Freiwasser
2 ~ submerse, fest verwurzelte Wasserpflanzenbestände
1 ○ ohne Schwimmblätter
2 ○ mit Schwimmblättern
3 ○ strömungsresistente Wasserhahnenfuß- u. Wassersterngesellschaften
3 ~ Fließgewässer-Röhrichte
4 ~ Bach-Kleinröhrichte
5 ~ Buhnen u. Steinpackungen
6 ~ Uferböschungen
7 ~ Flussdünen, Ansandungen
8 ~ Kiesbänke tieferer Lagen
9 ~ Schwemmkegel von Flussmündungen
10 ~ Schuttfächer von Gebirgsbächen
1 ~ kalkarm (Weichwasser)
2 ~ kalkreich (Hartwasser)
1 ~ dystroph
2 ~ oligotroph
3 ~ mesotroph
4 ~ eutroph
5 ~ polytroph
1 ~ mit Flachufer
2 ~ mit Steilufer
1 ~ nicht ausgebaut
2 ~ schwach ausgebaut
3 ~ stark ausgebaut
1 ~ sonnig
2 ~ beschattet

L5 ~ Fluss- und Bachauen-Lebensräume
- 1 ~ Gebirgsfluss- u. Bachauen
  - 1 ~ Flussgeröllfluren, alpine Schwemmuferfluren
  - 2 ~ Auengebüsche (Weiden, Grünerlen u. a.)
  - 3 ~ Auenwälder (Weiden, Grauerlen)
- 2 ~ Fluss- u. Bachauen tieferer Lagen
  - 1 ~ Auengebüsche (Korb- u. Mandelweiden u. a.)
  - 2 ~ Weichholz-Auenwälder (Silberweiden u. a.)
  - 3 ~ Hartholz-Auenwälder (Ulmen-Eschen-Eichen-Auenwälder)
    - 1 ○ Eichen-Ulmen-Auenwälder der Flüsse
    - 2 ○ Bachauen, von Schwarzerle dominiert
  - 4 ~ einjähriger Bewuchs trockenfallender Flussufer → T8.3
    - 1 ○ stickstoffliebende Wasserpfeffer-Zweizahn-Uferfluren
    - 2 ○ stickstoffliebende Flussmeldenfluren
  - 5 ~ stickstoffliebende Ufer-Hochstaudenfluren
    - 1 ○ Pestwurzfluren
    - 2 ○ Knollenkälberkropf-Auensäume
    - 3 ○ Hochstaudensäume in Ufer-Steinpackungen
    - 4 ○ Mädesüß-Uferfluren
    - 5 ○ Flussgreiskraut-Stromtal-Staudensäume
    - 6 ○ Zaunwinden-Nesselseide-Schleier
    - 7 ○ Neophyten-Staudendickichte → H3..3
    - 8 ○ Flutmulden

S ~ Semiterrestrische Lebensräume (Moore, Sümpfe, Bruchwälder)

S1 ~ Hochmoore (bis Übergangsmoore) ohne Gehölze
- 1 ~ Schlenken, Kolke
- 2 ~ Schwingrasen
- 3 ~ Bultkomplexe
  - 1 ○ torfmoosreich
  - 2 ○ zwergstrauchreich, subkontinental-montan
- 4 ~ Torfstiche
  - 1 ○ wasserreich
  - 2 ○ weitgehend verlandet
- 5 ~ abgetorfte Flächen
  - 1 ○ vorwiegend nackter Torf (inkl. Torfhalden)
  - 2 ○ torfiges Brachland (Pfeifengrasstadien, Birkenstadien u. ä.)
  - 3 ○ bis zum Mineralgrund abgetorft

S2 ~ Hochmoor-Randsümpfe, Zwischenmoore u. Niedermoore ohne Gehölze
- 1 ~ Großseggenriede (Kontakte zu L3, L4, T7.3)[1]
  - 1 ○ mesotraphente Ausbildungen
  - 2 ○ nährstoffreiche Ausbildungen
- 2 ~ Kleinseggenriede (Kontakte zu L2)
  - 1 ○ Braunseggensümpfe u. a. kalkarme Riede
  - 2 ○ Davallseggen- u. a. Kalkniedermoore
    - 1 ○ in Küstendünen
    - 2 ○ im Alpenraum
    - 3 ○ im Mittelgebirgsraum
  - 3 ○ alpine Schwemmufer-Gesellschaften u. Rieselfluren
- 3 ~ Glockenheide-Feuchtheideformationen → T4.5

[1] Nach dominierenden Arten weiter zu gliedern

S3 ~ Gehölzreiche Übergangsmoore u. Bruchwälder
1 ~ Randgehänge, Waldhochmoore
1 ○ vorwiegend Laubholz (Birke)
2 ○ vorwiegend Nadelholz (Kiefer, Spirke, Fichte)
2 ~ arme Übergangsmoore, Sumpfgebüsche, Moor- u. Bruchwälder
1 ○ Weidengebüsche u. Pionierwälder (incl. Gagelgebüsche)
2 ○ Birken- u. Kiefernbrüche auf Torf
1 ○ *Betula pubescens*
2 ○ *Betula carpatica*
3 ○ Bergkiefern-Moorwälder
4 ○ Fichtenbrüche u. Moorwälder
5 ○ Erlenbrüche

T ~ Terrestrische Lebensräume

T1 ~ Wälder (Kontakte zu T8, bei starker Beeinflussung durch den Menschen zu T6, T9)
1 ~ Laubwälder, laubholzbeherrschte Mischwälder
1 ~ Buchen- u. Buchenmischwälder
1 ○ Moderbuchenwälder (Hainsimsen-Buchenwälder)
2 ○ Flattergras-Buchenwälder u. a. mittlere Buchenwälder
3 ○ Mull-Buchenwälder auf Braunerden (nährstoffreich)
4 ○ Trockenhang-Kalk-Buchenwälder (auf Rendzinen)
5 ○ montane Tannen-Buchenwälder
6 ○ Hochlagen-Buchenwälder (mit Bergahorn)
2 ~ Laubmischwälder außerhalb der Flussauen u. Moore → L5 u. S3
1 ○ ahorn- u. eschenreiche Mischwälder (Schlucht- u. Schatthang-Wälder)
2 ○ Lindenmischwälder (Schutthaldenwälder)
3 ○ Eichen-Hainbuchenwälder
4 ○ wärmeliebende Eichenmischwälder
1 ○ Flaumeichenwälder
2 ○ Steppeneichenwälder
5 ○ bodensaure Eichenmischwälder
1 ○ Birken-Eichenwälder
2 ○ Buchen-Eichenwälder
3 ○ windharte Pappel-Eichenwälder der Küsten
4 ○ Felshang-Hainsimsen-Traubeneichenwälder
5 ○ subkontinentale Kiefern-Eichenwälder
1 ~ auf kalkarmen, sehr sauren Böden
2 ~ auf mäßig bis schwach sauren Böden
3 ~ auf kalkreichen Böden
1 ~ feucht (frei von Überschwemmungen!), diese unter S4
2 ~ frisch
3 ~ trocken
1 ~ Schonungen
2 ~ Stangenholz
3 ~ Niederwälder
1 ○ aus Eichen
2 ○ aus Eichen u. Hainbuchen
3 ○ aus Hasel
4 ○ aus Buche
5 ○ aus sonstigen Gehölzen
4 ~ Mittelwälder
5 ~ Hudewälder (meist Reste)
6 ~ Hochwälder (Kahlschläge) → T2
7 ~ Feldgehölze, »Kratts«
(naturnahe Restbestände mit starken Randeffekten)
8 ~ Altholz (incl. Totholz)
1 ○ Bestände

2 ○ Einzelbäume
3 ○ Tot- u. Moderholz
2 ~ Laubholzbestände nicht bodenständiger Arten → T9
1 ○ Hybridpappelbestände
2 ○ Robinienwälder
3 ○ Roteichenforste
4 ○ Bestände anderer Exoten
3 ~ Parks u. waldähnliche Anlagen (Mischung autochthoner u. exotischer Arten) → T9.5
4 ~ Nadelwälder, nadelbaumbeherrschte Mischwälder (Kontakte zu S3)
1 ~ Kiefernwälder
1 ○ Moosreiche Sand-Kiefernwälder
2 ○ Kiefern-Trockenwälder (Kiefern-Steppenwälder)
3 ○ Schneeheide-Kiefernwälder (auf Kalk)
2 ~ Tannenmischwälder
3 ~ Fichtenwälder
1 ○ vermoorte Fichtenwälder auf Mineralboden → S3.2
2 ○ zwergstrauchreiche Tannen-Fichtenwälder
3 ○ Blockschutthalden-Wälder (Kontakte zu T5.1)
4 ~ Lärchen-Arvenwälder (Kontakte zu T3.1.4)
5 ~ Nadelholzforsten
1 ○ Waldkiefernforsten
2 ○ Schwarzkiefernaufforstungen
3 ○ Fichtenforsten
4 ○ Lärchenforsten
5 ○ Douglasienforsten
6 ○ andere Exoten
1 ~ auf kalkarmen, sehr sauren Böden
2 ~ auf mäßig bis schwach sauren Böden
3 ~ auf kalkreichen Böden
1 ~ feucht (aber frei von Überschwemmungen)
2 ~ frisch
3 ~ trocken
1 ~ Schonungen
2 ~ Stangenholz
3 ~ Hochwälder
4 ~ Altholz
1 ○ Bestände
2 ○ Einzelbäume
3 ○ Tot- u. Moderholz

T2 ~ Gebüsche und Waldlichtungsgesellschaften
1 ~ Gebüsche außerhalb des Waldes (einschließlich Hecken u. Waldmäntel)
1 ○ Faltenbrombeergebüsche (auf sauren Böden)
1 ○ Besenginster- u. Gaspeldorngebüsche
2 ○ Waldbrombeergebüsche atlantisch getönter Gebiete
2 ○ Schlehengebüsche (auf reicheren Böden)
1 ○ Brombeerfreie Schlehengebüsche
1 ~ Wärmeliebende Ligustergebüsche
1 ○ Schlehen-Liguster-Gebüsche
2 ○ Felsenbirnengebüsche
3 ○ Berberitzen-Sauerdorngebüsche
2 ○ Mesophile Schlehengebüsche
3 ○ Kontinentale Zwergkirschengebüsche
2 ○ Raspelbrombeergebüsche
1 ○ Hundsrosen-Wacholdergebüsche
2 ○ übrige Schlehen-Brombeergebüsche
3 ○ Dünenweidengebüsche (Kontakte zu H1.2.4)
2 ~ Krautige Waldlichtungsfluren

1 ~ auf sauren Böden
2 ~ auf basenreichen Böden (Tollkirschen-Schläge)
3 ~ Waldlichtungsgebüsche mit Brombeere, Himbeere, Traubenholunder, Salweide
1 ~ auf sauren Böden (u. a. reine Himbeer-Schläge, Salweidengebüsche, Ebereschenvorwälder)
2 ~ auf basischen Böden (u. a. Fuchsgreiskraut-Gesellschaften, Salweidengebüsche)
4 ~ Gebüsche aus Exoten u. Apophyten
1 O Kartoffelrosengebüsche der Dünen
2 O Bocksdorngebüsche
3 O Gartenbrombeergebüsche
4 O Hybridweidengebüsche → T9.6.4, T10.4
5 O Sommerfliedergebüsche
6 O z. B. ruderale Waldrebengebüsche

T3 ~ **Hochstaudenfluren, Gebüsche und Rasen an und oberhalb der Waldgrenze** (Kontakte zu T4, T5, T7.2.2)
1 ~ Subalpine Hochstaudenfluren u. Gebüsche
1 O Grünerlengebüsche
2 O subalpine Lägerfluren
3 O Sauerhumus-Latschengebüsche über Karbonatgestein (Krummholz)
4 O Alpenrosengebüsche (Kontakte zu T1.4.4)
5 O Zwergwacholder-Bärentraubenheiden
6 O Gebirgs-Hochgrasfluren (Prärien im Sinne von Carbiener)
2 ~ arktisch alpine Windheiden u. -rasen
1 O Krähenbeeren-Rauschbeerenheiden
2 O Alpenazaleen-Windheiden
3 O Nacktriedrasen
3 ~ Schneeböden
1 O Silikat-Schneebodenfluren
2 O Kalkschneebodenfluren
4 ~ alpine Rasen
1 O alpine Sauerbodenrasen
2 O alpine Kalkrasen
1 O trockenheitsertragende Polsterseggen- u. Blaugras-Horstseggenrasen
2 O auf oft durchrieselten, frischen Böden (Rostseggenrasen)
3 O alpine Milchkrautweiden u. Ur-Fettweiden → T7.2.2
5 ~ Lawinenbahnen

T4 ~ **Zwergstrauchheiden außerhalb der Hochgebirge**
1 ~ primäre Krähenbeerenheiden (Kontakte zu T2.1.1.4) v. a. auf Braundünen *Empetrion nigri*
2 ~ Sandheiden (incl. anthropo-zoogener Besenheidebestände)
3 ~ Bergheiden
4 ~ Besenginsterheiden
5 ~ Feuchtheiden → S2.3
1 ~ flächendeckend
2 ~ rudimentär als Säume an Wegen
1 ~ typisch
2 ~ vergraste Altersstadien
3 ~ mit Anflug von Pioniergehölzen
6 ~ Wacholdergebüsche in Sandheiden
7 ~ Borstgrasrasen → T6.2.5

T5 ~ **Gehölzfreie Fels- u. Geröllfluren** (Kontakte zu T3, T6)
1 ~ Steinschutt- u. Geröllfluren → L4.6
1 ~ auf Silikatgestein
1 O hochmontan-alpin

2 ○ submontan-montan
3 ○ gehölzfreie Blockhalden der Mittelgebirge (Kontakt zu T1.4..3.3)
4 ○ alpine Felsgrus-(Hauswurz)-Fluren
5 ○ Schieferschutt
2 ~ auf Kalkgestein
1 ○ wärmeliebende Schuttfluren
2 ○ Schuttfluren der Hochgebirge
1 ○ beweglicher Grobschutt
2 ○ Feinschutt u. Mergelhalden
3 ~ Schwermetallrasen, Galmeifluren
4 ~ Blockhalden (des Mittelgebirges)
5 ~ Serpentinschutt
6 ~ Lawinenbahnen (Kontakte zu T3, T7)
7 ~ Lesesteinhaufen
2 ~ Felsfluren (Mauern) → T10.2.2
1 ~ steile Felswände
1 ~ nackter Fels, ohne jegliche Vegetation
2 ~ Fels mit Flechtenüberzügen
3 ~ Felsfuß
1 ~ Silikat
2 ~ Kalk
1 ~ Silikatfels-Flechten
2 ~ Karbonatfels-Flechten
3 ~ Tintenstriche
4 ~ Vogelfelsen
1 ○ Kalk
2 ○ Urgestein
2 ~ Felsspalten
1 ~ Silikat
1 ○ Silikatfugen-Fluren mit Nordischem Streifenfarn *Androsacion vandellii*
2 ○ schattige, luftfeuchte Silikatfluren der atlantischen Mittelgebirge *Asarinion procumbentis*
3 ○ Serpentinfugen-Fluren
4 ○ Spalier- u. Felsstrauch-Bestände
2 ~ Kalk
1 ○ trockene Kalkfugen-Fluren (mit Mauerraute)
2 ○ feuchte Kalkfugen-Fluren (mit Blasenfarn)
3 ~ Felsbänder, Felsköpfe
1 ○ Silikat
2 ○ Kalk
3 ~ Höhlen
1 ○ Halbhöhlen (Balmen)
2 ○ Höhlen ohne Tageslichteinfluss
3 ○ Stollen u. Schächte
4 ~ Weichgesteinswände → H1.4, T10.6
1 ○ Löß-Hohlwege bzw. -Wände
2 ○ Molassefelsen (weiche Sandsteine)
3 ○ Prallhänge von Fließgewässern
5 ~ Erdrutsche
6 ~ Firnflächen

T6 ~ Magerrasen (Kontakte zu L5.2, T1, T5)
1 ~ Felsrasen (Kontakte zu T5)
1 ~ Silikat → T5.1.1
2 ~ Kalk
1 ~ wärmeliebende Kalk-Felsgrusrasen

2 ~ wärmeliebende Silikat-Felsgrusrasen
3 ~ Felsbandrasen
1 ~ Silikat, Massenkalk
2 ~ Kalk
2 ~ Trocken- und Halbtrockenrasen (Kontakte zu T1.1 ….1 u. 2)
1 ~ kalkarm, sauer
2 ~ kalkreich
1 ~ Horstgrashalden (Blaugras, Schwingel)
2 ~ submediterrane Trocken- und Halbtrockenrasen
1 ○ Xerothermrasen
2 ○ bodensaure Trockenrasen
3 ○ Trespen-Halbtrockenrasen (inkl. Auen-Halbtrockenrasen, z. B. Oberrhein)
4 ○ dealpine Blaugrashalden
3 ~ subkontinentale Halbtrockenrasen
1 ○ Frühlingsadonis-Fiederzwenkenrasen
2 ○ Federgras-Steppenrasen
4 ~ Sand-Magerrasen
1 ○ offene Sande (Binnendünen, vgl. aber T10.5..5)
2 ○ Küsten-Sandschillergras-Rasen (lokal auch Sandgebiete im Binnenland)
3 ○ Grasnelkenfluren
4 ○ Silbergrasfluren offener Flugsande
5 ○ Kleinschmielenrasen auf festgelegten Sanden
6 ○ Mauerpfeffer-Fluren
7 ○ Blauschillergras-Sandsteppen
8 ○ Moosdecken des neophytischen *Campylopus introflexus*
5 ~ Borstgrasrasen (Kontakte zu T4)
1 ○ Borstgrastriften der Tieflagen auf trockenen Standorten
2 ○ feuchte Borstgrasrasen
3 ○ Flügelginster-Weiden div. *Genista sagittalis*-Gesellschaft
4 ○ Bärwurz-Magerrasen, montane u. subalpine Borstgrasrasen

T7 ~ Wiesen und Weiden
1 ~ Fettwiesen → T3.3
1 ○ Rotschwingelwiesen → T9.5
2 ○ Glatthafer-Talfettwiesen
3 ○ Goldhafer-Bergfettwiesen
4 ○ Umbruchwiesen (neu eingesät)
2 ~ Fettweiden
1 ○ Intensiv-Fettweiden der Tieflagen (nach Bewirtschaftung weiter zu untergliedern)
2 ○ Alpenrispengras-Fettweiden der Hochlagen → T3.3.5
3 ~ Feucht- und Nasswiesen (Kontakte zu L5, S2)
1 ○ bodensaure Pfeifengraswiesen
2 ○ Kalk-Pfeifengraswiesen
3 ○ Brenndoldenwiesen östl. Stromtäler
4 ○ Wassergreiskrautwiesen
5 ○ Sumpfdotterblumen-Wiesen
6 ○ Kohldistel-Wiesen
7 ○ Fadenbinsen-Sümpfe
8 ○ Waldsimsen-Quellwiesen → L2
9 ○ Staudenreiche Nasswiesen mit Schlangenknöterich (Tieflagen, montan)
10 ○ atlantische *Juncus acutiflorus* und *J. conglomeratus*-reiche Wiesen
4 ~ Tritt- und Flutrasen
1 ○ Feuchtpionier- und Flutrasen (Kontakte zu L5)
2 ○ kurzlebige Tritt-Pionierrasen (Kontakte zu T10)
3 ○ ausdauernde Wegerich-Trittrasen (Kontakte zu T10)
4 ○ innerstädtische Trittrasen mediterraner Herkunft
5 ~ Grünland-Übergangsbereiche (Kontakte zu L3–5, T8)
1 ~ Grünlandbrachen (Kontakte zu L5)

2 ~ halbruderale Quecken-Trockenfluren (Kontakte zu T8)
1 ○ mesophile Bestände
2 ○ xerophile Bestände
3 ~ rudimentäre Glatthafer-Böschungsrasen (Kontakte zu T10.4), Straßenränder

T8 ~ Krautfluren, Säume, Staudenhalden außerhalb der Auen (Kontakte zu T10)
1 ~ Staudenfluren und Säume trockener Standorte (Kontakte zu T1, T5)
1 ~ wärmebedürftige Blutstorchschnabel-Säume
2 ~ mesophile Säume
1 ○ Säume kalkarmer Standorte (u. a. mit Salbei-Gamander)
2 ○ Säume kalkreicher Standorte (u. a. mit Zickzackklee)
2 ~ stickstoffbedürftige Krautfluren und -säume (Kontakte zu L3–5, T1, T5)
1 ~ stickstoffbedürftige Säume u. Krautfluren
1 ○ frische Brenn-Nessel-Giersch-Säume → T8.2.2.7
2 ○ halbschattige Knoblauchsrauken-Kälberkropf- u. Klettenkerbel-Säume
3 ○ kurzlebige frische Wald-Verlichtungsfluren mit Springkraut
2 ~ ausdauernde Krautfluren
1 ○ Graukressefluren auf Sand
2 ○ Honigklee- u. Natternkopf-Fluren
3 ○ Rainfarn-Beifuß-Gestrüppe
4 ○ Reseden-Fluren auf basenreichen, trockenen Substraten
5 ○ Eselsdistel- u. Wolldistel-Fluren
6 ○ Kletten- u. Stinknessel-Fluren (v. a. im Siedlungsbereich)
7 ○ anthropogene Brennnesselherden
3 ~ kurzlebige Ruderalfluren
1 ~ Raukenfluren i. w. S.
1 ○ wärmeliebende Wegmalvengesellschaften
2 ○ Kompasslattichfluren
3 ○ Mäusegerstefluren
4 ○ Raukenfluren
5 ○ Melden-Gänsefuß-Pionierfluren
6 ○ *Bromus tectorum-Conyza canadensis*-Pionierfluren
2 ~ Salzkrautfluren auf urban-industriellen Sonderstandorten
4 ~ Huflattich-Pionierfluren (Kontakt zu T7.5)

T9 ~ Kulturpflanzenbestände (exkl. Wiesen u. Weiden, Forsten) (Kontakte zu T10)
1 ~ Acker-Beikrautfluren (durch Fruchtfolge oft kurzlebig, sich durchdringend)
1 ~ kalkarme Lehmäcker (Kornblumenäcker)
1 ~ (sub)atlantische Windhalmäcker
1 ○ Lämmersalatäcker
2 ○ Ackerfrauenmantel- u. Kamillenäcker
2 ~ sommerwarme Sandäcker des Tieflandes
3 ~ kalkarme, frische Lehmäcker
2 ~ kalkreiche Lehmäcker (Mohnäcker)
1 ~ nährstoffreiche Lehm- u. Tonäcker
1 ○ Hackfruchtäcker (Kontakte zu T9.2), diverse Assoziationen
2 ○ Beikrautfluren od. Bingelkrautfluren
3 ○ Weinberge
2 ~ Halmfrucht-Kalkäcker
3 ~ Leinäcker (heute nur noch fragmentarisch)
4 ~ Maisäcker
5 ~ Ölfruchtäcker (Raps, Sonnenblumen u. a.)
6 ~ Klee, Luzerne u. a. Zwischenfrüchte (incl. *Trifolium resupinatum*)
7 ~ Buchweizenfelder
8 ~ Hanf
9 ~ Ackerbrachen → T9.2.2
1 ○ auf Kalk
2 ○ auf Lehm

3 ○ auf Sand
10 ~ Ackerraine
2 ~ Gärten
1 ~ Bauerngärten
2 ~ Nutzgärten
3 ~ Ziergärten (mit hohem Rasenanteil)
4 ~ Reihenhaus-Siedlungsgärten
5 ~ Botanische Gärten
6 ~ gehölzreiche Parks → T1.3
7 ~ Erwerbsgärtnereien, Baumschulen
1 ~ in Nutzung
2 ~ brachgefallen
3 ~ Fruchtplantagen
1 ~ Obstbaumplantagen (incl. Streuobstwiesen)
2 ~ Obststrauchplantagen
1 ~ Weingärten
1 ~ silikatisch
2 ~ basisch
1 ~ in Nutzung
2 ~ im Brachezustand
2 ~ andere Beerstrauchplantagen
1 ~ in Nutzung
2 ~ im Brachezustand
4 ~ Alleen, Einzelbäume u. Gruppen
1 ~ Nadelholz
2 ~ Laubholz
3 ~ gemischt
4 ~ Kopfweidenbestände
5 ~ öffentliche Grünflächen u. Anlagen u. waldähnliche Parks → T9.2 u. T1.3
1 ~ Scher- u. Parkrasen
1 ○ dicht
2 ○ mit Moosen
3 ○ lückig, mit Platz für Einjährige
1 ~ oft gemäht
2 ~ wenig gemäht
4 ○ Kunstwiesen, angesäte »bunte Blumenwiesen«
2 ~ Zierpflanzen-Rabatten, Ziergesträuche
1 ○ nur Gehölze
2 ○ nur Stauden
3 ○ gemischt
3 ~ Friedhöfe
1 ○ Waldfriedhöfe
2 ○ alte Friedhöfe
3 ○ junge Friedhöfe
4 ~ Straßenböschungen mit Baumschulgehölzen → T10.3.4.2
5 ~ Sportplätze

T10 ~ urban-industrielle u. a. wirtschaftsbezogene Formationen (Kontakte zu T8, T9)
1 ~ Siedlungsflächen, Industriegebiete
1 ~ geschlossene Bebauung (City, Stadtkern)
2 ~ Wohngebiete mit Zeilenbebauung (u. a. mit begrünten Höfen)
3 ~ offene Bebauung (Villenviertel, Stadtrand mit Gärten)
4 ~ industriell-gewerbliche Bebauung
5 ~ historische Wallanlagen im Stadtgebiet
6 ~ Dorfkern
1 ○ alt, mit offenen Jauchenrinnen
2 ○ mäßig gepflegt, mit einzelnen »verlassenen« Winkeln
3 ○ neu, »gepflegt«

4 ○ Gänseanger
1 ~ in Nutzung
2 ~ brachgefallen
2 ~ Bauwerke
1 ~ Burganlagen
2 ~ unbefestigte Schloss- u. Hofgebäude
3 ~ Kirchen, Kapellen
4 ~ in der Feldmark isolierte Ställe
5 ~ Betongebäude
6 ~ Gewächshäuser
7 ~ Brunnenschächte
8 ~ sonstige
1 ~ Dächer
2 ~ Mauern
1 ○ Kalkmörtelfugen mit Farnen
2 ○ Silikatgestein-Mauern
3 ○ Glaskraut-Zymbelkrautfluren
4 ○ Trockenmauern (z. B. Weinberge) → T9.3.2.1.2
5 ○ Mauerkronen
6 ○ Mauerfuß
1 ~ in Nutzung
2 ~ brachgefallen
3 ~ Verkehrswege
1 ~ Eisenbahngelände
1 ○ Schotterflächen zwischen bzw. neben den Gleisen
2 ○ Bahnhöfe, Verladerampen
3 ○ Dämme, Böschungen
2 ~ Hafengelände (sofern nicht bei L4.8)
1 ○ Spundwände
2 ○ Uferpackungen → L5.2.5.3
3 ○ Deiche
3 ~ kleine bis mittlere Fahrstraßen, -wege, Gehwege, Parkplätze → T2.5.4, T7.5.3, T9.5.4
1 ~ unbefestigt
1 ○ sandig
2 ○ lehmig
3 ○ geschottert
4 ○ torfig
2 ~ teilweise versiegelt (Pflasterritzen)
3 ~ versiegelt
4 ~ Autobahnen u. ähnliche Fernverkehrsstraßen
1 ○ Straßenränder u. -gräben
2 ○ Böschungen ohne Gehölze → T9.5.4
3 ○ Mittelstreifen
5 ~ Parkplätze (z. T. unversiegelt)
4 ~ Ödland, Siedlungsbrache → T9.3
1 ~ dörfliches Ödland
2 ~ städtisches Ödland
3 ~ Trümmerschutt
4 ~ Ruinen alter Gebäude
5 ~ Industriebrachen
6 ~ Hofplätze
7 ~ Komposthaufen
5 ~ Bodenabbauflächen → T5.4
1 ~ große Erd- u. Lockergesteinswände
2 ~ kleine Erdanrisse, Schürfstellen
3 ~ Kiesgruben
4 ~ Steinbrüche
5 ~ Sandgruben

6 ~ Tongruben
1 ○ Kalkstein
2 ○ Basalt, Diabas u. Ä.
3 ○ Sandstein
4 ○ Urgestein
1 ~ in Nutzung
2 ~ aufgelassen
6 ~ ± kleinflächige Offenböden, Erdanrisse → T5.4
1 ○ Sand
2 ○ Lehm
3 ○ Kies
4 ○ Steingrus
5 ○ Stein
1 ○ basenreich
2 ○ kristallin
7 ~ Brand- u. Meilerflächen
8 ~ Deponien u. Halden → L3.8
1 ~ Große Müll-Deponien
2 ~ Bauschutt-Deponien
3 ~ Kehrichtplätze
4 ~ Wollkämmereiplätze
5 ~ Sondermülldeponien
6 ~ bergbauliche Abraumhalden
7 ~ Sandaufschüttungen
8 ~ Erdaufschüttungen (bindiges Substrat)
9 ~ Gesteinsaufschüttung
1 ~ Plateau
2 ~ Hang
3 ~ Fuß
10 ~ Holzlagerplätze
9 ~ biogene Strukturen
1 ○ tierische Exkremente
2 ○ Vogelfutterstellen
3 ○ Vogelnester
4 ○ Wildläger
5 ○ Tierbauten
1 ○ Ameisenhaufen
2 ○ Maulwurfshaufen
3 ○ Fuchs- u. Dachshöhlen
4 ○ Kaninchenhöhlen
5 ○ Hasensassen
6 ○ Tierleichen

3 Bestimmungsschlüssel für die Vegetationsklassen

1 Pflanzengemeinschaft, bei der von Bäumen und Sträuchern eine Baum- bzw. Strauchschicht gut ausgebildet wird 2

1* Pflanzengemeinschaft ohne gut ausgebildete Baum- oder Strauchschicht 17

2 Pflanzengemeinschaft mit gut ausgebildeter Baumschicht **Wälder, Forste, Gehölze 3**

2* Pflanzengemeinschaft ohne gut ausgebildete Baumschicht, nur mit einer gut entwickelten Strauchschicht (bei höheren Zwergsträuchern/Kleingebüschen z. B. *Rhododendron* s. **18**) **Gebüsche, Hecken, Gestrüpp 13**

3 Baumschicht vorwiegend von Laubgehölzen aufgebaut **Laubwälder, Laubholzforste, Laubgehölze 4**

3* Baumschicht vorwiegend von Nadelgehölzen aufgebaut **Nadelwälder, Nadelholzforste, Nadelgehölze 9**

4 Wälder auf organischen Nassböden, die zeitweilig überschwemmt werden. Baumschicht überwiegend von *Alnus glutinosa* aufgebaut **Alnetea glutinosae** (Erlenbruchwälder) (siehe auch Alno-Ulmion S. 49) S. 46

4* Baumschicht nicht von *Alnus glutinosa* bestimmt, meist nicht auf zeitweise überschwemmten organischen Nassböden 5

5 Vorwiegend aus Baumweiden wie *Salix alba, S. fragilis*, sowie *Populus nigra, P.* × *canadensis* aufgebaute, z. T. sehr lichte Wälder an Ufern von Flüssen oder in Senken großer Flussauen. In der Feldschicht herrschen nässeertragende und stickstoffliebende Arten **Salicetea purpureae** (Weiden-Ufergehölze) S. 112

5* Wälder nicht vorwiegend aus Baumweiden aufgebaut 6

6 Baumschicht vorwiegend aus heimischen, standortsgerechten Gehölzen aufgebaut 7

6* Baumschicht vorwiegend aus florenfremden oder in Reihen angepflanzten, oft nicht standortsgerechten Laubgehölzen aufgebaut **Laubholzforste** S. 76

7 An der Zusammensetzung der Baumschicht sind neben *Quercus robur* und *Qu. petraea* vorwiegend Edellaubhölzer wie *Fraxinus excelsior, Acer pseudoplatanus* u. *A. platanoides, Ulmus minor, U. laevis, U. glabra* oder *Tilia platyphyllos, T. cordata, Carpinus betulus* und *Fagus sylvatica* beteiligt **Carpino-Fagetea** (Mesophile, sommergrüne Laubmischwälder) S. 48

7* Vorwiegend aus *Quercus robur* u. *Qu. petraea* aufgebaute Wälder, in denen forstlich bedingt auch *Betula pendula* u. *B. pubescens* oder *Pinus sylvestris* stärker beteiligt sein können, die anderen o. g. Baumarten treten zurück 8

8 Vorwiegend von *Quercus robur* u. *Qu. petraea* aufgebaute Wälder auf sauren Böden, in deren Feldschicht azidophile Arten wie *Avenella flexuosa, Carex pilulifera, Trientalis europaea* und *Vaccinium myrtillus* sehr häufig sind. Forstlich bedingt können *Betula pendula* und *Pinus sylvestris* stärker an der Baumartenzusammensetzung beteiligt sein **Quercetea robori-petraeae** (Bodensaure Eichenmischwälder) S. 69 (siehe auch Vaccinio uliginosi-Betuletum S. 94)

8* In der meist lichten Baumschicht sind vor allem *Quercus robur, Qu. petraea* u. *Qu. pubescens* bestandsbildend, beigesellt sind oft *Sorbus aria* u. *S. torminalis*. In der Feldschicht ist das Vorkommen von trockenheitsertragenden, wärmeliebenden Arten charakteristisch wie *Campanula persicifolia, Tanacetum corymbosum, Buglossoides purpureo-caerulea* oder *Potentilla alba, Trifolium alpestre, Tr. medium*. Bevorzugt auf wärmebegünstigten, trockenen Extremstandorten **Quercetea pubescenti-petraeae** (Wärmeliebende Eichen-Trockenwälder) S. 73

9 (3*) Baumschicht fast ausschließlich von florenfremden oder standortsfremden Nadelgehölzen bestimmt, Bäume oft in deutlichen Reihen stehend **Nadelholzforste** S. 96

9* Baumschicht vorwiegend aus heimischen, standortsgerechten Nadelgehölzen aufgebaut. Auf Moor-Standorten gelegentlich *Betula pubescens* dominierend **10**

10 Von *Pinus sylvestris, P. mugo, Picea abies* oder *Betula pubescens* aufgebaute Wälder auf moorigen Standorten **Vaccinio uliginosi-Pinetea** (Rauschebeeren-Kiefern-Moorwälder) S. 93 (siehe auch Bazzanio-Piceetum S. 91)

10* Wälder nicht auf moorigen Standorten stockend **11**
11 Schneeheide-Kiefernwälder, subalpine Latschengebüsche, Spirken-, Arven- und Lärchenwälder auf Karbonatböden mit basiphilen Arten wie *Erica carnea, Polygala chamaebuxus* und *Calamagrostis varia* **Erico-Pinetea** (Schneeheide-Kiefernwälder) S. 80
11* Von Nadelgehölzen aufgebaute Wälder ohne die genannten Arten **12**
12 Von *Pinus sylvestris* aufgebaute Wälder auf sommertrockenen Standorten. In der Feldschicht fehlen die azidophilen Zwergsträucher wie *Vaccinium myrtillus* u. *V. vitis-idaea*, dafür treten Arten sandiger Xerothermrasen wie *Festuca ovina, Hieracium umbellatum, H. pilosella* und *Rumex acetosella* oder Wintergrün-Arten (*Pyrolaceae*) hochstet auf **Pulsatillo-Pinetalia** (Subkontinentale Kiefern-Trockenwälder) S. 78
12* Von *Pinus sylvestris* oder *Picea abies*, in subalpinen Lagen auch von *Pinus cembra und Larix europaea* aufgebaute Nadelwälder, in deren Feldschicht *Vaccinium vitis-idaea, V. myrtillus* und *Avenella flexuosa* häufig zu finden sind. Sie besitzen eine mächtige Rohhumusdecke, auf der viele Moose wie *Pleurozium schreberi, Dicranum scoparium* und *Ptilidium ciliare* eine hohe Artmächtigkeit erreichen können **Vaccinio-Piceetea** (Europäische, boreal-kontinentale, zwergstrauchreiche Nadelwälder) S. 86 (siehe auch Piceo-Alnetum S. 51)
13 (**2***) Vorwiegend in der subalpinen Stufe der Alpen und höheren Mittelgebirge ausgebildete Gebüsche mit Hochstauden in der Feldschicht **Betulo carpaticae-Alnetea viridis** (Subalpine Grünerlen- oder Weidengebüsche) S. 101
13* Gebüsche tieferer Lagen, ohne *Alnus viridis* **14**
14 Vorwiegend von Strauchweiden (*Salix* div. spec.) aufgebaute Gebüsche, selten von *Myricaria germanica* **15**
14* Gebüsche nicht vorwiegend aus Strauchweiden (*Salix* div. spec.) und *Myricaria germanica* aufgebaut **16**
15 Gebüsche nasser bis feuchter Standorte mit hochsteter *Salix cinerea* und Klein- und Großseggen (*Carex* div. spec.) oder *Eriophorum angustifolium* **Carici-Salicetea cinereae** (Seggen-Grauweiden-Gebüsche) S. 108
15* Gebüsche an Ufern von Seen oder Flüssen und Bächen mit *Salix purpurea, S. triandra, S. viminalis* oder *Myricaria germanica*. Im Unterwuchs dominieren stickstoffliebende Arten wie *Urtica dioica* oder Feuchtezeiger wie *Eupatorium cannabinum* **Salicetea purpureae** (Weiden-Ufergebüsche und -gehölze) S. 112
16 (**14***) Gebüsche bodensaurer, nährstoffärmerer Standorte mit *Frangula alnus, Populus tremula, Sarothamnus scoparius, Ulex europaeus, Juniperus communis, Rubus* div. spec. und *Betula pendula* in der Strauchschicht und *Avenella flexuosa* in der Feldschicht. Auf Dünensanden gelegentlich von *Salix repens* ssp. *dunensis* beherrscht **Franguletea** (Bodensaure Laubgehölz-Gebüsche) S. 102
16* Gebüsche auf nährstoffreichen Standorten, meist ohne *Frangula alnus*, vorwiegend mit nitrohpilen und/oder thermophilen Gehölzarten **Rhamno-Prunetea** (Kreuzdorn-Schlehen-Gebüsche) S. 115
17 (**1***) Von oft immergrünen Zwerg- und Spaliersträuchern aufgebaute, niedrigwüchsige Heiden (vgl. **Salicetea herbaceae** S. 140) **18**
17* Nicht von Zwerg- oder Spaliersträuchern bestimmte Pflanzengesellschaften **20**
18 Von oft immergrünen Zwerg- oder Spaliersträuchern wie *Calluna vulgaris, Vaccinium myrtillus, V. vitis-idaea, Erica tetralix* oder *Empetrum nigrum* aufgebaute Zwergstrauchheiden auf bodensauren Standorten der planaren bis hochmontanen Stufe **Calluno-Ulicetea** (Heidekraut-Stechginster-Heiden) S. 144
18* Zwerg- und Spalierstrauchheiden der subalpinen bis alpinen Stufe der Alpen und der höheren Mittelgebirge **19**
19 Zwerg- und Spalierstrauchheiden der alpinen bis subalpinen Stufe auf Kalkgesteinen mit *Rhododendron hirsutum* und *Erica carnea* **Rhododendro hirsuti-Ericetea carneae** (Kalkalpine Zwergstrauchheiden) S. 136
19* Bodensaure Zwerg- und Spalierstrauchheiden windgefegter alpiner Standorte mit *Empetrum hermaphroditum* und *Loiseleuria procumbens* **Loiseleurio-Vaccinietea** (Arktisch-alpine Windheiden) S. 137
20 (**17***) Waldnahe und Ufer-Stauden-Gesellschaften, teilweise auch saumartig an Straßengräben u. ä. anthropogenen Standorten, einige auch grasreich (siehe auch **47** und **48**) **21**
20* Keine waldnahen und Ufer-Stauden-Gesellschaften **26**

21 Wärmeliebende Stauden-Gesellschaften an Säumen am Rande thermophiler Wälder und Gebüsche auf wärmebegünstigten Standorten mit Arten wie *Trifolium medium, Melampyrum nemorosum, Geranium sanguineum, Anemone sylvestris und Vicia tenuifolia*
Trifolio-Geranietea sanguinei (Thermo- und mesophile Staudenfluren) S. 153

21* Stauden-Gesellschaften, die nicht durch das Vorherrschen wärmeliebender Pflanzen ausgezeichnet sind. **22**

22 Hochstauden-Gesellschaften frischer bis feuchter Standorte der hochmontanen und subalpinen Stufe der Mittelgebirge und Alpen mit *Geranium sylvaticum, Ranunculus platanifolius, Cicerbita alpina* und *Athyrium distentifolium* **Stellario nemorum-Geranietea sylvaticae** (Hochmontane bis subalpine Hochstauden-fluren) S. 158

22* Stauden-Gesellschaften tieferer Lage ohne die genannten Arten **23**

23 Teilweise grasreiche Stauden- und Saum-Gesellschaften auf bodensauren, armen Standorten, auf Kahlschlagflächen und an Wald- und Waldwegrändern, mit *Avenella flexuosa, Agrostis capillaris, Holcus mollis, Rumex acetosella, Vaccinium myrtillus, Melampyrum pratense, Epilobium angustifolium* **24**

23* Staudenfluren auf reicheren Standorten, auf Kahlschlägen, an Wald-, Waldweg-, Gebüsch- und Uferrändern, häufig im frischen bis feuchten Bereich, mit Ausnahme von *Epilobium angustifolium* ohne die bei 24 genannten Arten **25**

24 Schlag-Gesellschaften mit *Epilobium angustifolium, Calamagrostis epigejos, Senecio sylvaticus*
Epilobion angustifolii/Epilobietea angustifolii (Bodensaure Schlag-Gesellschaften) S. 168

24* Grasreiche, bodensaure Waldsaum-Gesellschaften mit *Melampyrum pratense, Teucrium scorodonia, Hieracium laevigatum, H. lachenalii, Lathyrus linifolius*
Melampyro-Holcetea mollis (Bodensaure Waldsäume) S. 165

25 (**23***) Mesophile Schlag-Gesellschaften auf reicheren Standorten, auf Schlägen standortgerechter Laubwälder im frischen Bereich, häufig auch an Waldrändern, Waldblößen und -wegen, mit *Epilobium angustifolium, Fragaria vesca, Hypericum hirsutum, Galium odoratum, Festuca gigantea, Atropa belladonna, Arctium nemorosum, Senecio fuchsii*
Atropion belladonnae/Epilobietea angustifolii (Mesophile Schlag-Gesellschaften) S. 170

25* Nitrophile Staudensaum-Gesellschaften an Ufern, Wegen, Wald- und Gebüschrändern und Schleiergesellschaften an Gebüschen im frischen bis feuchten Bereich, mit *Urtica dioica, Galium aparine, Aegopodium podagraria, Calystegia sepium, Chaerophyllum* div. spec., *Alliaria petiolata* **Galio-Urticetea dioicae** (Nitrophile Staudenfluren) S. 172

26 (**20***) Niedrigwüchsige, an Moosen und Kriechsträuchern reiche Pflanzengesellschaften der alpinen Stufe, deren Standorte sehr lange (über 7 Monate) von Schnee bedeckt sind
Salicetea herbaceae (Schneeboden-Gesellschaften) S. 140

26* Pflanzengesellschaften, die nicht von Kriechsträuchern beherrscht werden und deren Standorte nicht übermäßig lange vom Schnee bedeckt sind **27**

27 Rasengesellschaften (Urwiesen, Matten) der subalpin-alpinen Stufe **28**

27* Pflanzengesellschaften, die nicht von alpinen Gräsern und alpinen Sauergräsern geprägt sind **30**

28 Rasengesellschaften auf karbonatfreien Substraten oder versauerten Böden mit vielen arktisch-alpinen Florenelementen. Bezeichnend *Carex curvula, Agrostis rupestris* und *Gentiana acaulis*
Caricetea curvulae (Alpine Krummseggen-Rasen) S. 357

28* Rasengesellschaften auf Karbonatgestein **29**

29 Alpin-subalpine Rasengesellschaften auf Karbonatgestein, von alpinen und submediterranen Florenelementen geprägt wie *Anthyllis vulneraria* ssp.*alpestris,Astragalus frigidus* und *Helianthemum nummularium* ssp. *grandiflorum***Seslerietea albicantis** (Alpine Kalk-Magerrasen) S. 353

29* Primäre Rasen auf dünnen Rohhumusdecken über basenreichem Ausgangsgestein. Neben basiphilen auch azidophile Arten im Bestand. Auf windexponierten Standorten bis zur nivalen Stufe. Bezeichnend *Kobresia myosuroides* und *Carex rupestris*
Carici rupestris-Kobresietea bellardii (Arktisch-alpine Nacktried-Rasen) S. 359

30 (**27***) Von Schlickgräsern (*Spartina* sp.) aufgebaute Pflanzengesellschaften auf zeitweise von der Nordsee überschwemmten Watt-Standorten
Spartinetea maritimae (Schlickgras-Gesellschaften) S. 186

30* Pflanzengesellschaften nicht von Schlickgräsern aufgebaut **31**

31 Von *Bolboschoenus maritimus* aufgebaute Röhrichte des Brackwassers
Bolboschoenion maritimi/Phragmito-Magnocaricetea (Strandsimsen-Röhrichte) S. 255

31* Pflanzengesellschaften nicht von *Bolboschoenus maritimus* aufgebaut **32**

32 Wasser-, Ufer-, Moor- und Sumpfpflanzengesellschaften. **52**

32* Pflanzengesellschaften auf meist trockeneren Standorten (z. T. auch feuchte und zeitweise überschwemmte Standorte) **33**
33 Sehr offene Pioniergesellschaften auf nacktem Fels, Mauern, Gesteinsschutt und Geröll . . . **34**
33* Pflanzengesellschaften anderer Standorte, wenn offene Pioniergesellschaften, dann auf Sand oder flachgründigen unentwickelten Böden über Fels **37**
34 Pioniergesellschaften in Mauerfugen, Felsspalten und -klüften. **35**
34* Pioniergesellschaften nicht in Mauerfugen, Felsspalten und -klüften, sondern auf Kies, Geröll, Steinschutt, Schiefermaterial **36**
35 Wärmeliebende, nitrophile Mauerfugen-Pflanzengesellschaften mit *Cymbalaria muralis, Parietaria judaica* und *Corydalis lutea*
Parietarietea judaicae (Wärmeliebende nitrophile Mauerfugen-Gesellschaften) S. 204
35* Von Farnen und Moosen beherrschte Pflanzengesellschaften in feinerdearmen Klüften, Spalten und Fugen im anstehenden Fels, auch an Mauern
Asplenietea trichomanis (Mauer- und Felsspalten-Gesellschaften) S. 198
36 (34*) Pioniergesellschaften auf schwermetallsalzreichen Böden, auch auf Halden des Kupferschieferbergbaues mit *Minuartia verna* ssp. hercynica und anderen Schwermetallzeigern
Violetea calaminariae (Schwermetall-Pflanzengesellschaften) S. 216
36* Pioniergesellschaften auf nicht schwermetallsalzreichen Böden, ohne die genannte Zeigerarten, auf grobem Geröll und Steinschutt
Thlaspietea rotundifolii (Geröll- und Steinschutt-Gesellschaften) S. 207
37 (33*) Pioniergesellschaften auf grusigen bis sandigen Böden und auf flachgründigen, oft unentwickelten Böden über Fels und auf Dünen (vgl. auch Agropyretalia S. 398) **38**
37* Gesellschaften auf anderen Standorten **39**
38 Von hochwüchsigen harten Gräsern wie *Ammophila arenaria* und *Elymus arenarius* aufgebaute Pflanzengemeinschaften der Stranddünen
Ammophiletea arenariae (Stranddünen-Gesellschaften) S. 289
(vgl. auch Petasitetum tomentosi – Filzpestwurz-Gesellschaft/Agropyretalia S. 400)
38* Pflanzengesellschaften auf grusigen bis sandigen Böden, die nicht von hochwüchsigen Dünengräsern, sondern kurzen Horstgräsern bestimmt werden
Koelerio-Corynephoretea (Schiller- und Silbergrasreiche Pioniergesellschaften) S. 291
(vgl. auch Festuco-Brometea S. 307)
39 (37*) Pflanzengesellschaften der vorwiegend von Süßgräsern bestimmten Grasfluren, Flutrasen, Wiesen, Weiden und halbruderalen Halbtrocken- und Queckenrasen, siehe auch 50* **40**
39* Nicht vorwiegend von Süßgräsern bestimmte, oft von kurzlebigen oder ausdauernden nitrophilen Arten gebildete Pflanzengesellschaften der Äcker, Gärten, Weinberge, Meeresspülsäume, Flussufer und Ruderalstandorte (in Siedlungen, auf Deponien, Brachen und Abbauflächen) **46**
40 Artenreiche Rasengesellschaften trockener, oligo- bis mesotropher Standorte mit trockenheitsertragenden, wärmeliebenden Gräsern und Kräutern **41**
40* Rasengesellschaften mäßig trockener, frischer bis nasser, meso- bis eutropher Standorte ohne trockenheitsertragende, wärmeliebende Gräser und Kräuter **42**
41 Rasen basen-, z. T. auch humusreicher Standorte auf Kalk, Kalkflugsanden, Löß oder basisch verwitternden Vulkan- und Silikatgesteinen mit *Festuca ovina* s. l., *Koeleria macrantha, Bromus erectus, Brachypodium pinnatum, Stipa* div. spec., *Potentilla neumanniana* und vielen anderen trockenheitsertragenden, wärmeliebenden Pflanzen, teilweise extensiv mit Schafen beweidet
Festuco-Brometea (Basiphile Xerothermrasen) S. 307
41* Weitgehend geschlossene niedrige Rasen auf verfestigten etwas humosen Sandböden auf extensiven Weiden, auch auf Brachland, an Weg- und Straßenrändern mit *Armeria elongata, Dianthus deltoides, Festuca brevipila* **Armerion elongatae** (Grasnelken-Gesellschaften) S. 301
(vgl. andere Koelerio-Corynephoretea-Gesellschaften S. 291)
42 (40*) Wirtschaftswiesen und Weiden mit breitblättrigen Gräsern wie *Arrhenatherum elatius, Alopecurus pratensis, Festuca pratensis, Lolium perenne* und Kräutern wie *Lathyrus pratensis, Ranunculus acer.* Auf meso-bis eutrophen, frischen bis feuchten, nicht salzhaltigen Standorten
Molinio-Arrhenatheretea (Wirtschaftswiesen und Weiden gedüngter Standorte) S. 320
42* Wiesen und Weiden auf wenig oder nicht gedüngten Standorten, mit meist schmalblättrigen Gräsern (Borstgrasrasen) und von ausdauernden Arten dominierte Tritt- und Flutrasen, Salzrasen und halbruderale Halbtrocken- und Queckenrasen **43**
43 Von ausdauernden Arten dominierte Tritt- und Flutrasen mit *Agrostis stolonifera, Potentilla anserina, Ranunculus repens***Agrostietea stoloniferae** (Ausdauernde Tritt- und Flutrasen) S. 341

43* Andere Wiesen, Weiden und Rasen **44**

44 Wiesen auf salzhaltigen Standorten, durch salzresistente Arten wie *Aster tripolium, Puccinellia distans* ausgezeichnet **Asteretea tripolii** (Salzwiesen) S. 191

44* Weiden und andere Rasen **45**

45 Weiden auf sauren, nährstoffarmen Standorten mit *Nardus stricta* **Nardetea strictae** (Borstgrasweiden) S. 348

45* Halbruderale Halbtrocken- und Queckenrasen auf Brachland, an Wegen und Straßen Durch das hochstete Auftreten von *Elytrigia repens* oder *E. intermedia, Melica transsilvanica, Bromus inermis, Convolvulus arvensis* und *Calamagrostis epigejos* gekennzeichnet, auch Bestände mit Dominanz von *Tussilago farfara* oder *Petasites spurius* vorkommend **Agropyretalia repentis** (Halbruderale Halbtrockenrasen und Quecken-Gesellschaften) S. 398

46 (**39***) Gesellschaften bewirtschafteter Äcker, Gärten und Weinberge **Stellarietea mediae** (Ackerunkraut-Gesellschaften) S. 403

46* Pflanzengesellschaften nicht auf bewirtschafteten Äckern, nicht vorwiegend von Pflanzen der Segetalstandorte (Gärten, Äcker, Weinberge) aufgebaut **47**

47 Pflanzengesellschaften stickstoffreicher Spülsäume der Küsten **Cakiletea maritimae** (Meersenf-Spülsaum-Gesellschaften) S. 362

47* Pflanzengesellschaften nicht auf Spülsäumen der Küsten **48**

48 Pflanzengesellschaften nährstoffreicher Teich- und Flussufer, meist mit *Bidens* div. spec. und *Polygonum* div. spec. **Bidentetea tripartitae** (Zweizahn-Gesellschaften) S. 364

48* Pflanzengesellschaften nicht auf nährstoffreichen Teich- und Flussufern **49**

49 Durch nitrophile Stauden wie *Artemisia vulgaris, Rumex obtusifolius, Carduus crispus, Tanacetum vulgare, Onopordon acanthium* und *Arctium* div. spec. ausgezeichnete Gesellschaften auf Schuttplätzen (in Dörfern, Städten, Deponien Kläranlagen, Abbauflächen, Öd- und Brachland), an stickstoffreichen Ufern und Waldsäumen **Artemisietea vulgaris** (Ruderale Stauden-Gesellschaften) S. 387

49* Pflanzengesellschaften nicht durch Vorherrschen nitrophiler Stauden gekennzeichnet. **50**

50 Pflanzengesellschaften auf betretenen oder stark befahrenen Standorten, aufgebaut aus niedrigwüchsigen, gegen mechanische Verletzungen widerstandsfähigen kurzlebigen Arten wie *Polygonum aviculare, Poa annua, Lepidium ruderale* **Polygono-Poetea annuae** (Einjährige Trittpflanzengesellschaften) S. 372

50* Pflanzengesellschaften auf nicht stark betretenen oder befahrenen Standorten. **51**

51 Einjährige offene oder dichte Ruderalgesellschaften auf nitratbeeinflussten Böden im Bereich von Siedlungen und gestörten Flächen mit einjährigen Pflanzen wie *Conyza canadensis, Bromus sterilis, B. hordeaceus, Lactuca serriola* und *Sisymbrium officinale, Atriplex* div. spec., *Chenopodium* div. spec. **Sisymbrietea officinalis** (Ruderale Raukenfluren) S. 376

51* Pionierrasen auf Ödland an trockenen Wegböschungen, Xerothermstandorten und aufgelassenen Äckern. Durch das hochstete Auftreten von *Elytrigia repens* oder *E. intermedia, Melica transsilvanica, Bromus inermis, Convolvulus arvensis* und *Calamagrostis epigejos* gekennzeichnet**Agropyretalia repentis** (Halbruderale Halbtrockenrasen und Quecken-Gesellschaften) S. 398

52 (**32**) Pflanzengesellschaften im Salzwasser oder auf nassen bis feuchten, salzreichen Böden, durch salztolerante Arten bestimmt **53**

52* Pflanzengesellschaften im Süßwasser oder auf nassen bis feuchten, nicht stark salzhaltigen Böden. Salztolerante Arten herrschen nicht vor. **57**

53 Unterwasser-Pflanzengesellschaften des Salz- und Brackwassers **54**

53* Pflanzengesellschaften auf wenigstens zeitweise trocken fallenden salzhaltigen Standorten. . **55**

54 Von *Zostera* spec.(Seegras-Arten) aufgebaute Unterwasserwiesen im tiefen Wasser **Zosteretea marinae** (Seegras-Wiesen) S. 185

54* Von *Ruppia maritima* bestimmte Unterwasser-Gesellschaften des sauberen Brackwassers **Ruppietea maritimae** (Meeressalden-Gesellschaften) S. 186

55 (**53***) Auf stark versalzten Standorten siedelnde Pflanzengesellschaften mit dominantem Auftreten von *Salicornia* div.spec. und *Suaeda maritima* oder *Eleocharis parvula*. **56**

55* Auf wechselhalinen, wechselfeuchten, mechanisch stark beanspruchten Standorten vorkommende Pflanzengesellschaften in Dünentälern oder im Grenzbereich von Salzrasen und Graudünen, durch *Sagina maritima* gekennzeichnet **Saginetea maritimae** (Strandmastkraut-Gesellschaften) S. 190

56 Auf stark versalzten Standorten siedelnde Pflanzengesellschaften mit dominantem Auftreten von *Salicornia* div.spec. und *Suaeda maritima* **Thero-Salicornietea** (Quellergesellschaften) S. 187

56* Im seichten Brackwasser und an der Mündung der Priele siedelnde Pflanzengesellschaft mit Dominanz von *Eleocharis parvula*
Eleocharitetum parvulae/Ruppietea maritimae (Gesellschaft der Kleinen Sumpfsimse) S. 187

57 (52*) Frei auf der Wasseroberfläche schwimmende oder submers lebende, nicht im Boden wurzelnde und daher leicht verdriftende Wasserpflanzengesellschaften in stehenden oder langsam fließenden Gewässern **Lemnetea minoris** (Wasserlinsen-Gesellschaften) S. 221

57* Pflanzengemeinschaften anders aufgebaut **58**

58 Gesellschaften aus Armleuchteralgen (Characeen), im Wesentlichen der Gattungen *Chara, Nitella, Nitellopsis* und *Tolypella*
Charetea fragilis (Armleuchteralgen-Gesellschaften) Klasse wird nicht behandelt

58* Gesellschaften im Wesentlichen aus höheren Pflanzen aufgebaut, einige unter starker Beteiligung von Moosen **59**

59 Pflanzengesellschaften des Süß- oder schwach salzigen Brackwassers, die ständig untergetaucht leben oder Schwimmblätter ausbilden, manche Gesellschaften auch teilweise trocken fallend **60**

59* Pflanzengesellschaften anders aufgebaut **61**

60 Wurzelnde Wasserpflanzengesellschaften stehender und fließender Gewässer, meist den Röhrichten wasserseitig vorgelagert
Potamogetonetea pectinati (Laichkraut- und Schwimmblattgesellschaften) S. 225

60* Sehr kleinflächig entwickelte, von kleinen schwimmenden oder auf dem Mooruntergrund aufliegenden Klein-Wasserschlauch-Arten (*Utricularia* div. spec.), kleinen schmalblättrigen *Sparganium*-Arten und Moosdecken aufgebaute Pflanzenbestände, vor allem von Moorschlenken, Torfstichen und Heideseen
Utricularietea intermedio-minoris (Klein-Wasserschlauch-Gesellschaften) S. 238

61 (59*) Pflanzengesellschaften aus niedrig- bis zwergwüchsigen subaquatisch, amphibisch oder auf bis in den Oberboden feuchten Standorten lebenden Pflanzen an Gewässerrändern, abgelassenen Fischteichen und zeitweilig überstauten Sonderstandorten auf kiesigem bis schlammigem Substrat **62**

61* Pflanzengesellschaften anders aufgebaut **63**

62 Pflanzengesellschaften aus niedrigwüchsigen, subaquatisch oder amphibisch lebenden Pflanzen auf kiesigem bis schlammigem, oft torfhaltigem Substrat mit jahreszeitlich schwankendem Wasserspiegel (z. B. Arten der Gattungen *Littorella, Isoetes, Baldellia, Hydrocotyle* u. a.). Im Verlandungsbereich oligotropher Gewässer, aber auch an Fischteichen, Tagebauseen und Talsperren **Isoeto-Littorelletea uniflorae** (Strandling-Gesellschaften) S. 241

62* Zwergwüchsige, einjährige, meist nur kurzlebige und unbeständige Pioniergesellschaften offener, feuchter Böden und gestörter zeitweilig überstauter Plätze, oft im Spätsommer im Randbereich trocken fallender Gewässer entwickelt, mit *Juncus*- und *Cyperus*-Arten, *Limosella aquatica, Gnaphalium uliginosum*
Isoeto-Nanojuncetea bufonii (Zwergbinsen-Gesellschaften) S. 268

63 (61*) Meist moosreiche Pflanzengesellschaften an ständig feuchten, gleichmäßig temperierten, sauerstoffreichen Quellstandorten und auf Kalktuff
Montio-Cardaminetea (Quellflur-Gesellschaften) S. 247

63* Pflanzengesellschaften anders aufgebaut **64**

64 Pflanzengesellschaften vorwiegend aus hochwüchsigen Großseggen (*Carex* div. spec.), Gräsern (*Phragmites, Phalaris arundinacea, Calamagrostis canescens*) und Röhrichtpflanzen der Gattungen *Typha, Schoenoplectus, Bolboschoenus, Cladium, Sparganium, Equisetum, Acorus, Eleocharis, Alisma, Sagittaria* u. a. aufgebaut
Phragmito-Magnocaricetea (Röhrichte und Großseggensümpfe) S. 251

64* Pflanzengesellschaften nicht aus Großseggen und hochwüchsigen Röhrichtpflanzen aufgebaut **65**

65 Aus Kleinseggen (*Carex* div. spec.), *Eriophorum angustifolium, Juncus* div. spec. und *Sphagnum* div. spec. aufgebaute Pflanzengesellschaften auf Sümpfen und Niedermooren, die von Grund-, Quell- oder Sickerwasser ständig feucht gehalten werden. Auch im Lagg und in Schlenken von Hochmooren **Scheuchzerio-Caricetea nigrae**
(Niedermoor- und Hochmoorschlenken-Kleinseggen-Gesellschaften) S. 273

65* Artenarme, von Torfmoosen (*Sphagnum* div. spec.) beherrschte Pflanzengemeinschaften oligotropher Hoch- und Übergangsmoore mit *Eriophorum vaginatum, Oxycoccus palustris, Andromeda polifolia* **Oxycocco-Sphagnetea** (Hochmoorbulten-Gesellschaften) S. 285

4 Wälder, Forste und Gehölze

4.1 **Alnetea glutinosae** Br.-Bl. u. R. Tx. ex Westh. et al. 1946 – Erlenbruchwälder

B: K *Alnus glutinosa* – Schwarz-Erle
S: K *Salix pentandra* – Lorbeer-Weide
F: K *Solanum dulcamara* – Bittersüßer Nachtschatten
K *Sphagnum squarrosum* – Sparriges Torfmoos
K *Dryopteris cristata* – Kammfarn

Azonale Waldgesellschaften auf organischen Nassböden, die zeitweilig überstaut werden und ganzjährig ein hoch anstehendes Grundwasser besitzen. In sommerlicher Trockenperiode Durchlüftung der oberen Torfschichten und Stickstoffmineralisation. Baumschicht meist von *Alnus glutinosa* bestimmt. Vom Flachland bis zum Mittelgebirge vorkommend.

▽ Durch Entwässerungsmaßnahmen, Umwandlung in Nasswiesen oder durch Ruderalisierung vielfach irreversibel verändert oder vernichtet.

BT Erlenbrüche (S 3.2.5), Bachauen, von Schwarzerle dominiert (L 5.2.3.2)

Im Gebiet nur 1 Ordnung:

Alnetalia glutinosae R. Tx. 1937

und 1 Verband:

Alnion glutinosae (Malc. 1929) Meijer Drees 1936 – Schwarzerlenreiche Bruchwälder

B: K *Alnus glutinosa* – Schwarz-Erle
F: V *Calamagrostis canescens* – Sumpf-Reitgras
V *Thelypteris palustris* – Sumpffarn
V *Ribes nigrum* – Schwarze Johannisbeere

Vorwiegend von *Alnus glutinosa* aufgebaute Bruchwälder auf meist basenreichen, nassen, organischen Böden. Bei beginnender Versauerung des Oberbodens kann *Betula pubescens* stärker hinzutreten. Vom Flachland bis ins Mittelgebirge vorkommend.

▽ Durch Trockenlegung und Eutrophierung gefährdet.

1 Unbegehbarer Sumpfwald mit Bulten und stets wassergefüllten Schlenken. Vorkommen von Wasserpflanzen in den Schlenken **Hottonio-Alnetum** S. 47
1* Bruchwald in Trockenperioden begehbar. In den Schlenken fehlen Wasserpflanzen 2
2 Baumschicht fast ausschließlich von *Alnus glutinosa* bestimmt 3
2* In Baumschicht auch *Betula pubescens* mitbestimmend. In der Feldschicht ausgedehnte Torfmoospolster (*Sphagnum* spec.) **Sphagno-Alnetum** S. 48
3 Boden mit Bulten und Schlenken, die, regelmäßig überstaut, vielen Nässe liebenden Pflanzen ein Gedeihen ermöglichen. 4
3* Boden ohne Bulten und Schlenken, nur noch gelegentlich überstaut. Nitrophile Arten überwiegen in der Feldschicht **Urtico-Alnetum** S. 48
4 Atlantisch verbreitete Gesellschaft in der Eifel mit *Carex laevigata* und *Scutellaria minor* **Carici laevigatae-Alnetum** S. 47

4* Mitteleuropäisch-subkontinental verbreitete Gesellschaft mit *Carex elongata* und *Thelypteris palustris* **Carici elongatae-Alnetum** S. 47

Hottonio-Alnetum glutinosae Hueck 1929 – Wasserfeder-Erlensumpf-Wald

B: K *Alnus glutinosa* – Schwarz-Erle
F: T *Hottonia palustris* – Wasserfeder
T *Utricularia vulgaris* – Gewöhnlicher Wasserschlauch
T *Typha latifolia* – Breitblättriger Rohrkolben
T *Carex pseudocyperus* – Scheinzyper-Segge
T *Carex paniculata* – Rispen-Segge

Von hochstämmiger *Alnus glutinosa* aufgebauter, unbegehbarer Sumpfwald mit Bulten und stets wassergefüllten Schlenken auf torfigen, sauerstoffarmen Böden. In den Schlenken viele Wasserpflanzen, auf den Bulten Großseggen. Baumerneuerung nur auf den Bulten. Nur noch sehr selten in Senken der Pleistozängebiete (z. B. Darß) und großen Talniederungen des Flach- und Hügellandes.
▽ Akut vom Verschwinden bedroht (1), §.

Carici elongatae-Alnetum Schwick. 1933 – Langährenseggen-Erlenbruch-Wald (incl. Cardamino-Alnetum glutinosae Meijer Drees 1930, Irido-Alnetum glutinosae Doing 1962)

B: K *Alnus glutinosa* – Schwarz-Erle
F: A *Carex elongata* – Langährige Segge
V *Thelypteris palustris* – Sumpffarn
H *Lysimachia vulgaris* – Gewöhnlicher Gilbweiderich
H *Lycopus europaeus* – Ufer-Wolfstrapp
H *Calla palustris* – Sumpf-Calla

Bruchwald, der von *Alnus glutinosa* aufgebaut wird, mit Bulten und Schlenken, die aber zeitweise trockenfallen. Boden meist Flachmoortorf. Vorwiegend in Niederungs- und Muldenlagen des Tieflandes, aber auch bis in die submontane Stufe der Mittelgebirge, dort vor allem an quelligen Standorten auf organischen Nassböden. Auf nährstoffreichen Standorten in der Subassoziation mit *Iris pseudacorus*, an eu-mesotrophen Stellen in der Subassoziation mit *Carex acutiformis*, an oligotrophen mit *Betula pubescens* und an quelligen Standorten in der Subassoziation mit *Cardamine amara*.
▽ Durch Flussregulierungen und Grundwasserabsenkung sowie Eutrophierung stark gefährdet 2, §.

Carici laevigatae-Alnetum glutinosae Schwick. 1938 – Moorseggen-Erlenbruch-Wald

B: K *Alnus glutinosa* – Schwarz-Erle
H *Betula pubescens* – Moor-Birke
F: A *Carex laevigata* – Glatte Segge
A *Scutellaria minor* – Kleines Helmkraut
V *Calamagrostis canescens* – Sumpf-Reitgras
H *Carex remota* – Winkel-Segge
H *Lysimachia nemorum* – Hain-Gilbweiderich

Atlantisch verbreiteter Erlenbruchwald, dessen Baumschicht die Moorbirke beigemischt ist. Im Gebiet nur in der Eifel. Auf anmoorigen, mesotrophen Standorten wie Quellhorizonten und wasserstauenden Schichten von Hangmooren.
▽ Stark gefährdet (2), §.

Urtico-Alnetum glutinosae (Scam. 1935) Fuk. 1961 – Brenn-Nessel-Erlenbruch-Wald (Syn. Carici elongatae-Alnetum glutinosae Bod. 1955 p.p., Athyrio-Alnetum Pass. 1968, Rubus idaeus-Alnus glutinosa-Ges.)

B: K *Alnus glutinosa* – Schwarz-Erle
F: T *Urtica dioica* – Große Brenn-Nessel
T *Rubus idaeus* – Himbeere
H *Deschampsia cespitosa* – Rasen-Schmiele
H *Athyrium filix-femina* – Frauenfarn

Nur gelegentlich vom Wasser überfluteter, von *Alnus glutinosa* aufgebauter Bruchwald. Keine Bulten und Schlenken.
▽ Noch relativ häufig im Flach- und Hügelland, bei Trockenerwerden der Standorte zurückgehend (V), §.

Sphagno-Alnetum glutinosae All. ex Lem. 1939 – Torfmoos-Moorbirken-Erlenbruch-Wald
(Syn. Blechno-Alnetum Oberd. 1957, Alno-Betuletum Scam. 1959)

B: K *Alnus glutinosa* – Schwarz-Erle
H *Betula pubescens* – Moor-Birke
F: T *Sphagnum squarrosum* – Sparriges Torfmoos
T *Sphagnum palustre* – Kahnblättriges Torfmoos
T *Sphagnum recurvum* – Zurückgekämmtes Torfmoos
T *Trichocolea tomentella* – Haarkelchmoos
T *Equisetum sylvaticum* – Wald-Schachtelhalm
T *Blechnum spicant* – Rippenfarn
T *Lastrea limbosperma* – Bergfarn

Bruchwald, in dessen Baumschicht neben *Alnus glutinosa Betula pubescens* strukturbestimmend auftritt. In der Feldschicht ist das starke Auftreten der Torfmoose bezeichnend. Auf sauren, nährstoffärmeren, nassen, torfigen Böden in Pleistozängebieten, aber auch im Hügel- und Bergland vorkommend.
▽ Durch Austrocknung und Eutrophierung der Standorte stark gefährdet 2, §.

4.2 **Carpino-Fagetea** (Br.-Bl. et Vlieg. 1937) Jakucs 1967 – Mesophile, sommergrüne Laubmischwälder

(Syn. Fagetalia sylvaticae Pawł. 1928, Querco-Fagetea Br.-Bl. et Vlieg. 1937 p.p.)

B: K *Fagus sylvatica* – Rotbuche
H *Carpinus betulus* – Hainbuche
H *Fraxinus excelsior* – Gewöhnliche Esche
H *Acer pseudoplatanus* – Berg-Ahorn
H *Acer platanoides* – Spitz-Ahorn
H *Tilia cordata* – Winter-Linde
H *Tilia platyphyllos* – Sommer-Linde
H *Ulmus minor* – Feld-Ulme
H *Ulmus glabra* – Berg-Ulme
S: H *Corylus avellana* – Gewöhnliche Hasel
K *Lonicera xylosteum* – Rote Heckenkirsche
F: K *Anemone nemorosa* – Buschwindröschen
K *Galeobdolon luteum* – Goldnessel
K *Viola reichenbachiana* – Wald-Veilchen
K *Oxalis acetosella* – Wald-Sauerklee

Aus ± anspruchsvollen Laubgehölzen aufgebaute sommergrüne Mischwälder. Die Arten der Feldschicht verlangen einen verhältnismäßig nährstoffreichen Boden, der weder zu lange austrocknet noch längere Zeit vom Wasser überstaut wird. In ihren Lebensrhythmen und Lichtansprüchen haben sie sich voll an die Rhythmik des sommergrünen Laubwaldes angepasst.

▽ Obwohl die sommergrünen Laubwälder oft in Nadelholzforste oder landwirtschaftliche Nutzflächen umgewandelt wurden, sind sie noch weit verbreitet.

BT Buchen- und Buchenmischwälder (T 1.1.1), Ahorn- und Eschenreiche Mischwälder (T 1.1.2.1), Linden-Mischwälder (T 1.1.2.2), Eichen-Hainbuchen-Wälder (T 1.1.2.3), Hartholz-Auenwälder (L 5.2.3)

1 Baumschicht weitgehend von *Fraxinus excelsior, Alnus glutinosa, Ulmus minor, U. glabra, Acer platanoides* und *A. pseudoplatanus* aufgebaut. *Fagus sylvatica* spielt nur eine sehr untergeordnete Rolle **Fraxinetalia** S. 49

1* Baumschicht vorwiegend aus *Fagus sylvatica* oder *Carpinus betulus* aufgebaut, denen Edellaubhölzer beigesellt sein können **Carpino-Fagetalia** S. 56

Fraxinetalia Scam. et Pass. 1959 – Edellaubholzreiche Laubmischwälder

B: O *Fraxinus excelsior* – Gewöhnliche Esche
T *Alnus glutinosa* – Schwarz-Erle
T *Ulmus minor* – Feld-Ulme
T *Ulmus laevis* – Flatter-Ulme
T *Ulmus glabra* – Berg-Ulme
T *Acer pseudoplatanus* – Berg-Ahorn

Vorwiegend aus oben genannten Edellaubhölzern aufgebaute Laubmischwälder. Auf den nassesten Standorten Baumschicht mit *Alnus glutinosa* und *Fraxinus excelsior*, mit zunehmender Austrocknung des Bodens gesellen sich *Ulmus minor* und *U. laevis* sowie *Acer pseudoplatanus* dazu. In der Feldschicht herrschen breitblättrige und hochwüchsige Stauden, im Frühjahr blühende Geophyten. Die Böden sind gut mit Wasser und Nährstoffen versorgt.

▽ Durch großflächige forstliche Maßnahmen sind guterhaltene Bestände selten geworden, §.

BT Ahorn- und Eschenreiche Mischwälder (T 1.1.2.1), Linden-Mischwälder (T 1.1.2.2), Eichen-Hainbuchen-Wälder (T 1.1.2.3), Hartholz-Auenwälder (L 5.2.3)

1 Laubmischwälder im Strombereich von Flüssen und Bächen, so weit sie periodisch oder episodisch von Hochwasser überflutet werden, oder an ständig von Wasser durchsickerten Unterhängen und Hangfüßen **Alno-Ulmion** S. 49

1* Anspruchsvolle, hochstaudenreiche Mischwälder in schattigen und frischen Schluchten, an Hangfüßen oder bewegten Steinschutthängen **Tilio platyphylli-Acerion pseudoplatani** S. 53

Alno-Ulmion Br.-Bl. et R. Tx. 1943 – Auenwälder

(Syn. Alno-Padion R. Knapp 1948, Alnion incanae Pawł. in Pawł. et Wallisch 1928, incl. Fraxino-Quercion [Oberd. 1953] Pass. 1968, Fraxino-Alnion Oberd. 1953)

B: O *Fraxinus excelsior* – Gewöhnliche Esche
T *Alnus glutinosa* – Schwarz-Erle
T *Ulmus minor* – Feld-Ulme
T *Ulmus laevis* – Flatter-Ulme
S: V *Padus avium* – Gewöhnliche Traubenkirsche
F: V *Circaea lutetiana* – Großes Hexenkraut
V *Rumex sanguineus* – Blut-Ampfer
V *Equisetum sylvaticum* – Wald-Schachtelhalm

V *Festuca gigantea* – Riesen-Schwingel
T *Urtica dioica* – Große Brenn-Nessel
T *Deschampsia cespitosa* – Rasen-Schmiele

Anspruchsvolle, artenreiche Wälder in Niederungen und Auen im episodischen Überschwemmungsbereich von Flüssen und Bächen und an ständig von Wasser durchsickerten Unterhängen und Hangfüßen. Artenreiche Mischwälder auf lehmig-anmoorigem Gley. Der sauerstoffreiche Boden ermöglicht ein tiefes Eindringen der Baumwurzeln. Böden meist stickstoffreich. Sehr produktive Waldstandorte, die außer in großen Flussauen oft nur eine geringe Fläche einnehmen und niederwaldartig genutzt werden.
BT Hartholz-Auenwälder (L 5.2.3), Eichen-Ulmen-Auenwälder der Flüsse (L 5.2.3.1)

1 Baumschicht im Wesentlichen von *Fraxinus excelsior, Alnus incana* und *Alnus glutinosa* aufgebaut, Bestände oft kleinflächig und nur wenige Meter breit. 2
1* Baumschicht von *Fraxinus excelsior, Ulmus minor* und *Quercus robur* aufgebaut, meist großflächige Bestände in den Auen großer Flüsse oder in Niederungen **Querco-Ulmetum minoris** S. 52
2 Baumschicht vor allem von *Alnus incana* aufgebaut. In der montanen Stufe der Alpen und des Alpenvorlandes **Alnetum incanae** S. 52
2* Baumschicht nicht von *Alnus incana* aufgebaut. 3
3 Gesellschaft durch das Auftreten von *Ribes rubrum* in der Strauchschicht gekennzeichnet **Ribeso sylvestris-Fraxinetum** S. 52
3* Gesellschaft nicht durch *Ribes rubrum* in der Strauchschicht gekennzeichnet 4
4 In der Feldschicht hohe Artmächtigkeit von *Carex remota* **Carici remotae-Fraxinetum** S. 51
4* In der Feldschicht kein Vorherrschen von *Carex remota* 5
5 In der Baumschicht Auftreten von *Picea abies*, in der Feldschicht montane Arten wie *Cicerbita alpina* und *Prenanthes purpurea* **Piceo-Alnetum** S. 51
5* In der Baumschicht fehlt *Picea abies*, in der Feldschicht keine montanen Arten 6
6 In der Baumschicht tritt *Acer pseudoplatanus* auf, in der Feldschicht *Stellaria nemorum, Aruncus dioicus, Chaerophyllum hirsutum* und *Petasites hybridus* **Stellario-Alnetum** S. 50
6* Bestände ohne die genannten Arten, in der Strauchschicht mit *Padus avium*, in der Feldschicht mit *Urtica dioica, Galium aparine, Deschampsia cespitosa* **Pruno-Fraxinetum** S. 51

Stellario nemorum-Alnetum glutinosae Lohm. 1957 – Hainmieren-Schwarzerlen-Wald
(incl. Arunco-Alnetum glutinosae [Kästn. 1938] R. Tx. 1957, Chaerophyllo hirsuti-Alnetum glutinosae Th. Müller et Görs 1958)

B: T *Alnus glutinosa* – Schwarz-Erle
O *Fraxinus excelsior* – Gewöhnliche Esche
H *Acer pseudoplatanus* – Berg-Ahorn
H *Salix fragilis* – Bruch-Weide
F: T *Stellaria nemorum* – Hain-Sternmiere
T *Petasites hybridus* – Gewöhnliche Pestwurz
T *Aruncus dioicus* – Wald-Geißbart
T *Chaerophyllum hirsutum* – Behaarter Kälberkropf

Oft nur wenige Meter breite Galeriewälder auf sehr mineralkräftigen Schotterböden (Rohauböden) in der submontanen und montanen Stufe an Ufern und im Schwemmbereich schnellfließender Bäche. Oft auf Pestwurzfluren oder Bruchweidengebüsche aufbauend, deren Arten dann lange in der Waldgesellschaft erhalten bleiben. Tragen zum Schutz der Bachufer vor Seitenerosion bei.
▽ Gefährdet 3, im Tiefland stark gefährdet 2, §.

Carici remotae-Fraxinetum W. Koch ex Fab. 1936 – Winkelseggen-Eschen-Wald (incl. Equiseto telmateiae-Fraxinetum Oberd. ex Seib. 1987, Chrysosplenio oppositifolii-Alnetum glutinosae [Meijer Drees 1936] Möller 1979)

B: O *Fraxinus excelsior* – Gewöhnliche Esche
H *Alnus glutinosa* – Schwarz-Erle
F: A *Carex remota* – Winkel-Segge
A *Equisetum telmateia* – Riesen-Schachtelhalm
T *Juncus effusus* – Flatter-Binse
T *Caltha palustris* – Sumpf-Dotterblume

Von *Fraxinus excelsior* und *Alnus glutinosa* aufgebaute Wälder, für deren Feldschicht die hohe Artmächtigkeit von *Carex remota* auffällig ist. Auf Gleyböden mit lebhafter Durchsickerung in Geländeeinschnitten und Talmulden mit quelligen Rinnsalen oder kleinen Bächen. Noch verbreitete Feuchtbiotope.
▽ Gefährdet 3, im Tiefland vom Verschwinden bedroht 1, in den Alpen zurückgehend V, §.

Pruno-Fraxinetum Oberd. 1953 – Traubenkirschen-Eschen-Wald (Syn. Pado-Fraxinetum Oberd. 1953, incl. Filipendulo-Fraxinetum Pass. 1968, Filipendulo-Alnetum Pass. 1968, Aegopodio-Fraxinetum Scam. et Pass. 1959, Equiseto-Alnetum Pass. 1972, Milio-Fraxinetum Scam. et Pass. 1959, Alno-Ulmetum Pass. 1953, Polygono bistortae-Fraxinetum Pass. 1981, Circaeo-Alnetum Oberd. 1953)

B: O *Fraxinus excelsior* – Gewöhnliche Esche
H *Alnus glutinosa* – Schwarz-Erle
H *Ulmus minor* – Feld-Ulme
A *Ulmus laevis* – Flatter-Ulme
S: A *Padus avium* (= *Prunus padus*) – Gewöhnliche Traubenkirsche
H *Humulus lupulus* – Hopfen
F: H *Urtica dioica* – Große Brenn-Nessel
H *Galium aparine* – Kleb-Labkraut
H *Deschampsia cespitosa* – Rasen-Schmiele
H *Rubus caesius* – Bereifte Brombeere, Kratzbeere

Von den Hauptholzarten *Fraxinus excelsior* und *Alnus glutinosa* aufgebaute Wälder mit üppiger und artenreicher Feldschicht. Bezeichnend ist das starke Vorkommen von Stickstoffzeigern. In den Untergesellschaften besonders feuchter Standorte treten noch Nässezeiger auf.

In Auen und flachen Talsenken sowohl des Tief- als auch des Hügellandes auf mineralkräftigen, nährstoffreichen Niederungsböden mit langsam sickerndem, zeitweilig hochanstehendem Grund- oder angestautem Überflutungswasser. Auch auf Niedermoorböden.
▽ Durch Grundwasserabsenkung gefährdet 3, im Tiefland stark gefährdet 2, §.

Piceo-Alnetum glutinosae Rubn. 1954 – Fichten-Erlen-Wald (Syn. Circaeo alpinae-Alnetum glutinosae Oberd. 1953)

B: T *Alnus glutinosa* – Schwarz-Erle
O *Fraxinus excelsior* – Gewöhnliche Esche
T *Picea abies* – Gewöhnliche Fichte
F: T *Senecio fuchsii* – Fuchssches Kreuzkraut
T *Prenanthes purpurea* – Purpur-Hasenlattich
T *Cicerbita alpina* – Alpen-Milchlattich

Neben der oft vorherrschenden *Picea abies* wird die Baumschicht noch von *Alnus glutinosa* und *Fraxinus excelsior* aufgebaut. In der Feldschicht ist das Auftreten

montaner Arten charakteristisch. Auf kiesig-schotterigen Böden mit ständig hohem, sauerstoffreichem Grundwasser. Nur noch vereinzelt in der obersten montanen Stufe der Mittelgebirge an Gebirgsbächen anzutreffen.
▽ Sehr stark gefährdet (1), §.

Alnetum incanae Lüdi 1921 – Grauerlen-Auenwald
(Syn. Aceri-Alnetum Beger 1922, Alno incanae-Salicetum pentandrae Br.-Bl. 1950, Astrantio-Fraxinetum Oberd. 1953, Calamagrostio variae-Alnetum incanae Moor 1958, Equiseto hyemalis-Alnetum incanae Moor 1958, Violo biflorae-Alnetum incanae Zoller 1974, Agropyro-Alnetum incanae Br.-Bl. 1975; incl. Carici remotae-Alnetum incanae Feldner 1978)

B: A *Alnus incana* – Grau-Erle
O *Fraxinus excelsior* – Gewöhnliche Esche
H *Acer pseudoplatanus* – Berg-Ahorn
F: A *Thalictrum aquilegiifolium* – Akelei-Wiesenraute
A *Aconitum napellus* – Blauer Eisenhut
A *Aconitum variegatum* – Bunter Eisenhut

Von *Alnus incana* in der Baumschicht bestimmter Wald auf Auenrohböden über Sand oder Schotter in der montanen Stufe der Alpen oder des Alpenvorlandes und in Kaltlufttälern des Schwarzwaldes und des Bayerischen Waldes und Böhmerwaldes.
▽ Gefährdet 3, im Bergland stark gefährdet 2, §.
BT Gebirgs-, Fluss- und Bachauen-Wälder (L 5.1.3)

Ribeso sylvestris-Fraxinetum Lem. 1937 corr. Pass. 1958 – Johannisbeer-Eschen-Auwald
(Syn. Alno-Macrophorbietum Lem. 1937, Alnetum glutinosae-incanae Br.-Bl. 1915 p.p., Aegopodio-Fraxinetum Noirf. et Sougn. 1961, Cirsio-Alnetum Noirf. et Sougn. 1961, Ribeso sylvestris-Alnetum glutinosae R. Tx. et Ohba 1975)

B: O *Fraxinus excelsior* – Gewöhnliche Esche
T *Alnus incana* – Schwarz-Erle
T *Salix alba* – Silber-Weide
H *Acer pseudoplatanus* – Berg-Ahorn
S: A *Ribes rubrum* var. sylvestre – Rote Johannisbeere
T *Euonymus europaea* – Europäisches Pfaffenhütchen
T *Viburnum opulus* – Gewöhnlicher Schneeball
F: T *Filipendula ulmaria* – Echtes Mädesüß, Großes Mädesüß
T *Valeriana officinalis* – Echter Baldrian
H *Ranunculus ficaria* – Scharbockskraut
H *Anemone nemorosa* – Buschwindröschen

Schmale, oft nur wenige Meter breite Galeriewald-Bestände in kalkig-quelligen Bachtälern der kollinen Stufe in subatlantisch getönten Landschaften Nordwest- und Südwestdeutschlands. Ersetzt dort das Pruno-Fraxinetum.
▽ Gefährdet (3), §.

Querco-Ulmetum minoris Issler 1924 – Eichen-Ulmen-Hartholz-Auenwald
(Syn. Fraxino-Ulmetum [R. Tx. 1952] Oberd. 1953; incl. Sambuco-Ulmetum [R. Knapp 1946] Pass. 1953)

B: O *Fraxinus excelsior* – Gewöhnliche Esche
A *Ulmus minor* – Feld-Ulme
H *Ulmus laevis* – Flatter-Ulme
H *Quercus robur* – Stiel-Eiche

Abb. 11. Frühlings- und Hochsommeraspekt der Feldschicht in einem Eichen-Ulmen-Auenwald des östlichen Harzvorlandes. Nach MEUSEL 1951 aus SCHUBERT et al. 1995. 1 = *Viola reichenbachiana*, 2 = *Gagea lutea*, 3 = *Impatiens noli-tangere*, 4 = *Allium ursinum*, 5 = *Urtica dioica*, 6 = *Corydalis cava*, 7 = *Milium effusum*, 8 = *Arum maculatum*, 9 *Lamium maculatum*, 10 = *Adoxa moschatellina*, 11 = *Moehringia trinervia*, 12 = *Arctium nemorosum*, 13 = *Galium aparine*, 14 = *Stachys sylvatica*.

S: H *Sambucus nigra* – Schwarzer Holunder
F: H *Ranunculus ficaria* – Scharbockskraut
H *Anemone ranunculoides* – Gelbes Windröschen
H *Stachys sylvatica* – Wald-Ziest

Charakteristische, azonale Waldgesellschaft der großen Flussauen und grundwasserbeeinflussten Löß-Niederungsböden. Üppig wachsender Wald mit dichtem Strauchwuchs und jahreszeitlich wechselnder reicher Krautflora (Abb. 11). Auf Auelehmböden der Braunen Vega, mit Übergängen zu Gleyböden.

▽ Durch Ulmensterben und übermäßigen Nitrateintrag sich in der Artenzusammensetzung stark ändernd, vom Verschwinden bedroht 1, §.

BT Eichen-Ulmen-Auenwälder der Flüsse (L 5.2.3.1)

Tilio platyphylli-Acerion pseudoplatani Klika 1955 – Linden-Ahorn-Schlucht- und Blockschutt-Mischwälder

B: V *Tilia platyphyllos* – Sommer-Linde
V *Acer pseudoplatanus* – Berg-Ahorn
V *Acer platanoides* – Spitz-Ahorn
V *Ulmus glabra* – Berg-Ulme
O *Fraxinus excelsior* – Gewöhnliche Esche
S: H *Corylus avellana* – Gewöhnliche Hasel
H *Ribes uva-crispa* – Stachelbeere

F: H *Urtica dioica* – Große Brenn-Nessel
H *Geranium robertianum* – Ruprechtskraut
K *Galeobdolon luteum* – Goldnessel
H *Mercurialis perennis* – Ausdauerndes Bingelkraut

An Steilhängen entstehen auf feinerdearmem, nachrutschendem Steinschutt sowohl in der kollinen als auch in der submontanen und montanen Stufe Standorte, auf denen *Fagus sylvatica* von Natur aus weitgehend fehlt und Edellaubhölzern Platz macht. Die oberen Bodenschichten sind durch hangabwärts rieselnde Feinerde und Sickerwasser sehr nährstoffreich, weshalb nitrophile Arten in der Feldschicht häufig zu finden sind. Durch Verletzung der Stammbasen mit herabrutschenden Gesteinsbrocken zeigen viele Bäume Vielschäftigkeit. Modellhafte Waldgesellschaften der Eichen-Mischwaldzeit, in die *Fagus sylvatica* nicht eindringen konnte.
▽ Gefährdet, §.
BT Ahorn- und Eschen-reiche Mischwälder (T 1.1.2.1)

1 Waldgesellschaft auf sonnseitigen, kalkreichen Steilhängen und Gesteinsschutthalden, durch viele wärmeliebende und Trockenheit ertragende Pflanzen wie *Vincetoxicum hirundinaria, Convallaria majalis* und *Sesleria albicans* ausgezeichnet 2
1* Waldgesellschaften nicht auf sonnseitigen Kalkschutthalden, nicht durch die genannten wärmeliebenden Arten in der Feldschicht gekennzeichnet 3
2 Baumschicht von *Tilia platyphyllos* geprägt, in der Feldschicht fehlen frischeliebende Arten wie *Senecio fuchsii* und *Prenanthes purpurea* **Vincetoxico-Tilietum platyphylli** S. 54
2* Baumschicht nicht von *Tilia platyphyllos* geprägt, dafür hochstet *Sorbus aria.* Neben den trockenresistenten Arten frischeliebende Sippen wie *Senecio fuchsii, Prenanthes purpurea* und *Knautia dipsacifolia* **Sorbo ariae-Aceretum pseudoplatani** S. 55
3 (1*) In der Baumschicht fehlen *Tilia platyphyllos* und *Acer platanoides* weitgehend, dafür verstärktes Auftreten von *Ulmus glabra* und *Fagus sylvatica* **Ulmo glabrae-Aceretum pseudoplatani** S. 56
3* In der Baumschicht sind *Tilia platyphyllos* und *Acer platanoides* häufig. *Ulmus glabra* und *Fagus sylvatica* treten stark zurück 4
4 Waldgesellschaft wärmebegünstigter, aber ausreichende Bodenfrische aufweisender Silikat-Blockhalden. In der Baumschicht häufig *Tilia cordata,* in der Feldschicht *Pulmonaria officinalis* und *Alliaria petiolata* **Aceri platanoidis-Tilietum platyphylli** S. 55
4* Waldgesellschaft kühl-feuchter Schluchten und Hangfüße. In der Feldschicht durch *Lunaria rediviva* und *Athyrium filix-femina* ausgezeichnet **Fraxino-Aceretum pseudoplatani** S. 55

Vincetoxico-Tilietum platyphylli Winterh. 1962 –
Schwalbenwurz-Sommerlinden-Kalkschuttwald

B: V *Tilia platyphyllos* – Sommer-Linde
V *Acer pseudoplatanus* – Berg-Ahorn
O *Fraxinus excelsior* – Gewöhnliche Esche
S: T *Cornus sanguinea* – Blutroter Hartriegel
H *Corylus avellana* – Gewöhnliche Hasel
H *Clematis vitalba* – Gewöhnliche Waldrebe
F: A *Vincetoxicum hirundinaria* – Schwalbenwurz
T *Convallaria majalis* – Maiglöckchen
T *Sesleria albicans* – Blaugras

Von *Tilia platyphyllos* und *Acer pseudoplatanus* bestimmte lockere Baumschicht. In der Feldschicht wärmeliebende, trockenheitsertragende Arten, die eine Überrollung mit Steinen ertragen. Auf steilen Muschelkalkschutthalden Hessens, Thüringens und Sachsen-Anhalts, oft unterhalb steiler Felsabstürze.
▽ Sehr selten (R), §.

Sorbo ariae-Aceretum pseudoplatani Moor 1952 – Mehlbeer-Bergahorn-Mischwald

B: T *Sorbus aria* – Echte Mehlbeere
V *Acer pseudoplatanus* – Berg-Ahorn
O *Fraxinus excelsior* – Gewöhnliche Esche
S: H *Corylus avellana* – Gewöhnliche Hasel
H *Clematis vitalba* – Gewöhnliche Waldrebe
T *Viburnum lantana* – Wolliger Schneeball
F: T *Prenanthes purpurea* – Purpur-Hasenlattich
T *Senecio fuchsii* – Fuchssches Kreuzkraut
T *Knautia dipsacifolia* – Wald-Witwenblume
H *Vincetoxicum hirundinaria* – Schwalbenwurz
H *Sesleria albicans* – Blaugras
H *Origanum vulgare* – Gewöhnlicher Dost

Von *Acer pseudoplatanus* und *Sorbus aria* aufgebaute, niederwaldartige Bestände mit natürlichen Stockausschlägen durch Steinschlag-Verletzungen. Selten in südlicher bis westlicher Exposition unterhalb der Weißjura-Abbruchkanten der Schwäbischen Alb. Auch in den Kalkalpen zu erwarten. Strauchschicht von *Corylus avellana* beherrscht. Neben wärmeliebenden auch frischeliebende Arten in der Feldschicht.
∇ Potenziell gefährdete Schutzwälder (R), §.

Aceri platanoidis-Tilietum platyphylli Fab. 1936 –
Spitzahorn-Linden-Blockhaldenwald
(incl. Querco-Tilietum Rühl 1967)

B: V *Tilia platyphyllos* – Sommer-Linde
H *Tilia cordata* – Winter-Linde
V *Acer platanoides* – Spitz-Ahorn
V *Acer pseudoplatanus* – Berg-Ahorn
S: H *Corylus avellana* – Gewöhnliche Hasel
H *Sambucus racemosa* – Berg-Holunder
H *Ribes uva-crispa* – Stachelbeere
F: T *Pulmonaria officinalis* – Echtes Lungenkraut
T *Alliaria petiolata* – Knoblauchsrauke
T *Viola mirabilis* – Wunder-Veilchen
H *Moehringia trinervia* – Dreinervige Nabelmiere
H *Impatiens noli-tangere* – Echtes Springkraut

Gutwüchsige Wälder mit weitgehend geschlossener Baumschicht. In der Strauch- und Feldschicht viele stickstoff- und frischeliebende Arten. Auf wärmebegünstigten Standorten von Silikat-Blockhalden. Böden in tieferen Horizonten mit ausreichend Sickerfeuchtigkeit. An Steilhängen mit nachrutschendem Bodenmaterial in den Durchbruchstälern der Mittelgebirge als Schutzwälder von großer ökologischer Bedeutung.
∇ Zurückgehend V, §.
BT Linden-Mischwälder (Schutthaldenwälder) (T 1.1.2.2)

Fraxino-Aceretum pseudoplatani (W. Koch 1926) R. Tx. 1937 em. Th. Müller 1966 –
Eschen-Bergahorn-Schluchtwald
(Syn. Tilio-Ulmetum glabrae Bohn 1981; incl. Scolopendrio-Aceretum Schwick. 1938, Lunario-Aceretum Schlüt. 1957, Arunco-Aceretum Moor 1952, Lonicero-Aceretum Pass. 1968, Phyllitido-Aceretum Moor 1952, Petasito-Aceretum Hofm. 1974, Polysticho-Aceretum Stöck. 1965)

B: V *Acer pseudoplatanus* – Berg-Ahorn
O *Fraxinus excelsior* – Gewöhnliche Esche
V *Ulmus glabra* – Berg-Ulme

	V	*Tilia platyphyllos* – Sommer-Linde
S:	H	*Corylus avellana* – Gewöhnliche Hasel
	H	*Sambucus racemosa* – Berg-Holunder
	H	*Ribes uva-crispa* – Stachelbeere
F:	A	*Lunaria rediviva* – Spitzfrüchtige Mondviole
	H	*Athyrium filix-femina* – Frauenfarn
	H	*Senecio fuchsii* – Fuchssches Kreuzkraut
	H	*Impatiens noli-tangere* – Großes Springkraut
	T	*Polystichum aculeatum* – Dorniger Schildfarn
	T	*Campanula latifolia* – Breitblättrige Glockenblume

Die Bäume dieses Schluchtwaldes an kühl-feuchtem, luftruhigem Standort sind infolge Beschädigung durch bewegte Gesteinsbrocken oft vielschäftig. Der Boden besitzt gute Perkolation mit sauerstoffreichem Sickerwasser. In Schluchten und sickerfeuchten Unterhängen der Mittelgebirge verbreitet. Schutzwälder mit ausgeglichenen Feuchtigkeitsverhältnissen.
▽ Gefährdet (3), §.

Ulmo glabrae-Aceretum pseudoplatani Issler 1926 – Bergulmen-Bergahorn-Wald
(Syn. Aceri-Fraxinetum cicerbiticum R. Tx. 1937, Aceretum pseudoplatani Winteler 1927)

B:	V	*Acer pseudoplatanus* – Berg-Ahorn
	V	*Ulmus glabra* – Berg-Ulme
	K	*Fagus sylvatica* – Rotbuche
F:	T	*Aruncus dioicus* – Wald-Geißbart
	T	*Petasites albus* – Weiße Pestwurz
	T	*Chaerophyllum hirsutum* – Rauhaariger Kälberkropf
	T	*Viola biflora* – Zweiblütiges Veilchen
	T	*Adenostyles alliariae* – Grauer Alpendost

Von *Ulmus glabra* und *Acer pseudoplatanus* aufgebaute Wälder, in deren Baumschicht *Fagus sylvatica* bereits häufig auftritt. In der orealen Stufe auf feinerdereichen Steinschutthängen. Oft in der Nähe von Lawinenbahnen, von Rutschschnee beeinflusst. Feldschicht mit vielen frische- und feuchteliebenden Arten. In den süddeutschen Mittelgebirgen und in den Alpen.
▽ Zurückgehend (V), §.

Carpino-Fagetalia Scam. et Pass. 1959 em. Schub. 1995 – Rotbuchen- und Hainbuchenwälder

(incl. Luzulo-Fagetalia Scam. et Pass. 1959)

B:	K	*Fagus sylvatica* – Rotbuche
	T	*Carpinus betulus* – Hainbuche
F:	T	*Polygonatum multiflorum* – Vielblütige Weißwurz
	O	*Scrophularia nodosa* – Knotige Braunwurz
	O	*Vicia sepium* – Zaun-Wicke
	O	*Oxalis acetosella* – Wald-Sauerklee
	O	*Maianthemum bifolium* – Schattenblümchen

Krautreiche Wälder, bei deren Aufbau *Fagus sylvatica* eine große Rolle spielt. In höheren Lagen der Mittelgebirge war (mit Ausnahme des Harzes) vor allem früher, häufig *Abies alba* in der Baumschicht zu finden, gegenwärtig durch Luftverunreinigungen weniger. In kontinentaleren, wärmegetönten und niederschlagsärmeren Landschaften oder auf stau- bzw. grundwasserfeuchten Lehmböden treten *Carpinus betulus*, *Quercus petraea* oder *Qu. robur* stärker hervor. Die Edellaubhölzer sind stets nur beigemischt, vor allem an sickerfeuchten, nährstoffreichen Standorten. Die Standorte zeigen in der Regel eine gute Nährstoffversorgung und Basensättigung sowie einen ausgeglichenen Wasserhaushalt und ausreichende Durchlüftung.

▽ In weniger steilen Lagen sind die Standorte der Rotbuchen- und Hainbuchenwälder meist in landwirtschaftliche Nutzflächen umgewandelt worden.

BT Rotbuchen- und Rotbuchenmischwälder (T 1.1.1)

1 Wälder mit starkem Anteil von Edellaubhölzern wie *Fraxinus excelsior, Ulmus glabra* und *Acer pseudoplatanus*, meist auf frischen, sickerfeuchten, lehmigen Hang- und Gründchenstandorten **Aceri-Fagion** S. 57

1* Edellaubhölzer nur vereinzelt in der Baumschicht 2

2 In der Baumschicht tritt *Fagus sylvatica* zurück, dafür herrschen *Carpinus betulus* und *Quercus petraea* oder *Qu. robur* stärker vor. Strauchschicht meist gut entwickelt. Entweder auf stau- bzw. grundwasserfeuchten Lehmböden oder in kontinentaleren niederschlagsarmen Landschaften **Carpinion betuli** S. 66

2* In der Baumschicht herrscht *Fagus sylvatica* vor. Hallenwälder mit nur gering entwickelter Strauchschicht 3

3 Rotbuchenwälder auf basenarmen Silikatstandorten, in deren Feldschicht bereits Säurezeiger wie *Luzula luzuloides, Avenella flexuosa, Vaccinium myrtillus* und *Calamagrostis arundinacea* hochstet auftreten **Luzulo-Fagion** S. 64

3* Rotbuchenwälder auf basenreichen Böden ohne hochstete Säurezeiger 4

4 Rotbuchenwälder auf wärmegetönten, kalkreichen, trockenen Standorten. In der Feldschicht durch das Auftreten wärmeliebender oder Trockenheit ertragender Pflanzen wie *Carex montana* und *C. digitata, Cephalanthera rubra* und *C. damasonium* sowie *Vincetoxicum hirundinaria* ausgezeichnet **Cephalanthero-Fagion** S. 63

4* Rotbuchenwälder auf mineralreichen Lehmen und tiefgründigen Kalkverwitterungsböden mit ausgeglichenem Wasserhaushalt. In der Feldschicht durch viele anspruchsvolle Laubwaldpflanzen wie *Festuca altissima, Milium effusum* und *Galium odoratum* ausgezeichnet **Galio odorati-Fagion** S. 59

Aceri-Fagion Ellenb. 1963 em. Schub. 1995 – Buchenreiche Bergahornwälder

B: K *Fagus sylvatica* – Rotbuche
T *Acer pseudoplatanus* – Berg-Ahorn
T *Fraxinus excelsior* – Gewöhnliche Esche
F: T *Corydalis cava* – Hohler Lerchensporn
H *Aegopodium podagraria* – Giersch
H *Ranunculus ficaria* – Scharbockskraut
H *Impatiens noli-tangere* – Echtes Springkraut

Rotbuchenreiche Ahorn-Eschenwälder, die in hochmontaner Lage an zur Versumpfung neigenden Standorten auftreten, aber auch in unmittelbarer Nachbarschaft von Rotbuchenwäldern an sickerfeuchten, lehmigen Hängen und Gründchen im Tief- bis Bergland. Sie besitzen eine reiche Krautvegetation mit nitrophilen Stauden und vielen Geophyten. Übergänge zu den Rotbuchenwäldern sind häufig.

BT Hochlagen-Buchenwälder (mit Bergahorn) (T 1.1.1.6)

1 Hochmontane Mischwälder an wasserzügigen bis quelligen Standorten mit vielen montanen Stauden wie *Cicerbita alpina, Prenanthes purpurea* und *Petasites albus* **Aceri-Fagetum** S. 58

1* Mischwälder, in der Feldschicht ohne die genannten Arten 2

2 Mischwälder, in der Baumschicht mit *Ulmus glabra*, in der Strauchschicht mit *Sambucus nigra*, in der Feldschicht mit *Adoxa moschatellina, Corydalis cava* und *C. intermedia* **Adoxo-Aceretum pseudoplatani** S. 58

2* Mischwälder des Pleistozängebietes ohne *Ulmus glabra*, in der Feldschicht mit *Dentaria bulbifera* und *Festuca altissima* **Dentario-Aceretum pseudoplatani** S. 58

Aceri-Fagetum J. et M. Bartsch 1940 – Hochmontaner Bergahorn-Buchenwald

B:	K	*Fagus sylvatica* – Rotbuche
	H	*Acer pseudoplatanus* – Berg-Ahorn
	H	*Ulmus glabra* – Berg-Ulme
	H	*Fraxinus excelsior* – Gewöhnliche Esche
S:	H	*Sambucus racemosa* – Berg-Holunder
F:	T	*Cicerbita alpina* – Alpen-Milchlattich
	T	*Prenanthes purpurea* – Purpur-Hasenlattich
	T	*Petasites albus* – Weiße Pestwurz
	T	*Chaerophyllum hirsutum* – Rauhaariger Kälberkropf

Gutwüchsige, hochmontane Mischwälder auf schwach bis mäßig geneigten, wasserzügigen bis quelligen Schatthängen, Hangverflachungen und Hangfüßen, sowie in Mulden und Runsen mit kleinen Bächen. In der Feldschicht durch hochstetes Auftreten feuchtigkeits- und stickstoffliebender Arten ausgezeichnet. In den Hochlagen der Mittelgebirge und Nordalpen.

▽ Selten geworden, stark gefährdet (2), §.

Adoxo-Aceretum pseudoplatani Pass. 1960 – Moschuskraut-Bergahornwald (incl. Aegopodio-Fraxinetum Scam. et Pass. 1959, Corydali-Acero-Fraxinetum Wilm. 1956, Impatienti-Fagetum J. et M. Bartsch 1940, Fraxino-Fagetum Scam. 1956, Deschampsio cespitosae-Aceretum Bohn 1984)

B:	K	*Fagus sylvatica* – Rotbuche
	H	*Acer pseudoplatanus* – Berg-Ahorn
	H	*Ulmus glabra* – Berg-Ulme
	H	*Fraxinus excelsior* – Gewöhnliche Esche
S:	H	*Sambucus nigra* – Schwarzer Holunder
F:	T	*Corydalis cava* – Hohler Lerchenspron
	T	*Corydalis intermedia* – Mittlerer Lerchensporn
	T	*Adoxa moschatellina* – Moschuskraut
	T	*Arum maculatum* – Gefleckter Aronstab

Sehr wüchsige Mischwälder mit artenreicher Krautschicht, die viele stickstoffliebende Arten und Geophyten besitzt. An ausgesprochen nährstoffreichen, frischen bis feuchten, kolluvialen Hangfüßen, in wasserzügigen Gründchen und Hangmulden oder auf alluvialen Bach- und Flusssedimenten sowohl im pleistozänen Tiefland als auch im Hügel- bis Bergland.

▽ Oft in landwirtschaftliche Nutzflächen überführt, ist die meist kleinflächige Waldgesellschaft gefährdet (3), im Tiefland selten R, *.

Dentario-Aceretum pseudoplatani Jeschke 1964 – Zahnwurz-Bergahornwald

B:	K	*Fagus sylvatica* – Rotbuche
	H	*Acer pseudoplatanus* – Berg-Ahorn
	H	*Fraxinus excelsior* – Gewöhnliche Esche
F:	T	*Dentaria bulbifera* – Zwiebel-Zahnwurz
	T	*Festuca altissima* – Wald-Schwingel
	T	*Epilobium montanum* – Berg-Weidenröschen

Gutwüchsiger Mischwald, in dessen Baumschicht *Ulmus glabra* fehlt. Auf nährstoffreichen, frischen bis feuchten Böden im Norden des baltischen Buchenwaldgebietes (Mecklenburg-Vorpommern). In der Feldschicht herrschen nährstoff- und stickstoffzeigende Arten.

▽ Gefährdet (3), *.

Galio odorati-Fagion R. Knapp 1942 em. R. Tx. 1955 – Waldmeister-Rotbuchenwälder

(Syn. Asperulo-Fagion R. Knapp 1942, Eu-Fagion Oberd. 1957; incl. Galio odorati-Fagenion [R. Tx. 1955] Th. Müller 1966 em. Oberd. et Th. Müller 1984, Lonicero alpigenae-Fagenion Borhidi 1963 em. Oberd. et Th. Müller 1984 = Daphno-Fagenion Th. Müller 1966, Galio-Abietenion Oberd. 1962)

B: K *Fagus sylvatica* – Rotbuche
F: T *Galium odoratum* – Waldmeister
T *Anemone nemorosa* – Buschwindröschen
T *Oxalis acetosella* – Wald-Sauerklee
T *Milium effusum* – Flattergras
T *Melica uniflora* – Einblütiges Perlgras
T *Festuca altissima* – Wald-Schwingel

Von gut- bis bestwüchsigen Rotbuchen geprägte Hallenwälder mit nur gering entwickeltem Strauchwuchs. In der Feldschicht sind anspruchsvolle Kräuter, Gräser und Farne vorhanden, die an einen ausgeprägten Jahresrhythmus des Lichtes angepasst sind. Die Wälder stocken auf frischen, ± nährstoffreichen, meist auch basenreichen Böden mit einer Mull- oder Moderauflage.

▽ In Tieflagen sind die Standorte der Waldmeister-Rotbuchenwälder oft durch Eichenwälder bzw. Kiefernforste, in den Mittelgebirgen durch Fichtenforste ersetzt worden.

BT Mull-Rotbuchenwälder auf Braunerden (nährstoffreich) (T 1.1.1.3) und in Gebirgen montane Tannen-Rotbuchenwälder (T 1.1.1.5)

1 Neben *Fagus sylvatica* in der Baumschicht auch *Abies alba* (in der Gegenwart durch Luftverunreinigungen immer seltener werdend) und *Picea abies*. Nur in Hochlagen der Mittelgebirge und des Nordsaumes der Alpen auftretend. In der Feldschicht hochmontane Arten häufig . . 2

1* In der Baumschicht fehlen *Abies alba* und *Picea excelsa*, in der Feldschicht weniger hochmontane Arten, dafür *Senecio fuchsii, Melica uniflora* und *Galium odoratum* häufiger 7

2 In der Strauchschicht Arten wie *Lonicera alpigena* und *Lonicera nigra*, in der Feldschicht *Veronica urticifolia* und *Dentaria* div. spec.. 3

2* In der Feldschicht Arten wie *Galium rotundifolium, Melampyrum sylvaticum, Listera cordata, Lycopodium annotinum, Corallorhiza trifida* 6

3 Feldschicht durch das Vorkommen von *Cardamine trifolia* ausgezeichnet **Cardamino trifoliae-Fagetum** S. 61

3* Feldschicht nicht durch das Vorkommen von *Cardamine trifolia* ausgezeichnet 4

4 Feldschicht durch das Vorkommen von *Dentaria heptaphyllos* gekennzeichnet **Dentario heptaphylli-Fagetum** S. 61

4* Feldschicht nicht durch das Vorkommen von *Dentaria heptaphyllos* gekennzeichnet 5

5 Feldschicht durch *Dentaria enneaphyllos* ausgezeichnet **Dentario enneaphylli-Fagetum** S. 60

5* Feldschicht durch das Vorkommen von *Dentaria pentaphyllos*, die Strauchschicht durch *Lonicera alpigena* geprägt **Lonicero alpigenae-Fagetum** S. 61

6 (2*) Feldschicht mit *Orthilia secunda, Corallorrhiza trifida, Cephalanthera rubra* und *Cephalanthera damasonium* **Pyrolo secundae-Abietetum** S. 62

6* In der Feldschicht treten die genannten Arten zurück oder fehlen, dafür ist *Galium rotundifolium* hochstet **Galio rotundifolii-Abietetum** S. 62

7 (1*) Relativ artenarme Rotbuchenwälder, die aber noch eine gut entwickelte Feldschicht mit Arten wie *Galium odoratum, Dryopteris carthusiana, Phyteuma spicatum* und *Polygonatum multiflorum* besitzen. Meist auf tiefgründigen Braun- und Parabraunerden mit Mullauflage **Galio odorati-Fagetum** S. 60

7* Artenreiche Rotbuchenwälder auf kalkreichen, basenreichen Lehmböden. In der gut entwickelten Feldschicht Arten wie *Hordelymus europaeus, Lathyrus vernus, Carex digitata, Campanula trachelium* **Hordelymo-Fagetum** S. 60

Galio odorati-Fagetum Sougn. et Thill 1959 em. Dierschke 1989 – Waldmeister-Buchenwald

(Syn. Asperulo-Fagetum Sougn. et Thill 1959, Melico-Fagetum Lohm. in Seib. 1954 p.p., Dentario bulbiferae-Fagetum Lohm. 1962; incl. Dryopterido-Fagetum G. Hofm. 1965, Corydali-Fagetum G. Hofm. 1965, Senecioni-Fagetum Pass. 1981, Festuco altissimae-Fagetum Grüneb. et Schlüt. 1957, Abieti-Fagetum (Zeidler 1953) Oberd. 1957

B:	K	*Fagus sylvatica* – Rotbuche
F:	A	*Galium odoratum* – Waldmeister
	A	*Phyteuma spicatum* – Ährige Teufelskralle
	T	*Polygonatum multiflorum* – Vielblütige Weißwurz
	T	*Carex sylvatica* – Wald-Segge

Vom Tief- bis Bergland auf Braun- und Parabraunerden mit guter Wasserkapazität, reichlichem Stickstoff- und Phosphorangebot weit verbreitete, straucharme Rotbuchen-Hallenwälder. Auffällig der hohe Anteil wintergrüner Arten in der Feldschicht. Der Frühjahrsaspekt ist durch Geophyten gut entwickelt. Ausbildung zahlreicher Untergesellschaften.

▽ Im Tiefland gefährdet 3.

Hordelymo-Fagetum Kuhn 1937 em. Jahn 1972 – Waldgersten-Rotbuchenwald

(Syn. Elymo-Fagetum Kuhn 1937, Lathyro-Fagetum Hartm. 1953 p.p., Melico-Fagetum Lohm. in Seib. 1954 p.p., Mercuriali-Fagetum Fuk. 1951; incl. Hedero-Fagetum G. Hofm. 1968, Petasito-Fagetum G. Hofm. in Scam. 1964, Primulo-Fagetum Köhl. 1967, Thamnio-Fagetum G. Hofm. 1968, Ribeso-Fagetum G. Hofm. 1968)

B:	K	*Fagus sylvatica* – Rotbuche
S:	H	*Daphne mezereum* – Seidelbast
F:	A	*Hordelymus europaeus* – Waldgerste
	T	*Lathyrus vernus* – Frühlings-Platterbse
	T	*Carex digitata* – Finger-Segge
	T	*Campanula trachelium* – Nesselblättrige Glockenblume
	T	*Mercurialis perennis* – Ausdauerndes Bingelkraut
	T	*Ranunculus lanuginosus* – Wolliger Hahnenfuß
	T	*Bromus ramosus* – Späte Waldtrespe
	T	*Actaea spicata* – Christophskraut

Von *Fagus sylvatica* beherrschte, straucharme Hallenwälder mit artenreicher Feldschicht. Auf nährstoffreichen, eutrophen Braunerden über Kalksteinen oder Basalt. Zahlreiche Untergesellschaften bildend. An nährstoffreichen, frühjahrsfrischen Standorten Übergänge zu Edelholzlaubwäldern.

▽ Im Tiefland gefährdet 3.

Dentario enneaphylli-Fagetum Oberd. 1957 ex W. et A. Matusz. 1960 – Quirl-Zahnwurz-Rotbuchenwald

(Syn. Fagetum sudeticum Preis 1938, Abieti-Fagetum sudeticum Neuhäusl 1959)

B:	K	*Fagus sylvatica* – Rotbuche
	H	*Abies alba* – Edeltanne
	H	*Picea abies* – Gewöhnliche Fichte
	H	*Acer pseudoplatanus* – Berg-Ahorn
S:	H	*Rubus idaeus* – Himbeere
	H	*Lonicera nigra* – Schwarze Heckenkirsche
F:	T	*Dentaria enneaphyllos* – Quirl-Zahnwurz
	T	*Calamagrostis villosa* – Wolliges Reitgras

T *Veronica montana* – Berg-Ehrenpreis
T *Actaea spicata* – Christophskraut

Rotbuchen- und Fichten-Tannen-Rotbuchenwälder auf relativ nährstoff- und feinerdereichen, mittel- bis tiefgründigen, gut durchfeuchteten Braunerden über silikatischem Untergrund. Im Bayerischen Wald, Oberpfälzer Wald, Böhmerwald, im Erzgebirge und Elbsandsteingebirge sowie im Lausitzer Bergland.
▽ Gefährdet (3).

Lonicero alpigenae-Fagetum Oberd. et Th. Müller 1984 –
Alpendoppelbeeren-Rotbuchenwald
(Syn. Aposeri-Fagetum Oberd. 1950 p. p., Abieti-Fagetum Kuoch 1954 p. p.)

B: K *Fagus sylvatica* – Rotbuche
H *Abies alba* – Edel-Tanne, Weiß-Tanne
H *Picea abies* – Gewöhnliche Fichte
H *Acer pseudoplatanus* – Berg-Ahorn
S: A *Lonicera alpigena* – Alpen-Doppelbeere
H *Lonicera nigra* – Schwarze Heckenkirsche
F: T *Veronica urticifolia* – Brennnesselblättriger Ehrenpreis
T *Salvia glutinosa* – Kleb-Salbei
T *Dentaria pentaphyllos* – Finger-Zahnwurz

Rotbuchen- und Rotbuchen-Fichten-Tannenwälder des Alpennordrandes, die dort bereits gegenüber dem Südalpenrand verarmt erscheinen, sich aber in viele Untereinheiten gliedern lassen. Von den oberbayerisch-schwäbischen Voralpen bis ins Wutachgebiet und in die südwestliche Schwäbische Alb.
▽ Gefährdet (3).

Dentario heptaphylli-Fagetum (Br.-Bl. 1932) Th. Müller 1966 –
Fiederzahnwurz-Rotbuchenwald
(Syn. Fagetum praealpino-jurassicum Br.-Bl. 1932; incl. Abieto-Fagetum Moor 1952, Tilio-Fagetum Moor 1952)

B: K *Fagus sylvatica* – Rotbuche
H *Abies alba* – Edel-Tanne, Weiß-Tanne
H *Picea abies* – Gewöhnliche Fichte
H *Acer pseudoplatanus* – Berg-Ahorn
S: H *Lonicera nigra* – Schwarze Heckenkirsche
H *Lonicera alpigena* – Alpen-Doppelbeere
T *Ilex aquifolium* – Stechpalme, Hülse
T *Daphne laureola* – Lorbeer-Seidelbast
F: A *Dentaria heptaphyllos* – Fieder-Zahnwurz
T *Dentaria pentaphyllos* – Finger-Zahnwurz
H *Polystichum aculeatum* – Dorniger Schildfarn

Submontan-montane Rotbuchen- bzw. Rotbuchen-Fichten-Tannenwälder auf Rendzinen des Schweizer Jura, die in Südwestdeutschland ausklingen (Vorbergzone des Schwarzwaldes, Markgräfler Land, Klettgau).
▽ Sehr selten und gefährdet R.

Cardamino trifoliae-Fagetum Oberd. in Oberd. et Th. Müller 1984 –
Kleeblattschaumkraut-Rotbuchenwald
(Syn. Aposerido-Fagetum Oberd 1957 p. p., Helleboro-Fagetum Zukr. 1973 p. p.)

B: K *Fagus sylvatica* – Rotbuche
H *Abies alba* – Edel-Tanne, Weiß-Tanne

	H	*Picea abies* – Gewöhnliche Fichte
	H	*Acer pseudoplatanus* – Berg-Ahorn
S:	H	*Lonicera alpigena* – Alpen-Doppelbeere
	H	*Lonicera nigra* – Schwarze Heckenkirsche
F:	T	*Cardamine trifolia* – Kleeblatt-Schaumkraut
	T	*Cyclamen purpurascens* – Wildes Alpenveilchen
	T	*Helleborus niger* – Christrose
	T	*Aposeris foetida* – Hainsalat, Stinksalat
	H	*Dentaria enneaphyllos* – Quirl-Zahnwurz

Ostpraealpine Rotbuchen- bzw. Rotbuchen-Fichten-Tannenwälder, die artenverarmt bis nach Oberbayern und Ostallgäu reichen.
▽ Gefährdet (3).

Galio rotundifolii-Abietetum (Wraber 1955) Ellenb. et Klötzli 1974 – Rundblattlabkraut-Tannenmischwald

(Syn. Galio-Piceetum J. et M. Bartsch 1940, Piceeto-Abietetum silicolae Oberd. 1950, Myrtillo-Abietetum Kuoch 1954 p.p., Oxali-Abietetum Mayer 1969 p.p., Galio-Abietetum Lingg 1986, Adenostylo glabrae-Abietetum Mayer et A. Hofm. 1969)

B:	K	*Fagus sylvatica* – Rotbuche
	H	*Abies alba* – Edel-Tanne, Weiß-Tanne
	H	*Picea abies* – Gewöhnliche Fichte
	H	*Sorbus aucuparia* – Eberesche
F:	T	*Galium rotundifolium* – Rundblatt-Labkraut
	H	*Melampyrum sylvaticum* – Wald-Wachtelweizen
	H	*Lycopodium annotinum* – Sprossender Bärlapp
	H	*Listera cordata* – Kleines Zweiblatt
	H	*Vaccinium myrtillus* – Heidelbeere

Tannenmischwälder in den hohen Lagen des Schwarzwaldes und am Alpennordrand. Auf frischen bis feuchten, z. T. auch nassen Böden mittlerer Nährstoff- und Basenversorgung.
▽ Gefährdet 3.

Pyrolo secundae-Abietetum Oberd. 1957 – Wintergrün-Tannenmischwälder

(Syn. Adenostylo glabrae-Abietetum Mayer 1969, Carici-Abietetum Ellenb. et Klötzli 1972, Carici albae-Abietetum Zukr. 1973)

B:	K	*Fagus sylvatica* – Rotbuche
	H	*Abies alba* – Edel-Tanne, Weiß-Tanne
	H	*Picea abies* – Gewöhnliche Fichte
	H	*Sorbus aucuparia* – Eberesche
	H	*Acer pseudoplatanus* – Berg-Ahorn
S:	H	*Lonicera xylosteum* – Rote Heckenkirsche
	H	*Lonicera alpigena* – Alpen-Doppelbeere
	H	*Daphne mezereum* – Seidelbast
F:	T	*Orthilia secunda* – Birngrün
	T	*Moneses uniflora* – Moosauge
	H	*Cephalanthera rubra* – Rotes Waldvöglein
	H	*Cephalanthera damasonium* – Bleiches Waldvöglein
	H	*Corallorrhiza trifida* – Korallenwurz
	H	*Epipactis atrorubens* – Braunrote Sitter

Tannenmischwälder auf mäßig frischen bis mäßig trockenen, basenreichen, meist kalkhaltigen Böden. In den süddeutschen Mittelgebirgen und am Alpennordrand.
▽ Gefährdet 3.

Cephalanthero-Fagion R. Tx. 1955 – Orchideen-Rotbuchenwälder

(Syn. Cephalanthero-Fagenion [R. Tx. 1955] R. Tx. et Oberd. 1958)

B:	K	*Fagus sylvatica* – Rotbuche
S:	H	*Cornus sanguinea* – Blutroter Hartriegel
	H	*Lonicera xylosteum* – Rote Heckenkirsche
	H	*Daphne mezereum* – Seidelbast
F:	T	*Carex digitata* – Finger-Segge
	T	*Carex montana* – Berg-Segge
	T	*Primula veris* – Wiesen-Primel
	T	*Vincetoxicum hirundinaria* – Schwalbenwurz
	T	*Epipactis helleborine* – Breitblättrige Sitter
	T	*Epipactis atrorubens* – Braunrote Sitter
	T	*Cephalanthera damasonium* – Bleiches Waldvöglein
	T	*Cephalanthera rubra* – Rotes Waldvöglein

Rotbuchenwälder mit mäßiger bis geringer Wuchsleistung auf kalkreichen, trockenen Standorten in meist hängiger Lage. Durch den oft lockeren Kronenschluss kann sich häufig eine Strauchschicht entwickeln. In der Feldschicht ist das Auftreten licht- und wärmebedürftiger sowie trockenheitsertragender Arten charakteristisch.
BT Trockenhang-Kalk-Rotbuchenwälder (auf Rendzinen) (T 1.1.1.4)

1 Sehr lichte, oft krüppelwüchsige Rotbuchenwälder an Steilhängen und Hangkanten von Kalkstandorten. In der Feldschicht ist das Vorkommen von *Sesleria albicans, Calamagrostis varia* und *Centaurea montana* bezeichnend **Seslerio-Fagetum** S. 64

1* Mittelwüchsige Rotbuchenwälder auf trockenen, wärmegetönten, kalkreichen Standorten in meist hängiger Lage. In der Feldschicht fallen Orchideen und trockenheitsertragende Seggen auf **Carici-Fagetum** S. 63

Carici-Fagetum Moor 1952 – Seggen-Rotbuchenwald

(Syn. Cephalanthero-Fagetum Oberd.1957 p.p.; incl. Convallario-Fagetum G. Hofm. 1965, Fagetum nudum Meusel 1939, Carpino-Fagetum Paucă 1941, Clinopodio-Fagetum G. Hofm. 1969, Actaeo-Fagetum Pass. 1960, Cynancho-Fagetum Jeschke 1964)

B:	K	*Fagus sylvatica* – Rotbuche
	T	*Sorbus torminalis* – Elsbeere
	H	*Carpinus betulus* – Hainbuche
S:	H	*Cornus sanguinea* – Blutroter Hartriegel
	H	*Daphne mezereum* – Seidelbast
	H	*Lonicera xylosteum* – Rote Heckenkirsche
F:	A	*Carex alba* – Weiße Segge
	T	*Carex digitata* – Finger-Segge
	T	*Carex montana* – Berg-Segge
	T	*Carex flacca* – Blaugrüne Segge
	T	*Cephalanthera rubra* – Rotes Waldvöglein
	T	*Cephalanthera helleborine* – Bleiches Waldvöglein
	T	*Epipactis helleborine* – Breitblättrige Sitter

Die Baumschicht weist gelegentlich nur einen lockeren Kronenschluss auf, sodass sich dann *Sorbus torminalis* und *Carpinus betulus* neben *Fagus sylvatica* behaupten können und sich eine Strauchschicht auszubilden beginnt. In der Feldschicht ist das Vorkommen kalkliebender und trockenheitsertragender Seggen und Orchideen bezeichnend. Meist an steilen, kalkreichen Hängen der Gips- und Muschelkalkberge des Hügellandes sowie auf kalkreichem Geschiebemergel und Kreide im jungpleistozänen Tiefland.

▽ Gefährdete Biotope im Grenzbereich der Rotbuchenwälder 3, im Tiefland selten R, §.

Seslerio-Fagetum Moor 1952 em. Th. Müller 1992 – Blaugras-Rotbuchenwald
(incl. Antherico-Fagetum G. Hofm. 1959, Seslerio-Taxetum G. Hofm. 1958, Taxo-Fagetum Etter 1947)

B:	K	*Fagus sylvatica* – Rotbuche
	A	*Taxus baccata* – Eibe
S:	H	*Cornus sanguinea* – Blutroter Hartriegel
	H	*Daphne mezereum* – Seidelbast
F:	T	*Sesleria albicans* – Blaugras
	T	*Calamagrostis varia* – Berg-Reitgras
	T	*Centaurea montana* – Berg-Flockenblume
	T	*Euphorbia cyparissias* – Zypressen-Wolfsmilch

Oft nur eine geringe Fläche einnehmende, lichte Krüppel-Rotbuchenwälder. In der Baumschicht gelegentlich *Taxus baccata*. In der Feldschicht viele wärme- und lichtliebende sowie trockenheitsertragende Arten. Auf flachgründigen, trockenen Rendzinen und Kalksteinbraunlehmen an Hangkanten und auf instabilen steilen Hängen vom Muschelkalk und Zechstein des Hügellandes bis in die Kalkalpen.
∇ §.

Luzulo-Fagion Lohm. et R. Tx. in R. Tx. 1954 – Bodensaure Rotbuchenwälder

(Syn. Luzulo-Fagetalia Scam. et Pass. 1959, Luzulo-Fagenion [Lohm. et R. Tx. 1954] Oberd. 1957; incl. Vaccinio myrtilli-Fagion G. Hofm. et Pass. in Scam. 1963)

B:	K	*Fagus sylvatica* – Rotbuche
F:	V	*Luzula luzuloides* – Hainsimse
	T	*Avenella flexuosa* – Schlängelschmiele
	T	*Calamagrostis arundinacea* – Wald-Reitgras
	T	*Oxalis acetosella* – Wald-Sauerklee
	T	*Vaccinium myrtillus* – Heidelbeere

Artenarme Rotbuchenwälder auf basen- und nährstoffarmen, sauren Böden. Flächenmäßig weit verbreitet vom Tiefland bis in die oberen Lagen der Mittelgebirge. In der Feldschicht viele Säurezeiger.
∇ Im Mittelgebirge häufig in Fichten-, im Tiefland in Kiefernforste umgewandelt, neuerdings durch anthropogene Bodenversauerung zunehmend gefährdet.
BT Moder-Rotbuchenwälder (Hainsimsen-Rotbuchenwälder) (T 1.1.1.1)

1 Artenarme Rotbuchenwälder mit hohem Anteil von *Picea abies* in der Baumschicht und *Calamagrostis villosa* in der Feldschicht. In der hochmontan-montanen Stufe der herzynischen Mittelgebirge **Calamagrostio villosae-Fagetum** S. 65

1* Artenarme Rotbuchenwälder ohne starke Beteiligung von *Picea abies* in der Baumschicht und *Calamagrostis villosa* in der Feldschicht 2

2 Artenarme Rotbuchenwälder des Hügel- und Berglandes, in denen in der Feldschicht *Luzula luzuloides* und *Epilobium angustifolium* hochstet auftreten. Im kollinen und submontanen Bereich ist *Quercus petraea* in der Baumschicht häufiger vertreten **Luzulo luzuloidis-Fagetum** S. 65

2* Artenarme Rotbuchenwälder saurer Böden des pleistozänen Tieflandes, in deren Feldschicht *Luzula luzuloides* fehlt und dafür *Avenella flexuosa, Luzula pilosa, Maianthemum bifolium, Poa nemoralis* und *Carex pilulifera* häufig zu finden sind. In der Baumschicht ist häufiger *Pinus sylvestris* und auf wechselfeuchten Standorten *Quercus robur* vertreten **Deschampsio-Fagetum** S. 65

Calamagrostio villosae-Fagetum Mikyška 1972 – Fichten-Rotbuchenwald
(Syn. Fago-Piceetum Oberd. 1938 em. Reinh. 1939; incl. Aceri-Piceetum Reinh. 1939 p.p., Polygonato verticillati-Fagetum Oberd. 1957 p.p.)

B:	K	*Fagus sylvatica* – Rotbuche
	H	*Picea abies* – Gewöhnliche Fichte
	H	*Acer pseudoplatanus* – Berg-Ahorn
S:	H	*Sambucus racemosa* – Berg-Holunder
	H	*Sorbus aucuparia* – Eberesche
F:	T	*Calamagrostis villosa* – Wolliges Reitgras
	T	*Luzula sylvatica* – Wald-Hainsimse
	T	*Polygonatum verticillatum* – Quirl-Weißwurz
	T	*Galium harcynicum* – Harz-Labkraut
	T	*Prenanthes purpurea* – Purpur-Hasenlattich
	H	*Vaccinium myrtyllus* – Heidelbeere
	H	*Dryopteris carthusiana* – Dornfarn
	H	*Athyrium filix-femina* – Frauenfarn

Von *Fagus syvatica* und *Picea abies* aufgebaute Wälder in den Mittelgebirgen zwischen 700 und 1000 m ü. NN. Sie stellen den Übergang zwischen den bodensauren Rotbuchenwäldern und den oberwärts anschließenden Fichtenwäldern dar. Sie sind auch in den kaltluftbeeinflussten Talmulden und Bacheinschnitten zu finden.

▽ Durch die Schädigung von *Picea abies* infolge Luftverunreinigung oft in reine Rotbuchenwälder übergehend (3).

Luzulo luzuloidis-Fagetum Meusel 1937 – Hainsimsen-Rotbuchenwald
(Syn. Luzulo-Fagetum montanum Oberd. 1957, Vertillato-Fagetum Oberd. 1957 p.p.; incl. Melampyro-Fagetum Oberd. 1957)

B:	K	*Fagus sylvatica* – Rotbuche
F:	T	*Luzula luzuloides* – Schmalblättrige Hainsimse
	T	*Epilobium angustifolium* – Schmalblättriges Weidenröschen
	T	*Prenanthes purpurea* – Purpur-Hasenlattich
	H	*Vaccinium myrtillus* – Heidelbeere

Von der kollinen bis montanen Stufe weit verbreitete, artenarme Rotbuchenwälder auf sauren, relativ nährstoffarmen Böden. In der Feldschicht mit vielen säureliebenden Arten. Im kollinen und submontanen Bereich mit *Quercus petreaea* in der Baumschicht und *Melampyrum pratense, Lathyrus montanus* in der Feldschicht.

In den hochmontanen Lagen *Picea abies* und *Abies alba* im Einzelstand in der Baumschicht und *Polygonatum verticillatum, Dryopteris dilatata* und *Galium harcynicum* in der Feldschicht. In viele Untereinheiten zu differenzieren.

▽ Durch zunehmende anthropogene Bodenversauerung gefährdet 3, im Tiefland stark gefährdet 2.

Deschampsio-Fagetum Schröder 1938 em. Schub. 1995 – Schlängelschmielen-Rotbuchenwald
(Syn. Luzula pilosa-Fagus sylvatica-Gesellsch. Pott 1992, Maianthemo-Fagetum Pass. 1959; incl. Periclymeno-Fagetum Pass. 1957, Milio-Fagetum Frehner 1963 p.p., Carici piluliferae-Fagetum Pass. 1956, Deschampsio-Fagetum Pass. 1956, Pino-Fagetum Scam. 1959, Myrtillo-Fagetum Pass. 1965, Rhytidiadelpho-Fagetum Pass. 1966, Petraeo-Fagetum Scam. 1959, Mnio-Fagetum Pass. 1966, Trientali-Fagetum Jeschke 1964, Molinio-Fagetum Scam. 1959, Frangulo-Fagetum [Hartm. 1941] Scam.1959, Leucobryo-Fagetum Scam. 1963, Dicrano-Fagetum Pass. et G. Hofm. 1965)

B: K *Fagus sylvatica* – Rotbuche
F: T *Maianthemum bifolium* – Schattenblümchen
T *Avenella flexuosa* – Schlängel-Schmiele
T *Luzula pilosa* – Haar-Hainsimse
T *Luzula campestris* – Gewöhnliche Hainsimse
T *Carex pilulifera* – Pillen-Segge
T *Poa nemoralis* – Hain-Rispengras

Artenarme Rotbuchenwälder des pleistozänen Tieflandes auf bodensauren, oberflächlich ausgehagerten Standorten. In der Feldschicht herrschen Säurezeiger. In der Baumschicht kann *Pinus sylvestris* zur Rotbuche hinzutreten, auf wechselfeuchten Standorten *Quercus robur*. In stärker atlantisch geprägten Landschaften mit *Lonicera periclymenum* und *Ilex aquifolium*.
▽ Durch anthropogene Bodenversauerung stark gefährdet 2.
BT Flattergras-Rotbuchenwälder (T 1.1.1.2)

Carpinion betuli Issler 1931 em. Oberd. 1957 – Eichen-Hainbuchenwälder
(Syn. Eu-Carpinion Scam. et Pass. 1959; incl. Carpino-Ulmion Pass. 1968)

B: V *Carpinus betulus* – Hainbuche
T *Quercus petraea* – Trauben-Eiche
T *Quercus robur* – Stiel-Eiche
T *Tilia cordata* – Winter-Linde
S: H *Corylus avellana* – Gewöhnliche Hasel
H *Rosa arvensis* – Kriechende Rose
F: T *Stellaria holostea* – Echte Sternmiere
H *Anemone nemorosa* – Buschwindröschen
H *Anemone ranunculoides* – Gelbes Windröschen
H *Viola reichenbachiana* – Wald-Veilchen
H *Dactylis polygama* – Wald-Knäuelgras
H *Potentilla sterilis* – Erdbeer-Fingerkraut

Eichen-Hainbuchenwälder auf nährstoffreichen Lehmböden von der planaren bis zur submontanen Stufe. Bevorzugt in niederschlagsärmeren kontinentalen Landschaften oder auf stau- bis grundwasserfeuchten Lehmböden. In beiden Fällen wird die Konkurrenzkraft von *Fagus sylvatica* stark geschwächt. Oft aus früheren Nieder-, Mittel- oder Hudewäldern hervorgegangen.
BT Eichen-Hainbuchenwälder (T 1.1.2.3)

1 In Südwestdeutschland in föhnbeeinflussten, wärmegetönten Lagen vorkommende, lindenreiche Wälder mit *Staphylea pinnata* in der Strauchschicht und *Carex alba* und *Helleborus foetidus* in der Feldschicht **Carici albae-Tilietum cordatae** S. 67
1* Eichen-Hainbuchenwälder ohne die genannten Arten 2
2 Auf wechselfeuchten Grund- und Stauwasserböden in Lehmgebieten. Neben *Carpinus betulus* vor allem *Quercus robur* in der Baumschicht. An nährstoffreichen Standorten auch Aufkommen von Edellaubhölzern. In der Feldschicht viele Wechselfeuchtigkeitszeiger wie *Deschampsia cespitosa* **Stellario holosteae-Carpinetum betuli** S. 67
2* Nicht auf wechselfeuchten Standorten. Neben *Carpinus betulus* vor allem *Quercus petraea* in der Baumschicht. Wechselfeuchtigkeitszeiger treten stark zurück 3
3 Auf erosionsgefährdeten Hangstandorten mit mineral- und nährstoffreichen, oft unreifen Böden. Mit starkem Anteil von *Ulmus minor* oder *U. glabra* in der Baumschicht **Carpino-Ulmetum minoris** S. 68
3* Auf weniger steilen Hangstandorten. Ohne starken Anteil von *Ulmus*-Arten in der Baumschicht. Vor allem in niederschlagsärmeren, kontinentalen Landschaften **Galio sylvatici-Carpinetum betuli** S. 67

Carici albae-Tilietum cordatae Th. Müller et Görs 1958 –
Weißseggen-Eichen-Lindenwald

B: V *Carpinus betulus* – Hainbuche
H *Tilia cordata* – Winter-Linde
H *Quercus petraea* – Trauben-Eiche
H *Quercus robur* – Stiel-Eiche
T (*Buxus sempervirens* – Buchsbaum)
T (*Acer opulifolium* – Schweizer Ahorn)
S: T *Staphylea pinnata* – Gewöhnliche Pimpernuss
F: T *Carex alba* – Weiße Segge
T *Helleborus foetidus* – Stinkende Nieswurz
T *Coronilla emerus* – Strauch-Kronwicke
T *Melittis melissophyllum* – Immenblatt

Thermophile, Trockenheit ertragende, lindenreiche Waldgesellschaft auf steilen, südexponierten Hängen im Kaiserstuhl, am Isteiner Klotz und Grenzacher Horn, auch am Hochrhein und Bodensee. Auch auf Schotterterrassen am Hochrhein und am östlichen Bodensee. Wärmezeitliche Relikt-Dauergesellschaft.
▽ Stark gefährdet (2).

Stellario holosteae-Carpinetum betuli Oberd. 1957 –
Sternmieren-Stieleichen-Hainbuchenwald
(incl. Dactylido-Carpinetum G. Hofm. 1959, Polygonato-Carpinetum Pass. 1957, Filipendulo-Carpinetum Schub. 1972, Selino-Quercetum Niem. et Meusel 1971, Stachyo-Carpinetum R. Tx. 1930, Lathraeo-Carpinetum [Markgr. 1922] Scam. et Pass. 1959, Arunco-Carpinetum Pass. 1981, Aegopodio-Carpinetum G. Hofm. et Pass. 1968, Mercuriali-Carpinetum G. Hofm. et Pass. 1968, Bromo-Carpinetum G. Hofm. et Pass. 1968)

B: V *Carpinus betulus* – Hainbuche
H *Quercus robur* – Stiel-Eiche
H *Tilia cordata* – Winter-Linde
H *Fraxinus excelsior* – Gewöhnliche Esche
S: H *Corylus avellana* – Gewöhnliche Hasel
F: A *Stellaria holostea* – Echte Sternmiere
A *Potentilla sterilis* – Erdbeer-Fingerkraut
H *Aegopodium podagraria* – Giersch
H *Deschampsia cespitosa* – Rasen-Schmiele
H *Stachys sylvatica* – Wald-Ziest
H *Ranunculus ficaria* – Scharbockskraut

In mehrere Untereinheiten differenzierbare gutwüchsige Stieleichen-Hainbuchenwälder auf meist wechselfeuchten, lehmigen, grund- und stauwasserbeeinflussten Böden im Tief-, Hügel- und Mittelgebirgsvorland. An nährstoffreichen Standorten können Edellaubhölzer in der Baumschicht auftreten. Oft als Nieder- oder Mittelwälder bewirtschaftet.
▽ Gefährdet 3, im Tiefland stark gefährdet 2.

Galio sylvatici-Carpinetum betuli Oberd. 1957 –
Waldlabkraut-Traubeneichen-Hainbuchenwald (Abb. 000)
(incl. Carici brizoides-Carpinetum Pass. 1981, Querco-Tilietum Meusel 1954, Melampyro-Carpinetum Pass. 1957 em. 1968, Polytricho-Carpinetum [Prsg. 1943] Scam. 1959, Festuco-Carpinetum [Prsg. 1943]) G. Hofm. 1959, Poo chaixii-Carpinetum Oberd. 1957, Querco-Carpinetum medioeuropaeum R. Tx. 1937 p. p.)

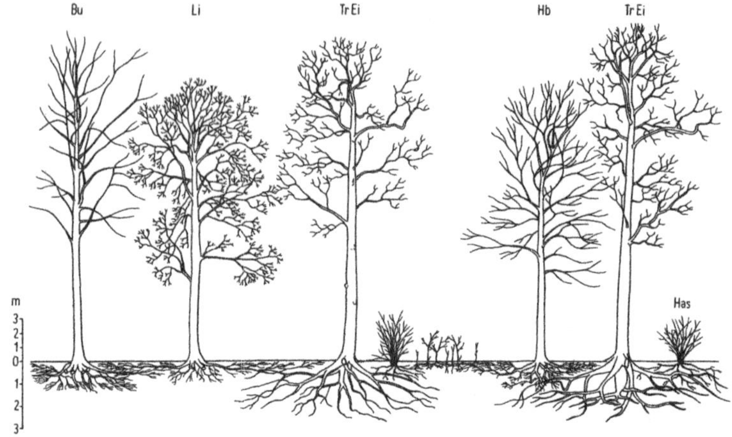

Abb. 12. Halbschematisches Vegetationsprofil des Eichen-Hainbuchenwaldes (Galio-Carpinetum). Bu = *Fagus sylvatica*, Li = *Tilia cordata*, Tr.Ei. = *Quercus petraea*, Hb = *Carpinus betulus* = Has = *Corylus avellana*. Nach MEUSEL 1952 aus SCHUBERT 1991.

B: V *Carpinus betulus* – Hainbuche
H *Quercus petraea* – Trauben-Eiche
H *Tilia cordata* – Winter-Linde
S: H *Corylus avellana* – Gewöhnliche Hasel
F: A *Galium sylvaticum* – Wald-Labkraut
A *Tanacetum corymbosum* – Ebensträußige Margerite
H *Convallaria majalis* – Maiglöckchen
H *Festuca heterophylla* – Verschiedenblättriger Schwingel
H *Poa nemoralis* – Hain-Rispengras

Gutwüchsige Traubeneichen-Hainbuchenwälder auf grundwasserferneren, meist relativ nährstoffreichen Standorten, vor allem in niederschlagsärmeren, kontinentalen Landschaften. Neben der Baumschicht ist meist eine Strauchschicht gut entwickelt. In der Feldschicht nehmen die Gräser einen beachtlichen Platz ein. Sehr stabile Wälder mit guter Ausnutzung der Bodenhorizonte durch verschieden tief reichende Wurzelsysteme. ▽ Gefährdet 3.

Carpino-Ulmetum minoris Pass. 1953 em. Schub. 1995 –
Hainbuchen-Ulmen-Hangwälder
(Syn. Carpino-Ulmion Pass. 1968; incl. Carpino-Ulmetum glabrae G. Hofm. 1960)

B: V *Carpinus betulus* – Hainbuche
H *Quercus petraea* – Trauben-Eiche
T *Ulmus minor* – Feld-Ulme
T *Ulmus glabra* – Berg-Ulme
S: H *Sambucus nigra* – Schwarzer Holunder
F: H *Aegopodium podagraria* – Giersch
T *Chaerophyllum temulum* – Taumel-Kälberkropf
T *Alliaria petiolata* – Knoblauchsrauke
H *Brachypodium sylvaticum* – Wald-Zwenke
H *Stellaria holostea* – Echte Sternmiere

Ulmenreiche Hainbuchenwälder auf erosionsgefährdeten Hangschultern und Oberhängen mit oft unreifen aber nährstoffreichen Böden. Die Strauchschicht ist meist üppig entwickelt. In der Feldschicht viele stickstoffliebende Pflanzen. Als Schutzwälder von großer ökologischer Bedeutung.

∇ Selten geworden, gefährdet (3), *.

4.3 **Quercetea robori-petraeae** Br.-Bl. et R. Tx. 1943 – Birken-Eichenwälder

B: K *Quercus petraea* – Trauben-Eiche
K *Quercus robur* – Stiel-Eiche
K *Betula pendula* – Hänge-Birke
K *Sorbus aucuparia* – Eberesche
S: K *Frangula alnus* – Faulbaum
F: K *Avenella flexuosa* – Schlängel-Schmiele
K *Agrostis capillaris* – Rot-Straußgras

Auf nährstoff- und basenarmen, sauren Böden entstehen Laubwälder, in deren Baumschicht *Quercus robur* und *Qu. petraea* vorherrschen. Ihnen sind oft *Betula pendula, Pinus sylvestris* und *Populus tremula* beigesellt. *Fagus sylvatica* ist in der Baumschicht nur auf etwas nährstoffreicheren Standorten zu finden, auf denen die Birken-Eichenwälder durch Degradation von bodensauren Rotbuchenwäldern entstanden sind. Charakteristisch ist das Vorherrschen azidophiler Pflanzen in der Feldschicht. Die Böden zeigen meist eine Bänderung durch Podsolierung, sie gehören dem Typ der lessivierten bis podsoligen Braunerden und Podsol-Ranker bzw. Podsol-Pseudogleye bis Stagnogleye an.

∇ Bei der Wiederaufforstung werden die Birken-Eichenwälder oft in Kiefernforste umgewandelt, sie sind deshalb in ihrem Bestand gefährdet.

BT Bodensaure Eichenmischwälder (T 1.1.2.5)

Im Gebiet nur 1 Ordnung:

Quercetalia robori-petraeae R. Tx. (1931) 1937

und 1 Verband:

Quercion robori-petraeae Br.-Bl. 1932 – West- und mitteleuropäische Birken-Eichenwälder

(Syn. Quercion robori Malc. 1929)

B: K *Quercus petraea* – Trauben-Eiche
K *Quercus robur* – Stiel-Eiche
K *Betula pendula* – Hänge-Birke
S: K *Sorbus aucuparia* – Eberesche
F: K *Agrostis capillaris* – Rot-Straußgras
V *Carex pilulifera* – Pillen-Segge
V *Veronica officinalis* – Echter Ehrenpreis
T *Vaccinium myrtillus* – Heidelbeere
T *Calluna vulgaris* – Heidekraut
T *Festuca ovina* – Schaf-Schwingel
V *Dicranum scoparium* – Gabelzahnmoos
V *Polytrichum formosum* – Frauenhaarmoos

Birken-Eichenwälder auf sauren, nährstoffarmen Böden, sowohl auf trockenen, auf denen *Quercus petraea*, als auch auf wechselfeuchten Standorten, auf denen *Quercus robur* dominiert. *Fagus sylvatica* nur auf anlehmigen Sandböden stärker auftretend.
▽ Oft in Kiefernforste überführt, sind die Birken-Eichenwälder gefährdet.
BT Bodensaure Eichenmischwälder (T 1.1.2.5)

1 In der Baumschicht ist *Fagus sylvatica* neben *Quercus*-Arten hochstet anzutreffen. In der Feldschicht noch anspruchsvollere Arten wie *Holcus mollis, Pteridium aquilinum, Convallaria majalis, Viola riviniana* **Holco mollis-Quercetum** S. 70
1* In der Baumschicht tritt *Fagus sylvatica* nur sporadisch auf. In der Feldschicht fast ausschließlich nährstoffarme, saure Böden tolerierende Arten 2
2 In der Feldschicht ist *Luzula luzuloides* stet vorhanden. Vorwiegend Bestände des Berg- und Hügellandes 5
2* In der Feldschicht fehlt *Luzula luzuloides*. Bestände des Flachlandes 3
3 Natürliche, windharte Pappel-Traubeneichenwälder auf Küstendünen-Standorten der Nordseeinseln und des küstennahen Festlandes mit *Polypodium vulgare, Lonicera periclymenum* und *Trientalis europaea* in der Feldschicht **Populo tremulae-Quercetum petraeae** S. 71
3* Eichen-Birkenwälder des Binnenlandes. 4
4 Von *Quercus robur* beherrschte, lichte Wälder der nordwestdeutschen, altpleistozänen Quarzsandböden mit *Hypericum pulchrum, Corydalis claviculata* und *Teucrium scorodonia* in der Feldschicht **Betulo pendulae-Quercetum roboris** S. 71
4* Lichte Eichenwälder ohne die genannten Arten in der Feldschicht **Deschampsio flexuosae-Quercetum roboris** S. 71
5 (2) In der Baumschicht ist *Pinus sylvestris* hochstet vertreten. Für die Feldschicht ist das Vorkommen von *Vaccinium vitis-idaea* bezeichnend **Vaccinio vitis-idaeae-Quercetum petraeae** S. 72
5* In der Baumschicht ist *Pinus sylvestris* nur sporadisch anzutreffen. Für die Feldschicht sind *Genista tinctoria, G. germanica, Luzula luzuloides, Hieracium schmidtii* und *Lembotropis nigricans* charakteristisch **Genisto tinctoriae-Quercetum petraeae** S. 72

Holco mollis-Quercetum Lem. 1937 corr. et em. Oberd. 1992 –
Honiggras-Eichenwald

(Syn. Violo-Quercetum Oberd. 1957, Fago-Quercetum typicum Lohm. ex R. Tx. 1958; incl. Stellario-Quercetum roboris Scam. 1959, Molinio-Quercetum [R. Tx. 1937] Scam. et Pass. 1959)

B: K *Quercus petraea* – Trauben-Eiche
K *Quercus robur* – Stiel-Eiche
K *Betula pendula* – Hänge-Birke
T *Fagus sylvatica* – Rotbuche
S: K *Sorbus aucuparia* – Eberesche
K *Frangula alnus* – Faulbaum
F: H *Holcus mollis* – Weiches Honiggras
T *Viola riviniana* – Hain-Veilchen
T *Convallaria majalis* – Maiglöckchen
T *Pteridium aquilinum* – Adlerfarn

Birken-Eichenwälder auf etwas nährstoffreicheren, anlehmigen Sanden, auch auf lehmhaltigen Kiesen der Grund- und Stauchmoränen und Flussterrassen. In der Baumschicht ist oft *Fagus sylvatica* vertreten. In der Feldschicht sind neben den Säurezeigern auch noch anspruchsvollere Arten vorhanden. Auf stau- und grundwasserbeeinflussten Standorten dominiert *Quercus robur* gegenüber *Qu.petraea*. Vorwiegend in stärker subatlantischen Bereichen der Pleistozängebiete Norddeutschlands, aber auch auf fluviatildiluvialen Sandböden Süddeutschlands, z. B. Rhein-Main-Gebiet, Südpfalz.
▽ Laubmischwälder, die forstwirtschaftlich häufig in Kiefernforste umgewandelt werden und deshalb gefährdet sind (3).
BT Buchen-Eichenwälder (T 1.1.2.5.2)

Deschampsio flexuosae-Quercetum roboris Pass. 1966 - Birken-Traubeneichenwald (Syn. Agrostio-Quercetum Pass. 1953, Betulo pendulae-Quercetum petraeae R. Tx. 1937 p.p., Luzulo-Quercetum sensu Oberd. 1950 ex Noirf. et Sougn. 1956 p.p., Quercetum medioeuropaeum Br.-Bl. 1932 ; incl. Peucedano-Quercetum roboris Pass. 1956)

B: K *Quercus petraea* – Trauben-Eiche
K *Quercus robur* – Stiel-Eiche
K *Betula pendula* – Hänge-Birke
H *Pinus sylvestris* – Wald-Kiefer
S: K *Sorbus aucuparia* – Eberesche
F: K *Agrostis capillaris* – Rot-Straußgras
H *Poa pratensis* – Wiesen-Rispengras
K *Carex pilulifera* – Pillen-Segge
T *Anthoxanthum odoratum* – Gewöhnliches Ruchgras
T *Melampyrum pratense* – Wiesen-Wachtelweizen

Birken-Eichenwälder der trockeneren, kontinentaleren Landschaften des pleistozänen Tieflandes (Nordostdeutschland) auf nährstoffarmen, sauren Standorten. In der Baumschicht häufig *Pinus sylvestris*. In der Feldschicht fehlt *Luzula luzuloides*, dafür treten *Agrostis capillaris, Poa pratensis, Anthoxanthum odoratum* und *Carex pilulifera* häufiger auf. Auf trockenen Sanden viele wärme- und trockenheitsbevorzugende Pflanzen.
▽ Vielfach in Kiefernforste umgewandelt und daher stark gefährdet 2.
BT Birken-Eichenwälder (T 1.1.2.5.1)

Betulo pendulae-Quercetum roboris R. Tx. 1930 – Birken-Stieleichenwald (Syn. Melampyro-Quercetum roboris R. Tx. 1930)

B: K *Quercus robur* (dom.) – Stiel-Eiche
K *Betula pendula* – Hänge-Birke
K *Sorbus aucuparia* – Eberesche
F: T *Hypericum pulchrum* – Schönes Hartheu
T *Corydalis claviculata* – Ranken- Lerchensporn
T *Teucrium scorodonia* – Salbei-Gamander
T *Galium harcynicum* – Harz-Labkraut
H *Holcus mollis* – Weiches Honiggras

Artenarme, lichte Wälder mit vorherrschender *Quercus robur*. Vorwiegend auf nordwestdeutschen, altpleistozänen Quarzsandböden. Von Niedersachsen bis ins oberrheinische Berg- und Hügelland und ostwärts bis nach Mecklenburg und ins Prignitzgebiet in Brandenburg.
▽ Durch Stickstoffeinträge stark gefährdet und in Kiefernforste umgewandelt 2, im Bergland gefährdet 3.
BT Birken-Eichenwälder (T 1.1.2.5.1)

Populo tremulae-Quercetum petraeae R. Tx. 1951 – Zitterpappel-Traubeneichenwälder

B: T *Populus tremula* – Zitter-Pappel
K *Quercus petraea* – Trauben-Eiche
K *Sorbus aucuparia* – Eberesche
F: T *Polypodium vulgare* – Gewöhnlicher Tüpfelfarn
T *Trientalis europaea* – Siebenstern
T *Lonicera periclymenum* – Deutsches Geißblatt
H *Vaccinium vitis-idaea* – Preiselbeere

Natürliche, windharte Zitterpappel-Traubeneichen-Pionierwälder, selten auf Küstendünen der Nordseeinseln und der küstennahen Festlandsdünen.

▽ Durch Seltenheit gefährdet (R), *.
BT Windharte Pappel-Eichenwälder der Küsten (T 1.1.2.5.3)

Vaccinio vitis-idaeae-Quercetum petraeae Oberd. (1957) 1992 – Preiselbeer-Eichenwald
(Syn. Calamagrostio arundinaceae-Quercetum petraeae [Hartm. 1934] Scam. et Pass. 1959, Pino-Quercetum Reinh. [1939] 1944 p. p.; incl. Molinio-Quercetum [R. Tx. 1937] Scam. et Pass. 1959 p. p., Calamagrostio-Quercetum Scam. 1961)

B: K *Quercus petraea* – Trauben-Eiche
K *Quercus robur* – Stiel-Eiche
K *Betula pendula* – Hänge-Birke
H *Pinus sylvestris* – Wald-Kiefer
S: K *Sorbus aucuparia* – Eberesche
F: T *Vaccinium vitis-idaea* – Preiselbeere
T Luzula luzuloides – Schmalblättrige Hainsimse
H *Vaccinium myrtillus* – Heidelbeere
H *Calluna vulgaris* – Heidekraut

Birken-Eichenwälder mit *Pinus sylvestris* als hochstete Baumart. Auf trockenen, sandigen bis kiesigen, sauren Böden in meist niederschlagsärmeren, kontinentaleren Landschaften vom Tiefland bis ins Bergland. Die Feldschicht wird von azidophilen Zwergsträuchern bestimmt.
▽ Durch anthropogene Bodenversauerung geschädigt, stark gefährdet 2, §.
BT Subkontinentale Kiefern-Eichenwälder (T 1.1.2.5.5)

Genisto tinctoriae-Quercetum petraeae Klika 1932 – Färberginster-Eichenwald
(Syn. Genisto germanicae-Quercetum Aich. 1933, Luzulo-Quercetum Hilitzer 1932, Betulo pendulae-Quercetum petraeae R. Tx. [1929] 1937 p. p., Hieracio-Quercetum petraeae Lohm. 1973, Quercetum medioeuropaeum auct.; incl. Calluno-Quercetum Schlüt. 1959, Viscario-Quercetum Stöck. 1965, Festuco-Quercetum Stöck. 1965, Cytiso nigrae-Quercetum Grüneb. et Schlüt. 1957, Hieracio glaucini-Quercetum Lohm. 1978)

B: K *Quercus petraea* – Trauben-Eiche
K *Quercus robur* – Stiel-Eiche
K *Betula pendula* – Hänge-Birke
S: K *Sorbus aucuparia* – Eberesche
F: T *Luzula luzuloides* – Schmalblättrige Hainsimse
H *Calluna vulgaris* – Heidekraut
T *Genista tinctoria* – Färber-Ginster
T *Genista germanica* – Deutscher Ginster
T *Hieracium schmidtii* – Bleiches Habichtskraut
T *Lembotropis nigricans* – Schwärzender Geißklee

Schlechtwüchsige Birken-Eichenwälder auf trockenen, stark sauren Rankerböden. Auf Felsgraten, Hangschultern und Felsrippen sowie Schuttflächen, oft im Bereich von Durchbruchstälern der Mittelgebirge und Mittelgebirgsvorländer. In der Feldschicht ist das Auftreten der Ginsterarten und Habichtskräuter bezeichnend.
▽ Gefährdete Laubmischwälder mit Schutzwaldfunktion 3, im Flachland stark gefährdet 2, §.
BT Felshang-Hainsimsen-Traubeneichenwälder (T 1.1.2.5.4)

4.4 **Quercetea pubescenti-petraeae** (Oberd. 1948) Doing 1955 – Wärmeliebende Eichen-Trockenwälder

(Syn. Peucedano-Quercetea [Oberd. 1948] Doing 1955 em. Pass. 1968)

B: K *Quercus pubescens* – Flaum-Eiche (selten)
K *Sorbus torminalis* – Elsbeere
H *Quercus petraea* – Trauben-Eiche
H *Quercus robur* – Stiel-Eiche
S: H *Corylus avellana* – Gewöhnliche Hasel
H *Cornus mas* – Kornelkirsche
F: T *Tanacetum corymbosum* – Ebensträußige Wucherblume
T *Campanula persicifolia* – Pfirsichblättrige Glockenblume
T *Vincetoxicum hirundinaria* – Schwalbenwurz
T *Geranium sanguineum* – Blutroter Storchschnabel
T *Anthericum liliago* – Große Graslilie
T *Sedum telephium* – Purpur-Fetthenne

Lichte Eichenwälder auf flachgründigen, stark austrocknenden, wärmebegünstigten Standorten. In der Feldschicht Aufkommen von Arten submediterraner Trockenwälder oder subkontinentaler Steppenwälder. Sie stellen letzte Ausläufer dieser Wälder auf Sonderstandorten in Mitteleuropa dar. Die Bestände sind oft durch die bis in jüngste Vergangenheit hineinreichende Niederwaldbewirtschaftung geprägt.
▽ Durch Aufgabe der Niederwaldbewirtschaftung stark gefährdet.
BTWärmeliebende Eichenmischwälder (T 1.1.2.4)

Im Gebiet nur 1 Ordnung:

Quercetalia pubescenti-petraeae Klika 1933 corr. Moravec in Béguin et Theurillat 1984 – Eichen-Trockenwälder

(Syn. Quercetalia robori-pubescentis Förster 1979)

1 Wärmeliebende, lichte Eichenwälder auf kalkreichen Hängen und Hangschultern. In der Feldschicht mit *Buglossoides purpurocaerulea, Anthericum ramosum* und *Primula veris*, in der Strauchschicht mit *Cornus sanguinea* und *Viburnum lantana*. In der Baumschicht gelegentlich *Quercus pubescens* oder seine Bastarde **Quercion pubescenti-petraeae** S. 73

1* Wärmeliebende, lichte Eichenwälder auf mineralkräftigen, oft kalkfreien, flachgründigen Hängen und Hangschultern. In der Feldschicht sind kontinentale Trockenheitszeiger wie *Potentilla alba, Trifolium rubens* und *T. alpestre* stet. Submediterrane Arten treten zurück **Potentillo albae-Quercion petraeae** S. 75

Quercion pubescenti-petraeae Br.-Bl. 1932 em. Riv.-Mart. 1972 – West-submediterrane Flaumeichenwälder

B: K *Quercus pubescens* – Flaum-Eiche
V *Sorbus aria* – Mehlbeere
K *Sorbus torminalis* – Elsbeere
H *Quercus petraea* – Trauben-Eiche
S: V *Viburnum lantana* – Wolliger Schneeball
F: V *Buglossoides purpurocaerulea* – Purpurroter Steinsame
T *Orchis purpurea* – Purpur-Knabenkraut
T *Helleborus foetidus* – Stinkende Nieswurz

Wärmeliebende Wälder auf kalkreichen Böden. Durch das Vorkommen submediterraner Arten ausgezeichnet.

▽ Stark gefährdet, §.
BT Flaumeichenwälder (T 1.1.2.4.1)

1 In der Baumschicht ist *Acer monspessulanum* stet vertreten **Aceri monspessulani-Quercetum petraeae** S. 75
1* In der Baumschicht fehlt *Acer monspessulanum* 2
2 In der Baumschicht neben *Quercus petraea, Quercus pubescens* und ihren Bastarden *Buxus sempervirens* **Buxo-Quercetum pubescentis** S. 74
2* In der Baumschicht fehlt *Buxus sempervirens* **Quercetum pubescenti-petraeae** S. 74

Quercetum pubescenti-petraeae (Imch. 1926) Heinis 1933 – Elsbeeren-Flaumeichenwald

(Syn. Lithospermo-Quercetum petraeae Br.-Bl. 1932, Coronillo coronatae-Quercetum petraeae Moor 1962 p.p., Coronillo emeri-Quercetum pubescentis Förster 1968, Carici-Quercetum Förster 1968; incl. Scorzonero-Quercetum (Meusel 1939) Förster 1968, Dictamno-Sorbetum R. Knapp 1944)

B:	K	*Sorbus torminalis* – Elsbeere
	K	*Quercus pubescens* – Flaum-Eiche (selten)
	H	*Quercus petraea* – Trauben-Eiche
	H	*Quercus robur* – Stiel-Eiche
	H	*Acer campestre* – Feld-Ahorn
S:	V	*Viburnum lantana* – Wolliger Schneeball
	H	*Cornus sanguinea* – Blutroter Hartriegel
	H	*Corylus avellana* – Gewöhnliche Hasel
F:	V	*Buglossoides purpurocaerulea* – Purpurblauer Steinsame
	T	*Anthericum ramosum* – Ästige Graslilie
	T	*Primula veris* – Wiesen-Primel
	T	*Scorzonera purpurea* – Violette Schwarzwurzel
	T	*Dictamnus albus* – Diptam

Schlechtwüchsiger, lichter Elsbeeren-Eichenwald auf flachgründigen, kalkreichen, trockenen Hängen und Hangschultern in Süd- und Mitteldeutschland. In seiner Struktur durch zahlreiche wärmeliebende, submediterrane, trockenheitsertragende Arten ausgezeichnet, die im Gebiet stark gefährdet sind.
▽ Gefährdet 3, im Tiefland stark gefährdet 2, §.

Aceri monspessulani-Quercetum petraeae (R. Knapp 1944) Oberd. 1957 – Felsenahorn-Trauben-Eichenwald

B:	A	*Acer monspessulanum* – Französischer Ahorn
	K	*Sorbus torminalis* – Elsbeere
	H	*Quercus petraea* – Trauben-Eiche
	H	*Acer campestre* – Feld-Ahorn
	H	*Cerasus mahaleb* – Steinweichsel
F:	K	*Helleborus foetidus* – Stinkende Nieswurz
	T	*Campanula persicifolia* – Pfirsichblättrige Glockenblume
	T	*Lychnis viscaria* – Pechnelke
	T	*Anthericum liliago* – Astlose Graslilie

Lichter, meist niedrigwüchsiger Xerothermwald mit *Acer monspessulanum* auf warmtrockenen, kalkarmen, aber basenreichen, felsigen oder skelettreichen Standorten des Mosel- und Nahetales und des Mittelrheingebietes.
▽ Selten, Reliktwald (R), §.

Buxo-Quercetum pubescentis Br.-Bl. 1932 – Buchsbaum-Flaumeichenwald

B:	A	*Buxus sempervirens* – Buchsbaum
	V	*Sorbus aria* – Mehlbeere

K *Quercus pubescens* – Flaum-Eiche
H *Quercus petraea* – Trauben-Eiche
H *Cerasus mahaleb* – Steinweichsel
F: A *Melittis melissophyllum* – Immenblatt
T *Helleborus foetida* – Stinkende Nieswurz
T *Polygonatum odoratum* – Echter Salomonssiegel
T *Tanacetum corymbosum* – Doldige Wucherblume

Niedrigwüchsiger, lichter Xerothermwald mit *Buxus sempervirens*. An trocken-warmen Kalk- und Porphyrhängen. In Deutschland nur am Grenzacher Horn, am Hochrhein, submediterrane Assoziation an ihrer Nordgrenze, Assoziationsrang der deutschen Bestände fraglich.

∇ Sehr selten (R), §.

Potentillo albae-Quercion petraeae Jakucs 1967 – Subkontinentale Fingerkraut-Eichentrockenwälder

(Syn. Trifolio-Quercion petraeae-roboris Förster 1979, Dictamnio-Sorbion R. Knapp 1942 p.p.)

B: H *Quercus robur* – Stiel-Eiche
H *Quercus petraea* – Trauben-Eiche
H *Pyrus pyraster* – Wild-Birne
F: V *Potentilla alba* – Weißes Fingerkraut
V *Serratula tinctoria* – Färber-Scharte
V *Trifolium alpestre* – Wald-Klee
V *Trifolium medium* – Mittel-Klee
T *Carex montana* – Berg-Segge

Subkontinentale, xerotherme Eichenwälder auf flachgründigen, trockenwarmen Standorten. In Deutschland an der Westgrenze ihres Vorkommens.

∇ In ihren Grenzstandorten stark gefährdet, §.

BT Steppeneichenwälder (T 1.1.2.4.2)

1 In der Baumschicht ist *Quercus robur* vorherrschend. Feldschicht durch *Lembotropis nigricans, Mercurialis ovata* und *Hepatica nobilis* gekennzeichnet
Cytiso nigricantis-Quercetum roboris S. 76

1* In der Baumschicht ist *Quercus petraea* stark vertreten. Feldschicht durch *Potentilla alba, Potentilla rupestris, Serratula tinctoria, Peucedanum officinale* und *Calamagrostis arundinacea* gekennzeichnet **Potentillo albae-Quercetum petraeae** S. 75

Potentillo albae-Quercetum petraeae Libb. 1933 nom. inv. Oberd. 1957 em. Th. Müller 1992 – Ostmitteleuropäisch subkontinentaler Fingerkraut-Eichentrockenwald

(incl. Trifolio-Quercetum Stöck. 1965, Vicio cassubicae-Quercetum Pass. 1977, Vincetoxico-Quercetum roboris Pass. 1957)

B: H *Quercus petraea* – Trauben-Eiche
H *Quercus robur* – Stiel-Eiche
H *Pinus sylvestris* – Wald-Kiefer
S: H *Corylus avellana* – Gewöhnliche Hasel
H *Rosa canina* – Hunds-Rose
F: V/A *Potentilla alba* – Weißes Fingerkraut
A *Potentilla rupestris* – Felsen-Fingerkraut
V *Trifolium alpestre* – Wald-Klee
V *Trifolium rubens* – Langähriger Klee
V *Serratula tinctoria* – Färber-Scharte
T *Betonica officinalis* – Heil-Ziest

T *Galium boreale* – Nordisches Labkraut
T *Filipendula vulgaris* – Kleines Mädesüß
T *Calamagrostis arundinacea* – Wald-Reitgras
T *Peucedanum officinale* – Echter Haarstrang

Artenreicher, lichter Eichen-Trockenwald auf wechseltrockenen, lehmig-mergeligen Böden, die oberflächlich entkalkt sein können. Eine Strauchschicht ist meist gut entwickelt. In der Feldschicht herrschen trockenheits- und säureertragende Arten mineralkräftiger Standorte. Sowohl im Hügel- als auch im Tiefland in unterschiedlichen Ausbildungen verbreitet. Oft im Niederwaldbetrieb genutzt.
▽ Stark gefährdet 2, im Flachland vom Verschwinden bedroht 1, §.

Cytiso nigricantis- Quercetum roboris Oberd. 1957 nom. nov. Th. Müller 1992 (non Pauca 1941) – Geißklee-Stieleichenwald
(Syn. Clematido rectae-Quercetum montanum Oberd. 1957, Dictamno-Quercetum cytisetosum Förster 1968)

B: H *Quercus robur* – Stiel-Eiche
H *Pyrus pyraster* – Wild-Birne
H *Sorbus aria* – Mehlbeere
H *Cerasus mahaleb* – Steinweichsel
S: H *Ligustrum vulgare* – Gewöhnlicher Liguster
H *Corylus avellana* – Gewöhnliche Hasel
F: A *Lembotropis nigricans (= Cytisus nigricans)* – Schwärzender Geißklee
T *Anthericum ramosum* – Ästige Graslilie
T *Mercurialis ovata* – Eiblatt-Bingelkraut
H *Hepatica nobilis* – Leberblümchen
H *Viola collina* – Hügel-Veilchen
H *Sesleria albicans* – Blaugras

Trockenwald, dessen Baumschicht von *Quercus robur* bestimmt wird. In der Feldschicht vorwiegend basiphile Arten. Auf Felsstandorten des Jura in der Schwäbischen und Fränkischen Alb.
▽ Gefährdet (3), §.

4.5 Laubholzforste

Eichen-, Rotbuchen-, Birken-, Linden-, Eschen-, Ahorn- und Pappelforste sowie **Götterbaum-, Walnuss- und Apfelbaumgehölze**.

Sie sind noch ungenügend untersucht. Allen gemeinsam ist das Auftreten einer Reihe von Arten mineralkräftiger, etwas anthropogen beeinflusster Standorte wie

F: H *Inula conyza* – Dürrwurz
H *Impatiens parviflora* – Kleinblütiges Springkraut
H *Poa trivialis* – Gewöhnliches Rispengras
H *Taraxacum officinale* – Löwenzahn

Eichenforste: Meist Monokulturen von *Quercus petraea* und *Qu. robur* bzw. *Qu. rubra* oder Mischanbau aus allen drei Arten.
BT Roteichenforste (T 1.2.3)

Birkenforste: Mit *Deschampsia cespitosa* und *Molinia caerulea* in Grundwassernähe, mit *Calamagrostis epigejos* auf mineralkräftigen Sanden, mit *Avenella flexuosa* und *Agrostis capillaris* auf nährstoffarmen Sanden.

Pappelforste: Plantagen mit Kreuzungen zwischen europäischen und nordamerikanischen Schwarzpappeln und Balsampappeln (*Populus × canadensis*)
BT Hybridpappelbestände (T 1.2.1)

Rotbuchenforste: Oft kaum von Rotbuchenwäldern zu unterscheiden.

Robinienforste: Baumschicht aus der aus Nordostamerika stammenden *Robinia pseudacacia* aufgebaut. Gefahr der Beeinträchtigung der Randbereiche durch Wurzelschösslinge. Durch Luftstickstoff bindende Bakterien auch für Besiedlung von Rohböden geeignet, deshalb oft auf Kippen und Halden des Bergbaues auch in niederschlagsärmeren Landschaften.
BT Robinienforste (T 1.2.2)

1 Auf mineralkräftigeren Lehmen und Sanden mit *Sambucus nigra, Urtica dioica, Geum urbanum, Geum aparine* und *Geranium robertianum* **Holunder-Robinienforst**
1* auf nährstoffarmen Sand-Braunpodsolen ohne *Sambucus nigra*, mit *Festuca ovina, Agrostis capillaris, Senecio sylvaticus* und *Epilobium angustifolium* **Schafschwingel-Robinienforst**

Ahornforste: Vorwaldgehölze, deren Baumschicht sich meist aus *Acer negundo, Acer platanoides* und *Acer pseudoplatanus* zusammensetzt. Oft ist auch *Fraxinus excelsior* vertreten.

Ailanthus altissima-Gehölze: Gegen Luftverschmutzung und Staubbelastung der urbanen Bereiche widerstandsfähige, von *Ailanthus altissima* aufgebaute Gehölze, vor allem in Landschaften mit wintermildem Klima.
BT Laubholzbestände nicht bodenständiger Arten (T 1.2.4)

Juglans regia-Gehölze: Von *Juglans regia* aufgebaute Gehölze im Bereich der Hartholzauen des Rheins und in Weinbaugebieten Südwestdeutschlands.

Malus domestica-Gehölze: Von verwilderten *Malus domestica* aufgebaute Gehölze in wärmegetönten Landschaften Süd- und Mitteldeutschlands sowie im norddeutschen Küstenbereich.

4.6 **Pulsatillo-Pinetea sylvestris** (E. Schmid 1936) Oberd. in Oberd. et al. 1967 - Kiefern-Steppenwälder

(Syn. Festuco-Pinetea sylvestris Pass. et G. Hofm. 1968)

B: H *Pinus sylvestris* – Wald-Kiefer
F: K *Pulsatilla pratensis* – Wiesen-Küchenschelle
K *Festuca trachyphylla* – Raublatt-Schwingel
T *Thymus serpyllum* – Sand-Thymian
T *Helichrysum arenarium* – Sandstrohblume
T *Artemisia campestris* – Feld-Beifuß
T *Hieracium umbellatum* – Doldenblütiges Habichtskraut
K *Carex ericetorum* – Heide-Segge
K *Pyrola chlorantha* – Grünblütiges Wintergrün
K *Chimaphila umbellata* – Dolden-Winterlieb

Auf sommerlich stark austrocknenden Standorten stockende Kiefern-Trockenwälder, die vor allem in Osteuropa eine weite Verbreitung haben. Die azidophilen Zwergsträucher *Vaccinium myrtillus* und *V. vitis-idaea* treten stark zurück oder fehlen völlig. Ihre Stelle wird von trockenheitsertragenden Arten der Xerothermrasen eingenommen.

Die Wälder stellen meist geringwüchsige, lichte Bestände auf Grenzstandorten des Waldes dar. Ob entsprechende Bestände in Deutschland zu dieser Klasse gestellt werden können, ist fraglich.

∇ Die Kieferntrockenwälder sind als meist kleinflächige Bestände in ihrer Existenz stark gefährdet und sollten unbedingt als Biotope von Waldgrenzstandorten geschützt werden, §.

BT Kiefern-Trockenwälder (T 4.1.2)

Im Gebiet nur 1 Ordnung:

Pulsatillo-Pinetalia Oberd. in Th. Müller 1966 – Subkontinentale Kieferntrockenwälder

(Syn. Festuco-Pinetalia sylvestris Pass.et G. Hofm. 1968)

und 1 Verband:

Chamaecytiso ruthenici-Pinion sylvestris Krausch 1962 – Zwergginster-Kieferntrockenwälder

(incl. Festuco-Pinion Pass. et G. Hofm. 1968, Corynephoro-Pinion sylvestris Pass. et G. Hofm. 1968)

B: H *Pinus sylvestris* – Wald-Kiefer
F: T *Festuca ovina* – Schaf-Schwingel
K *Festuca brevipila* – Raublättriger Schwingel
T *Corynephorus canescens* – Silbergras
T *Agrostis vinealis* – Schmalrispiges Straußgras
T *Hieracium pilosella* – Kleines Habichtskraut
T *Carex arenaria* – Sand-Segge

Lichte, schlechtwüchsige Kieferntrockenwälder auf sommerlich stark austrocknenden Sandstandorten. Vor allem in den nordöstlichen und östlichen Pleistozängebieten Brandenburgs und Mecklenburg-Vorpommerns, aber auch in subkontinentalen Landschaften Mittel- und Süddeutschlands vorkommend. In der Feldschicht fehlen azidophile Zwergsträucher weitgehend, dafür treten trockenheitsertragende Arten von Sand-Xerothermrasen auf. Auffällig das Vorkommen zahlreicher trockenheitsertragender Moose und Flechten. Kleinflächige Bestände an Waldgrenzstandorten, deren systematische Zuordnung fraglich ist.

BT Kiefern-Trockenwälder (T 1.4.1.2)

1 In der Feldschicht mit vielen Wintergrün- (*Pyrolaceae*-)Arten und gelegentlich mit *Empetrum nigrum*. Auf mineralkräftigen, sommertrockenen sandigen Standorten der Küstendünen und des Binnenlandes **Pyrolo-Pinetum sylvestris** S. 79

1* In der Feldschicht fehlen Wintergrün-(*Pyrolaceae*-)Arten weitgehend. Es herrschen trockenheitsertragende Arten der Sand-Xerothermrasen. Standorte sehr trocken 2

2 Durch Vorherrschen von *Corynephorus canescens, Carex arenaria* und *Spergula morisonii* und der Häufung von trockenheitsertragenden Moosen und Flechten in der Feldschicht gekennzeichnete krüppelwüchsige, offene Kiefernwälder auf ärmsten, trockenen Sanden **Corynephoro-Pinetum sylvestris** S. 79

2* Geschlossene, aber noch lichte Kiefernwälder auf mineralkräftigeren trockenen Sanden mit vielen Xerothermrasenarten in der Feldschicht **Koelerio glaucae-Pinetum sylvestris** S. 79

Pyrolo-Pinetum sylvestris (Libb. 1933) E. Schmid 1936 –
Wintergrün-Kieferntrockenwald

(Syn. Peucedanum-Pinetum Matusz. 1962 p. p.; incl. Anemono-Pinetum Hohenester 1960)

B: H *Pinus sylvestris* – Wald-Kiefer
S: H *Juniperus communis* – Wacholder
F: A *Orthilia secunda* – Birngrün
A *Moneses uniflora* – Moosauge
H *Carex arenaria* – Sand-Segge
T *Empetrum nigrum* – Krähenbeere
T *Trientalis europaea* – Siebenstern
K *Pyrola chlorantha* – Grünblütiges Wintergrün
K *Chimaphila umbellata* – Dolden-Winterlieb

Artenreicher Kieferntrockenwald, für den das starke Vorkommen von Wintergrün-Arten (*Pyrolaceae*) in der Feldschicht bezeichnend ist. Hinzu treten *Carex arenaria, Empetrum nigrum* und *Trientalis europaea*. Es sind aber oft auch noch azidophile Zwergsträucher zu finden, die dann gewisse Übergänge zu den boreal-kontinentalen zwergstrauchreichen Kiefernwäldern schaffen. Die noch relativ mineralkräftigen, sandigen Standorte können im Sommer stark austrocknen. Sowohl im Küstengebiet als auch im Binnenland relativ selten.

▽ Besonders die Wintergrünarten gehen stark zurück. Im Küstengebiet durch Tourismus beeinträchtigt, vom Verschwinden bedroht 1, §.

Corynephoro-Pinetum sylvestris (Jurasz. 1928) G. Hofm. 1964 –
Silbergras-Kieferntrockenwald

B: H *Pinus sylvestris* – Wald-Kiefer
F: H *Carex arenaria* – Sand-Segge
T *Corynephorus canescens* – Silbergras
T *Spergula morisonii* – Frühlings-Spergel
T *Polytrichum piliferum* – Frauenhaarmoos
T *Cladonia foliacea* – Becherflechte
T *Cornicularia aculeata* – Hornflechte

Kiefernpionierbestände auf trockenen, nährstoffarmen Dünen der Küste und des Binnenlandes , die noch kein geschlossenes Kronendach ausbilden. In der Feldschicht ist das Vorherrschen von Arten der Silbergrasfluren und die Häufung von trockenheitsertragenden Moosen und Flechten charakteristisch. Die Böden sind lockere, humusarme Feinsande vom Typ der Ranker. Für Dünenfestlegung wichtig.

▽ Gefährdet (3), §.

Koelerio glaucae-Pinetum sylvestris (Steffen 1931) Krausch 1962 em. Schub. 1995 –
Schillergras-Kieferntrockenwald

(incl. Diantho-Pinetum Krausch 1960, Festuco-Pinetum [Jurasz. 1928] Kob. 1930 em. Soó 1960, Stipo-Pinetum [R. Knapp 1944] G. Hofm. 1962, Peucedano-Pinetum auct.)

B: H *Pinus sylvestris* – Wald-Kiefer
S: H *Rosa canina* – Hunds-Rose
F: A *Koeleria glauca* – Blaugrünes Schillergras
A *Dianthus arenarius* – Sand-Nelke
K *Pulsatilla pratensis* – Wiesen-Küchenschelle
T *Silene otites* – Ohrlöffel-Leimkraut
T *Jasione montana* – Berg-Sandknöpfchen

T *Thymus serpyllum* – Sand-Thymian
T *Scabiosa canescens* – Graue Skabiose

Lichte, geringwüchsige Kieferntrockenwälder auf windoffenen Sonnhängen in subkontinentalen Pleistozängebieten auf mesotrophen, im Untergrund z. T. noch karbonathaltigen Feinsanden. Im Sommer starke Austrocknung des Oberbodens, weshalb viele Arten von Xerothermrasen in der Feldschicht gedeihen können. Bestände erfüllen eine erosionshemmende Schutzfunktion.
▽ Stark gefährdet (2), §.

4.7 **Erico-Pinetea** Horvat 1959 – Schneeheide-Kiefernwälder

(Syn. Pyrolo-Pinetea Korneck in Oberd. et al. 1967 p. p.)

B: H *Pinus sylvestris* – Wald-Kiefer
H *Pinus mugo* agg. – Latschen-Kiefer
H (*Pinus nigra*) – Schwarz-Kiefer
F: K *Erica carnea* – Schnee-Heide
K *Coronilla vaginalis* – Scheiden-Kronwicke
K *Gymnadenia odoratissima* – Duft-Händelwurz
K *Daphne cneorum* – Rosmarin-Seidelbast
K *Calamagrostis varia* – Berg-Reitgras
K *Aquilegia atrata* – Schwarzviolette Akelei
H *Epipactis atrorubens* – Braunrote Sitter
H *Pyrola chlorantha* – Grünblütiges Wintergrün
H *Pyrola media* – Mittleres Wintergrün

Basiphile bis neutrophile Waldgesellschaften der Alpen und Dinariden, weniger typisch auch auf der Schwäbischen Alb. Auf Karbonatböden wie Dolomiten, Hartkalken, Serpentin und anderen schwer verwitterbaren Gesteinen.
BT Kiefernwälder (T 1.4.1)

Im Gebiet nur 1 Ordnung:

Erico-Pinetalia Horvat 1959 – Schneeheide-Kiefernwälder

Schneeheide-Kiefernwälder, Subalpine Latschengebüsche, Bergföhren-, Arven- und Lärchenwälder auf Karbonatböden in relativ trockenen Lagen. In den deutschen Alpen nur randlich vorhanden und deshalb nicht mehr optimal ausgebildet.

1 Basiphile Kiefernwälder kalkreicher Trockenhänge und Schotterflächen der kollinen bis montanen Stufe mit *Erica carnea* und *Polygala chamaebuxus* **Erico-Pinion sylvestris** S. 80
1* Subalpine Latschengebüsche, Spirken- und Bergföhrenwälder über Kalkgestein mit Tangelrendzinen mit *Pinus mugo* agg. und *Sorbus chamaemespilus* **Erico-Pinion mugo** S. 83

Erico-Pinion sylvestris Br.-Bl. ex Br.-Bl. et al. 1939 nom. inv. – Schneeheide Kiefernwälder

(Syn. Chamaebuxo-Pinion Wendelb. 1963, Pinion sylvestris calcicolum Aich. 1933)

B: H *Pinus sylvestris* – Wald-Kiefer
T (*Pinus nigra*) – Schwarz-Kiefer
F: K *Erica carnea* – Schnee-Heide
K *Calamagrostis varia* – Berg-Reitgras

V *Polygala chamaebuxus* – Zwergbuchs
T *Sesleria albicans* – Blaugras
T *Epipactis atrorubens* – Braunrote Sitter
T *Carex ornithopoda* – Vogelfuß-Segge

Wald- und Schwarzkiefernwälder kalkreicher Trockenhänge und Schotterflächen mit meist flachgründigen Böden und schlechter Wasserversorgung in der kollinen bis montanen Stufe. Reliktkiefernwälder, aber auch sekundär durch Aufforstung entstanden, für den Erosionsschutz wichtig.
▽ §.
BT Schneeheide-Kiefernwälder (auf Kalk) (T 1.4.1.3)

1 Pionier- bzw. Dauergesellschaft auf steilen, oft durch Rutschungen gestörten Mergel- und Molassehängen. Baumschicht lückig aus *Pinus sylvestris, Sorbus aria* und *Picea abies*. Feldschicht durch die Dominanz von Gräsern und Sauergräsern wie *Molinia caerulea* und *Carex flacca* geprägt **Molinio litoralis-Pinetum sylvestris** S. 82
1* Feldschicht nicht durch *Molinia caerulea* und *Carex flacca* geprägt 2
2 Feldschicht mit *Coronilla vaginalis, Crepis alpestris* und *Festuca pallens*. Auf der Schwäbischen und Fränkischen Alb und im Donautal **Coronillo vaginalis-Pinetum sylvestris** S. 83
2* Feldschicht ohne die genannten Arten. 3
3 Feldschicht mit *Lembotropis nigricans, Chamaecytisus supinus* und *Viola collina*. Auf kalkreichen Steilhängen der südlichen Fränkischen Alb, im Hegau-Gebiet, am Bodensee und am Hochrhein **Cytiso nigricantis-Pinetum sylvestris** S. 83
3* Feldschicht ohne die genannten Arten. 4
4 Feldschicht mit *Dorycnium germanicum* und Elementen der Weichholzaue wie *Salix eleagnos, Salix purpurea* und *Hippophae rhamnoides* in der Strauchschicht. Im bayerisch-schwäbischen Alpenvorland und in den Nordalpentälern auf Schotterterrassen **Dorycnio-Pinetum sylvestris** S. 82
4* Feldschicht ohne *Dorycnium germanicum* und Elemente der Weichholzaue 5
5 Wälder auf trockenen, meist stark geneigten, südlich exponierten Hängen. Mit dominierender *Erica carnea, Sesleria albicans, Carex alba* und *Calamagrostis varia* in der Feldschicht **Erico-Pinetum sylvestris** S. 81
5* Wälder auf Dolomitsubstraten, durchragten Dolomitkuppen. Mit *Anemone sylvestris, Koeleria pyramidata, Cirsium acaule, Ononis repens* und *Buphthalmum salicifolium* in der Feldschicht **Anemono sylvestris-Pinetum sylvestris** S. 83

Erico-Pinetum sylvestris Br.-Bl. ex Br.-Bl. et al. 1939 nom inv. – Schneeheide-Kiefernwald

(Syn. Chamaebuxo-Pinetum oriento-alpinum R. Knapp 1942, Dictamno-Sorbetum boreo-noricum R. Knapp 1944, Pineto-Seslerietum variae Eggl. 1951, Fraxino orni-Pinetum sylvestris Franz 1979; incl. Calamagrostio variae-Pinetum sylvestris Oberd. [1950] 1957)

B: H *Pinus sylvestris* – Wald-Kiefer
H *Sorbus aria* – Echte Mehlbeere
H *Picea abies* – Gewöhnliche Fichte
S: H *Juniperus communis* – Gewöhnlicher Wacholder
H *Viburnum lantana* – Wolliger Schneeball
H *Lonicera xylosteum* – Rote Heckenkirsche
F: K *Erica carnea* (dom.) – Schnee-Heide
K *Calamagrostis varia* – Berg-Reitgras
T *Sesleria albicans* – Blaugras
T *Carex alba* – Weiße Segge
V *Polygala chamaebuxus* – Zwergbuchs

Baumschicht von schlecht- bis mittelwüchsiger *Pinus sylvestris* aufgebaut, der *Sorbus aria* und *Picea abies* beigesellt sind. In der lockeren Strauchschicht sind *Juniperus communis, Viburnum lantana* und *Lonicera xylosteum* häufig. In der artenreichen Feldschicht mit meist lichtliebenden und trockenheitsresistenten Arten dominiert oft *Erica carnea* neben *Sesleria albicans* und *Calamagrostis varia*. Standorte meist stark geneigte,südlich exponierte, trockene Hänge, Felsköpfe, Schotterkegel oder Bergstürze vor allem in der submontanen und montanen Stufe über Hartkalken, Dolomit und Serpentin in den schwäbisch-oberbayerischen Voralpen und in den Kalkalpen. Die Böden sind skelettreiche Protorendzinen bis schwach entwickelten Tangelrendzinen. Die Assoziation lässt sich in viele Untereinheiten gliedern, z. T. mit Erosionsschutz-Funktion.

▽ Zurückgehend V, im Bergland gefährdet 3, §.

Molinio litoralis-Pinetum sylvestris E. Schmid ex Etter 1947 nom. inv. – Basiphiler Pfeifengras-Kiefernwald

(Syn. Pineto-Molinietum litoralis E. Schmid 1936, Calamagrostio variae-Pinetum Oberd. 1937)

B:	H	*Pinus sylvestris* – Wald-Kiefer
	H	*Sorbus aria* – Echte Mehlbeere
	H	*Picea abies* – Gewöhnliche Fichte
F:	T	*Molinia caerulea* (= *M. litoralis*) – Pfeifengras
	T	*Carex flacca* – Blaugrüne Segge
	K	*Calamagrostis varia* – Berg-Reitgras
	H	*Carex montana* – Berg-Segge
	H	*Sesleria albicans* – Blaugras
	H	*Brachypodium pinnatum* – Fieder-Zwenke

Pionier- bzw. Dauergesellschaft mit lückiger Baumschicht auf steilen, oft durch Rutschungen gestörten Mergel- und Molassehängen. Schwere Böden, die bei Nässe schlecht durchlüftet sind und beim Austrocknen steinhart werden. Sehr hoher Anteil von Süß- und Sauergräsern in der meist üppigen Feldschicht. Viele Wechselfeuchtigkeitszeiger. Von der submontanen bis montanen Stufe in den Nordalpentälern und in Süddeutschland.

▽ Ausgesprochene Schutzwälder, §.

Dorycnio-Pinetum sylvestris Oberd. 1957 – Kiefern-Trockenwald

B:	H	*Pinus sylvestris* – Wald-Kiefer
	H	*Alnus incana* – Grau-Erle
	H	*Pinus uncinata* – Spirke
S:	T	*Salix eleagnos* – Lavendel-Weide
	T	*Salix purpurea* – Purpur-Weide
	T	*Hippophae rhamnoides* – Sanddorn
	H	*Juniperus communis* – Gewöhnlicher Wacholder
F:	T	*Dorycnium germanicum* – Seidiger Backenklee
	T	*Tolpis staticifolia* – Grasnelken-Habichtskraut
	T	*Saxifraga caesia* – Graugrüner Steinbrech
	K	*Erica carnea* – Schnee-Heide
	H	*Prunella grandiflora* – Großblütige Braunelle

Auf nicht mehr überschwemmten Schottern und Kiesen sowie auf Terrassenhängen kalkalpiner Flüsse in den Nordalpentälern und im bayerisch-schwäbischen Alpenvorland. Nährstoffarme, extrem trockene Böden (Borowinen mit Auflagehumus oder Paternia, braune Kalkvega mit größerer Wasserkapazität). Lockere Baumschicht, vorwiegend aus *Pinus sylvestris*, Strauchschicht aus Elementen der Weichholzauen und Feldschicht mit trockenheitsertragenden Arten.

▽ Durch Tourismus gefährdet (3), §.

Coronillo vaginalis-Pinetum sylvestris J. L. Richard 1972 – Scheidenwicken-Kiefernwald

B: H *Pinus sylvestris* – Wald-Kiefer
F: T *Coronilla vaginalis* – Scheiden-Kronwicke
T *Crepis alpestris* – Alpen-Pippau
T *Festuca pallens* – Bleicher Schwingel
H *Sesleria albicans* – Blaugras
H *Carex humilis* – Zwerg-Segge

Offene, nur bis 10 m hohe, wärmezeit-reliktische Kiefernwälder der Schwäbischen Alb und des Donautales. Auf der Fränkischen Alb floristisch verarmt. Auf Felsnasen und -rippen an trockenen Steilhängen mit dealpinen und Mesobromion-Florenelementen.
▽ Gefährdet (3), §.

Cytiso nigricantis-Pinetum sylvestris Br.-Bl. 1932 – Geißklee-Kiefernwald

B: H *Pinus sylvestris* – Wald-Kiefer
H *Fagus sylvatica* – Rotbuche
H *Sorbus aria* – Echte Mehlbeere
S: T *Lembotropis nigricans* – Schwärzender Geißklee
T *Chamaecytisus supinus* – Kopf-Zwergginster
H *Juniperus communis* – Gewöhnlicher Wacholder
H *Berberis vulgaris* – Berberitze
F: T *Viola canina* – Hunds-Veilchen
H *Sesleria albicans* – Blaugras
H *Carex humilis* – Zwerg-Segge

Kleinflächige, lichte, basiphile Kiefernwälder mit gut entwickelter Strauchschicht aus wärmeliebenden Sträuchern und einer meist von *Sesleria albicans* und *Carex humilis* bestimmten Feldschicht. Auf südexponierten, trockenen, flachgründigen Böden über Karbonatgesteinen vom Hochrhein über Hegau, Bodenseegebiet und Hegaualb bis zum Fränkischen Jura in Höhenlagen zwischen 350–650 m ü. NN.
▽ Gefährdet (3), §.

Anemono sylvestris-Pinetum sylvestris Hohenester 1960 em. Hemp 1995 – Windröschen-Kiefernwald
(Syn. Anemono-Pinetum Hohenester 1960, Buphthalmo salicifolii-Pinetum sylvestris Hemp 1995)

B: H *Pinus sylvestris* – Wald-Kiefer
F: T *Anemone sylvestris* – Großes Windröschen
T *Koeleria pyramidata* – Großes Schillergras
T *Buphthalmum salicifolium* – Rindsauge

Kiefernwald auf Dolomit bzw. Dolomitsand in der nördlichen Frankenalb.
▽ Stark gefährdet 2, §.

Erico-Pinion mugo Leibundgut 1948 nom. inv. – Subalpine Latschengebüsche und Spirkenwälder über Kalkgestein

(Syn. Pinion mugo Gams 1936, Mugeto-Rhododendrion hirsuti R. Knapp 1971)

B+S: V *Pinus mugo* – Berg-Kiefer, Latsche
V *Pinus uncinata* – Spirke
V *Sorbus chamaemespilus* – Zwerg-Mehlbeere
T *Lonicera caerulea* – Blaue Doppelbeere

	T	*Lonicera nigra* – Schwarze Heckenkirsche
	T	*Salix hastata* – Spieß-Weide
F:	T	*Calamagrostis villosa* – Wolliges Reitgras
	T	*Rhodothamnus chamaecistus* – Zwerg-Alpenrose
	T	*Rhododendron hirsutum* – Bewimperte Alpenrose
	T	*Arctous alpina* – Alpenbärentraube

Latschen-Krummholzbestände und Spirkenwälder über Karbonatgesteinen in der hochmontanen bis subalpinen Stufe der Alpen und angrenzender Gebiete. Die Böden sind Rendzinen mit starker Tendenz zur Rohhumusansammlung. Meist unruhiges Kleinrelief und damit floristische Mosaikbildung. Rechtzeitige Ausaperung ist notwendig. Auf Standorten mit mechanischer Beeinflussung durch Lawinen und Steinschlag. Oft auf Bergstürzen.

▽ Schutzwaldcharakter, §.

BT Sauerhumus-Latschengebüsche über Karbonatgestein (T 3.1.3)

1 Latschengebüsche mit *Pinus mugo* 2

1* Spirkenwälder mit *Pinus uncinata* 3

2 Alpenrosen-Latschengebüsche auf stark schattigen, steilen Hängen mit *Rhodothamnus chamaecistus, Carex firma* und *Dryas octopetala* **Rhodothamno-Rhododendretum hirsuti** S. 84

2* Schneeheide-Latschengebüsch auf sonnigwarmen, trockenen Hängen in tieferen Lagen mit *Erica carnea, Vaccinium vitis-idaea* und *Daphne striata* **Erico carneae-Pinetum prostratae** S. 85

3 (1*) Alpenrosen-Spirkenwald in schattigen, frischen Lagen, auf Muren und Hangschutt über Karbonatgestein mit *Calamagrostis villosa, Vaccinium uliginosum* und *Gymnocarpium dryopteris* **Rhododendro hirsuti-Pinetum uncinatae** S. 85

3* Schneeheide-Spirkenwald auf trockenen, flachgründigen, vielfach südexponierten Standorten über Kalk- und Gipsgestein mit *Erica carnea, Gymnadenia conopsea* und *Leontodon hispidus* **Erico carneae-Pinetum uncinatae** S. 85

Rhodothamno-Rhododendretum hirsuti (Aich. 1933) Br.-Bl. et Siss. in Br.-Bl. et al. 1939 em. Walln. – Karbonat-Alpenrosen-Latschengebüsch

(Syn. Erico-Rhododendretum hirsuti mugetosum Br.-Bl. in Br.-Bl. et al. 1939, Rhodothamno-Pinetum mugo Pitschmann et al. 1973, Pinetum mugi Margl 1973 p.p.)

S:	V	*Pinus mugo* – Berg-Kiefer, Latsche
	V	*Sorbus chamaemespilus* – Zwerg-Mehlbeere
F:	A	*Rhododendron hirsutum* – Bewimperte Alpenrose
	A	*Rhodothamnus chamaecistus* – Zwerg-Alpenrose
	A	*Daphne striata* – Gestreifter Seidelbast
	K	*Erica carnea* – Schnee-Heide
	T	*Carex firma* – Polster-Segge
	T	*Dryas octopetala* – Silberwurz
	T	*Bicutella laevigata* – Glattes Brillenschötchen

Alpenrosen-Latschengebüsch der subalpinen Stufe über Kalk- und Dolomitgestein. Bevorzugt auf stark schattigen, steilen Hängen, auf denen eine weitere Sukzession wegen der mächtigen Schneelagen und der Rutschungen ausbleibt. Böden sind Protorendzinen bis Tangelrendzinen. Im Unterwuchs dominieren *Rhododendron hirsutum* und *Rhodothamnus chamaecistus*. Moose und Flechten erreichen hohe Deckungswerte. Erosionshemmend.

▽ §.

BT Sauerhumus-Latschengebüsche über Karbonatgestein (Krummholz) (T 3.1.3)

Erico carneae-Pinetum prostratae Zöttl 1951 nom. inv. corr. – Schneeheide-Latschengebüsch
(Syn. Pinus montana prostrata-Erica carnea-Ass. Zöttl 1951, Potentillo-Mugetum prostratae Smettan 1981)

S:	V	*Pinus mugo* (=*P. prostrata*) – Berg-Kiefer, Latsche
	V	*Sorbus chamaemespilus* – Zwerg-Mehlbeere
	T	*Sorbus aucuparia* – Eberesche
	T	*Sorbus aria* – Echte Mehlbeere
	T	*Amelanchier ovalis* – Gewöhnliche Felsenbirne
	T	*Berberis vulgaris* – Berberitze
	T	*Juniperus communis* – Gewöhnlicher Wacholder
F:	K	*Erica carnea* – Schnee-Heide
	T	*Vaccinium vitis-idaea* – Preiselbeere
	T	*Daphne striata* – Gestreifter Seidelbast
	T	*Carlina acaulis* – Große Eberwurz, Silberdistel

Schneeheide-Latschengebüsch auf sonnigwarmen, trockenen Hängen in tieferen Lagen über Kalk- und Dolomitgestein. Die Böden sind nur gering entwickelte Proto- bis Moderrendzinen. In der Strauchschicht sind *Pinus mugo* viele andere Straucharten beigemischt.
▽ §.

Rhododendro hirsuti-Pinetum uncinatae Br.-Bl. in Br.-Bl. et al. 1939 corr. Ellenb. et Klötzli 1972 nom. inv. – Alpenrosen-Spirkenwald
(Syn. Mugeto-Rhodoretum hirsuti Br.-Bl. in Br.-Bl. et al. 1939, Pinetum pumilionis Beger 1922; incl. Lycopodio annotini-Pinetum uncinatae Starlinger 1992 corr. Walln. 1993)

B:	V	*Pinus uncinata* – Spirke
S:	T	*Juniperus communis* – Gewöhnlicher Wacholder
F:	T	*Calamagrostis villosa* – Wolliges Reitgras
	T	*Vaccinium uliginosum* – Rauschebeere
	T	*Gymnocarpium dryopteris* – Eichenfarn
	H	*Rhododendron hirsutum* – Bewimperte Alpenrose
	H	*Homogyne alpina* – Gewöhnlicher Alpenlattich
	H	*Vaccinium myrtillus* – Heidelbeere
	H	*Calluna vulgaris* – Heidekraut

Von *Pinus uncinata* dominierte Wälder über Kalk- und Dolomitgestein in schattiger, frischer Lage, vor allem auf Muren- oder Hangschutt, auf dem Fichte und Tanne noch nicht zu wachsen vermögen. Sehr artenreich. Trockenheitsertragende und basenliebende Arten treten in der Feldschicht zurück, dafür können *Vaccinium myrtillus* und *Calluna vulgaris* höhere Deckungswerte erreichen.
▽ §.

Erico carneae-Pinetum uncinatae Br.-Bl. in Br.-Bl. et al. 1939 nom. inv. corr. Wall. 1993 – Schneeheide-Spirkenwald
(Syn. Mugeto-Ericetum Br.-Bl. in Br.-Bl. et al. 1939, Erico-Pinetum montanae Ellenb. et Klötzli 1972, Pinetum montanae arboreae Beger 1922, Mugetum arboreae Feldner 1978)

B:	V	*Pinus uncinata* – Spirke
F:	K	*Erica carnea* – Schnee-Heide
	K	*Calamagrostis varia* – Berg-Reitgras
	T	*Gymnadenia conopsea* – Große Händelwurz
	T	*Leontodon hispidus* – Rauer Löwenzahn

T *Teucrium montanum* – Berg-Gamander
T *Sesleria albicans* – Blaugras

Lockere Spirkenwälder mit nur schwach entwickelter Strauchschicht und artenreicher Feldschicht mit vielen thermophilen Arten. Auf flachgründigen, trockenen, oft südexponierten Standorten über Kalk-, Dolomit- oder Gipsgestein in der oberen montanen bis subalpinen Stufe in den Ammergauer und Berchtesgadener Alpen und im Isartal.
▽ §.

4.8 Vaccinio-Piceetea Br.-Bl. in Br.-Bl. et al. 1939 em. Schub. 1995 – Boreal-kontinentale zwergstrauchreiche Nadelwälder

B: K *Picea abies* – Gewöhnliche Fichte
H *Pinus sylvestris* – Wald-Kiefer
F: K *Vaccinium vitis-idaea* – Preiselbeere
K *Vaccinium myrtillus* – Heidelbeere
K *Linnaea borealis* – Moosglöckchen
K *Dicranum undulatum* – Gabelzahnmoos
K *Rhytidiadelphus loreus* – Runzelbrudermoos

Zonale Fichten- oder Kiefernwälder des borealen Florengürtels. In der Feldschicht durch das Vorherrschen von azidophilen Zwergsträuchern und Moosen ausgezeichnet. *Picea abies* im Mittelgebirge und Mittelgebirgsvorland, *Pinus sylvestris* im Hügel- und Flachland vorherrschend, beide durch Forstwirtschaft sehr stark gefördert. Ausgeschlossen sind die azonalen Moorwälder und die in ihrer Struktur abweichenden boreal-kontinentalen Zwergstrauchheiden.
▽ Durch die zunehmende Luftverschmutzung mit SO_2 und NOx sowie den sauren Regen stark geschädigte und im Bestand gefährdete Wälder.
BT Fichtenwälder (T 1.4.3), moosreiche Sand-Kiefernwälder (T 1.4.1.1)

Im Gebiet nur 1 Ordnung:

Piceetalia Pawł in Pawł et al. 1928 – Zwergstrauchreiche Kiefern- und Fichtenwälder

(Syn. Vaccinio-Piceetalia Br.-Bl.1939 em. Schub. 1995; incl. Vaccinio-Pinetalia [Oberd. 1949] Scam. et Pass. 1959)

1 Baumschicht vorwiegend durch *Pinus sylvestris* bestimmt **Dicrano-Pinion** S. 86
1* Baumschicht vorwiegend durch *Picea abies* bestimmt, z. T. auch mit *Pinus cembra* und *Larix decidua* **Piceion abietis** S. 88

Dicrano-Pinion (Libb. 1932) Matusz. 1962 em. Schub. 1995 – Boreal-kontinentale Moos-Kiefernwälder

(Syn. Vaccinio-Pinion Libb.1933 p.p.; incl. Cladonio-Pinion Pass. et G. Hofm. 1968)

B: T *Pinus sylvestris* – Wald-Kiefer
F: K *Vaccinium vitis-idaea* – Preiselbeere
K *Vaccinium myrtillus* – Heidelbeere
T *Calluna vulgaris* – Heidekraut
H *Avenella flexuosa* – Schlängelschmiele
H *Dicranum scoparium* – Gabelzahnmoos

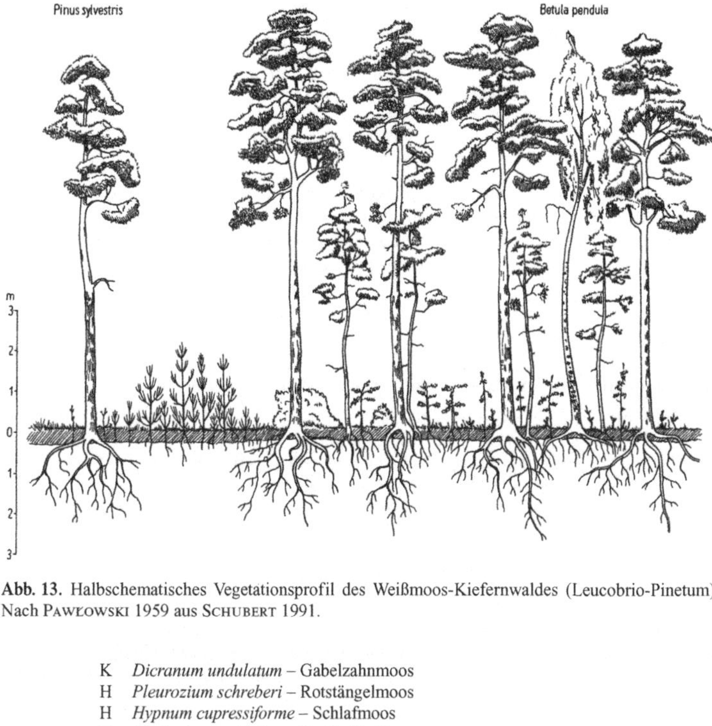

Abb. 13. Halbschematisches Vegetationsprofil des Weißmoos-Kiefernwaldes (Leucobrio-Pinetum). Nach PAWŁOWSKI 1959 aus SCHUBERT 1991.

K *Dicranum undulatum* – Gabelzahnmoos
H *Pleurozium schreberi* – Rotstängelmoos
H *Hypnum cupressiforme* – Schlafmoos
T *Cladonia rangiferina* – Rentierflechte

Moos- und zwergstrauchreiche Kiefernwälder auf bodensauren Standorten, oft schwer von Kiefernforsten zu unterscheiden, da *Pinus sylvestris* forstwirtschaftlich stark gefördert wurde. Ausgeschlossen sind die Kiefern-Moorwälder.

∇ Durch Luftverunreinigungen mit SO_2 und NOx sind viele Bestände gefährdet.

BT Moosreiche Sand-Kiefernwälder (T 1.4.1.1)

1 Kiefernwälder auf schwer zugänglichen Felsgraten und an Steilwänden und Felspodesten tief eingeschnittener Durchbruchstäler der Mittelgebirge. In der Feldschicht durch *Hieracium schmidtii, Festuca pallens* und *Solidago virgaurea* charakterisiert **Hieracio pallidi-Pinetum** S. 88

1* Kiefernwälder nicht auf solchen Standorten, nicht mit den genannten Arten in der Feldschicht. Azidophile Zwergsträucher, Moose und Flechten dominieren. *Leucobryum glaucum* häufig **Leucobryo-Pinetum** S. 87

Leucobryo-Pinetum Matusz. 1962 – Weißmoos-Kiefernwald (Abb. 13)

(Syn. Dicrano-Pinetum sylvestris Prsg. et R. Knapp ex Oberd. 1957; incl. Myrtillo-Pinetum Kob. 1930, Cladonio-Pinetum Kob. 1930, Calluno-Pinetum Pass. 1969, Pinetum variscum Reinh. 1939, Vaccinio vitis-idaeae-Pinetum H. Mayer et A. Hofm. 1969, Empetro-Pinetum (Hueck 1932) Libb. et Siss. 1939, Querco-Pinetum serpentinicum Irmscher 2000)

B: H *Pinus sylvestris* – Wald-Kiefer
F: K *Vaccinium vitis-idaea* – Preiselbeere

K *Vaccinium myrtillus* – Heidelbeere
H *Calluna vulgaris* – Heidekraut
H *Avenella flexuosa* – Schlängelschmiele
H *Dicranum scoparium* – Gabelzahnmoos
K *Dicranum undulatum* – Gabelzahnmoos
H *Ptilidium ciliare* – Federchenmoos
H *Pleurozium schreberi* – Rotstängelmoos
T *Leucobryum glaucum* – Weißmoos

Weit verbreitete Kiefernwälder auf nährstoffarmen, sauren, oft sandigen Böden sowohl im pleistozänen Tiefland als auch im Hügel- und Mittelgebirgsvorland. In der Feldschicht durch das Vorherrschen von azidophilen Zwergsträuchern, Moosen und Flechten charakterisiert. Gliedert sich in mehrere geographische Rassen und Untergesellschaften.
▽ Durch Luftverunreinigungen zunehmend geschädigt und gefährdet 3.
BT Moosreiche Sand-Kiefernwälder (T 1.4.1.1)

Hieracio pallidi-Pinetum Stöck. 1965 – Habichtskraut-Kiefernwald

B: H *Pinus sylvestris* – Wald-Kiefer
F: A *Festuca pallens* – Bleicher Schwingel
A *Hieracium schmidtii* (= *H. pallidum*) – Bleiches Habichtskraut
T *Solidago virgaurea* – Gewöhnliche Goldrute
A *Arctostaphylos uva-ursi* – Bärentraube
H *Calluna vulgaris* – Heidekraut
K *Vaccinium myrtillus* – Heidelbeere
K *Vaccinium vitis-idaea* – Preiselbeere

Langsamwüchsiger Kiefernwald auf schwer zugänglichen Felspodesten und Felsrippen sowie Steilhängen der Durchbruchstäler des Harzes. In der Feldschicht durch Auftreten von lichtliebenden Felsheide-Pflanzen charakterisiert und damit Übergang zu kontinentalen Kieferntrockenwäldern. Wichtige und seltene Reliktwaldgesellschaft des Praeboreal.
▽ Sehr selten R, §.

Piceion abietis Pawł. in Pawł. et al. 1928 em. Schub. 1995 – Europäische Fichtenwälder

(Syn. Vaccinio-Piceion Br.-Bl. 1938; incl. Vaccinio-Abietion Oberd. 1952, Abieto-Piceion [Br.-Bl. ex Br.-Bl. et al. 1939] Soó 1964)

B: T *Picea abies* – Gewöhnliche Fichte
T *Abies alba* – Edeltanne
F: V *Trientalis europaea* – Siebenstern
K *Vaccinium myrtillus* – Heidelbeere
K *Vaccinium vitis-idaea* – Preiselbeere
H *Avenella flexuosa* – Schlängelschmiele
V *Plagiothecium undulatum* – Schiefkapselmoos
H *Dicranum scoparium* – Gabelzahnmoos

Bodensaure Fichten- und Fichten-Tannenwälder der europäischen Mittelgebirge, Alpen und Karpaten. Die Bestände der Mittelgebirge sind arm an Arten mit alpinem Verbreitungsschwerpunkt und ähneln deshalb bereits stärker den skandinavischen Fichtenwäldern. Die Fichten-Tannenwälder werden oft in einem eigenen Verband **Abieto-Piceion** (Br.-Bl. ex Br.-Bl. et al. 1939) Soó 1964 oder in einem eigenen Unterverband **Vaccinio-Abietenion** Oberd. 1962 zusammengefasst. Für alle im Verband vereinigten naturnahen

Fichtenwälder ist die Vorherrschaft von *Picea abies* in der Baum- und Strauchschicht charakteristisch. In der Feldschicht ist das Vorkommen azidophiler Zwergsträucher und von *Trientalis europaea* und *Plagiothecium undulatum* bezeichnend. In höheren Lagen der Mittelgebirge nur sehr schwer von Fichtenforsten zu unterscheiden.

∇ Durch sauren Regen, SO_2- und NO_x-Luftverschmutzung stark geschädigte und zunehmend gefährdete Waldbestände.

BT Fichtenwälder auf Mineralboden (T 1.4.1)

1 In der Baumschicht reich an *Pinus cembra* und *Larix decidua* **Vaccinio-Pinetum cembrae** S. 89
1* Baumschicht nicht von *Pinus cembra* und *Larix decidua* aufgebaut 2
2 In der Baumschicht neben *Picea abies* und *Abies alba* auch *Pinus sylvestris* stet vertreten **Vaccinio-Abietetum** S. 92
2* *Pinus sylvestris* tritt in der Baumschicht nicht stet auf 3
3 Neben *Picea abies* ist *Abies alba* und in größeren Höhenlagen in abnehmender Häufigkeit *Fagus sylvatica* in der Baumschicht stet vertreten 4
3* In der Baumschicht fehlen *Fagus sylvatica* und *Abies alba* weitgehend 5
4 Feldschicht mit *Calamagrostis villosa, Galium harcynicum, Polygonatum verticillatum* und *Luzula sylvatica* **Calamagrostio villosae-Fagetum** (siehe S. 65)
4* Feldschicht ohne diese Arten, aber mit *Luzula luzuloides, Carex pilulifera, Rhytidiadelphus loreus.* In der Baumschicht ist *Abies alba* stet **Luzulo-Abietetum** S. 92
5 (3*) In der Baumschicht gelegentlich neben schmalkronigen, säulenförmigen *Picea abies* vereinzelt *Larix decidua.* In der Feldschicht *Homogyne alpina, Adenostyles alliaria* und *Adenostyles glabra* **Homogyno-Piceetum** S. 90
5* In der Baumschicht fehlt *Larix decidua*, in der Feldschicht fehlen die genannten Arten 6
6 *Picea abies* nur vereinzelt in der Baumschicht, *Betula carpatica* und *Sorbus aucuparia* herrschen. In der Feldschicht *Polypodium vulgare*, zahlreiche Moose und Flechten **Betulo carpaticae-Sorbetum aucupariae** S. 91
6* *Picea abies* beherrscht die Baumschicht, *Sorbus aucuparia* nur als Nebenholzart 7
7* In der Baumschicht *Betula carpatica* als Nebenholzart. Nur Azidophyten in der Feldschicht. In der Feldschicht fehlt *Calamagrostis villosa* **Betulo carpaticae-Piceetum** S. 90
7* In der Baumschicht neben *Picea abies* nur gelegentlich *Sorbus aucuparia* 8
8 In der Feldschicht ist *Calamagrostis villosa* hochstet **Calamagrostio-Piceetum** S. 90
8* In der Feldschicht fehlt *Calamagrostis villosa* weitgehend 9
9 In der Feldschicht dominieren Torfmoose (*Sphagnum girgensohnii, Sph. recurvum, Sph. riparium*) und *Bazzania trilobata* **Bazzanio-Piceetum** S. 91
9* In der Feldschicht treten Torfmoose zurück, dafür *Asplenium viride*. Basiphile Arten wie *Carex digitata* und *Rubus saxatilis* neben Azidophyten wie *Melampyrum sylvaticum* **Asplenio-Piceetum** S. 91

Vaccinio-Pinetum cembrae Pallm. et Haffter 1933 em. Oberd. 1962 – Lärchen-Arvenwald
(Syn. Larici-Pinetum cembrae Ellenb. 1963)

B:	A	*Pinus cembra* – Arve, Zirbel-Kiefer
	A	*Larix decidua* – Europäische Lärche
	K	*Picea abies* – Gewöhnliche Fichte
S:	T	*Pinus mugo* – Berg-Kiefer, Latsche
	T	*Lonicera caerulea* – Blaue Doppelbeere
	T	*Rhododendron hirsutum* – Bewimperte Alpenrose
	T	*Rhododendron ferrugineum* – Rostblättrige Alpenrose
F:	K	*Vaccinium myrtillus* – Heidelbeere
	K	*Vaccinium vitis-idaea* – Preiselbeere
	T	*Vaccinium uliginosum* – Rauschebeere
	H	*Calamagrostis villosa* – Wolliges Reitgras

Lockerwüchsige Wälder des Nordalpenrandes in den Berchtesgadener und Chiemgauer Alpen, im Wettersteingebirge und Allgäu im Bereich der Waldgrenze.

▽ Wälder an der alpinen Waldgrenze, Gefährdung durch Seltenheit R, §.
BT Lärchen-Arvenwälder (T 1.4.4)

Calamagrostio villosae-Piceetum (R. Tx. 1937) Hartm. ex Schlüt. 1966 – Reitgras-Fichtenwald

(Syn. Piceetum hercynicum R. Tx. 1939 in Br.-Bl. 1939, Soldanello montanae-Piceetum Volk ex Br.-Bl. et al. 1939, Vaccinio myrtilli-Piceetum (R. Tx. 1955) Gams 1967; incl. Anastrepto-Piceetum Stöck. 1967, Barbilophozio-Piceetum Volk 1939)

B:	K	*Picea abies* – Gewöhnliche Fichte
S:	H	*Sorbus aucuparia* – Eberesche
F:	K	*Vaccinium myrtillus* – Heidelbeere
	H	*Calamagrostis villosa* (dom.) – Wolliges Reitgras
	H	*Plagiothecium undulatum* – Schiefkapselmoos
	H	*Dryopteris carthusiana* – Dornfarn
	H	*Avenella flexuosa* – Schlängelschmiele
	T	*Trientalis europaea* – Siebenstern
	T	*Barbilophozia lycopodioides* – Bartspitzmoos
	K	*Rhytidiadelphus loreus* – Runzelbrudermoos
	H	*Sphagnum* spec. – Torfmoos

In den höchsten Lagen der zentraleuropäischen Mittelgebirge die großen Plateaus und Hänge überziehend. Die Böden sind meist ± ausgeprägte, teilweise verdichtete und dann etwas staunasse Podsole, gelegentlich aber von großen Steinblöcken besetzt, und Ranker. In der Feldschicht fällt die hohe Artmächtigkeit von *Calamagrostis villosa* und der Reichtum an Moosen und Flechten auf. Epiphytische Flechten sind durch die Luftverschmutzung stark zurückgegangen. In viele Untereinheiten zu differenzieren.
▽ Durch Luftverunreinigungen und sauren Regen geschädigt und gefährdet 3.
BT Fichtenbrüche und Moorwälder (S 3.2.4), Fichtenwälder auf Mineralböden (T 1.4.3.1)

Homogyno-Piceetum Zukr. 1973 – Alpenlattich-Fichtenwald

(Syn. Piceetum subalpinum Br.-Bl. 1938, Piceetum boreoalpinum Oberd. 1950; incl. Adenostylo glabrae-Piceetum Mayer 1960 p. p., Adenostylo glabrae-Piceetum Zukr. 1973 p. p.)

B:	K	*Picea abies* – Gewöhnliche Fichte
	H	*Sorbus aucuparia* – Eberesche
F:	A	*Homogyne alpina* – Gewöhnlicher Alpenlattich
	A	*Luzula luzulina* – Gelbliche Hainsimse
	T	*Adenostyles glabra* – Kahler Alpendost
	T	*Luzula sylvatica* ssp. *sieberi* – Große Hainsimse

Hochmontaner-subalpiner, die Waldgrenze bildender Fichtenwald mit schlankwüchsigen, schmalkronigen Bäumen. Auf Kalk- und Silikatgestein der nördlichen Randalpen.
▽ §.

Betulo carpaticae-Piceetum Stöck. 1967 – Karpatenbirken-Fichtenwald

B:	K	*Picea abies* – Gewöhnliche Fichte
	H	*Betula carpatica* – Karpaten-Birke
	T	*Sorbus aucuparia* ssp. *glabrata* – Kahle Eberesche
F:	K	*Vaccinium vitis-idaea* – Preiselbeere
	K	*Vaccinium myrtillus* – Heidelbeere
	T	*Huperzia selago* – Teufelsklaue

T *Cladonia bellidiflora* – Becherflechte
T *Anastrepta orcadensis* – Orkneymoos

Kleinflächig auf Blockmeeren und Klippen des Hochharzes, durch das Vorkommen von *Betula carpatica* und *Sorbus aucuparia* ssp. *glabrata* neben *Picea abies* leicht zu erkennender Wald. Die Baumschicht schließt nur gruppenhaft. In der Feldschicht kommen neben den azidophilen Zwergsträuchern vor allem Moose und Flechten zur Dominanz.
▽ Sehr selten R, §.
BT Blockschutthalden-Wälder (T 1.4.3.3)

Betulo carpaticae-Sorbetum aucupariae Lohm. et Bohn 1972 – Karpatenbirken-Ebereschen-Blockwald

B: H *Betula carpatica* – Karpaten-Birke
H *Sorbus aucuparia* (dom.) – Eberesche
K *Picea abies* – Gewöhnliche Fichte
F: T *Polypodium vulgare* – Gewöhnlicher Tüpfelfarn
H *Polytrichum formosum* – Haarmützenmoos
T *Georgia pellucida* – Georgsmoos

Blockwald auf Sauerhumus in ursprünglich fichtenfreien Bereichen der Mittelgebirge (Odenwald, Rhön). Durch Eindringen von *Picea abies* vollzieht sich ein Übergang zum Karpatenbirken-Fichtenwald, ob als eigene Assoziation zu halten, ist fraglich.
▽ Sehr selten R, §.
BT Blockschutthalden-Wälder (T 1.4.3.3)

Asplenio-Piceetum Kuoch 1954 – Streifenfarn-Fichten-Blockwald
(Syn. Hylocomio-Piceetum Luq. ex Br.-Bl. et al. 1939 corr. Moor 1947)

B: K *Picea abies* – Gewöhnliche Fichte
H *Sorbus aucuparia* – Eberesche
F: T *Asplenium viride* – Grünstieliger Streifenfarn
T *Asplenium ruta-muraria* – Mauer-Streifenfarn
T *Gymnocarpium robertianum* – Ruprechtsfarn
T *Cystopteris fragilis* – Zerbrechlicher Blasenfarn
H *Hylocomium splendens* – Hainmoos
H *Rhytidiadelphus triquetrus* – Runzelbrudermoos
K *Rhytidiadelphus loreus* – Runzelbrudermoos

Moos- und farnreicher Fichtenwald auf Blockschutt- und Steinschutthalden der nördlichen Kalkalpen und der Schwäbischen Alb.
▽ Im Bergland selten R, §.
BT Blockschutthalden-Wälder (T 1.4.3.3)

Bazzanio-Piceetum Br.-Bl. et Siss. 1939 in Br.-Bl. et al. 1939 – Peitschenmoos-Fichtenwald

B: K *Picea abies* – Gewöhnliche Fichte
F: T *Sphagnum girgensohnii* – Torfmoos
T *Sphagnum recurvum* – Torfmoos
T *Sphagnum riparium* – Torfmoos
T *Bazzania trilobata* – Peitschenmoos
T *Ptilidium ciliare* – Federchenmoos
K *Vaccinium myrtillus* – Heidelbeere
K *Vaccinium vitis-idaea* – Preiselbeere

Kleinflächig innerhalb der Fichtenstufe der Mittelgebirge auf torfreichen Standorten am Rand von Hochmooren, auf oligotrophen, soligenen Niedermooren, auf Hangmooren mit Mineralbodeneinfluss und am Fuße von Solifluktionsterrassen. Durch Vorherrschen der Torfmoose (*Sphagnum* spec.) und von *Bazzania trilobata* charakterisiert. *Calamagrostis villosa* fehlt in der Feldschicht. Die Böden gehören zum Typ des Carr oder Übergangswaldmoores.

▽ Gefährdet (3), §.

BT Fichtenbrüche u. Moorwälder (S 3.2.4)

Luzulo-Abietetum Oberd.1957 – Hainsimsen-Rotbuchen-Fichten-Tannenwald (incl. Aceri-Piceetum Reinh. 1939)

B:	K	*Picea abies* – Gewöhnliche Fichte
	T	*Abies alba* – Edel-Tanne, Weiß-Tanne
	T	*Fagus sylvatica* – Rotbuche
F:	T	*Luzula luzuloides* – Schmalblättrige Hainsimse
	H	*Carex pilulifera* – Pillen-Segge
	H	*Avenella flexuosa* – Schlängelschmiele
	K	*Vaccinium myrtillus* – Heidelbeere
	K	*Rhytidiadelphus loreus* – Runzelbrudermoos
	V	*Plagiothecium undulatum* – Schiefkapselmoos

Tannenmischwald basenarmer Böden in ozeanisch getönten Bereichen südwestdeutscher Gebirge bis zum Luvgebiet des Thüringischen Schiefergebirges. Selten gewordene Rotbuchen-Fichten-Tannenwälder. Die Feldschicht wird von *Luzula luzuloides, Avenella flexuosa, Carex pilulifera*, aber auch von *Vaccinium myrtillus* beherrscht, Moose sind häufig.

▽ Durch den Rückgang von *Abies alba* und die stärkere Schädigung von *Picea abies* in reine Rotbuchenwälder übergehend, gefährdet 3.

BT Tannenmischwälder (T 1.4.2)

Vaccinio-Abietetum Oberd. 1957 – Preiselbeer-Kiefern-Tannen-Fichtenwald (Syn. Fago-Piceetum Oberd. 1938 p.p., Querco-Vaccinietum Zeidler 1953; incl. Molinio-Piceetum [Reinh. 1939] Grosser 1964)

B:	K	*Picea abies* – Gewöhnliche Fichte
	H	*Pinus sylvestris* – Wald-Kiefer
	T	*Abies alba* – Edel-Tanne, Weiß-Tanne
F:	K	*Vaccinium vitis-idaea* – Preiselbeere
	K	*Vaccinium myrtillus* – Heidelbeere
	H	*Avenella flexuosa* – Schlängelschmiele
	H	*Pleurozium schreberi* – Rotstängelmoos
	H	*Dicranum scoparium* – Gabelzahnmoos
	H	*Melampyrum pratense* – Wiesen-Wachtelweizen

In der Baumschicht ist das hochstete Vorkommen von *Pinus sylvestris* neben *Picea abies* und der seltener gewordenen *Abies alba* bezeichnend. In der Feldschicht herrschen die azidophilen Zwergsträucher und Moose. An klimatisch rauen, relativ trockenen Standorten in der submontanen bis montanen Stufe der subkontinentalen Gebiete der Mittelgebirge, z. B. Vogtland, westl. Erzgebirge, Lee des Thüringer Schiefergebirges vorkommend. In einer Untergesellschaft mit *Molinia caerulea* als extrazonale Fichteninsel an lokalklimatisch kühlfeuchten Standorten des Lausitzer Tieflandes.

▽ Durch Luftverunreinigung gefährdet 3.

BT Zwergstrauchreiche Tannen-Fichtenwälder (T 1.4.3.2)

4.9 **Vaccinio uliginosi-Pinetea** Pass. et G. Hofm. 1968 em. Schub. 1995 – Rauschebeeren-Kiefern-Moorwälder

(Syn. Uliginosi-Betulo-Pinetea [Pass. 1968] Scam. 1984, Vaccinietea uliginosi Lohm. et R. Tx. 1955, Piceo-Vaccinienion uliginosi Oberd. 1992; incl. Molinio-Betuletea pubescentis Pass. et G. Hofm. 1968)

B: H *Pinus sylvestris* – Wald-Kiefer
K *Betula pubescens* – Moor-Birke
K *Pinus rotundata* – Spirke
S: H *Frangula alnus* – Faulbaum
F: K *Vaccinium uliginosum* – Rauschebeere
K *Aulacomnium palustre* – Streifensternmoos
K *Eriophorum vaginatum* – Scheidiges Wollgras
K *Oxycoccus palustris* – Moosbeere
K *Melampyrum pratense ssp.paludosum* – Moor-Wiesenwachtelweizen
H *Vaccinium myrtillus* – Heidelbeere
H *Vaccinium vitis-idaea* – Preiselbeere
H *Molinia caerulea* – Pfeifengras
K *Sphagnum recurvum* – Torfmoos
K *Sphagnum acutifolium* – Torfmoos
K *Sphagnum palustre* – Torfmoos

Moorwälder auf nährstoffarmen, sauren und zugleich sehr nassen Standorten, auf Torfen kontinentaler Hochmoorkomplexe, auf dem Randgehänge und den Rändern der Laggzone von Hochmooren auch in weniger kontinentalen Gebieten. Weitere Standorte sind Torferden nicht mehr wachsender, meist entwässerter Hoch- und Zwischenmoore und sehr saure, anmoorige, mineralische Nassböden. Die azonalen Bestände bilden in der Regel nur eine lichte Baumschicht aus und sind in der Feldschicht durch die Dominanz von Torfmoosen (*Sphagnum* spec.) und azidophilen Zwergsträuchern gekennzeichnet.
BT Bergkiefern-Moorwälder (S 3.2.3)

Im Gebiet nur 1 Ordnung:

Vaccinio uliginosi-Pinetalia Pass. et G. Hofm. 1968 em. Schub. 1995 – Rauschebeeren-Kiefern-Moorwälder

(incl. Sphagno-Betuletalia Lohm. et R. Tx. 1955, Eriophoro-Pinetalia Pass. et G. Hofm. 1968)

und 1 Verband:

Vaccinio uliginosi-Pinion Pass. et G. Hofm. 1968 em. Schub. 1995 – Rauschebeeren-Kiefern-Moorwälder

(Syn. Piceo-Vaccinienion uliginosi Oberd. 1992; incl. Eriophoro-Betulion pubescentis Pass. et G. Hofm. 1968, Sphagno-Betulion pubescentis Doing 1962, Pleurozio-Betulion pubescentis Pass. et G. Hofm. 1968, Eriophoro-Pinion sylvestris Pass. et G. Hofm. 1968, Pleurozio-Pinion Pass. et G. Hofm. 1968, Piceo-Pinion uncinati R. Tx. 1955)

B: H *Pinus sylvestris* – Wald-Kiefer
K *Betula pubescens* – Moor-Birke
K *Pinus rotundata* – Spirke
H *Picea abies* – Gewöhnliche Kiefer
S: H *Frangula alnus* – Faulbaum

F: K *Vaccinium uliginosum* – Rauschebeere
K *Eriophorum vaginatum* – Scheidiges Wollgras
K *Oxycoccus palustris* – Moosbeere
K *Melampyrum pratense* ssp. *paludosum* – Moor-Wiesenwachtelweizen
H *Vaccinium myrtillus* – Heidelbeere
H *Vaccinium vitis-idaea* – Preiselbeere
H *Molinia caerulea* – Pfeifengras
K *Sphagnum recurvum* – Torfmoos
K *Sphagnum palustre* – Torfmoos
K *Aulacomnium palustre* – Streifensternmoos

Moorwälder auf torfigen Standorten, in denen die genannten Baumarten nur einen lichten Kronenschluss bilden. In der Feldschicht herrschen die Torfmoose (*Sphagnum* div. spec.) und die azidophilen Zwergsträucher.

▽ Durch Torfabbau und Austrocknung der Standorte stark gefährdet.

BT Bergkiefern-Moorwälder (S 3.2.3), vermoorte Fichtenwälder auf Mineralböden (T 1.4.3.1)

1 In der Baumschicht herrscht *Betula pubescens*, die anderen Baumarten treten zurück. In der Feldschicht sind noch Arten zu finden, die etwas höhere Ansprüche an den Mineralgehalt des Bodens stellen wie *Agrostis stolonifera, Holcus mollis* und *Carex nigra* **Vaccinio uliginosi-Betuletum pubescentis** S. 94

1* In der Baumschicht überwiegen die Nadelhölzer. Mineralkräftige Böden bevorzugende Pflanzen treten in der Feldschicht stark zurück 2

2 In der Baumschicht dominiert *Pinus sylvestris* oder *Picea abies* 3

2* In der Baumschicht dominiert *Pinus rotundata. Picea abies* ist häufig **Vaccinio uliginosi-Pinetum rotundatae** S. 96

3 In der Baumschicht dominiert *Picea abies*, *Pinus rotundata* fehlt **Vaccinio uliginosae-Piceetum** S. 96

3* In der Baumschicht dominiert *Pinus sylvestris* 4

4 In der Feldschicht ist *Ledum palustre* hochstet **Ledo-Pinetum sylvestris** S. 95

4* In der Feldschicht fehlt *Ledum palustre* **Vaccinio uliginosi-Pinetum sylvestris** S. 95

Vaccinio uliginosi-Betuletum pubescentis Libb. 1933 – Birken-Moorwald
(Syn. Betuletum pubescentis R. Tx. 1937 p. p., Holco-Betuletum pubescentis [R. Tx. 1937] Oberd. 1957; incl. Lycopodio-Betuletum pubescentis Oberd. 1957, Eriophoro angustifolii-Betuletum pubescentis [Hueck 1925] Pass. 1968, Carici-Betuletum pubescentis [Steffen 1931] Pass. 1968, Sphagno-Betuletum pubescentis [Libb. 1933] Pass. 1968, Pleurozio-Betuletum pubescentis [Hueck 1925] Pass. 1968, Rhamno-Betuletum pubescentis Kloss 1962, Junco-Betuletum pubescentis Kloss 1962)

B: K *Betula pubescens* (dom.) – Moor-Birke
H *Pinus sylvestris* – Wald-Kiefer
S: H *Frangula alnus* – Faulbaum
F: K *Vaccinium uliginosum* – Rauschebeere
K *Eriophorum vaginatum* – Scheidiges Wollgras
K *Oxycoccus palustris* – Moosbeere
H *Vaccinium vitis-idaea* – Preiselbeere
H *Vaccinium myrtillus* – Heidelbeere
K *Sphagnum recurvum* – Torfmoos
K *Sphagnum palustre* – Torfmoos
K *Aulacomnium palustre* – Streifensternmoos
H *Molinia caerulea* – Pfeifengras
H *Agrostis stolonifera* – Weißes Straußgras
H *Holcus mollis* – Weiches Honiggras
H *Carex nigra* – Wiesen-Segge

Lichte, vor allem von *Betula pubescens* aufgebaute Moorwälder. In der Baumschicht können *Pinus sylvestris* und *Picea abies* (letztere nur im Mittelgebirge) beigesellt sein. In der Feldschicht dominieren azidophile Zwergsträucher und Torfmoose. Bezeichnend ist das Auftreten von Arten, die mineralhaltige Böden bevorzugen. Kommt in der Laggzone von Hochmooren, auf entwässerten Hoch- und Zwischenmooren und auf sehr sauren mineralischen Nassböden mit stauender Nässe vor. Oft Übergang zu Kiefern-Moorwäldern darstellend.

∇ Nur im Komplex von größeren zusammenhängenden Mooren effektiv zu schützen, gefährdet 3, §.

BT Birken- und Kiefernbrüche auf Torf (S 3.2.2)

Vaccinio uliginosi-Pinetum sylvestris de Kleist 1929 em. Matusz. 1962 – Rauschebeeren-Kiefern-Moorwald

(Syn. Pino-Vaccinietum uliginosi Kob. 1930, Pino-Sphagnetum Kob. 1930; incl. Eriophoro-Pinetum [Hueck 1925] G. Hofm. et Pass. 1968, Annotini-Pinetum Pass. 1961, Pleurozio-Pinetum G. Hofm. et Pass. 1968)

B: H *Pinus sylvestris* (dom.) – Wald-Kiefer
K *Betula pubescens* – Moor-Birke
F: K *Vaccinium uliginosum* – Rauschebeere
K *Oxycoccus palustris* – Moosbeere
H *Vaccinium vitis-idaea* – Preiselbeere
H *Vaccinium myrtillus* – Heidelbeere
H *Calluna vulgaris* – Heidekraut
H *Molinia caerulea* – Pfeifengras
K *Sphagnum recurvum* – Torfmoos
K *Aulacomnium palustre* – Streifensternmoos
H *Ptilidium ciliare* – Federchenmoos
H *Sphagnum quinquefarium* – Torfmoos

Auf den großen Moorflächen der Pleistozängebiete , vor allem in subkontinental geprägten Landschaften, aber auch in der submontan-montanen Stufe süddeutscher Gebirge auf faserreichen Torfstandorten von *Pinus sylvestris* aufgebauter Moorwald, dem *Betula pubescens* in der Baumschicht beigesellt ist. In nassen Sommern gelegentlich Absterben der Gehölze. In der Feldschicht herrschen azidophile Zwergsträucher und Torfmoose. Lässt sich in verschiedene Rassen und Untergesellschaften gliedern.

∇ Nur im Bereich größerer Moorkomplexe effektiv zu schützen, gefährdet 3, §.

BT Birken- und Kiefernbrüche auf Torf (S 3.2.2)

Ledo-Pinetum sylvestris (Hueck 1929) R. Tx. 1955 – Sumpfporst-Kiefern-Bruchwald

B: H *Pinus sylvestris* – Wald-Kiefer
K *Betula pubescens* – Moor-Birke
F: A *Ledum palustre* – Sumpfporst
K *Vaccinium uliginosum* – Rauschebeere
K *Eriophorum vaginatum* – Scheidiges Wollgras
K *Andromeda polifolia* – Rosmarinheide
T *Sphagnum nemoreum* – Torfmoos
T *Empetrum nigrum* – Krähenbeere

Kiefern-Moorwald mit einer ausgeprägten Zwergstrauchschicht aus *Ledum palustre*. Nur östlich der Elbe in Mecklenburg-Vorpommern und Brandenburg gut entwickelt. Westliche Vorposten nur im Hannoverschen Wendland. Boreal-kontinentaler Bruchwald.

∇ Gefährdet (3), §.

BT Birken- und Kiefernbrüche auf Torf (S 3.2.2)

Vaccinio uliginosi-Piceetum R. Tx. 1955 – Rauschebeeren-Moorwald
(Syn. Sphagno girgensohnii-Piceetum Kuoch 1954)

B: H *Picea abies* – Gewöhnliche Fichte
K *Betula pubescens* – Moor-Birke
F: K *Vaccinium uliginosum* – Rauschebeere
K *Oxycoccus palustris* – Moosbeere
K *Eriophorum vaginatum* – Scheidiges Wollgras
K *Melampyrum pratense* ssp. *paludosum* – Moor-Wiesenwachtelweizen
H *Vaccinium myrtillus* – Heidelbeere
H *Vaccinium vitis-idaea* – Preiselbeere

Moorwälder in Moorrandlagen oligotropher Gebirgsmoore, vor allem bei Fehlen von *Pinus mugo* wie im Harz und Thüringer Wald. Oft Übergangsstadien zu nassen Fichtenwäldern.
▽ Gefährdet 3, §.
BT Fichtenmoorwälder (S 3.2.4)

Vaccinio uliginosi-Pinetum rotundatae Oberd. 1934 em. 1992 – Spirken-Moorwald
(Syn. Pinetum uncinatae Kästn., Flößn. et Uhlig 1933; incl. Sphagno-Pinetum mugo Kuoch 1954 p. p.)

B: K *Pinus rotundata (= Pinus mugo* ssp. *rotundata)*(dom.) – Spirke
H *Picea abies* – Gewöhnliche Fichte
S: H *Pinus mugo* – Bergkiefer, Latsche
F: K *Vaccinium uliginosum* – Rauschebeere
K *Oxycoccus palustris* – Moosbeere
K *Eriophorum vaginatum* – Scheidiges Wollgras
H *Vaccinium vitis-idaea* – Preiselbeere
H *Vaccinium myrtillus* – Heidelbeere
H *Calluna vulgaris* – Heidekraut
K *Sphagnum recurvum* – Torfmoos
H *Ptilidium ciliare* – Federchenmoos

Von aufrecht wachsenden *Pinus rotundata* geprägte Moorwälder, in denen *Picea abies* hochstet auftritt. In der Strauchschicht oft *Pinus mugo*. In der Feldschicht dominieren azidophile Zwergsträucher sowie Moose. Subarktisch-alpine Reliktgesellschaft der Späteiszeit, die auf Hochmoorstandorten überdauern konnte. Von den oligotrophen Gebirgsmooren Süddeutschlands bis zum Erzgebirge.
▽ Gefährdet 3, §.
BT Bergkiefern-Moorwälder (S 3.2.3)

4.10 Nadelholzforste

Künstlich begründete Nadelholzbestände, in denen vor allem die Fichte (*Picea abies*), die Wald-Kiefer (*Pinus sylvestris*), Schwarz-Kiefer (*Pinus nigra*), oder neuerdings auch Douglasie (*Pseudotsuga menziesii*) und Blaufichte (*Picea pungens*) allein dominieren, nehmen fast ¾ unserer mit Wald bestandenen Flächen ein. Nadelholzforste werden bei zunehmender Bodenversauerung und Degradierung durch die schwer abbaubaren Nadelblätter, die einen sauren Rohhumus erzeugen, sehr empfindlich gegenüber Belastungsfaktoren der Umwelt, wie den Luftverunreinigungen durch SO_2, NO_x oder Ammoniak, aber auch gegenüber Schädlingsbefall und Frösten oder Trockenheit. Oft spielen mehrere Belastungsfaktoren zusammen und lassen Bestände zusammenbrechen.

Synsystematisch lassen sich die Nadelholzforste mit Hilfe von Differentialarten untergliedern, die meist gute Standorts- und Entwicklungszeiger sind (Hofmann 1957, 1959, Schlüter 1965, Schubert 1972). Die Einheiten sollten mit deutschen Namen bezeichnet und wie Vegetationsformen behandelt werden.

1 Forste in der Baumschicht von *Picea abies* beherrscht **Fichtenforste** S. 97
1* Forste in der Baumschicht nicht von *Picea abies* beherrscht 2
2 Forste in der Baumschicht von *Pinus sylvestris* beherrscht, gelegentlich auch von *Pinus nigra* **Kiefernforste** S. 98
2* Forste von anderen Nadelgehölzen beherrscht
nicht behandelt (nach vorherrschender Nadelholzart zu benennen)

Fichtenforste

Die Fichtenforste unterscheiden sich von naturnahen Fichtenwäldern durch das Zurücktreten oder völlige Fehlen von *Calamagrostis villosa, Trientalis europaea, Blechnum spicant, Barbilophozia lycopodioides* und *B. floerkei.* Sie sind sehr schattige Bestände und beeinflussen durch ihre starke Nadelstreubildung die Feldschicht sehr nachhaltig. Für die Differenzierung scheint die Moosschicht sehr geeignet. Oft ist das Vorkommen von *Avenella flexuosa, Vaccinium myrtillus, Epilobium angustifolium* und *Dryopteris carthusiana* typisch.
BT Fichtenforste (T 1.4.5.3)

1 Arten- und krautreiche Fichtenforste mit *Oxalis acetosella* in der Feldschicht **(Sauerklee-Fichtenforste)** 2
1* Artenarme, moosreiche Fichtenforste mit dominierendem *Dicranum scoparium* in der Feldschicht **(Gabelzahnmoos-Fichtenforste) 8**
2 In der Feldschicht herrschen *Dryopteris filix-mas, Athyrium filix-femina* und *Dryopteris carthusiana,* in der Strauchschicht *Sambucus racemosa.* Auf steilen, schattseitigen Mittel- und Unterhängen der Mittelgebirge anstelle farn- und staudenreicher Bergahorn- und Rotbuchenwälder **Farn-Sauerklee-Fichtenforst**
2* In der Feldschicht dominieren nicht die genannten Arten. 3
3 In der Feldschicht ist das hochstete Auftreten von *Epilobium montanum, Mycelis muralis, Moehringia trinervia* und *Urtica dioica* bezeichnend. Auf reicheren Ausgangsgesteinen an nicht zu steilen Hängen der Mittelgebirge anstelle von Rotbuchen- und Edellaubholzwäldern **Bergweidenröschen-Sauerklee-Fichtenforst**
3* In der Feldschicht sind die genannten Arten nicht hochstet. 4
4 In der Feldschicht erreichen *Pteridium aquilinum, Molinia caerulea* und *Calamagrostis epigejos* eine hohe Stetigkeit. In niederschlagsreicheren Landschaften des Hügel- und Flachlandes auf grundwasserbeeinflussten Standorten anstelle buchenreicher Eichen-Hainbuchenwälder **Adlerfarn-Fichtenforst**
4* In der Feldschicht sind die genannten Arten nicht stet 5
5 In der Feldschicht herrschen *Deschampsia cespitosa, Calamagrostis canescens* und *Urtica dioica* vor, in der Strauchschicht sind *Humulus lupulus* und *Rhamnus cathartica* häufig. Auf grundwassernahen Standorten in Pleistozängebieten anstelle von Eichen-Hainbuchenwäldern **Brenn-Nessel-Rasenschmielen-Fichtenforst**
5* In der Feldschicht herrschen nicht die genannten Arten. 6
6 In der Feldschicht treten *Equisetum sylvaticum, Carex remota* und *Chrysosplenium alternifolium* gehäuft auf. In Quellmulden auf Pseudogley anstelle von Edellaubholzwäldern **Waldschachtelhalm-Fichtenforst**
6* In der Feldschicht treten die genannten Arten nicht gehäuft auf 7
7 In der Feldschicht finden sich *Brachypodium sylvaticum, Melica nutans, Viola reichenbachiana* und *Sanicula europaea.* Auf basenbeeinflussten, sehr kräftig nachschaffenden, tiefgründigen Lehmböden anstelle artenreicherer Rotbuchenwälder **Waldfiederzwenken-Fichtenforst**
7* In der Feldschicht fehlen die genannten Arten, dafür sind vor allem *Oxalis acetosella* und *Rubus fruticosus* sowie *Rubus idaeus* neben *Calamagrostis villosa* und *Plagiothecium undulatum* bezeichnend. Auf mineralkräftigen Ausgangsgesteinen auf mäßig geneigten Nord- und Osthängen in den oberen Lagen der Mittelgebirge anstelle von Hainsimsen-Rotbuchenwäldern **Typischer Sauerklee-Fichtenforst**

8 (1*) In der Strauchschicht findet sich *Sambucus nigra*, in der Feldschicht sind *Epilobium angustifolium, Senecio fuchsii, Mycelis muralis* neben *Avenella flexuosa, Dicranum scoparium, Polytrichum formosum* und *Dicranella heteromalla* anzutreffen. Im planaren bis submontanen Bereich auf schwach sauren, aber mineralkräftigen Standorten anstelle buchenreicher Eichen-Hainbuchen- und Eichen-Rotbuchenwälder **Weidenröschen-Fichtenforst**

8* Die genannten anspruchsvolleren Arten fehlen in der Feldschicht weitgehend 9

9 In der Feldschicht herrscht *Vaccinium myrtillus*, die kniehoch wird, absolut vor. Daneben *Galium harcynicum, Dicranum scoparium* und *Polytrichum formosum* **Heidelbeer-Gabelzahnmoos-Fichtenforst**

9* In der Feldschicht dominiert *Vaccinium myrtillus* nicht absolut 10

10 In der Feldschicht ist das hochstete Vorkommen von Lebermoosen wie *Bazzania trilobata* und *Lepidozia reptans* und von Laubmoosen wie *Dicranella heteromalla, Dicranum scoparium, Polytrichum formosum, Leucobryum glaucum* und *Paraleucobryum longifolium* bezeichnend. Weit verbreitet in Mittelgebirgen auf sauren Böden anstelle der bodensauren Rotbuchenwälder **Peitschenmoos-Gabelzahnmoos-Fichtenforst**

10* Die genannten Lebermoose fehlen oder sind nur selten zu finden, die azidophilen Laubmoose sind dagegen in den Beständen hochstet vorhanden. Von der planaren bis zur montanen Stufe auf nährstoffarmen, sauren Böden anstelle von Eichen-, Eichen-Hainbuchen- oder bodensauren Rotbuchenwäldern **Typischer Gabelzahnmoos-Fichtenforst**

Kiefernforste

Kiefernforste sind im Flach-, Hügel- und Bergland sowohl auf nährstoffreichen als auch auf nährstoffarmen Böden der unterschiedlichsten Feuchtestufen zu finden. Die relativ saure Nadelstreu führt zur Förderung azidophiler Arten wie *Avenella flexuosa, Festuca ovina, Agrostis capillaris, Pleurozium schreberi* und *Dicranum scoparium*, die fast allen Beständen gemeinsam sind. Der Reinbestand der Kiefer bewirkt, daß viele Arten der naturnahen Wälder ausfallen, während licht- und wärmeliebende Arten gefördert werden.

BT Waldkiefernforste (T 1.4.5.1)

1 Bestände durch trockenheitsertragende Arten wie *Koeleria macrantha, Scabiosa columbaria, Brachypodium pinnatum, Pimpinella saxifraga* ausgezeichnet **(Kiefern-Trockenforste) 3**

1* Bestände nicht durch die genannten xerophilen Arten ausgezeichnet 2

2 Bestände durch das Auftreten relativ anspruchsvoller Arten wie *Rubus idaeus, Rubus fruticosus, Calamagrostis epigejos, Urtica dioica, Dryopteris filix-mas* und *Oxalis acetosella* charakterisiert. Durch einen starken Laubholzjungwuchs gekennzeichnet **(Kiefernforste nährstoffreicherer Standorte) 10**

2* Bestände ohne anspruchsvollere Arten. Die azidophilen Elemente herrschen vor. Laubholzjungwuchs ist gering **(Kiefernforste nährstoffarmer Standorte) 16**

3 (1) Strauchschicht mit *Viburnum opulus, Cotoneaster integerrima*, Feldschicht mit *Coronilla vaginalis, Ononis repens, Asperula cynanchica, Carlina acaulis* und *Inula conyza*. An steilen Sonnhängen des Muschelkalkes anstelle von Eichen-Trockenwäldern **Kronenwicken-Kiefernforst**

3* In Strauch- und Feldschicht sind die genannten Arten nicht hochstet 4

4 In der Baumschicht gelegentlich *Pinus nigra*, die auch dominieren kann. In der Strauchschicht *Sorbus aria, Rosa canina* und *Cornus sanguinea*. In der Feldschicht Dominanz von *Sesleria albicans*, daneben *Carex humilis, Pimpinella saxifraga, Ctenidium molluscum* und *Tortella tortuosa*. Auf kalkreichen, trockenen Standorten des kollinen Bereiches anstelle von blaugrasreichen Rotbuchenwäldern oder Eichen-Trockenwäldern **Blaugras-Kiefernforst**

4* Feldschicht nicht von *Sesleria albicans* beherrscht 5

5 Feldschicht mit *Primula veris, Tanacetum corymbosum, Leucanthemum vulgare* und *Pimpinella major*, daneben mesophile Waldpflanzen wie *Mercurialis perennis, Melica nutans* und *Actaea spicata*. An mäßig steilen, sonnigen Hängen auf Kalkschuttdecken im kollinen Bereich als Ersatzgesellschaft der Seggen-Rotbuchenwälder **Wiesenprimel-Kiefernforst**

5* Feldschicht ohne die genannte Artenkombination 6

6 Feldschicht mit *Helianthemum nummularium, Anemone sylvestris, Galium pumilum, Scabiosa columbaria, Koeleria macrantha* und *Agrimonia eupatoria.* Vereinzelt Auftreten von Becherflechten (*Cladonia*) und *Leucobryum glaucum.* An Bestandsrändern, windexponierten Felsrippen und verhagerten Plateaurändern des Muschelkalkes im kollinen Bereich anstelle von Kalkbuchenwäldern, z. T. durch Aufforsten von Xerothermrasen **Sonnenröschen-Kiefernforst**

6* Feldschicht ohne diese Arten 7

7 Feldschicht mit den vorherrschenden Arten *Galium verum, Vicia cracca, Carex flacca* und *Pimpinella saxifraga.* Auf flachgründigen, mullartigen Rendzinen über Oberem Wellenkalk im kollinen Bereich als Ersatzgesellschaft grasreicher Rotbuchenwälder **Labkraut-Kiefernforst**

7* Feldschicht ohne diese Arten 8

8 In der Feldschicht *Veronica chamaedrys, Epilobium montanum, Geranium robertianum* neben *Mercurialis perennis, Scrophularia nodosa* und *Melica uniflora.* Strauchschicht mit *Sambucus nigra* und *Prunus spinosa* gut ausgebildet. Auf ebenen bis schwach nach Norden geneigten Muschelkalkplateaurandlagen im kollinen Bereich anstelle von Kalk-Rotbuchenwäldern **Ehrenpreis-Kiefernforst**

8* Feldschicht ohne die genannte Artenkombination. 9

9 Feldschicht mit dominierendem *Brachypodium pinnatum*, begleitet von *Salvia pratensis, Phleum phleoides* und *Potentilla arenaria.* Auf trockenen, kalkreichen, sandig-lehmigen Standorten im kollinen Bereich als Ersatzgesellschaft von Eichen-Trockenwäldern **Fiederzwenken-Kiefernforst**

9* Feldschicht ohne diese Artenkombination, aber mit *Vicia cassubica.* Auf nährstoffreichen, aber trockenen, vorwiegend sandigen Böden mit Tendenz zu oberflächlicher Versauerung anstelle des Potentillo-Quercetums **Kassubenwicken-Kiefernforst**

10 (2) In der Feldschicht durch die Dominanz von *Milium effusum* charakterisiert, daneben *Urtica dioica, Oxalis acetosella* und *Rubus idaeus.* Auf nährstoffreichen, frischen, lehmigen Böden anstelle des Galio odorati-Fagetums und Hordelymo-Fagetums **Flattergras-Himbeer-Kiefernforst**

10* In der Feldschicht ohne die genannte Artenkombination 11

11 Feldschicht durch Massenentwicklung von *Dryopteris filix-mas* und *Dryopteris carthusiana* gekennzeichnet. An frischen, nährstoffreichen Schatthängen anstelle farnreicher Rotbuchen- und Eichen-Hainbuchenwälder **Wurmfarn-Kiefernforst**

11* Feldschicht nicht durch Massenentwicklung von Farnen gekennzeichnet 12

12 Feldschicht mit *Euphorbia cyparissias, Arrhenatherum elatius, Hypericum perforatum* und *Galium verum.* Übergang zu Kiefern-Trockenforsten. Auf mineralkräftigen, mäßig trockenen Böden anstelle von Eichen-Hainbuchenwäldern **Zypressenwolfsmilch-Kiefernforst**

12* Feldschicht ohne die genannten Arten. 13

13 (11) Feldschicht mit *Convallaria majalis, Polygonatum odoratum, Calamagrostis arundinacea* und *Peucedanum oreoselinum.* Auf mineralkräftigen, mäßig trockenen Standorten in kontinentaleren Landschaften anstelle von Eichen-Winterlindenwäldern **Maiglöckchen-Kiefernforst**

13* Feldschicht ohne die genannten Arten. 14

14 Feldschicht mit vorherrschendem *Calamagrostis epigejos.* Auf mäßig trockenen Standorten anstelle mesotropher Eichen-Hainbuchenwälder **Landreitgras-Kiefernforst**

14* In der Feldschicht herrscht *Calamagrostis epigejos* nicht vor. 15

15 In der Feldschicht ist *Pteridium aquilinum* dominant, dazu *Molinia caerulea* und *Lysimachia vulgaris.* Auf wechselfeuchten, mineralkräftigen Standorten anstelle mesotropher Stieleichenwälder **Adlerfarn-Kiefernforst**

15* In der Feldschicht fehlen die Feuchtezeiger, es treten aber bereits neben anspruchsvolleren Arten wie *Rubus idaeus, Rubus fruticosus* und *Dryopteris carthusiana* azidophile Arten wie *Vaccinium myrtillus, Dicranum scoparium* und *D. undulatum* auf **Gabelzahnmoos-Himbeer-Kiefernforst**

16 (2*) In der Feldschicht herrscht *Molinia caerulea*, begleitet von *Calluna vulgaris, Dicranum undulatum* und *Leucobryum glaucum.* Auf nährstoffschwachen, grundwassernahen Sanden anstelle armer Birken-Stieleichenwälder **Pfeifengras-Kiefernforst**

16* Die Feldschicht zeigt nicht die genannte Artenkombination 17

17 In der Feldschicht herrscht *Vaccinium myrtillus*, begleitet von *Avenella flexuosa* und *Pleurozium schreberi.* Auf grundwasserfernen, nährstoffarmen, mäßig trockenen Standorten anstelle von Birken-Eichenwäldern **Blaubeer-Kiefernforst**

17* In der Feldschicht tritt *Vaccinium myrtillus* zugunsten anderer azidophiler Arten zurück . . . 18

18 In der Feldschicht ist das Vorkommen von *Erica tetralix, Nardus stricta* und *Gentiana pneumonanthe* bezeichnend. Auf pseudovergleyten Standorten anstelle azidophiler Eichenwälder **Glockenheide-Kiefernforst**

18* In der Feldschicht fehlen die genannten Arten **19**

18* In der Feldschicht dominieren *Calluna vulgaris* und Becherflechten der Gattung *Cladonia* **Heidekraut-Kiefernforst**

19* In der Feldschicht dominieren *Calluna vulgaris* und Becherflechten der Gattung *Cladonia* nicht **20**

20 In der Feldschicht dominiert *Avenella flexuosa.* Auf nährstoffarmen, mäßig trockenen, ausgehagerten Standorten anstelle azidophiler Eichenwälder **Schlängelschmielen-Kiefernforst**

20* In der Feldschicht dominiert *Avenella flexuosa* nicht **21**

21 Für die Feldschicht ist das starke Auftreten von Torfmoosen (*Sphagnum* spec.) bezeichnend. Auf torfigen Böden anstelle der Birken-Moorwälder **Torfmoos-Kiefernforst**

21* In der Feldschicht fehlen *Sphagnum*-Arten **22**

22 Die Feldschicht wird im Wesentlichen von azidophilen Laubmoosen wie *Dicranum scoparium, Leucobryum glaucum* und *Pleurozium schreberi* gebildet. Auf nährstoffarmen, degradierten Sanden vom Typ des Braunpodsols anstelle azidophiler Eichenwälder **Hagermoos-Kiefernforst**

22* Die Feldschicht wird ± vollständig von Strauchflechten gebildet, denen trockenheitsresistente Moose wie *Polytrichum piliferum* und *P. juniperinum* beigesellt sind. Auf stark verhagerten, degradierten, nährstoffarmen, trockenen Standorten anstelle azidophiler Eichen- und Rotbuchenwälder **Flechten-Kiefernforst**

5 Gebüsche, Hecken, Gestrüppe

5.1 **Betulo carpaticae-Alnetea viridis** Rejm. in Huml et al. 1979 – Subalpin-alpine Grünerlen- und Weidengebüsche

(Syn. Betulo-Adenostyletea Br.-Bl. et R. Tx. 1943 p. p., Mulgedio-Aconitetea Hadač et Klika in Klika et Hadač 1944 p. p., Mugo-Alnetea viridis Eggl. 1952)

S: K *Alnus viridis* – Grün-Erle
K *Salix appendiculata* – Großblättrige Weide
K *Salix waldsteiniana* – Bäumchen-Weide
K *Salix daphnoides* – Reif-Weide
K *Salix pentandra* – Lorbeer-Weide
F: K *Streptopus amplexifolius* – Stängelumfassender Knotenfuß
K *Aconitum paniculatum* – Rispen-Eisenhut
K *Doronicum austriacum* – Österreichische Gemswurz
K *Achillea macrophylla* – Großblättrige Schafgarbe
T *Ribes petraeum* – Felsen-Johannisbeere
T *Milium effusum* – Wald-Flattergras

Von strauchförmigen Arten geprägte subalpine und alpine Gebüsche mit zahlreichen Hochstauden im Unterwuchs (deshalb auch meist zu den Hochstauden-Pflanzengemeinschaften gezählt, obwohl eine ganz andere Formation). Auf ganzjährig feuchten, nährstoffreichen Standorten, die bis weit in das Frühjahr hinein eine Schneedecke aufweisen. In den Alpen, Sudeten und Karpaten verbreitet und sich zum Teil ausbreitend.
BT Grünerlengebüsche (T 3.1.1)

Im Gebiet nur 1 Ordnung:

Alnetalia viridis Rübel 1933 – Subalpine hochstaudenreiche Gebüsche

und nur 1 Verband:

Alnion viridis Aich. 1933 – Subalpine hochstaudenreiche Gebüsche

(Syn. Salicion arbusculae Rübel 1933, Salicion pentandrae Br.-Bl. 1950, Salicion waldsteinianae Oberd. 1978; incl. Betulo-Alnion viridis Gams 1936)

1 Dichte Dominanzbestände von *Alnus viridis* auf feuchten, nährstoffreichen Standorten **Alnetum viridis** S. 101
1* Bestände nicht durch das Vorherrschen von *Alnus viridis* bestimmt **2**
2 Bestände durch Legformen von *Acer pseudoplatanus* und durch *Salix appendiculata* geprägt. Auf schuttreichen Hängen **Salici appendiculatae-Aceretum pseudoplatani** S. 102
2* Bestände durch *Salix waldsteiniana, Salix hastata* und *Salix glabra* geprägt. Auf steinigen oder blockigen Karbonathängen **Salicetum waldsteinianae** S. 102

Alnetum viridis Br.-Bl. 1918 – Grünerlen-Gebüsch

S: K *Alnus viridis* (dom.) – Grün-Erle
T *Lonicera caerulea* – Blaue Doppelbeere
F: K *Streptopus amplexifolius* – Stängelumfassender Knotenfuß
T *Viola biflora* – Zweiblütiges Veilchen
T *Adoxa moschatellina* – Moschuskraut
T *Agrostis agrostiflora* – Schilf-Straußgras

Mehr oder weniger dichte Bestände von *Alnus viridis*, die in tieferen Höhenlagen bis 4 m, an der Grenze zur alpinen Stufe 1 m hoch werden. Gelegentlich ist eine Zwergstrauchschicht mit *Rhododendron ferrugineum* und *Vaccinium myrtillus* ausgebildet. Die Feldschicht enthält zahlreiche Hochstaudenelemente und Farne. Auf feuchten, nährstoffreichen Hängen der subalpinen Stufe, oberhalb des geschlossenen Waldes oft eine ca. 100 Höhenmeter breite Gebüschzone ausbildend. In Lawinenbahnen bis in die hochmontane Stufe hinabsteigend. Wegen des gekrümmten Wuchses und der biegsamen Äste erträgt *Alnus viridis* Schneerutschungen besser als Bäume und bildet deshalb auf Lawinenbahnen Dauergesellschaften. Bei Unternutzung subalpiner Weideflächen oft auf diese übergreifend. Für Lawinenschutz und als Rückzugsrevier von Gams- und Rotwild wichtig.
∇ §.
BT Grünerlengebüsche (T 3.1.1)

Salici appendiculatae-Aceretum pseudoplatani Oberd. 1957 nom. inv. – Ahorn-Weiden-Leggebüsch
(Syn. Salicetum appendiculatae Oberd. (1957) 1958)

S:	K	*Salix appendiculata* – Großblättrige Weide
	T	*Acer pseudoplatanus* (Legform) – Berg-Ahorn
F:	T	*Dryopteris filix-mas* – Männerfarn
	T	*Senecio nemorensis* – Hain-Kreuzkraut
	T	*Carex ferruginea* – Rost-Segge

Bis 4 m hohe Gebüsche mit säbelartigen Stämmen von *Acer pseudoplatanus* und *Salix appendiculata*. Auf schuttreichen Hängen in der subalpinen Stufe der Kalkalpen. Auch auf Lawinenbahnen im Schwarzwald.
∇ In den Alpen ungefährdet, im Bergland zurückgehend V, §.
BT Grünerlengebüsche (T 3.1.1)

Salicetum waldsteinianae Beger 1922 ex Oberd. 1978 – Bäumchenweiden-Gebüsch
(Syn. Salicetum glabrae Smettan 1981; incl. *Salix waldsteiniana-Salix hastata*-Gebüsch Kägi 1920)

S:	K	*Salix waldsteinina* – Bäumchen-Weide
	K	*Salix glabra* – Kahle Weide
	K	*Salix hastata* – Spieß-Weide
	K	*Alnus viridis* – Grün-Erle
F:	T	*Calamagrostis varia* – Berg-Reitgras
	T	*Rhododendron hirsutum* – Bewimperte Alpenrose
	T	*Rubus saxatilis* – Stein-Brombeere
	T	*Carex ferruginea* – Rost-Segge

Nur bis 1 m hohes Gebüsch als Pioniergesellschaft auf steinigen oder blockigen Karbonathängen der alpinen Stufe in Höhen von 1400–2200 m ü. NN, selten tiefer hinabsteigend. Auch an Bachufern und feuchten, skelettreichen Hängen.
∇ §.
BT Grünerlengebüsche (T 3.1.1)

5.2 **Franguletea** Doing ex Westh. in Westh. et den Held 1969 – Bodensaure Laubholzgebüsche

(Syn. Betulo-Franguletea alni [Doing 1962] Pass. et G. Hofm. 1968)

S:	K	*Frangula alnus* – Faulbaum
	K	*Betula pendula* – Hänge-Birke

K *Sorbus aucuparia* – Eberesche
K *Populus tremula* – Zitter-Pappel
H *Quercus robur* – Stiel-Eiche
F: T *Avenella flexuosa* – Drahtschmiele, Schlängelschmiele
T *Holcus lanatus* – Wolliges Honiggras
T *Holcus mollis* – Weiches Honiggras
H *Galeopsis tetrahit* – Stechender Hohlzahn
H *Rubus fruticosus* (coll.) – Brombeere
H *Rubus idaeus* – Himbeere
H *Calluna vulgaris* – Heidekraut
H *Vaccinium myrtillus* – Heidelbeere

Gebüsche im Bereich azidophiler Laubmischwälder und Nadelwälder, die sich in ihrer Artenzusammensetzung durch säurebevorzugende Arten feuchter bis frischer Standorte auszeichnen. Nässezeiger fehlen. Sie entbehren meist anspruchsvollerer Sippen. Dadurch gut gegenüber anderen Gebüschgesellschaften abgrenzbar. Baumarten z. T. in der Strauchschicht.

Im Gebiet nur 1 Ordnung:

Rubetalia plicati H. E. Weber in Pott 1995 – Bodensaure Laubholzgebüsche

(Syn. Rubo-Franguletalia Pass. et G. Hofm. 1968, Pteridio-Rubetalia Doing 1962)

1 In der Strauchschicht tritt *Frangula alnus* hochstet auf, für die Feldschicht sind verschiedene Brombeerarten (*Rubus fruticosus* coll.) bezeichnend **Lonicero-Rubion silvatici** S. 103
1* In der Strauchschicht ist *Frangula alnus* weniger stet, dafür treten andere Sträucher stärker hervor **2**
2 In der Strauchschicht dominiert *Sarothamnus scoparius*, für die Feldschicht ist das Auftreten azidophiler Arten bezeichnend **Ulici-Sarothamnion** S. 105
2* In der Strauchschicht dominiert *Sarothamnus scoparius* nicht **3**
3 In der Strauchschicht ist *Juniperus communis* dominant **Vaccinio-Juniperion** S. 106
3* In der Strauchschicht sind *Hippophae rhamnoides* und *Salix repens* ssp. *dunensis* stark vertreten **Salicion arenariae** S. 107

Lonicero-Rubion silvatici R. Tx. et Neum. ex Wittig 1977 – Brombeer-Gebüsche

(Syn. Pruno-Rubion fruticosi R. Tx. 1952 corr. Doing 1962 em. Oberd. 1952, Rubion plicati H. E. Weber 1977, Rubion subatlanticum R. Tx. 1952; incl. Molinio-Frangulion Pass. et G. Hofm. 1968, Agrostio-Frangulion Pass. et G. Hofm. 1968)

S: K *Frangula alnus* – Faulbaum
K *Populus tremula* – Zitter-Pappel
K *Sorbus aucuparia* – Eberesche
F: V *Rubus plicatus* – Faltblättrige Brombeere
V *Rubus nessensis* – Aufrechte Brombeere
H *Avenella flexuosa* – Drahtschmiele, Schlängelschmiele
H *Rubus idaeus* – Himbeere
H *Potentilla erecta* – Blutwurz
H *Hieracium laevigatum* – Glattes Habichtskraut
H *Lonicera periclymenum* – Deutsches Geißblatt
H *Pteridium aquilinum* – Adlerfarn

Das Landschaftsbild oft prägende brombeerreiche Gebüsche auf sauren, aber meist mineralkräftigen Böden in meist niederschlagsreicheren Landschaften. Es treten zahlreiche Kleinassoziationen auf, die sich mit den oft nicht einfach zu identifizierenden *Rubus fruticosus*-Kleinarten charakterisieren lassen.

1 In der Feldschicht treten Arten wie *Calamagrostis villosa, Vaccinium vitis-idaea, Trientalis europaea*, in der Strauchschicht *Frangula alnus*, *Sorbus aucuparia* und *Picea abies* stark hervor. Wärmeliebende Arten fehlen **Calamagrostio villosae-Franguletum** S. 104
1* In der Strauchschicht fehlt *Picea abies*, in der Feldschicht fehlen *Calamagrostis villosa* und *Trientalis europaea* 2
2 Bestände durch *Rubus plicatus* und *Frangula alnus* geprägt **Frangulo-Rubetum plicati** S. 104
2* Bestände nicht durch *Rubus plicatus* geprägt 3
3 Bestände durch *Rubus gratus* ausgezeichnet **Rubetum grati** S. 105
3* Bestände ohne *Rubus gratus* 4
4 Bestände durch *Rubus silvaticus* ausgezeichnet **Rubetum silvatici** S. 105
4* Bestände nicht durch *Rubus silvaticus* ausgezeichnet 5
5 Bestände durch *Rubus sciocharis* ausgezeichnet **Rubetum sciocharitis** S. 105
5* Bestände nicht durch *Rubus sciocharis* ausgezeichnet, sondern durch *Rubus pedemontanus* **Rubetum pedemontani** S. 105

Frangulo-Rubetum plicati Neum. in R. Tx. 1952 em. Oberd. 1983 – Brombeer-Faulbaum-Gebüsche

(incl. Molinio-Franguletum [Pass. 1955] Pass. et G. Hofm. 1968, Agrostio-Franguletum [Pass. 1964] Pass. et G. Hofm. 1968, Agrostio-Populetum Pass. et G. Hofm. 1968)

S: K *Frangula alnus* – Faulbaum
K *Populus tremula* – Zitter-Pappel
H *Quercus robur* – Stiel-Eiche
K *Sorbus aucuparia* – Eberesche
K *Betula pendula* – Hänge-Birke
F: V *Rubus plicatus* – Faltblättrige Brombeere
H *Holcus mollis* – Weiches Honiggras
H *Hieracium laevigatum* – Glattes Habichtskraut
H *Lonicera periclymenum* – Deutsches Geißblatt

Brombeerreiche Faulbaum-Gebüsche auf sauren, nährstoffarmen, sandig-tonigen Böden, die öfter unter Stauwasser-Einfluss stehen. In der Strauchschicht oft neben Faulbaum auch andere Laubgehölze vertreten. Besonders in niederschlagsreicheren Landschaften der Pleistozängebiete, aber auch bis in den submontanen Bereich. Oft Waldmäntel oder Ersatzgesellschaften von bodensauren Eichen- oder Rotbuchenwäldern.

Calamagrostio villosae-Franguletum Pass. 1973 – Reitgras-Faulbaum-Gebüsch

S: K *Frangula alnus* – Faulbaum
K *Betula pendula* – Hänge-Birke
K *Sorbus aucuparia* – Eberesche
T *Picea abies* – Gewöhnliche Fichte
F: H *Rubus fruticosus* (coll.) – Brombeere
H *Avenella flexuosa* – Drahtschmiele, Schlängelschmiele
H *Vaccinium myrtillus* – Heidelbeere
H *Vaccinium vitis-idaea* – Preiselbeere
T *Calamagrostis villosa* – Wolliges Reitgras
T *Trientalis europaea* – Siebenstern
T *Equisetum sylvaticum* – Wald-Schachtelhalm

In Mittelgebirgen oberhalb 550 m ü. NN im Bereich bodensaurer Rotbuchenwälder oder Fichtenforste auftretende Gebüsche. In der Feldschicht ist das hochstete Auftreten von *Calamagrostis villosa*, in der Strauchschicht von *Picea abies* bezeichnend. Die Böden sind frisch bis feucht.

Rubetum grati R. Tx. et Neum. ex H. E. Weber 1976 –
Gesellschaft der Angenehmen Brombeere

S: A *Rubus gratus* – Angenehme Brombeere

Dichte Brombeergebüsche auf trockenen, sandigen Mineralböden, an Wegrändern und Waldschlägen, vor allem im atlantischen Nordwestdeutschland.

Rubetum silvatici H. E. Weber in Pott 1995 – Gesellschaft der Waldbrombeere

S: A *Rubus silvaticus* – Wald-Brombeere
V *Rubus nessensis* – Aufrechte Brombeere
K *Frangula alnus* – Faulbaum
F: H *Avenella flexuosa* – Drahtschmiele, Schlängelschmiele
H *Rumex acetosella* – Kleiner Sauerampfer
H *Agrostis capillaris* – Rotes Straußgras

Häufiges Brombeergebüsch im Bereich bodensaurer Rotbuchenwälder im nordwestdeutschen Tiefland und in den anschließenden Hügelländern.

Rubetum sciocharitis H. E. Weber in Pott 1995 –
Gebüsch der Schattenliebenden Brombeere

S: A *Rubus sciocharis* (dom.) – Schattenliebende Brombeere
A *Rubus langei* – Langes Brombeere
A *Rubus sprengelii* (dom.) – Sprengels Brombeere
K *Frangula alnus* – Faulbaum
K *Sorbus aucuparia* – Eberesche
F: H *Holcus mollis* – Weiches Honiggras
H *Avenella flexuosa* – Drahtschmiele, Schlängelschmiele
H *Agrostis capillaris* – Rotes Straußgras

Brombeergebüsch im atlantischen Nordwestdeutschland östl. bis in die Elbregion von Harburg und Stade.

Rubetum pedemontani H. E. Weber in Pott 1995 –
Gesellschaft der Drüsigen-Brombeere

S: A *Rubus pedemontanus* (dom.) – Drüsige Brombeere
A *Rubus schleicheri* – Schleichers Brombeere
A *Rubus sulcatus* – Furchen-Brombeere
V *Rubus nessensis* – Aufrechte Brombeere
K *Frangula alnus* – Faulbaum

Waldlichtungsgebüsch im Bereich bodensaurer Eichen- und Rotbuchenwälder. Vom nordwestdeutschen Tiefland bis zum Fichtelgebirge.

Ulici-Sarothamnion Doing ex H. E. Weber 1997 – Besenginster-Gebüsche

(Syn. Sarothamnion R. Tx. in Prsg. 1949, Sarothamnenion Oberd. 1979)

S: V *Sarothamnus scoparius* – Besenginster
F: T *Calluna vulgaris* – Besen-Heide
T *Festuca ovina* – Schaf-Schwingel

Besenginstergebüsche der atlantischen und subatlantischen Gebiete. Es dominieren Besenginster und/oder Stechginster.

1	Bestände von *Ulex europaeus* dominiert	***Ulex europaeus*-Gesellschaft** S. 106
1*	*Ulex europaeus* fehlt, *Sarothamnus scoparius* dominiert	**Calluno-Sarothamnetum** S. 106

Ulex europaeus-**Gesellschaft** – Gesellschaft des Stechginsters

S: T *Ulex europaeus* – Stechginster
K *Frangula alnus* – Faulbaum
K *Sorbus aucuparia* – Eberesche
F: H *Avenella flexuosa* – Drahtschmiele, Schlängelschmiele
H *Agrostis capillaris* – Rotes Straußgras

Vom Stechginster beherrschte, anthropogene Gebüsche auf Brachen, an Wegen, in Waldschlägen, vor allem in Heidegebieten. Bevorzugt in küstennahen Bereichen. Syntaxonomische Zuordnung unsicher.

Calluno-Sarothamnetum (Malc. 1929) em. Oberd. 1957 – Besenginster-Gebüsche (Syn. Rubo plicati-Sarothamnetum H. E. Weber 1987, Genisto pilosae-Sarothamnetum Lohm. 1986 ; incl. Peucedano-Sarothamnetum Pass. 1981)

S: V *Sarothamnus scoparius* – Besenginster
H *Rubus plicatus* – Faltblättrige Brombeere
F: T *Pteridium aquilinum* – Adlerfarn
T *Teucrium scorodonia* – Salbei-Gamander
T *Orobanche rapum-genistae* – Ginster-Sommerwurz
H *Rumex acetosella* – Kleiner Sauerampfer
H *Hypnum cupressiforme* – Schlafmoos
H *Pleurozium schreberi* – Rotstängelmoos
H *Calluna vulgaris* – Heidekraut

Auf vernachlässigten Hutungen, an unbewirtschafteten Hängen, bei verzögerter Wiederbewaldung auf Schlagflächen als Ersatzgesellschaft bodensaurer Eichen- und Rotbuchenwälder. Strauchschicht durch die Dominanz von *Sarothamnus scoparius* bestimmt. Bevorzugt trockenere bis frischere, etwas tiefergründige Böden sowie geschützte Lagen. Friert bei tiefen Wintertemperaturen stark zurück, regeneriert aber leicht. In östlichen Pleistozängebieten auch in einer *Peucedanum oreoselinum*-Rasse mit xerophilen Arten.

Vaccinio-Juniperion Pass. et G. Hofm. 1968 – Beerstrauch-Wacholder-Gebüsche

Im Gebiet nur 1 Assoziation:

Dicrano-Juniperetum communis Barkm. 1968 in Westh. et den Held 1969 – Gabelzahnmoos-Wacholder-Gebüsch

(Syn. Vaccinio-Juniperetum communis Pass. et G. Hofm. 1968; incl. Salici repentis-Juniperetum Jeschke 1974)

S: V *Juniperus communis* – Wacholder
H *Pinus sylvestris* – Wald-Kiefer
F: H *Avenella flexuosa* – Drahtschmiele, Schlängelschmiele
H *Dryopteris dilatata* – Breitblättriger Dornfarn
H *Dicranum scoparium* – Gabelzahnmoos
H *Pleurozium schreberi* – RotStängelmoos
H *Stellaria graminea* – Gras-Sternmiere

Auf sandigen Böden mittlerer bis geringer Güte mit Rohhumusbildung und Podsolierung, in Pleistozängebieten auf Dünen, Moränen und Sandern. Strauchschicht von *Juniperus communis* beherrscht.

▽ Der erhebliche Rückgang der Wacholderverjüngung und die Wipfeldürre des Wacholders haben offensichtlich mehrere Ursachen: Abnahme der Mykorrhiza-Pilze nach Stickstoff-Deposition aus der Luft, Vergrasung und Zunahme des Schädlingsbefalls sind solche Gründe, die auch zusammen wirken können. Aussaaten von Wacholdersamen in umgegrabener Gartenerde erscheint erfolgreich, stark gefährdet (2), §.

Salicion arenariae R. Tx. ex Pass. et Scam. 1943 – Dünenweiden-Gebüsche

S: V *Salix repens* ssp. *dunensis* (= *S. arenaria*) – Dünen-Weide
V *Rosa rugosa* – Kartoffel-Rose
F: V *Carex arenaria* – Sand-Segge
H *Agrostis capillaris* – Rotes Straußgras
H *Polypodium vulgare* – Gewöhnlicher Tüpfelfarn

BT Dünenweidengebüsche (T 2.1.2.2.3)

1 Bestände durch *Rosa pimpinellifolia* geprägt **Roso pimpinellifoliae-Salicetum arenariae** S. 107
1* Bestände nicht durch *Rosa pimpinellifolia* geprägt **2**
2 Bestände durch *Hippophae rhamnoides* geprägt **Hippophao rhamnoidis-Salicetum arenariae** S. 107
2* Bestände nicht durch *Hippophae rhamnoides* geprägt, sondern allein durch *Salix repens* und *Pyrola*-Arten **Pyrolo-Salicetum repentis** S. 108

Hippophao rhamnoidis-Salicetum arenariae Br.-Bl. et de Leeuw 1936 – Sanddorn-Dünenweiden-Gebüsch

S: V *Hippophae rhamnoides* – Sanddorn
V *Salix repens* ssp. *dunensis* (= *S. arenaria*) – Dünen-Weide
V *Rosa rugosa* – Kartoffel-Rose
F: H *Rubus fruticosus* (coll.) – Brombeere
T *Ammophila arenaria* – Gewöhnlicher Strandhafer
T *Carex arenaria* – Sand-Segge
T *Festuca rubra* – Rot-Schwingel
H *Polypodium vulgare* – Gewöhnlicher Tüpfelfarn
H *Clematis vitalba* – Gewöhnliche Waldrebe

Von *Salix repens* und *Hippophae rhamnoides* aufgebaute Gebüsche auf festgelegten, noch nicht entkalkten Graudünen des Küstenbereiches. Häufige und flächendeckende Pionier-Strauchgesellschaft, oft windbeeinflusst.

▽ Bei zu starkem Absinken des pH-Wertes kommt es zur Schädigung der Wurzelsymbionten des Sanddorns und zu dessen Schwächung und Absterben, eine Gefährdung ist anzunehmen G, §.

Roso pimpinellifoliae-Salicetum arenariae Pass. in Scam. 1963 – Pimpinellrosen-Kriechweiden-Gesellschaft

(incl. Polypodio-Salicetum arenariae R. Tx. 1955 ex Boerb. 1960)

S: A *Rosa pimpinellifolia* – Pimpinell-Rose
V *Salix repens* ssp. *dunensis* (= *S. arenaria*) – Dünen-Weide
F: T *Thalictrum minus* – Kleine Wiesenraute
T *Senecio jacobaea* – Jakobs Kreuzkraut
T *Asparagus officinalis* – Spargel
H *Carex arenaria* – Sand-Segge
H *Agrostis capillaris* – Rotes Straußgras
H *Polypodium vulgare* – Gewöhnlicher Tüpfelfarn

Von der Pimpinell-Rose bestimmte Dünenweiden-Gebüsche auf exponierten Tertiärdünenhängen der Nord- und Ostfriesischen Inseln.
▽ Gefährdung ist anzunehmen G, §.

Pyrolo-Salicetum repentis Westh. 1947 ex Barendr. 1982 – Wintergrün-Kriechweiden-Gesellschaft

S: V *Salix repens* ssp. *dunensis* – Dünen-Weide
F: T *Pyrola rotundifolia* – Rundblättriges Wintergrün
T *Pyrola minor* – Kleines Wintergrün
T *Monotropa hypopitys* – Echter Fichtenspargel
H *Trientalis europaea* – Europäischer Siebenstern

Von *Salix repens* ssp. *dunensis* bestimmte Gesellschaft auf den Nordseeinseln in winterfeuchten, sommertrockenen Dünentälern.
▽ Im Bestand gefährdet 3, §.

5.3 Carici-Salicetea cinereae Pass. 1968 – Strauchweiden-Bruchwälder

(Syn. Alnetea glutinosae Br.-Bl. et R. Tx. ex Westhoff et al. 1946 p.p., Franguletea Doing 1962 p.p.)

S: K *Salix cinerea* – Grau-Weide
K *Betula humilis* – Niedrige Birke
K *Salix aurita* – Ohr-Weide
K *Salix pentandra* – Lorbeer-Weide
F: K *Agrostis canina* – Hunds-Straußgras
H *Calamagrostis canescens* – Grau-Segge
H *Carex elata* – Steif-Segge
H *Eriophorum angustifolium* – Schmalblättriges Wollgras
H *Galium palustre* – Sumpf-Labkraut
H *Peucedanum palustre* – Sumpf-Haarstrang
H *Potentilla palustris* – Blutauge

In der Klasse sind alle Weidenbrüche, die als Sukzessionsstadien sumpfige Standorte im Kontakt zu Röhrichten und Erlenbruchwäldern besiedeln, vereinigt. Oft trifft man sie an verlandeten Seen und Teichen, auf Hoch- und Niedermooren, Torfstichen und als Mantelgesellschaften der Erlenbruchwälder. Auch kommen sie an sumpfigen Standorten in der Kulturlandschaft in Kontakt zu landwirtschaftlich genutztem Grünland, auf nassen Brachen und anderen Versumpfungsstellen vor. Entsprechend ist die Zusammensetzung der Krautschicht verschieden.
▽ Durch Melioration, Abbau von Mooren, Eutrophierung sind die Gesellschaften der Klasse gefährdet, §.
BT Weidengebüsche und Pionierwälder (incl. Gagelgebüsche) (S 3.2.1)

Im Gebiet nur 1 Ordnung:

Salicetalia auritae Doing ex Steffen 1968

(Syn. Alno-Salicetalia cinereae Doing 1962, Eriophoro-Salicetalia cinereae Pass. et G. Hofm. 1968, Calamagrostio-Salicetalia cinereae Pass. et G. Hofm. 1968)

Nur 1 Verband:

Salicion cinereae Th. Müller et Görs 1958 ex Pass. 1961 – Grauweiden-Gebüsche

(Syn. Salicion cinereae Th. Müller et Görs 1958, Frangulo-Salicion auritae Doing ex Oberd. et al. 1967, Salicion auritae Doing 1962, Frangulo-Salicion auritae Doing ex Steffen 1968; incl. Eriophoro-Salicion cinereae Pass. in Pass. et G. Hofm. 1968, Comaro-Salicion cinereae Pass. in Pass. et G. Hofm. 1968, Alno-Salicion cinereae Doing ex Pass. in Pass. et G. Hofm. 1968, Urtico-Salicion cinereae Pass. in Pass. et G. Hofm. 1968, Peucedano-Salicion cinereae Pass. 1978, Equiseto-Salicion cinereae Pass. 1978)

Charakteristische Artenkombination siehe Klasse.

1 *Betula humilis* und *Salix repens* ssp. *rosmarinifolia* prägen die niedrigen Moorgebüsche **Betuletum humilis** S. 109
1* Andere Gehölze dominieren. 2
2 *Myrica gale* dominiert **Myricetum gale** S. 109
2* Andere Gehölze dominieren. 3
3 *Salix repens* ssp. *argentea* kommt vor. 4
3* *Salix repens* ssp. *argentea* fehlt 5
4 *Salix repens* ssp. *argentea* ist häufig, außerdem sind *Salix cinerea* und *Hippophae rhamnoides* vorhanden, *Salix aurita* fehlend oder selten **Salicetum cinereo-argenteae** S. 110
4* *Salix repens* ssp. *argentea* ist häufig, *Salix cinerea* und *Hippophae rhamnoides* fehlen, *Salix aurita* kommt vereinzelt vor ***Salix repens* ssp. *argentea* – *Salix aurita*-Gesellschaft** S. 110
5 (3*) *Salix pentandra* im Gebüsch vorkommend, *Salix aurita* und/oder *Salix cinerea* vorhanden **Salicetum pentandro-cinereae** S. 110
5* *Salix pentandra* fehlt. 6
6 *Salix aurita* bestimmt das Bild der Gesellschaft **Frangulo-Salicetum auritae** S. 111
6* *Salix cinerea* dominiert die Gebüsche, *Salix aurita* fehlt in den Beständen, *Alnus glutinosa* vereinzelt vorhanden. 7
7 *Salix cinerea* dominiert, *Salix aurita* fehlt meist, hinzu treten viele Nitrophyten wie *Urtica dioica, Galium aparine, Glechoma hederacea, Cirsium arvense, Poa trivialis* **Urtico-Salicetum cinereae** S. 111
7* Nitrophyten treten deutlich zurück, *Salix cinerea* dominiert, *Salix aurita* kommt z. T. vor **Frangulo-Salicetum cinereae** S. 111

Betuletum humilis Steffen 1931 – Strauchbirken-Gebüsch

(Syn. Betulo humilis-Salicetum repentis (angustifoliae) Oberd. 1964, Betulo humilis-Salicetum repentis (rosmarinifoliae) Oberd. 1964, *Camptothecium nitens*-reiche *Pinus silvestris – Betula humilis*-Assoziationen Katz 1928, *Pinus silvestris – Phragmites communis – Betula humilis-Camptothecium*-Ass. Katz 1926, *Camptothecium nitens*-reiche- *Betula humilis*-Assoziationen Katz 1928, Betuletum humilis Katz 1929 em. Walln. in Muc. et al. 1993)

S: K/A *Betula humilis* – Niedrige-Birke
A *Salix repens* ssp. *rosmarinifolia* – Rosmarin-Weide

Niedrigwüchsiges Gebüsch an Moorrändern hauptsächlich in den Alpen und im Alpenvorland, sonst weitgehend ausgestorben oder nur noch Fragmente vorhanden.

▽ Stark gefährdet 2, im Tiefland vom Verschwinden bedroht 1, in den Alpen gefährdet 3, §.

BT Weidengebüsche und Pionierwälder (incl. Gagelgebüsche) (S 3.2.1)

Myricetum gale Jonas ex Dierschke 1969 – Gagel-Gebüsche

(Syn. *Myrica gale*-Ass. Osv. 1923, *Myrica gale-Sphagnum palustre*-Ass. Osv. 1923, *Betula alba-Myrica gale-Hylocomium parietinum-proliferum* Ass. Osv. 1923 p.p., *Myrica-Molinia*-Ass. Almqu. 1929, *Mycricetum sphagnosum* Jonas 1932, *Salix aurita-Frangula alnus*-Ass. [Malc. 1929] R. Tx. 1937, Myricetum gale R. Knapp 1944, Myrico-Salicetum cinereae [All. 1922] R. Tx. ex Pass. 1960 p.p., Molinio-Myricetum gale [Meijer Drees 1936] Pass. in Pass. et G. Hofm. 1968)

S: A *Myrica gale* – Gagelstrauch

Vom Gagelstrauch bestimmte Moorgebüsche bzw. Gebüsche an dys- bis mesotrophen Heideweihern mit atlantischer Verbreitung. Der Verbreitungsschwerpunkt liegt in Nordwestdeutschland, östliche Vorposten der Gesellschaft befinden sich in der Niederlausitz und in der Uckermark.
▽ Durch Melioration und Moorabbau stark gefährdet 2, im Flachland gefährdet 3, §.
BT Weidengebüsche und Pionierwälder (incl. Gagelgebüsche) (S 3.2.1)

Salicetum cinereo-argenteae H. E. Weber et Prsg. in H. E. Weber 1998 – Stranddünengebüsch mit Grau- und Dünenweide
(Syn. Salicetum auritae-Franguletum alni salicetosum repentis R. Tx. 1937, *Salix aurita-Frangula alnus*-Ass., Subass. von *Salix repens* [Br.-Bl. et de Leeuw 1937] R. Tx. 1937, Acrocladio-Salicetum Br.-Bl. et de Leeuw ex R. Tx. 1937, Salicetum pentandro-arenariae Westh. in Westh. et den Held 1969, Salicetum cinereo-arenariae Westh. et van Oosten 1991, Hippophao-Salicetum cinereae R. Tx. 1948, *Salix cinerea-Salix arenaria*-Gesellschaft Hobohm 1994)

S: K *Salix cinerea* – Grau-Weide
T *Salix repens* ssp. *dunensis* (= *S. repens* ssp. *argentea*) – Dünen-Weide
T *Hippophae rhamnoides* – Sanddorn

Typische Assoziation der Dünentäler der Nordseeküste, die sie oft fast vollständig ausfüllt. Die Gesellschaft zeigt Ähnlichkeiten mit den Salicion arenariae-Gebüschen, da sie im Kontakt zu diesen trockenen Dünengebüschen steht.
▽ Zurückgehend V, §.
BT Weidengebüsche und Pionierwälder (incl. Gagelgebüsche) (S 3.2.1)

***Salix repens* ssp. *argentea-Salix aurita*-Gesellschaft** – Verlandungsgebüsch mit Dünen- und Ohrweide

S: T *Salix aurita* – Ohr-Weide
T *Salix repens* ssp. *dunensis* (= *S. repens* ssp. *argentea*) – Dünen-Weide

Durch Ohr-Weide und Dünen-Weide gebildete Gesellschaft, wobei *Hippophae rhamnoides* und *Salix cinerea* fehlen. Es handelt sich um halb offene, niedrige bis mittelhohe Gebüsche. Vorkommen von der Nordseeinsel Amrum belegt.
▽ Durch Seltenheit gefährdet, (R), §.
BT Weidengebüsche und Pionierwälder (incl. Gagelgebüsche) (S 3.2.1)

Salicetum pentandro-cinereae Pass. 1961 – Lorbeerweiden-Grauweiden-Gebüsch
(Syn. Pentandro-Salicetum cinereae [Almqu. 1929] Pass. 1961, Salici pentandro-Betuletum pubescentis [Zólyomi 1934] Soó 1955 p.p.)

S: K/A *Salix pentandra* – Lorbeer-Weide
K *Salix cinerea* – Grau-Weide
K *Salix aurita* – Ohr-Weide
F: K *Galium palustre* – Sumpf-Labkraut
H *Cirsium palustre* – Sumpf-Kratzdistel

Von der Lorbeer-Weide bestimmte Gebüsche mit Hauptverbreitung im Mittelgebirgsraum, auch in Norddeutschland. Verbreitung im Gebiet ungenügend bekannt.
▽ Durch Meliorationsmaßnahmen zunehmend gefährdet, 3, §.
BT Weidengebüsche und Pionierwälder (incl. Gagelgebüsche) (S 3.2.1)

Frangulo-Salicetum auritae R. Tx. 1937 – Ohrweiden-Gebüsch
(Syn. Frangulo-Salicetum auritae Jonas 1935, Betulo-Salicetum auritae Meijer Drees 1936, Comaro-Salicetum auritae [R. Tx. 1937] Pass. 1961, Frangulo-Salicetum auritae Doing 1962, Salicetum cinereo-auritae Oberd. 1964; incl. Eriophoro-Salicetum auritae Pass. 1968)

S: K/A *Salix aurita* (dom.) – Ohr-Weide
K *Salix cinerea* – Grau-Weide
H *Salix × multinervis (= Salix aurita × Salix cinerea)* – Vielnervige Weide
F: H *Molinia caerulea* – Pfeifengras
H *Cirsium palustre* – Sumpf-Kratzdistel

Die Ohrweidengebüsche besiedeln nährstoffärmere Standorte bevorzugt in den Mittelgebirgen. Sie konzentrierten sich früher hauptsächlich an den Randbereichen von Nieder- und Zwischenmooren, heute trifft man sie auch auf nassen Grünlandbrachen.
▽ Durch Meliorationsmaßnahmen bedroht, nur im Flachland gefährdet 3, §.
BT Weidengebüsche und Pionierwälder (incl. Gagelgebüsche) (S 3.2.1)

Urtico-Salicetum cinereae (Šomšak 1963) Pass. 1968 –
Brenn-Nessel-Grauweiden-Gebüsch
(incl. Chaerophyllo-Salicetum cinereae Pass. 1981)

S: K/A *Salix cinerea* (dom.) – Grau-Weide
F: T *Urtica dioica* – Große Brennnessel
T *Galium aparine* – Kleb-Labkraut
T *Poa trivialis* – Gewöhnliches Rispengras

Eutrophe Gebüsche vornehmlich des Flach- und Hügellandes, häufig im Kontakt zu landwirtschaftlichen Nutzflächen, oder Sukzessionsstadium auf brachgefallenem Grünland, an Gräben, Bach- und Flussufern und Wiesensenken.
▽ Die Gesellschaft ist durch Meliorationsmaßnahmen bedroht, aber durch die Entstehung von Grünlandbrachen breitet sie sich stellenweise auch aus, §.
BT Weidengebüsche und Pionierwälder (incl. Gagelgebüsche) (S 3.2.1)

Frangulo-Salicetum cinereae Malc. 1929 – Grauweiden-Gebüsche
(Syn. Calamagrostio-Salicetum cinereae Soó et Zólyomi in Soó 1955, Alno-Salicetum cinereae Pass. 1956 p.p., Myrico-Salicetum cinereae R. Tx. ex Pass. in Pass. 1961, Frangulo-Salicetum cinereae Oberd. 1964, Carici gracilis-Salicetum cinereae Walther 1977).

S: K/A *Salix cinerea* (dom.) – Grau-Weide
K *Salix aurita* – Ohr-Weide
H *Solanum dulcamara* – Bittersüßer Nachtschatten
F: H *Cirsium palustre* – Sumpf-Kratzdistel
H *Filipendula ulmaria* – Echtes Mädesüß
H *Lysimachia vulgaris* – Gewöhnlicher Gilbweiderich
H *Phragmites australis* – Gewöhnliches Schilf

Von der Grauweide dominierte Gebüsche des Flach- und Hügellandes, oft an das offene Wasser grenzend, an Gräben, Bächen, Seeufern. Bildet den Gebüschmantel zu Schwarzerlenbeständen und grenzt diese von Großseggenrieden und Feuchtwiesen ab. Die Standorte sind meso- bis oligotroph. Auf ärmeren Grünlandbrachen und Versumpfungsstellen können sich ebenso Bestände dieser Gesellschaft entwickeln. Schwerpunkt der Verbreitung ist Nord- und Nordwestdeutschland.
▽ Durch Fließgewässerbegradigungen, Meliorationsmaßnahmen nimmt die Zahl der Bestände ab, aber sie ist noch nicht gefährdet, §.
BT Weidengebüsche und Pionierwälder (incl. Gagelgebüsche) (S 3.2.1)

5.4 **Salicetea purpureae** Moor 1958 – Uferweidengebüsche und Weidenwälder

B/S: K *Salix purpurea* – Purpur-Weide
K *Populus nigra* – Schwarz-Pappel
K *Salix alba* – Silber-Weide
K *Salix fragilis* – Bruch-Weide
K *Salix viminalis* – Korb-Weide

Die Klasse umfasst alle charakteristischen Gehölzgesellschaften der Flussauen, die periodisch oder episodisch überflutet werden. Als azonale Vegetationstypen findet man die Assoziationen dieser Klasse in fast allen naturnahen Flussauen.

Der Wechsel von Überflutungen und Trockenfallen sowie die große Dynamik des Grundwassers sind typisch für die Standorte der Gesellschaften. So weit es sich nicht um Pionierstadien von Auenwäldern handelt, stellen die Weidengebüsche und -wälder Dauergesellschaften der Hochwasserbereiche der Fließgewässer dar. Strukturell sind die Baumweidengesellschaften (eigentliche Weichholzauenwälder) von den Uferweidengebüschen zu trennen. Ökologische Anpassungen der bestandsbestimmenden Arten sind die Toleranz gegenüber mechanischen Belastungen, gute Durchlüftung der Wurzeln, Fähigkeit zur Adventivbewurzelung.

Im Gebiet nur 1 Ordnung:

Salicetalia purpureae Moor 1958

▽ Durch Gewässerausbau und Melioration flächenmäßig zurückgehend, §.
BT Fluss- und Bachauen-Lebensräume (L 5)

1 Montane Uferstrauchgesellschaften mit *Salix daphnoides*, *Salix eleagnos*, *Myricaria germanica* und/oder *Hippophae rhamnoides* **Salicion eleagno-daphnoidis** S. 112

1* Gesellschaften des Tieflandes und der kollinen Stufe, o. g. Arten fehlen oder treten zurück, es dominieren *Salix alba*, *Salix viminalis* und/oder *Salix triandra* **Salicion albae** S. 113

Salicion eleagno-daphnoidis (Moor 1958) Grass 1993 – Montane Uferweiden-Gesellschaften

(Syn. Salicion eleagni Moor 1958)

S: V *Salix eleagnos* – Lavendel-Weide
V *Salix daphnoides* – Reif-Weide
V *Hippophae rhamnoides* – Sanddorn

Initialgesellschaften der Auen (Alluvionen) der Gebirgsflüsse, die von Weiden und anderen Ufersträuchern aufgebaut werden. Die Gesellschaften haben ihren Verbreitungsschwerpunkt in den Alpen und den Vorländern der Alpen. Die Standorte sind meist nährstoffarm und durch die schnell wechselnden Wasserstände sehr dynamisch.
▽ Durch Gewässerausbau und Melioration flächenmäßig zurückgehend, §.
BT Auengebüsche (Weiden, Grün-Erlen) (L 5.1.2)

1 *Myricaria germanica* dominiert, Pioniergesellschaft der Alluvionen von Alpenflüssen **Myricarietum germanici** S. 113

1* *Myricaria germanica* dominiert nicht, *Salix daphnoides*, *Salix eleagnos* häufig, lockerer offener Buschwald auf Kies- und Sandbänken **Salicetum eleagno-purpureae** S. 113

Myricarietum germanici Jenik 1955 – Gesellschaft der Deutschen Tamariske
(Syn. Salici-Myricarietum [Zarz. 1956] Moor 1958, Epilobio-Myricarietum Aich. 1933, Salici-Myricarietum Moor 1958)

S: A *Myricaria germanica* (dom.) – Deutsche Tamariske

Tamarisken-Gesellschaft der Flussufer der Alpen mit starkem Wildflusscharakter, hohe Standortsdynamik. Zahlreiche alpine Pflanzen kommen auf den Pionierstandorten als Alpenschwemmlinge vor (z. B. *Linaria alpina*). Auf groben Kiesen der hochmontanen und subalpinen Stufe.

▽ Durch Gewässerausbau, Bach- und Flussregulation vom Verschwinden bedroht 1, im Bergland verschwunden 0, §.

BT Auengebüsche (Weiden, Grün-Erlen) (L 5.1.2)

Salicetum eleagni-purpureae Sillinger 1933 – Lavendelweiden-Gebüsche
(Syn. Salicetum elaeagni Moor 1958, Salicetum elaeagni-daphnoides [Br.-Bl. in Volk 1940] Moor 1958, Saliceto elaeagni-Hippophaetum rhamnoidis Br.-Bl. in Volk 1940)

S: V/A *Salix eleagnos* – Lavendel-Weide
V/A *Salix daphnoides* – Reif-Weide
H *Hippophae rhamnoides* – Sanddorn

Die Bestände werden von der Lavendelweide und z. T. vom Sanddorn bestimmt. Die Arten bilden einen Buschwald auf Kies- und Schotterbänken der Alpenflüsse. Die dichteren und gewasserferneren Bestände zeigen Übergänge zum Grauerlenwald.

▽ Durch Gewässerausbau, Bach- und Flussregulation gefährdet 3, in den Alpen zurückgehend V, §.

BT Auengebüsche (Weiden, Grün-Erlen) (L 5.1.2)

Salicion albae Soó 1930 – Weiden-Weichholzauen

(Syn. Populion albae R. Tx. 1931, Salicion albae R. Tx. 1955, Salicion albae Moor 1958, Salicion albae Th. Müller et Görs 1958)

B/S: K/V *Salix alba* – Silber-Weide
K/V *Salix fragilis* – Bruch-Weide
V *Salix × rubens* – Hohe Weide
K/V *Salix viminalis* – Korb-Weide
F: T *Calystegia sepium* – Zaun-Winde
T *Humulus lupulus* – Hopfen

Bei den Gesellschaften handelt es sich um die Weichholzauen des Flach- und Hügellandes. Sie schließen flussseitig an die Hartholzaue an. Das Mandelweiden-Gebüsch (Salicetum triandrae) ist meist dem Silberweidenwald (Salicetum albae) flussseitig vorgelagert. Die Hauptverbreitung liegt an den Mittel- und Unterläufen der Flüsse. Mit zunehmender Höhe verarmen die Bestände im Bergland. Es werden schluffige, sandige und tonige Böden besiedelt.

▽ Durch Flussbegradigungen und Wasserstandsregulierungen sowie Grundwasserabsenkungen gefährdet, §.

BT Fluss- und Bachauen tieferer Lagen (L 5.2)

1 Baumweiden, z. T. auch Pappeln dominieren, höherwüchsige Gesellschaften (Wälder und waldähnliche Bestände) 2

1* Baumweiden fehlen meist, aber Strauchweiden dominieren, oft niedriger wüchsige Gesellschaften (Gebüschgesellschaften) **3**

2 *Salix alba* und oder *Populus* div. spec. dominieren **Salicetum albae** S. 114
2* *Salix fragilis* und oder *Salix* × *rubens* dominieren **Salicetum fragilis** S. 114
3 (1*) *Salix triandra* und oder *Salix viminalis* dominieren **Salicetum triandrae** S. 114
3* *Salix purpurea* dominiert, andere Weidenarten können mit wenigen Individuen vorkommen ***Salix purpurea*-Gesellschaft** S. 115

Salicetum albae Issler 1926 – Silberweiden-Auwald
(Syn. Salici-Populetum [R. Tx. 1931] Meijer Drees 1936, Populetum nigrae Szafer 1935, Salici-Populetum Soó [1927] 1946, Salicetum albo-fragilis R. Tx. [1944] 1955)

B: A *Populus nigra* – Schwarz-Pappel
V/A *Salix alba* – Silber-Weide
F: H *Galium aparine* – Kletten-Labkraut, Klebkraut
H *Phalaris arundinacea* – Rohrglanzgras
H *Rubus caesius* – Bereifte Brombeere
H *Urtica dioica* – Große Brennnessel

Die Silberweidenauwälder sind meist bandförmig entlang der Flüsse entwickelt. Sie schließen direkt an die Hartholzaue an und ihnen sind Weidengebüsche flussseitig vorgelagert. Es dominiert die Silberweide (*Salix alba*) und die Schwarzpappel (*Populus nigra*). Häufig kommen keine reinen Schwarzpappeln in den Beständen mehr vor. Sie sind durch Pappelhybriden ersetzt. In der Krautschicht dominieren meist nitrophile Arten wie *Urtica dioica, Phalaris arundinacea, Galium aparine, Calystegia sepium, Rubus caesius*. Häufig sind auch Neophyten in die Bestände eingedrungen. Hierzu gehören *Impatiens glandulifera, Solidago gigantea* u. a.
▽ Durch die starke Zerstörung der Auwälder findet man sie heute nur noch in Resten. Potenziell kommen sie an allen Flüssen des Gebietes vor. Stark gefährdet 2, §.
BT Weichholz-Auenwälder (Silber-Weiden u. a.) (L 5.2.2)

Salicetum fragilis Pass. 1957 – Bruchweiden-Ufergesellschaft

B: V/A *Salix fragilis* – Bruch-Weide
A *Salix* × *rubens* – Hohe Weide
S: H *Cornus sanguinea* – Blutroter Hartriegel
F: H *Rubus caesius* – Bereifte Brombeere
H *Urtica dioica* – Große Brennnessel

Die Gesellschaft löst den Silberweidenauwald in montanen Gebieten ab. Auch kommt sie an kleineren Flüssen und Bächen im Flach- und Hügelland vor. Dort ist sie aber wahrscheinlich anthropogenen Ursprungs. Sie wächst auf Auen-Roh- oder vergleyten Böden. Allein oder neben der Bruchweide tritt die Hohe Weide, ein Bastard aus *Salix fragilis* × *Salix alba*, auf. In der Krautschicht dominieren Nährstoffzeiger.
▽ Durch Fluss- und Bachbegradigungen, Grundwasserabsenkungen gefährdet 3, im Tiefland stark gefährdet 2, §.
BT Weichholz-Auenwälder (Silber-Weiden u. a.) (L 5.2.2)

Salicetum triandrae Malc. ex Noirf. in Lebr. et al. 1955 – Mandelweiden-Korbweidengebüsch
(Syn. Salicetum triandro-viminalis Lohm. 1953, Rubo-Salicetum viminalis [Hueck 1931] Lohm. 1952 em. Pass. 1968, Aegopodio-Salicetum viminalis [R. Tx. 1937] Pass. 1968, Calystegio-Salicetum triandrae Jurko 1964, Myosoto-Salicetum triandrae Pass. 1985)

S: A *Salix triandra* (dom.) – Mandel-Weide
K/A *Salix viminalis* – Korb-Weide

F: T *Bidens frondosa* – Schwarzfrüchtiger Zweizahn
T *Rorippa amphibia* – Wasser-Sumpfkresse, Wasserkresse
T *Rorippa sylvestris* – Wilde Sumpfkresse
H *Phragmites australis* – Gewöhnliches Schilf

Den Weichholzauenwäldern flussseitig vorgelagerte Gesellschaft, die auch sekundär an künstlichen Standgewässern, Kläranlagen und Rieselfeldern vorkommen kann. Oft dominiert nur eine charakteristische Weidenart, Mischbestände sind aber auch nicht selten.

▽ Durch Flussbegradigungen und Uferbefestigung gehen die potenziellen Standorte zunehmend verloren. Die Gesellschaft ist gefährdet, 3, §.

BT Auengebüsche (Korb- und Mandel-Weiden u. a.) (L 5.2.1)

***Salix purpurea*-Gesellschaft** – Gesellschaft der Purpur-Weide
(Syn. Salicetum purpureae Wendelb.-Zelinka 1952)

S: K/V *Salix purpurea* (dom.) – Purpur-Weide
F: H *Agrostis stolonifera* – Kriech-Straußgras
H *Phalaris arundinacea* – Rohr-Glanzgras
H *Phragmites australis* – Gewöhnliches Schilf

Von der Purpur-Weide bestimmte Bestände, die von der planaren bis zur montanen Stufe vorkommen. Die Gebüsche treten hauptsächlich auf nährstoffärmeren Standorten auf. Sie siedeln auf sandig-kiesigen und steinigen Böden. Es handelt sich um eine Pioniergesellschaft. Die syntaxonomische Stellung ist umstritten.

▽ Durch Meliorationsmaßnahmen, Flussbegradigungen, Eutrophierung und Verschlammung der Ufer nicht mehr so häufig, §.

BT Fluss- und Bachauen tieferer Lagen (L 5.2)

5.5 **Rhamno-Prunetea spinosae** Riv. Goday et Borja Carbonell 1961 ex R. Tx. 1962 – Kreuzdorn-Schlehen-Gebüsche

(Syn. Crataego-Prunetea R. Tx. 1962, Rubo-Sambucetea Pass. in Scam. 1963, Sambucetea Doing 1962, Sambuco-Prunetea Jurko 1964, Urtico-Sambucetea Doing 1962 ex Pass. in Pass. et G. Hofm. 1968, Violo-Berberidetea Pass. et G. Hofm. 1968)

S: K *Corylus avellana* – Gewöhnliche Hasel
K *Salix caprea* – Sal-Weide

Klasse der thermo- und mesophilen sommergrünen Gebüsch- und Waldmantelgesellschaften, die auf frischen bis trockenen oligo- bis eutrophen Standorten wachsen. Sie vereinigt naturnahe Gebüsche, die als Dauergesellschaften extremer Trocken- und Felsstandorte anzusehen sind und sekundäre Gehölze, die als Sukzessionsstadien nach Auflassen von Wiesen, Halbtrocken- und Trockenrasenstandorten entstehen bzw. sich auf Lesesteinhaufen und Ackerrainen oder an Waldrändern entwickeln. Die Klasse schließt auch die Gebüsche auf ehemaligen Kahlschlägen und ruderale Gebüsche mit *Sambucus nigra* und neophytischen Gehölzen ein. In der Krautschicht findet man hauptsächlich Arten der Trocken- und Halbtrockenrasen, der thermo- und nitrophilen Säume und der Ruderalfluren sowie Waldarten.

▽ Durch Eutrophierung der Landschaft, Flurbereinigung und Sukzession zu Vorwäldern sind viele Gesellschaften der Klasse gefährdet, andere Gesellschaften befinden sich auch in Ausbreitung, insbesondere die neophytischen Gebüsche und die der eutrophen Standorte.

BT Gebüsche außerhalb des Waldes einschließlich Hecken und Waldmäntel (T 2.1)

Abb. 14. Schematisches Profil des subozeanisch/perialpinen Vegetationskomplexes an Muschelkalk-Bergstürzen in West-Thüringen. Nach H. D. KNAPP 1979 aus SCHUBERT et al. 1995. 1. Hordelymo-Fagetum; 2. Carici-Fagetum; 3. Seslerio-Fagetum; 4. Geranio sanguinei-Peucedanetum cervariae; 5. Cotoneastro-Amelanchieretum; 6. Polygalo amarae-Seslerietum albicantis; 7. Vincetoxico-Tilietum platyphylli; 8. Clematido-Coryletum; 9. Vincetoxietum; a = *Fagus sylvatica*, b = *Taxus baccata*, c = *Fraxinus excelsior*, d = *Tilia platyphyllos*, e = *Corylus avellana*.

1 *Prunus spinosa*, *Crataegus*-Arten, *Rosa*-Arten, *Ligustrum vulgare*, *Rhamnus cathartica*, *Carpinus betulus* bilden die Gebüsche **Prunetalia spinosae** S. 117

1* Die genannten Arten dominieren nicht bzw. fehlen 2

2 *Sambucus racemosa*, *Salix caprea* und krautige Arten der Epilobietea-Schlagfluren dominieren, Neophyten spielen eine untergeordnete Rolle oder fehlen **Sambucetalia racemosae** S. 129

2* *Sambucus nigra* und oder neophytische Gehölze wie *Lycium halimifolium*, *L. chinense*, *Symphoricarpos albus* u. a. dominieren, die Krautschicht wird primär durch Arten der ausdauernden Ruderalgesellschaften und nitrophilen Saumgesellschaften (Artemisietea und Galio-Urticetea) bestimmt **Urtico-Sambucetalia nigrae** S. 132

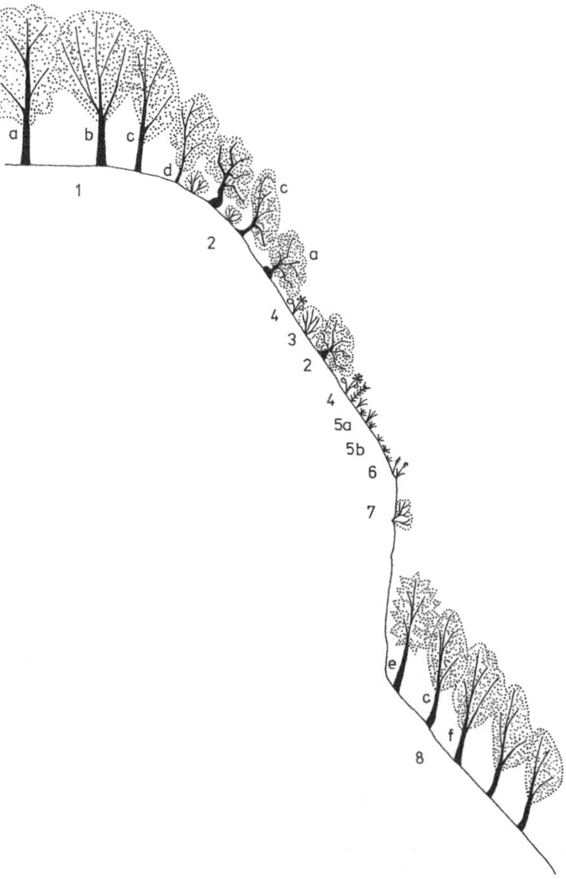

Abb. 15. Schematisches Profil des subozeanisch-(subkontinental)/collin-(submontanen) Vegetationskomplexes an Waldgrenzstandorten auf Muschelkalk. Nach H. D. KNAPP 1988 aus SCHUBERT et al. 1995. 1. Galio-Carpinetum; 2. Quercetum pubescenti-petraeae; 3. Viburno-Cornetum; 4. Geranio sanguinei-Peucedanetum cervariae; 5a. Teucrio-Seslerietum, Brachypodium pinnatum Var.; 5b. Teucrio-Seslerietum, Teucrium montanum Var.; 6. Teucrio botryos-Melicetum ciliatae; 7. Cotoneastro-Amelanchieretum; 8. Carici-Fagetum; a = *Quercus* spec., b = *Carpinus betulus*, c = *Fagus sylvatica*, d = *Sorbus torminalis*, e = *Acer pseudoplatanus*, f = *Tilia platyphyllos*.

Prunetalia spinosae R. Tx. 1952 – Schlehen-Gebüsche

(Syn. Urtico-Crataegetalia Pass. et G. Hofm. 1968, Berberido-Prunetalia Pass. 1978)

S: O *Cornus sanguinea* – Blutroter Hartriegel
O *Crataegus laevigata* – Zweigriffliger Weißdorn

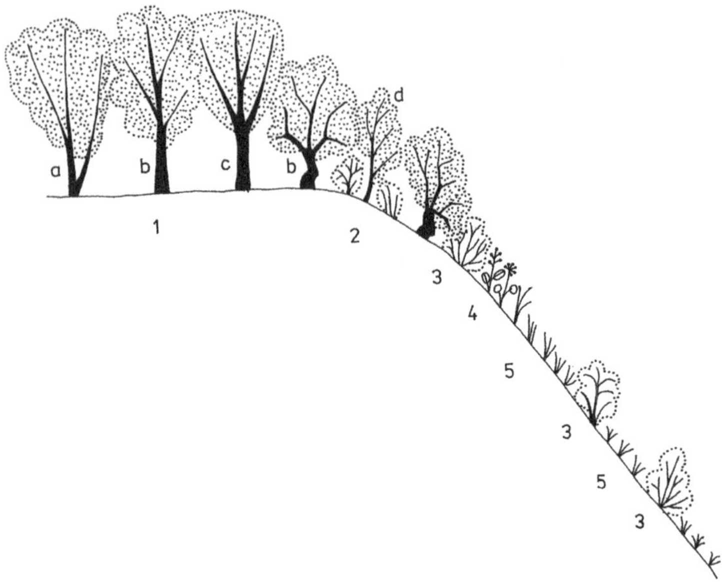

Abb. 16. Schematisches Profil des subkontinental/collinen Vegetationskomplexes an Waldgrenzstandorten auf Muschelkalk (anthropogene Waldgrenze). Nach H. D. KNAPP 1979 aus SCHUBERT et al. 1995. 1. Galio-Carpinetum; 2. Quercetum pubescenti-petraeae; 3. Viburno-Cornetum; 4. Geranio sanguinei-Peucedanetum cervariae; 5. Festuco rupicolae-Brachypodietum pinnati; a = *Tilia cordata*, b = *Quercus* spec., c = *Carpinus betulus*, d = *Sorbus torminalis*.

O *Crataegus monogyna* – Eingriffliger Weißdorn
O *Euonymus europaea* – Europäisches Pfaffenhütchen
O *Lonicera xylosteum* – Rote Heckenkirsche
O *Prunus spinosa* – Schwarzdorn, Schlehe
O *Rhamnus cathartica* – Purgier-Kreuzdorn
O *Rosa canina* – Hunds-Rose
O *Rosa corymbifera* – Hecken-Rose

Sommergrüne Laubgebüsche an Waldmänteln, Gebüsche im Mosaik mit Trocken- und Halbtrockenrasen sowie Gebüsche und Hecken der Agrarlandschaft auf oligo- bis mesotrophen Standorten.

▽ Durch Eutrophierung der Landschaft, Flurbereinigung und Sukzession zu Vorwäldern sind viele Gesellschaften der Klasse gefährdet, §.

BT Schlehengebüsche auf reicheren Böden (T 2.1.2)

1 *Cerasus fruticosa* dominiert, in der Krautschicht fast ausschließlich kontinentale Trocken- und Halbtrockenrasenarten, nur in den kontinentalsten und/oder trockensten Gebieten Deutschlands Süddeutschland, Mitteldeutschland **Prunion spinosae** S. 119

1* Andere Arten dominieren, *Cerasus fruticosa* fehlt oder ist nur sehr selten mit wenigen Exemplaren vertreten 2

2 Thermophile Gehölze und oder Trocken- und Halbtrockenrasenarten dominieren, *Berberis vulgaris, Cotoneaster integerrimus, Amelanchier ovalis, Rosa rubiginosa, Rosa elliptica* sowie

Brachypodium pinnatum und viele Trifolio-Geranietea- und Festuco-Brometea-Arten, zuweilen auch *Corylus avellana, Juniperus communis* **Berberidion** S. 119
2* Keine thermophilen Gehölze und Trocken- und Halbtrockenrasenarten vorhanden 3
3 Mesophile Gehölze dominieren, Krautschicht von nitrophilen Saum- und Waldarten bestimmt, *Rubus*-Arten nicht bestandesprägend **Carpino-Prunion** S. 124
3* *Rubus*-Arten (*Rubus radula, R. montanus, R. bifrons, R. elegantispinosus, R. vestitus, R. macrophyllus* u. a.) neben den typischen mesophilen Gehölzarten bestandesprägend **Pruno-Rubion radulae** S. 126

Prunion spinosae Soó 1951 – Steppenkirschen-Gebüsche

(Syn. Prunion fruticosae R. Tx. 1952, Prunion spinosae-fruticosae Zólyomi et Jakucs 1957)

S: V *Cerasus fruticosa* (= *Prunus fruticosa*) – Strauch-Kirsche, Steppen-Kirsche

Der Verband erreicht im Gebiet seine absolute Westgrenze, deshalb sind die Bestände sehr verarmt und er wird nur durch 1 Assoziation vertreten:

▽ Durch Sukzession, Eutrophierung und Flurbereinigung sowie Seltenheit stark gefährdet, §.

BT Kontinentale Zwergkirschengebüsche (T 2.1.2.1.3)

Prunetum fruticosae Dziubałtowski 1926 – Steppenkirschen-Gebüsch

(Syn. Prunetum fruticosae Klika 1928, Crataego-Prunetum fruticosae Soó 1951, Prunetum fruticosae Oberd. 1957, Prunetum fruticosae Korneck 1974, Prunetum fruticosae-nanae Soó 1927 p.p., Peucedano-Prunetum fruticosae Kozłowska 1928)

S: V/A *Cerasus fruticosa* (= *Prunus fruticosa*) – Strauch-Kirsche, Steppen-Kirsche

Die durch die Steppenkirsche dominierte Gesellschaft ist nur im Bereich des Süßen Sees (Hasenwinkel) in Sachsen-Anhalt gut entwickelt. Einige Bestände sind auch aus Thüringen bekannt. Die Art bildet niedrige, z. T. auch lockere Gebüsche, in denen in der Krautschicht fast ausschließlich Trocken- und Halbtrockenrasenarten vorkommen. Die Steppen-Kirsche kann auch in andere xerotherme Gebüschgesellschaften eindringen, ist dort aber nur mit wenigen Exemplaren vertreten und Bestandteil von Berberidion-Gesellschaften (Pfälzisch-Rheinhessisches Trockengebiet). Gebüsche des Bastardes von *Cerasus vulgaris* ssp. *acida* und *Cerasus fruticosa* (*Cerasus* × *intermedia* = *Prunus* × *eminens*) werden ins Berberidion gestellt.

▽ Durch Sukzession, Eutrophierung und Flurbereinigung sowie Seltenheit stark gefährdet 2, §.

BT Kontinentale Zwergkirschengebüsche (T 2.1.2.1.3)

Berberidion Br.-Bl. 1950 – Berberitzen-Gebüsche

(Syn. Violo-Berberidetea Pass. et G. Hofm. 1968, Crataego-Prunion Th. Müller 1974; incl. Astrantio-Corylion Pass. 1978)

S: V *Amelanchier ovalis* – Gewöhnliche Felsenbirne
V *Berberis vulgaris* – Sauerdorn, Berberitze
V *Cotoneaster integerrimus* – Gewöhnliche Zwergmispel
V *Ligustrum vulgare* – Gewöhnlicher Liguster
V *Rosa rubiginosa* – Wein-Rose
V *Viburnum lantana* – Wolliger Schneeball

Hauptsächlich durch Zwergmispel, Berberitze, Felsenbirne und thermophile Rosen-Arten bestimmte Gesellschaften mit Halbtrockenrasenarten in der Krautschicht. Einige Assoziationen sind natürliche Dauergesellschaften orographischer Waldgrenzstandorte, andere Sukzessionsstadien bei der Verbuschung von Trocken- und Halbtrockenrasen. Die Böden sind oft Rendzinen, Ranker oder Lößböden und oligo- bis mesotroph.

▽ Durch Sukzession zu Vorwäldern, Eutrophierung der Landschaft (Übergang zu nitrophilen Gesellschaften) bzw. Flurbereinigung z. T. stark gefährdet, §.

BT Wärmeliebende Ligustergebüsche (T 2.1.2.1.1)

1 Bestände mit *Cotoneaster integerrimus* und/oder *Amelanchier ovalis* **Cotoneastro-Amelanchieretum** S. 120

1* *Cotoneaster integerrimus* und *Amelanchier ovalis* höchstens in Einzelexemplaren vorhanden, Vorkommen anderer thermophiler Gehölzarten . . . 2

2 *Cerasus* × *intermedia* kommt vor bzw. dominiert ***Prunus* × *eminens*-Gesellschaft** S. 121

2* *Cerasus* × *intermedia* fehlt . . . 3

3 *Juniperus communis* prägt die Strauchschicht, Trockenrasenarten bestimmen die Krautschicht **Koelerio pyramidatae-Juniperetum communis** S. 121

3* *Juniperus communis* fehlt . . . 4

4 *Corylus avellana* hochstet und dominant in der Strauchschicht . . . 5

4* *Corylus avellana* fehlt oder nur mit wenigen Exemplaren in den Beständen vorkommend, *Cornus sanguinea, Prunus spinosa, Cerasus mahaleb, Hippophae rhamnoides* und/oder *Cornus mas* dominierend . . . 7

5 Neben *Corylus avellana* kommt *Rosa dumalis* vor **Roso vosagiacae-Coryletum** S. 121

5* *Rosa dumalis* fehlt . . . 6

6 *Padus avium* hochstet in den Beständen **Pado-Coryletum** S. 122

6* *Padus avium* und *Ligustrum vulgare* fehlen oder sind nur mit geringer Deckung vorhanden, *Primula veris* und *Viola hirta* in der Krautschicht häufig **Clematido-Coryletum** S. 122

7 (4*) *Hippophae rhamnoides, Ligustrum vulgare, Viburnum lantana* hochstet, z. T. Gehölze der Flussufer vorkommend (*Salix eleagnos, S. purpurea*) **Berberido-Hippophaetum fluviatilis** S. 122

7* *Hippophae rhamnoides, Salix eleagnos, S. purpurea* fehlen, *Cornus sanguinea, Prunus spinosa, Cerasus mahaleb, Ulmus minor* und/oder *Cornus mas* dominieren . . . 8

8 *Cornus mas* dominiert, *Cornus sanguinea, Ligustrum vulgare* fehlen oder treten deutlich zurück, *Viola hirta, Primula veris, Polygonatum odoratum* sind hochstet, vorwaldähnliche, sehr dichte Bestände **Violo hirtae-Cornetum maris** S. 123

8* *Cornus mas* fehlt oder tritt zurück, andere Gehölze dominieren . . . 9

9 *Viburnum lantana, Cornus sanguinea* sind Hauptbestandesbildner, viele Trocken-, Halbtrockenrasen- und thermophile Saumarten in der Krautschicht **Viburno lantanae-Cornetum sanguinei** S. 123

9* *Viburnum lantana, Cornus sanguinea* nicht Hauptbestandesbildner, *Cerasus mahaleb, Prunus spinosa, Ligustrum vulgare, Ulmus minor* sind häufig . . . 10

10 *Cerasus mahaleb* dominiert, z. T. auch *Acer monspessulanum*, in der Krautschicht sehr viele Trocken- und Halbtrockenrasenarten, Xerothermstandorte, Steinbrüche **Coronillo emeri-Prunetum mahaleb** S. 123

10* *Cerasus mahaleb* und *Acer monspessulanum* fehlen . . . 11

11 *Prunus spinosa* und *Ligustrum vulgare* dominieren, in der Krautschicht nur wenige Halbtrockenrasenarten **Pruno-Ligustretum** S. 124

11* *Ulmus minor* dominiert **Roso-Ulmetum campestris** S. 124

Cotoneastro integerrimi-Amelanchieretum ovalis Fab. ex Korneck 1974 – Zwergmispel-Felsenbirnen-Gebüsch

(Syn. *Cotoneaster-Amelanchier*-Gesträuch Fab. 1936; incl. lokale Kleinassoziationen: Calluno-Amelanchieretum ovalis Rauschert [1969] 1990, Erysimo crepidifolii-Amelanchieretum ovalis Rauschert [1969] 1990, Seslerio variae-Cotoneastretum integerrimi Rauschert [1969] 1990, Roso ellipticae-Cotoneastretum integerrimi Rauschert [1969] 1990, Sarothamno scoparii-Cotoneastretum integerrimi Stöck. 1962, Lembotropido nigricantis-Cotoneastretum integerrimi [Niem. 1962] Rauschert [1969] 1990, Junipero-Cotoneastretum integerrimi G. Hofm. 1958)

S: V/A *Amelanchier ovalis* – Gewöhnliche Felsenbirne
V/A *Cotoneaster integerrimus* – Gewöhnliche Zwergmispel

O *Cornus sanguinea* – Blutroter Hartriegel
F: V *Sesleria albicans* – Blaugras

Niedriges Gebüsch mit artenreicher Krautschicht aus Arten der Trocken- und Halbtrockenrasen. Es dominieren die Gewöhnliche Felsenbirne und/oder die Gewöhnliche Zwergmispel. Typische Gesellschaft von Felsspalten und Felsabhängen. Sie ist eine Gesellschaft der natürlichen Waldgrenzstandorte. Sie kommt im Rhein-, Mosel-, Nahe-, Lahn-, Altmühl-, Donau-, Saale-, Unstrut-Gebiet vor. Die nördlichsten Vorkommen befinden sich im Weserbergland.
▽ Durch Eutrophierung, Sukzession und Landschaftspflegemaßnahmen z. T. leicht gefährdet, V, im Tiefland stark gefährdet 2, §.
BT Felsenbirnengebüsche (T 2.1.2.1.1.2)

***Prunus* × *eminens*-Gesellschaft** – Gebüsch der Mittleren Weichsel
(Syn. *Prunus eminens*-Ges. Wirth 1991)

S: A *Cerasus* × *intermedia* (= *Prunus* × *eminens*) – Mittlere Weichsel

Durch die Mittlere Weichsel dominierte Gebüsche mit vielen Trocken- und Halbtrockenrasenarten in der Feldschicht. Oft verkannte Gesellschaft, da der namengebende Bastard nicht erkannt wird.
▽ Durch Sukzession gefährdet (3), §.
BT Kontinentale Zwergkirschengebüsche (T 2.1.2.1.3)

Koelerio pyramidatae-Juniperetum communis Rauschert (1969) 1990 – Schillergras-Wacholder-Gebüsch

S: A *Juniperus communis* – Gewöhnlicher Wacholder
F: A *Koeleria pyramidata* – Großes Schillergras
V *Brachypodium pinnatum* – Fieder-Zwenke
H *Sanguisorba minor* – Kleiner Wiesenknopf
H *Scabiosa columbaria* – Tauben-Skabiose

Basiphile Weidegesellschaft, die von den atlantischen Wacholderheiden floristisch und standörtlich verschieden ist. Als Strauch dominiert der Wacholder, die Kontakt- bzw. Vorläufergesellschaft ist das Gentiano-Koelerietum. Bemerkenswert ist das Vorkommen von Frischwiesen- neben den basiphilen Halbtrockenrasenarten. Bei diesem Wacholder-Gebüsch handelt es sich um eine anthropo-zoogene Ersatzgesellschaft. Kommt in stärker atlantisch geprägten Kalkgebieten Deutschlands vor.
▽ Durch Nachlassen der Beweidung, Eutrophierung und Sukzession leicht gefährdet (3), §.
BT Wärmeliebende Ligustergebüsche (T 2.1.2.1.1)

Roso vosagiacae-Coryletum Oberd. 1957 – Haselgebüsch mit Graugrüner Rose
(Syn. Pruno spinosae-Coryletum Jurko 1964, Lonicero nigrae-Coryletum Jurko 1964, Populo-Coryletum Br.-Bl. 1950, Peucedano cervariae-Prunetum fruticosae Kozłowska 1928)

S: A *Rosa dumalis* (= *R. vosagiaca*) – Graugrüne Rose, Vogesen-Rose
K *Corylus avellana* – Gewöhnliche Hasel

Lockeres Gebüsch aus den beiden namengebenden Arten mit einer durchschnittlichen Höhe von 3 bis 5 m. Schwerpunkt der Verbreitung liegt in Süddeutschland, die nördlichsten Vorkommen befinden sich in der Kalkeifel.
▽ Im Bergland zurückgehend V.
BT Wärmeliebende Ligustergebüsche (T 2.1.2.1.1)

Pado-Coryletum Moor 1958 – Traubenkirschen-Hasel-Gebüsch
(Syn. Pruno-Ligustretum prunetosum padi Oberd. et Th. Müller in Oberd. 1992)

S: A *Padus avium* – Gewöhnliche Traubenkirsche
V *Ligustrum vulgare* – Gewöhnlicher Liguster
K *Corylus avellana* – Gewöhnliche Hasel
T *Clematis vitalba* – Gewöhnliche Waldrebe

Gesellschaft feuchter Auenböden, die aber nur selten überflutet werden. Tritt oft als Mantelgebüsch des Eichen-Ulmenwaldes auf. Ungeachtet der vielen Feuchtezeiger sind Berberidion-Arten stets vorhanden.

In Deutschland ist die Gesellschaft nur aus dem Taubergießengebiet der Oberrheinaue nachgewiesen.

∇ Die Gefährdung der Gesellschaft ist gegenwärtig ungenügend abschätzbar D, §.
BT Wärmeliebende Ligustergebüsche (T 2.1.2.1.1)

Clematido vitalbae-Coryletum avellanae G. Hofm. 1958 em. Klotz 1995 – Waldreben-Hasel-Gebüsch
(Syn. Seslerio-Coryletum Kaiser 1926; incl. Clinopodio-Coryletum Pass. 1979)

S: A *Clematis vitalba* – Gewöhnliche Waldrebe
O *Cornus sanguinea* – Blutroter Hartriegel
K *Corylus avellana* – Gewöhnliche Hasel
F: V *Brachypodium pinnatum* – Fieder-Zwenke
V *Primula veris* – Wiesen-Schlüsselblume
V *Viola hirta* – Behaartes Veilchen

Von der Gewöhnlichen Hasel dominierte Gesellschaft meist auf Kalkstandorten, in der Krautschicht thermophile Halbtrockenrasenarten z. T. noch vertreten. Die Böden sind relativ nährstoffreich. Die Gesellschaft kommt in Thüringen, Sachsen und Sachsen-Anhalt vor, scheint das Roso vosagiacae-Coryletum in Mitteldeutschland abzulösen.

∇ Durch Eutrophierung, Sukzession und Flurbereinigung gefährdet (3), §.
BT Wärmeliebende Ligustergebüsche (T 2.1.2.1.1)

Berberido-Hippophaetum fluviatilis Moor 1958 – Berberitzen-Sanddorn-Gebüsch
(Syn. Salici incanae-Hippophaetum Br.-Bl. ex Eckmüller 1940, Hippophao-Salicetum incanae [Br.-Bl. 1933] Br.-Bl. et Volk 1940 sensu R. Tx. 1952, *Hippophae-Salix incana*-Gebüsch W. Koch 1926, Hippophaetum rhamnoidis Siegr. 1928)

S: A *Hippophae rhamnoides* ssp. *fluviatilis* – Sanddorn
V *Berberis vulgaris* – Sauerdorn, Berberitze
V *Viburnum lantana* – Wolliger Schneeball
T *Salix eleagnos* – Lavendel-Weide

Lichte, mit Trockenrasenarten durchsetzte Gebüsche auf sandig-kiesigen Standorten im Kontakt zur Salicetea purpureae-Weichholzaue vorkommend. Deshalb sind vereinzelt noch Vertreter der Weichholzauen in den Gebüschen zu finden.

Die Gesellschaft kommt an den Alpenflüssen in Bayern und am Oberrhein in Baden vor.

∇ Durch Eutrophierung, Sukzession und Flurbereinigung und Flächenumwandlungen in den Auen gefährdet 3, §.
BT Berberitzen-Sauerdorngbüsche (T 2.1.2.1.1.3)

Violo hirtae-Cornetum maris (Rauschert 1969) Hilb. et Klotz 1990 – Kornelkirschen-Gebüsch

(Syn. Cornetum nudum Rauschert 1969, Cornetum maris [Rauschert 1969] Pass. 1978)

S: A *Cornus mas* – Kornelkirsche
F: V *Viola hirta* – Behaartes Veilchen
V *Primula veris* – Wiesen-Schlüsselblume

Dichte niederwaldartige Strauchgesellschaft mit absoluter Dominanz der Kornelkirsche mit sehr spärlicher (meist unter 5% Deckung) Krautschicht. Die Kornelkirsche bildet in dieser Gesellschaft vielstämmige knorrige Sträucher. Arten des verwandten Viburno-Cornetum können kaum aufkommen. Die Assoziation kommt in den Muschekalkhügelländern Thüringens vor, Angaben gibt es auch aus dem Böhmischen Mittelgebirge.

▽ Durch Sukzession zu Eichenwäldern bzw. durch Flurbereinigung gefährdet 3, §.
BT Wärmeliebende Ligustergebüsche (T 2.1.2.1.1)

Viburno lantanae-Cornetum sanguinei Rauschert (1969) 1990 em. Hilb. et Klotz 1990 – Gebüsch des Wolligen Schneeballs und Blutroten Hartriegels

(Syn. Ligustro-Prunetum R. Tx. 1952 p.p., incl. Caprifolio-Cornetum G. Hofm. 1958)

S: V/A *Viburnum lantana* (dom.) – Wolliger Schneeball
O *Cornus sanguinea* – Blutroter Hartriegel
F: H *Origanum vulgare* – Gewöhnlicher Dost

Auf Muschelkalktrockenhängen sehr häufig mit vielen Trocken- und Halbtrockenrasenarten in der Krautschicht. Kommt nicht in der offenen Ackerflur als Hecke vor (standörtlicher Unterschied zum Pruno-Ligustretum). Die namengebenden Straucharten dominieren. Vereinzelt kommt die Gesellschaft auch auf Keupermergel und Buntsandstein vor. Der Schwerpunkt der Vorkommen liegt in Kalkhügelländern und auf Kalkstandorten des unteren Berglandes. Da die Gesellschaft oft dem Pruno-Ligustretum angeschlossen wird, ist die Verbreitung in Deutschland nicht genau bekannt.

▽ Durch Sukzession zu Eichenwäldern bzw. durch Flurbereinigung (Erweiterung des Weinbaus) gefährdet (3), §.
BT Wärmeliebende Ligustergebüsche (T 2.1.2.1.1)

Coronillo emeri-Prunetum mahaleb Gall. 1972. – Steinweichsel-Gebüsch

(Syn. Aceri monspessulani-Viburnetum lantani Korneck 1974, Primulo-Crataegetum Pass. 1981, Prunetum mahaleb Th. Müller et Oberd. in Th. Müller 1986; incl. Rubo-Prunetum mahaleb Géhu et Del.-Dus. in Del.-Dus. 1973)

S: A *Cerasus mahaleb* (= *Prunus mahaleb*) – Steinweichsel
A *Acer monspessulanum* – Französischer Ahorn
V *Ligustrum vulgare* – Gewöhnlicher Liguster
O *Cornus sanguinea* – Blutroter Hartriegel
O *Crataegus monogyna* – Eingriffliger Weißdorn

Die Steinweichsel war ursprünglich nur in Teilen Süddeutschlands heimisch. Durch Nutzung als Propfunterlage für Sauerkirschen kommt sie jetzt auch in anderen Teilen Deutschlands spontan als Neophyt vor. Im ursprünglichen Areal ist sie mit vielen Trocken- und Halbtrockenrasenarten vergesellschaftet. Besonders typisch ist auch das gemeinsame Vorkommen mit dem Französischen Ahorn. Im synanthropen Areal in Deutschland sind die Bestände der Gesellschaft stark verarmt. Die Hauptvorkommen befinden sich im Rhein-, Mosel- Nahe-, Altmühl- und Donaugebiet. In den wärmsten Regionen Mitteldeutschlands (Elbtal bei Dresden und Meißen, mitteldeutsches Trocken-

gebiet) und in Brandenburg handelt es sich meist um synanthrope Bestände (Austreiben von Pfropfunterlagen, Verschleppung durch Vögel).
▽ Durch Sukzession und Flurbereinigung scheinen die Bestände im natürlichen Areal in Deutschland abzunehmen V, im synanthropen Areal nehmen Bestände zu, §.
BT Wärmeliebende Ligustergebüsche (T 2.1.2.1.1)

Pruno-Ligustretum R. Tx. 1952 em. Hilb. et Klotz 1990 – Schlehen-Liguster-Gebüsch (Syn. *Cynanchum-Cornus sanguinea*-Gesellschaft Jeschke 1964, *Brachypodium-Rhamnus cathartica*-Gesellschaft G. Hofm. 1965, *Brachypodium-Prunus spinosa*-Gesellschaft Krausch 1961, *Vicia tenuifolia-Prunus spinosa*-Gesellschaft Krausch 1961, *Thymus-Prunus spinosa*-Gesellschaft G. Hofm. 1968).

S: V/A *Ligustrum vulgare* – Gewöhnlicher Liguster
O *Crataegus monogyna* – Eingriffliger Weißdorn
O *Prunus spinosa* – Schwarzdorn, Schlehe
O *Rosa canina* – Hunds-Rose
F: V *Brachypodium pinnatum* – Fieder-Zwenke
H *Euphorbia cyparissias* – Zypressen-Wolfsmilch

Bei dieser Assoziation handelt es sich um eine anthropogene Ersatzgesellschaft, die häufigste Waldmantel- und Heckengesellschaft der offenen Kulturlandschaft, im Gebiet mit Ausnahme der höheren Mittelgebirgslagen fast überall vorkommend. Neben den genannten dominierenden Straucharten treten thermophile Kräuter auf.
▽ Durch Eutrophierung dringen zunehmend Nitrophyten (krautige Arten und Gehölze) ein und verändern sie qualitativ (Übergang zu Gesellschaften des Carpino-Prunion und der Urtico-Sambucetalia). Durch Flurneugestaltungen gingen viele Hecken verloren, im Tiefland gefährdet 3, §.
BT Schlehen-Ligustergebüsche (T 2.1.2.1.1.1)

Roso-Ulmetum campestris Schub. et Mahn 1959 – Rosen-Feldulmen-Gebüsch (Syn. Euonymo-Ulmetum Pass. et G. Hofm. 1968)

S: T *Ulmus minor* (dom.) – Feld-Ulme
O *Rosa canina* – Hunds-Rose
F: H *Ballota nigra* – Schwarznessel
H *Galium aparine* – Kleb-Labkraut
H *Urtica dioica* – Große Brennnessel

Typische Gebüschgesellschaft der trocken-warmen Schwarzerde-Gebiete im kontinental getönten Bereich Mitteldeutschlands, aber auch in anderen Wärmegebieten Deutschlands (Tübingen, Rheinhessen, Kaiserstuhl) vertreten. Die Bestände trifft man hauptsächlich an Feldwegen und Ackerrändern. Es bestehen schwache Beziehungen zu den Berberidion-Gesellschaften und Übergänge zu den ruderalen Urtico-Sambucetalia-Gesellschaften.
▽ Durch Sukzession und Flurbereinigung scheinen die Bestände abzunehmen, §.
BT Wärmeliebende Ligustergebüsche (T 2.1.2.1.1)

Carpino betuli-Prunion spinosae (R. Tx. 1952) H. E. Weber 1974 – Mesophile Schlehen-Gebüsche

S: O/V *Prunus spinosa* – Schwarzdorn, Schlehe
K *Corylus avellana* – Gewöhnliche Hasel
T *Carpinus betulus* – Hainbuche, Weißbuche
T *Hedera helix* – Efeu

Der Verband umfasst alle mesophilen *Prunus spinosa-* und/oder *Corylus avellana-*reichen Gebüschgesellschaften Mitteleuropas. Er stellt den Zentralverband der Klasse dar und ist deshalb floristisch gegenüber den anderen Verbänden negativ gekennzeichnet. Gegenüber dem Pruno-Rubion radulae fehlen die meisten der diesen Verband kennzeichnenden Brombeerarten. Die Gebüsche sind aufgrund der edaphischen und klimatischen Bedingungen arm an Brombeerarten. Der Verband ist typisch für das mittlere und nördliche Mitteleuropa.

▽ Durch Sukzession und Flurbereinigung scheinen die Bestände abzunehmen, §.

BT Mesophile Schlehengebüsche (T 2.1.2.2)

1 *Prunus spinosa*-reiche Gesellschaft des Flach- und Hügellandes mit *Rhamnus cathartica, Cornus sanguinea, Euonymus europaea, Carpinus betulus* und z. T. *Corylus avellana* **Crataego-Prunetum** S. 125

1* *Corylus avellana* dominiert, *Sorbus aucuparia, Frangula alnus, Salix caprea, Rubus idaeus* u. *R. fruticosus* agg. meist vorkommend, montane Verbreitung **Rubo-Coryletum** S. 125

Crataego-Prunetum spinosae Hueck 1931 – Weißdorn-Schlehen-Gebüsche
(Syn. Carpino-Prunetum R. Tx. 1952, Corno-Prunetum Krause ex Wittig 1977, Rhamno-Cornetum Pass. 1962, Euonymo-Coryletum Pass. 1968, Evonymo-Cornetum Pass. 1957, Evonymo-Prunetum [R. Tx. 1952] Pass. 1968)

S: O *Cornus sanguinea* – Blutroter Hartriegel
O *Euonymus europaea* – Europäisches Pfaffenhütchen
K *Corylus avellana* – Gewöhnliche Hasel
T *Quercus robur* – Stiel-Eiche
T *Carpinus betulus* – Hainbuche, Weißbuche

Typische Gebüsche und Hecken der Agrarlandschaft, z. T. auch als Waldmantel ausgebildet. In Deutschland weit verbreitet, insbesondere auch in den Pleistozän-Landschaften Brandenburgs und Mecklenburgs. In der Krautschicht trifft man neben nitrophilen Saum- auch Waldarten.

▽ Durch Flurbereinigung und Eutrophierung zurückgehend, §

BT Mesophile Schlehengebüsche (T 2.1.2.2)

Rubo fruticosi-Coryletum avellanae Oberd. 1957 – Montanes Haselgebüsch
(Syn. Senecioni-Coryletum Pass. 1979)

S: K *Corylus avellana* – Gewöhnliche Hasel
T *Frangula alnus* – Faulbaum
T *Rubus idaeus* – Himbeere
T *Salix caprea* – Sal-Weide
T *Sorbus aucuparia* – Eberesche
F: H *Campanula trachelium* – Nesselblättrige Glockenblume
H *Fragaria vesca* – Wald-Erdbeere

Montanes Haselgebüsch mit Elementen des Verbandes Sambuco-Salicion. Ersetzt die Weißdorn-Schlehen-Gebüsche in den Mittelgebirgen. In Deutschland weit verbreitet, in den atlantischen Bereichen durch Gesellschaften des Verbandes Pruno-Rubion radulae ersetzt.

▽ Die Bestände gehen durch Flurbereinigungsmaßnahmen zurück, §.

BT Mesophile Schlehengebüsche (T 2.1.2.2)

Pruno-Rubion radulae H. E. Weber 1974 – Brombeer-Gestrüppe

(Syn. Rubion subatlanticum R. Tx. 1952, Rubo-Prunion spinosae Th. Müller ex Oberd. 1967, Pruno-Rubion sprengeli H. E. Weber 1974, Pruno-Rubion macrophylli H. E. Weber in Dierschke 1981, Pruno-Rubion fruticosi R. Tx. 1952 corr. Doing 1962 em. Oberd. et Th. Müller 1992)

S: V *Rubus bifrons* – Zweifarbige Brombeere
V *Rubus elegantispinosus* – Schlankstachelige Brombeere
V *Rubus macrophyllus* – Großblättrige Brombeere
V *Rubus montanus* – Mittelgebirgs-Brombeere
V *Rubus radula* – Raspel-Brombeere
V *Rubus vestitus* – Samt-Brombeere
O *Prunus spinosa* – Schwarzdorn, Schlehe
K *Corylus avellana* – Gewöhnliche Hasel
T *Carpinus betulus* – Hainbuche, Weißbuche

Der Verband umfasst die Schlehen-Hasel-Gebüsche mit hohem Anteil an Brombeerarten. In der Struktur sind die Gesellschaften sehr ähnlich den Gesellschaften des Carpino-Prunion. Sie unterscheiden sich durch zahlreiche Brombeerarten. Sie siedeln auf mesophilen Standorten und haben ihren Schwerpunkt in den atlantischen Gebieten Deutschlands.
▽ Die Bestände gehen durch Flurbereinigungsmaßnahmen zurück, §.
BT Übrige Schlehen-Brombeergebüsche (T 2.1.2.2.2)

1 Bestände mit *Rosa canina* und *Juniperus communis* **Roso caninae-Juniperetum** S. 126
1* *Juniperus communis* fehlt 2
2 *Carex brizoides* in der Krautschicht, *Corylus avellana* und *Prunus spinosa* neben *Rubus*-Arten **Carici brizoidis-Coryletum** S. 127
2* *Carex brizoides* fehlt. 3
3 *Rubus albiflorus* und *Sarothamnus scoparius* in den Gebüschen vorkommend ***Prunus spinosa-Rubus albiflorus*-Gesellschaft** S. 127
3* *Rubus albiflorus* und *Sarothamnus scoparius* fehlen 4
4 *Rubus bifrons* hochstet in den Schlehen-Hasel-Gebüschen vorkommend **Pruno-Rubetum bifrontis** S. 127
4* *Rubus bifrons* fehlt. 5
5 *Rubus sprengelii*, *Rubus plicatus*, *Rubus silvaticus* vorkommend, *Rubus radula* fehlt meist **Pruno-Rubetum sprengelii** S. 127
5* Andere *Rubus*-Arten vorkommend 6
6 *Rubus elegantispinosus* vorkommend **Pruno-Rubetum elegantispinosi** S. 127
6* *Rubus elegantispinosus* fehlt 7
7 *Rubus radula* vorkommend, *Rubus vestitus* fehlt **Pruno-Rubetum radulae** S. 128
7* Andere Artenzusammensetzung 8
8 *Rubus montanus* vorkommend ***Rubus montanus-Prunus spinosa*-Gesellschaft** S. 128
8* Andere Artenzusammensetzung 9
9 *Rubus praecox* und *Clematis vitalba* vorkommend **Pruno-Rubetum praecocis** S. 128
9* *Rubus praecox* fehlt, *Rubus vestitus* kommt vor **Pruno-Rubetum vestiti** S. 128

Roso caninae-Juniperetum R. Tx. 1974 – Hundsrosen-Wacholder-Gebüsch

S: T *Juniperus communis* – Gewöhnlicher Wacholder
O *Prunus spinosa* – Schwarzdorn, Schlehe
O *Rosa canina* – Hunds-Rose

Mesophile Wacholder-Brombeer-Gebüsche in atlantischen und subatlantischen Gebieten Deutschlands. Typische Gesellschaft ehemaliger Allmendeflächen im westlichen Niedersachsen.
▽ Durch Flurbereinigungsmaßnahmen und Sukzession zurückgehend V, §.
BT Hundsrosen-Wacholdergebüsche (T 2.1.2.2.1)

Carici brizoidis-Coryletum H. E. Weber 1999 – Zittergrassegge-Hasel-Gebüsch

S: K *Corylus avellana* – Gewöhnliche Hasel
F: A *Carex brizoides* – Zittergras-Segge

Mesophiles submontanes Hasel-Gebüsch. Typische Heckengesellschaft des Bayerischen Waldes.
▽ Datenlage zur Gefährdungsabschätzung unbefriedigend D, §.
BT Übrige Schlehen-Brombeergebüsche (T 2.1.2.2.2)

***Prunus spinosa-Rubus albiflorus*-Gesellschaft** –
Schlehen-Gebüsch mit Weißblütiger Brombeere
(Syn. Carpino-Prunetum Reif 1983)

S: A *Rubus albiflorus* – Weißblütige Brombeere
O *Prunus spinosa* – Schwarzdorn, Schlehe

Gesellschaft auf nährstoffreichen Buntsandsteinböden der kollinen Höhenstufe. Vorkommen bisher aus dem Spessart und der Bayerischen Rhön nachgewiesen.
▽ Die Verbreitung der Gesellschaft ist nicht vollständig bekannt D, §.
BT Übrige Schlehen-Brombeergebüsche (T 2.1.2.2.2)

Pruno-Rubetum bifrontis H. E. Weber 1990 –
Schlehengebüsch mit Zweifarbiger Brombeere
(Syn. Pruno-Rubetum bifrontis H. E. Weber in Dierschke 1981, Pruno-Rubetum bifrontis H. E. Weber ex Oberd. 1983)

S: A *Rubus bifrons* – Zweifarbige Brombeere
O *Prunus spinosa* – Schwarzdorn, Schlehe

Relativ thermophile Schlehen-Brombeer-Gebüsche auf mäßig nährstoffreichen Böden in schwach subatlantischer Klimalage in der collinen bis submontanen Stufe. Vorkommen bisher nur aus Nordbayern nachgewiesen.
▽ §.
BT Übrige Schlehen-Brombeergebüsche (T 2.1.2.2.2)

Pruno-Rubetum sprengelii H. E. Weber 1967 –
Bodensaures Schlehen-Brombeer-Gebüsch
(Syn. Poo nemoralis-Rubetum silvatici R. Tx. et Neum. ex Wittig 1977)

S: T *Rubus sprengelii* – Sprengels Brombeere
O *Corylus avellana* – Gewöhnliche Hasel
O *Prunus spinosa* – Schwarzdorn, Schlehe
O *Rosa canina* – Hunds-Rose

Es handelt sich bei der Assoziation um die bodensauren Schlehen-Brombeeren-Gebüsche Nordwestdeutschlands. Sie wurde häufig als Vegetation der Wallhecken in Schleswig-Holstein, Niedersachsen und Westfalen angetroffen.
▽ Durch Flurbereinigung zurückgehend D, §.
BT Übrige Schlehen-Brombeergebüsche (T 2.1.2.2.2)

Pruno-Rubetum elegantispinosi H. E. Weber 1974 –
Schlehengebüsch mit Schlankstacheliger Brombeere
(Syn. Rubo elegantispinosi-Prunetum H. E. Weber 1974 em. Wittig 1977)

S: A *Rubus elegantispinosus* – Schlankstachelige Brombeere
A *Rubus lindleianus* – Lindleys Brombeere

O *Corylus avellana* – Gewöhnliche Hasel
O *Prunus spinosa* – Schwarzdorn, Schlehe

Schlehen-Brombeer-Gebüsch der atlantischen Gebiete in Niedersachsen, Westfalen bis zum Bergischen Land und in die Niederrheinische Bucht.
▽ Durch Flurbereinigung zurückgehend (D), §.
BT Übrige Schlehen-Brombeergebüsche (T 2.1.2.2.2)

Pruno-Rubetum radulae H. E. Weber 1967 – Raspelbrombeer-Gebüsch

S: V/A *Rubus radula* – Raspel-Brombeere
O *Corylus avellana* – Gewöhnliche Hasel
O *Prunus spinosa* – Schwarzdorn, Schlehe

Zentralassoziation des Verbandes, typisch für subatlantische Klimagebiete, auf nährstoffreichen, z. T. auch kalkhaltigen Böden. Vorkommen aus Schleswig-Holstein, Niedersachsen, Mecklenburg und Brandenburg bekannt.
▽ Durch Flurbereinigung zurückgehend (D), §.
BT Übrige Schlehen-Brombeergebüsche (T 2.1.2.2.2)

***Rubus montanus-Prunus spinosa*-Gesellschaft** –
Schlehen-Gebüsch mit Mittelgebirgsbrombeere
(Syn. Corno-Prunetum, *Rubus candicans*-Rasse Wittig 1977)

S: V/A *Rubus montanus* – Mittelgebirgs-Brombeere
O *Corylus avellana* – Gewöhnliche Hasel
O *Prunus spinosa* – Schwarzdorn, Schlehe
O *Rosa canina* – Hunds-Rose

Regional begrenzte Gesellschaft der Wallhecken der mittleren Westfälischen Tieflandsbucht.
▽ Durch Flurbereinigung zurückgehend D, §.
BT Übrige Schlehen-Brombeergebüsche (T 2.1.2.2.2)

Pruno-Rubetum praecocis H. E. Weber 1986 –
Schlehengebüsch mit Robuster Brombeere
(Syn. Corno-Prunetum, *Rubus dynatos*-Rasse Wittig 1977)

S: A *Rubus praecox* – Robuste Brombeere
O *Corylus avellana* – Gewöhnliche Hasel
O *Prunus spinosa* – Schwarzdorn, Schlehe
T *Clematis vitalba* – Gewöhnliche Waldrebe

Wärmeliebende Schlehen-Brombeer-Gebüsche des Westfälischen Tieflandes, Beziehungen zum Berberidion sind vorhanden.
▽ Durch Flurbereinigung zurückgehend D, §.
BT Übrige Schlehen-Brombeergebüsche (T 2.1.2.2.2)

Pruno-Rubetum vestiti H. E. Weber 1974 – Schlehengebüsch mit Samtbrombeere
(Syn. *Rubus drejeri-Rubus vestitus*-Knicks H. E. Weber 1967)

S: A *Rubus vestitus* – Samt-Brombeere
O *Corylus avellana* – Gewöhnliche Hasel
O *Prunus spinosa* – Schwarzdorn, Schlehe

Schlehen-Brombeer-Gebüsche sehr nährstoffreicher und kalkhaltiger Böden in planarer und kolliner Lage. Vorkommen aus Schleswig-Holstein und dem Weserbergland bekannt, wahrscheinlich auch in West- und Süddeutschland vorkommend.

∇ Durch Flurbereinigung zurückgehend, ihre Verbreitung ist aber ungenügend bekannt (D), §.
BT Übrige Schlehen-Brombeergebüsche (T 2.1.2.2.2)

Sambucetalia racemosae Oberd. ex Pass. in Scam. 1963 – Gebüsche des Roten Holunder

(Syn. Sambucetalia Oberd. 1957 prov., Salici-Sambucetea Oberd. 1957 prov.)

S: O *Salix caprea* – Sal-Weide
O *Sambucus racemosa* – Roter Holunder, Trauben-Holunder
K *Corylus avellana* – Gewöhnliche Hasel
F: O *Athyrium filix-femina* – Gewöhnlicher Frauenfarn
O *Senecio ovatus* (= *S. fuchsii*) – Fuchssches Greiskraut
O *Solidago virgaurea* – Gewöhnliche Goldrute

Die Ordnung umfasst die montanen Hasel- und Salweiden-Gebüsche, die negativ durch das Fehlen der Prunetalia-Arten gekennzeichnet sind und teilweise Arten der Schlag- und Lichtungsgebüsche enthalten.
∇ Die Gesellschaften der Ordnung sind meist nicht gefährdet, durch Rückgang der Kahlschlagwirtschaft sind sie z. T. nicht mehr so häufig.
BT Waldlichtungsgebüsche mit Brombeere, Himbeere, Traubenholunder, Salweide (T 2.3)

1 *Corylus avellana* charakterisiert die Gebüsche, hinzu kommen z. T. *Stellaria holostea* und/oder *Moehringia trinervia* **Senecioni ovati-Corylion** S. 129
1* *Corylus avellana* fehlt, oder nur sehr selten vorkommend, *Sambucus racemosa, Salix caprea* und/oder *Rubus idaeus* oder *Picea abies* und *Sorbus aucuparia* vorhanden **Sambuco racemosae-Salicion capreae** S. 130

Senecioni ovati-Corylion H. E. Weber 1997 – Fuchskreuzkraut-Hasel-Gebüsche

S: K *Corylus avellana* – Gewöhnliche Hasel
F: V *Calamagrostis arundinacea* – Wald-Reitgras
V *Poa chaixii* – Berg-Rispengras

Der Verband umfasst die montanen Haselgebüsche, die kaum noch Arten der Prunetalia haben, jedoch schon durch Elemente der Schlaggebüsche sowie *Senecio ovatus* gekennzeichnet sind.

Derzeit nur 1 Assoziation bekannt.
BT Waldlichtungsgebüsche mit Brombeere, Himbeere, Traubenholunder, Salweide auf basischen Böden (T 2.3.2)

Senecioni ovati-Coryletum avellanae Pass. 1979 – Fuchskreuzkraut-Hasel-Gebüsch
(incl. Luzulo-Coryletum avellanae Pass. 1979)

S: K *Corylus avellana* – Gewöhnliche Hasel
F: V *Calamagrostis arundinacea* – Wald-Reitgras
V *Poa chaixii* – Berg-Rispengras
T *Moehringia trinervia* – Dreinervige Nabelmiere
T *Stellaria holostea* – Echte Sternmiere

Gesellschaft kommt in kühlgemäßigter Klimalage mit hohen Niederschlägen auf mäßig nährstoffreichen, silikatischen Böden auf potenziellen montanen Buchenwaldstandorten vor. Sie ist als Mantelgesellschaft ausgebildet, kommt an Böschungen und nordexponierten Hängen vor. Bisher ist die Gesellschaft nur aus dem Harz nachgewiesen.

▽ Auf Grund der ungenügenden Kenntnis der Verbreitung der Gesellschaft kann ihr Gefährdungsgrad nicht eingeschätzt werden (D).

BT Waldlichtungsgebüsche mit Brombeere, Himbeere, Traubenholunder, Salweide auf basischen Böden (T 2.3.2)

Sambuco racemosae-Salicion capreae R. Tx. et Neum. ex Oberd. 1957 – Lichtungsgebüsche des Roten Holunder

(Syn. Sambuco-Salicion capreae R. Tx. et Neum. 1950)

S: V *Rubus rudis* – Raue Brombeere
O/V *Salix caprea* – Sal-Weide
O/V *Sambucus racemosa* – Roter Holunder, Trauben-Holunder
H *Rubus idaeus* – Himbeere
F: V *Mycelis muralis* – Mauerlattich
V *Oxalis acetosella* – Wald-Sauerklee
H *Epilobium angustifolium* – Schmalblättriges Weidenröschen
H *Urtica dioica* – Große Brennnessel

Typische Schlaggebüsche und Vorwälder. Zum Teil handelt es sich um sehr lockere Gebüsche, die eine reiche Feldschicht aufweisen. Neben Sträuchern findet man Pionierbaumarten wie *Betula pendula, Populus tremula* und *Sorbus aucuparia* in den Beständen. Die Gesellschaften sind ausnahmslos Sukzessionsstadien auf Kahlschlägen, an Waldrändern und Lichtungen.

▽ Durch starke Eutrophierung und Einwanderung von neophytischen Gehölzen, aber auch forstliche Maßnahmen z. T. beeinträchtigt, aber noch nicht gefährdet.

BT Waldlichtungsgebüsche mit Brombeere, Himbeere, Traubenholunder, Salweide auf sauren Böden (T 2.3.1)

1 *Rubus idaeus* bildet dichte Bestände, in der Feldschicht Waldarten bzw. Schlagstauden **Rubetum idaei** S. 130

1* *Rubus idaeus* fehlt oder ist nur in geringer Artmächtigkeit vorhanden, andere Gehölze bestimmen die Bestände 2

2 *Sambucus racemosa* und/oder *Rubus rudis* dominieren die Strauchschicht, Gesellschaft des Berglandes 3

2* *Sambucus racemosa* fehlt oder nur beigesellt, Strauchschicht von anderen Arten bestimmt . . 4

3 *Rubus rudis* dominierend, *Sambucus racemosa* meist vorhanden **Sambuco racemosae-Rubetum rudis** S. 131

3* *Rubus rudis* fehlt, *Sambucus racemosa* und *Salix caprea* bestimmen die Strauchschicht, *Senecio ovatus* häufig **Senecioni fuchsii-Sambucetum racemosi** S. 131

4 *Picea abies* und *Sorbus aucuparia* bestimmen die Bestände, Gesellschaft der höheren Berglagen, vereinzelt noch *Sambucus racemosa* vorkommend **Piceo-Sorbetum aucupariae** S. 131

4* *Picea abies* fehlt, Bestände werden von *Salix caprea* bestimmt, Gesellschaft des Flach- und Hügellandes, fehlt meist in den Berglagen **Salicetum capreae** S. 132

Rubetum idaei (Pfeiffer 1936) Oberd. 1973 – Himbeer-Gebüsch

(Syn. Rubetum Malinowski et Dziubałtowski 1914, Rubo idaei-Fragarietum vescae [Pfeiffer 1936] Siss. in Westh. et al. 1946; non Rubetum idaei Gams 1927)

S: T *Rubus idaeus* (dom.) – Himbeere
F: H *Epilobium angustifolium* – Schmalblättriges Weidenröschen
H *Urtica dioica* – Große Brennnessel

Typische Schlagflächengesellschaft im Bereich reicherer Buchenwälder, von der planaren bis zur montanen Stufe verbreitet mit Schwerpunkt im Gebirge, vereinzelt auch auf Brach- und Ödlandflächen. Im Gebiet weit verbreitet.

BT Waldlichtungsgebüsche mit Brombeere, Himbeere, Traubenholunder, Salweide auf sauren Böden (T 2.3.1)

Sambuco racemosae-Rubetum rudis R. Tx. et Neum. ex H. E. Weber 1999 – Lichtungs-Gebüsch mit Rotem Holunder und Rauer Brombeere
(Syn. *Sambucus racemosa-Rubus rudis*-Ass. R. Tx. et Neum. 1950)

S: A *Rubus rudis* – Raue Brombeere
O *Sambucus racemosa* – Roter Holunder, Trauben-Holunder
F: H *Epilobium angustifolium* – Schmalblättriges Weidenröschen

Weit verbreitetes Waldlichtungsgebüsch welches durch *Rubus rudis* charakterisiert ist. Sehr dichte, oft undurchdringbare Bestände. In den Mittelgebirgen Nordwestdeutschlands auf besseren, oft kalkhaltigen Böden. Vorkommen aus dem Teuteburger Wald, Wiehengebirge, Leinebergland sowie dem Süderbergland Westfalens und aus angrenzenden Bereichen des Rheinischen Schiefergebirges belegt.
▽ Da Gesamtverbreitung zu wenig bekannt, kann Einschätzung der Gefährdung nicht erfolgen (D).
BT Waldlichtungsgebüsche mit Brombeere, Himbeere, Traubenholunder, Salweide auf sauren Böden (T 2.3.1)

Senecioni fuchsii-Sambucetum racemosi Oberd. 1957 – Gebüsch des Roten Holunder (Syn. Senecieto-Sambucetum Noirf. in Lebr. et al. 1949, Bryo-Sambucetum racemosae Jehlik 1971, Sambucetum racemosi Oberd. 1973, Senecionetum fuchsii [Kaiser 1926] Pfeiffer 1936 em. Oberd. 1973, *Senecio fuchsii*-Ass. Kaiser 1926)

S: O/A *Sambucus racemosa* – Roter Holunder, Trauben-Holunder
O *Salix caprea* – Sal-Weide
F: O/A *Senecio ovatus* (= *S. fuchsii*) – Fuchssches Greiskraut
H *Urtica dioica* – Große Brennnessel

Gebüschgesellschaft der Kahlschläge und Waldränder auf nährstoffreichen Braunerden im montanen Bereich, typisch für potenzielle Buchenwaldstandorte, in der Feldschicht typische Fagetalia-Elemente. In allen Mittelgebirgen und den Randgebieten der Alpen häufig.
BT Waldlichtungsgebüsche mit Brombeere, Himbeere, Traubenholunder, Salweide auf sauren Böden (T 2.3.1)

Piceo-Sorbetum aucupariae Oberd. 1978 – Fichten-Vogelbeer-Gebüsch
(Syn. Sorbetum aucupariae Aich. 1952, Piceo-Sorbetum aucupariae [Aich. 1952] Oberd. 1973)

S: T *Picea abies* – Gewöhnliche Fichte
H *Sorbus aucuparia* – Eberesche, Vogelbeere
F: T *Vaccinium myrtillus* – Heidelbeere
O *Oxalis acetosella* – Wald-Sauerklee

Vorwaldgesellschaft der höheren Mittelgebirgslagen, bevorzugt auf sauren, nährstoffärmeren Böden. Auf Waldschlägen, Lawinenbahnen und Sturmschadensflächen vorkommend. Ersatzgesellschaft hochmontaner Fichtenwälder und fichtenreicher Buchenwälder. In den höheren Mittelgebirgslagen und den Alpen häufig.
▽ Durch Eutrophierung z. T. beeinträchtigt, jedoch noch nicht gefährdet.
BT Waldlichtungsgebüsche mit Brombeere, Himbeere, Traubenholunder, Salweide auf sauren Böden (T 2.3.1)

Salicetum capreae Schreier 1955 – Salweiden-Gebüsch
(Syn. Epilobio-Salicetum capreae [Oberd. 1957] Oberd. et al. 1967, incl. *Epilobium angustifolium-Salix caprea*-Gesellschaft Oberd. 1957)

S: O/A *Salix caprea* – Sal-Weide
A *Populus tremula* – Zitter-Pappel
H *Betula pendula* – Hänge-Birke
F: H *Urtica dioica* – Große Brennnessel

Gesellschaft auf Rohböden unterschiedlicher Trophie vom Tief- bis ins Bergland vorkommend. Nicht nur auf Waldschlägen, sondern auch auf Abgrabungsflächen, Trümmern, Ruinen, Brachen. In der Feldschicht können neben Waldarten auch Vertreter der Wiesen und ausdauernder Ruderalgesellschaften häufig vorkommen.

Im Gebiet überall häufig.
BT Waldlichtungsgebüsche mit Brombeere, Himbeere, Traubenholunder, Salweide auf sauren Böden (T 2.3.1)

Urtico-Sambucetalia nigrae ordo nov. – Ruderale Neophyten- und Holunder-Gebüsche

(Typus: Balloto-Sambucion nigrae Jurko 1973)

S: O *Sambucus nigra* – Schwarzer Holunder
F: O *Aegopodium podagraria* – Giersch, Geißfuß
O *Artemisia vulgaris* – Gewöhnlicher Beifuß
H *Galium aparine* – Kletten-Labkraut, Klebkraut
H *Urtica dioica* – Große Brennnessel

Die Ordnung umfasst die nitrophilen sommergrünen Laubgebüsche, die Sukzessionsstadien auf städtischem und dörflichen Brachland, Deponien, Eisenbahngelände und in der stark eutrophierten Agrarlandschaft. Auch eine große Zahl von Gesellschaften neophytischer Gehölze gehört zu dieser Ordnung. In den meisten Gesellschaften tritt in unterschiedlicher Dominanz der Schwarze Holunder auf. Nitrophyten bestimmen die Feldschicht.
BT Gebüsche aus Exoten und Apophyten (T 2.4)

Im Gebiet nur 1 Verband:

Balloto-Sambucion nigrae Jurko 1963 – Schwarznessel-Holunder-Gebüsche

(Syn. Arctio-Sambucion nigrae Doing 1962, Balloto-Sambucion nigrae [Jurko 1963] Pass. 1978)

S: O/V *Sambucus nigra* – Schwarzer Holunder
zahlreiche neophytische Gehölze
F: V *Ballota nigra* – Schwarznessel
O *Aegopodium podagraria* – Giersch, Geißfuß
O *Artemisia vulgaris* – Gewöhnlicher Beifuß
H *Galium aparine* – Kletten-Labkraut, Klebkraut
H *Urtica dioica* – Große Brennnessel

Verband der nitrophilen ruderalen Gebüsche, in denen meist der Schwarze Holunder vorkommt. Neben reinen Holundergebüschen und Kombinationen mit einheimischen Gehölzen gehören zum Verband Gebüsche neophytischer Arten. Die meisten Gesellschaften konzentrieren sich auf den Siedlungsraum bzw. andere stark anthropogene

Standorte. Die Feldschicht wird fast ausnahmslos von nitrophilen Saum- und Ruderalarten bestimmt. Es gibt aber auch immer mehr Gehölzbestände anderer Ordnungen, die durch Einwanderung von Neophyten durch Störungen und die Eutrophierung den Gebüschen dieses Verbandes zuordenbar sind. Vereinzelt sind dann noch die charakteristischen Arten der Ausgangsassoziationen vorhanden.Die meisten Gesellschaften breiten sich aus.
BT Gebüsche aus Exoten und Apophyten (T 2.4)

1 Bestände werden von *Sambucus nigra* dominiert, fremdländische Gehölze selten **Aegopodio-Sambucetum nigrae** S. 133
1* Gesellschaften von fremdländischen Sträuchern bzw. spontan verwildernden Kultur- und Ziergehölzen bestimmt, *Sambucus nigra* z. T. vorkommend **2**
2 *Lycium*-Arten dominieren **3**
2* Andere Arten dominieren **4**
3 *Lycium barbarum* bildet Dominanzbestände **Lycietum halimifolii** S. 133
3* *Lycium chinense* bildet Dominanzbestände **Lycietum chinensis** S. 134
4 (2*) Polykormone von *Prunus domestica* dominieren ***Prunus domestica*-Gesellschaft** S. 134
4* Andere Sträucher dominieren **5**
5 *Syringa vulgaris* dominiert ***Syringa vulgaris*-Gesellschaft** S. 134
5* Andere Sträucher dominieren **6**
6 Gesträuch von *Rubus armeniacus* dominiert **Rubetum armeniacae** S. 134
6* Andere Gehölze dominieren. **7**
7 *Symphoricarpos albus* dominiert **Symphoricarpetum albi** S. 135
7* Andere Gehölze dominieren. **8**
8 *Robinia pseudoacacia* dominiert, bleibt strauchförmig ***Robinia pseudoacacia*-Gesellschaft** S. 135
8* Andere Gehölze dominieren. **9**
9 *Acer negundo* dominiert ***Acer negundo*-Gesellschaft** S. 135
9* Andere Gehölze dominieren. **10**
10 *Ailanthus altissima* dominiert, Bestände oft vorwaldähnlich **Ailanthetum altissimae** S. 135
10* Buddleja davidii dominiert ***Buddleja davidii*-Gesellschaft** S. 135

Aegopodio-Sambucetum nigrae Doing 1963 – Gebüsch des Schwarzen Holunder
(Syn. Sambucetum nigrae Fijałk. 1967, non Sambucetum nigrae Oberd. 1973)

S: O/V *Sambucus nigra* (dom.) – Schwarzer Holunder
F: V/A *Ballota nigra* – Schwarznessel
O *Artemisia vulgaris* – Gewöhnlicher Beifuß
H *Galium aparine* – Kletten-Labkraut, Klebkraut
H *Urtica dioica* – Große Brennnessel

Hauptsächlich vom Schwarzen Holunder dominierte Bestände, selten andere oder nur wenige Gehölzarten mit vorkommend. Die Feldschicht wird fast ausschließlich von nitrophilen ausdauernden Saum- und Ruderalarten bestimmt. Typisch in Siedlungen und Siedlungsnähe, an Absetzbecken, Kläranlagen, Rieselfeldern, Stallanlagen und auf eutrophem Ödland. Gesellschaft in Ausbreitung.
BT Gebüsche aus Exoten und Apophyten (T 2.4)

Lycietum halimifolii Felf. 1942 – Bocksdorn-Gebüsch
(Syn. Anthrisco-Lycietum halimifolii Jurko 1964)

S: A *Lycium barbarum* (= *L. halimifolium*) (dom.) – Gewöhnlicher Bocksdorn
F: V *Ballota nigra* – Schwarznessel
H *Urtica dioica* – Große Brennnessel

Der Bocksdorn bildet sehr dichte, strukturell bedingte Dauergesellschaften. Die Bestände konzentrieren sich auf das hercynische Trockengebiet. Sie wachsen an Lößbö-

schungen, in Städten, an Bahnböschungen und anderen trockenenen, nährstoffreichen und relativ warmen Standorten. Insbesondere in den kontinentalen Wärmegebieten Deutschlands verbreitet. Gesellschaft in Ausbreitung.
BT Bocksdorngebüsche (T 2.4.2)

Lycietum chinensis Klotz et Gutte 1991 – Gesellschaft des Chinesischen Bocksdorns

S: A *Lycium chinense* (dom.) – Chinesischer Bocksdorn
F: H *Urtica dioica* – Große Brennnessel

Von *Lycium chinense* bestimmte strukturelle Dauergesellschaft. Besiedelt vergleichbare Standorte wie das Lycietum halimifolii. Gesellschaft bisher aus Leipzig, Halle und Nordhausen nachgewiesen. Verbreitung in Deutschland nicht genauer bekannt, wahrscheinlich in Ausbreitung.
BT Bocksdorngebüsche (T 2.4.2)

***Prunus domestica*-Gesellschaft** – Pflaumen-Polykormone

S: H *Prunus domestica* (dom.) – Haus-Pflaume
F: H *Urtica dioica* – Große Brennnessel
H *Elytrigia repens* – Gewöhnliche Quecke

Häufig an Feldwegen und Landstraßen häufig vorkommende Gesellschaft. z.T. aus Verwilderungen ehemaliger Pflaumenalleen (Polykormone).
BT Gebüsche aus Exoten und Apophyten (T 2.4)

***Syringa vulgaris*-Gesellschaft** – Flieder-Gebüsche

S: H *Syringa vulgaris* (dom.) – Gewöhnlicher Flieder
F: V *Ballota nigra* – Schwarznessel
O *Artemisia vulgaris* – Gewöhnlicher Beifuß
H *Alliaria petiolata* – Lauchhederich, Knoblauchsrauke
H *Veronica hederifolia* – Efeublättriger Ehrenpreis

Die spontanen Fliedergebüsche sind auf die wärmsten Gebiete Mitteldeutschlands konzentriert. Sie gehen z. T. auf Anpflanzungen zurück, der Flieder kann sich aber auch über Samen ausbreiten. Oft sind interessante Geophyten in alten Fliedergebüschen anzutreffen (z. B. *Corydalis pumila*).
▽ Häufigkeit und Gefährdung unbekannt, §.
BT Gebüsche aus Exoten und Apophyten (T 2.4)

Rubetum armeniacae Wittig et Gödde 1985 – Gesellschaft der Armenischen Brombeere

S: A *Rubus armeniacus* – Garten-Brombeere, Armenische Brombeere
F: O *Artemisia vulgaris* – Gewöhnlicher Beifuß
H *Arrhenatherum elatius* – Glatthafer
H *Elytrigia repens* – Gewöhnliche Quecke
H *Urtica dioica* – Große Brennnessel

Besonders auf Bahnböschungen, Deponien und in der Nähe von Gärten häufig und weit verbreitet. Die Bestände gehen nicht nur auf Gartenauswurf zurück. Durch Vögel und andere Tiere werden die Samen der Garten-Brombeere leicht verbreitet. Im Gebiet fast überall vorkommend. Im Gebirge und in kontinentalen Gebieten seltener.
BT Gartenbrombeergebüsche (T 2.4.3)

Symphoricarpetum albi Klotz et Gutte 1991 – Gesellschaft der Schneebeere

S: A *Symphoricarpos albus* (dom.) – Schneebeere
F: T *Chaerophyllum temulum* – Taumel-Kälberkropf
H *Urtica dioica* – Große Brennnessel
H *Anthriscus sylvestris* – Wiesen-Kerbel

Von der Schneebeere dominierte Gebüsche. Die namengebende Art wird durch Vögel schnell verbreitet und vermehrt sich stark über Ausläufer. In Auen und an stark eutrophierten Waldrändern sowie in verwilderten Parks nicht selten. In Ausbreitung begriffen.
BT Gebüsche aus Exoten und Apophyten (T 2.4)

***Robinia pseudoacacia*-Gesellschaft** – Robinien-Gebüsche und Robinien-Vorwälder (vgl. Robinien-Forste (S. 000)

S: H *Robinia pseudoacacia* (dom.) – Robinie
F: H *Bromus sterilis* – Taube Trespe
H *Chelidonium majus* – Schöllkraut
H *Galium aparine* – Kletten-Labkraut, Klebkraut

Spontaner Robinienaufwuchs, der sehr lange Zeit gebüschförmig bleibt bzw. durch ständige Störungen an Böschungen in dieser Phase verharrt. Die Feldschicht ist reich an Nitrophyten. Besonders in Sand- und Lößgebieten häufig.
BT Robinienwälder (T 1.2.2)

***Acer negundo*-Gesellschaft** – Gebüsch des Eschenahorns

S: H *Acer negundo* (dom.) – Eschen-Ahorn
O *Sambucus nigra* – Schwarzer Holunder
F: H *Urtica dioica* – Große Brennnessel

Vom Eschen-Ahorn bestimmte dichte Gebüsche entlang von Bächen und Flüssen, auf Ödland und in Siedlungen. Regional in Ausbreitung.
BT Gebüsche aus Exoten und Apophyten (T 2.4)

Ailanthetum altissimae Dihoru 1970 – Götterbaum-Gebüsche und -Vorwälder (Syn. *Ailanthus altissima-Robinia pseudoacacia*-Gehölze U. Raabe et Brandes 1988)

S: A *Ailanthus altissima* – Götterbaum
F: V *Ballota nigra* – Schwarznessel
O *Artemisia vulgaris* – Gewöhnlicher Beifuß

Götterbaum-Gebüsch- und -Vorwald-Bestände sind im Gebiet auf größere Siedlungsräume beschränkt (Wärmebedarf). Die am besten entwickelten Bestände gibt es in Großstädten wie Berlin. Ob man schon von einer soziologisch gesättigten Assoziation sprechen kann, muß offenbleiben. Regional in Ausbreitung.
BT Gebüsche aus Exoten und Apophyten (T 2.4)

***Buddleja davidii*-Gesellschaft** – Sommerflieder-Gebüsch

S: H *Buddleja davidii* (dom.) – Sommerflieder

An Bahndämmen in den wärmeren und atlantisch-subatlantisch getönten Gebieten Deutschlands vorkommende, oft bandförmig entwickelte Gesellschaft. Verzahnungen mit *Rubus armeniacus*- und *Ailanthus altissima*-Gebüschen sind häufig. Regional in Ausbreitung.
BT Sommerfliedergebüsche (T 2.4.5)

6 Zwergstrauchheiden

6.1 Rhododendro hirsuti-Ericetea carneae class. nov. – Kalkalpine Zwergstrauchheiden

(Syn. Vaccinio-Piceetea Br.-Bl. in Br.-Bl. et al. 1939 p. p., Erico-Pinetea Horvat 1959 p. p.)

K *Daphne striata* – Gestreifter Seidelbast
K *Rhodothamnus chamaecistus* – Zwergalpenrose
K *Daphne cneorum* – Rosmarin-Seidelbast
K *Erica carnea* – Schnee-Heide
H *Juniperus sibirica* – Zwerg-Wacholder
H *Rhododendron hirsutum* – Bewimperte Alpenrose

Zwergstrauchheiden und Spalierstrauchheiden der alpinen bis subalpinen Stufe auf Kalkgesteinen der Alpen und Dinariden. Sowohl primäre Gesellschaften auf Ruhschutt und Blockhalden, über Felsblöcken und auf exponierten Felsköpfen als auch sekundär als Ersatzgesellschaften von Latschen-, Kiefern- und Lärchen-Zirbelkiefer-Wäldern auf Kalk. Ob in Deutschland mit gut ausgebildeten Beständen vertreten?

BT Arktisch-alpine Windheiden und -rasen (T 3.2.2), subalpine Hochstaudenfluren und Gebüsche (T 3.1)

Im Gebiet nur 1 Ordnung:

Rhododendro hirsuti-Ericetalia carneae Grabh., Greiml. et Muc. 1993 – Kalkalpine Zwergstrauchheiden

(Syn. Vaccinio-Piceetalia Br.-Bl. et al. 1939 p. p., Erico-Pinetalia Horvat 1959 p. p.)

Kalkalpine Zwergstrauchheiden über harten Karbonatgesteinen auf Ruhschutt, Blockhalden oder Karrenfels. Meist primäre Pioniergesellschaften. Als sekundäre Zwergstauchheiden weniger entwickelt.

∇ §.

Im Gebiet nur 1 Verband:

Ericion carneae Rübel ex Grabh., Greiml. et Muc. 1993 – Kalkalpine Zwergstrauchheiden

Knöchel- bis hüfthohe Zwergstrauchheiden und Kleingebüsche der alpinen bis subalpinen Stufe, als primäre Gesellschaften auf harten Karbonatgesteinen, aber auch als Ersatzgesellschaften des subalpinen Latschengebüsches bzw. der Bergkiefernwälder. Endemischer Verband der Alpen und Dinariden.

1 Von *Erica carnea* bestimmte Zwergstrauchheide der kalkalpinen Gebiete **Ericetum carneae** S. 137

1* Von *Rhododendron hirsutum* und *Rhodothamnus chamaecistus* bebeherrschte Kleingebüsche der kalkalpinen Gebiete **Rhododendretum hirsuti** S. 137

Ericetum carneae Rübel 1911 – Schneeheide-Gesellschaft
(Syn. Dryado-Ericetum Pitschm. et al. 1973, Daphno-Ericetum Schiechtl et al. 1987; incl. *Erica carnea-Daphne striata*-Gesellschaft H. E. Weber 1981)

K *Erica carnea* (dom.) – Schnee-Heide
T *Coronilla vaginalis* – Scheiden-Kronwicke
T *Arctostaphylos uva-ursi* – Echte Bärentraube
H *Sesleria albicans* – Blaugras
H *Anthyllis vulneraria* ssp. *alpestris* – Alpen-Wundklee
H *Polygala chamaebuxus* – Zwergbuchs
H *Acinos alpina* – Alpen-Steinquendel

Artenreiche, durch das Vorherrschen von *Erica carnea* geprägte Zwergstrauchheiden. Meist auf mächtigen Ruhschuttkörpern oder auf zerrütteten Felshängen harten Karbonatgesteines siedelnd. Auch beweidet an steinigen, meist von Schafen begangenen Hängen. Durchsetzt auch aufgelichtete Latschengehölze. Von der alpinen bis in die montane Stufe herabsteigend.
▽ §.

Rhododendretum hirsuti Lüdi 1921 – Kalk-Alpenrosengebüsch
(Syn. Rhodendretum mixtum Thimm 1953, Rhodothamnetum chamaecisti Aich. 1957; non Rhodothamno-Rhododendretum hirsuti [Aich. 1933] Br.-Bl. et Siss. in Br.-Bl. et al. 1939)

K *Rhodothamnus chamaecistus* – Zwergalpenrose
T *Rhododendron hirsutum* (dom.) – Bewimperte Alpenrose
T *Viola biflora* – Zweiblütiges Veilchen
T *Clematis alpina* – Alpen-Waldrebe
T *Valeriana tripteris* – Stein-Baldrian

Von *Rhododendron hirsutum* beherrschte Kleingebüsche auf Kalkfels und Kalkschutt, meist Schneeschutz genießend. Sie stabilisieren den Boden und halten ihn zurück und sind deshalb für den Erosionsschutz bedeutsam.
▽ §.

6.2 Loiseleurio-Vaccinietea Eggl.1952 ex Schub. 1960 – Arktisch-alpine Windheiden

(Syn. Cetrario-Loiseleurietea Suz. et Umezu in Suz. 1964, Vaccinio-Juniperetea communis Pass. 1978 p. p., Juncetea trifidi Hadač in Klika et Hadač 1944 p. p.)

Niedrigwüchsige Zwergstrauchheiden und dichte Spalierstrauchteppiche der unteren alpinen Stufe an kalten, wasserdurchlässigen, windgefegten, im Winter schneefreien oder zeitig ausapernden Standorten.

K *Arctous alpina* – Alpenbärentraube
K *Empetrum hermaphroditum* – Zwittrige Krähenbeere
K *Loiseleuria procumbens* – Alpenazalee, Gemsheide
K *Cetraria cucculata* – Flechte
K *Cetraria nivalis* – Flechte
K *Thamnolia vermicularis* – Flechte

▽ §.
BT Arktisch-alpine Windheiden (T 3. 2)

Im Gebiet nur 1 Ordnung:

Rhododendro-Vaccinietalia Br.-Bl. in Br.-Bl. et Jenny 1926 – Azidophile, arktisch-alpine Zwergstrauchheiden

(Syn. Rhodoretalia J. et G. Br.-Bl. 1931, Loiseleurio-Vaccinietalia Eggl. 1952, Empetretalia hermaphroditi Schub. 1960)

Bodensaure Zwergstrauchheiden der Arktis und der nemoralen Hochgebirge. Durch Aufgabe der Almweiden stark zugenommen. Auch auf ehemaligen Waldböden zu finden.

1 Zwergstrauchreiche und von Flechten beherrschte Gesellschaften auf windexponierten, winterkalten Standorten **Loiseleurio-Vaccinion** S. 138
1* Zwergstrauchreiche Gesellschaften ohne großen Flechtenanteil 2
2 Von *Rhododendron ferrugineum* geprägte Gesellschaften **Rhododendro-Vaccinion** S. 139
2* Von *Juniperus sibirica* geprägte Gesellschaften **Juniperion nanae** S. 140

Loiseleurio-Vaccinion Br.-Bl. in Br.-Bl. et Jenny 1926 – Windheiden nemoraler Hochgebirge

(Syn. Cetrario-Loiseleurienion Br.-Bl. et al. 1939, Cetrario-Loiseleurion Schub. 1960)

V *Betula nana* – Zwerg-Birke
V *Alectoria ochroleuca* – Flechte
K *Empetrum hermaphroditum* – Zwittrige Krähenbeere
K *Loiseleuria procumbens* – Alpenazalee, Gämsheide
K *Cetraria nivalis* – Flechte
K *Cetraria cucculata* – Flechte
K *Thamnolia vermicularis* – Flechte

An Silikatgestein gebundene, zwergstrauch- und flechtenreiche Gesellschaften auf windgefegten, im Winter oft schneefreien Standorten. Die Pflanzen sind Winterfrösten und damit Frosttrocknis ausgesetzt. Die Gesellschaften benötigen einen dichten Bestandesschluss und sind deshalb gegen Viehtritt sehr empfindlich.
▽ §.

1 Dichte, geschlossene, flechtenreiche Teppiche aus *Leuseleuria procumbens* und *Arctous alpina* auf windgefegten, im Winter schneefreien Standorten **Loiseleurio-Cetrarietum** S. 138
1* Von *Vaccinium gaultherioides* und *Empetrum hermaphroditum* geprägte Zwergstrauchheide auf länger (5–6 Monate) schneebedeckten Standorten **Empetro-Vaccinietum gaultherioidis** S. 139

Loiseleurio-Cetrarietum Br.-Bl. et al. 1939 – Gämsheide-Gesellschaft

(Syn. Loiseleurietum procumbentis Rübel 1911; incl. Arctostaphylo alpinae-Loiseleurietum Oberd. 1950)

K *Loiseleuria procumbens* (dom.) – Alpenazalee, Gämsheide
K *Arctous alpina* – Alpenbärentraube
V *Alectoria ochroleuca* (dom.) – Flechte
K *Cetraria cucculata* – Flechte
K *Cetraria nivalis* – Flechte
K *Thamnolia vermicularis* – Flechte

Dichte, geschlossene, flechtenreiche, weideempfindliche Zwergstrauchheiden mit vorherrschender *Loiseleuria procumbens* auf im Winter schneefreien, exponierten Graten, Rücken oder Hängen, gelegentlich auf der Luvseite großflächiger Windkanten in kleine Treppen aufgelöst. Optimal in Höhen zwischen 2100–2400 m ü. NN. Ob in Deutschland?
▽ Unklare Datenlage D, §.
BT Alpenazaleen-Windheide (T 3.2.2)

Empetro-Vaccinietum gaultherioidis Br.-Bl. in Br.-Bl. et Jenny 1926 corr. Grabh. 1993 – Krähenbeer-Rauschbeeren-Heide
(Syn. Vaccinio uliginosi-Empetretum hermaphroditi Br.-Bl. in Br.-Bl. et Jenny 1926, Vaccinietum uliginosi Rübel 1911)

K *Empetrum hermaphroditum* (dom.) – Zwittrige Krähenbeere
T *Vaccinium gaultherioides* (dom.) – Alpen-Rauschbeere
H *Vaccinium myrtillus* – Heidelbeere
H *Vaccinium vitis-idaea* – Preiselbeere
H *Calluna vulgaris* – Heidekraut

Seltene, 10–30 cm hohe, zweischichtige Zwergstrauchheide, die durch die hohe Artmächtigkeit von *Empetrum hermaphroditum* und *Vaccinium gaultherioides* bestimmt wird. Üppige und dichte Moosschicht mit *Cetraria islandica, Cladonia arbuscula, Cladonia rangiferina, Hylocomium splendens* und *Barbilophozia lycopodioides*. An längere Zeit (5–6 Monate) vom Schnee bedeckten Standorten, die weniger windgefegt sind. Steigt tief in die subalpine Stufe hinab und ist dort sekundär auf extensiv beweideten Flächen oder primär in Lawinenbahnen, auf Blockfeldern oder Felsterrassen zu finden.
▽ In der subalpinen Stufe sehr stark gefährdet 1, Datenlage aus der alpinen Stufe ungenügend D, §.
BT Krähenbeer-Rauschebeerenheiden (T 3.2.1)

Rhododendro-Vaccinion (Schnyder 1930) Br.-Bl. ex G. Br.-Bl. et Br.-Bl. 1931 – Bodensaure Alpenrosen-Heiden

V *Rhododendron ferrugineum* – Rostblättrige Alpenrose
T *Calamagrostis villosa* – Wolliges Reitgras
T *Carex aterrima* – Schwärzeste Segge
T *Ligusticum mutellina* – Alpen-Mutterwurz
T *Luzula alpinopilosa* – Braunblütige Hainsimse

Von *Rhododendron ferrugineum* geprägte Heiden auf Blockschutthalden, Schneeakkumulationslagen an der Waldgrenze und auf subalpinen Gletschermoränen. Sekundär auf vernachlässigte Alpweiden vordringend. In Deutschland nur fragmentarisch entwickelt.

Im Gebiet nur 1 Assoziation:

Rhododendretum ferruginei Rübel 1911 – Bodensaure Alpenrosen-Heide
(Syn. Rhododendro-Vaccinietum Br.-Bl. in Br.-Bl. et Jenny 1926)

V *Rhododendron ferrugineum* (dom.) – Rostblättrige Alpenrose
A *Lonicera caerulea* – Blaue Doppelbeere
H *Vaccinium myrtillus* – Heidelbeere
H *Juniperus sibirica* (= *J. nana*) – Zwerg-Wacholder
H *Avenella flexuosa* – Drahtschmiele, Schlängelschmiele

Von *Rhododendron ferrugineum* beherrschte schönblühende Gesellschaft, der *Vaccinium*-Arten und *Juniperus sibirica* beigemischt sind. Die Moosschicht ist mit *Pleurozium schreberi, Rhythidiadelphus triquetrus, Hylocomium splendens* und *Peltigera aphtosa* gut entwickelt. An Schneeschutz im Winter gebunden. Auch auf maskiertem Kalkuntergrund anzutreffen. Flächig nur in den Allgäuer Alpen, sonst in den Bayerischen Alpen selten und kleinflächig.
▽ Bestände zurückgehend V, §.
BT Alpenrosen-Gebüsche (T 3.1.4)

Juniperion nanae Br.-Bl. et al. 1939 – Zwergwacholder-Heiden

V *Juniperus sibirica* (= *J. nana*) – Zwerg-Wacholder
T *Hieracium intybaceum* – Zichorien-Habichtskraut
T *Sempervivum montanum* – Berg-Hauswurz
H *Calluna vulgaris* – Heidekraut
H *Gentiana kochiana* – Stängelloser Enzian
H *Arctostaphylos uva-ursi* – Echte Bärentraube

Artenreiche, von *Juniperus sibirica* und *Calluna vulgaris* geprägte Zwergstrauchheiden südexponierter, trockener, strahlungsintensiver Hänge der subalpinen bis unteren alpinen Stufe.
▽ §.

Im Gebiet nur 1 Assoziation:

Junipero-Arctostaphyletum Br.-Bl. ex Haffter in Br.-Bl. et al. 1939 – Zwergwacholder-Bärentrauben-Heide
(Syn. Arctostaphylo alpinae-Loiseleurietum Oberd. 1950 p.p.)

V *Juniperus sibirica* – Zwerg-Wacholder
T *Arctostaphylos uva-ursi* – Echte Bärentraube
H *Antennaria dioica* – Gewöhnliches Katzenpfötchen
H *Avenella flexuosa* – Drahtschmiele, Schlängelschmiele
H *Vaccinium gaultherioides* – Alpen-Rauschbeere
H *Vaccinium vitis-idaea* – Preiselbeere
H *Vaccinium myrtillus* – Heidelbeere
H *Calluna vulgaris* – Heidekraut

Zwergstrauchheide auf trockenen, sonnigen Bergflanken in entwaldeten Talgründen im Nahbereich der Almen, oft aus alten Bergmähdern entstanden. Die Silikatgesteins-Böden sind rohhumusreich und stets sehr sauer. Vielfach Dauergesellschaft, da eine Wiederbewaldung der steilen Hänge durch Schneeschub im Winter behindert wird. In Deutschland selten in der subalpinen bis alpinen Stufe.
▽ Sehr selten (R), §.
BT Zwergwacholder-Bärentraubenheiden (T 3.1.5)

6.3 **Salicetea herbaceae** Br.-Bl. 1948 – Schneeboden-Gesellschaften

K *Cerastium cerastioides* – Dreigriffliges Hornkraut
K *Veronica alpina* – Alpen-Ehrenpreis
K *Sagina saginoides* – Alpen-Mastkraut
K *Alchemilla fissa* – Spaltblättriger Frauenmantel

Moos- und kriechstaudenreiche, niedrigwüchsige Initialgesellschaften der alpinen Stufe, deren Standorte sehr lange (7–10 Monate) von Schnee bedeckt sind. Die Böden sind stets stark durchfeuchtet. Nur in Kalkgebieten trocknen sie nach dem Ausapern stark aus, weshalb sich dort eine andere Artenkombination einstellt. Dies führt dazu, dass die Klasse nur wenige Charakterarten besitzt.
▽ §.
BT Schneeböden (T 3.3)

1 Schneebodengesellschaften auf Silikat-Standorten mit *Soldanella pusilla, Sibbaldia procumbens* und *Gnaphalium supinum* **Salicetalia herbaceae** S. 141

1* Schneebodengesellschaften auf kalkreichem Ausgangsgestein mit *Ranunculus alpestris, Gnaphalium hoppeanum* und *Saxifraga androsacea* **Arabidetalia caeruleae** S. 143

Salicetalia herbaceae Br.-Bl. in Br.-Bl. et Jenny 1926 – Arktisch-alpine Silikat-Schneebodengesellschaften

O *Soldanella pusilla* – Zwerg-Alpenglöckchen
O *Sibbaldia procumbens* – Gelbling
O *Gnaphalium supinum* – Zwerg-Ruhrkraut
O *Salix herbacea* – Kraut-Weide
O *Tanacetum alpinum* – Alpen-Margerite
T *Polytrichum sexangulare* – Sechskantiges Haarmoos
T *Solorina crocea* – Flechte

Artenarme, moosreiche, niedrigwüchsige Initialgesellschaften der Alpen und des Südschwarzwaldes, deren Arten an eine übermäßig lange Schneebedeckung angepasst sind. Sie überwintern mit Blattgrün und vermehren sich durch Kriechsprosse.

Im Gebiet nur 1 Verband:

Salicion herbaceae Br.-Bl. in Br.-Bl. et Jenny 1926 – Alpine Silikat-Schneebodengesellschaften

In den deutschen Alpen und im Südschwarzwald nur fragmentarisch entwickelt, z. B. bei Berchtesgaden.
∇ §.
BT Silikat-Schneebodenfluren (T 3.3.1)

1 Fast reine Moosgesellschaften mit kürzesten Ausaperzeiten (1–3 Monate), auf von Schmelzwasser überrieselten Rohböden **Polytrichetum sexangularis** S. 141
1* Neben den Moosen auch höhere Pflanzen im Bestand mitbestimmend. 2
2 Von *Salix herbacea* bestimmte Schneetälchengesellschaft in der alpinen Stufe (meist über 2000 m ü. NN), 8–9 Monate Schneebedeckung **Salicetum herbaceae** S. 142
2* Bestand nicht von *Salix herbacea* bestimmt, die tieferen Lagen der alpinen Stufe bevorzugend, unter 8 Monate Schneebedeckung. 3
3 Beweidungsunempfindliche, durch *Luzula alpinopilosa* charakterisierte Gesellschaft am Rande von Schneetälchen, in Erosionsrinnen und auf Lawinenbahnen. Nur 6–8 Monate von Schnee bedeckt. Schon ab 1800 m ü. NN **Luzuletum alpinopilosae** S. 142
3* Nicht durch *Luzula alpinopilosa* charakterisierte Gesellschaften. 4
4 Durch *Luzula desvauxii* charakterisierte Gesellschaft in steinigen Schneerunsen des Belchen im Süd-Schwarzwald **Luzuletum desvauxii** S. 142
4* Durch Vorherrschen von *Cerastium cerastioides, Poa supina* und *Taraxacum alpinum* charakterisierte Gesellschaft in nährstoffangereicherten, abflusslosen Vertiefungen größerer Kare **Poo supinae-Cerastietum cerastioidis** S. 142

Polytrichetum sexangularis Frey 1922 – Widertonmoos-Schneetälchengesellschaft (incl. Cardamino alpinae-Anthelietum juratzkanae Englisch in Grabh. et al. 1993, Polytricho juniperini-Soldanelletum pusillae (Lipp. 1966) Englisch 1993 in Grabh. et al. 1993)

A *Polytrichum sexangulare* – Sechskantiges Frauenhaarmoos
A *Anthelia juratzkana* – Graublattmoos, Widertonmoos
T *Kiaeria falcata* – Kiaeria-Moos
T *Pohlia drummondii* – Pohl-Moos
H *Minuartia biflora* – Zweiblütige Miere

Weitgehend von Moosen aufgebaute, dunkelgrüne Gesellschaft auf sehr lange (9–11 Monate) von Schnee bedeckten und bei Ausapern von Schmelzwässern durchtränkten Rohböden. Blütenpflanzen finden sich nur vereinzelt. An den am längsten vom Schnee

bedeckten Stellen sind vor allem das Lebermoos *Anthelia juratzkana* und das Laubmoos *Pohlia drummondii* herrschend. Solche Bestände werden auch als eigene Assoziation gefasst. In Deutschland nur sehr selten und fragmentarisch entwickelt. Bei Berchtesgaden.
▽ Sehr selten (R), §.

Salicetum herbaceae Rübel 1911 – Krautweiden-Gesellschaft
(Syn. Alchemilletum pentaphylleae Rübel 1911; incl. Nardo-Gnaphalietum supini Bartsch 1940)

O *Salix herbacea* – Kraut-Weide
O *Gnaphalium supinum* – Zwerg-Ruhrkraut
H *Minuartia biflora* – Zweiblütige Miere
H *Kiaeria starkei* – Kiaeria-Moos

Moosreiche, durch *Salix herbacea* bestimmte Gesellschaft auf lange mit Schnee bedeckten (8–9 Monate) Standorten in Mulden, Hochkartrögen, auf Verebnungen und flach nach N geneigten Hängen in Schneetälchen. Optimal in der oberen alpinen Stufe zwischen 2200 u. 2800 m ü. NN, aber auch in tiefere Lagen (bis 1800 m ü. NN) absteigend. Boden weiterentwickelt zum Schneetälchen-Anmoor. In den nördlichen Kalkalpen sehr selten und nur fragmentarisch ausgebildet (Berchtesgadener Raum).
▽ Sehr selten R, §.

Luzuletum alpinopilosae Rübel 1911 – Gesellschaft der Braunblütigen Hainsimse
(Syn. Luzuletum spadiceae Rübel 1911, Juncetum jacquinii Friedel 1956, Luzuletum alpinopilosae Br.-Bl. in Br.-Bl. et Jenny 1926)

A *Luzula alpinopilosa (= L. spadicea)* – Braunblütige Hainsimse
O *Sibbaldia procumbens* – Gelbling
K *Sagina saginoides* – Alpen-Mastkraut
K *Veronica alpina* – Alpen-Ehrenpreis

Sehr selten auf alpinen Felsschuttböden auf steilen, lange schneebedeckten Erosionsrinnen und Lawinenbahnen, vor allem in Nordexposition, aber auch auf flachgeneigten Hängen und Verebnungen, die wasserzügig sind. Im Nordalpenzug fast nur im Allgäu. Offenbar weideunempfindlich.
▽ Sehr selten R, §.

Luzuletum desvauxii Issler 1936 – Pyrenäen-Hainsimsen-Gesellschaft
(Syn. Luzuletum kneuckeri Oberd. 1957)

A *Luzula desvauxii* – Pyrenäen-Hainsimse
H *Leontodon helveticus* – Schweizer Löwenzahn

Sulalpine Reliktgesellschaft in den hohen Mittelgebirgen (Schwarzwald). Gesellschaft wird z. T. auch den Betulo-Adenostyletea zugeordnet.
▽ Sehr selten R, §.

Poo supinae-Cerastietum cerastioidis (Söyr. 1954) Oberd. 1957 – Hornkraut-Schneetälchen-Gesellschaft
(Syn. Poetum alpinae J. Braun 1913)

K *Cerastium cerastioides* – Dreigriffliges Hornkraut
T *Poa supina* – Läger-Rispengras
T *Taraxacum alpinum* – Alpen-Kuhblume
H *Deschampsia cespitosa* – Rasen-Schmiele

Sehr selten auf versumpften, staunassen Böden in Schneemulden, 7–8 Monate von Schnee bedeckt. In den abflusslosen Senken kommt es durch Einschwemmung von

Feinerde und Humus zur Nährstoffanreicherung. In der oberen subalpinen und unteren alpinen Stufe ausgebildet.
▽ Sehr selten R, §.

Arabidetalia caeruleae Rübel ex Nordh. 1936 – Basiphile Schneeboden-Gesellschaften

(Syn. Arabidetalia caeruleae Rübel 1933, Salicetalia retuso-kitaibelianae Lak. 1970)

O *Arabis caerulea* – Blaukresse
O *Saxifraga androsacea* – Mannsschild-Steinbrech
O *Ranunculus alpestris* – Alpen-Hahnenfuß
O *Gnaphalium hoppeanum* – Hoppes Ruhrkraut
O *Homogyne discolor* – Filziger Alpenlattich

Basiphile Pionier- und Dauergesellschaften mit sehr langer Schneebedeckung. Auf festgelegtem, ruhendem oder wenig bewegtem Karbonatschutt, in Karrenmulden, am Boden von Trichterdolinen, in Bodensenken, am Fuße steiler Hänge und auf Moränen von der subalpinen bis zur subnivalen Stufe. Auf den Bereich der alpiden Hochgebirge beschränkt. Fraglich, ob nicht zu den Schuttfluren der Thlaspietea rotundifolii zu stellen.

Im Gebiet nur 1 Verband:

Arabidion caeruleae Br.-Bl. in Br.-Bl. et Jenny 1926 – Schneebodengesellschaften der Alpen auf Kalk

(Syn. Salicion retusae Horvatić 1949)

Gesellschaften der alpiden Gebirge auf Kalkstandorten mit sehr langer Schneebedeckung, vermehrtem Feinerdeeintrag und ständiger Bodendurchfeuchtung. In den nördlichen Kalkalpen nur fragmentarisch entwickelt.
▽ §.
BT Kalk-Schneebodenfluren (T 3.3.2)

1 Vegetationsteppiche aus *Salix retusa* und *Salix reticulata* auf kalkhaltigen Schneeböden der alpinen Stufe. 7–8 Monate schneebedeckt **Salicetum retusae-reticulatae** S. 144
1* Bestände nicht durch Dominanz von *Salix retusa* und *Salix reticulata* bestimmt. 2
2 Gesellschaft der alpinen Stufe mit vorherrschender *Arabis caerulea*, daneben *Ranunculus alpestris, Saxifraga stellaris, Linaria alpina* und *Thlaspi rotundifolium* **Arabidetum caeruleae** S. 143
2* Durch *Rumex nivalis* geprägte Gesellschaft der unteren alpinen Stufe auf Tonschiefer-Substraten **Arabido-Rumicetum nivalis** S. 144

Arabidetum caeruleae Br.-Bl. 1918 – Blaukressen-Gesellschaft

O *Arabis caerulea* – Blaukresse
O *Ranunculus alpestris* – Alpen-Hahnenfuß
T *Saxifraga stellaris* ssp. *robusta* – Stern-Steinbrech
H *Arabis alpina* – Alpen-Gänsekresse
H *Linaria alpina* – Alpen-Leinkraut
H *Thlaspi rotundifolium* – Rundblättriges Hellerkraut

Auf humos-feinerdereichen, bis 20 cm mächtigen Humuskarbonatböden, die sehr lange schneebedeckt (8–10 Monate) und bei Ausapern sehr stark durchfeuchtet sind. Bis 2900 m ü. NN aufsteigend, Berchtesgadener Alpen.
▽ Sehr selten R, §.

Arabido-Rumicetum nivalis (Jenny-Lips 1930) Oberd. 1957 nom. inv. – Schneeampfer-Gesellschaft
(incl. Arabidetum rumicosum nivalis Jenny-Lips 1930)

A *Rumex nivalis* (dom.) – Schnee-Sauerampfer
O *Arabis caerulea* – Blaukresse
T *Achillea atrata* – Schwarzrandige Schafgarbe
H *Taraxacum alpinum* – Alpen-Kuhblume

Durch die Vorherrschaft von *Rumex nivalis* geprägte seltene Gesellschaft vor allem der unteren alpinen Stufe. Auf feinerde- und feinschuttreichen, gut durchfeuchteten, lange schneebedeckten, basenreichen Standorten auf Tonschiefer in Mulden und Karstwannen in ebener Lage oder flacher Hangneigung, Allgäu.
▽ Sehr selten R, §.

Salicetum retusae-reticulatae Br.-Bl. in Br.-Bl. et Jenny 1926 – Gesellschaft der Netzweide und Stumpfblättrigen Weide

A *Salix reticulata* – Netz-Weide
H *Salix retusa* – Stumpfblättrige Weide
H *Ligusticum mutellina* – Alpen-Mutterwurz
H *Homogyne alpina* – Gewöhnlicher Alpenlattich
H *Bartsia alpina* – Alpenhelm
H *Sesleria albicans* – Blaugras

Durch teppichartige Spaliersträucher von *Salix retusa* und *Salix reticulata* beherrschte alpine Gesellschaft schneereicher Hänge. Auch am Rande von Schneemulden über kalkhaltigem Gestein. 7–8 Monate vom Schnee bedeckt. Bis 3400 m ü. NN aufsteigend, Berchtesgadener Alpen.
▽ §.

6.4 Calluno-Ulicetea Br.-Bl. et R. Tx. ex Klika et Hadač 1944 em. Schub. 1984 – Heidekraut-Stechginsterheiden

(Syn. Calluno-Ulicetea Br.-Bl. et R. Tx. 1943, Nardo-Callunetea Prsg. 1949 p.p., Calluno-Vaccinietea myrtilli de Fouc. 1990)

K *Calluna vulgaris* – Heidekraut
K *Vaccinium myrtillus* – Heidelbeere
K *Avenella flexuosa* – Drahtschmiele, Schlängelschmiele
K *Potentilla erecta* – Blutwurz, Tormentill

Von azidophilen Zwergsträuchern beherrschte und durch das Vorkommen azidophiler Gräser und Kräuter gekennzeichnete Pflanzengemeinschaften. Das Aufkommen von Gehölzen zeigt beginnenden Gesellschaftsabbau an. In Mitteleuropa besitzen die azidophilen Zwergstrauchheiden nur sehr wenige natürliche Standorte, meist sind sie durch menschliche Maßnahmen an die Stelle bodensaurer Waldgesellschaften getreten.
▽ Stark gefährdet. Durch den Stickstoffeintrag aus der Luft unterliegen diese Bestände einer Vergrasung bzw. Wiederbewaldung. Zur Erhaltung ist Biomasseentzug und Abführung der obersten nährstoffangereicherten Rohhumusschicht notwendig, §.

Im Gebiet nur 1 Ordnung:

Vaccinio-Genistetalia Schub. 1960 – Beerkraut-Ginsterheiden

(Syn. Calluno-Ulicetalia R. Tx. 1937 p.p., Erico-Genistetalia Br.-Bl. 1967)

1 *Erica tetralix* tritt hochstet und dominierend auf . . . **Ericion tetralicis** S. 150
1* *Erica tetralix* fehlt weitgehend 2

2 *Empetrum nigrum* und *Salix arenaria* stet. Sandliebende Gräser und Kräuter in der Feldschicht **Empetrion nigri** S. 145
2* In der Feldschicht fehlen die genannten Arten, oft dominiert *Calluna vulgaris* 3
3 *Vaccinium myrtillus* hochstet, *Genista pilosa* fehlt, *Vaccinium vitis-idaea* kommt stet vor, in einigen Gesellschaften dominiert *Calluna vulgaris* **Genisto-Vaccinion vitis-idaeae** S. 147
3* *Vaccinium myrtillus* fehlt, *Genista pilosa* ist gelegentlich anzutreffen, *Calluna vulgaris* dominiert **Genistion pilosae** S. 146

Empetrion nigri Schub. ex Westh. et den Held 1969 – Krähenbeerheiden

Boreal-ozeanische Zwergstrauchheiden auf Tertiärdünen des Küstenbereiches der Nord- und Ostsee.

▽ Durch Stickstoffeintrag aus der Luft sehr stark vergrasend und mit Gehölzen durchsetzt.

BT Krähenbeerenheiden (T 4.1)

Im Gebiet nur 1 Assoziation:

Hieracio-Empetretum Libb. 1940 ex Pass. 1964 –
Doldenhabichtskraut-Krähenbeerheide (Abb. 17)

(Syn. Carici arenariae-Empetretum R. Tx. et Kaw. 1975 em. Barendr. 1982; incl. Saliceto repentis-Empetretum Fuk. 1961, Salici repentis-Callunetum Jeschke ex H. D. Knapp et al. 1985, Polypodio-Empetretum Westh. 1947)

V/A *Empetrum nigrum* (dom.) – Krähenbeere
K *Calluna vulgaris* (dom.) – Heidekraut

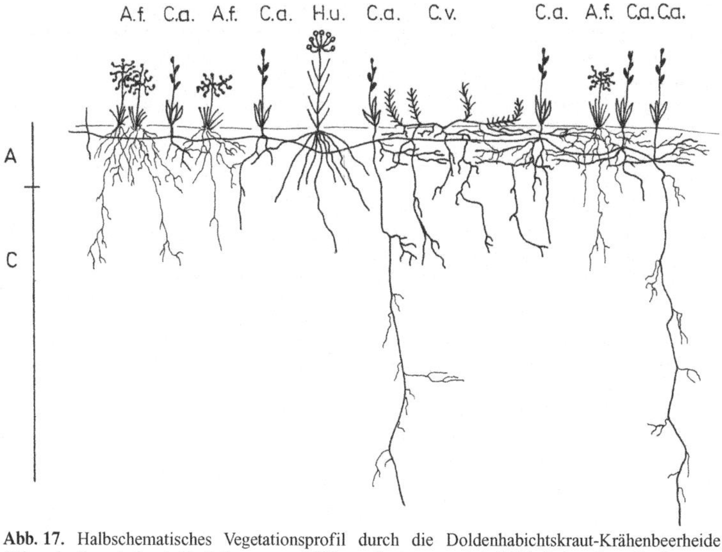

Abb. 17. Halbschematisches Vegetationsprofil durch die Doldenhabichtskraut-Krähenbeerheide (Hieracio-Empetretum). Nach Schubert 1993 aus Schubert et al. 1995. A. f. – *Avenella flexuosa*, C. a. – *Carex arenaria*, H. u. – *Hieracium umbellatum*, C. v. – *Calluna vulgaris*.

T *Salix repens* – Kriech-Weide
T *Carex arenaria* – Sand-Segge
T *Hieracium umbellatum* – Dolden-Habichtskraut
T *Jasione montana* – Berg-Sandknöpfchen

Durch das Vorherrschen von Zwergsträuchern bestimmte Pflanzengesellschaft, in der auch Sandzeiger hochstet sind. Auf nährstoffarmen Sanden von Graudünen im Küstenbereich der Nord- und Ostsee. Nur an stark windexponierten Standorten (Gellen auf Hiddensee, Friesische Inseln) natürlich, sonst anstelle von Eichen-Birkenwäldern.

▽ Durch Gehölzanflug schneller Bestandsabbau. Durch Stickstoffeintrag aus der Luft rasch vergrasend. Entfernen des Gehölzjungwuchses und Abtrag der obersten Rohhumusschicht zur Erhaltung notwendig, Bestandesentwicklung ist regional sehr unterschiedlich, §.

Genistion pilosae Duv. 1942 em. Schub. 1995 – Subatlantische Ginsterheiden

(Syn. Calluno-Genistion Duv. 1944; incl. Euphorbio-Callunion Schub. 1960)

K *Calluna vulgaris* – Heidekraut
V *Genista pilosa* – Behaarter Ginster
H *Carex pilulifera* – Pillen-Segge
H *Danthonia decumbens* – Dreizahn
H *Hypnum cupressiforme* – Schlafmoos
H *Polytrichum piliferum* – Frauenhaarmoos

Subatlantische Zwergstrauchheiden, die durch das Vorherrschen von *Calluna vulgaris* geprägt sind. Meist Ersatzgesellschaften bodensaurer Eichenwälder. *Vaccinium*-Arten fehlen völlig. *Genista pilosa* ist gelegentlich in den Beständen zu finden, in den niederschlagsärmeren Landschaften allerdings weitgehend fehlend, dafür dringen hier xerotherme Arten wie *Euphorbia cyparissias, Koeleria macrantha* und *Hieracium pilosella* ein.

▽ Bei stärkerer anthropogener Eutrophierung der Standorte erfolgt eine Vergrasung durch *Avenella flexuosa, Festuca ovina* oder bei höherer Bodenfeuchte durch *Molinia caerulea*. Gefährdet.

BT Sandheiden (T 4.2)

1 Im Bestand häufig *Genista pilosa*, gelegentlich *Genista anglica. Euphorbia cyparissias* und andere trockenheitsertagende Arten fehlen **Genisto pilosae-Callunetum** S. 146
1* Im Bestand fehlt *Genista anglica* stets, *Genista pilosa* weitgehend 2
3 Im Bestand sind *Genista germanica* und *Genista tinctoria* hochstet vertreten **Genisto germanicae-Callunetum** S. 147
2* Im Bestand fehlen *Genista germanica* und *Genista tinctoria. Euphorbia cyparissias* und andere trockenheitsertragende Arten wie *Koeleria macrantha, Avenula pratensis* und *Hieracium pilosella* sind häufig, *Genista pilosa* ist nur selten anzutreffen **Euphorbio-Callunetum** S. 147

Genisto pilosae-Callunetum J. Braun 1915 – Ginster-Heidekrautheide

(Genisto pilosae-Callunetum Oberd. 1938; incl. Genisto anglicae-Callunetum R. Tx. 1937)

V *Genista pilosa* – Behaarter Ginster
A *Genista anglica* – Englischer Ginster
K *Calluna vulgaris* (dom.) – Heidekraut
H *Carex pilulifera* – Pillen-Segge
H *Danthonia decumbens* – Dreizahn

Subatlantische Ginster-Heidekrautheide auf armen, grundwasserfernen, aber auch grundwasserbeeinflussten Sandböden, vorwiegend auf armen Grundmoränenplatten, Talsand- und Sandergebieten, aber auch auf sandig-kiesigen Endmoränenhügeln Nordwestdeutschlands. Böden meist vom Typ der Podsole. Nach Osten bis in die nordwestliche Prignitz, bis zum großen Waldgebiet zwischen Wittstock und Ruppin.

▽ Durch Aufforstung, Ackerumbruch und Aufhören der Beweidung sind viele Bestände verschwunden. Durch Nährstoffeintrag und dadurch verursachte Zunahme der Vergrasung stark gefährdet 2, §.

Genisto germanicae-Callunetum Oberd. 1957 – Deutschginster-Heide (Syn. Calluno-Antennarietum R. Tx. 1937 p. p.)

K *Calluna vulgaris* (dom.) – Heidekraut
A *Genista germanica* – Deutscher Ginster
A *Genista tinctoria* – Färber-Ginster
A *Genistella sagittalis* – Flügel-Ginster
K *Avenella flexuosa* – Drahtschmiele, Schlängelschmiele
H *Agrostis capillaris* – Rot-Straußgras
H *Anthoxanthum odoratum* – Gewöhnliches Ruchgras
H *Festuca ovina* – Schaf-Schwingel

Im mittleren und östlichen Teil Süddeutschlands in sommerwarmen Landschaften auf lehmigen, kalkarmen, sauren Böden. Ersatzgesellschaft bodensaurer Eichen- und Rotbuchenwälder.

▽ Durch Eutrophierung und Wiederbewaldung stark gefährdet 2, §.

Euphorbio-Callunetum Schub. 1960 em. Schub. 1995 – Wolfsmilch-Heidekrautheide (incl. Antherico-Callunetum Stöck. in Schub. 1960, Festuco cinereae-Callunetum Schub. 1960, Cladonio-Callunetum Krieger 1937, Carici-Callunetum Pass. 1981)

K *Calluna vulgaris* – Heidekraut
T *Euphorbia cyparissias* – Zypressen-Wolfsmilch
T *Hieracium pilosella* – Kleines Habichtskraut
T *Koeleria macrantha* – Zierliches Schillergras
T *Avenula pratensis* – Echter Wiesenhafer
T *Cladonia alcicornis* – Becherflechte
T *Cladonia rangiformis* – Becherflechte

Von *Calluna vulgaris* bestimmte Zwergstrauchheiden in den niederschlagsärmeren, kontinentalen Landschaften des Hügel- und Tieflandes Mitteldeutschlands auf sauren Böden, die nur eine schwache Podsolierung zeigen. Meist Ersatzgesellschaft saurer Eichen- und Kiefernwälder. Durch das Eindringen kontinentaler Arten in das Bestandesgefüge charakterisiert, lassen sich mehrere kleine Regionalassoziationen unterscheiden. Die Gesellschaft löst das Genisto germanicae-Callunetum Oberd. 1957 in Mitteldeutschland ab.

▽ Durch Wiederbewaldung und Vergrasung ist diese Pflanzengesellschaft, die an der Kontinentalgrenze der azidophilen Zwergstrauchheiden siedelt, stark gefährdet 2, §.

Genisto-Vaccinion vitis-idaeae Br.-Bl. 1926 em. Schub. 1995 – Montane Beerkrautheiden

K *Vaccinium myrtillus* – Heidelbeere
V *Vaccinium vitis-idaea* – Preiselbeere
K *Calluna vulgaris* – Heidekraut
K *Avenella flexuosa* – Drahtschmiele, Schlängelschmiele

H *Pleurozium schreberi* – Rotstengelmoos
H *Polytrichum formosum* – Frauenhaarmoos

Subboreale Beerkrautheiden, deren Bestand oft vom Dominieren der Beerkräuter *Vaccinium myrtillus* und *V. vitis-idaea* und die Dominanz von *Calluna vulgaris* bestimmt wird. Meist nach Rodung von bodensauren Eichen-, Rotbuchen- oder Fichtenwäldern auf sauren, aber oft mineralkräftigen Böden im submontanen bis montanen Bereich.

▽ Durch das Wiederaufkommen der Gehölze oder die infolge Nährstoffeintrag erfolgende Vergrasung gefährdet, §.

BT Bergheiden (T 4.3) u. (S 1.3.2)

1 Durch alpine bzw. hochmontane Arten wie *Pulsatilla alba, Hieracium alpinum, Cladonia bellidiflora* ausgezeichnete Bestände, nur auf dem Brockengipfel **Anemono micranthae-Callunetum** S. 148

1* Bestände ohne die genannten alpin-hochmontanen Arten. 2

2 Bestände mit *Oxycoccus palustris, Vaccinium uliginosum* und *Sphagnum*-Arten, auf torfigen Böden **Oxycocco-Callunetum** S. 149

2* Bestände nicht mit den genannten Arten, nicht auf torfigen Böden. 3

3 Bestände durch *Chamaecytisus supinus* ausgezeichnet **Cytiso supini-Callunetum** S. 150

3* Bestände ohne *Chamaecytisus supinus* 4

4 Bestände durch die Dominanz von *Calluna vulgaris* bestimmt, *Calamagrostis villosa* fehlt **Vaccinio-Callunetum** S. 149

4* Bestände durch die Dominanz von *Vaccinium myrtillus* bestimmt, *Calamagrostis villosa* hochstet **Calamagrostio villosae-Vaccinietum** S. 150

Anemono micranthae-Callunetum Schub. 1960 em. Schub. 1995 – Brockenanemone-Heidekrautheide (Abb. 18)
(incl. Hieracio alpini-Vaccinietum Stöck. 1965)

K *Calluna vulgaris* (dom.) – Heidekraut
K *Vaccinium myrtillus* – Heidelbeere
V *Vaccinium vitis-idaea* – Preiselbeere

Abb. 18. Halbschematisches Vegetationsprofil der Brockenanemone-Heidekrautheide (Anemono micranthae-Callunetum). Nach Schubert 1960 aus Schubert et al. 1995. Von links nach rechts: *Calluna vulgaris, Pulsatilla alba* (= *Anemone micrantha*), *Galium harcynicum, Polytrichum* spec., *Cladonia* spec., *Agrostis stolonifera, Nardus stricta.*

T *Hieracium alpinum* – Alpen-Habichtskraut
T *Pulsatilla alba* (= *Anemone micrantha*) – Brocken-Anemone
T *Cladonia bellidiflora* – Becherflechte

Von Zwergsträuchern beherrschte Heide, die durch das Auftreten kälteresistenter, alpin-hochmontaner Arten charakterisiert ist. Im Winter Schneeschutz genießend, kommt sie im Umkreis großer Granitblöcke oder auf flachgründigen Kuppen auf dem Brockengipfel natürlich vor. Geht dort auch auf Sekundärstandorte wie Wegränder und Bahnböschungen über. Boden ist ein Podsolranker.

▽ Infolge Nährstoffeintrages erfolgt durch *Avenella flexuosa, Calamagrostis villosa* und *Nardus stricta* eine Vergrasung. Abtragen des nährstoffangereicherten Rohhumus ist notwendig, um diese vom Verschwinden bedrohte Pflanzengesellschaft zu erhalten, 1, §.

Vaccinio-Callunetum Bük. 1942 em. Schub. 1995 – Beerkraut-Heidekrautheide (incl. Arnico-Callunetum Schub. 1960)

K *Calluna vulgaris* (dom.) – Heidekraut
V *Vaccinium vitis-idaea* – Preiselbeere
K *Vaccinium myrtillus* – Heidelbeere
K *Potentilla erecta* – Blutwurz, Tormentill
T *Arnica montana* – Arnika
K *Avenella flexuosa* – Drahtschmiele, Schlängelschmiele

Auf flachgründigen, oft gestörten Standorten mit starker Versauerung und beginnender Podsolierung, von *Calluna vulgaris* beherrschte, artenarme Zwergstrauchheide mit regelmäßigem Vorkommen der Beerkräuter (*Vaccinium*). Weit verbreitet in den Mittelgebirgen als Ersatzgesellschaft bodensaurer Rotbuchen- und Fichtenwälder. Der zahlreich vorhandene Gehölzjungwuchs zeigt eine rasche Wiederbewaldung an. Auf tiefgründigen Böden oft mit *Arnica montana* und *Meum athamanticum*.

▽ Entfernen des Gehölzjungwuchses zur Erhaltung der gefährdeten Zwergstrauchheiden notwendig, stark gefährdet 2, §.

Oxycocco-Callunetum Schub. 1960 – Moosbeeren-Heidekrautheide (Abb. 19)

K *Calluna vulgaris* (dom.) – Heidekraut
T *Vaccinium uliginosum* – Rauschbeere
K *Vaccinium myrtillus* – Heidelbeere
T *Oxycoccus palustris* – Moosbeere
T *Eriophorum vaginatum* – Scheidiges Wollgras
T *Sphagnum recurvum* – Torfmoos
T *Andromeda polifolia* – Rosmarinheide

Auf zumindest im Sommer zeitweise stärker austrocknenden Torfen der Hoch- und Zwischenmoore kommt es zur Bildung von Zwergstrauchheiden, in denen *Calluna vulgaris* dominiert, hochstet begleitet von Beersträuchern. In dieser Heide verbleibende Moorarten, die aber nicht strukturbestimmend sind, wie *Oxycoccus palustris, Eriophorum vaginatum* und *Sphagnum*-Arten, bewirken die Eigenständigkeit dieser Zwergstrauchheide.

▽ Bei weiterer Austrocknung der Standorte setzt Wiederbewaldung ein, gefährdet (3), §.

Calamagrostio villosae-Vaccinietum Schub. 1960 – Reitgras-Heidelbeerheide

K *Vaccinium myrtillus* (dom.) – Heidelbeere
V *Vaccinium vitis-idaea* – Preiselbeere
T *Calamagrostis villosa* – Wolliges Reitgras

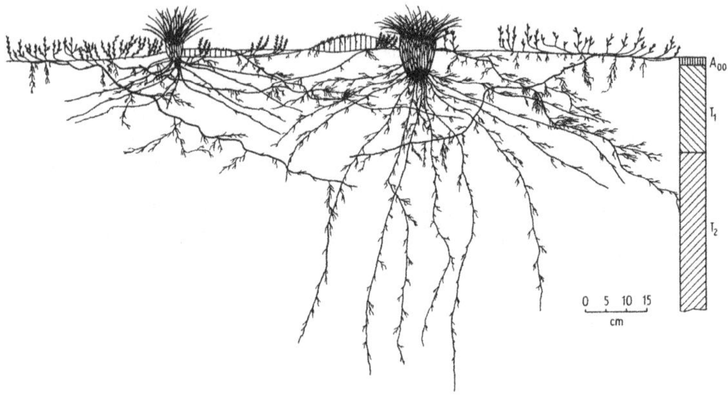

Abb. 19. Halbschematisches Vegetationsprofil der Moosbeeren-Heidekrautheide (Oxycocco-Callunetum). Nach SCHUBERT 1960 aus SCHUBERT et al. 1995. Von links nach rechts: *Calluna vulgaris, Vaccinium uliginosum, Eriophorum vaginatum, Oxycoccus palustris*, schraffiert: *Sphagnum* spec., *Baeothryon cespitosum, Andromeda polifolia, Calluna vulgaris.*

T *Galium harcynicum* – Harz-Labkraut
T *Trientalis europaea* – Siebenstern
K *Avenella flexuosa* – Drahtschmiele, Schlängelschmiele

Eine von *Vaccinium myrtillus* beherrschte Zwergstrauchheide, der hochstet *Calamagrostis villosa* beigesellt ist. Auf flachgründigen, allerdings auch im Sommer nie über längere Zeit austrocknenden Standorten in Fichtenforstgebieten der herzynischen Mittelgebirge.
▽ Durch aufkommenden Fichtenjungwuchs gefährdet (3), §.

Cytiso supini-Callunetum Oberd. 1957 – Kopfzwergginster-Heide
(Syn. Cytiso-Antennarietum Prsg. 1953)

K *Calluna vulgaris* (dom.) – Heidekraut
T *Chamaecytisus supinus* (= *Cytisus supinus*) – Kopf-Zwergginster
T *Lembotropis nigricans* – Schwärzender Geißklee
V *Vaccinium vitis-idaea* – Preiselbeere
K *Vaccinium myrtillus* – Heidelbeere
K *Avenella flexuosa* – Drahtschmiele, Schlängelschmiele

Zwergstrauchheide im östlichen Bayern, im Donau-nahen Niederbayern, in der Oberpfalz und im Bayerischen Wald auf sommerwarmen Granit-Felsköpfen, an Wegböschungen und Waldrändern. Meist Ersatzgesellschaft bodensaurer Eichen- und Eichen-Kiefernwälder.
▽ Durch Eutrophierung und Wiederbewaldung gefährdet 3, §.

Ericion tetralicis Schwick. 1933 – Glockenheide-Feuchtheiden

V *Trichophorum caespitosum* – Rasige Haarsimse
V *Erica tetralix* – Glocken-Heide
T *Juncus squarrosus* – Sparrige Binse
T *Sphagnum compactum* – Torfmoos
T *Sphagnum molle* – Torfmoos

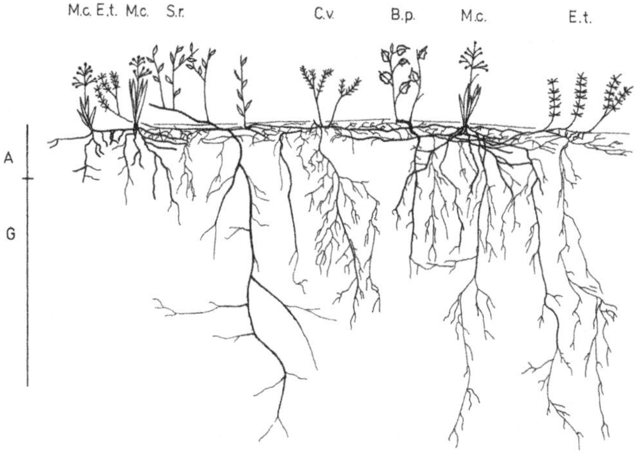

Abb. 20. Halbschematisches Vegetationsprofil durch eine Kriechweiden-Glockenheide-Feuchtheide (Salici repentis-Ericetum) auf Hiddensee. Nach SCHUBERT 1993 aus SCHUBERT et al. 1995. Bodenaufschluß 100 cm. M. c. – *Molinia caerulea*, C. v. – *Calluna vulgaris*, S. r. – *Salix repens*, B. p. – *Betula pubescens*, E. t. – *Erica tetralix*.

Glockenheide-Feuchtheiden auf Anmoor- und Gleypodsol-Böden. Primär in feuchten Dünentälern, sowie kleinflächig an Ufern von Moor- und Heidekolken, auch als Ersatzgesellschaften feuchter Eichen-Birkenwälder.

▽ Bei Nährstoffeintrag durch Vergrasung mit *Molinia caerulea* gefährdet, §.

BT Glockenheide-Feuchtheide (S 2.3) u. (T 4.5)

1 Im Bestand mit *Salix repens* und *Empetrum nigrum*, sowie *Juncus balticus*. Feuchtheiden der Dünentäler des Küstenbereiches **Salici repentis-Ericetum** S. 151

1* Im Bestand fehlen die genannten Arten. Feuchtheiden des Binnenlandes **Ericetum tetralicis** S. 152

Salici repentis-Ericetum (R. Tx. 1933) R. Tx. et Buchwald 1942 – Kriechweiden-Glockenheide-Feuchtheide (Abb. 20)
(Syn. Empetro-Ericetum tetralicis [R. Tx. 1937] Westh. ex de Smidt 1975)

V *Erica tetralix* (dom.) – Glocken-Heide
T *Salix repens* – Kriech-Weide
T *Empetrum nigrum* – Krähenbeere
H *Juncus squarrosus* – Sparrige Binse
T *Juncus balticus* – Baltische Binse
H *Sphagnum compactum* – Torfmoos
H *Sphagnum molle* – Torfmoos
H *Drosera rotundifolia* – Rundblättriger Sonnentau

Auf torfigen, im Winter oft überfluteten Böden in Dünentälern des Küstenbereiches. Auch im Sommer kann das Grundwasser bis an die Oberfläche reichen.

▽ Vergrasung durch *Molinia caerulea* gefährdet bei Nährstoffeintrag die Bestände, das Aufkommen von *Betula pubescens* und *Pinus sylvestris* leitet die Bewaldung ein, gefährdet 3, §.

Ericetum tetralicis (All. 1922) Jonas 1932 em. Schub. 1995 – Glockenheide-Feuchtheide
(incl. Calluno-Ericetum [Grosser 1956] Schub. 1960)

V *Erica tetralix* (dom.) – Glocken-Heide
K *Calluna vulgaris* – Heidekraut
H *Juncus squarrosus* – Sparrige Binse
H *Sphagnum compactum* – Torfmoos
H *Sphagnum molle* – Torfmoos
K *Vaccinium myrtillus* – Heidelbeere
H *Molinia caerulea* – Pfeifengras

Atlantische Feuchtheide, die durch die Dominanz von *Erica tetralix* bestimmt wird, der aber auch die anderen azidophilen Zwergsträucher beigesellt sind. Auf torfigen Standorten, die oft eine Überstauung durch Grundwasser erfahren (Anmoorgley, Pseudogley). Nach Osten bis in die niederschlagsreiche westliche Prignitz und in Talsenken in der Lausitz. Oft Ersatzgesellschaft feuchter Stieleichen-Birkenwälder oder Moorbirken-Kiefern-Moorwälder.

▽ Bei Nährstoffeintrag infolge Vergrasung durch *Molinia caerulea* und rasche Entwicklung zu feuchten Eichen-Birkenwäldern gefährdet 2, §.

7 Waldnahe Staudenfluren

7.1 **Trifolio-Geranietea sanguinei** Th. Müller 1962 – Thermophile und mesophile Saumgesellschaften

(Syn. Trifolietea medii van Gils et Kovács 1977)

K *Origanum vulgare* – Gewöhnlicher Dost
K *Clinopodium vulgare* – Wirbeldost
K *Coronilla varia* – Bunte Kronwicke
K *Astragalus glycyphyllos* – Bärenschote
K *Solidago virgaurea* – Gewöhnliche Goldrute
K *Hypericum perforatum* – Tüpfel-Hartheu, Johanniskraut

Mittel- bis hochwüchsige, staudenreiche, oft buntblütige Pflanzengesellschaften im Grenzbereich zwischen wärmeliebenden und trockenheitsertragenden Wäldern bzw. Gebüschen und der offenen Xerothermrasenvegetation, oft band- oder saumartig ausgebildet, mahd-, weide- und trittempfindlich. Faciesbildungen verschiedener Arten mit Polycormen (z. B. *Dictamnus albus, Geranium sanguineum, Melampyrum nemorosum, Peucedanum cervaria, Polygonatum odoratum, Vicia tenuifolia)*. Im Gegensatz zu den nitrophilen Säumen im frisch-feuchten Bereich sind die Standorte weniger nährstoffreich, im Allgemeinen warm-trocken und besonnt. Sie sind windgeschützt, oft nur kleinflächig ausgebildet. Bei fehlender Beweidung der angrenzenden Xerothermrasen z. T. flächiges Eindringen in die Rasen.
▽ Durch Verbuschung und Eutrophierung gefährdet, *.
BT Staudenfluren und Säume trockener Standorte (T 8.1)

Im Gebiet nur 1 Ordnung:

Origanetalia vulgaris Th. Müller 1961 – Thermophile und mesophile Saumgesellschaften

1 Relativ hochwüchsig, an trockenen und südexponierten Standorten in der Abfolge Wald-Gebüschmantel-Staudensaum-Xerothermrasen, an künstlichen und natürlichen Waldgrenzen, mit Xerothermrasenarten, häufig auf Kalk und kalkhaltigem Material **Geranion sanguinei** S. 153
1* Meist nur mittelhochwüchsig, an wasserhaushaltsmäßig stärker ausgeglichenen anthropogenen Wald- und Waldwegrändern, auch z. T. im offeneren Gelände; Kontakt zu Frischwiesen und Magerrasen, häufig mit Frischwiesenarten, auch nitrophile Ausbildungen auftretend **Trifolion medii** S. 156

Geranion sanguinei R. Tx. in Th. Müller 1961 – Thermophile Saumgesellschaften

V *Geranium sanguineum* – Blut-Storchschnabel
V *Peucedanum cervaria* – Hirschwurz
V *Melampyrum cristatum* – Kamm-Wachtelweizen
V *Anthericum ramosum* – Ästige Graslilie
V *Polygonatum odoratum* – Duft-Weißwurz, Salomonssiegel
V *Tanacetum corymbosum* – Ebensträußige Wucherblume
V *Campanula persicifolia* – Pfirsichblättrige Glockenblume

V *Aster linosyris* – Goldhaar-Aster
V *Aster amellus* – Berg-Aster
V *Inula hirta* – Rauhaariger Alant
V *Viola hirta* – Raues Veilchen
V *Trifolium rubens* – Langähriger Klee
T *Trifolium alpestre* – Wald-Klee, Hügel-Klee

Thermophile Trockensäume zwischen Gebüschmantel und Xerothermrasen, an künstlichen und natürlichen Waldgrenzen im Wärmestau vor dem Gebüsch (häufig in Nischen und kleinen Einbuchtungen), in häufig südexponierter Lage, Wechsel von Sonnen- und Schattenphasen.
▽ *.
BT wärmebedürftige Blutstorchschnabel-Säume (T 8.1.1)

1 Bestände von *Vicia tenuifolia* beherrscht, Vorkommen von *Campanula bononiensis* **Campanulo bononiensis-Vicietum tenuifoliae** S. 156
1* Bestände nicht von *Vicia tenuifolia* beherrscht 2
2 Bestände von *Libanotis montana* und *Silene nutans* beherrscht. Steilhanglagen der Kreideküste Rügens **Sileno nutantis-Libanotidetum montanae** S. 156
2* Bestände nicht von *Libanotis montana* beherrscht. Vorkommen im Binnenland 3
3 Bestände von *Bupleurum longifolium und Laserpitium latifolium* beherrscht, wärmeliebende Saumarten treten zurück **Bupleuro longifolii-Laserpitietum latifolii** S. 155
3* Bestände nicht von diesen Arten beherrscht. 4
4 Bestände von *Laserpitium siler* beherrscht, an steilen, südexponierten Hängen in der montanen Stufe der Kalkalpen **Laserpitietum sileris** S. 155
4* Bestände nicht von *Laserpitium siler* beherrscht 5
5 Bestände mit *Geranium sanguineum, Galium glaucum, Peucedanum cervaria* 6
5* Außer *Peucedanum cervaria* Fehlen der genannten Arten, Auftreten von *Adonis vernalis, Campanula sibirica, Filipendula vulgaris, Achillea collina,* an brandenburgischen Oderhängen **Adonido-Peucedanetum cervariae** S. 155
6 Auf Kalkuntergrund, auch auf Löß 7
6* Auf kalkarmem Untergrund, mit *Trifolium alpestre, Festuca cinerea, Anthericum liliago, Galium glaucum* **Geranio sanguinei-Trifolietum alpestris** S. 156
7 Mit Dominanz von *Peucedanum cervaria, Inula hirta, Tanacetum corymbosum, Polygonatum odoratum*, teilweise auch von *Dictamnus albus* **Geranio sanguinei-Peucedanetum cervariae** S. 154
7* Mit Dominanz von *Anemone sylvestris*, vor allem auf Löß in Südwestdeutschland **Geranio sanguinei-Anemonetum sylvestris** S. 155

Geranio sanguinei-Peucedanetum cervariae (Kuhn 1937) Th. Müller 1961 – Blutstorchschnabel-Hirschwurz-Saumgesellschaft

(Syn. Peucedanetum cervariae Kaiser 1926; incl. Geranio-Dictamnetum Wendelb. 1954 ex Th. Müller 1962, Melampyro cristati-Geranietum sanguinei W. Schum. 1977, Serratulo tinctoriae-Peucedanetum cervariae Türk et Meierott 1992, Potentillo albae-Peucedanetum cervariae Türk et Meierott 1992)

V *Geranium sanguineum* – Blut-Storchschnabel
V *Peucedanum cervaria* – Hirschwurz
V *Polygonatum odoratum* – Duft-Weißwurz, Salomonssiegel
V *Inula hirta* – Rauhaariger Alant
V *Dictamnus albus* – Diptam

Buntblütiger, hochwüchsiger Staudensaum im Komplex mit Xerothermwäldern auf Kalkstandorten im Kontakt zu Xerothermrasen. Diptam vor allem in ausgesprochen warmen Lagen in niederschlagsärmeren Gebieten (*Dictamnus albus*-Subass.). Muschelkalk- und Zechsteingebiete in Thüringen und Sachsen-Anhalt, Weser-Leine-Berg-

land, Mainfranken, Schwäbische und Fränkische Alb, Oberrheingebiet, Eifel, im norddeutschen Tiefland nur fragmentarisch. Klimatisch bedingte Rassenuntergliederung.
▽ Gefährdet 3, im Tiefland stark gefährdet 2, §, *.

Adonido-Peucedanetum cervariae Pass. 1979 – Adonis-Hirschwurz-Saumgesellschaft

V *Peucedanum cervaria* – Hirschwurz
T *Adonis vernalis* – Frühlings-Adonisröschen
T *Festuca brevipila* – Raublatt-Schwingel
T *Campanula sibirica* – Sibirische Glockenblume
T *Filipendula vulgaris* – Kleines Mädesüß
T *Achillea collina* – Hügel-Schafgarbe

Seltener Staudensaum im Kontakt mit kontinentalen Halbtrockenrasen auf neutral-basischen Geschiebemergeln. Brandenburgische Oderhänge.
▽ Stark gefährdet 2, *.

Geranio sanguinei-Anemonetum sylvestris Th. Müller 1961 – Anemonen-Saumgesellschaft
(Syn. Thalictro-Geranietum sanguinei Korneck 1974)

A *Anemone sylvestris* – Großes Windröschen, Große Anemone
T *Peucedanum oreoselinum* – Berg-Haarstrang

Von *Anemone sylvestris* beherrschte Saumgesellschaft an Böschungen, Waldlichtungen, hauptsächlich auf Löß und Kalk. Südliches Oberrheingebiet (vor allem Kaiserstuhl), Frankenalb, Hessen, westfälisches Weser- und Diemeltal.
▽ Stark gefährdet 2, §.

Bupleuro longifolii-Laserpitietum latifolii Th. Müller in Oberd. 1978 – Breitblattlaserkraut-Saumgesellschaft

A *Laserpitium latifolium* – Breitblättriges Laserkraut
A *Bupleurum longifolium* – Langblättriges Hasenohr

Selten in Hochlagen der süddeutschen Kalkhügelländer, hps. in halbschattigen Lagen. Thermophile Saumarten treten zurück bzw. fehlen. Schwäbische und Fränkische Alb, Steigerwald, Süd-Niedersachsen.
▽ *.

Laserpitietum sileris Springer 1987 – Berglaserkraut-Gesellschaft

A *Laserpitium siler* – Berg-Laserkraut
V *Polygonatum odoratum* – Duft-Weißwurz, Duft-Salomonssiegel
V *Anthericum ramosum* – Ährige Graslilie
O *Origanum vulgare* – Gewöhnlicher Dost
H *Vincetoxicum hirundinaria* – Weiße Schwalbenwurz
H *Calamagrostis varia* – Berg-Reitgras
H *Buphthalmum salicifolium* – Rindsauge

Selten an steilen südexponierten Kalkgesteins- und Schutthängen in der montanen Stufe der Bayerischen Kalkalpen.
▽ *.

Geranio sanguinei-Trifolietum alpestris Th. Müller 1962 – Blutstorchschnabel-Waldklee-Saumgesellschaft

(incl. Geranio sanguinei-Galietum glauci Marstaller 1969, Vicio cassubicae-Trifolietum alpestris [R. Tx. 1962] Pass. 1979, Teucrio scorodoniae-Polygonatetum odorati Korneck 1974)

A *Lathyrus niger* – Schwarze Platterbse
V *Geranium sanguineum* – Blut-Storchschnabel
V *Trifolium alpestre* – Wald-Klee, Hügel-Klee
V *Galium glaucum* – Blaugrünes Labkraut
H *Anthericum liliago* – Astlose Graslilie
H *Festuca pallens* – Bleicher Schwingel
H *Verbascum lychnites* – Mehlige Königskerze
H *Lychnis viscaria* – Pechnelke

Zerstreut als Staudensaum im Komplex mit wärmeliebenden Eichentrockenwäldern auf trockenen, kalkarmen bis kalkfreien Standorten im ostthüringischen Buntsandsteingenbiet, auch im Unterharz, Oberrhein- und Ahrgebiet, Donau- und Regental, Ausklingen nach Norddeutschland, in Brandenburg im Kontakt mit kontinentalen Halbtrockenrasen eine Ausbildung mit *Vicia cassubica*.
▽ Gefährdet 3, *.

Campanulo bononiensis-Vicietum tenuifoliae Krausch in Th. Müller 1962 em. Korneck 1974 – Gesellschaft der Schmalblättrigen Vogelwicke

(Syn. Rubo caesii-Vicietum tenuifoliae Pass. 1979)

A *Vicia tenuifolia* – Schmalblättrige Vogelwicke
A *Campanula bononiensis* – Bologneser Glockenblume

Zerstreut am Rande von Gebüschen und anderen Sekundärstandorten, zu Schleiergesellschaften tendierend. Brandenburgisches Odergebiet, Mittel-Mecklenburg, Thüringen und südliches Sachsen-Anhalt (Kalk und Keuper), in Südost-Niedersachsen die Nordwestgrenze der Verbreitung erreichend. *Vicia tenuifolia*-Bestände ohne *Campanula bononiensis* in warmen Lagen auf Kalkuntergrund auch in Rheinpfalz, Hessen, Schwäbischer Alb u. im Hegau verbreitet.
▽ Gefährdet 3, im Tiefland stark gefährdet 2, *.

Sileno nutantis-Libanotidetum montanae (Böch. 1945) Jeschke 1964 – Bergheilwurz-Saumgesellschaft

A *Libanotis pyrenaica* – Berg-Heilwurz
O *Origanum vulgare* – Gewöhnlicher Dost
T *Silene nutans* – Nickendes Leimkraut
V *Campanula persicifolia* – Pfirsichblättrige Glockenblume

Selten an Steilhangkanten der Kreideküsten auf Rügen.
▽ Sehr selten (R), *.

Trifolion medii Th. Müller 1962 – Mesophile Saumgesellschaften

V *Trifolium medium* – Mittel-Klee
V *Agrimonia eupatoria* – Kleiner Odermennig
T *Galium mollugo* – Wiesen-Labkraut
T *Achillea millefolium* – Gewöhnliche Schafgarbe
T *Veronica chamaedrys* – Gamander-Ehrenpreis

Lichtbedürftige mesophile Saumbestände mittlerer Wuchshöhe, vom Wasserhaushalt her stärker ausgeglichen als die Gesellschaften des Geranion sanguinei. An anthropogenen Saumstandorten wie Wald- und Waldwegrändern, Gebüschrändern und Böschungen, oft südexponiert, auch in Lichtungen und Auflichtungsphasen im Bereich von Eichen-Hainbuchen-, Perlgras-Buchen- und Kalk-Buchenwäldern.
BT mesophile Säume kalkreicher Standorte (T 8.1.2.2)

1 Von rankenden Wicken *(Vicia sylvatica, V.dumetorum)* beherrscht **Vicietum sylvaticae** S. 158
1* Nicht von rankenden Wicken beherrscht 2
1 Von *Melampyrum nemorosum* beherrscht **Trifolio medii-Melampyretum nemorosi** S. 157
2* Nicht von *Melampyrum nemorosum* beherrscht. 3
3 Von *Astragalus cicer* beherrscht **Trifolio medii-Astragaletum ciceris** S. 157
3* Nicht von *Astragalus cicer* beherrscht. 4
4 Von *Trifolium medium* und *Agrimonia eupatoria* bestimmt **Trifolio medii-Agrimonietum eupatoriae** S. 157
4* Außer von *Trifolium medium* und *Agrimonia eupatoria* von *Betonica officinalis, Galium boreale* und *Trifolium alpestre* bestimmt **Galio borealis-Betonicetum officinalis** S. 157

Trifolio medii-Agrimonietum eupatoriae Th. Müller 1962 – Odermennig-Saumgesellschaft
(incl. Agrimonio-Vicietum cassubicae Pass. 1967, Knautietum sylvaticae Oberd. ex Th. Müller 1978)

V *Trifolium medium* (opt.) – Mittel-Klee
V *Agrimonia eupatoria* (opt.) – Kleiner Odermennig

Verbreitet auf frischen bis trockenen, kalkreichen bis sauren Saumstandorten von der planaren bis zur montanen Stufe, fehlt im Nordwesten oder ist nur fragmentarisch ausgebildet (Schleswig-Holstein). Edaphisch und klimatisch bedingte Untereinheiten, Letzere teilweise als eigene Assoziationen gefasst, mit *Vicia cassubica* (subkont.) bzw.*Knautia sylvatica* (präalp.).
▽ Nach RL nur im Tiefland zurückgehend V, gebietsweise gefährdet (3).

Trifolio medii-Melampyretum nemorosi Dierschke 1973 – Hainwachtelweizen-Saumgesellschaft
(incl. Stachyo betonicae-Melampyretum nemorosi Pass. 1967)

A *Melampyrum nemorosum* (dom.) – Hain-Wachtelweizen
V *Trifolium medium* – Mittel-Klee
H *Betonica officinalis* – Heilziest

Verbreitet mit breiter standörtlicher Amplitude (Untereinheiten) an Wald- und Waldwegrändern, nach Nordwesten bis Weserbergland und Südost-Holstein.
▽ Zurückgehend V, im Tiefland gefährdet 3.

Trifolio medii-Astragaletum ciceri Reichh. in Hilb., H. D.Knapp et Reichh. 1982 – Kichertragant-Saumgesellschaft

A *Astragalus cicer* (dom.) – Kicher-Tragant
V *Trifolium medium* – Mittel-Klee

Zerstreut an Waldrandsäumen auf basenreichen Standorten.
▽ Zurückgehend vor allem in westlichen Gebieten V, im Tiefland gefährdet 3.

Galio borealis-Betonicetum officinalis Pass. 1979 – Heilziest-Saumgesellschaft

V *Trifolium medium* – Mittel-Klee
V *Agrimonia eupatoria* – Kleiner Odermennig
T *Trifolium alpestre* – Wald-Klee, Hügel-Klee
H *Betonica officinalis* – Heilziest
H *Galium boreale* – Nordisches Labkraut

Zerstreut an mäßig beschatteten Gebüsch- und Waldrändern auf Kalk- und Silikatgestein im submontan-montanen Bereich. Harz.
▽ Gefährdet (3).

Vicietum sylvaticae Oberd. et Th. Müller in Th. Müller 1962 –
Waldwicken-Saumgesellschaft
(incl. Stachyo-Vicietum sylvaticae Pass. [1967] 1980)

A *Vicia sylvatica* – Wald-Wicke
A *Vicia dumetorum* – Hecken-Wicke

Zerstreut auf frischen nährstoffreichen, etwas beschatteten Lehmstandorten am Rande von Gebüschen, an Waldwegen, auch direkt im Gebüsch wuchernd, zu den Schleiergesellschaften und nitrophilen Säumen überleitend. Im süd- und mitteldeutschen Bergland, auch im Gebiet der nördlichen Kalkalpen, im norddeutschen Tiefland fragmentarisch, oft ohne *Vicia dumentorum*.
▽ Zurückgehend V, im Tiefland stark gefährdet 2.

7.2 Stellario nemorum-Geranietea sylvatici Niem., Heinr. et Hilb. 1973 – Alpin- montane-Hochstauden- und Reitgras-Gesellschaften

(Syn. Betulo-Adenostyletea Br.-Bl. et R. Tx. 1943 p. p., Mulgedio-Aconitetea Hadač et Klika in Klika et Hadač 1944 p. p.)

K *Geranium sylvaticum* – Wald-Storchschnabel
K *Athyrium distentifolium* – Gebirgs-Frauenfarn
K *Ranunculus platanifolius* – Platanen- Hahnenfuß
K *Senecio hercynicus* – Hain-Greiskraut
K *Peucedanum ostruthium* – Meisterwurz
K *Chaerophyllum hirsutum* – Rauhaariger Kälberkropf
H *Stellaria nemorum* – Hain-Sternmiere
H *Lysimachia nemorum* – Hain-Gilbweiderich
H *Filipendula ulmaria* – Großes Mädesüß

Gehölzfreie submontane bis hochmontane Uferstauden-Gesellschaften und subalpin-alpine Hochstauden- und Reitgrasfluren. Wegen ihrer synstrukturellen Unterschiede zu den arktisch-alpinen Feuchtgebüschen in einer eigenen Klasse gefasst. An luftfeuchtes Lokalklima und Standorte mit relativ ausgeglichenem Wasserhaushalt im Bereich sickernden bzw. fließenden Oberflächenwassers gebunden. Ertragen länger anhaltende Schneebedeckung und eine relativ kurze Vegetationsperiode.

1 Hochstauden- und Reitgrasbestände der Alpen und der höchsten Lagen der Mittelgebirge mit *Cicerbita alpina, Rumex arifolius* und *Epilobium alpestre* **Adenostyletalia** S. 158
1* Uferfluren der montanen Lagen der Mittelgebirge und Alpen ohne die genannten Arten **Petasito-Chaerophylletalia** S. 163

Adenostyletalia G. Br.-Bl. et J. Br.-Bl. 1931 em. Schub. 1995 –
Alpin-hochmontane Hochstauden- und Reitgras-Gesellschaften
(incl. Calamagrostietalia villosae Pawł. et al. 1928)

O *Cicerbita alpina* – Alpen-Milchlattich
O *Adenostyles alliariae* – Grauer Alpendost
O *Cicerbita plumieri* – Französischer Milchlattich
O *Rumex arifolius* – Gebirgs-Sauerampfer
O *Epilobium alpestre* – Quirl-Weidenröschen
K *Ranunculus platanifolius* – Platanen-Hahnenfuß
K *Athyrium distentifolium* – Gebirgs-Frauenfarn

Hochstauden- und Reitgrasfluren der Alpen und der höchsten Lagen der Mittelgebirge an sickerfeuchten Standorten. In Mittelgebirgen an alpinen Elementen verarmt. Primär an Standorten, an denen der Wald von Natur aus zurückgewichen ist, z. B. an Quellmulden, , aber auch auf anthropogen waldfreien Flächen.
▽ Stark durch Melioration und Tourismus bedroht.

1 Krautreiche Staudengesellschaften an frischen bis sickerfeuchten Standorten 2
1* Durch das starke Auftreten von *Calamagrostis villosa* und *Athyrium distentifolium* und Zurücktreten anspruchsvollerer Hochstauden gekennzeichnete Bestände **Calamagrostion villosae** S. 161
2 Von hochwüchsigen Stauden wie *Cicerbita alpina, Adenostyles alliariae, Aconitum napellus* ssp. *tauricum, Chaerophyllum hirsutum, Petasites albus* gekennzeichnet **Adenostylion alliariae** S. 159
2* Von *Rumex alpinus* beherrscht, Auftreten von *Cirsium spinosissimum*, an überdüngten Viehlägern, an Hütten und Viehställen im alpinen Bereich **Rumicion alpini** S. 161

Adenostylion alliariae Br.-Bl. 1926 em. Schub. 1995 – Subalpine Hochstauden-Gesellschaften

(Syn. Delphinion elati Hadač 1962)

V *Achillea macrophylla* – Großblättrige Schafgarbe
V *Veronica urticifolia* – Nesselblättriger Ehrenpreis
V *Saxifraga rotundifolia* – Rundblättriger Steinbrech
V *Cortusa matthioli* – Alpen-Hellglöckel
V *Tozzia alpina* – Alpenrachen

Subalpine Hochstaudengesellschaften der Alpen und der höheren Mittelgebirge. Primär auf gehölzfeindlichen, sickerfeuchten, nährstoffreichen Standorten wie Lawinenbahnen, Steinschuttrunsen und an Bachufern, sekundär auf Waldverlichtungen und an Waldsäumen
▽ Gefährdet vor allem durch Betritt, §.
BT subalpine Hochstaudenfluren und Gebüsche (T 3.1.1)

1 Bestände von *Allium victorialis* beherrscht **Allietum victorialis** S. 159
1* Bestände nicht von *Allium victorialis* beherrscht 2
2 Bestände von *Aconitum napellus* ssp. *tauricum* beherrscht **Poo supinae-Aconitetum taurici** S. 159
2* Bestände von *Cicerbita alpina* beherrscht 2
3 Bestände mit *Adenostyles alliariae, Poa alpina, Myosotis alpestris und Saxifraga rotundifolia* **Adenostylo-Cicerbitetum alpinae** S. 160
3* Bestände ohne die genannten Arten, mit *Petasites albus, Senecio hercynicus und Luzula sylvatica* **Petasito albi-Cicerbitetum alpinae** S. 160

Allietum victorialis Springer 1993 – Allermannsharnisch-Gesellschaft

A *Allium victorialis* (dom.) – Allermannsharnisch
O *Adenostyles alliariae* – Grauer Alpendost

Selten in Mulden und Verflachungen von steilen west- bis nordexponierten Rasenhängen in Höhenlagen von 1300–2000 m ü. NN. Berchtesgadener Alpen.
▽ §.

Poo supinae-Aconitetum taurici Lipp. 1966 ex Springer 1996 nom. inv. – Eisenhut-Hochstaudengesellschaft

A *Aconitum napellus* ssp.*tauricum* – Blauer Taurischer Eisenhut
H *Rumex arifolius* – Gebirgs-Sauerampfer

T *Poa supina* – Läger-Rispengras
T *Phleum rhaeticum (= Phleum alpinum)* – Alpen-Lieschgras
T *Myosotis alpestris* – Alpen-Vergißmeinnicht

Selten in Mulden und Karrenfeldern in Höhenlagen über 1800 m, mit langer Schneebedeckung, daher mit Beteiligung von Schneetälchenarten. Berchtesgadener Alpen.
▽ §.

Adenostylo-Cicerbitetum alpinae Br.-Bl. 1950 – Alpendost-Alpenmilchlattich – Hochstaudengesellschaft
(Syn. Cicerbitetum alpinae Boll. 1921, Adenostylo-Mulgedietum [Br.-Bl. 1926] Oberd. 1957, Adenostyletum alliariae Pawł. 1928)

V *Saxifraga rotundifolia* – Rundblättriger Steinbrech
O *Cicerbita alpina* – Alpen-Milchlattich
O *Adenostyles alliariae* – Grauer Alpendost
O *Senecio alpinus* – Alpen-Greiskraut
O *Aconitum napellus* – Blauer Eisenhut
O *Epilobium alpestre* – Quirl-Weidenröschen
K *Senecio hercynicus* – Hain-Greiskraut
K *Ranunculus platanifolius* – Platanen-Hahnenfuß
T *Myosotis alpestris* – Alpen-Vergißmeinnicht
T *Poa alpina* – Alpen-Rispengras
T *Viola biflora* – Zweiblütiges Veilchen

Subalpine Hochstaudengesellschaft an natürlich waldfreien, tiefgründigen, nährstoffreichen, sickerfeuchten Standorten wie Lawinenbahnen, Steinschuttrunsen und Quellmulden, aber auch auf anthropogen waldfreien Flächen, z. B. nach Schlag von Grünerlenbeständen oder auf feuchten, nicht mehr genutzten Weiden. Kontakt mit Lägerfluren des Rumicion alpini. Alpen, Bayerischer Wald, Schwarzwald.
▽ Gelegentlich durch Melioration und Tourismus gefährdet, zurückgehend (V), §.

Petasito albi- Cicerbitetum alpinae R. Tx. 1931 – Weißpestwurz-Alpenmilchlattich-Hochstauden-Gesellschaft
(incl. Ranunculo platanifolii-Cicerbitetum alpinae [Kästn. 1938] Niem. 1973)

O *Cicerbita alpina* – Alpen-Milchlattich
O *Rumex arifolius* – Gebirgs-Sauerampfer
O *Epilobium alpestre* – Quirl-Weidenröschen
K *Senecio hercynicus* – Hain-Greiskraut
T *Streptopus amplexifolius* – Stengelumfassender Knotenfuß
T *Petasites albus* – Weiße Pestwurz
H *Prenanthes purpurea* – Purpur-Hasenlattich

In sickerfeuchten Mulden und an kleinen kalten Quellbächen der höchsten Lagen der hohen Mittelgebirge, meist nur kleinflächig ausgebildet. Sauerland, Rhön, Harz, Erzgebirge. Die syntaxonomische Stellung der verschiedenen Bestände der Weißen Pestwurz ist noch unklar, sie werden häufig nur als ranglose Gesellschaften geführt. Von *Petasites albus* beherrschte, nur mäßig hohe Bestände, die von den Alpen über die hohen Lagen der ostbayerischen Mittelgebirge bis in die Rhön und das Erzgebirge anzutreffen sind, könnten auch zum Arunco-Petasitetum albi Br.-Bl. et Sutter 1977 gestellt werden.
▽ Durch Melioration und Tourismus stark gefährdet 2, §.

Rumicion alpini Rübel ex Klika in Klika et Hadač 1944 – Subalpine und alpine Läger-Gesellschaften

V *Rumex alpinus* – Alpen-Ampfer
V *Cirsium spinosissimum* – Alpen-Kratzdistel
V *Veratrum album* – Weißer Germer
O *Adenostyles alliariae* – Grauer Alpendost
K *Aconitum napellus* – Blauer Eisenhut

BT subalpine Lägerfluren (T 3.1.2)

1 Bestände von *Rumex alpinus* beherrscht, meist an Viehlägern und -unterständen im subalpinen und hochmontanen Bereich **Rumicetum alpini** S. 161
1* Neben *Rumex alpinus* mit *Cirsium spinosissimum, Peucedanum ostruthium* und *Deschampsia cespitosa*, an Viehlägern im alpinen Bereich **Peucedano ostruthii-Cirsietum spinosissimi** S. 161

Rumicetum alpini Beger 1922 – Alpenampfer-Läger-Gesellschaft

V *Rumex alpinus* (dom.) – Alpen-Ampfer
V *Rumex arifolius* – Gebirgs-Sauerampfer
V *Senecio alpinus* – Alpen-Greiskraut
H *Urtica dioica* – Große Brennnessel

Dichte Bestände auf den am stärksten eutrophierten, frischen bis feuchten, verdichteten Standorten an Dungstellen, Viehunterständen und -lagerplätzen, oft in Mulden unterhalb der Ställe und Hütten, wo sich Jauche, Abwasser und Regen- und Schmelzwasser sammelt. In der subalpinen bis hochmontanen Stufe der bayerischen Alpen, auch im Hochschwarzwald und im hohen Fichtelgebirge.
▽ *.

Peucedano ostruthii-Cirsietum spinosissimi G. et J. Br.-Bl. 1931 – Alpenkratzdistel- Läger-Gesellschaften

(Syn. Peucedanetum ostruthii Rübel 1911)

A *Cirsium spinosissimum* – Alpen-Kratzdistel
K *Peucedanum ostruthium* – Meisterwurz
K *Geranium sylvaticum* – Wald-Storchschnabel
H *Deschampsia cespitosa* – Rasen-Schmiele

Zerstreut auf frischen bis feuchten, sehr nährstoffreichen beweideten Flächen an Sennhütten und Viehlägern in der subalpinen und vor allem der alpinen Stufe des bayerischen Alpenraumes. Teilweise Dominanz der Rasenschmiele bei stärkerer Bodenvernässung und Beweidungsrückgang. Auftreten des Gesellschaft auch an Gämseneinstandsgebieten.
▽ §.

Calamagrostion villosae Pawł. et al. 1928 – Subalpine Reitgras-Gesellschaften

(Syn. Calamagrostion villosae Luq. 1926 em. Oberd. 1957, Dryopteridi-Athyrion distentifolii Holub in Holub et al. 1967)

V *Calamagrostis villosa* – Wolliges Reitgras
V *Calamagrostis arundinacea* – Wald-Reitgras
V *Hieracium aurantiacum* – Orangerotes Habichtskraut
V *Hieracium prenanthoides* – Hasenlattich-Habichtskraut
V *Knautia dipsacifolia* – Wald-Witwenblume
H *Allium victorialis* – Allermannsharnisch

Subalpine Hochgrasgesellschaften in der Waldgrenzstufe der Alpen und der Mittelgebirge auf nährstoffreichen, kalkarmen, sommerwarmen Standorten
▽ Gefährdet, §.
BT Gebirgs-Hochgrasfluren (T 3.1.6)

1 Bestände durch die Dominanz von *Athyrium distentifolium* gekennzeichnet
Athyrietum alpestris S. 162
1* Bestände nicht durch die Dominanz von *Athyrium distentifolium* gekennzeichnet **2**
2 Bestände mit *Centaurea montana, Calamagrostis arundinacea, Digitalis grandiflora* und einzeln stehenden Gehölzen von *Sorbus chamaemespilus* und *Sorbus aria*, in Südwestdeutschland
Centaureo montanae-Calamagrostietum arundinaceae S. 162
2* Bestände ohne einzelne *Sorbus*-Gehölze, Feldschicht mit *Calamagrostis villosa* und *Campanula scheuchzeri* **Campanulo scheuchzeri-Calamagrostietum villosae** S. 163

Athyrietum alpestris E. Schmid 1923 – Gebirgsfrauenfarn-Gesellschaft
(Syn. Calamagrostio villosae-Athyrietum distentifolii (Wendelb. 1960) Schlüt. et Niem. 1965, Athyrietum distentifolii Nordh. 1928, Athyrietum distentifolii Schlüt. 1966)

V *Calamagrostis villosa* – Wolliges Reitgras
K *Athyrium distentifolium* (dom.) – Gebirgs-Frauenfarn
K *Senecio hercynicus* – Hain-Greiskraut
T *Lastrea limbosperma* – Bergfarn
T *Dryopteris dilatata* – Breitblättriger Dornfarn
H *Oxalis acetosella* – Wald-Sauerklee
H *Avenella flexuosa* – Drahtschmiele, Schlängelschmiele

Farn-, gras- und hochstaudenreiche Bestände an Abflussrinnen und Quellgräben der höchsten Lagen der Mittelgebirge und an Lawinenbahnen in der subalpinen Stufe der Alpen auf sickerfeuchten, basenreichen aber kalkarmen Böden mit kühl-feuchten, schneereichen Verhältnissen. Häufig Ersatzgesellschaft bachbegleitender Fichtenwälder. Meist kleinflächig entwickelt.
▽ In Mittelgebirgen gefährdet (3), §.

Centaureo montanae-Calamagrostietum arundinaceae J. et M. Bartsch 1940 – Bergflockenblumen-Waldreitgras-Gesellschaft
(Syn. Sorbo-Calamagrostietum arundinaceae Oberd. [1936] 1957 em. Carbiener 1969)

S: T *Sorbus chamaemespilus* – Zwerg-Mehlbeere
T *Sorbus aria* – Echte Mehlbeere
T *Sorbus aucuparia* – Eberesche
T *Rosa pimpinellifolia* – Pimpinell-Rose
F: V *Calamagrostis arundinacea* (dom.) – Wald-Reitgras
T *Centaurea montana* – Berg-Flockenblume
T *Digitalis grandiflora* – Großblütiger Fingerhut
T *Rubus saxatilis* – Felsen-Himbeere

Von einzeln stehenden *Sorbus*-Arten bestandene, von *Calamagrostis arundinacea* beherrschte Hochgrasflur in der subalpinen Stufe des Süd-Schwarzwaldes. Oft an Karwänden und unter Felsen in Kammnähe. Reliktgesellschaft der postglazialen Wärmezeit.
▽ Gefährdet (3), §.

Campanulo scheuchzeri-Calamagrostietum villosae Karner et Muc. in Grabh. et Muc. 1993 – Gesellschaft des Wolligen Reitgrases und Scheuchzers Glockenblume (Syn. *Hieracium aurantiacum-Calamagrostis villosa*-Ges. Lipp. 1966, Calamagrostietum villosae E. Schmid 1923)

V *Hieracium aurantiacum* – Orangerotes Habichtskraut
O *Adenostyles alliariae* – Grauer Alpendost
T *Calamagrostis villosa* (dom.) – Wolliges Reitgras
T *Campanula scheuchzeri* – Scheuchzers Glockenblume
T *Potentilla aurea* – Gold-Fingerkraut

Von *Calamagrostis villosa* beherrschte, hochstaudenreiche Hochgrasgesellschaft auf mergeligen Böden in der subalpinen Stufe der Berchtesgadener Alpen
∇ Gefährdet (3), §.

Petasito hybridi-Chaerophylletalia hirsuti Morariu 1967 – Montane Pestwurz-Kälberkropf-Hochstauden-Gesellschaften

K *Geranium sylvaticum* – Wald-Storchschnabel
K *Chaerophyllum hirsutum* – Rauhaariger Kälberkropf
H *Lysimachia nemorum* – Hain-Gilbweiderich
H *Stellaria nemorum* – Hain-Sternmiere
H *Filipendula ulmaria* – Großes Mädesüß
H *Polygonum bistorta* – Wiesen-Knöterich

Stauden-Ufersäume der montanen Stufe im Bereich zwischen Sommer-Mittelwasser und mittlerer Hochwasserlinie auf nährstoffreichen, oft quelligen Standorten. Meist Saum- und Ersatzgesellschaften erlenreicher Wälder.

Im Gebiet nur 1 Verband:

Petasito hybridi-Chaerophyllion hirsuti Sillinger 1933 em. Niem., Heinr. et Hilb. 1973 – Pestwurz-Kälberkropf-Hochstauden-Gesellschaften
(incl. Chaerophyllo-Petasition hybridi Kopecký 1968)

1 Dichte Pestwurzbestände 2
1* Keine Pestwurzbestände, andere Stauden dominieren 4
(zu Hochstaudenfluren mit *Chaerophyllum hirsutum* und *Geranium sylvaticum* s. auch unter Filipendulion ulmariae S. 334)
2 *Petasites albus*-Bestände siehe **Petasito albi-Cicerbitetum alpinae** S. 160
2* *Petasites hybridus*-Bestände, moosreich 3
(zu *Petasites hybridus*-Beständen mit Verbreitungsschwerpunkt in der kollinen Stufe s. unter Aegopodion S. 177)
3 Mit *Chaerophyllum hirsutum* **Chaerophyllo hirsuti-Petasitetum hybridi** S. 164
3* Mit *Cardamine amara, Stellaria uliginosa, Circaea intermedia*, quellige Standorte **Cardamine amarae-Petasitetum hybridi** S. 164
4 (1*) Mädesüß-Bestände (*Filipendula ulmaria*) mit *Chaerophyllum hirsutum*, z. T. auch mit *Epilobium hirsutum* **Chaerophyllo hirsuti-Filipenduletum ulmariae** S. 164
(s. auch bei Filipendulion S. 334)
4* *Filipendula ulmaria* nicht dominierend, Auftreten von *Geranium sylvaticum* und *Ranunculus aconitifolius* bzw. *R. platanifolius* 5
5 Neben *Geranium sylvaticum* dominiert *Ranunculus platanifolius* **Ranunculo platanifolii-Geranietum sylvatici** S. 165
5* Neben *Geranium sylvaticum* dominiert *Chaerophyllum hirsutum* 6
6 Auftreten von *Ranunculus aconitifolius* **Chaerophyllo hirsuti-Ranunculetum aconitifolii** S. 165

6* *Ranunculus aconitifolius* fehlt den von *Chaerophyllum hirsutum* und teilweise von *Geranium sylvatichum* dominierten Beständen **Geranio sylvatici-Chaerophylletum hirsuti** S. 164

Chaerophyllo hirsuti-Petasitetum hybridi Kaiser 1926 – Rauhaarkälberkropf-Pestwurz-Gesellschaft

T *Petasites hybridus* (dom.) – Gewöhnliche Pestwurz
K *Chaerophyllum hirsutum* – Rauhaariger Kälberkropf
H *Stellaria nemorum* – Hain-Sternmiere
H *Alchemilla vulgaris* agg. – Gewöhnlicher Frauenmantel
H *Filipendula ulmaria* – Großes Mädesüß
H *Polygonum bistorta* – Wiesen-Knöterich

Pestwurzflur an Fluss- und Bachufern in der montanen Stufe der Mittelgebirge und Alpen, meist über 400 m ü. NN, in den Alpen bis in die subalpine Stufe aufsteigend, mit hohem Anteil von Wald- und Waldsaumarten, moosreich.
▽ §.
BT Pestwurzfluren (L 5.2.5.1)

Cardamine amarae-Petasitetum hybridi Hilb., Heinr. et Niem. 1972 – Bitterschaumkraut-Pestwurz-Gesellschaft

T *Petasites hybridus* (dom.) – Gewöhnliche Pestwurz
T *Cardamine amara* – Bitteres Schaumkraut
T *Circaea intermedia* – Mittleres Hexenkraut
T *Stellaria uliginosa* – Quell-Sternmiere
T *Veronica beccabunga* – Bach-Ehrenpreis, Bachbunge

Pestwurzflur auf ganzjährig feuchten bis nassen Bach- und Flussschottern und quellig überrieselten Standorten in der submontan-montanen Stufe der Mittelgebirge. Geringer Anteil nitrophiler Arten, Beziehungen zu Quellflur-Gesellschaften.
▽ §.

Chaerophyllo hirsuti-Filipenduletum ulmariae Niem., Heinr. et Hilb. 1973 – Rauhaarkälberkropf-Mädesüß-Gesellschaft
(incl. Epilobio hirsuti-Filipenduletum ulmariae Niem., Heinr. et Hilb. 1973)

T *Filipendula ulmaria* – Großes Mädesüß
T *Epilobium hirsutum* – Rauhaariges Weidenröschen
K *Chaerophyllum hirsutum* – Rauhaariger Kälberkropf
H *Geranium palustre* – Sumpf-Storchschnabel
H *Stellaria nemorum* – Hain-Sternmiere
H *Urtica dioica* – Große Brennnessel

Staudenflur an Uferböschungen und auf abgebrochenem Ufermaterial zwischen mittlerer Hochwasser- und Sommer-Mittelwasserlinie in der hochkollin-montanen Stufe.
▽ §.

Geranio sylvatici-Chaerophylletum hirsuti Kästn.1938 em. Niem., Heinr. et Hilb.1973 – Waldstorchschnabel-Rauhaarkälberkropf- Gesellschaft
(incl. *Senecio rivularis-Chaerophyllum hirsutum*-Gesellschaft Wörz 1989, *Senecio alpinus-Chaerophyllum hirsutum*-Gesellschaft Wörz 1989)

K *Chaerophyllum hirsutum* (dom.) – Rauhaariger Kälberkropf
K *Geranium sylvaticum* (opt.) – Wald-Storchschnabel
H *Alchemilla vulgaris agg.* – Gewöhnlicher Frauenmantel
H *Polygonum bistorta* – Wiesen-Knöterich
H *Senecio rivularis* – Krauses Greiskraut

H *Senecio alpinus* – Alpen-Greiskraut
H *Senecio ovatus* – Fuchssches Greiskraut

An rasch fließenden sauberen Quellbächen und Bachoberläufen der mittel- und süddeutschen Mittelgebirge auf saurem, feinbodenarmem Untergrund bei gleichmäßiger Wasserführung. Löst mit zunehmender Höhenlage das Chaerophyllo hirsuti-Filipenduletum ulmariae ab.
▽ §.

Chaerophyllo hirsuti-Ranunculetum aconitifolii Oberd. 1952 –
Kälberkropf-Eisenhuthahnenfuß-Gesellschaft

A *Ranunculus aconitifolius* – Eisenhut-Hahnenfuß
K *Chaerophyllum hirsutum* – Rauhaariger Kälberkropf
K *Geranium sylvaticum* – Wald-Storchschnabel
H *Caltha palustris* – Sumpf-Dotterblume
H *Filipendula ulmaria* – Großes Mädesüß

Zerstreut an nicht beweideten und nur gelegentlich gemähten Ufersäumen und Quellsümpfen der montanen und hochmontanen Stufe (bis 1300 mm) auf basen- und humusreichen Gleyböden, sekundär an Gräben in montanen Wiesen. Alpen und Alpenvorland, Schwarzwald, Eifel, Ebbe- und Rothaargebirge, Bayerischer Wald.
▽ §.

Ranunculo platanifolii-Geranietum sylvatici Stöck.1962 –
Platanenhahnenfuß-Waldstorchschnabel-Gesellschaft

K *Ranunculus platanifolius* – Platanen-Hahnenfuß
K *Geranium sylvaticum* – Wald-Storchschnabel
H *Filipendula ulmaria* – Großes Mädesüß
H *Phalaris arundinacea* – Rohr-Glanzgras
H *Matteuccia struthiopteris* – Straußenfarn

Selten an feinerde- und geröllhaltigen Flussufern in der höheren kollinen und submontanen Stufe, bisher nur vom Harz bekannt.
▽ §.

7.3 **Melampyro pratensis-Holcetea mollis** Pass. 1979 – Azidophile Saumgesellschaften

K *Melampyrum pratense* – Wiesen-Wachtelweizen
K *Holcus mollis* – Weiches Honiggras
H *Avenella flexuosa* – Drahtschmiele, Schlängelschmiele
H *Agrostis capillaris* – Rot-Straußgras
H *Luzula campestris* – Gewöhnliche Hainsimse
H *Lathyrus linifolius* – Berg-Platterbse
H *Hieracium lachenalii* – Gewöhnliches Habichtskraut
H *Hieracium laevigatum* – Glattes Habichtskraut
H *Vaccinium myrtillus* – Heidelbeere, Blaubeere

Grasreiche Saumgesellschaften mittelhoher bis niedriger Arten an den Rändern von Wäldern, Forsten und Gebüschen im sauren Bereich, eine Zwischenstellung zwischen azidophilen Schlagflur- und mesophilen Saumgesellschaften einnehmend.

Nur 1 Ordnung:

Melampyro pratensis-Holcetalia Pass. (1967) 1979 – Azidophile Saumgesellschaften

1 Relativ niedrigwüchsige Krautsäume mit dominantem Auftreten von *Melampyrum pratense* oder *Teucrium scorodonia* **Melampyrion pratensis** S. 166
1* Grasreiche Säume mit starkem Auftreten von *Avenella flexuosa* und *Holcus mollis* **Potentillo erectae-Holcion mollis** S. 166

Melampyrion pratensis Pass. (1967) 1979 – Krautreiche, azidophile Saumgesellschaften

V *Teucrium scorodonia* – Salbei-Gamander
V *Lathyrus linifolius* – Berg-Platterbe
V *Hieracium umbellatum* – Dolden-Habichtskraut
K *Melampyrum pratense* – Wiesen-Wachtelweizen
K *Holcus mollis* – Weiches Honiggras

Relativ niedrigwüchsige, einförmige Krautsäume mit Beteiligung azidophiler Gräser.
BT mesophile Säume kalkarmer Standorte (T 8.2.1)

1 Mit *Melampyrum pratense* (dom.) **Lathyro montani-Melampyretum pratensis** S. 166
1* Mit *Teucrium scorodonia* (dom.) **Holco mollis-Teucrietum scorodoniae** S. 166

Lathyro montani-Melampyretum pratensis Pass. 1967 – Wiesenwachtelweizen-Saumgesellschaft
(incl. Luzulo-Melampyretum pratensis Pass. 1979, Hieracio-Melampyretum pratensis Th. Müller 1978)

V/A *Lathyrus linifolius (= L.montanus)* – Berg-Platterbse
K *Melampyrum pratense* (dom.) – Wiesen-Wachtelweizen
H *Agrostis capillaris* – Rot-Straußgras
H *Luzula luzuloides* – Schmalblättrige Hainsimse

Zerstreut an bodensauren Wald- und Waldwegrändern von der planaren bis zur submontanen Stufe, in den höheren Lagen vorwiegend im Bereich des Luzulo-Fagion.
▽ Gefährdet 3.

Holco mollis-Teucrietum scorodoniae (Phil. 1971) Pass. 1979 – Salbeigamander-Saumgesellschaft
(incl. Teucrio scorodoniae-Centaureetum nemoralis Th. Müller 1961, Trifolio medii-Vicietum orobi Riv.-Mart. et Mayor in Mayor 1965, Teucrio scorodoniae-Campanuletum baumgartenii [Hailer 1968] R. Knapp 1976)

V *Teucrium scorodonia* (dom.) – Salbei-Gamander
K *Holcus mollis* – Weiches Honiggras

Zerstreut an bodensauren Wald- und Wegrändern und Waldlichtungen im Kontakt zu Eichen-Birken-Wäldern, Fichtenforsten und Ginster-Gebüschen. Schleswig-Holstein (Geest) und subatlantisch geprägte Silikat-Mittelgebirge, das hier eingeschlossene Trifolio-Vicietum orobi nur im Spessart und in der Nordeifel sehr selten.
▽ Gefährdet 3, im Tiefland stark gefährdet 2.

Potentillo erectae-Holcion mollis Pass. 1967 – Grasreiche, azidophile Saumgesellschaften

K *Holcus mollis* – Weiches Honiggras
H *Avenella flexuosa* – Drahtschmiele, Schlängelschmiele

H *Agrostis capillaris* – Rot-Straußgras
H *Potentilla erecta* – Tormentill, Blutwurz
H *Campanula rotundifolia* – Rundblättrige Glockenblume

Grasreiche, azidophile Säume an Wald-, Forst- und Gebüschrändern, mit starkem Auftreten von *Holcus mollis* und *Avenella flexuosa*.

1 *Holcus mollis*-reiche Säume auf armen, frischen bis feuchten Standorten 2
1* *Avenella flexuosa*-reiche Säume auf sehr armen, frischen bis trockenen Standorten 3
2 Waldsäume auf feuchten Standorten im Kontakt zu Alnion, Molinio-Quercion und Frangula-Gebüschen, vom norddeutschen Tiefland bis zum Hügelland, mit *Lysimachia vulgaris*, *Juncus effusus*, *Ranunculus repens* **Lysimachio vulgaris-Holcetum mollis** S. 167
2* An Waldrändern und -wegen im Bereich montaner Fichtenforste, mit dominanter Entwicklung von *Meum athamanticum* und *Galium harcynicum*, auch an *Nardus*-Rasen grenzend **Meo-Holcetum mollis** S. 167
3 (1*) Von der planaren bis zur submontanen Stufe, mit *Hieracium lachenalii* und *H. laevigatum* **Hieracio-Avenelletum flexuosae** S. 167
3* In der montanen Stufe, mit *Galium harcynicum* **Galio harcynici-Avenelletum flexuosae** S. 167

Lysimachio vulgaris-Holcetum mollis (Dierschke et R. Tx. 1975) Pass. 1979 – Gilbweiderich-Honiggras-Saumgesellschaft

K *Holcus mollis* – Weiches Honiggras
H *Agrostis capillaris* – Rot-Straußgras
H *Potentilla erecta* – Tormentill, Blutwurz
T *Lysimachia vulgaris* – Gewöhnlicher Gilbweiderich
T *Juncus effusus* – Flatter-Binse

An feuchten Saumstandorten im Kontakt zu Alnion, Molinio-Quercion und Frangula-Gebüschen; vom norddeutschen Tiefland bis zum Hügelland.
▽ *.

Meo-Holcetum mollis Pass. 1979 – Bärwurz-Honiggras-Saumgesellschaft

K *Holcus mollis* – Weiches Honiggras
T *Meum athamanticum* – Bärwurz
T *Galium harcynicum* – Harz-Labkraut

An Waldrändern und -wegen im Bereich montaner Fichtenforste.

Hieracio-Avenelletum flexuosae (Bräut. 1972) Pass. 1979 – Habichtskraut-Schlängelschmielen- Saumgesellschaft

H *Hieracium lachenalii* – Gewöhnliches Habichtskraut
H *Hieracium laevigatum* – Glattes Habichtskraut
H *Campanula rotundifolia* – Rundblättrige Glockenblume
H *Avenella flexuosa* – Drahtschmiele, Schlängelschmiele

An Rändern von Nadelforsten, Wäldern und Gebüschen auf armem, saurem Untergrund von der planaren bis zur submontanen Stufe.

Galio harcynici-Avenelletum flexuosae (Bräut. 1972) Pass. 1979 – Harzlabkraut-Schlängelschmielen-Saumgesellschaft

H *Avenella flexuosa* – Drahtschmiele, Schlängelschmiele
H *Hieracium maculatum* – Geflecktes Habichtskraut
H *Hypericum maculatum* – Kanten-Hartheu
K *Holcus mollis* – Weiches Honiggras
T *Galium harcynicum* – Harz-Labkraut
T *Arnica montana* – Arnika, Berg-Wohlverleih

Verbreitet auf armen, sauren Standorten als Waldsaum der Fichten- und Fichten-Buchen-Wälder der montanen Stufe.

7.4 **Epilobietea angustifolii** R. Tx. et Prsg. in R. Tx. 1950 em. Pass. 1956 – Schlagfluren, Kahlschlag-Gesellschaften

K *Epilobium angustifolium* – Schmalblättriges Weidenröschen
K *Gnaphalium sylvaticum* – Wald-Ruhrkraut
K *Rubus idaeus* – Himbeere
H *Cirsium palustre* – Sumpf-Kratzdistel

Gesellschaften auf Kahlschlägen und Waldlichtungen z. B. nach Windwurf oder Waldbrand, besonders üppig auf Kahlschlägen standortsfremder Nadelholzforsten. Die Entwicklung verläuft von Pionierstadien mit hohem Anteil annueller Arten über stauden- und grasreiche Bestände in wenigen Jahren zu Kahlschlaggebüschen (s. S. 115). Starke Besonnung der bisher waldbestandenen Flächen, beschleunigter Streuabbau mit starker Stickstoffmineralisation und höhere Bodenfeuchte infolge geringer Transpiration unterscheiden die Standorte der Kahlschläge von denen des vorher hier stockenden Waldes.
BT Krautige Waldlichtungsfluren (T 2.2)

Im Gebiet nur 1 Ordnung:

Atropetalia belladonnae Vlieg. 1937

(Syn. Epilobietalia angustifolii [Vlieg. 1937]) R. Tx. 1950 em. Pass. 1956)

1 Schlaggesellschaften auf ärmeren sauren Böden, von *Epilobium angustifolium* beherrscht, Auftreten von Arten saurer Standorte wie *Avenella flexuosa, Rumex acetosella, Agrostis capillaris, Carex pilulifera* **Carici piluliferae-Epilobion angustifolii** S. 168

1* Schlaggesellschaften auf reicheren, kalkreichen-neutralen Böden, häufig auch an Waldrändern und breiten Waldwegen, von *Atropa belladonna, Arctium nemorosum* oder *Senecio ovatus* beherrscht; Auftreten von Arten frischer, nährstoffreicher Wälder wie *Fragaria vesca, Galium odoratum, Festuca gigantea* **Atropion belladonnae** S. 170

Carici piluliferae-Epilobion angustifolii R. Tx. 1950 – Schlagflurgesellschaften saurer Standorte

(Syn. Epilobion angustifolii Soó 1933, Epilobion angustifolii Rübel 1933, Epilobion angustifolii [Rübel 1933] Soó 1933 em. R. Tx. 1950)

V *Senecio sylvaticus* – Wald-Greiskraut
V *Senecio viscosus* – Klebriges Greiskraut
K *Epilobium angustifolium* – Schmalblättriges Weidenröschen
H *Rumex acetosella* – Kleiner Sauerampfer
H *Avenella flexuosa* – Drahtschmiele, Schlängelschmiele
H *Agrostis capillaris* – Rot-Straußgras
H *Carex pilulifera* – Pillen-Segge
H *Calamagrostis epigejos* – Land-Reitgras

Schlagfluren auf ärmeren sauren Böden, von *Epilobium angustifolium* beherrscht.
BT Krautige Waldlichtungsfluren auf sauren Böden (T 2.2.1)

1 Von Gräsern bestimmt 2
1* Von Kräutern bestimmt 6
2 Massenbestände von *Calamagrostis epigejos* **Calamagrostietum epigeji** S. 170

2* *Calamagrostis epigejos* nicht bestandsbestimmend 3
3 Massenbestände von *Calamagrostis villosa*, häufig mit *Galium harcynicum* und *Trientalis europaea*, auch mit *Digitalis purpurea* **Trientali europaeae-Calamagrostietum villosae** S. 170
3* *Calamagrostis villosa* nicht bestandsbestimmend 4
4 Vorherrschen von *Calamagrostis arundinacea*, Auftreten von *Luzula luzuloides* und weiteren Waldarten 5
4* Vorherrschen von *Avenella flexuosa* und Zwergsträuchern, vor allem *Vaccinium myrtillus* **Carici piluliferae-Avenelletum flexuosae** S. 170
5 Neben *Calamagrostis arundinacea* bestimmt *Digitalis grandiflora* die Bestände **Digitali ambiguae-Calamagrostietum arundinaceae** S. 170
5* Ohne *Digitalis grandiflora* **Epilobio angustifolii-Calamagrostietum arundinaceae** S. 170
6 (1*) Starkes Auftreten von *Digitalis purpurea* **Epilobio angustifolii-Digitalietum purpureae** S. 169
6* Ohne *Digitalis purpurea* 7
7 Von *Ceratocapnos claviculata* beherrscht **Epilobio-Corydaletum claviculatae** S. 169
7* Ohne *Ceratocapnos claviculata* **Senecioni sylvatici-Epilobietum angustifolii** S. 169

Senecioni sylvatici-Epilobietum angustifolii R. Tx. 1937 –
Waldgreiskraut-Weidenröschen-Gesellschaft
(Syn. Epilobietum angustifolii Rübel 1933, Senecioni-Chamaenerietum [R. Tx. 1937] Soó 1961, Senecio fuchsii-Chamaenerietum angustifolii Wendelb. 1971; incl. Senecioni-Rumicetum acetosellae Pass. 1981)

V *Senecio sylvaticus* – Wald-Greiskraut
V *Senecio viscosus* – Klebriges Greiskraut
K *Epilobium angustifolium* – Schmalblättriges Weidenröschen
H *Rumex acetosella* – Kleiner Sauerampfer

Häufig auf sauren, sandig-lehmigen Böden von der planaren bis zur kollinen (submontanen) Stufe auf Standorten bodensaurer Rotbuchen- und Eichenwälder, außerhalb des Wuchsbereiches des Epilobio-Digitalietum purpureae bis an die subalpine Waldgrenze.

Epilobio angustifolii-Digitalietum purpureae (Chouard 1925) Schwick. 1944 –
Weidenröschen-Fingerhut-Gesellschaft

A *Digitalis purpurea* – Roter Fingerhut
K *Epilobium angustifolium* – Schmalblättriges Weidenröschen

Häufig auf sauren, armen bis mäßig nährstoffversorgten lehmigen Böden in der submontanen und montanen Stufe der subatlantisch getönten Mittelgebirge und des Nordalpenrandes auf Standorten bodensaurer Rotbuchenwälder bzw. deren Nadelholzforste. In Nordwestdeutschland auch in der planaren Stufe.

Epilobio-Corydaletum claviculatae Hülbusch et R. Tx. 1968 –
Weidenröschen-Rankenlerchensporn-Gesellschaft

A *Ceratocapnos claviculata* (= *Corydalis claviculata*) –
Ranken-Lerchensporn
V *Senecio sylvaticus* – Wald-Greiskraut
K *Epilobium angustifolium* – Schmalblättriges Weidenröschen

Selten auf sauren Böden in wintermilden Gebieten Nordwestdeutschlands auf Standorten bodensaurer Eichenwälder (Geestgebiete), vor allem in Küstennähe, auch auf entwässertem Hochmoortorf. In Ausbreitung.

Calamagrostietum epigeji Jurasz. 1928 – Landreitgras-Gesellschaft

H *Calamagrostis epigejos* (dom.) – Land-Reitgras

Häufig auf armen, sauren Sandböden, vor allem im pleistozänen Tiefland, z.T. in Ausbreitung.

Trientali europaeae-Calamagrostietum villosae (Schlüt. 1966) Hilb. et W. Wagner 1990 – Gesellschaft des Wolligen Reitgrases

(incl. Junco-Calamagrostietum villosae Sykora 1983, Calamagrostio villosae-Digitalietum purpureae Prsg. in Prsg. et al. 1993)

T *Calamagrostis villosa* (dom.) – Wolliges Reitgras
T *Trientalis europaea* – Siebenstern
T *Galium harcynicum* – Harz-Labkraut

Häufig auf sauren Böden im niederschlagsreichen Gebiet der montanen und hochmontanen Stufe auf Standorten der Fichtenwälder und -forste, z.B. Harz, Thüringer Wald, nördlicher Alpenrand.

Epilobio angustifolii-Calamagrostietum arundinaceae Hilb. et W. Wagner 1990 – Waldreitgras-Gesellschaft

K *Epilobium angustifolium* – Schmalblättriges Weidenröschen
T *Calamagrostis arundinacea* (dom.) – Wald-Reitgras
H *Luzula luzuloides* – Schmalblättrige Hainsimse

Zerstreut auf sauren, aber basenreichen Böden mittlerer Trophiestufe in wärmebegünstigten Lagen der submontanen Stufe des mitteldeutschen Raumes auf Standorten bodensaurer Rotbuchenwälder.

Digitali ambiguae-Calamagrostietum arundinaceae Sillinger 1933 – Gesellschaft des Waldreitgrases und des Großblütigen Fingerhutes

(Syn. Calamagrostio arundinaceae-Digitalietum grandiflorae Oberd. 1973; incl. *Calamagrostis-Digitalis grandiflora*-Ges. Oberd. 1957)

A *Digitalis grandiflora* (= *D. ambigua*) – Großblütiger Fingerhut
T *Calamagrostis arundinacea* (dom.) – Wald-Reitgras

Zerstreut auf Schlägen in sommerwarmen, kalkarmen Lagen. In Nord- und Ostbayern von Mainfranken bis zum Bayerischen Wald. Grenzstellung zum Atropion.

Carici piluliferae-Avenelletum flexuosae Pass. 1984 – Pillenseggen-Schlängelschmielen-Gesellschaft
(incl. Myrtillo-Avenelletum flexuosae [Schlüt. 1966] Pass. 1984)

H *Avenella flexuosa* (dom.) – Drahtschmiele, Schlängelschmiele
H *Vaccinium myrtillus* – Blaubeere, Heidelbeere
H *Carex pilulifera* – Pillen-Segge
H *Luzula luzuloides* – Schmalblättrige Hainsimse

Häufig auf stark sauren Böden von der planaren bis zur submontanen Stufe.

Atropion belladonnae Br.-Bl. ex Aich. 1933 – Schlagflurgesellschaften basenreicher Standorte

(Syn. Fragarion vescae R. Tx. 1950)

V *Hypericum hirsutum* – Rauhaariges Hartheu
V *Fragaria vesca* – Wald-Erdbeere

T *Galium odoratum* – Waldmeister
T *Festuca gigantea* – Riesen-Schwingel
T *Bromus benekenii* – Benekens Waldtrespe
T *Cirsium lanceolatum* – Lanzett-Kratzdistel

Schlagfluren auf reicheren, kalkreich-neutralen Böden, häufig nur kleinflächig und saumartig ausgebildet, auf Standorten von anspruchsvolleren Hainbuchen- und Rotbuchenwäldern, auch in Auenwaldbereichen.
BT Krautige Waldlichtungsfluren auf basenreichen Böden (T 2.2.2)

1 Von *Atropa belladonna* beherrscht, vor allem im Kalkhügelland **Epilobio-Atropetum belladonnae** S. 171
1 Nicht von *Atropa belladonna* beherrscht 2
2 Neben *Atropa belladonna* bestimmt *Digitalis lutea* die Gesellschaft, nur in Südwestdeutschland an Flaumeichen-Standorten **Atropo-Digitalietum luteae** S. 171
2* Ohne *Digitalis lutea*, in frischeren, weniger warmen Lagen von Eichen-Hainbuchen-, Buchen- und Auenwäldern 3
3 Von *Arctium nemorosum* beherrscht, z.T. hoher Anteil von Geo-Alliarion-Arten wie *Alliaria petiolata, Geum urbanum* **Arctietum nemorosi** S. 171
3* Von *Senecio ovatus* beherrscht **Epilobio angustifolii-Senecionetum fuchsii** S. 171

Epilobio-Atropetum belladonnae (Br.-Bl. 1930) R. Tx. 1931 em. 1950 – Tollkirschen-Gesellschaft

A *Atropa belladonna* (dom.) – Tollkirsche

Zerstreut auf Waldlichtungen, Brandflächen und an Waldwegrändern im Kalkhügelland auf frischen, basischen und nährstoffreichen Standorten von Hainbuchen- und Rotbuchenwäldern, häufig auf Kalk und Löß, auch im norddeutschen Jungpleistozän.

Atropo-Digitalietum luteae Oberd. 1957 – Gesellschaft des Gelben Fingerhutes
(Syn. Digitali luteae-Atropetum belladonnae Oberd. 1957)

A *Digitalis lutea* – Gelber Fingerhut

Schlag-Gesellschaft auf warmen, basenreichen, steinigen, submediterran-subatlantisch getönten Flaumeichenstandorten Südwestdeutschlands.

Arctietum nemorosi R. Tx. (1931) 1950 – Hainkletten-Gesellschaft
(incl. Circaeo-Arctietum nemorosi Pass. 1980, Alchemillo-Arctietum nemorosi Pass. 1980)

A *Arctium nemorosum* (dom.) – Hain-Klette

Auf Waldlichtungen und an Waldwegrändern auf frischen, kalkreichen-neutralen, nährstoffreichen Standorten von Eichen-Hainbuchen-, Rotbuchen- und Auenwäldern, in etwas feuchteren, stauenden Lagen. Starke Beziehungen zu nitrophilen Säumen.
In Süd- und Mitteldeutschland zerstreut, auch im norddeutschen Jungpleistozän, im Altpleistozän sehr selten.

Epilobio angustifolii-Senecionetum fuchsii (Pfeiff. 1936) Wendelb. 1971 – Fuchsgreiskraut-Gesellschaft
(Syn. Senecionetum fuchsii [Kaiser 1926] Pfeiffer 1936 em. Oberd. 1973)

A *Senecio ovatus (= S. fuchsii)* (opt.) – Fuchssches Greiskraut
K *Epilobium angustifolium* – Schmalblättriges Weidenröschen

Auf nährstoffreicheren, kalkhaltigen Böden der höheren kollinen und submontan-montanen Stufe auf Standorten reicherer, montaner Buchenwälder. Ausbildungen mit Säurezeigern tendieren zum Carici piluliferae-Epilobion angustifolii (s. S. 168).

7.5 Galio-Urticetea dioicae Pass. ex Kopecký – Nitrophile Saumgesellschaften

K *Urtica dioica* – Große Brennnessel
K *Galium aparine* – Kletten-Labkraut
K *Rubus caesius* – Kratzbeere
K *Lamium album* – Weiße Taubnessel
K *Lamium maculatum* – Gefleckte Taubnessel
K *Silene dioica* – Rote Lichtnelke
K *Carduus crispus* – Krause Distel

Staudensäume auf feuchten bis frischen, nährstoffreichen, oft beschatteten Fluss- und Bachufern, an Wegen, Straßengräben, Böschungen, Wald- und Gebüschrändern. Dichte Pflanzenbestände, meist nicht auffällig blühend. Häufig bestimmen neben der Großen Brenn-Nessel hochwüchsige Doldengewächse die Bestände. Zahlreiche Dominanzgesellschaften. Kaum Tritt-, Weide- und Mahdeinfluss; bei Aufgabe der Wiesennutzung Vordringen der nitrophilen Säume in die angrenzenden Wiesen. Starkes Eindringen von Zierstauden *(Telekia speciosa, Heracleum mantegazzianum, Doronicum pardalianches, Cicerbita macrophylla, Aster*-Arten, *Solidago*-Arten) und -annuellen *(Impatiens glandulifera)* in die nitrophilen Säume (oft Neophyten) und Ausbildung eigener Gesellschaften.

1 An feuchten bis nassen nährstoffreichen Uferstandorten, mit *Calystegia sepium, Cuscuta europaea, Myosoton aquaticum* **Convolvuletalia sepium** S. 172
1* An frischen bis feuchten nährstoffreichen, häufig beschatteten Standorten an Wald- und Gebüschrändern, aber auch an offenen Straßengräben, mit *Glechoma hederacea, Aegopodium podagraria, Geranium robertianum* **Lamio-Chenopodietalia boni-henrici** S. 177

Convolvuletalia sepium R. Tx. 1950 – Nitrophile Flussufersäume

Im Gebiet nur 1 Verband:

Senecionion fluviatilis R. Tx. 1950 – Flussgreiskraut-Gesellschaften
(Syn. Convolvulion sepii R. Tx. 1947, Calystegion sepii R. Tx. 1947)

V *Calystegia sepium* – Zaun-Winde
V *Cuscuta europaea* – Europäische Seide, Hopfen-Seide
V *Senecio fluviatilis* – Fluss-Greiskraut
K *Carduus crispus* – Krause Distel
K *Myosoton aquaticum* – Gewöhnlicher Wasserdarm
H *Phalaris arundinacea* – Rohr-Glanzgras

Flussufersäume an Fluss- und Altwasserufern, an Gräben und am Schilfsaum von Boddengewässern zwischen Mittelwasser- und mittlerer Hochwasserlinie (im Überschwemmungsbereich) in der planaren und kollinen Stufe. Nicht selten Auftreten von gesellschaftsbildenden Neophyten *(Impatiens glandulifera, Aster* div. spec., *Helianthus tuberosus, Solidago gigantea)*.
BT stickstoffliebende Ufer-Hochstaudenfluren (L 5.2.5)

1 Bestände im Wesentlichen von den diagnostisch wichtigen Arten des Verbandes und stickstoffliebenden Arten mit Verbreitungsschwerpunkt in den Galio-Urticetea bestimmt **Cuscuto europaeae-Convolvuletum sepium** S. 173
1* Neben *Urtica dioica* Dominanz anderer Arten 2
2 Bestände von *Angelica archangelica* und *Sonchus paluster* bestimmt **Soncho palustris-Archangelicetum litoralis** S. 174
2* Die beiden Arten treten nicht auf 3

3 Auftreten von *Pseudolysimachion longifolium, Achillea salicifolia, Thalictrum flavum, Cuscuta lupuliformis, Scutellaria hastifolia, Euphorbia palustris* **4**
3* Die genannten Arten treten nicht auf **6**
4 Bestände mit *Cuscuta lupuliformis, Achillea salicifolia, Thalictrum flavum* im Kontakt mit *Salix*-Gebüschen **Achilleo salicifoliae-Cuscutetum lupuliformis** S. 175
4* Bestände ohne *Cuscuta lupuliformis, Achillea salicifolia* **5**
5 Bestände von *Pseudolysimachium longifolium, Thalictrum flavum* und *Scutellaria hastifolia* bestimmt, z. T. mit *Euphorbia palustris* **Scutellario hastifoliae-Veronicetum longifoliae** S. 175
5* Bestände mit *Euphorbia lucida* **Veronico longifoliae-Euphorbietum lucidae** S. 175
6 (3*) Dominanz hochwüchsiger *Senecio*-Arten (*S. fluviatilis, S.paludosus*). **7**
6* Keine dominanten *Senecio*-Arten **8**
7 Starkes Auftreten von *Senecio fluviatilis* **Senecionetum fluviatilis** S. 175
7* Starkes Auftreten von *Senecio paludosus* **Calystegio-Senecionetum paludosi** S. 176
8 (6*) Starkes Auftreten von *Brassica nigra* (mit hohem Anteil von Arten der annuellen Uferfluren siehe Bidentetea S. 364) **Bidenti tripartiti-Brassicetum nigrae** S. 370
8* Andere Arten dominieren **9**
9 Starkes Auftreten von *Epilobium hirsutum* **Epilobio hirsuti-Convolvuletum sepium** S. 174 (andere Pflanzengesellschaften mit starkem Auftreten von *Epilobium hirsutum* sind die Gesellschaften des Filipendulion s. S. 334)
9* *Epilobium hirsutum* nicht bestandsbildend **10**
10 Starkes Auftreten von *Leonurus marrubiastrum* **Urtico-Leonuretum marrubiastri** S. 176
10* Massenbestände hoher neophytischer Arten (*Impatiens glandulifera, Solidago gigantea, Aster lanceolatus, Helianthus tuberosus*) **11**
11 Massenbestände von *Impatiens glandulifera* **Impatienti glanduliferae-Convolvuletum sepium** S. 173
11* Massenbestände von *Solidago gigantea, Helianthus tuberosus* oder *Aster lanceolatus* **12**
12 Massenbestände von *Solidago gigantea* ***Solidago gigantea*-Gesellschaft** S. 176
12* Eine der beiden anderen unter 11* genannten Arten dominiert. **13**
13 Massenbestände von *Aster lanceolatus* **Calystegio-Asteretum lanceolati** S. 176
13* Massenbestände von *Helianthus tuberosus* ***Helianthus tuberosus*-Gesellschaft** S. 176

Cuscuto europaeae-Convolvuletum sepium R. Tx. 1947 –
Brennnessel-Seiden-Zaunwinden-Saumgesellschaft (Abb. 21)
(incl. Urtico-Convolvuletum sepium Görs et Th. Müller 1969)

V/A *Cuscuta europaea* – Europäische Seide, Hopfen-Seide
V *Calystegia sepium* – Zaun-Winde
K *Urtica dioica* – Große Brennnessel

Häufig an Gräben, Altwässern, Bächen und Flüssen, vor allem im Überschwemmungsbereich der warmen Stromauen bis 300 m. Durch die schmarotzende Seide (*Cuscuta*) und die anderen Winde- und Kletterpflanzen Beziehungen zu den Schleiergesellschaften.
▽ *.
BT Zaunwinden-Nesselseide-Schleier (L 5.2.5.6)

Impatienti glanduliferae-Convolvuletum sepium Hilb. 1972 –
Gesellschaft des Drüsigen Springkrautes
(Syn. Impatienti-Solidaginetum Moor 1958 p. p.)

A *Impatiens glandulifera* (dom.) – Drüsiges Springkraut
V *Calystegia sepium* – Zaun-Winde
K *Urtica dioica* – Große Brennnessel

Zerstreut an Graben-, Bach- und Flussufern von der planaren bis zur montanen Stufe, standörtlich etwa dem Cuscuto-Convolvuletum entsprechend, aus dem es durch das

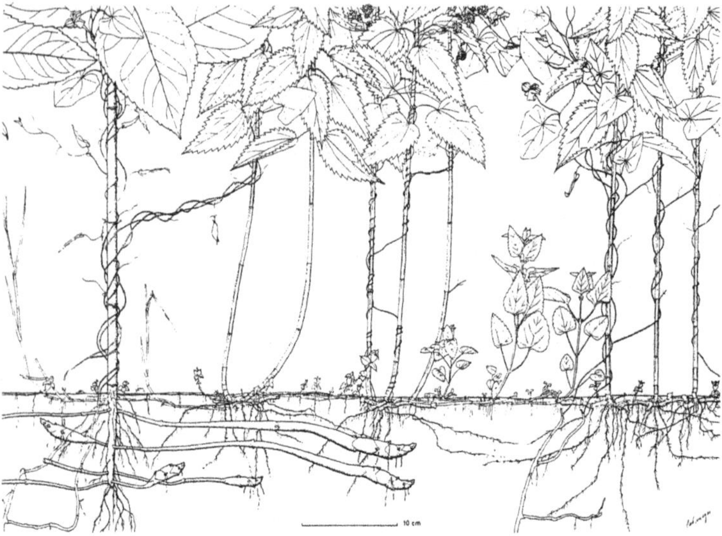

Abb. 21. Halbschematische Darstellung des Brennnessel-Seiden-Zaunwinden-Saums (Cuscuto europaeae-Convolvuletum sepium) mit eingedrungenem *Helianthus tuberosus*. Von links nach rechts: *Helianthus tuberosus* mit *Calystegia sepium, Urtica dioica, Cuscuta europaea* auf *Urtica dioica, Lamium maculatum, Calystegia sepium* auf *Urtica dioica*. Aus LOHMEYER, 1971.

immer stärker zunehmende Eindringen von *Impatiens glandulifera* hervorgegangen ist, weiter in Ausbreitung.
▽ *.

Epilobio hirsuti-Convolvuletum sepium Hilb., Heinr. et Niem. 1972 –
Brenn-Nessel-Rauhaarweidenröschen-Saumgesellschaft
(Syn. Convolvulo-Epilobietum hirsuti Hilb., Heinr. et Niem. 1972)

V *Calystegia sepium* – Zaun-Winde
K *Urtica dioica* – Große Brennnessel
T *Epilobium hirsutum* – Rauhaariges Weidenröschen
T *Epilobium roseum* – Rosenrotes Weidenröschen
T *Filipendula ulmaria* – Großes Mädesüß

Zerstreut an unbeschatteten Uferböschungen und -bänken langsam fließender Gewässer, meist Gräben, von der planaren bis zur submontanen Stufe. Mittel- und Süddeutschland.
▽ *.

Soncho palustris-Archangelicetum litoralis R. Tx. 1937 –
Sumpfgänsedistel-Erzengelwurz-Saumgesellschaft
(incl. Convolvulo-Angelicetum archangelicae litoralis Pass. (1957) 1959, Angelico-Calystegietum sepium Pass. 1964, Sonchetum palustris [Vlieg. et van Zinderen-Bakker 1942] van Donselaar 1961)

A *Sonchus palustris* – Sumpf-Gänsedistel
A *Angelica archangelica* – Echte Engelwurz, Brustwurz, im Küstenbereich ssp. *litoralis*
V *Calystegia sepium* – Zaun-Winde
H *Phragmites australis* – Gewöhnliches Schilf

Zerstreut an feuchten, zeitweise überstauten und überschlickten Spülsäumen brackwasserbeeinflusster Gewässer im Küstenbereich der Ostsee (mit halophilen Arten) und an Fluss- und Kanalufern des Tief- und Hügellandes, auch auf organischen Feuchtstandorten und Ufersteinpackungen.
▽ *.
BT Hochstaudensäume in Ufersteinpackungen (L 5.2.5.3)

Achilleo salicifoliae-Cuscutetum lupuliformis (Hueck 1930) R. Tx. 1950 – Pappelseiden-Gesellschaft

A *Cuscuta lupuliformis* – Pappel-Seide
A *Achillea salicifolia* – Weidenblatt-Schafgarbe
H *Pseudolysimachium longifolium* – Langblättriger Blauweiderich
H *Thalictrum flavum* – Gelbe Wiesenraute

In Kontakt mit Salix-Gebüschen an Altwässern im brandenburgischen Odertal und im Mittelelbegebiet.
▽ *.

Scutellario hastifoliae-Veronicetum longifoliae Walther in R. Tx. 1955 – Blauweiderich-Spießblatthelmkraut-Gesellschaft
(Syn. Veronico longifoliae-Scutellarietum hastifoliae Walther in R. Tx. 1955; incl. Veronico longifoliae-Euphorbietum palustris [Oberd. 1957] Korneck 1963)

A *Pseudolysimachium longifolium (= Veronica longifolia)* (dom.) – Langblättriger Blauweiderich
A *Euphorbia palustris* (dom.) – Sumpf-Wolfsmilch
A *Scutellaria hastifolia* – Spießblättriges Helmkraut
H *Thalictrum flavum* – Gelbe Wiesenraute
H *Lysimachia vulgaris* – Gewöhnlicher Gilbweiderich
H *Lythrum salicaria* – Blutweiderich

Selten auf schweren, nassen bis wechselfeuchten, zeitweise überschwemmten Auen-Saumstandorten der großen Stromtäler (Elbe, Weser, untere Saale, Oder, Main, Donau, untere Isar), Helme-Unstrut-Niederung.
▽ Durch Entwässerungen, Eindeichungen, agrarstrukturelle Maßnahmen, aber auch durch Verbuschung gefährdet bis stark gefährdet 3 (2), *.

Veronico longifoliae-Euphorbietum lucidae Bal.-Tul. et Knežević – Blauweiderich-Glanzwolfsmilch-Gesellschaft

A Euphorbia lucida – Glanz-Wolfsmilch

Seltene Gesellschaft, nur für das Isarmündungsgebiet belegt. Eventuell lässt sich die Gesellschaft in das Scutellario hastifoliae-Veronicetum longifoliae einschließen.
▽ Vom Verschwinden bedroht 1, *.

Senecionetum fluviatilis (Zahlh. 1979) Th. Müller in Oberd. ex Straka in Muc. 1993 – Flussgreiskraut-Gesellschaft

A *Senecio sarracenicus (= S. fluviatilis)* (dom.) – Fluss-Greiskraut
V *Calystegia sepium* – Zaun-Winde

V *Carduus crispus* – Krause Distel
H *Humulus lupulus* – Hopfen
H *Cucubalus baccifer* – Taubenkropf

Selten und herdenweise an Gebüsch- und Uferrändern in den Stromtalauen. Niederrhein, Westfalen, Elbe, Untere Oder, Donau, Nordbayern.
▽ Gefährdet 3, *.
BT Flussgreiskraut-Stromtal-Staudensäume (L 5.2.5.5)

Calystegio-Senecionetum paludosi (R. Tx. 1955) Pass. 1993 – Sumpfgreiskraut-Gesellschaft

A *Senecio paludosus* – Sumpf-Greiskraut
V *Calystegia sepium* – Zaun-Winde
H *Stachys palustris* – Sumpf-Ziest
H *Lysimachia vulgaris* – Gewöhnlicher Gilbweiderich
H *Symphytum officinale* – Gewöhnlicher Beinwell

Sehr selten und herdenweise an Altwasserrinnen in Kontakt mit Erlen-Ulmen-Gehölzen im Elb- und Odertal.
▽ Stark gefährdet 2, *.

Urtico-Leonuretum marrubiastri Pass. 1993 – Katzenschwanz-Gesellschaft

A *Leonurus marrubiastrum* – Katzenschwanz
K *Urtica dioica* – Große Brennnessel
H *Phalaris arundinacea* – Rohr-Glanzgras
H *Elytrigia repens* – Gewöhnliche Quecke

Zerstreut als breiter Saum an Hochufern, Uferwäldern, am Rande von Pappelgehölzen im Oder- und Elbtal.
▽ Gefährdet (3), *.

Calystegio-Asteretum lanceolati (Holzner et al. 1978) Pass. 1993 – Lanzettaster-Gesellschaft

A *Aster lanceolatus* (dom.) – Lanzett-Aster
V *Calystegia sepium* – Zaun-Winde
H *Phalaris arundinacea* – Rohr-Glanzgras
H *Phragmites australis* – Gewöhnliches Schilf

Verbreitet in der Oder- und Elbaue an Gewässerufern.
▽ *.

***Solidago gigantea*-Gesellschaft** – Riesengoldruten-Gesellschaft

H *Solidago gigantea* (dom.) – Riesen-Goldrute

Verbreitete, sehr artenarme dichte Massenbestände der aus Nordamerika stammenden Goldrutenart an frischen bis feuchten, nährstoffreichen Uferböschungen und auf Auenwaldlichtungen.
▽ *.

***Helianthus tuberosus*-Gesellschaft** – Topinambur-Gesellschaft

H *Helianthus tuberosus* (dom.) – Topinambur

Sehr artenarme, dichte Massenbestände auf Auenwaldlichtungen, an Uferböschungen; ursprünglich häufig auf Wildäckern kultiviert, von dort sich stark ausbreitend (siehe Abb. 21).
▽ *.

Lamio-Chenopodietalia boni-henrici Kopecký 1969 – Nitrophile Gebüsch-, Wald- und Wegrandsäume

(Syn. Glechometalia hederaceae R. Tx. in Brun-Hool et R. Tx. 1975, Galio-Alliarietalia Görs et Th. Müller 1969)

O *Glechoma hederacea* – Gundermann
O *Aegopodium podagraria* – Giersch
O *Geranium robertianum* – Stinkender Storchschnabel, Ruprechtskraut

Nitrophile Staudensäume an stickstoffreichen, frischen bis feuchten Standorten, hauptsächlich an Gebüsch-, Wald- und Wegrändern.
BT stickstoffbedürftige Säume und Krautfluren (T 8.2.1)

1 Schleierartige Säume an Waldrandgebüschen in Auen oder an nitrophilen urbanen Standorten mit zahlreichen windenden Arten wie *Fallopia dumetorum, Humulus lupulus, Cuscuta europaea, Bryonia alba* und Spreizklimmern wie *Cucubalus baccifer* und *Galium aparine* **Humulo-Fallopion dumetorum** S. 183
1* Säume nicht schleierartig in die Gebüsche ziehend, windende Pflanzen nicht bestandsbestimmend 2
2 Gesellschaften an frischen (bis feuchten) Wald- und Gebüschaußenrändern und offenen Saumstandorten (Böschungen, Straßenränder), häufig von dominierenden Doldengewächsen bestimmt **Aegopodion podagrariae** S. 177
2* Gesellschaften an frischen halbschattigen Waldbinnensäumen, Standorte oft weniger stickstoffreich, mit *Stachys sylvatica, Alliaria petiolata, Chaerophyllum temulum* **Geo-Alliarion petiolatae** S. 180

Aegopodion podagrariae R. Tx. 1967 – Frische nitrophile Säume

V *Cruciata laevipes* – Gewimpertes Kreuzlabkraut
O *Aegopodium podagraria* – Giersch
K *Lamium maculatum* – Gefleckte Taubnessel
K *Lamium album* – Weiße Taubnessel
H *Heracleum sphondylium* – Wiesen-Bärenklau
H *Dactylis glomerata* – Gewöhnliches Knaulgras

Gesellschaften an frischen nährstoffreichen Wald- und Gebüschaußenrändern, Weg- und Straßenrändern, meist beschattet, oft in Kontakt mit Frischwiesen und Ruderalbeständen. Oft Dominanzgesellschaften hoher Doldengewächse oder anderer Arten.
BT frische Brenn-Nessel-Giersch-Säume (T 8.2.1.1)

1 Nur *Urtica dioica* und *Aegopodium podagraria* bestandsbestimmend, häufig eine der beiden Arten dominant **Urtico dioicae-Aegopodietum podagrariae** S. 178
1* Andere ± hochwüchsige Arten dominieren 2
2 Dominante Arten sind Doldengewächse. 3
2* Keine dominanten Doldengewächse. 9
3 *Chaerophyllum aureum, Ch. aromaticum* bzw *Ch.bulbosum* dominieren. 4
3* Andere Doldengewächse dominieren 6
4 *Chaerophyllum aromaticum* dominiert **Chaerophylletum aromatici** S. 178
4* *Chaerophyllum aureum* oder *Ch. bulbosum* dominieren 5
5 Massenbestände von *Chaerophyllum aureum* **Chaerophylletum aurei** S. 178
5* Massenbestände von *Chaerophyllum bulbosum* **Chaerophylletum bulbosi** S. 178
6 (3*) Auftreten von *Anthriscus nitida* **Aegopodio podagrariae-Anthriscetum nitidae** S. 179
6* *Myrrhis odorata, Peucedanum ostruthium bzw. Heracleum mantegazzianum* dominieren . . . 7
7 Massenbestände des riesigen *Heracleum mantegazzianum* **Urtico-Heracleetum mantegazziani** S. 180
7* Eine der beiden anderen unter 6* genannten Arten dominiert 8
8 Massenbestände von *Myrrhis odorata* **Myrrhidetum odoratae** S. 179

8* Massenbestände von *Peucedanum ostruthium* **Peucedanetum ostruthii** S. 179
9 (2*) Hohe dichte Pestwurzfluren **Phalarido arundinaceae-Petasitetum hybridi** S. 179
(zu Pestwurzfluren des Berglandes s. S. 000 Petasition)
9* Keine Pestwurzfluren, andere Arten dominieren **10**
10 Hochwüchsige *Reynoutria japonica*-Bestände **Polygonetum cuspidatae** S. 180
10* *Reynoutria japonica* nicht bestandsbestimmend **11**
11 Massenbestände von *Sambucus ebulus* **Sambucetum ebuli** S. 180
11* Andere Arten dominieren **12**
12 Dominanz von *Mentha longifolia* **Aegopodio-Menthetum longifoliae** S. 179
12* Dominanz von *Eupatorium cannabinum* **Convolvulo-Eupatorietum cannabini** S. 179

Urtico dioicae-Aegopodietum podagrariae R. Tx. 1963 ex Görs 1968 – Brennnessel-Giersch-Saumgesellschaft
(incl. Urtico dioicae-Cruciatetum laevipedis Dierschke 1973, Agropyro repentis-Aegopodietum podagrariae R. Tx. 1967, Agropyro-Urticetum dioicae Hadač 1978)

V *Cruciata laevipes* – Gewimpertes Kreuzlabkraut
O *Aegopodium podagraria* (dom.) – Giersch
K *Urtica dioica* (dom.) – Große Brennnessel

Häufig an Wegrändern und Gewässerufern im Auenbereich, häufig eine der beiden namengebenden Arten dominant, sehr artenarm, offene bis halbschattige Lagen, besonders stark vertreten in der kollinen und submontanen Stufe.
▽ *.

Chaerophylletum bulbosi R. Tx. 1937 – Rübenkälberkropf-Saumgesellschaft
(incl. Carduo crispi-Chaerophylletum bulbosi R. Tx. [1937] 1950 em. Pass. 1989)

A *Chaerophyllum bulbosum* – Rüben-Kälberkropf
K *Carduus crispus* – Krause Distel

Zerstreut an Hochufern auf grundwasserfernen, frischen bis mäßig feuchten und wechselfeuchten, nährstoffreichen, lehmigen Auenstandorten in sommerwarmen Gebieten von der planaren bis zur höheren kollinen Stufe, im Halbschatten von Bäumen. Auenbereiche von Main, Weser, Leine, Saale, Elbe, Donau.
▽ *.
BT Knollenkälberkropf-Auensäume (L 5.2.5.2)

Chaerophylletum aurei Oberd. 1957 – Goldkälberkropf-Saumgesellschaft

A *Chaerophyllum aureum* (dom.) – Gold-Kälberkropf

Häufig auf frischen, stickstoff- und basenreichen, kalkarmen bis kalkreichen Lehmstandorten, auf Hochuferböschungen, an Wald- und Gebüschrändern, Straßen- und Wegrändern, nicht oder wenig beschattet, von der montanen bis zur höheren kollinen Stufe im süd- und mitteldeutschen Raum, östlich bis ins mittlere Erzgebirge, nördlich bis zum Harz. Auch ruderale Ausbildungen in Ortsnähe vorhanden.

Chaerophylletum aromatici Neuhäuslová-Novotná, Neuhäusl et Hejný 1969 – Saumgesellschaft des Aromatischen Kälberkropfes

A *Chaerophyllum aromaticum* – Aromatischer Kälberkropf

Auf ähnlichen Standorten wie das Chaerophylletum aurei, auf meist kalkarmen Böden in stärker subkontinental getönten Gebieten vom Lausitzer Bergland bis ins mittlere Erzgebirge, im sächsischen Elbtal und Elbhügelland, sowie in den ostbayerischen Gebirgen.
▽ Zurückgehend V.

Peucedanetum ostruthii Gutte 1969 – Meisterwurz-Saumgesellschaft
(Syn. Imperatorietum ostruthii Gutte 1969; non Peucedanethum ostruthii Rübel 1911)

A *Peucedanum ostruthium* – Meisterwurz

Synanthrop auf frischen, nährstoffreichen Standorten an Zäunen, Straßen- und Grabenrändern in den höheren Lagen der Gebirge, im Oberharz und Sauerland selten.
▽ Gefährdet (3).

Myrrhidetum odoratae Gutte 1969 – Süßdolden-Saumgesellschaft

A *Myrrhis odorata* – Süßdolde

Synanthrop auf frischen, nährstoffreichen Standorten an Zäunen, Straßen- und Grabenrändern in den höheren Lagen der Mittelgebirge, oft in Ortsnähe, ruderal beeinflusst.

Aegopodio podagrariae-Anthriscetum nitidae Kopecký 1974 nom. inv. – Glanzkerbel-Gesellschaft

A *Anthriscus nitida* – Glanz-Kerbel
O *Aegopodium podagraria* – Giersch

Selten in schattigen, feuchten, kühlen, nährstoffreichen Lagen im Schluchtwaldbereich. Bayerische Alpen, Süd-Schwarzwald, Vogelsberg, Rhön, Harz.
▽ Im Bergland sehr selten R.

Phalarido arundinaceae-Petasitetum hybridi Schwick. 1933 – Giersch-Pestwurz-Flur
(Syn. Aegopodio podagrariae-Petasitetum hybridi R. Tx. 1947, Petasito hybridi-Aegopodietum podagrariae R. Tx. 1947, Urtico-Aegopodietum petasitetosum Dierschke 1974)

O *Aegopodium podagraria* – Giersch
T *Petasites hybridus* (dom.) - Gewöhnliche Pestwurz
H *Phalaris arundinacea* – Rohr-Glanzgras

Hoch- und dichtwüchsige Pestwurzfluren in der planaren und kollinen Stufe, meist um 200 m ü. NN, selten über 300 m, häufig an Fluss- und Bachufern, an Grabenrändern und Teichen auf feuchtem, nährstoffreichem, sandig-kiesigem und lehmigem Substrat. Im norddeutschen Tiefland (Schleswig-Holstein, Mecklenburg-Vorpommern nur selten und synanthrop.
▽ *.
BT Pestwurzfluren (L 5.2.5.1)

Aegopodio podagrariae-Menthetum longifoliae Hilb. 1972 – Giersch-Rossminzen-Saumgesellschaft

O *Aegopodium podagraria* – Giersch
T *Mentha longifolia* – Rossminze

Häufig auf nährstoffreichen Lehm- und Tonböden an unbeschatteten Fluss- und Bachufern, Grabenrändern, Böschungen und Wegrändern, vor allem in der kollinen Stufe, selten bis in die subalpine Stufe der Alpen aufsteigend, ohne *Juncus inflexus*.
▽ *.

Convolvulo sepium-Eupatorietum cannnabini (Oberd. et al. 1967) Görs 1974 – Wasserdost-Gesellschaft
(non Eupatorietum cannabini R. Tx. 1937)

A *Eupatorium cannabinum* (dom.) – Wasserdost, Kunigundenkraut

Zerstreut an nährstoffreichen, feuchten Waldrändern und Schlagflächen im Auenbereich und Uferböschungen bis in die montane Stufe. Beziehungen zum Convolvulion. Die Vorkommen an Waldrändern sind durch Arten der Epilobietea ausgezeichnet. Deshalb wurde ein Eupatorietum cannabini R. Tx. 1937 beschrieben, welches viele Arten dieser Klasse enthält.
▽ *.

Sambucetum ebuli Felf. 1942 – Zwergholunder-Gesellschaft
(incl. Heracleo sphondylii-Sambucetum ebuli Brandes 1985)

A *Sambucus ebulus* (dom.) – Zwerg-Holunder, Attich

Zerstreut an frischen, wärmebegünstigten Wegrändern, Waldrändern und Böschungen auf nährstoff- und basenreichen lehmigen Standorten in der kollinen, seltener in der montanen Stufe. Verbreitet in Bayern, hier bis in die Alpen und Südwestdeutschland aufsteigend, seltener in Westfalen und Thüringen; aus der Eifel und Mitteldeutschland auch stärker ruderale Bestände bekannt.
▽ Gebietsweise gefährdet, (3).

Polygonetum cuspidati Görs 1974 – Gesellschaft des Japan-Staudenknöterichs
(Syn. Reynoutrio-Aegopodietum podagrariae Klotz et Gutte 1991)

H *Reynoutria japonica (= Polygonum cuspidatum)* (dom.) – Japan-Staudenknöterich

Hochwüchsige dichte Neophytengesellschaft an feuchten und nährstoffreichen Fluss- und Bachufern, Waldwegen und Ruderalstandorten, in Ausbreitung.
▽ *.

Urtico-Heracleetum mantegazziani Klauck 1988 – Herkulesstauden-Gesellschaft

A *Heracleum mantegazzianum* – Riesen-Bärenklau, Herkulesstaude

Zerstreut von der planaren bis zur montanen Stufe an Straßenrändern, Gräben, oft in Ortsnähe, auf nährstoffreichen, frischen, besonnten bis halbschattigen Standorten auf sandigen bis lehmigen Böden. Der sehr konkurrenzstarke Neophyt aus dem Kaukasus ist weiter in Ausbreitung.

Geo-Alliarion petiolatae Lohm et Oberd. in Görs et Th. Müller 1969 – Nitrophile Waldsäume

(Syn. Alliarion Oberd. (1957) 1962, Galio-Alliarion Lohm et Oberd. in Oberd. et al. 1967, Lapsano-Geranion robertianae Dierschke 1974)

V *Geum urbanum* – Echte Nelkenwurz
V *Stachys sylvatica* – Wald-Ziest
V *Chaerophyllum temulum* – Taumel-Kälberkropf
V *Alliaria petiolata* – Knoblauchsrauke
V *Chelidonium majus* – Schöllkraut
V *Lapsana communis* – Rainkohl
O *Geranium robertianum* – Stinkender Storchschnabel, Ruprechtskraut
H *Festuca gigantea* – Riesen-Schwingel

Häufig als Binnensäume in schattiger und halbschattiger Lage an Waldwegen und -lichtungen, Wuchshöhe i. A. geringer als beim Aegopodion, Ansprüche an Nährstoff- und Wasserhaushalt geringer als beim Aegopodion und Convolvulion.
BT halbschattige Knoblauchsrauken-Kälberkropf- und Klettenkerbel-Säume (T 8.2.1.2) u. kurzlebige frische Wald-Verlichtungsfluren mit Springkraut (T 8.2.1.3)

1 Von Doldengewächsen bestimmt 2
1* Nicht von Doldengewächsen bestimmt 3
2 Bestandsbestimmendes Auftreten von *Chaerophyllum temulum, Alliaria petiolata, Chelidonium majus* und *Geum urbanum* **Alliario petiolatae-Chaerophylletum temuli** S. 181
2* Von *Torilis japonica* beherrscht **Torilidetum japonicae** S. 182
3 (1*) Von *Virga pilosa* beherrscht **Cephalarietum pilosae** S. 181
3* *Virga pilosa* tritt nicht auf 4
4 Von *Epilobium montanum* und *Geranium robertianum* bestimmt; schattige, luftfeuchte Lagen **Epilobio montani-Geranietum robertiani** S. 182
4* Andere Arten dominieren 5
5 Auftreten von *Cynoglossum germanicum,* selten in Gebirgslagen auf Blockschutthalden **Alliario petiolatae-Cynoglossetum germanici** S. 182
5* *Cynoglossum germanicum* fehlt 6
6 Von *Parietaria officinalis* beherrscht, in Orts- oder Burgennähe **Urtico dioicae-Parietarietum officinalis** S. 182
6* Nicht von *Parietaria officinalis* beherrscht 7
7 Auftreten von *Euphorbia stricta* **Euphorbietum strictae** S. 182
7* Auftreten von gelbblühenden *Impatiens*-Arten, Waldbinnensäume 8
8 Von *Impatiens noli-tangere* beherrscht, feuchte und luftfeuchte Lagen **Stachyo sylvaticae-Impatientietum noli-tangere** S. 181
8* Von *Impatiens parviflora, Galeopsis speciosa* und *Scrophularia nodosa* bestimmt, Schlagflur im Auenwaldbereich **Scrophulario nodosae-Galeopsietum speciosae** S. 183

Alliario petiolatae-Chaerophylletum temuli (Kreh 1935) Lohm. 1949 – Knoblauchsrauken-Taumelkälberkropf-Saumgesellschaft

(Syn. Chelidonio-Alliarietum petiolatae Görs et Th. Müller 1969; incl. Senecioni-Chaerophylletum temuli Pass. 1980, Geranio lucidi-Chaerophylletum temuli Oberd.1957, Alliarietum petiolatae Lohm. in Oberd. et al.1967)

V *Chaerophyllum temulum* – Taumel-Kälberkropf
V *Alliaria petiolata* – Knoblauchsrauke
V *Geum urbanum* – Echte Nelkenwurz
V *Chelidonium majus* – Schöllkraut

Häufig an halbschattigen bis schattigen, frischen und nährstoffreichen Standorten an Wald- und Waldwegrändern, an Gebüschen und in Parkanlagen. In der planaren und kollinen Stufe. Mit *Geranium lucidum* in warmen, wintermilden Lagen an Ahr, Mosel, Nahe, Mittelrhein, vor allem im Wuchsgebiet von *Acer monspessulanum.*

Stachyo sylvaticae-Impatientietum noli-tangere (Pass. 1967) Holzner et al. 1978 – Waldziest-Springkraut-Saumgesellschaft

(Syn. Galio aparines-Impatientietum noli-tangere [Pass.1967] R. Tx. in R. Tx. et Brun-Hool 1975; incl. Senecioni fuchsii-Impatientietum noli-tangere [Hilb. 1972] R. Tx. 1975)

A *Impatiens noli-tangere* – Echtes Springkraut
V *Stachys sylvatica* – Wald-Ziest
H *Circaea lutetiana* – Großes Hexenkraut

Häufig an schattigen, boden- und luftfeuchten, nährstoffreichen Bach- und Grabenrändern und Waldwegen von der planaren bis zur montanen Stufe.
▽ *.

Cephalarietum pilosae Jouanne 1927 – Schuppenkarden-Gesellschaft

(Syn. Cephalarietum pilosae R. Tx. ex Oberd. 1957, Dipsacetum pilosae R. Tx. 1942)

A *Virga pilosa (= Cephalaria pilosa)* – Behaarte Schuppenkarde

Selten auf frischen bis feuchten, nährstoffreichen, lehmigen Standorten im Auenwaldbereich wärmebegünstigter Lagen, an Waldwegen und Auflichtungen, sehr hochwüchsig. Süd- und Mitteldeutschland.
▽ Zurückgehend V, *.

Torilidetum japonicae Lohm. in Oberd. et al. ex Görs et Th. Müller 1969 – Klettenkerbel-Gesellschaft

A *Torilis japonica* – Gewöhnlicher Klettenkerbel

Zerstreut auf frischen bis mäßig trockenen, mäßig nährstoffreichen Standorten an Waldrändern und -wegen vom Auenwaldbereich der großen Flusstäler bis in submontane Lagen.
▽ *.

Alliario petiolatae-Cynoglossetum germanici Géhu, J. L. Richard et R. Tx. 1972 – Gesellschaft der Deutschen Hundszunge

A *Cynoglossum germanicum* – Deutsche Hundszunge
V *Alliaria petiolata* – Knoblauchsrauke

Sehr selten auf schattigen bis besonnten, basen- bis kalkreichen warmen Sonderstandorten in der submontanen Stufe (Waldlichtungen, -ränder, Wildläger, Steinschutt). Rhön (Basalt), Nord-Thüringen, Schwäbische Alb (Kalk), Südharz (Silikatgestein), Eifel, in Nordhessen und Süd-Niedersachsen die Nordgrenze der Verbreitung erreichend.
▽ Sehr selten R,*.

Urtico dioicae-Parietarietum officinalis Klotz 1985 – Glaskraut-Gesellschaft
(Syn. Chelidonio-Parietarietum officinalis Brandes 1985)

A *Parietaria officinalis* (dom.) – Aufrechtes Glaskraut

Zerstreut auf mäßig frischen, nährstoffreichen, halbschattigen Standorten an Mauern, Böschungen, Auwaldrändern, Parks, in der Nähe alter Siedlungszentren, an Burgen und Klöstern (ehemalige Kulturpflanze).

Epilobio montani-Geranietum robertiani Lohm. in Oberd. et al. ex Görs et Th. Müller 1969 – Bergweidenröschen-Ruprechtskraut-Gesellschaft

O *Geranium robertianum* – Stinkender Storchschnabel, Ruprechtskraut
A *Epilobium montanum* – Berg-Weidenröschen

Häufig auf lehmigen, aber auch auf steinigen, schattigen und luftfeuchten Standorten an Waldrändern, Waldwegen, Blockhaldenrändern und Mauerfüßen, vor allem in der kollinen und montanen Stufe.
▽ §.

Euphorbietum strictae (Oberd. in Oberd. et al. 1967) Th. Müller ex Muc. 1993 – Gesellschaft der Steifen Wolfsmilch

A *Euphorbia stricta* – Steife Wolfsmilch

Selten an halbschattigen Waldrändern, Waldwegen und -auflichtungen auf frischen, mäßig nährstoffreichen Böden in warmen Lagen vor allem der Flusstäler. Bodensee- und Oberrheingebiet, Neckar, Schwäbische Alb, Südbayern.
▽ §.

Scrophulario nodosae-Galeopsietum speciosae Pass. 1981 –
Gesellschaft der Knoten-Braunwurz und des Bunten Hohlzahns

A *Galeopsis speciosa* – Bunter Hohlzahn
H *Scrophularia nodosa* – Knoten-Braunwurz
H *Impatiens parviflora* – Kleinblütiges Springkraut
H *Moehringia trinervia* – Dreinervige Nabelmiere

Zerstreut auf schweren Auenböden als Schlagflur im Auenwald, z. B. Mittelelbegebiet.
▽ *.

Humulo-Fallopion dumetorum Pass. 1965 – Schleiergesellschaften

V *Humulus lupulus* – Hopfen
V *Fallopia dumetorum* – Hecken-Windenknöterich
H *Solanum dulcamara* – Bittersüßer Nachtschatten
H *Cuscuta europaea* – Europäische Seide, Hopfen-Seide

Aus windenden Vertretern aufgebaute Bestände an Waldrandgebüschen in den Auen oder auf stickstoffreichen Standorten in Siedlungen, ± schleierartig den Gehölzmantel überziehend. Nitrophile Stauden und Arten frischer Wiesen am Bestandsaufbau beteiligt.

1 Mit *Cucubalus baccifer*, im Bereich der trockeneren Ausbildung der Hartholzaue
Fallopio dumetorum-Cucubaletum bacciferi S. 183
1* Ohne *Cucubalus baccifer* 2
2 Mit *Cuscuta europaea* und *Urtica dioica*, im Bereich der frischen Ausbildung der Hartholzaue, *Bryonia dioica* fehlt **Cuscuto europaeae-Humuletum lupuli** S. 183
2* Mit *Bryonia dioica*, im Bereich der Siedlungen als Schleier an nitrophilen Gebüschen vorkommend **Fallopio dumentorum-Bryonietum dioicae** S. 184

Fallopio dumetorum-Cucubaletum bacciferi Pass. (1965) 1976 –
Taubenkropf-Heckenwindenknöterich-Schleiergesellschaft

A *Cucubalus baccifer* – Taubenkropf
V *Fallopia dumetorum* – Hecken-Windenknöterich
V *Humulus lupulus* – Hopfen

Als Schleiergesellschaft an Waldmantelgebüschen in der trockeneren Ausbildung der Hartholzaue. Elb- und Oderaue.
▽ *.

Cuscuto europaeae-Humuletum lupuli Pass. (1965) 1993 –
Hopfenseiden-Hopfen-Schleiergesellschaft
(incl. Bryonio albae-Humuletum lupuli Pass. 1983)

V *Humulus lupulus* – Hopfen
V *Fallopia dumetorum* – Hecken-Windenknöterich
H *Cuscuta europaea* – Europäische Seide, Hopfen-Seide
H *Bryonia alba* – Weiße Zaunrübe

Als Schleiergesellschaft an Waldmantelgebüschen in der frischen Ausbildung der Hartholzaue im Kontakt mit dem Senecionion fluviatilis, von der planaren bis in die kolline Stufe.
▽ *.

Fallopio dumetorum-Bryonietum dioicae Gutte et Klotz 1985 – Heckenwindenknöterich-Rotbeerzaunrüben-Schleiergesellschaft

A Bryonia dioica – Rotbeerige Zaunrübe
V Fallopia dumentorum – Hecken-Windenknöterich
H Solanum dulcamara – Bittersüßer Nachtschatten

Gesellschaft an ruderalen Gebüschen auf Ödland, Siedlungsbrachen, an Zäunen. Typisch für Großstädte (Düsseldorf, Leipzig u. a.).

8 Salzwasser- und Salzbodengesellschaften

8.1 Zosteretea marinae Pign. 1953 – Seegraswiesen

K *Zostera marina* – Echtes Seegras
K *Zostera noltii* – Zwerg-Seegras

Von bandartigen Seegräsern aufgebaute unterseeische Wiesen euryhaliner Standorte im Sublitoral und Litoral der Nord- und Ostsee auf kiesig-sandigem bis schlickigem Substrat. Bis zu 5 m Tiefe in geschützten Buchten und im Flachwasserbereich.
▽ Durch zunehmende Wasserverschmutzung ist ein Bestandesschwund zu verzeichnen, §.
BT Meeresküsten, schlickige Flachküsten, Unterwasserlebensräume (H 1.1.1)

Im Gebiet nur 1 Ordnung:

Zosteretalia marinae Beguinot 1941 em. R. Tx. et Oberd. 1958 – Seegraswiesen

und 1 Verband:

Zosterion marinae Christ. 1934 – Seegraswiesen

1 Bestände von *Zostera marina* aufgebaut **Zosteretum marinae** S. 185
1* Bestände von *Zostera noltii* aufgebaut **Zosteretum noltii** S. 185

Zosteretum marinae Børg. ex van Goor 1921 – Gesellschaft des Echten Seegrases

K/A *Zostera marina* – Echtes Seegras
T *Chorda filum* – Meersaite
T *Fucus vesiculosus* – Blasentang
T *Ceramium rubrum* – Horntang

Im Wesentlichen von *Zostera marina* aufgebaute Bestände, oft Einart-Bestände, im tieferen Wasser auf Sand und Schlick. Auch bei Ebbe überflutet und niemals freifallend.
▽ Durch zunehmende Wasserverunreinigung größere Bestandesschwankungen und Rückgang der Bestände, gefährdet 3, §.
BT Unterwasserrasen des Tiefwassers (H 1.1.1.2)

Zosteretum noltii Harmsen 1936 – Gesellschaft des Zwerg-Seegrases

K/A *Zostera noltii* – Zwerg-Seegras

Sehr seltene, vorwiegend von *Zostera noltii* aufgebaute, meist lückige Bestände auf Schlick in flachem Wasser bis 1 m Tiefe. Zeitweise trocken fallend. In der Ostsee nur im Greifswalder Bodden, um Wismar und Mönchsgut auf Rügen.
▽ Gefährdet 3, §.
BT Unterwasserrasen des Litoral (trockenfallend) (H 1.1.1.3)

8.2 **Spartinetea maritimae** R. Tx. in Beeft. 1962 – Schlickgras-Gesellschaften

K *Spartina maritima* – Meeres-Schlickgras
K *Spartina anglica* – Englisches Schlickgras
K *Spartina townsendii* – Townsend-Schlickgras, Bastard-Schlickgras

Horstbildende Grasbestände in Schlickwatten zwischen 40 cm unter und 20 cm über Mittelhochwasser. Aus der indigenen, mitteleuropäischen *Spartina maritima* und der eingeschleppten nordamerikanischen *Spartina alternifolia* entstand um 1800 der Bastard *Spartina townsendii*. Aus diesem Bastard, der im Rahmen der Landgewinnung häufig angepflanzt wurde, entwickelte sich 1890 an der südenglischen Küste durch Polyploidisierung *Spartina anglica*. Beide breiten sich rasch aus und verdrängen die einheimische Elternart.
▽ §.
BT Schlickgrasfluren (H 1.1.2.3.3)

Im Gebiet nur 1 Ordnung:

Spartinetalia maritimae Conard 1935 – Schlickgras-Gesellschaften

und nur 1 Verband:

Spartinion maritimae Conard 1952 – Schlickgras-Gesellschaften

Vom Schlickgras beherrschte, kniehohe, ausdauernde, nahezu Einart-Pioniergesellschaften über Schlickböden.

Im Gebiet nur 1 Assoziation:

Spartinetum anglicae Corrillion 1953 corr. Pott 1995 – Schlickgras-Gesellschaft
(Syn. Spartinetum townsendii Corrillion 1953)

K/A *Spartina anglica* – Englisches Schlickgras
K/A *Spartina* × *townsendii* – Townsend-Schlickgras, Bastard-Schlickgras
T *Fucus platycarpus* – Kleiner Blasentang

Artenarme, meist Einart-Gesellschaft auf Schlickwatt, bildet dichte, kniehohe Bestände durch rundliche Polycorme von *Spartina anglica* bzw. *Spartina townsendii*. Auf Sandmischwatt sind die Polycorme nur locker zusammenschließend. Zwischen dem Schlickgras häufig der olivbraune *Fucus platycarpus*, seltener *Aster tripolium* und *Bolboschoenus maritimus*. Die Bestände sammeln Schlick an, führen aber bei winterlichen Sturmfluten als Widerlager zu Erosion im Watt. Sie verdrängen zunehmend *Salicornia*- und *Puccinellia*-Bestände.
▽ §.

8.3 **Ruppietea maritimae** J. Tx. 1960 – Meeressalden-Gesellschaften

K *Ruppia maritima* – Meeres-Salde
K *Ruppia cirrhosa* – Strand-Salde

Im sauberen Brackwasser an den Küsten und nur noch sehr selten im Binnenland. Von den Meersalden beherrschte, lockere, bis 40 cm lange, untergetauchte Bestände oder niedrigwüchsige Sumpfsimsenrasen. Ob besser zu den Potamogetonetalia zu stellen?

∇ Sehr stark durch Wasserverschmutzung gefährdet, §.
BT Untergetauchte Brackwasser-Meeressalden-Gesellschaften (H 1.3.1.2)

Im Gebiet nur 1 Ordnung:

Ruppietalia maritimae J. Tx. 1960 – Meeressalden-Gesellschaften

und 1 Verband:

Ruppion maritimae Br.-Bl. 1931 – Meeressalden-Gesellschaften

1 Bestände von den mit fadenförmigen Stängeln und Blättern versehenen *Ruppia*-Arten aufgebaut, die im sauberen Brackwasser fluten **Ruppietum maritimae** S. 187
1* Sehr seltene Bestände in seichtem Brackwasser und auf zeitweise überschwemmtem salzhaltigem Boden mit *Eleocharis parvula* **Eleocharitetum parvula** S. 187

Ruppietum maritimae (Hocq. 1927) Ivers.1934 – Meersalden-Gesellschaft
(Syn. Ruppieto-Zannichelletum Fröde 1949; incl. Ruppietum cirrhosae Ivers. 1934)

K *Ruppia maritima* – Meeres-Salde
K *Ruppia cirrhosa* – Strand-Salde
T *Zannichellia palustris* – Sumpf-Teichfaden

Von *Ruppia*-Arten aufgebaute, flutende Bestände in ganzjährig salzwasserführenden Tümpeln, Mulden und Rinnen im Bereich der Salzwiesen, sowie in flachen Buchten der Boddengewässer. Sehr selten auch in Salzgewässern des Binnenlandes (Thüringen: Artern).
∇ Durch Gewässerverunreinigungen stark gefährdet 2, im Binnenland vom Verschwinden bedroht 1, Ruppietum cirrhosae Ivers. 1934 gefährdet 3, §.

Eleocharitetum parvulae (Christ. 1933) Libb. 1940 –
Gesellschaft der Kleinen Sumpfsimse

A *Eleocharis parvula* – Kleine Sumpfsimse
K *Ruppia maritima* – Meeres-Salde

Lockere Rasen, die vor allem von *Eleocharis parvula* aufgebaut werden, im Nord- und Ostseegebiet in seichtem Brackwasser, an der Mündung der Priele in den Bodden, oft nur zeitweise überflutet.
∇ Vom Verschwinden bedroht 1, offenbar in Niedersachsen und in Mecklenburg-Vorpommern verschollene Pflanzengesellschaft (0), §.

8.4 **Thero-Salicornietea** Pign.1953 em. R. Tx. in R. Tx. et Oberd. 1958 – Queller-Gesellschaften

K *Salicornia europaea* agg. – Gemeiner Queller
K *Suaeda maritima* – Strand-Sode

Von kurzlebigen Pflanzen beherrschte, amphibisch lebende Gesellschaften, die nasse, z. T. mit Salzwasser überstaute Böden hoher Salzkonzentration besiedeln. Vor allem in Flachwasserbuchten auf Schlickböden an der Küste und an Salzstellen des Binnenlandes. Pflanzengesellschaften extremer Salzstandorte, als Schlickfänger die Sedimentation fördernd.
∇ §.

1 Von Therophyten beherrschte, oft einartige Bestände nasser, alkalischer Böden der Meeresküste und des Binnenlandes mit *Salicornia ramosissima, Salicornia dolichostachya* und *Suaeda flexilis* **Thero-Salicornietalia** S. 188

1* Artenarme, einjährige, sommertrockene Pionierbestände an der äußeren Grenze der Salzwiesen zum Watt mit *Salicornia decumbens, Suaeda prostrata* und *Bassia hirsuta* **Thero-Suaedetalia** S. 189

Thero-Salicornietalia Pign. 1953 em. R. Tx. in R. Tx. et Oberd. 1958 – Einjährige Quellerfluren

Einjährige Queller-Gesellschaften mit Verbreitungsschwerpunkt im hygrohalinen Bereich. Sie siedeln auf schlickigen und schlickig-sandigen Böden unterhalb der Salzwiesen.

▽ Durch Sedimendation gefährdet, §.

1 Bestände des zeitweise mit Salzwasser überstauten Schlicks, mit *Salicornia dolichostachya* **Salicornion strictae** S. 188

1* Bestände in Senken der Salzwiesen der Küste und des Binnenlandes mit *Salicornia ramosissima* **Salicornion ramosissimae** S. 188

Salicornion strictae Br.-Bl. 1933 em. R. Tx. 1950 – Gesellschaften des Aufrechten Quellers

V *Salicornia dolichostachya (= S. stricta)* – Aufrechter Queller

BT Quellerwatt (H 1.1.2.1–3.2)

Im Gebiet nur 1 Assoziation:

Salicornietum dolichostachyae Knauer 1952 – Gesellschaft des Aufrechten Quellers (Syn. Salicornietum strictae Christ. ex R. Tx. 1974)

V *Salicornia dolichostachya* – Aufrechter Queller

Sehr seltene, oft nur von *Salicornia dolichostachya* aufgebaute Gesellschaft auf Schlick und an Prielen der Vorländereien im Nordseeküstenbereich. Im Herbst meist durch Sturmfluten beseitigt. Sehr selten auch an der westl. Ostsee bis Hiddensee.

▽ Durch Zunahme des Algenbewuchses zurückgehend (V), §.

BT Quellerwatt (H 1.1.2.1–3.2)

Salicornion ramosissimae R. Tx. 1974 – Gesellschaften des Kurzährigen Quellers

(Syn. Salicornion europaeae R. Tx. 1974)

V *Salicornia ramosissima* – Kurzähriger Queller

V *Suaeda flexilis* – Strand-Sode

Mesohaline Gesellschaften im Salzwiesenbereich der Nord- und Ostsee, aber auch des Binnenlandes. Dauer-Initialgesellschaften einjähriger Arten in schlickreichen Bodensenken, in Mulden, an Prielrändern. An binnenländischen Salzstellen auf zeitweise überstauten aber auch zeitweise abtrocknenden Standorten mit stark wechselnder, oft sehr hoher Salzkonzentration.

▽ Gefährdete Salzpflanzengesellschaften, §.

BT Quellerfluren (H 2.1–2.1–3.2), Salzwiesen (H 1.1.3)

1 Bestände von *Salicornia ramosissima* aufgebaut **Salicornietum brachystachyae** S. 189
1* Bestände von *Suaeda flexilis* aufgebaut ***Suaeda flexilis*-Gesellschaft** S. 189

Salicornietum brachystachyae Christ. 1955 – Gesellschaft des Ästigen Quellers (Syn. Salicornietum ramosissimae Christ. 1955; incl. Puccinellio distantis-Salicornietum R. Tx. 1974)

V *Salicornia ramosissima* (= *S. brachystachya*) – Ästiger Queller

Einjährige, oft einartige, amphibische Bestände in schlickreichen Bodensenken, in Mulden, Erosionsbereichen und an Prielrändern im Salzwiesenbereich der Küste und an oft überstauten, oberflächlich abtrocknenden Salzstellen des Binnenlandes, an denen es zu einer sehr hohen, stark wechselnden Salzkonzentration kommt.
▽ An der Ostseeküste gefährdet 3, im Binnenland stark gefährdet (2), §.

***Suaeda flexilis*-Gesellschaft** – Bogenstrandsoden-Gesellschaft (incl. Astero-Suaedetum macrocarpae J.- M. et J. Géhu 1969)

V *Suaeda flexilis* – Bogen-Strandsode
H *Puccinellia maritima* – Strand-Salzschwaden
H *Aster tripolium* – Salz-Aster
H *Spartina anglica* – Englisches Schlickgras

Einjährige, vorwiegend von *Suaeda flexilis* aufgebaute Initialgesellschaft in Mulden des Andelgrasrasens auf offenen, schlickigen bis sandigen und festen Schlickböden oberhalb des mittleren Tidehochwassers.
▽ Gefährdet (3).

Thero-Suaedetalia Br.-Bl. et de Bolòs 1957 – Xerohaline Strandsoden-Gesellschaften

O *Salicornia decumbens* – Sand-Queller
O *Bassia hirsuta* – Rauhaarige Dornmelde
K *Suaeda maritima* – Strand-Sode

Im Gebiet nur 1 Verband:

Thero-Suaedion Br.-Bl. 1931 – Xerohaline Strandsoden-Gesellschaften

Artenarme, *Suaeda*-reiche, sommertrockene, einjährige Pionierbestände an der äußeren Grenze der Salzwiesen zum Watt zu, oberhalb der Queller- und Schlickgraszone. Oft bandförmig entlang von Prielrändern und an Gräben. Nach Metzing in Wisskirchen & Haeupler (1998) gibt es in Deutschland nur *Suaeda maritima* ssp. *maritima*, fälschlicherweise wurde der Name *Suaeda maritima* ssp. *prostrata* (Pallas) Soó für *Suaeda maritima* var. *prostrata* (Focke) Focke verwendet. *Suaeda flexilis* wird als *Suaeda maritima* var. *flexilis* (Focke) Focke geführt.
▽ Gefährdete Initialgesellschaften, §.
BT Sommertrockene Halophyten-Pionierfluren (H 1.1.2.1–3.4)

1 Bestände von *Salicornia decumbens* aufgebaut **Salicornietum decumbentis** S. 190
1* Bestände nicht von *Salicornia decumbens* aufgebaut 2
2 Bestände von *Suaeda maritima* aufgebaut **Suaedetum maritimae** S. 190
2* Bestände von *Bassia hirsuta* aufgebaut **Suaedo-Bassietum hirsutae** S. 190

Salicornietum decumbentis (König 1960) Schwabe et R. Tx. 1974 – Sandqueller-Gesellschaft

O/A *Salicornia decumbens* – Sand-Queller

Sehr seltene, von *Salicornia decumbens* aufgebaute, lückige, niedrigwüchsige Pioniergesellschaft auf Flugsand oberhalb des mittleren Tidehochwassers an der Nordseeküste. Standorte nur gelegentlich überflutet, dem Sandflug stärker ausgesetzt.
▽ Vorwiegend durch Tourismus gefährdet 3, §.

Suaedetum maritimae (Conard 1935) Pign. 1953 – Gesellschaft der Strandsode (Syn. Suaedetum prostratae J.-M. Géhu 1976)

K/A *Suaeda maritima* – Strand-Sode
H *Puccinellia maritima* – Strand-Salzschwaden

Meist lückige, von *Suaeda maritima* beherrschte Bestände auf sandigen, offenen Standorten oberhalb der geschlossenen Salzwiesen der Nordseeküste, insbesondere auf Borkum, Norderney, Langeoog u. Mellum. Mit ständiger Sandzufuhr.
▽ Gefährdet 3, §.

Suaedo-Bassietum hirsutae Br.-Bl. 1928 – Strandsoden-Dornmelden-Gesellschaft

O/A *Bassia hirsuta* – Rauhaarige Dornmelde
T *Suaeda flexilis* – Bogen-Strandsode

Sehr seltene, einartige bzw. wenigartige Dominanzbestände von *Bassia hirsuta* mit *Suaeda flexilis*, z.B. auf Sylt und Föhr. In Mulden geschlossener Salzrasen und Salzwiesen.
▽ Stark gefährdet 2, §.

8.5 **Saginetea maritimae** Westh., van Leeuwen et Adriani 1962 – Strandmastkraut-Gesellschaften

K *Sagina maritima* – Strand-Mastkraut
K *Bupleurum tenuissimum* – Salz-Hasenohr
K *Plantago coronopus* – Krähenfuß-Wegerich
K *Parapholis strigosa* – Gekrümmter Dünnschwanz
K *Pottia heimii* – Pottmoos

Kleinflächige Bestände, die nur gelegentlich von Salzwasser durchflutet werden, durch Regen rasch aussüßen und bald austrocknen. Auf wechselhalinen, wechselfeuchten Störstellen wie Ameisenhügeln, Trittstellen, Fahrspuren, inmitten von Salzwiesen. Am Bestandesaufbau sind vor allem winterannuelle Pflanzen beteiligt. Auch an Flutmarken winterlicher Sturmfluten in Salzwiesen.
▽ Gefährdete Pflanzengesellschaften im Bereich der Salzwiesen, §.
BT Ephemere, wechselhaline Strand-Mastkrautfluren (H 1.1.3.4)

Im Gebiet nur 1 Ordnung:

Saginetalia maritimae Westh., van Leeuwen et Adriani 1962 – Strandmastkraut-Gesellschaften

und nur 1 Verband:

Saginion maritimae Westh., van Leeuwen et Adriani 1962 – Strandmastkraut-Gesellschaften

Ephemere, therophytenreiche Pflanzengemeinschaften an den Flutmarken der winterlichen Sturmfluten und an Störstellen in den Salzwiesen.

1 Bestände überwiegend auf konvexen Geländeformen an mechanisch stark beanspruchten Stellen. Mit *Cochlearia danica, Sagina maritima* und *Plantago coronopus*
Sagino maritimae-Cochlearietum danicae S. 191

1* Bestände in Gelände-Hohlformen, die mechanisch stark beansprucht werden. Mit *Centaurium littorale, Gentiana uliginosa* und *Sagina nodosa* **Centaurio littoralis-Saginetum nodosae** S. 191

Sagino maritimae-Cochlearietum danicae R. Tx. et Gillner 1957 –
Strandmastkraut-Löffelkraut-Gesellschaft
(Syn. Saginetum maritimae Westh. 1947; incl. Plantago coronopi-Bupleuretum tenuissimi Fröde 1957, Plantago coronopi-Bryetum mamillatae Fröde 1957)

A *Cochlearia danica* – Dänisches Löffelkraut
K *Sagina maritima* – Strand-Mastkraut
K *Plantago coronopus* – Krähenfuß-Wegerich
K *Bupleurum tenuissimum* – Salz-Hasenohr

Kleinflächig an den Flutmarken winterlicher Sturmfluten, auf wechselhalinen und wechselfeuchten, meist gewölbten kleinen Störstellen. Vorwiegend von winterannuellen Pflanzen beherrschte Bestände.
▽ Selten R, §.

Centaurio littoralis-Saginetum nodosae Diem., Siss. et Westh. 1940 –
Gesellschaft des Strand-Tausendgüldenkrautes und Knotigen Mastkrautes
(Syn. Centaurio-Saginetum moliniformis Diem., Siss. et Westh. 1940, Gentiano uliginosae-Centaurietum vulgaris Br.-Bl. et de Leeuw 1936)

A *Centaurium littorale* – Strand-Tausendgüldenkraut
A *Gentianella uliginosa* – Sumpf-Enzian
A *Sagina nodosa* – Knotiges Mastkraut
T *Juncus anceps* – Zweischneidige Binse

Kleinflächig auf schwach salzigem, oft kalkhaltigem, wechselfeuchtem Sand in Dünentälern der Küste, meist in Geländehohlformen, die durch Tritt, Fahrspuren oder Kaninchenfraß mechanisch beansprucht sind.
▽ Gefährdet 3, §.

8.6 **Asteretea tripolii** Westh. et Beeft. in Beeft. 1965 – Salzrasen und Salzwiesen

(Syn. Juncetea maritimi Br.-Bl. 1933 p.p., Juncetea maritimi R. Tx. et Oberd. 1958)

K *Aster tripolium* – Strand-Aster
K *Artemisia maritima* – Strand-Beifuß
K *Spergularia maritima* – Flügelsamige Schuppenmiere
K *Limonium vulgare* – Strandflieder
K *Cochlearia anglica* – Englisches Löffelkraut

Auf wechselnassen, zeitweise überstauten Salzböden. Salzrasen und Salzwiesen der Küste und des Binnenlandes, vorwiegend aus fakultativen Halophyten aufgebaut, an

hohe pflanzenverfügbare Salzgehalte, wechselnde reduzierende Bodenbedingungen, geringe Sauerstoffgehalte und hohe Eisen- und Mangangehalte der Böden angepasst. Meist bandartig, seltener mosaikartig ausgebildet.
▽ §.
BT Salzwiesen (H 1.1.3)

1 Bestände der salzwasser- und stickstoffbeeinflussten Felsküsten (im Gebiet nur auf Helgoland) **Crithmo-Limonietalia** S. 197
1* Bestände nicht an Felsküsten, sondern im flachen Küstenbereich oder im Binnenland **Glauco-Puccinellietalia** S. 192

Glauco-Puccinellietalia Beeft. et Westh.1962 – Salzwiesen

O *Glaux maritima* – Strand-Milchkraut
O *Plantago maritima* – Strand-Wegerich
O *Triglochin maritimum* – Strand-Dreizack

Im Bestand ± geschlossene Salzwiesen unter Salz- und Brackwassereinfluss entlang der Küste und an Binnensalzstellen.
▽ §.

1 Bestände auf feuchten bis nassen, salzhaltigen Schlick- und Sandböden, die noch sehr häufig vom Meerwasser überflutet werden, mit vorherrschender *Puccinellia maritima* oder *Halimione portulacoides* **Puccinellion maritimae** S. 192
1* Bestände ohne *Puccinellia maritima* oder *Halimione portulacoides* und auf anderen Standorten 2
2 Kurzlebige Salzbodengesellschaften auf gestörten Salzstandorten oder auf oft langandauernd überstauten Salzböden mit *Spergularia salina* und *Puccinellia distans* **Puccinellio-Spergularion** S. 193
2* Geschlossene, langlebige Salzwiesen, die seltener überstaut werden, mit *Armeria maritima, Carex distans, C. extensa, Atriplex prostrata* und *Juncus gerardii* **Armerion maritimae** S. 194

Puccinellion maritimae Christ. 1927 – Andelrasen

K *Spergularia maritima* – Flügelsamige Schuppenmiere
V *Halimione portulacoides* – Strand-Salzmelde
V *Puccinellia maritima* – Strand-Salzschwaden, Andel

In unmittelbarem Anschluss an die Quellerzone auf relativ häufig vom Meereswasser überspülten Standorten. Im Bereich der mittleren Tidewasserlinie und etwas darüber im Anschluss landwärts. Bodenfestiger.
▽ §.
BT Andelrasen (H 1.1.3.1)

1 Bestände durch die Dominanz von *Puccinellia maritima* bestimmt **Puccinellietum maritimae** S. 192
1* Bestände nicht durch die Dominanz von *Puccinellia maritima* bestimmt 2
2 Bestände durch die Dominanz von *Halimione portulacoides* bestimmt **Halimionetum portulacoidis** S. 193
2* Bestände durch das Vorkommen von *Limonium vulgare* und *Plantago maritima* gekennzeichnet **Plantagini-Limonietum** S. 193

Puccinellietum maritimae Christ. 1927 – Andelrasen
(incl. Puccinellio-Asteretum tripolii van Langend. 1931)

V *Puccinellia maritima* – Strand-Salzschwaden, Andel
T *Salicornia ramosissima* – Ästiger Queller

T *Suaeda maritima* – Strand-Sode
K *Spergularia maritima* – Flügelsamige Schuppenmiere
K *Aster tripolium* – Strand-Aster

Typische Wattwiesen auf feuchten bis nassen, sehr salzhaltigen Schlick-, seltener Sandböden, die sehr häufig von Meerwasser überflutet werden. Meist nur fleckenweise dichtschließende Bestände an der Küste, oft als Folgegesellschaft von Quellerfluren. Als Bodenfestiger in Anlandungsgebieten von Bedeutung.
▽ §.

Halimionetum portulacoidis Kuhnh.-Lordat 1927 – Strandsalzmelden-Gesellschaft

V/A *Halimione portulacoides* – Strand-Salzmelde
V *Puccinellia maritima* – Strand-Salzschwaden, Andel
K *Aster tripolium* – Strand-Aster
T *Suaeda maritima* – Strand-Sode

Artenarme, mahd- und beweidungsempfindliche, bis über kniehohe, von *Halimione portulacoides* beherrschte Salzwiesen. Etwa 10 cm oberhalb der mittleren Hochwasserlinie und bandartig an Prielrändern bei hoher Salinität und Durchlüftung des Bodens. An der Nordseeküste auf den Hellern der ostfriesischen Inseln.
▽ Gefährdet 3, §.

Plantagini-Limonietum (Christ. 1927) Westh. et Segal 1961 –
Strandwegerich-Strandflieder-Wiese

K/A *Limonium vulgare* – Strandflieder
V *Halimione portulacoides* – Strand-Salzmelde
V *Puccinellia maritima* – Stand-Salzschwaden, Andel
K *Aster tripolium* – Strand-Aster
O *Plantago maritima* – Strand-Wegerich
O *Triglochin maritimum* – Strand-Dreizack
T *Suaeda maritima* – Strand-Sode

Artenarme, durch *Limonium vulgare* und *Aster tripolium* auffällige Salzpflanzengesellschaft auf schlickigen bis sandigen, nassen, im Oberboden stärker durchlüfteten Salzböden der mittleren Salzmarsch des west- und ostfriesischen Küstenraumes.
▽ Gefährdet (3), §.

Puccinellio-Spergularion Beeft. 1965 – Salzschwaden-Schuppenmieren-Gesellschaften

V *Spergularia salina* – Salz-Schuppenmiere
V *Puccinellia distans* – Gewöhnlicher Salzschwaden

Kurzlebige Salzbodengesellschaften an Standorten, an denen die ursprüngliche Vegetationsdecke durch Erosion oder längere Überstauung gestört wurde. Auch an anthropozoogenen Standorten wie Trittstellen, Sodenstichen und Fahrspuren. Der Salzgehalt des Bodens kann großen Schwankungen unterliegen.
BT Kurzlebige Salzbodengesellschaften (H 1.1.3.3. u. H 2.1–2.3.3)

Im Gebiet nur 1 Assoziation:

Spergulario-Puccinellietum distantis Feek. (1934) 1943 –
Schuppenmieren-Salzschwaden-Gesellschaft

(Syn. Spergularietum salinae R.Tx. et Volk 1937, Puccinellio-Sperguletum salinae [Alteh.1940] Müller-Stoll et Götz 1962; incl. Puccinellietum retroflexae [Almqu. 1929] Beeft. 1965)

V *Spergularia salina* – Salz-Schuppenmiere
V *Puccinellia distans* – Gewöhnlicher Salzschwaden
O *Glaux maritima* – Strand-Milchkraut
T *Suaeda maritima* – Salz-Sode
T *Halimione pedunculata* – Stielfrüchtige Salzmelde

Niedrige, von *Puccinellia distans* und *Spergularia salina* beherrschte Initialgesellschaften auf offenen, frischen bis feuchten Salzböden sowohl der Meeresküste als auch des Binnenlandes. Meist auf Standorten, auf denen die ursprüngliche Vegetation durch Erosion oder länger anhaltende Überstauung ausgedünnt oder beseitigt wurde (durch Sturmfluten entblößte Wattböden) oder durch Tiere oder Menschen durch häufiges Betreten, Befahren oder Bodenverwundung beschädigt wurde (Fußwege, Wagenspuren und Trittstellen).

▽ An Primärstandorten gefährdet 3, an Sekundärstandorten ungefährdet, §.

Armerion maritimae Br.-Bl. et de Leeuw 1936 – Strandnelken-Salzwiesen

V *Armeria maritima* – Gewöhnliche Grasnelke, Strandnelke
V *Carex distans* – Entferntährige Segge
V *Carex extensa* – Strand-Segge
V *Atriplex prostrata* – Spieß-Melde
V *Juncus maritimus* – Strand-Binse
V *Juncus gerardii* – Salz-Binse
V *Agrostis stolonifera* ssp. *maritima* – Salz-Straußgras

Auf salzhaltigen Sand- und Schlickböden der Meeresküste und des Binnenlandes. Meist dichtschließende Salzwiesen, die oft beweidet oder sogar gemäht werden. Sie werden nur noch selten von Salzwasser überflutet oder überstaut.

▽ Durch Eindeichung und Aussüßung gehen viele dieser Bestände ihrer Halophyten verlustig und verschwinden. Die Böden neigen zur Verdichtung und werden dann von uniformen, wenigartigen Beständen eingenommen. Ein Schutz der gefährdeten Salzwiesen ist auch aus wirtschaftlichen Gründen (höherer Futterwert) wünschenswert, §.

BT Strandnelkenrasen, Salzbinsenweiden (H 1.1.3.2 u. H 2.1–2.1–3.4)

1 Dichte, sattgrüne, blütenreiche Rasen mit starkem Auftreten von *Juncus gerardii, Glaux maritima, Triglochin maritimum* und *Aster tripolium* **Juncetum gerardii** S. 195
1* Bestände ohne gehäuftes Auftreten der genannten Arten, weniger sattgrüne und blütenreiche Rasen 2
2 Bestände auf staunassen, schwarzen Schlickböden mit *Blysmus rufus* und *Eleocharis uniglumis* **Blysmetum rufi** S. 196
2* Bestände ohne die genannten Arten, auf anderen Standorten 3
3 Bestände optisch durch das Vorherrschen der silbergrauen *Artemisia maritima* leicht kenntlich **Artemisietum maritimae** S. 196
3* Bestände ohne dominierende *Artemisia maritima* 4
4 Bestände in feuchten bis nassen Mulden mit vorherrschender *Juncus maritimus* und gehäuftem Auftreten von *Oenanthe lachenalii* und *Inula britannica* **Oenantho-Juncetum maritimi** S. 196
4* Bestände ohne gehäuftes Auftreten der genannten Arten 5
5 Bestände auf feuchten, sandigen, z. T. überschlickten Böden mit *Carex extensa, Odontites litoralis* **Junco-Caricetum extensae** S. 196
5* Bestände nicht durch *Carex extensa* und *Odontites litoralis* gekennzeichnet 6
6 Bestände auf feuchten, schwach salzhaltigen, nicht überschlickten Böden, mit *Carex distans, Trifolium fragiferum* **Ononido spinosae-Caricetum distantis** S. 196
6* Bestände durch *Elytrigia atherica* und *Elytrigia repens* beherrscht **Agropyretum littoralis** S. 197

Abb. 22. Halbschematisches Vegetationsprofil einer Salzbinsen-Gesellschaft (Juncetum gerardii). Nach FUKAREK 1961 aus SCHUBERT et al. 1995. Von links nach rechts: *Aster tripolium, Glaux maritima, Puccinellia distans, Scorzonera parviflora, Plantago maritima, Triglochin maritimum.*

Juncetum gerardii Nordh. 1923 – Salzbinsen-Gesellschaft (Abb. 22)
(incl. Plantaginetum coronopi R. Tx. 1937, Junco-Glaucetum maritimae Mahn et Schub. 1962, Armerio-Festucetum littoralis Br.-Bl. et de Leuw 1936)

V/A *Juncus gerardii* (dom.) – Salz-Binse
O *Glaux maritima* (dom.) – Strand-Milchkraut
O *Triglochin maritimum* – Strand-Dreizack
K *Aster tripolium* (dom.) – Strand-Aster
V *Agrostis stolonifera* ssp. *maritima* – Salz-Straußgras

Salzwiesen auf nur noch episodisch von Salzwasser überstauten Schlick- und Sandböden. Bestände im Wesentlichen von mittelhohen Horstgräsern und -binsen aufgebaut.

Durch Schwankungen im Salzgehalt des Bodens und dem Grad der Bodenfeuchtigkeit lassen sich mehrere Untereinheiten unterscheiden.
▽ Im Binnenland gefährdet 3, sonst ungefährdet, §.

Blysmetum rufi du Rietz 1925 – Quellried-Gesellschaft

A *Blysmus rufus* – Rotbraunes Quellried
A *Eleocharis uniglumis* – Einspelzige Sumpfsimse
T *Phragmites australis* – Gewöhnliches Schilf

Auf schwarzen, feuchten Schlickböden, auch an Süßwasseraustritten in Salzwiesen. Oft beweidet, von *Blysmus rufus* beherrscht.
▽ Stark gefährdet 2, §.

Artemisietum maritimae Br.-Bl. et de Leeuw 1936 – Strandbeifuß-Gesellschaft

A *Artemisia maritima* – Strand-Beifuß
H *Elytrigia repens* – Gewöhnliche Quecke

Auf gut durchlüfteten, etwas stickstoffhaltigen, sandigen oder schlickigen Böden und kleineren Uferabbrüchen sowie Grabenrändern, sowohl an der Küste als auch im Binnenland. Vom silbergrauen Strand-Beifuß beherrschte Bestände.
▽ Im Binnenland (Thüringen) stark gefährdet 2, sonst ungefährdet, §.

Junco-Caricetum extensae Br.-Bl. et de Leeuw 1936 – Salzbinsen-Strandseggenried

V/A *Carex extensa* – Strand-Segge
V *Juncus gerardii* – Salz-Binse
A *Odontites litoralis* – Strand-Zahntrost
T *Juncus ranarius* – Frosch-Binse

Auf feuchtem, salzhaltigem Sandstrand der Küste verbreitete, lückige Salzwiese. Die Standorte werden nur noch episodisch von Salzwasser überschwemmt, nicht beweidet, gelegentlich findet Bodenerosion statt. Von manchen Autoren an das Juncetum gerardii angegliedert.
▽ Geht bei Beweidung in das Spergulo-Puccinellietum über, stark gefährdet 2, §.

Oenantho-Juncetum maritimi R. Tx. 1937 – Pferdesaat-Strandbinsen-Gesellschaft
(Syn. Junceto-Samoletum Fuk. 1961, Juncetum maritimi Bilik 1956)

V *Juncus maritimus* (dom.) – Strand-Binse
A *Oenanthe lachenalii* – Wiesen-Pferdesaat
A *Samolus valerandi* – Salzbunge
H *Inula britannica* – Wiesen-Alant

Auf feuchten, salzhaltigen Schlickböden, landeinwärts *Bolboschoenus maritimus*-Beständen folgend, und in feuchten bis nassen Mulden auf mäßig versalzten Böden an der Küste. Durch Vorherrschaft von *Juncus maritimus* charakterisiert.
▽ Vor allem durch Trockenlegen von Feuchtstellen des Salzgraslandes gefährdet 3, §.

Ononido spinosae-Caricetum distantis (R. Tx. 1955) Pott 1995 – Salzkriechrasen der Entferntährigen Segge
(incl. Trifolio fragiferi-Caricetum distantis Jeschke 1968, Deschampsio-Caricetum distantis Mahn et Schub. 1962)

V *Carex distans* – Entferntährige Segge
V *Agrostis stolonifera* ssp. *maritima* – Salz-Straußgras
T *Trifolium fragiferum* – Erdbeer-Klee

T *Deschampsia cespitosa* – Rasen-Schmiele
T *Ononis spinosa* – Dornige Hauhechel
T *Festuca rubra* ssp. *arenaria* – Sand-Rotschwingel
T *Potentilla anserina* – Gänse-Fingerkraut

Stabile Dauergesellschaft auf schwach salzhaltigen Standorten im Kontakt zu Graudünen. Vor allem im Übergangsbereich von niedrigen Dünen zu beweideten, brackigen Salzwiesen, im Übergangsbereich zwischen Küstenüberflutungsmooren und Wiesen auf Mineralböden, meist nicht mehr überschlickt. Auch im Binnenland auf Salzstandorten.
▽ Gefährdet 3, im Binnenland stark gefährdet 2, §.

Agropyretum littoralis Br.-Bl. et de Leeuw 1936 – Dünenquecken-Salzwiese
(incl. Atriplici-Agropyretum pungentis Beeft. et Westh. 1962, Astero-Agropyretum repentis J.-M. Géhu 1986)

A *Elytrigia atherica (= Agropyron pungens = A. littorale)* – Dünen-Quecke
T *Elytrigia repens* – Gewöhnliche Quecke
T *Atriplex prostrata* – Spieß-Melde

Von der grau- bis blaugrauen *Elytrigia atherica* bestimmte, kniehohe, dichte Salzrasen auf sandigen Erhöhungen und Strandwällen, 50–70 cm über dem mittleren Tidehochwasser.
▽ §.

Crithmo-Limonietalia Br.-Bl. 1942 – Meerfenchel-Strandflieder-Gesellschaften

(Syn. Crithmo-Armerietalia Géhu 1964)

Durch die Wildform der Kohlsorten gekennzeichnete Pflanzengesellschaften der salzwasserbeeinflussten Felsküsten des Mittelmeeres und des Atlantiks.

Im Gebiet nur 1 Verband:

Crithmo-Limonion maritimae Molinier 1934 – Meerfenchel-Strandflieder-Gesellschaften

(Syn. Crithmo-Armerion maritimae J.-M. Géhu 1964)

BT Felsküsten (H 1.5)

Und 1 Assoziation:

Brassicetum oleraceae J.-M. Géhu 1962 – Gemüsekohl-Gesellschaft
(Syn. Cardario-Brassicetum oleraceae Dierschke et Walbrun 1986)

A *Brassica oleracea* ssp. *oleracea* – Gemüse-Kohl
H *Glaucium flavum* – Gelber Hornmohn

Nur im Bereich von salzwasser- und stickstoffbeeinflussten Felsspalten der Steilküsten von Helgoland. Dort auch *Crithmum maritimum* nachgewiesen.
▽ Sehr selten (R), §.
BT Felsküsten (H 1.5)

9 Pioniervegetation auf Fels und Gestein

9.1 **Asplenietea trichomanis** (Br.-Bl. in Meier et Br.-Bl. 1934) Oberd. 1977 – Fels- und Mauerspalten-Gesellschaften

K *Asplenium trichomanes* – Braunstieliger Streifenfarn
T *Homalothecium sericeum* – Krummastmoos

Artenarme und lückige Gesellschaften in Felsspalten und Mauerfugen, meist in ± senkrechter Lage, mit hohem Anteil von Kleinfarnen, Moosen und Flechten, im Kontakt zu Moos- und Flechtengesellschaften der eigentlichen Felsstandorte. Expositions- und Substratunterschiede bedingen unterschiedliche Wärme-, Feuchtigkeits- und pH-Verhältnisse. Hauptverbreitung und größte Mannigfaltigkeit in der alpinen und subalpinen Stufe der Hochgebirge, in der montanen und kollinen Stufe seltener und häufig auf Sekundärstandorten, in der planaren Stufe weitgehend fehlend.

▽ Im Gebiet generell nur zerstreut oder selten und häufig potenziell gefährdet, Gefährdung an natürlichen Standorten im Gebirge durch Bergsteigen, an Mauern durch Sanierungsmaßnahmen, neues Verfugen von altem Mauerwerk, §, *.

BT Felsspalten (T 5.2.2), Felsfluren (T 5.2) und Mauern (T 10.2.2)

1 In Felsspalten von Kalkfelsen und in Ritzen und Fugen von Mauern, dabei auch im Kalkmörtel zwischen Blöcken silikatischen Gesteins, Auftreten von *Asplenium ruta-muraria* und *Tortella tortuosa* **Potentilletalia caulescentis** S. 198

1* In Spalten und Fugen von Silikat- und Serpentingestein, Auftreten von *Asplenium septentrionale* **Androsacetalia multiflorae** S. 202

Potentilletalia caulescentis Br.-Bl. in Br.-Bl. et Jenny 1926 – Kalkfelsvegetation

(Syn. Asplenietalia rutae-murariae Oberd. et al. 1967)

O *Asplenium ruta-muraria* – Mauerraute
T *Campanula cochleariifolia* – Zwerg-Glockenblume
H *Tortula muralis* – Drehzahnmoos
H *Tortella tortuosa* – Spiralzahnmoos

BT Felsspalten, Kalk (T 5.2.2.2)

1 Kalkfelsvegetation der alpinen Hochlagen, durch niedrige Polsterpflanzen wie *Draba tomentosa*, *Androsace helvetica* und *Festuca alpina* charakterisiert **Androsaco helveticae-Drabion tomentosae** S. 198

1* Kalkfelsvegetation der alpinen bis kollinen Stufe ohne die genannten Arten. 2

2 Pflanzenbestände von trockenen, besonnten Kalkfelsspalten und von Mauerstandorten, häufig mit *Asplenium*-Arten **Potentillion caulescentis** S. 199

2* Pflanzenbestände feuchter, beschatteter Fels- und Mauerstandorte, häufig mit *Cystopteris fragilis*, moosreich, z. T. auch im silikatischen Bereich **Cystopteridion fragilis** S. 201

Androsaco helveticae-Drabion tomentosae T. Wraber 1970 – hochalpine Kalkfelsvegetation

V *Draba tomentosa* – Filz-Felsenblümchen

V *Androsace helvetica* – Schweizer Mannsschild
V *Festuca alpina* – Alpen-Schwingel

Hochalpine Felsspalten-Gesellschaften auf Kalk und Dolomit

In Deutschland nur 1 Assoziation:

Androsacetum helveticae Lüdi ex Br.-Bl. in Br.-Bl. et Jenny 1926 –
Gesellschaft des Schweizer Mannsschildes

A *Androsace helvetica* – Schweizer Mannsschild
H *Minuartia rupestris* – Felsen-Miere

Selten und kleinflächig in Felsspalten von besonnten Kalk- und Dolomitfelsen der hochalpinen Stufe, durch niedrige Polsterpflanzen charakterisiert, in Deutschland häufig nur fragmentarisch ausgebildet. Nördliche Kalkalpen (Berchtesgadener Alpen, Karwendel, Wetterstein, Allgäu).
∇ Sehr selten R, §.

Potentillion caulescentis Br.-Bl. in Br.-Bl. et Jenny 1926 – Kalkfelsvegetation trockener Lagen der alpinen bis kollinen Stufe

(Syn. Asplenion rutae-murariae Gams 1936)

V *Potentilla caulescens* – Stängel-Fingerkraut
V *Draba aizoides* – Immergrünes Felsenblümchen
V *Kernera saxatilis* – Felsen-Kugelschötchen
V *Carex mucronata* – Stachelspitzige Segge

BT Trockene Kalkfugen-Fluren (mit Mauerraute) (T 5.2.2.2.1)

1 Neben den Streifenfarnen *(Asplenium)* bestimmen gedrungene, rosettig wachsende Arten der Gattungen *Potentilla, Minuartia, Cardaminopsis* und *Draba* das Bild der lückigen Bestände in der alpinen bis montanen Stufe 2
1* Im Wesentlichen durch *Asplenium*-Arten gekennzeichnet, in der montanen bis kollinen Stufe 6
2 Durch *Potentilla*-Arten gekennzeichnet 3
2* Nicht durch *Potentilla*-Arten gekennzeichnet 4
3 Durch *Potentilla caulescens* gekennzeichnet, an trockenen, besonnten Kalkfelsen der montanen und subalpinen Stufe in den Alpen, selten im Schwarzwald und auf der Schwäbischen Alb **Hieracio humilis-Potentilletum caulescentis** S. 200
3* Durch *Potentilla clusiana* gekennzeichnet, auf Kalk- und Dolomitfelsen der Alpen in der subalpinen und alpinen Stufe **Drabo stellatae-Potentilletum clusianae** S. 199
4 (2*) Seltene Kalkfels-Gesellschaften mit Reliktarten im Jura 5
4* *Minuartia rupestris* bestandsbestimmend, Allgäuer Alpen **Minuartietum rupestris** S. 200
5 Neben *Draba aizoides* bestimmen *Hieracium humile* und *H. bupleuroides* die Bestände auf der Schwäbischen Alb und im Hegau **Drabo-Hieracietum humilis** S. 200
5* *Cardaminopsis petraea* bestandsbestimmend, Frankenjura **Cardaminopsietum petraeae** S. 200
6 (1*) Dominantes Auftreten von *Asplenium ruta-muraria,* häufig an Mauern **Asplenietum trichomano-rutae-murariae** S. 200
6* Neben *Asplenium ruta-muraria* und *A.trichomanes* Auftreten von *Galium pumilum, Festuca pallens und Hieracium schmidtii*, Felsstandorte **Galio pumili-Asplenietum rutae-murariae** S. 201

Drabo stellatae-Potentilletum clusianae Hörandl et Greiml. in Muc. 1993 –
Gesellschaft des Ostalpen-Fingerkrautes
(Syn. Potentilletum clusianae Höpflinger 1957)

A *Potentilla clusiana* – Ostalpen-Fingerkraut

Ob selten und kleinflächig auf Kalk- und Dolomitfelsen der subalpinen und alpinen Stufe der Berchtesgadener und Chiemgauer Alpen vorkommend ungeklärt.
▽ Sehr selten (R), §.

Hieracio humilis-Potentilletum caulescentis Br.-Bl. in Meier et Br.-Bl. 1934 – Gesellschaft des Stängel-Fingerkrautes
(Syn. Potentilletum caulescentis [Br.-Bl. et Jenny 1926] Aich. 1933)

A *Hieracium humile* – Niedriges Habichtskraut
V *Potentilla caulescens* – Stängel-Fingerkraut

Charakteristische kleinflächige Felsspaltengesellschaft an trockenen, warmen, besonnten Kalkfelsen, vor allem in der subalpinen Stufe des bayerischen Alpenraumes von den Ammergauer Alpen und dem Karwendel bis zum Allgäu. Vorkommen auch im Schwarzwald, Hegau und auf der Schwäbischen Alb.
▽ Einige Ausbildungen der Assoziation sind potenziell gefährdet bzw. vom Aussterben bedroht, Gefährdungssituation im Bergland unklar G, §.

Minuartietum rupestris Trepp 1978 – Felsenmieren-Gesellschaft

A *Minuartia rupestris* – Felsen-Miere

Selten und kleinflächig in Kalk-Felsspalten der Allgäuer Alpen.
▽ Sehr selten (R), §.

Cardaminopsietum petraeae Thorn 1958 – Felsenschaumkressen-Gesellschaft

A *Cardaminopsis petraea* – Felsen-Schaumkresse, Felsenkresse
V *Draba aizoides* ssp. *montana* – Immergrünes Felsenblümchen

Sehr selten und kleinflächig auf Kalk- und Dolomitfelsen des Frankenjura. Starke Beziehungen zum Asplenietum trichomano-rutae-murariae.
▽ Sehr selten (R), §.

Drabo-Hieracietum humilis Oberd. (1970) 1977 –
Gesellschaft des Niedrigen Habichtskrautes
(Syn. Potentillo-Hieracietum humilis Oberd. 1957, Potentillo-Hieracietum humilis Br.-Bl. in Meier et Br.-Bl. 1934 p. p.)

A *Hieracium humile* – Niedriges Habichtskraut
H *Hieracium bupleuroides* – Hasenohr-Habichtskraut
H *Draba aizoides* ssp. *montana* – Immergrünes Felsenblümchen

Selten in Kalkfelsspalten an waldfreien, trockenen und stark besonnten Felspartien auf der Schwäbischen Alb und im Hegau.
▽ Gefährdet 3, §.

Asplenietum trichomano-rutae-murariae Kuhn 1937 – Mauerrauten-Gesellschaft
(Syn. Tortulo-Asplenietum rutae-murariae Oberd. 1957, Tortello-Asplenietum Nörr 1970)

O *Asplenium ruta-muraria* – Mauerraute
K *Asplenium trichomanes* – Braunstieliger Streifenfarn
H *Tortula muralis* – Drehzahnmoos
H *Tortella tortuosa* – Spiralzahnmoos

Verbreitete Kalkspalten- bzw. -fugen-Gesellschaft an natürlichen und sekundären Standorten (Mörtelfugen) von der montanen bis zur planaren Stufe hinabsteigend, dort nur an Mauern.

▽ Durch Abriss oder Sanierung alter Mauerstandorte gefährdet 3, §,*.
BT Kalkmörtelfugen von Mauern mit Farnen (T 10.2.1–3.2.1)

Galio pumili-Asplenietum rutae-murariae Stöck. 1962 –
Heidelabkraut-Mauerrauten-Gesellschaft

O *Asplenium ruta-muraria* – Mauerraute
K *Asplenium trichomanes* – Braunstieliger Streifenfarn
T *Galium pumilum* – Heide-Labkraut
T *Festuca pallens* – Bleicher Schwingel

Auf kalkhaltigen Felsstandorten, auch auf schwach sauren Diabasen und Schiefern, Überleitung zu den Silikatfugen-Gesellschaften. Harz, Thüringisches Schiefergebirge.
▽ Gefährdet (3), §.

Cystopteridion fragilis J. L. Richard 1972 – Blasenfarnreiche Felsspalten-Gesellschaften (Syn. Asplenion viridis Nordh. 1936)

V *Cystopteris fragilis* – Zerbrechlicher Blasenfarn
V *Asplenium viride* – Grünstieliger Streifenfarn
V *Moehringia muscosa* – Moos-Nabelmiere
T *Viola biflora* – Zweiblütiges Veilchen

Pflanzengesellschaften feuchter, beschatteter Fels- und Mauerstandorte, moosreich.
▽ Gefährdet, §.
BT Feuchte Kalkfugen-Fluren (mit Blasenfarn) (T 5.2.2.2.2)

1 Durch *Cystopteris fragilis* gekennzeichnet **2**
1* Durch *Carex brachystachys* gekennzeichnet **Asplenio-Caricetum brachystachyos** S. 201
2 Neben *Cystopteris fragilis* auch *Cystopteris alpina* und *Silene pusilla* bestandsbestimmend, in Hochlagen des bayerischen Alpenraumes **Heliospermo-Cystopteridetum alpinae** S. 201
2* *Cystopteris fragilis*-Gesellschaften im montanen-hochkollinen Bereich der Mittelgebirge, an Sekundärstandorten bis in die planare Stufe **3**
3 an schattigen, feuchten, basenreichen Fels- und Mauerstandorten, mit Arten frischer, nährstoffreicher Standorte wie *Geranium robertianum*, in der montanen Stufe auch mit *Asplenium viride* **Cystopteridetum fragilis** S. 202
3* an schattigen, feuchten, silikatischen Felsen des Harzes, mit Moosen saurer Standorte **Bartramio-Cystopteridetum fragilis** S. 202

Asplenio-Caricetum brachystachyos J. L. Richard 1972 nom. inv –
Gesellschaft der Kurzährigen Segge
(Syn. Caricetum brachystachyos Lüdi 1921)

A *Carex brachystachys (= C. tenuis)* – Kurzährige Segge
V *Cystopteris fragilis* – Zerbrechlicher Blasenfarn
T *Viola biflora* – Zweiblütiges Veilchen
K *Asplenium trichomanes* – Braunstieliger Streifenfarn

Zerstreut und kleinflächig auf beschatteten, ständig überrieselten oder durchsickerten Kalkfelsen in engen Tälern und Schluchten der montanen Stufe. Nördliche Kalkalpen (Berchtesgadener, Ammergauer und Allgäuer Alpen), Süd-Schwarzwald.
▽ Datenlage mangelhaft D, im Bergland vom Verschwinden bedroht 1, §.

Heliospermo-Cystopteridetum alpinae J. L. Richard 1972 corr. Pott 1992 –
Alpenblasenfarn-Gesellschaft

A *Cystopteris alpina* – Alpen-Blasenfarn
V *Cystopteris fragilis* – Zerbrechlicher Blasenfarn

H *Silene pusilla (= Heliosperma quadridentatum)* – Vierzähniges Leimkraut
H *Viola biflora* – Zweiblütiges Veilchen

An nassen und schattigen Felsen in der subalpinen Stufe der bayerischen Alpen und des Bayerischen Waldes anstelle des montanen Asplenio-Cystopteridetum fragilis. Moosreich.
▽ Zurückgehend V, §.

Cystopteridetum fragilis Oberd. 1938 – Blasenfarn-Gesellschaft
(Syn. Asplenio rutae-murariae-Cystopteridetum fragilis Oberd. [1936] 1949)

V *Cystopteris fragilis* – Zerbrechlicher Blasenfarn
O *Asplenium ruta-muraria* – Mauerraute
V *Asplenium viride* – Grünstieliger Streifenfarn

An schattigen, feuchten und luftfeuchten, basenreichen Fels- und Mauerstandorten niederschlagsreicherer Mittelgebirgslandschaften, vor allem in der montanen Stufe, an Sekundärstandorten, z. B. an Wassermühlen und Brunnen, auch bis in die planare Stufe (z. B. Brandenburg, Niedersachsen, Schleswig-Holstein). Moosreich.
▽ Durch Gesteinsabbau und Mauersanierung im Flachland gefährdet 3, im Bergland zurückgehend V, in den Alpen ungefährdet, §, *.
BT Silikatgestein-Mauern (T 10.2.1–4.2.2)

Bartramio-Cystopteridetum fragilis Stöck. 1962 –
Apfelmoos-Blasenfarn-Gesellschaft

V *Cystopteris fragilis* – Zerbrechlicher Blasenfarn
T *Bartramia ithyphylla* – Apfelmoos
T *Dicranella heteromalla* – Kleingabelzahnmoos

An schattigen, feuchten silikatischen Felsen in luftfeuchter Lage. Harz.
▽ Gefährdet (3), §.

Androsacetalia multiflorae Br.-Bl. in Meier et Br.-Bl. 1934 – Silikatfelsvegetation

(Syn. Androsacetalia vandellii Br.-Bl. in Meier et Br.-Bl. 1934, Asplenietalia septentrionalis Oberd. et al. 1967)

O *Asplenium septentrionale* – Nördlicher Streifenfarn
H *Dicranella heteromalla* – Kleingabelzahnmoos
H *Hypnum cupressiforme* – Schlafmoos
H *Pohlia nutans* – Pohlmoos

Die Art *Androsace multiflora (= A. vandelii)* – Vielblütiger Mannschild kommt in Deutschland nicht vor.

Moosreiche Felsspalten- und Mauerfugen-Gesellschaften auf silikatischem Gestein.
▽ §.
BT Silikat-Felsspalten (T 5.2.2.1)

1 Auf Silikatgestein, mit Moosen des sauren pH-Bereiches, (bei *Cystopteris*-Gesellschaften s. S. 201 Cystopteridion). 2
1* An Serpentin gebunden, im Gebiet nur lokal im Erzgebirge, Fichtelgebirge und Frankenwald mit *Asplenium cuneifolium* und *A. adulterinum* **Asplenion serpentini** S. 204
2 mit *Asplenium septentrionale* und *A. trichomanes* **Asplenion septentrionalis** S. 203
2* *mit Asplenium billotii,* nur im Buntsandsteingebiet der Südpfalz **Asarinion procumbentis** S. 204

Asplenion septentrionalis Oberd. 1938 – Silikatfelsvegetation

(Syn. Asplenion septentrionalis Gams 1927, Asplenion septentrionalis Fouquet 1982)

O/V *Asplenium septentrionale* – Nördlicher Streifenfarn
H *Dicranella heteromalla* – Kleingabelzahnmoos
H *Bartramia ithyphylla* – Apfelmoos

Auf unterschiedlichen silikatischen Gesteinen.
▽ §.
BT Silikatgestein-Mauern (T 10.2.1–3.2.2) und Silikatfugen-Fluren mit Nordischem Streifenfarn (T 5.2.2.1.1)

1 In Spalten südexponierter Felsen nährstoffarmer, saurer Gesteine von der montanen bis zur subalpinen Stufe mit *Asplenium septentrionale, Festuca pallens, Hieracium schmidtii* und *Woodsia ilvensis* **Woodsio-Asplenietum septentrionalis** S. 203
1* In Spalten kalkarmer, aber nicht basenarmer Gesteine in warmen, milden Lagen 2
2 Auf nährstoffarmen, basenreichen Gesteinen auf trockenen Felsstandorten, mit *Biscutella laevigata* **Biscutello-Asplenietum septentrionalis** S. 203
2* Auf frischen und nicht zu nährstoffarmen Fels- und Mauerstandorten, mit *Asplenium adiantum-nigrum* und *A. septentrionale* **Asplenietum septentrionalis-adianti-nigri** S. 203

Woodsio ilvensis-Asplenietum septentrionalis R. Tx. 1937 – Gesellschaft des Rostroten Wimperfarns und Nördlichen Streifenfarns

(Syn. Hieracio pallidi-Asplenietum septentrionalis Oberd. et al. 1967, Sileno rupestris-Asplenietum septentrionalis Malc. ex Oberd. 1934)

A *Woodsia ilvensis* (selten) – Rostroter Wimperfarn
T *Hieracium schmidtii* (= *H. pallidum*) – Bleiches Habichtskraut
T *Festuca pallens* – Bleicher Schwingel
O *Asplenium septentrionale* – Nördlicher Streifenfarn

Selten an steilen, trockenen, südexponierten Felsen auf nährstoffarmem Silikatgestein in der submontanen und montanen Stufe der Mittelgebirgsregionen vom Oberrheingebiet bis zur Oberlausitz, oft nur fragmentarisch.
▽ Als seltene Reliktgesellschaft zurückgehend V, in den Alpen sehr selten R, §.

Biscutello-Asplenietum septentrionalis (Oberd. et al. 1967) Korneck 1974 – Brillenschötchen-Streifenfarn-Gesellschaft

O *Asplenium septentrionale* – Nördlicher Streifenfarn
T *Biscutella laevigata* – Brillenschötchen
K *Asplenium trichomanes* – Schwarzstieliger Streifenfarn

Sehr selten auf kalk- und nährstoffarmen, aber basenreichen Felsstandorten (Schiefer, Porphyr, Melaphyr) warm-trockener Lagen des Oberrheingebietes.
▽ Sehr selten (R), §.

Asplenietum septentrionali-adianti-nigri Oberd. 1938 – Gesellschaft des Nördlichen und Schwarzstieligen Streifenfarns

A *Asplenium adiantum-nigrum* – Schwarzstieliger Streifenfarn
O *Asplenium septentrionale* – Nördlicher Streifenfarn

Sehr selten in Mauerfugen und Felsspalten kalkfreier, aber nicht zu armer Gesteine (z. B. Sandstein, Schiefer, Grauwacke) in warmer, wintermilder Lage von der kollinen bis zur submontanen Stufe. Weinbaugebiete zwischen Schwarzwald und Rheinischem Schiefergebirge, Eifel, Weserbergland, Thüringen, Harz.
▽ Zurückgehend V, (2), §, *.

Asarinion procumbentis Br.-Bl. in Meier et Br.-Bl. 1934 – Atlantisch-westsubmediterrane Streifenfarn-Gesellschaften

(Syn. Asarinion rupestre Br.-Bl. in Meier et Br.-Bl. 1934)

In Deutschland als Ausklang des Verbandes nach Osten nur 1 Assoziation:

Crocynio-Asplenietum billotii G. Schulze et Korneck 1971 – Lanzettstreifenfarn-Gesellschaft

A *Asplenium billotii* – Lanzett-Streifenfarn
H *Crocynia membranacea* (Flechte)

Sehr selten im Buntsandsteingebiet der Südpfalz (Mosel, Saar, Ruwer), im Oberrheingebiet und Schwarzwald in Felsspalten auf kalkarmem Material, mäßig frisch, luftfeucht, wintermild.

∇ Sehr selten (R), §.

BT schattige, luftfeuchte Silikatfelsspaltenfluren der atlantischen Mittelgebirge (T 5.2.2.1.2)

Asplenion serpentini Br.-Bl. et R. Tx. 1943 ex Eggl. 1955 – Serpentinfelsvegetation

V *Asplenium cuneifolium* – Keilblättriger Serpentin-Streifenfarn
V Asplenium *adulterinum* – Braungrüner Serpentin-Streifenfarn

BT Serpentinfugen-Fluren (T 5.2.2.1.3)

Nur 1 Assoziation:

Asplenietum serpentini (G. Knapp 1942) Gauckl. 1954 – Serpentin-Streifenfarn-Gesellschaft

V *Asplenium cuneifolium* – Keilblättriger Serpentin-Streifenfarn
V *Asplenium adulterinum* – Braungrüner Serpentin-Streifenfarn

Sehr selten und lokal auf Serpentingestein. Fichtelgebirge (Oberviechtach) und Frankenwald (Kupferberg) in Höhenlagen um und über 500 m ü. NN, sächsisches Erzgebirge (Zöblitz, Ansprung, Olbernhau) und Vorland (Böhringen-Greifendorf, Krumbach, Kuhschnappel) in Höhenlagen bis unter 300 m ü. NN.

∇ Stark gefährdet durch Steinbruchbetrieb 2, in Sachsen hauptsächlich sekundär mit anderen Arten vermischt auf Steinbruchschotter und an alten Steinbruchwänden. Derartige rasenartige Bestände mit Gehölzjungwuchs wurden als Festuco ovinae-Asplenietum cuneifolii Irmscher 1997 der kollinen Lagen und als Festuco rubrae-Asplenietum cuneifolii Irmscher 1997 der montanen Lagen beschrieben. §, *.

9.2 **Parietarietea judaicae** Riv.-Mart. in Riv. Goday 1955 em. Oberd. 1969 – Glaskraut-Mauergesellschaften

(Syn. Cymbalario-Parietarietea diffusae Oberd. 1969)

K *Parietaria judaica* – Ausgebreitetes Glaskraut
K *Cymbalaria muralis* – Mauer-Zimbelkraut
K *Pseudofumaria lutea* (= *Corydalis lutea*) – Gelber Lerchenporn

Klasse mit hauptsächlich atlantischem und mediterranem Verbreitungsschwerpunkt, klingt in Mitteleuropa aus. Deshalb sind alle Gesellschaften meist anthropogen und beschränken sich auf Sekundärstandorte (warme Trockenmauern). Einige Autoren ordnen deshalb die Assoziationen zur Klasse Asplenietea trichomanis (Br.-Bl. in Meier et Br.-Bl. 1934) Oberd. 1977. Damit soll eine Abtrennung der temperaten Gesellschaften Mitteleuropas von den mediterranen Gesellschaften erfolgen (vgl. Grabherr et Muc. 1993).

Die Bestände sind sehr artenarm und werden meist nur durch eine Art charakterisiert, die in mediterranen Gebieten oft zusammen vorkommen und durch eine Zahl weiterer, die Klasse kennzeichnender Arten bereichert werden.

Im Gebiet nur 1 Ordnung:

Parietarietalia judaicae Riv.-Mart. ex Br.-Bl. 1963 corr. Oberd. 1977

mit ein Verband.

Cymbalario-Asplenion Segal 1969 – Mauerrauten-Zimbelkraut-Gesellschaften

(Syn. Centhrantho-Parietarion judaicae Riv.-Mart. 1960 nom. inv. p. p.)

V *Centhranthus ruber* – Rote Spornblume
V *Antirrhinum majus* – Garten-Löwenmaul
K *Cymbalaria muralis* – Mauer-Zimbelkraut

Von den Klassencharakterarten meist nur eine Art in den Beständen vertreten. Ordnungscharakterarten sind sehr selten. Dazu oft weit verbreitete Ruderalarten wie *Chelidonium majus*, *Poa compressa*, *Poa nemoralis*. Z. T. auch Mauerfarne der Klasse Asplenietea trichomanis wie *Asplenium ruta-muraria*, *Asplenium trichomanes*. Der Assoziationsrang wird deshalb von zahlreichen Autoren für diese Bestände abgelehnt. Insbesondere in Städten und Parks können verwilderte Zierpflanzen wie *Nepeta × mussinii* hinzutreten. Die Gesellschaften beschränken sich auf die Wärmegebiete bzw. lokal thermisch begünstigte Standorte.

∇ Durch Denkmalpflegearbeiten und Mauersanierungen gehen die Gesellschaften dieses Verbandes zurück.

BT Mauern mit Glaskraut-Zimbelkrautfluren (T 10.2.1 u. 8.2.3), auch Felsfluren (T 5.2)

1 *Parietaria judaica* vorhanden und Gesellschaft bestimmend, daneben können noch die charakteristischen Arten der Klasse vorkommend **Parietarietum judaicae** S. 206
1* *Parietaria judaica* fehlt, *Cymbalaria muralis*, *Cheiranthus cheiri* und/oder *Pseudofumaria lutea* vorkommend, *Asplenium ruta-muraria* oft beigesellt 2
2 *Cymbalaria muralis* dominiert neben Ruderalarten wie *Poa compressa*, *Poa nemoralis*, *Chelidonium majus* u. a., *Cheiranthus cheiri*, und *Pseudofumaria lutea* fehlen **Cymbalarietum muralis** S. 206
2* *Cheiranthus cheiri* oder *Pseudofumaria lutea* vorkommend 3
3 Mauern meist feucht und längere Zeit am Tag beschattet, *Pseudofumaria lutea* wichtiger Bestandesbildner **Corydalidetum luteae** S. 206
3* Mauern trockener, *Pseudofumaria lutea* fehlt. 4
4 *Cheiranthus cheiri* dominiert **Cheiranthetum cheiri** S. 206
4* *Sedum dasyphyllum* dominiert ***Sedum dasyphyllum*-Gesellschaft** S. 207

Parietarietum judaicae (Arènes 1928) Oberd. 1977 –
Gesellschaft des Ausgebreiteten Glaskrautes
(Syn. Parietarietum murale Arènes 1928, *Parietaria diffusa-Oxalis corniculata*-Ass. Br.-Bl. 1931 n. n., Cheirantho-Parietarietum diffusae Oberd. 1941).

K *Parietaria judaica* (dom.) – Ausgebreitetes Glaskraut

Gesellschaft wird von *Parietaria judaica* dominiert, nur in wärmsten Gebieten an Trockenmauern und historischen Bauwerken. Vergesellschaftet meist mit weit verbreiteten Ruderalpflanzen. Bleibt weitgehend auf Weinbaugebiete und den atlantischen Nordwesten Deutschlands beschränkt. Die wärmeliebende Gesellschaft konzentriert sich auf die Flusstäler von Rhein, Neckar, Mosel und Mittelweser. An der Saale früher nur in Halle. An der Elbe in Magdeburg.
▽ Durch Restaurierung der Mauern im Rückgang (V), regional vom Aussterben bedroht (1), allgemeiner Status in Deutschland unklar G.
BT Mauern (T 10.2.8.2), auch Felsfluren (T 5.2)

Cymbalarietum muralis Görs 1966 – Zimbelkraut – Gesellschaft
(Syn. *Cymbalaria muralis*-Dominanzgesellschaft Brandes 1992)

K *Cymbalaria muralis* (dom.) – Mauer-Zimbelkraut
T *Asplenium ruta-muraria* – Mauerraute

Gesellschaft wird von *Cymbalaria muralis* bestimmt, vergesellschaftet meist mit weit verbreiteten Ruderalpflanzen. Thermisch begünstigte Standorte, oft stark besonnte Trockenmauern und historische Gebäude. Häufigste Gesellschaft der Klasse im Gebiet. Bleibt auf die Flach- und Hügelländer beschränkt, in Norddeutschland seltener.
▽ Durch Restaurierung von Mauern zurückgehend (V), im Flachland gefährdet 3.
BT Mauern (T 10.2.1–3 u. 8.2)

Corydalidetum luteae Kaiser 1926 – Flur des Gelben Lerchensporns
(Syn. *Corydalis lutea*-Gesellschaft Brandes 1992)

K *Pseudofumaria lutea* (=*Corydalis lutea*, dom.) – Gelber Lerchenporn

Gesellschaft wird von *Pseudofumaria lutea* bestimmt, vergesellschaftet mit weit verbreiteten Ruderalarten. An Trockenmauern und historischen Gebäuden mit relativ stark durchfeuchteten Mauern, lange Zeit am Tag stark beschattet, z. T. Verwilderungen aus Anpflanzungen. Im Gebiet zerstreut vorkommend. Bevorzugung der Wärmegebiete (Weinbaulandschaften), außerhalb der Wärmegebiete meist auf Städte beschränkt.
▽ Durch Mauersanierungen gefährdet (3).
BT Mauern (T 10.2.1–3 u. 8.2)

Cheiranthetum cheiri Segal 1962 – Goldlack-Gesellschaft

A *Cheiranthus cheiri* – Goldlack

Neben *Cheiranthus cheiri* können die anderen charakteristischen Arten des Verbandes vorkommen. Hinzu treten weiter verbreitete Ruderalarten. Es gibt Übergänge zum Parietarietum judaicae (Arènes 1928) Oberd. 1977. Nur in den wärmsten Gebieten im Bereich alter Burganlagen vorkommend. Achtung: Blüten der Wildform von *Cheiranthus cheiri* sind rein gelb! Andersfarbige Exemplare aus der Kultur verwilderte Individuen. Mittelrheingebiet, früher in Halle/Saale.
▽ Gesellschaft durch Sanierungsarbeiten gefährdet (3).
BT Mauern (T 10.2.1 u. 8.2)

***Sedum dasyphyllum*-Gesellschaft** – Gesellschaft der Buckel-Fetthenne

A *Sedum dasyphyllum* – Buckel-Fetthenne

Neben *Sedum dasyphyllum* bauen Arten des Alysso-Sedion-Verbandes diese Mauerkronen-Gesellschaft auf. Hinzu treten ruderale Arten wie *Setaria pumila* und *Setaria verticillata*. Ob die Gesellschaft in diesen Verband gehört, muss offen bleiben. Die Vorkommen konzentrieren sich auf Süddeutschland (südlicher Schwarzwald, Isteiner Klotz, Schwäbische Alb).

▽ Gesellschaft durch Sanierungsarbeiten an Mauern gefährdet (3).

BT Mauerkronen (T 10.2.8.2.5)

9.3 **Thlaspietea rotundifolii** Br.-Bl. 1948 – Steinschutt- und Geröllflur-Gesellschaften

K *Arabis alpina* – Alpen-Gänsekresse
K *Campanula cochleariifolia* – Zwerg-Glockenblume
K *Gypsophila repens* – Kriechendes Gipskraut
K *Linaria alpina* – Alpen-Leinkraut
K *Microrrhinum minus* – Kleiner Orant

Pioniergesellschaften feinerdearmer Steinschutthalden und Schotterflächen. Schwerpunkt in den Hochgebirgslagen, auf Schutthalden von Bergstürzen und auf alluvialen Schotterflächen der Alpenflüsse auch in der montanen und kollinen Stufe. Auch auf sekundäre Standorte (Steinbruchgelände, Schotterhalden) übergehend. Sukzessionsbedingt häufig Beziehungen zu nachfolgenden Rasengesellschaften.

▽ Häufig durch Verbauung, Erosionsschutz, Flussregulierungen, Erholungsaktivitäten zurückgedrängt und gefährdet, §.

BT Steinschutt- und Geröllfluren (T 5.1)

1 Auf freifallenden und durch Hochwässer oft umgelagerten,wenig bewachsenen Schotter- und Kiesflächen von Alpengletscherbächen und -flüssen von der hochalpinen bis zur submontanen Stufe **Epilobietalia fleischeri** S. 215
1* Auf Steinschutthalden 2
2 Über Steinschutthalden auf Kalk und basenreichem Gestein 3
2* Über Steinschutthalden auf Silikatgestein. 4
3 Kalkschuttgesellschaften der alpinen Stufe der Alpen, einige Gesellschaften im Alpenbereich bis in die subalpine und hochmontane Stufe hinabsteigend, nur vereinzelt in süddeutschen Kalk-Mittelgebirgen (hps.Jura) auftretend **Thlaspietalia rotundifolii** S. 209
3* Kalkschuttgesellschaften der submontan-montanen Stufe der Alpen und Mittelgebirge, einige Gesellschaften bis in die kolline Stufe hinabsteigend **Galio-Parietarietalia officinalis** S. 211
4 (2*) Silikatschuttgesellschaften der alpinen und subalpinen Stufe der Alpen, nur vereinzelt in süddeutschen Mittelgebirgen auftretend. 5
4* Schuttgesellschaften der submontan-kollinen Stufe, mit Hauptverbreitung im subozeanischen Bereich Westdeutschlands **Galeopsietalia segetum** S. 214
5 Artenreiche Gesellschaften auf Kalkschieferschutt der Zentralalpen, hochalpin, nur selten und fragmentarisch im Gebiet der nördlichen Kalkalpen **Drabetalia hoppeanae** S. 212
5* Schuttgesellschaften der alpinen Stufe, mit Vorkommen in der montanen Stufe der süddeutschen Mittelgebirge **Androsacetalia alpinae** S. 213

Thlaspietalia rotundifolii Br.-Bl. in Br.-Bl. et Jenny 1926 – Alpine Kalkschutt-Gesellschaften

O *Achillea atrata* – Schwarzrandige Schafgarbe
O *Hutchinsia alpina* – Alpen-Gämskresse

O *Doronicum grandiflorum* – Großblütige Gämswurz
O *Papaver alpinum* agg. – Alpen-Mohn

Alpine Kalkschuttgesellschaften, von denen einige mit seltenen Vorkommen bis in die montane Stufe der süddeutschen Mittelgebirge reichen. Vor allem als Alpenschwemmlinge reichen Arten auf Flussschottern der Alpenflüsse in die montane Stufe hinab.
▽ §.

1 Pflanzengesellschaften auf Steinschutt der alpinen und subalpinen Stufe **Thlaspion rotundifolii** S. 208
1* Pflanzengesellschaften auf Feinschutt und Mergel in der subalpinen und hochmontanen Stufe **Petasition paradoxi** S. 209

Thlaspion rotundifolii Jenny-Lips 1930 – Alpine und subalpine Kalksteinschutt-Gesellschaften

V *Thlaspi rotundifolium* – Rundblättriges Hellerkraut
V *Galium megalospermum (= G. helveticum)* – Schweizer Labkraut
V *Saxifraga aphylla* – Nacktstengel-Steinbrech
V *Festuca rupicaprina* – Gämsen-Schwingel

▽ Z. T. seltene Gesellschaften, §.
BT Kalkgestein-Schuttfluren der Hochgebirge mit beweglichem Grobschutt (T 5.1.2.2.1)

1 Kalkschuttvegetation auf sonnigen, trockenen Standorten, von *Crepis terglouensis* oder *Athamanta cretensis* und *Trisetum distichophyllum* bestimmt 2
1* Kalkschuttvegetation auf absonnigen und feuchten, meist nordexponierten Standorten mit langer Schneebedeckung, von *Thlaspi rotundifolium* oder *Leontodon montanus* bzw. *Doronicum grandiflorum* bestimmt 3
2 Bestände von *Crepis terglouensis* bestimmt, feinerdereichere stabilisierte Schuttstandorte **Crepidetum terglouensis** S. 209
2* Bestände von *Athamanta cretensis* und *Trisetum distichophyllum* bestimmt, meist feinerdearmer, grobblockiger stabilisierter Kalkschutt **Athamantho-Trisetetum distichophylli** S. 209
3 (1*) Bestände von *Thlaspi rotundifolium* bestimmt, bewegter feinerdearmer Grobschutt **Thlaspietum rotundifolii** S. 208
3* Bestände von den gelbblühenden Korbblütlern *Leontodon montanus* oder *Doronicum grandiflorum* bestimmt 4
4 Bestände von *Leontodon montanus* bestimmt, auf wenig bewegtem, feinerdereichem Feinschutt **Leontodontetum montani** S. 208
4* Bestände von *Doronicum grandiflorum* bestimmt, auf wenig bewegtem, feinerdearmem Schutt **Doronicetum grandiflori** S. 209

Thlaspietum rotundifolii Jenny-Lips 1930 – Rundblatthellerkraut-Gesellschaft

V/A *Thlaspi rotundifolium* – Rundblättriges Hellerkraut
O *Papaver alpinum* agg. – Alpen-Mohn
H *Moehringia ciliata* – Alpen-Nabelmiere

Zerstreut und sehr locker auf bewegtem, meist feinerdearmem Kalkgrobschutt mit langer Schneebedeckung in der alpinen Stufe der nördlichen Kalkalpen, oft in Nordexposition in Karen über 2000 m.
▽ Selten (R), §.

Leontodontetum montani Jenny-Lips 1930 – Berglöwenzahn-Gesellschaft

A *Leontodon montanus* – Berglöwenzahn
O *Achillea atrata* – Schwarzrandige Schafgarbe
H *Saxifraga stellaris* – Stern-Steinbrech

Selten und kleinflächig auf weniger bewegten, wasserdurchtränkten, feinerdereicheren Feinschutthalden mit langer Schneebedeckung in der alpinen Stufe der nördlichen Kalkalpen und im Voralpenraum (ca. 1700–3000 m), meist kalkreicher Tonschieferschutt. Berchtesgadener und Ammergauer Alpen, Karwendel, Allgäu.
▽ Sehr selten R, einige Ausbildungen vom Verschwinden bedroht, (1), §.

Crepidetum terglouensis Oberd. ex Seib. 1977 – Triglavpippau-Gesellschaft

A *Crepis terglouensis* – Triglav-Pippau

Selten auf stabilisiertem, feinerdereicherem, aber kalkärmerem Schutt in besonnter und windexponierter Lage mit kürzerer Schneebedeckung in der alpinen Stufe der nördlichen Kalkhochalpen (ca. 1900–2700 m). Berchtesgadener Alpen, Karwendel, Allgäu.
▽ Sehr selten R, §.

Doronicetum grandiflori Thimm 1953 – Gesellschaft der Großblütigen Gämswurz

O *Doronicum grandiflorum* – Großblütige Gämswurz
H *Saxifraga stellaris* – Stern-Steinbrech

Selten auf wenig bewegten, feinerdearmen, lange beschatteten Schutthängen mit guter Durchfeuchtung und langer Schneebedeckung. Übergangsstellung zum Petasition paradoxi. Ammergebirge, Karwendel, Lechtaler Alpen, Allgäu.
▽ Sehr selten (R), §.

Athamanto-Trisetetum distichophylli (Jenny-Lips 1930) Lipp. 1966 – Augenwurz-Grannenhafer-Gesellschaft

A *Athamanta cretensis* – Augenwurz
A *Trisetum distichophyllum* – Zweizeiliger Grannenhafer

Zerstreut auf sonnen- und windexponierten, wenig bewegten, feinerdearmen, grobblockigen Kalkschuttstandorten in der subalpinen Stufe, seltener auf feinerdereicherem Material. Übergangsstellung zum Petasition paradoxi. Berchtesgadener und Ammergauer Alpen, Wettersteingebirge, Allgäu.
▽ §.

Petasition paradoxi Zollitsch ex Lipp. 1966 – Subalpine bis montane Feinschutt- und Mergelhaldenvegetation

V *Adenostyles glabra* – Kahler Alpendost
V *Valeriana montana* – Berg-Baldrian
V *Leontodon hyoseroidis* – Raulöwenzahn

▽ Wegen Seltenheit teilweise gefährdet, §.
BT Feinschutt- und Mergelhalden der Hochgebirge auf Kalkgestein (T 5.1.2.2.2)

1 Von Farnen bestimmt 2
1* Nicht von Farnen bestimmt 5
2 Von *Cystopteris montana* oder *Gymnocarpium robertianum* bestimmt. 3
2* Von *Dryopteris villarii* oder *Polystichum lonchitis* bestimmt 4
3 Von *Cystopteris montana* bestimmt **Cystopteridetum montanae** S. 210
3* Von *Gymnocarpium robertianum* bestimmt **Moehringio-Gymnocarpietum robertiani** S. 210
(bei *Gymnocarpium robertianum*-Beständen der montanen und kollinen Stufe s. **Gymnocarpietum robertiani** innerhalb des **Stipion calamagrostis** S. 211)
4 (2*) Von *Dryopteris villarii* bestimmt **Dryopteridetum villarii** S. 210
4* Von *Polystichum lonchitis* bestimmt **Polystichetum lonchitis** S. 211

5 (1*) Von *Petasites paradoxus* bestimmt **Petasitetum paradoxi** S. 210
5* Von *Leontodon hyoseris* bestimmt **Anthyllido-Leontodontetum hyoseridis** S. 210

Petasitetum paradoxi Beger 1922 – Alpenpestwurz-Gesellschaft

A *Petasites paradoxus* – Alpen-Pestwurz, Schnee-Pestwurz
V *Adenostyles glabra* – Kahler Alpendost

Zerstreut und lückig auf frischen, feinerdereichen Kalkschutthalden von der subalpinen bis zur montanen Stufe. Als Schuttwanderer tragen die beiden genannten Arten zur Festigung des Kalkschuttes bei, besonders bei Muren. Nördliche Kalkalpen, auf Flussschottern bis ins Alpenvorland hinabreichend.
▽ Im Bergland zurückgehend V, §.

Moehringio-Gymnocarpietum robertiani (Jenny-Lips 1930) Lipp. 1966 – Subalpine Ruprechtsfarn-Gesellschaft

T *Gymnocarpium robertianum* – Ruprechtsfarn
A *Moehringia muscosa* – Moos-Nabelmiere
H *Geranium robertianum* – Stinkender Storchschnabel, Ruprechtskraut

Häufig auf feuchten, längere Zeit schneebedeckten, noch rutschenden Grob- und Blockschutthalden, häufig am Fuße von Schutthalden in Nordexposition. In der subalpinen, seltener hochmontanen Stufe in den niederschlagsreicheren Gebieten der nördlichen Kalkalpen.
▽ §.

Anthyllido-Leontodontetum hyoseridis (Fabijanowski 1950) Zoller 1951 – Wundklee-Raulöwenzahn-Gesellschaft

A *Leontodon hyoseris (= L.hispidus* ssp. *hyoseris)* – Raulöwenzahn
H *Tussilago farfara* – Huflattich

Sehr zerstreut und kleinflächig als lückige Bestände auf wechselfrischen Mergelhalden in der subalpinen und montanen Stufe der Kalkalpen, des Flysch und der hohen Schwäbischen Alb (hier mit *Anthyllis vulneraria).*
▽ Im Bergland sehr selten R, §.

Dryopteridetum villarii Jenny-Lips 1930 – Gesellschaft des Starren Wurmfarns
(Syn. Valeriano-Dryopteridetum villarii Aich. 1933)

A *Dryopteris villarii* – Starrer Wurmfarn
H *Saxifraga stellaris* – Stern-Steinbrech
H *Tortula norvegica* – Drehzahnmoos

Selten und kleinflächig auf nicht bewegtem Grobschutt über Feinerde, in Nordexposition am Fuße von Kalkschutthalden oder von Lawinenbahnen in der alpinen Stufe, lange schneebedeckt. Nördliche Kalkalpen (Berchtesgadener und Ammergauer Alpen, Karwendel).
▽ §.

Cystopteridetum montanae (Höpflinger 1957) J. L. Richard 1972 – Bergblasenfarn-Gesellschaft
(Syn. Cystopterido montanae-Campanuletum pullae Höpflinger 1957)

A *Cystopteris montana* – Berg-Blasenfarn

Selten auf feuchtem, schattigem Kalkfels und wenig bewegtem, lange schneebedecktem feinerdehaltigem Kalkschutt in der subalpinen Stufe. Berchtesgadener, Chiemgauer und Ammergauer Alpen, Allgäu.
∇ Selten (R), §.

Polystichetum lonchitis (Oberd. 1957) Beguin 1972 – Lanzenschildfarn-Gesellschaft

A *Polystichum lonchitis* – Lanzen-Schildfarn

Selten auf Kalkblockhalden und -grobschutt in der subalpinen Stufe der nördlichen Kalkalpen und Voralpen sowie auf kalkführendem Gestein im Schwarzwald (Feldberg).
∇ §.

Galio-Parietarietalia officinalis Boşcaiu et al. 1966 – Kalkschutt-Gesellschaften der submontan-montanen Stufe

(Syn. Stipetalia calamagrostis Oberd. et Seib. in Oberd. 1977)

O *Galeopsis angustifolia* – Schmalblättriger Hohlzahn
O *Vincetoxicum hirundinaria* – Schwalbenwurz

Der Verbreitungsschwerpunkt der Gesellschaften liegt in der submontanen und montanen Stufe der Alpen und des Jura, in den Kalkhügelländern auch in die kolline Stufe hinabsteigend.
∇ §.

Nur 1 Verband:

Stipion calamagrostis Jenny-Lips ex Quantin 1932

BT Wärmeliebende Schuttfluren auf Kalkgestein (T 5.2.1)

1 Artenarme Bestände durch die Horste von *Achnatherum calamagrostis* beherrscht **Stipetum calamagrostis** S. 212
1* Bestände nicht von diesem Horstgras beherrscht 2
2 Bestände vom Farn *Gymnocarpium robertianum* bestimmt, auf frischen, schattigen Standorten **Gymnocarpietum robertiani** S. 212
(bei *Gymnocarpium robertianum*-Beständen der subalpinen Stufe s. **Moehringio-Gymnocarpietum robertiani** innerhalb des **Petasition paradoxi**, S. 210)
2* Bestände von anderen Arten bestimmt, auf warmen, besonnten Kalkschutthalden. 3
3 Bestände von *Rumex scutatus* bestimmt **Rumicetum scutati** S. 212
3* Bestände ohne *Rumex scutatus* 4
4 Bestände von *Galeopsis angustifolia* bestimmt **Galeopsietum angustifoliae** S. 211
4* Bestände von *Vincetoxicum hirundinaria* bestimmt **Vincetoxicetum hirundinariae** S. 212

Galeopsietum angustifoliae (Büker 1942) Bornk. 1960 – Gesellschaft des Schmalblättrigen Hohlzahns

(Syn. Galeopsietum angustifoliae [Libb. 1939] Büker 1942)

O/A *Galeopsis angustifolia* (dom.) – Schmalblättriger Hohlzahn

Zerstreut auf trockenen, warmen, besonnten, feinerdearmen, noch bewegten natürlichen und künstlichen (Steinbrüche) Kalkschutthalden. Niedrige, artenarme und schüttere Bestände mit annuellen Arten. Bei Festlegen des Hangschuttes und Feinerdeanreicherung Übergänge zu Mauerpfefferfluren und Halbtrockenrasen. Schwäbische und Fränkische Alb, Werra-, Weser- und Leinebergland, Thüringen, Nordharzvorland, Eifel, Sauerland, im Mittelrheingebiet auf Lavaschlacken.
∇ §.

Rumicetum scutati Fab. 1936 em. Kuhn 1937 – Schildampfer-Gesellschaft

A *Rumex scutatus* – Schild-Ampfer

Zerstreut auf bewegten, trockenen und warmen, feinerdearmen, besonnten Kalkschutthalden und Geröllflächen im süddeutschen Raum, auch auf Bahnschotter auftretend. (Kalk-Alpen, obere Donau, Schwäbische Alb, Hegau, Pfalz, Mittelrhein, stellenweise auch auf Basalt, Phonolith, Schiefer und Porphyr.

▽ Im Bergland zurückgehend V, §.

Stipetum calamagrostis Br.-Bl. 1918 – Raugras-Gesellschaft

A *Achnatherum calamagrostis (= Stipa c.)* – Raugras

Seltene, horstig wachsende hohe Rasenbestände auf lockeren, feinerdearmen bis -reichen trocken-warmen, besonnten Kalkschutthalden und Muren, auch auf Flusskies im Bereich der nördlichen Kalkalpen (Ammergauer Alpen bis Allgäu) und im südwestlichen Jura.

▽ §.

Vincetoxicetum hirundinariae Kaiser 1926 – Schwalbenwurz-Gesellschaft (incl. Seslerio-Vincetoxicetum Hilb. 1971, Sedo-Vincetoxicetum Hilb. 1971; non Vincetoxicetum hirundinariae Schwick. 1944)

O/A *Vincetoxicum hirundinaria* – Schwalbenwurz

Zerstreut auf warmen, besonnten, sehr feinerdehaltigen natürlichen und anthropogenen Kalkschutthalden der montanen und kollinen Stufe von den Alpen über den Jura bis in die mittel- und nordwestdeutschen Muschelkalkgebiete (Franken, Thüringen, Hessen, Sachsen-Anhalt, Süd-Niedersachsen, Nordrhein-Westfalen) und das Hohe Venn. Auch auf basenreichen Diabasen, auf Kulmschiefer und Quarzporphyr (Thüringen, Vogtland).

▽ Im Flachland gefährdet 3, §.

Gymnocarpietum robertiani Kaiser 1926 – Ruprechtsfarn-Gesellschaft (Syn. Dryopteridetum robertianae [Kuhn 1937] R. Tx. 1937)

A *Gymnocarpium robertianum* (dom.) – Ruprechtsfarn

Zerstreut auf frischen, schattigen bis halbschattigen, absonnigen, luftfeuchten, oft moosreichen Kalkschutthalden (Jura, Muschelkalk, Zechstein), Schwäbische und Fränkische Alb, Thüringen, Hessen, südliches Westfalen, südliches Niedersachsen, Mittelrheingebiet, Sachsen-Anhalt.

▽ An den nördlichen Verbreitungsgrenzen gefährdet (3) bis stark gefährdet (2), §.

Drabetalia hoppeanae Zollitsch 1966 – Alpine Kalkschieferschutt-Gesellschaften

O *Draba hoppeana* – Hoppes Felsenblümchen

Der Schwerpunkt der Ordnung liegt auf Schuttstandorten der Kalkschiefer in den Zentralalpen

▽ Durch Seltenheit gefährdet, §.

Nur 1 Verband:

Drabion hoppeanae Zollitsch 1966

BT Alpine Steinschutt- und Geröllfluren auf Schieferschutt (T 5.1.1.5)

Der Verband wird von einigen Autoren nicht zu einer eigenständigen Ordnung, sondern zu den Thlaspietalia rotundifolii gestellt.

In den deutschen Alpen (ohne *Draba hoppeana*) nur 1 Assoziation:

Drabetum hoppeanae Friedel 1956 – Gesellschaft des Hoppefelsenblümchens
(Syn. Trisetetum spicati Oberd. 1959)

A *Trisetum spicatum* – Ähriger Goldhafer

Verbreitungsschwerpunkt auf Kalkschieferschutthängen der Zentralalpen, in den deutschen Alpen sehr selten und kleinflächig in den Allgäuer Hochalpen und in den Berchtesgadener Alpen.
▽ Sehr selten (R), §.

Androsacetalia alpinae Br.-Bl. in Br.-Bl. et Jenny 1926 – Subalpine und alpine Silikatschutt-Gesellschaften

O *Cardamine resedifolia* – Reseden-Schaumkraut
O *Geum reptans* – Kriechende Nelkenwurz
O *Ranunculus glacialis* – Gletscher-Hahnenfuß
O *Saxifraga bryoides* – Moos-Steinbrech

Silikatschuttgesellschaften auf Grobschutt mit ständiger Schuttzufuhr, in der subalpinen und alpinen Stufe bis zum Schutt der Gletschervorfelder und Moränen, selten in der montanen Stufe der süddeutschen Mittelgebirge auftretend.
▽ Durch Seltenheit gefährdet, §.

Nur 1 Verband:

Androsacion alpinae Br.-Bl. in Br.-Bl. et Jenny 1926

BT Hochmontan-alpine Steinschutt- und Geröllfluren auf Silikatgestein (T 5.1.1.1)

1 Durch *Cryptogramma crispa* gekennzeichnet, auf grobem Blockschutt in süddeutschen Mittelgebirgen **Cryptogrammetum crispae** S. 213
1* Durch *Oxyria digyna* gekennzeichnet, auf kalkarmem Schieferschutt im Allgäu **Oxyrietum digynae** S. 213

Cryptogrammetum crispae Jenny-Lips 1930 – Rollfarn-Gesellschaft

A *Cryptogramma crispa* – Rollfarn

Selten und kleinflächig auf Silikatblockhalden und grobem Schutt in der hochmontanen bis subalpinen Stufe der Mittelgebirge (Schwarzwald, Hohes Venn, Bayerischer Wald).
▽ Durch Tourismus, Klettern gefährdet 3, §.

Oxyrietum digynae (Lüdi 1921) Br.-Bl. in Br.-Bl. et Jenny 1926 – Alpensäuerlings-Gesellschaft
(Syn. Sieversio-Oxyrietum digynae Friedel 1956)

A *Oxyria digyna* – Alpen-Säuerling
O *Geum reptans* – Kriechende Nelkenwurz

Selten, lückig und kleinflächig auf feuchtem Silikatschutt und Moränen im Gletschervorfeld. Verbreitungsschwerpunkt in den Zentralalpen, fragmentarisch auf kalkarmem Schieferschutt der Allgäuer Alpen, auch in den Berchtesgadener Alpen und im Wettersteingebirge in Höhen über 1700 m.
▽ Sehr selten R, §.

Galeopsietalia segetum Oberd. et Seib. in Oberd. 1977 – Submontane Silikatschutt-Gesellschaften

O *Epilobium lanceolatum* – Lanzett-Weidenröschen
O *Epilobium collinum* – Hügel-Weidenröschen
H *Senecio viscosus* – Klebriges Greiskraut

Silikatschuttgesellschaften der submontanen Stufe im Mittelgebirgsraum, häufig mit subatlantischem Verbreitungsschwerpunkt
▽ Durch Seltenheit gefährdet, §.

Nur 1 Verband:

Galeopsion segetum Oberd. 1957

BT submontan-montane Steinschutt- und Geröllfluren auf Silikatgestein (T 5.1.1.2)

1 Bestände mit *Epilobium lanceolatum* und *Galeopsis segetum* 2
1* Bestände nicht von diesen Arten bestimmt 3
2 Artenarme Pioniergesellschaft auf Silikatschutt in westdeutschen Mittelgebirgen mit *Galeopsis segetum, Epilobium lanceolatum, Senecio viscosus, Teucrium scorodonia, Geranium robertianum* **Galeopsietum segetum** S. 214
2* Neben den ersten vier unter 2 genannten Arten vor allem von *Anarrhinum bellidifolium* gekennzeichnete Gesellschaft auf offenen Schieferschutthalden im Raum Mosel, Saar, Ruwer, mit Säurezeigern trockener Lagen **Anarrhinetum bellidifolii** S. 214
3 (1*) Bestände mit *Teucrium botrys, Senecio viscosus, Cardaminopsis arenosa,* sonnige Standorte **Teucrio-Senecionetum viscosi** S. 215
3* Bestände mit *Saxifraga decipiens, Festuca pallens, Hieracium schmidtii,* moosreiche frische und schattige Standorte **Festuco pallentis-Saxifragetum decipientis** S. 215

Galeopsietum segetum (Oberd. 1938) Büker 1942 – Gesellschaft des Gelben Hohlzahns

(Syn. Epilobio lanceolati-Galeopsietum segetum [Büker 1942] Oberd. 1957)

A *Galeopsis segetum* – Gelber Hohlzahn
O *Epilobium lanceolatum* – Lanzett-Weidenröschen

Als schüttere Bestände zerstreut auf silikatischem Gesteinsschutt, auch sekundären Ursprungs, in subatlantisch getönten Mittelgebirgen Westdeutschlands (Schwarzwald, Hunsrück, Hohes Venn, Eifel, Taunus, Sauerland, Siegerland) in der kollinen bis submontanen Stufe.
▽ Sehr selten (R), §.

Anarrhinetum bellidifolii (Korneck 1974) Seib. in Oberd. 1977 – Lochschlund-Gesellschaft

A *Anarrhinum bellidifolium* – Lochschlund
H *Galeopsis segetum* – Gelber Hohlzahn
O *Epilobium lanceolatum* – Lanzett-Weidenröschen

Selten auf offenen, trockenen Silikatschutthalden im Raum Mosel, Saar, Ruwer, mit Säurezeigern trockener Lagen.
▽ Stark gefährdet 2, §.

Teucrio botryos-Senecionetum viscosi (Kersberg 1968) Korneck 1974 – Traubengamander-Klebgreiskraut-Gesellschaft

A *Teucrium botrys* – Trauben-Gamander
H *Senecio viscosus* – Klebriges Greiskraut

Selten auf bewegtem, besonntem, feinerdreichem Diabasschutt. Elsterhänge bei Pirk (Vogtland), Tuffhalden der Vulkaneifel.
▽ Sehr selten (R), §.

Festuco pallentis-Saxifragetum decipientis Stöck. 1962 – Rasensteinbrech-Gesellschaft

A *Saxifraga decipiens* (opt.) – Rasen-Steinbrech
T *Festuca pallens* – Blau-Schwingel

Zerstreut auf frischen, schattigen und kühlen Silikatschutthalden im Harz, auch auf Kalk in der Frankenalb.
▽ Sehr selten (R), §.

Epilobietalia fleischeri Moor 1958 – Alpigene Schwemmgesellschaften

O *Epilobium dodonaei* – Rosmarin-Weidenröschen
O *Tolpis staticifolia (= Hieracium staticifolium)* – Grasnelkenhabichtskraut
O *Hieracium piloselloides* – Florentiner Habichtskraut

Offene Pioniervegetation auf meist feinerdearmen alluvialen Kies- und Schotterschwemmböden an Alpenbächen und -flüssen von den Gletschervorfeldern bis zu den unregulierten Flussbereichen im Alpenvorland mit Schotterinseln und -uferpartien. Durch Überschwemmungen kommt es zu häufigen Materialverlagerungen, die für die Erhaltung der Pioniervegetation notwendig sind. Die Böden können oberflächlich rasch austrocknen.
▽ Durch Flussregulierungen, Staustufen und Erholungsaktivitäten auf den Kies- und Schotterflächen der Flüsse sind die Gesellschaften sehr stark gefährdet, z. T. vom Verschwinden bedroht, §.

Nur 1 Verband:

Epilobion fleischeri Br.-Bl. in J. et G. Br.-Bl. 1931
(Syn. Salicion incanae Aich. 1933)

BT Flussgeröll- und alpine Schwemmuferfluren (L 5.1.1)

1 Durch Gräser bestimmt, vor allem *Calamagrostis pseudophragmites,* auf feinerdereicheren Sand- und Kiesbänken im Sedimentationsbereich unregulierter Alpenflüsse, auch in Sand- und Tongruben **Calamagrostietum pseudophragmitis** S. 216
1* Nicht durch Gräser bestimmt, auf gröberem Material (Schotter, Kies) im Flussbereich unregulierter Alpenflüsse und Gletscherbäche **2**
2 Im Gletschervorfeld, auf Moränenschutt und auf Schotterflächen der Flüsse in der alpinen und subalpinen Stufe, von *Epilobium fleischeri* bestimmt **Epilobietum fleischeri** S. 216
2* Auf Flussschottern und -kiesen der Alpenflüsse in der montanen – kollinen Stufe. **3**

3 Von *Chondrilla chondrilloides* und *Erigeron acris* ssp. *angulosus* gekennzeichnet, Auftreten von *Myricaria germanica* **Myricario-Chondrilletum chondrilloidis** S. 216
3* Von *Epilobium dodonaei* und *Scrophularia canina* gekennzeichnet **Epilobio dodonaei-Scrophularietum caninae** S. 216

Myricario-Chondrilletum chondrilloidis Br.-Bl. in Volk 1939 em. Moor 1958 – Alpenknorpellattich-Gesellschaft

A *Chondrilla chondrilloides* – Alpen-Knorpellattich
T *Myricaria germanica* – Deutsche Tamariske
H *Erigeron acris* ssp. *angulosus* – Scharfes Berufkraut
H *Campanula cochleariifolia* – Zwerg-Glockenblume

Sehr selten auf zeitweise überschwemmten, zeitweise stark austrocknenden, offenen Kalkschotterbänken in den unregulierten Bereichen der größeren Alpenflüsse in der subalpinen und montanen Stufe der Alpen und des Alpenvorlandes in Nachbarschaft zum Salici-Myricarietum, zu dem die Sukzession erfolgen kann. Obere Isar, Lech, Iller, Hochrhein.

▽ Durch Flusskorrektur, Staustufenbau und Bade- und Erholungsbetrieb sehr stark gefährdet, oft nur noch fragmentarisch 1, im Bergland verschwunden 0, §.

Epilobio dodonaei-Scrophularietum caninae W. Koch et Br.-Bl. ex Th. Müller 1974 – Gesellschaft der Hundsbraunwurz und des Rosmarinweidenröschens

A *Scrophularia canina* – Hunds-Braunwurz
O *Epilobium dodonaei* – Rosmarin-Weidenröschen

Sehr selten und kleinflächig auf offenen, sich leicht erwärmenden und austrocknenden Flussschottern und -kiesen der Alpenflüsse in der montanen Stufe in Kontakt mit voriger Gesellschaft. Bodenseegebiet, Hochrhein bis Breisach, auf Sekundärstandorten am Mittelrhein (Kiesanrisse, Dämme, Steinbrüche, Bahngelände) bis in die kolline Stufe.

▽ In den Alpen gefährdet 3, (1), §.

Calamagrostietum pseudophragmitis Kopecký 1968 – Uferreitgras-Gesellschaft

A *Calamagrostis pseudophragmites* – Ufer-Reitgras

Selten auf feuchten, oft mehrmals überschwemmten feinerdereicheren Kies- und Sandbänken, Uferbereichen und Schwemmrinnen unregulierter Alpenflüsse. Obere Isar, Lech, Inn, Donau, Bodensee, Oberrhein. Auch auf Sekundärstandorte in Sand- und Tongruben übergehend.

▽ Stark gefährdet durch Flussregulierungen und Staustufen 2, im Hügelland vom Verschwinden bedroht 1, §.

Epilobietum fleischeri Frey 1922 – Gesellschaft von Fleischers Weidenröschen

A *Epilobium fleischeri* – Fleischers Weidenröschen

Auf Moränenschutt und im Gletschervorfeld in den Zentralalpen in der hochalpinen Stufe verbreitet und bestandsbildend, dort auch auf Schotter- und Kiesflächen nicht regulierter Abschnitte der Gebirgsflüsse in der alpinen und subalpinen Stufe vorhanden. In Deutschland nur noch sehr selten, kleinflächig und fragmentarisch in den Allgäuer Alpen.

▽ Vom Verschwinden bedroht (1), §.

9.4 **Violetea calaminariae** R. Tx. in Lohm. et al. 1962 nom. inval. – Schwermetall-Pflanzengesellschaften

K *Minuartia verna* ssp. *hercynica* – Kupferblume
K *Silene vulgaris* var. *humilis* – Zwerg-Taubenkropf

Grasreiche Gesellschaften mit schwermetalltoleranten Sippen Die Böden weisen hohe Gehalte an Zn, Cu, Pb, Co, Cd und Cr auf. Die schwermetallresistenten Ökotypen lassen sich als besondere Unterarten oder Kleinarten meist auch morphologisch von den Normalformen unterscheiden. Seit der Nacheiszeit haben diese oft konkurrenzschwachen Sippen auf den konkurrenzarmen, baumfreien, schwermetallsalzreichen Standorten des Ausstreichenden von Erzflözen überdauert, später sind sie auf die Bergwerkshalden übergegangen.

Im Gebiet nur 1 Ordnung:

Violetalia calaminariae Br.-Bl. et Tx. 1943 nom. inval. – Schwermetall-Pflanzengesellschaften

1 Durch *Thlaspi caerulescens* ssp. *calaminare* und/ oder *Viola calaminaria* ausgezeichnete Schwermetall-Pflanzengesellschaften Westdeutschlands **Thlaspion calaminariae** S. 219
1* Bestände ohne die genannten Arten, aber mit *Armeria maritima* agg. und Xerothermrasen-Arten **Armerion halleri** S. 217

Armerion halleri Ernst 1965 – Schwermetall-Grasnelken-Gesellschaften

V *Armeria maritima* agg. – Grasnelke
K *Minuartia verna* ssp. *hercynica* – Kupferblume
K *Silene vulgaris* var. *humilis* – Zwerg-Taubenkropf
T *Scabiosa canescens* – Graue Skabiose
T *Potentilla neumanniana* – Frühlings-Fingerkraut
T *Dianthus carthusianorum* – Karthäuser-Nelke
T *Galium verum* – Echtes Labkraut

Schwermetall-Grasnelkenfluren auf kupfer-, zink- und bleihaltigen Böden in Mitteldeutschland.
▽ §.

1 Bestände mit *Armeria bottendorfensis*, *Silene otites*, *Poa badensis* und *Rumex acetosella*, nur bei Bottendorf (Unstruttal) **Armerietum bottendorfensis** S. 218
1* Bestände nicht mit diesen Arten 2
2 Bestände mit *Armeria hornburgensis*, offenbar ausgestorben (nur bei Hornburg/östl. Harzvorland) **Armerietum hornburgensis** S. 218
2* Bestände nicht mit *Armeria hornburgensis* 3
3 Bestände mit *Armeria halleri*, *Silene vulgaris* var. *humilis* **Armerietum halleri** S. 217
3* Bestände ohne *Armeria halleri* und *Silene vulgaris* var. *humilis*, aber mit *Cardaminopsis halleri* und *Holcus lanatus* **Holco-Cardaminopsietum halleri** S. 219

Armerietum halleri Libb. 1930 – Kupfer-Grasnelkenflur (Abb. 23)

A *Armeria maritima* ssp. *halleri* – Hallers Grasnelke
K *Minuartia verna* ssp. *hercynica* – Kupferblume
K *Silene vulgaris* var. *humilis* – Zwerg-Taubenkropf
T *Galium verum* – Echtes Labkraut
T *Festuca ovina* – Schaf-Schwingel
T *Pimpinella saxifraga* – Kleine Pimpinelle
T *Scabiosa canescens* – Graue Skabiose
T *Scabiosa ochroleuca* – Gelbe Skabiose

Im nördlichen und östlichen Harzvorland gibt es im Bereich des Ausstreichens des Kupferschieferflözes oder auf den Halden des Kupferschieferbergbaues Böden, die

Abb. 23. Halbschematisches Vegetationsprofil durch das Minuartia verna-Stadium der Kupfer-Grasnelken-Gesellschaft (Armerietum halleri). Nach SCHUBERT 1953, aus SCHUBERT et al. 1995. Von links nach rechts: *Festuca ovina, Minuartia verna* ssp. *hercynica, Rumex acetosa, Silene vulgaris* var. *humilis, Minuartia verna* ssp. *hercynica, Silene vulgaris* ssp. *humilis.*

reich an Kupfer-, Zink- und Bleiverbindungen sind. Diese Standorte, an denen Gehölze stark geschädigt werden, sind die Standorte der Kupfer-Grasnelkenflur, in der sich viele schwermetalltolerante Pflanzensippen gebildet haben.

▽ Durch Ruderalisierung gefährdet 3, §.

Armerietum hornburgensis Schub. 1974 – Hornburger Grasnelkenflur

A *Armeria maritima* ssp. *hornburgensis* – Hornburger Grasnelke
T *Spergularia rubra* – Rote Schuppenmiere
T *Cladonia pocillum* – Becherflechte
H *Polygonum aviculare* – Vogel-Knöterich
H *Echium vulgare* – Gemeiner Natternkopf

▽ Sehr seltene Schwermetall-Pflanzengesellschaft auf einem Hügel bei Hornburg im östl. Harzvorland. Durch das Aufkommen von Ruderalpflanzen, das Fehlen von *Minuartia verna* ssp. *hercynica* und das Auftreten von Xerothermrasenarten gekennzeichnet. Vom Verschwinden bedroht 1, §.

Armerietum bottendorfensis Schub. 1953 – Bottendorfer Grasnelkenflur

A *Armeria maritima* ssp. *bottendorfensis* – Bottendorfer Grasnelke
K *Minuartia verna* ssp. *hercynica* – Kupferblume

T *Silene otites* – Ohrlöffel-Leimkraut
T *Poa badensis* – Badener Rispengras
T *Rumex acetosella* – Kleiner Sauerampfer
T *Achillea setacea* – Steppen-Schafgarbe
T *Riccia bischoffii* – Sternlebermoos
T *Polytrichum piliferum* – Frauenhaarmoos
T *Diploschistes scruposus* – Krustenflechte

Auf schwermetallsalzreichem Basalkonglomerat und Kupferschiefer des Unteren Zechsteins bei Bottendorf im Unstruttal (Nordthüringen) auftretende Schwermetall-Pflanzengesellschaft. Die Pflanzen zeigen Nanismus und Ausbildung schwermetalltoleranter Ökotypen. Natürliche Vorkommen der Schwermetall-Pflanzengesellschaft seit der Nacheiszeit.
∇ Stark gefährdet 2, §.

Holco-Cardaminopsietum halleri Hülb. 1980 –
Gesellschaft des Wolligen Honiggrases und Hallers Schaumkresse

A *Cardaminopsis halleri* – Hallers Schaumkresse
T *Holcus lanatus* – Wolliges Honiggras
T *Holcus mollis* – Weiches Honiggras
H *Agrostis capillaris* – Rotes Straußgras
H *Festuca rubra* – Rot-Schwingel

Artenarmer, von Gräsern beherrschter, durch *Cardaminopsis halleri* ausgezeichneter Rasen auf schwermetallhaltigen Böden, die bereits etwas feinerdereicher sind. Oft in der Umgebung von Halden und Bingen im Umfeld von Bergwerken und schwermetallverarbeitender Industrie (Harz, Sauerland, Siegerland, Unterweser bei Nordenham).
∇ Gefährdet 3, §.

Thlaspion calaminariae Ernst 1965 –
Schwermetall-Hellerkraut-Gesellschaften

V *Thlaspi caerulescens* ssp. *calaminare* – Galmei- Hellerkraut
V *Viola calaminaria* – Zink-Veilchen

In Westdeutschland auf schwermetallsalzreichen, vor allem zinkreichen Böden verbreitete Gesellschaften.
∇ §.

1 Bestände durch *Viola calaminaria* ausgezeichnet **Violetum calaminariae** S. 219
1* Bestände ohne *Viola calaminaria*, aber mit *Thlaspi caerulescens* ssp. *calaminare* **Minuartio-Thlaspietum caerulescens** S. 220

Violetum calaminariae Schwick. 1931 – Zinkveilchen-Gesellschaft
(incl. Violetum guestphalicae Ernst 1965 corr. Nauenb. 1987)

V *Viola calaminaria* – Zink-Veilchen
V *Thlaspi caerulescens* ssp. *calaminare* – Galmei- Hellerkraut
K *Minuartia verna* ssp. *hercynica* – Kupferblume Taubenkropf
K *Silene vulgaris* ssp. *humilis* – Zwerg-Taubenkropf
T *Armeria halleri* – Hallers Grasnelke

Galmeigesellschaft des westlichen Mitteleuropas auf trockenen Halden und Bingen Westdeutschlands (Aachen, Osnabrück, Blankenrode Krs. Paderborn)
∇ Gefährdet 3, §.

Minuartio-Thlaspietum caerulescens K. Koch 1932 –
Galmei-Hellerkraut-Gesellschaft

V *Thlaspi caerulescens* ssp. *calaminare* – Galmei-Hellerkraut
K *Minuartia verna* ssp. *hercynica* – Kupferblume
K *Silene vulgaris* ssp. *humilis* – Zwerg-Taubenkropf

Artenarme, niedrigwüchsige, schüttere Rasen im Gebiet des Silberberges bei Osnabrück, im Aachen-Stollberger Erzgebiet und bei Blankenrode Krs. Paderborn.
▽ Gefährdet 3, §.

10 Süßwasser-, Ufer-, Quell- und Verlandungs-Gesellschaften

10.1 **Lemnetea minoris** Bolòs et Masclans 1955 – Wasserschweber-Gesellschaften

K *Lemna minor* – Kleine Wasserlinse
K *Lemna trisulca* – Untergetauchte Wasserlinse

Gesellschaften, die aus frei an der Wasseroberfläche flottierenden bzw. in den oberen Wasserschichten schwebenden, nicht im Boden des Gewässergrundes wurzelnden Pflanzen (Pleustophyten) aufgebaut werden. Die Bestände sind sehr artenarm. Ihre Vermehrung durch Sprossung führt oft zu großflächigen dichten Beständen. Leicht verdriftend, daher hauptsächlich in kleinen windgeschützten Stillgewässern, auch in Röhricht eindringend.
BT Freischwimmende Pflanzendecken (L 3.1–9.3)

1 Einschichtige Wasserschweber-Gesellschaften, an und dicht unter der Wasseroberfläche treibend, von Wasserlinsen gekennzeichnet **Lemnetalia minoris** S. 221
1* Mehrschichtige Wasserschweber-Gesellschaften, außer Wasserlinsen auch andere nichtwurzelnde Wasserpflanzen wie *Hydrocharis morsus-ranae, Ceratophyllum-* und *Utricularia*-Arten auftretend **Hydrocharitetalia morsus-ranae** S. 223

Lemnetalia minoris Bolòs et Masclans 1955 – Einschichtige Wasserschweber-Decken

K *Lemna minor* – Kleine Wasserlinse
K *Lemna trisulca* – Untergetauchte Wasserlinse

Einschichtige Wasserschweber-Gesellschaften aus freischwebenden Wasserlinsen, Wasserfarnen und -moosen.

1 Reine Wasserlinsen-Gesellschaften, z. T. auch mit den Schwimmfarnen *Salvinia natans* und *Azolla filiculoides* **Lemnion minoris** S. 221
1* Neben den Wasserlinsen auch starkes Auftreten von freischwebenden Wassermoosen **Riccio-Lemnion trisulcae** S. 223

Lemnion minoris Bolòs et Masclans 1955 – Wasserlinsen-Decken

K *Lemna minor* – Kleine Wasserlinse
K *Lemna trisulca* – Untergetauchte Wasserlinse
V *Spirodela polyrhiza* – Vielwurzelige Teichlinse

Einschichtige Wasserlinsen-Gesellschaft an und dicht unter der Wasseroberfläche, meist in ± eutrophen Gewässern. Die von manchen Autoren als eigenständige Assoziation (Lemnetum trisulcae [Kelhofer 1915] R. Knapp et Stoffers 1962) gewerteten Wasserlinsen-Bestände mit reichem Vorkommen der Untergetauchten Wasserlinse (*Lemna trisulca)* werden als Subass. zu den anderen Assoziationen des Lemnion gestellt.
BT Freischwimmende Pflanzendecken (L3.9.3)

1 Massenauftreten der stecknadelkopfgroßen *Wolffia arrhiza* **Wolffietum arrhizae** S. 222
1* *Wolffia arrhiza* fehlt 2

2 Massenauftreten von *Lemna gibba* **Lemnetum gibbae** S. 222
2* *Lemna gibba* fehlt **3**
3 Bestände i. w. aus *Spirodela polyrrhiza* und *Lemna minor* aufgebaut
Lemno-Spirodeletum polyrrhizae S. 222
3* (oft reiches) Auftreten der Schwimmfarne *Salvinia natans* oder *Azolla filiculoides* **4**
4 Bestände von *Salvinia natans bestimmt* **Spirodelo-Salvinietum natantis** S. 222
4* Bestände von *Azolla filiculoides* bestimmt (Südwestdeutschland, besonders Oberrheinebene, Berlin)
Azolla-reiche Varianten verschiedener Lemnion-Assoziationen, teilweise als Lemno-Azolletum (van Langendonck 1935) Br.-Bl. 1952 oder als Azollo filiculoidis-Lemnetum minusculae Felzines et Loiseau 1991 gefasst

Lemno-Spirodeletum polyrrhizae W. Koch 1954 em. Th. Müller et Görs 1960 – Teichlinsen-Gesellschaft
(incl. Lemnetum minoris [Rübel 1912] Th. Müller et Görs 1960, Lemno minori-turioniferae Wolff et Jentsch 1992)

V *Spirodela polyrrhiza* – Vielwurzelige Teichlinse
K *Lemna minor* – Kleine Wasserlinse

Verbreitet in eutrophen Gewässern, meist Kleingewässern, mäßig wärmeliebend, nicht über 600 m aufsteigend. In sommerkühlen, beschatteten Kleingewässern, vor allem in der submontan-montanen Stufe, oft Einartbestände von *Lemna minor*, Bestände der seit 1965 neophytisch auftretenden *Lemna turionifera* auch als eigene Gesellschaft gefasst (Spreewald, Vorpommern, Saarland).
▽ *.

Lemnetum gibbae (W. Koch 1954) Miyaw. et J. Tx. 1960 – Buckellinsen-Gesellschaft
(Syn. Wolffio-Lemnetum gibbae Bennema in Bennema et Westh. 1943 p. p.)

A *Lemna gibba* – Bucklige Wasserlinse
K *Lemna minor* – Kleine Wasserlinse

Zerstreut in flachen, sich leicht erwärmenden polytrophen Kleingewässern des Tief- und Hügellandes.
▽ *.
BT Freischwimmende Pflanzendecken im nährstoffreichen Wasser (L 3.3–4.4 u. 3.8.3.2)

Wolffietum arrhizae Miyaw. et J. Tx. 1960 – Zwergwasserlinsen-Gesellschaft
(Syn. Wolffio-Lemnetum gibbae Bennema in Bennema et Westh. 1943 p. p.)

A *Wolffia arrhiza* – Zwergwasserlinse

Selten und sporadisch in nährstoffreichen Kleingewässern in sommerwarmen Gebieten. Beobachtet in Brandenburg, Mecklenburg und Franken.
▽ Durch Seltenheit gefährdet (R), D, *.

Spirodelo-Salvinietum natantis Slavn. 1956 – Schwimmfarn-Gesellschaft

A *Salvinia natans* – Gemeiner Schwimmfarn
V *Spirodela polyrhiza* – Vielwurzlige Teichlinse

Selten in kontinentalen sommerwarmen Flusstälern des Tieflandes in nährstoffreichen, flachen, windgeschützten Gewässern, meist Altwässern oder Fischteichen. Elbe, untere Mulde, Havel, Spree, Oder, letzte Vorposten im nördlichen Oberrheingebiet.

∇ Durch Gewässerverschmutzung stark gefährdet 2, gebietsweise vom Verschwinden bedroht 1, §.
BT Wärmeliebende Schwimmfarngesellschaft (L 3.2.3.3 u. L 3.6.3.3)

Riccio-Lemnion trisulcae R. Tx. et Schwabe in R. Tx. 1974 – Wassermoos-Decken

K *Lemna minor* – Kleine Wasserlinse
K *Lemna trisulca* – Untergetauchte Wasserlinse
V *Riccia fluitans* – Sternlebermoos
V *Ricciocarpus natans* – Schwimmlebermoos

Wasserschweber-Gesellschaften mit hohem Anteil von Wassermoosen in mesotrophen Stillgewässern, meist Kleingewässern, häufig in Verzahnung mit Röhrichten.
BT Freischwimmende Pflanzendecken in Sauberwasser (L 3.2 u. L 3.6.3.1)

1 Gekennzeichnet durch die mehrfach dichotom verzweigte *Riccia fluitans* bzw. *Riccia rhenana* **Riccietum fluitantis** S. 223
1* Gekennzeichnet durch die rundliche, mit zahlreichen Rhizoiden auf der braunen Unterseite versehene Art *Ricciocarpus natans* **Ricciocarpetum natantis** S. 223

Riccietum fluitantis Slavn. 1956 – Gesellschaft des Flutenden Sternlebermooses (incl. Riccietum rhenanae R. Knapp et Stoffers 1962)

V/A *Riccia fluitans* – Sternlebermoos
A *Riccia rhenana* – Sternlebermoos
K *Lemna minor* – Kleine Wasserlinse

Die beiden schwierig zu unterscheidenden *Riccia*-Arten, deren Artzugehörigkeit oft erst nachträglich geklärt wurde, bilden eigene Gesellschaften aus. *R. rhenana* ist auf basen- und nährstoffreichere Gewässer in mildem Klima angewiesen, während *R. fluitans* auch in saure, nährstoffarme Gewässer in kühlen Lagen übergeht.

Selten in meso- bis schwach eutrophen Kleingewässern von der planaren bis zur submontanen Stufe, häufig von Röhricht beschattet. Das Riccietum rhenanae ist für Hessen, Franken und Oberschwaben angegeben.
∇ Durch Eutrophierung gefährdet 3, *, §.

Ricciocarpetum natantis (Segal 1963) R. Tx. 1974 – Gesellschaft des Schwimmlebermooses

V/A *Ricciocarpus natans* – Schwimmlebermoos
K *Lemna minor* – Kleine Wasserlinse

Selten in mesotrophen, windgeschützten Kleingewässern von der planaren bis zur submontanen Stufe, besonders im Halbschatten von Röhrichten.
∇ Durch Eutrophierung stark gefährdet 2, *, §.

Hydrocharitetalia morsus-ranae Rübel 1933 – Mehrschichtige Wasserschweber-Gesellschaften

K *Lemna minor* – Kleine Wasserlinse
K *Lemna trisulca* – Untergetauchte Wasserlinse
O *Utricularia vulgaris* – Gemeiner Wasserschlauch
O *Utricularia australis* – Südlicher Wasserschlauch
H *Ceratophyllum demersum* – Gemeines Hornblatt

Mehrschichtige Wasserschweber-Gesellschaften. Nicht nur an und dicht unter der Wasseroberfläche, sondern auch in den oberen Schichten des Gewässers treiben Wasserpflanzen. Bei flachen Kleingewässern ist häufig der gesamte Wasserkörper von Wasserpflanzen erfüllt. Neben den Wasserlinsen sind andere nicht wurzelnde, oft langstängelige Wasserpflanzen am Bestandsaufbau beteiligt. Sie treiben im Sommer in den oberen Wasserschichten und sinken im Winter auf den Gewässergrund.

1 Neben den Wasserlinsen bestimmen *Hydrocharis morsus-ranae, Stratiotes aloides* und *Utricularia*-Arten die Bestände **Hydrocharition morsus-ranae** S. 224
1* Neben den Wasserlinsen bestimmen *Ceratophyllum*-Arten die Bestände **Ceratophyllion demersi** S. 225

Hydrocharition morsus-ranae Rübel 1933 – Krebsscheren- und Wasserschlauch-Schweber-Gesellschaften

(incl. Utricularion vulgaris Pass. 1964)

V *Hydrocharis morsus-ranae* – Froschbiss
O *Utricularia vulgaris* – Gemeiner Wasserschlauch
O *Utricularia australis* – Südlicher Wasserschlauch

Mehrschichtige Wasserschweber-Gesellschaften, in denen neben den Wasserlinsen Froschbiss, Krebsschere und Wasserschlauch-Arten den Bestandsaufbau bestimmen.
BT Krebsscheren- u. Froschbissdecken (L 3.1–2 u. L 3.6.3.4)

1 Vegetationsdecke durch *Stratiotes aloides* und/oder *Hydrocharis morsus-ranae* gekennzeichnet **Stratiotetum aloidis** S. 224
1* Unter der Wasserlinsen-Decke schweben langstängelige *Utricularia*-Arten 2
2 Auftreten von *Utricularia vulgaris* **Lemno-Utricularietum vulgaris** S. 224
2* Auftreten von *Utricularia australis* **Lemno-Utricularietum australis** S. 225

Stratiotetum aloidis (Rübel 1920) Now. 1930 – Krebsscheren- und Froschbiss-Gesellschaft

(Syn. Hydrocharitetum morsus-ranae van Langend. 1935, Hydrocharo-Stratiotetum Westh. 1946)

A *Stratiotes aloides* – Krebsschere
V *Hydrocharis morsus-ranae* – Froschbiss
K *Lemna minor* – Kleine Wasserlinse

Zerstreut im warmen Tiefland, oft in wärmebegünstigten Lagen (Stromtäler von Elbe, Oder, Rhein, Main, Donau), vor allem in schwach eutrophen Gewässern Norddeutschlands, nur schwach flottierend. Neben Beständen mit Krebsschere und Froschbiss *Stratiotes aloides*-Facies in tieferen, unbeschatteten, nährstoff-, vor allem phosphatärmeren Gewässern, *Hydrocharis morsus-ranae*-Facies (Syn. Hydrocharitetum morsus-ranae van Langend. 1935; incl. Lemno-Hydrocharitetum morsus-ranae [Oberd. 1957] Pass. 1978) in flacheren, teils beschatteten, phosphatreicheren Kleingewässern.
▽ Durch zunehmende Eutrophierung, Grundwassersenkung und Vernichtung der Wuchsgewässer gefährdet 3, gebietsweise stark gefährdet 2, *, §.

Lemno-Utricularietum vulgaris Soó (1928) 1938 – Gesellschaft des Gemeinen Wasserschlauchs

(incl. Aldrovandetum vesiculosae Borhidi et Komlódi 1959, Utriculario-Aldrovandetum Pietsch 1973)

V/A *Utricularia vulgaris* – Gemeiner Wasserschlauch
T *Aldrovanda vesiculosa* – Wasserfalle

Zerstreut in meso- bis schwach eutrophen Flach-, meist besonnten Kleingewässern sommerwarmer Lagen. Niederrhein, Westfalen, mitteldeutsche Flussauen, Oberrheinebene, Baar, Schwäbische Alb. *Aldrovanda vesiculosa*-Gesellschaft vom Bodensee und aus Brandenburg beschrieben.
∇ Durch Eutrophierung und Grundwasserabsenkung stark gefährdet 2; *Aldrovanda vesiculosa*-Gesellschaft sehr stark gefährdet 1, *.

Lemno-Utricularietum australis (Th. Müller et Görs 1960) Pass. 1977 –
Gesellschaft des Südlichen Wasserschlauchs
(Syn. Utricularietum neglectae Th. Müller et Görs 1960)

V/A *Utricularia australis* – Südlicher Wasserschlauch

Selten in sauren, mesotrophen, oft etwas beschatteten Kleingewässern und dystrophen Torfgewässern von der planaren bis zur submontanen Stufe.
∇ Durch Eutrophierung stark gefährdet (2), *.

Ceratophyllion demersi den Hartog et Segal 1964 – Hornblatt-Gesellschaften

V *Ceratophyllum demersum* – Gewöhnliches Hornblatt
H/V *Ceratophyllum submersum* – Zartes Hornblatt

Artenarme Wasserpflanzen-Gesellschaften, die von frei im Wasser schwebenden *Ceratophyllum*-Arten bestimmt werden, auf der Wasseroberfläche Wasserlinsen.

1 Massenvorkommen von *Ceratophyllum demersum* **Ceratophylletum demersi** S. 225
1* Massenvorkommen von *Ceratophyllum submersum* **Ceratophylletum submersi** S. 225

Ceratophylletum demersi (Soó 1927) Hild 1956 –
Gesellschaft des Gewöhnliches Hornblatts

V *Ceratophyllum demersum* – Gewöhnliches Hornblatt

Häufig in eutrophen bis polytrophen Gewässern in der planaren und kollinen Stufe, in überdüngten Kleingewässern (Weideteichen) oft das gesamte Wasservolumen ausfüllend.
∇ *.

Ceratophylletum submersi (Soó 1928) den Hartog et Segal 1964 –
Gesellschaft des Zarten Hornblatts

A *Ceratophyllum submersum* – Zartes Hornblatt

Selten in meso- bis eutrophen, aber sauberen, leicht erwärmbaren Kleingewässern, auch in Tagebaugewässern, gebietsweise im Tiefland zunehmend (Küstengebiete, Stromtäler).
∇ *.

10.2 Potamogetonetea pectinati Klika in Novák et Klika 1941 – Wurzelnde Wasserpflanzen-Gesellschaften des Süßwassers
(Syn. Nymphaeetea Klika in Klika et Hadač 1944)

K *Potamogeton pectinatus* – Kamm-Laichkraut
K *Potamogeton crispus* – Krauses Laichkreut

K *Myriophyllum spicatum* – Ähren-Tausendblatt
K *Elodea canadensis* – Kanadische Wasserpest

Wurzelnde Wasserpflanzen-Gesellschaften stehender und fließender Gewässer unterschiedlichen Trophiegrades, Wassertiefe von wenigen dm bis zu wenigen m, in der Zonierung eines Gewässers dem Röhrichtgürtel wasserwärts vorgelagert. Pflanzen nahezu vollständig im Wasser, Blüten können aus dem Wasser ragen, Blätter untergetaucht sein oder auf der Wasseroberfläche schwimmen.
BT Wurzelnde Laichkraut- u.Schwimmblattbestände (L 3.1–3 u. L 3.5–9.4 u. L 4.1–5 u. L 4.8–9.2)

Nur 1 Ordnung:

Potamogetonetalia pectinati W. Koch 1926

1 In Stillgewässern, auch an Rändern und in Buchten langsam fließender Flüsse und Gräben, bestandsbestimmende Pflanzen unter Wasser oder mit Schwimmblättern an der Wasseroberfläche oder auf trockengefallenem Gewässergrund 2
1* In deutlich fließenden Gewässern (Flüsse, Bäche, Gräben), bestandsbestimmende Pflanzen, vor allem *Ranunculus, Potamogeton, Callitriche*, in Schwaden im Wasser flutend **Ranunculion fluitantis** S. 235
2 Von wurzelnden Unterwasserpflanzen mit untergetauchten Blättern beherrscht, die nur ihre Blütenstände kurz über die Wasseroberfläche erheben **Potamogetonion pectinati** S. 226
2* Bestandsbildende Arten mit großen oder kleinen Schwimmblättern 3
3 Große oder mittelgroße Schwimmblätter bedecken die Wasseroberfläche, Unterwasserpflanzen beigemischt, Wassertiefen meist über 1 m **Nymphaeion albae** S. 231
3* Ein Teil der bestandsbestimmenden Arten mit kleinen Schwimmblättern auf der Oberfläche von Flachgewässern von wenigen dm Tiefe, die auch zeitweise austrocknen, dann Bildung von Landformen der heterophyllen bestandsbildenden Arten **Ranunculion aquatilis** S. 234

Potamogetonion pectinati W. Koch 1926 em. Oberd. 1957 – Wurzelnde Unterwasser-Pflanzen-Gesellschaften, Laichkraut-Gesellschaften

K *Potamogeton pectinatus* – Kamm-Laichkraut
K *Elodea canadensis* – Kanadische Wasserpest
K *Myriophyllum spicatum* – Ähren-Tausendblatt
V *Ranunculus circinatus* – Spreizender Wasserhahnenfuß

Wurzelnde Wasserpflanzen im Wesentlichen unter Wasser, nur Blütenstände mancher Arten kurz über der Wasseroberfläche; zahlreiche Gesellschaften von Laichkraut-Arten (*Potamogeton* div. spec.) gebildet, Neigung zu Massenentwicklung, oft der gesamte Wasserkörper kleiner Gewässer von den Pflanzen ausgefüllt, häufig Dominanz-Gesellschaften einzelner Arten. Auftreten bei mittleren bis größeren Wassertiefen (1–4 m), z. T. tiefer, den Schwimmblatt-Gesellschaften wasserwärts vorgelagert, dem Wellengang ausgesetzt; auch häufig in Kleingewässern geringer Tiefe, Besiedlung von Pionierstandorten.
▽ Viele Gesellschaften mit starkem Rückgang durch Verschwinden von Gewässern, Gewässerausbau, durch Wassereutrophierung und -verschmutzung und damit verbundene Abnahme der Lichtdurchlässigkeit, Zunahme der Faulschlammablagerung und Algenwattenbildung, häufig gefährdet, *.
BT Wurzelnde Laichkrautbestände ohne Schwimmblätter (L 3.1–2 u. L3.5–9.4.1 u. L 4.2–4.2.1)

1 Bestandsbestimmende Arten mit fein aufgeteilten Blättern 2
1* Bestandsbestimmende Arten mit ungeteilten Blättern 3

2 Starkes Auftreten von *Ranunculus circinatus* und *Myriophyllum spicatum* **Ranunculetum circinati** S. 231

2* Starkes Auftreten von *Ranunculus baudotii* und *Potamogeton pectinatus*, Brackwasser (bei *Potamogeton pectinatus*-Beständen s. auch Potamogetonetum pectinati) **Ranunculetum baudotii** S. 231

3 (1*) Vorwiegend aus Laichkräutern (*Potamogeton*) oder laichkrautartigen Pflanzen (*Zannichellia*) aufgebaut 4

3* Vorwiegend aus anderen Wasserpflanzen wie Nixkräutern (*Najas*), Wasserstern (*Callitriche*) oder Wasserpest (*Elodea*) aufgebaut 17

4 Vorwiegend aus breitblättrigen (rundlich, eiförmig, lanzettlich) Laichkräutern aufgebaut . . . 5

4* Vorwiegend aus schmalblättrigen Arten mit linealisch-grasartigen Blättern aufgebaut 11

5 Aus typischen »Groß-Laichkräutern« mit großen, breiten Blättern aufgebaut 6

5* Aus Laichkräutern mittlerer Größe mit ± eiförmig-lanzettlichen Blättern aufgebaut 7

6 Massenbestände von *Potamogeton lucens* **Potamogetonetum lucentis** S. 228

6* Massenbestände von *Potamogeton perfoliatus* **Potamogetonetum perfoliati** S. 228

7 (5*) Häufig auch eiförmig-lanzettliche Schwimmblätter ausgebildet 8

7* Mit länglich-lanzettlichen Blättern unter Wasser bleibend 10

8 Massenbestände von *Potamogeton alpinus* **Potamogetonetum alpini** S. 228

8* Massenbestände von *Potamogeton gramineus* oder *P.coloratus* 9

9 Massenbestände von *Potamogeton gramineus* **Potamogetonetum graminei** S. 229

9* Massenbestände von *Potamogeton coloratus* **Potamogetonetum colorati** S. 228

10 (7*) Massenbestände von *Potamogeton praelongus* **Potamogetonetum praelongi** S. 228

10* Massenbestände von *Potamogeton nitens* **Potamogetonetum nitentis** S. 228

11 (4*) Bestände von *Zannichellia palustris* bestimmt, in eutrophen und brackigen Gewässern (s. auch Najadetum marinae S. 227, 230) **Zannichellietum palustris** S. 230

11* Bestände von zarten, schmalblättrigen, grasartigen Laichkräutern (Klein-Laichkräutern) bestimmt 12

12 Massenbestände von *Potamogeton pectinatus* **Potamogetonetum pectinati** S. 230

12* *Potamogeton pectinatus* nicht bestandsbestimmend 13

13 In nährstoffreichen (eutrophen) Gewässern 14

13* In nährstoffarmen (oligotrophen) Gewässern 16

14 Bestände von *Potamogeton friesii (= P.mucronatus)*, über sandigem Untergrund **Potamogetonetum mucronati** S. 229

14* Über schlammigem und tonigem Untergrund 15

15 Bestände von *Potamogeton acutifolius*, über Schlamm **Potamogetonetum acutifolii** S. 229

15* Bestände von *Potamogeton trichoides*, über Schlamm und Ton **Potamogetonetum trichoidis** S. 229

16 (13*) Bestände von *Potamogeton filiformis*, in kalkoligotrophen Gewässern **Potamogetonetum filiformis** S. 229

16* Bestände von *Potamogeton obtusifolius*, in kalk- und nährstoffarmen Gewässern **Potamogetonetum obtusifolii** S. 230

17 (3*) Massenbestände der Wasserpest (*Elodea canadensis*) **Elodeetum canadensis** S. 231

17* Andere Wasserpflanzen dominieren 18

18 Bestände von *Callitriche hermaphroditica* beestimmt **Lemno-Callitrichetum hermaphroditicae** S. 231

18* Bestände von Nixkraut-Arten (*Najas* div. spec.) bestimmt 19

19 Bestände von *Najas minor* bestimmt, in flachen, eutrophen Kleingewässern **Najadetum minoris** S. 230

19* Bestände von *Najas marina* s.l. bestimmt, vom oligo-, meso- bis eutrophen Bereich, auch im Brackwasser 20

20 Bestände von *Najas marina* var. *intermedia* bestimmt, in oligo- bis mesotrophen Gewässern **Najadetum intermediae** S. 230

20* Bestände von *Najas marina* s.str. bestimmt, in eutrophen und brackigen Gewässern **Najadetum marinae** S. 230

Potamogetonetum lucentis Hueck 1931 – Gesellschaft des Spiegelnden Laichkrautes

A *Potamogeton lucens* – Spiegelndes Laichkraut

Zerstreut in stehenden bis schwach fließenden, mesotroph-alkalischen bis schwach eutrophen Gewässern über humosem, sandigem bis schlammigem Grund, i. A. in Tiefen von 1 bis 4 m.

▽ Zurückgehend V, *.

Potamogetonetum perfoliati W. Koch 1926 em. Pass. 1964 b – Gesellschaft des Durchwachsenblättrigen Laichkrautes
(Syn. Potamogetonetum pectinato-perfoliati den Hartog et Segal 1964)

A *Potamogeton perfoliatus* – Durchwachsenes Laichkraut

In stehenden bis schwach fließenden eutrophen bis schwach polytrophen Gewässern mit Schlammuntergrund, selten auch auf Sand im mesotrophen Bereich, i. a. in Tiefen von 1 bis 4 m.

▽ Zurückgehend V, *.

Potamogetonetum praelongi (Miljan 1933) Sauer 1937 – Gesellschaft des Gestreckten Laichkrautes

A *Potamegeton praelongus* – Gestrecktes Laichkraut

Sehr selten in schwach sauren bis neutralen, kalziumbikarbonatarmen, meso- bis eutrophen Gewässern. Schleswig-Holstein, Mecklenburg-Vorpommern, Brandenburg, Allgäu.

▽ Stark gefährdet 2, im Tiefland vom Verschwinden bedroht 1, gebietsweise erloschen, z. B. Niedersachsen, *.

Potamogetonetum colorati All. 1922 – Gesellschaft des Gefärbten Laichkrautes
(incl. *Potamogeton coloratus*-Gesellschaft der Fließgewässer)

A *Potamogeton coloratus* – Gefärbtes Laichkraut

Sehr selten in flachen, manchmal auch in tieferen basenreichen, kalkoligotrophen, klaren Kleingewässern, speziell in Quellgewässern von Kalkflachmooren. Characeen beigemischt. Ostfriesische Inseln (Borkum), Süd-Niedersachsen, Niederrhein, Westfälische Bucht, Voralpengebiet. Äußerst selten auch in nährstoffarmen Fließgewässern (Bäche, Gräben, auch Moorgräben), sehr empfindlich gegenüber Eutrophierung. Oberbayern, Schwaben, Oberpfalz, Oberrhein.

▽ Durch Eutrophierung vom Verschwinden bedroht 1, *.

Potamogetonetum alpini Podb. 1967 – Alpenlaichkraut-Gesellschaft

A *Potamogeton alpinus* – Alpen-Laichkraut

In meso-, seltener in eutrophen, häufig kalkarmen Seen, Kleingewässern und schwach fließenden Gewässern von der planaren bis zur montanen Stufe. Vom norddeutschen Pleistozän bis zum Alpenvorland.

▽ Gefährdet 3, *.

Potamogetonetum nitentis W. Koch 1926 – Glanzlaichkraut-Gesellschaft

A *Potamogeton nitens* – Glanz-Laichkraut

Sehr selten in ufernahen Bereichen (1–2 m Tiefe) kalkreicher, mesotropher oder kalkoligotropher Klarwasserseen über sandigem Grund, reich an Characeen. Mecklenburg-Vorpommern, in Schleswig-Holstein wohl verschwunden.
▽ Vom Verschwinden bedroht (1), *.

Potamogetonetum graminei (W. Koch 1926) Pass. 1964 em. Görs 1977 –
Graslaichkraut-Gesellschaft

A *Potamogeton gramineus* – Gras-Laichkraut

Selten bis zerstreut in meso- und kalkoligotrophen, sauberen Kleingewässern und Seebuchten mit sandigem und moorigem Untergrund in 1 bis 2 m Tiefe, Characeen beigemischt. Vom norddeutschen Tiefland bis Mittel- und Süddeutschland.
▽ Vor allem durch Eutrophierung und Vernichtung von Siedlungsgewässern stark gefährdet 2, *.

Potamogetonetum filiformis W. Koch 1926 – Fadenlaichkraut-Gesellschaft

A *Potamogeton filiformis* – Faden-Laichkraut

Im flachen Uferbereich (meist unter 1 m Tiefe) sauberer, kalter, kalk-oligotropher Kleingewässer mit sandigem Grund und mesotropher Klarwasserseen. Jungmoränengebiet Norddeutschlands und Gebirgsseen der Alpen und ihres Vorlandes.
▽ Stark gefährdet 2, gebietsweise vom Verschwinden bedroht 1, *.

Potamogetonetum mucronati (Miljan 1933) Sauer 1937 –
Gesellschaft des Stachelspitzigen Laichkrautes
(incl. Ranunculo circinati-Potamogetonetum friesii Weber-Oldecop 1977)

A *Potamogeton friesii* (= *P. mucronatus)* – Stachelspitziges Laichkraut

In meso- bis eutrophen Seen geringer Schlammauflage über sandigem Grund. Schleswig-Holstein, Niedersachsen, Mecklenburg-Vorpommern, untere Havel.
▽ Gefährdet (3), V, *.

Potamogetonetum trichoidis Freitag, Markus et Schwippl 1958 –
Gesellschaft des Haarblättrigen Laichkrautes

A *Potamogeton trichoides* – Haarblättriges Laichkraut

Zerstreut bis selten in flachen bis mitteltiefen (1–2 m), eutrophen Kleingewässern sommerwarmer Gebiete mit tonig-schluffigem Untergrund und Schlammauflage, häufig mit Wasserstandsschwankungen, in größeren Gewässern in flachen Buchten. Vom Tiefland bis ins untere Bergland, auch in Marschen der Nordsee.
▽ Gefährdet 3, *.

Potamogetonetum acutifolii Segal 1965 –
Gesellschaft des Spitzblättrigen Laichkrautes

A *Potamogeton acutifolius* – Spitzblättriges Laichkraut

In eutrophen, neutral-alkalischen Kleingewässern geringer Tiefe (meist weniger als 1 m). Küstengebiete, Stromtäler, Schleswig-Holstein, Niedersachsen, Mecklenburgische Seenplatte.
▽ Gefährdet 3, *.

Potamogetonetum obtusifolii (Sauer 1937) Neuhäusl 1959 –
Gesellschaft des Stumpfblättrigen Laichkrautes

A *Potamogeton obtusifolius* – Stumpfblättriges Laichkraut
H *Potamogeton panormitanus* – Palermo-Laichkraut

In kalkarmen, sauren bis schwach sauren, mesotrophen bis schwach eutrophen, flachen Kleingewässern geringer Tiefe, über Sand und Schlamm.
▽ Durch Hypertrophierung gefährdet 3, im Flachland zurückgehend V, *.

Potamogetonetum pectinati Carst. 1955 – Kammlaichkraut-Gesellschaft
(Syn. Ceratophyllo-Potamogetonetum pectinati [Carst. 1955] Hilb. 1971 em. Pass. 1978)

K *Potamogeton pectinatus* var. *scoparius* (dom.) – Kamm-Laichkraut
H *Ceratophyllum demersum* – Gewöhnliches Hornblatt

In stark verschmutzten, stark eutrophen bis polytrophen, auch brackigen, stehenden bis schwach fließenden Gewässern; in Boddengewässern unter Beteiligung verschiedener Algen, durch Eutrophierung zunehmend.
▽ *.

Zannichellietum palustris (Baum. 1911) Lang 1967 – Teichfaden-Gesellschaft
(incl. Zannichellietum pedicellatae Nordh. 1954 em. Pott 1992, Parvopotameto-Zannichellietum W. Koch 1926)

A *Zannichellia palustris* (dom.) – Teichfaden
K *Potamogeton pectinatus* – Kamm-Laichkraut
H *Potamogeton pusillus* – Zwerg-Laichkraut

In eutrophen bis polytrophen Flachgewässern geringer Sichttiefe über Faulschlamm, in klaren Gewässern wie Baggerseen auch in größeren Tiefen, mit *Z. palustris* ssp. *pedicellata* auch im Küstenbereich der Nord- und Ostsee und an binnenländischen Salzstellen, mit Beteiligung von Algen wie *Enteromorpha intestinalis, Cladophora glomerata, C. rupestris,* z. T. bis in Tiefen über 2 m.
▽ Gebietsweise gefährdet, gebietsweise durch Eutrophierung zunehmend, *.
BT submerse Teichfadengesellschaften (H 1.3.1.3)

Najadetum minoris Ubriczy (1948) 1961 – Gesellschaft des Kleinen Nixkrautes

A *Najas minor* – Kleines Nixkraut

Selten in eutrophen, flachen, sommerwarmen Kleingewässern. Mittelelbegebiet.
▽ Sehr selten (R), *.

Najadetum marinae Fuk. 1961 – Gesellschaft des Großen Nixkrautes
(incl. Potamogetono-Najadetum marinae Horvatić et Micev. in Horvatić 1963)

A *Najas marina* – Großes Nixkraut

Zerstreut im meso- bis eutrophen Flachwasserbereich von Seen und Altwässern in sommerwarmen Lagen mit *Ranunculus circinatus*, im Brackwasserbereich der Nord- und Ostsee auf Schlick (Schleswig-Holstein, Darß, Greifswalder Bodden) mit *Chara*-Arten und *Zannichellia palustris*.
▽ Gefährdet 3, im Tiefland stark gefährdet 2, *.

Najadetum intermediae (W. Koch 1926) Lang 1973 –
Gesellschaft des Mittleren Nixkrautes

A *Najas marina* var. *intermedia* – Mittleres Nixkraut

In oligo- bis mesotrophen Gewässern mit sandigem und schlammigem Untergrund in sommerwarmen Lagen. Mecklenburg-Vorpommern, Niederlausitz, Bodenseegebiet, Ober- und Mittelrhein.
▽ Stark gefährdet 2, im Tiefland gefährdet 3, *.

Elodeetum canadensis Pign. 1953 – Wasserpest-Gesellschaft

K *Elodea canadensis* (dom.) – Kanadische Wasserpest

In meso- bis eutrophen, oft phosphatreichen Teichen, Tümpeln und Gräben als Pionierart in wintergrünen Massenbeständen, bei Wasserverschlechterung zurückgehend. Art erst nach 1850 in Mitteleuropa eingeschleppt, inzwischen gelegentliches synanthropes Auftreten von *Elodea nuttallii*.
▽ *.

Lemno-Callitrichetum hermaphroditicae Černohous et Husák ex Pass. 1992 – Wasserlinsen-Herbstwasserstern-Gesellschaft
(Syn. Callitrichetum hermaphroditicae Looman 1985)

A *Callitriche hermaphroditica* – Herbst-Wasserstern
V *Ranunculus circinatus* – Spreizender Wasserhahnenfuß
K *Elodea canadensis* – Kanadische Wasserpest

Sehr selten in kalkarmen, sommerkühlen, mesotrophen, stehenden, klaren, bis 2 m tiefen Gewässern in jungpleistozänen Gebieten Ost-Holsteins und Mecklenburgs.
▽ Vom Verschwinden bedroht 1, §.

Ranunculetum circinati Sauer 1937 – Spreizwasserhahnenfuß-Gesellschaft
(Syn. Ranunculo circinati-Myriophylletum spicati (Tomaszewicz 1969) Pass. 1982)

V *Ranunculus circinatus* – Spreizender Wasserhahnenfuß
K *Myriophyllum spicatum* – Ähren-Tausendblatt

In eutrophen, neutral-alkalischen Seen und Altwässern der planaren und kollinen Stufe, häufig im Bereich stärker bewegten Wassers, in 1 bis 4 m Tiefe, wird durch anthropogene Eingriffe ins Gewässer gefördert, z. B. an Badestellen.
▽ Teilweise Rückgangstendenz, teilweise zunehmend, z. B. an neu geschaffenen Gewässern (Baggerseen), *.

Ranunculetum baudotii Hocqu. 1927 – Brackwasserhahnenfuß-Gesellschaft

A *Ranunculus baudotii* – Brackwasser-Hahnenfuß
K *Potamogeton pectinatus* – Kamm-Laichkraut

Selten in bisweilen austrocknenden Brackwassertümpeln und -gräben an der Nord- und Ostseeküste in Tiefen von 0,5 bis 1,5 m über sandigem bis schlickigem Grund (verschiedene Untereinheiten), mit Algen wie *Enteromorpha intestinalis, Cladophora rupestris*. Von den Ostfriesischen Inseln bis zum Greifswalder Bodden, Binnenlandstandorte häufig erloschen. Gesellschaft wird auch zum Ranunculion aquatilis gestellt.
▽ An Küstenstandorten zurückgehend V, im Binnenland sehr stark gefährdet (1), *.

Nymphaeion albae Oberd. 1957 – Schwimmblatt-Gesellschaften, Seerosen-Gesellschaften

V *Potamogeton natans* – Schwimmendes Laichkraut
V *Polygonum amphibium natans* – Schwimmblattform des Wasser-Knöterichs

Von Arten mit Schwimmblättern beherrscht, Unterwasserpflanzen ebenfalls vorhanden, in der Zonierung eines Gewässers zwischen Unterwasserpflanzen-Gesellschaften und Röhrichtgürtel gelegen, bei Tiefen um 1 bis 1,5 m, selten auch tiefer.

▽ Gesellschaften generell gefährdet, bei Eutrophierung vor allem Ausfall der Unterwasserpflanzen, *.

BT Wurzelnde Schwimmblattbestände (L 3.1–2 u.L 3.5–6 u.L 3.9.4.2 u. L 4.2–4.2.2)

1 Bestände von Pflanzen mit großen Schwimmblättern beherrscht (See- und Teichrosen). . . . 2
1* Nur Pflanzen mit Schwimmblättern mittlerer Größe vorhanden 5
2 Massenbestände von *Nuphar lutea* und/oder *Nymphaea alba* in eutrophen Gewässern, häufig mit Unterwasserpflanzen, vor allem *Myriophyllum*-Arten **Myriophyllo-Nypharetum luteae** S. 232
2* *Nymphaea*- oder *Nuphar*-Bestände in nährstoffarmen, meist kleinen Gewässern 3
3 Bestände von *Nuphar pumila* **Nupharetum pumilae** S. 233
3* Bestände von *Nymphaea candida* oder *Nymphaea alba* var.*minor* bestimmt. 4
4 Bestände von *Nymphaea candida* bestimmt **Potamogetono-Nymphaeetum candidae** S. 233
4* Bestände von *Nymphaea alba* var. *minor* bestimmt, vor allem in Moorgewässern **Nymphaeetum albae-minoris** S. 233
5 (1*) Bestände von *Trapa natans* bestimmt, in eutrophen sommerwarmen Gewässern **Trapetum natantis** S. 234
5* *Trapa natans* fehlt 6
6 Bestände von *Nymphoides peltata* bestimmt, in eutrophen sommerwarmen Gewässern **Nymphoidetum peltatae** S. 234
6* Bestände von *Potamogeton*-Arten mit derben Schwimmblättern und/oder *Polygonum amphibium natans* 7
7 Bestände von *Potamogeton natans* und/oder *Polygonum amphibium natans*, in mesotrophen Kleingewässern **Polygono-Potamogetonetum** S. 233
7* Bestände von *Potamogeton polygonifolius* oder von *P. nodosus* bestimmt 8
8 Bestände von *Potamogeton nodosus* in tieferen, langsam fließenden Gewässern (Flüsse, Kanäle) **Potamogetonetum nodosi** S. 233
8* Bestände von *Potamogeton polygonifolius* bestimmt, in nährstoffarmen flachen Kleingewässern **Scirpetum fluitantis** (incl. **Hyperico elodis-Potamogetonetum polygonifolii**) S. 246 (zu **Isoeto-Littorelletea**, s. S. 241)
(Auch *Potamogeton alpinus, P. coloratus* und *P. gramineus* bilden kleine schwimmende, meist jedoch weniger derbe Blätter aus, zu Gesellschaften dieser Arten s. **Potamogetonion pectinati** S. 226)

Myriophyllo-Nupharetum luteae (W. Koch 1926) Hueck 1931 – Tausendblatt-Teichrosen-Gesellschaft

(Syn. Nymphaeo-Nupharetum luteae [W. Koch 1926] Now. 1927, Nymphaeetum albo-luteae Now.1928; incl. Myriophylletum verticillatae Soó 1927, Potamogetono-Nupharetum [Pankn. 1941] Th. Müller et Görs 1960)

A *Nymphaea alba* – Weiße Seerose
A *Nuphar lutea* – Große Teichrose
A *Myriophyllum verticillatum* – Quirl-Tausendblatt
K *Myriophyllum spicatum* – Ähren-Tausendblatt

Häufig bis zerstreut in mesotrophen und hps. in eutrophen bis polytrophen Stillgewässern mit Schlammuntergrund in Wassertiefen um 1 bis 2 m, teilweise noch tiefer. Faciesbildungen von *Nymphaea alba* (flachere Gewässer geringer Wasserschwankung) und *Nuphar lutea* (Gewässer stärkerer Wasserschwankung, auch schwach fließend). Ausbildungen mit Characeen in mesotroph-alkalischen Gewässern Mecklenburg-Vorpommerns und mit *Potamogeton natans* und *Myriophyllum verticillatum* im mesotroph-schwach eutrophen Bereich im Rückgang, Ausbildungen mit *Ceratophyllum demersum* im stark eutroph-polytrophen Bereich zunehmend.

▽ *.

Potamogetono-Nymphaeetum candidae Hejný 1948 –
Gesellschaft der Kleinen Seerose
(Syn. Nymphaeetum albo-candidae [Hejný 1950] Pass. 1957)

A *Nymphaea candida* – Kleine Seerose
H *Utricularia minor* – Kleiner Wasserschlauch
H *Juncus bulbosus* – Zwiebel-Binse

Sehr selten in sauren, oligo- bis mesotrophen, sowie dystrophen Moorgewässern. Östliches Niedersachsen (Lüneburger Heide), Mecklenburg-Vorpommern, Brandenburg, auch aus der Schwäbischen und Fränkischen Alb und dem Fichtelgebirge bekannt.
▽ Stark gefährdet 2, im Bergland vom Verschwinden bedroht 1, *.

Nymphaeetum albae-minoris Vollm. 1947 em. Oberd.1957 –
Gesellschaft der kleinen Form der Großen Seerose
(Syn. Nymphaeetum albae [Vollm. 1947] Oberd. in Oberd. et al. 1967)

A *Nymphaea alba* var.*minor* – kleine Form der Großen Seerose
V *Potamogeton natans* – Schwimmendes Laichkraut
H *Juncus bulbosus* – Zwiebel-Binse

Selten in dystrophen Moortümpeln, Torfstichen und mesotrophen Fischteichen. Norddeutsches Tiefland von Nordrhein-Westfalen bis Vorpommern und Brandenburg, Randlagen der Mittelgebirge, Alpenvorland.
▽ Stark gefährdet (2), gebietsweise vom Verschwinden bedroht (1), *.

Nupharetum pumilae Oberd. ex Th. Müller et Görs 1960 –
Gesellschaft der Kleinen Teichrose

A *Nuphar pumila* – Kleine Teichrose, Kleine Mummel
V *Potamogeton natans* – Schwimmendes Laichkraut

Sehr selten in kühlen, sauren, oligo- bis mesotrophen Gewässern, vor allem Moorgewässern und Karseen, bei Wassertiefen um 1 m. Alpenvorland, Süd-Schwarzwald, Oldenburg.
▽ Durch Eutrophierung vom Verschwinden bedroht 1, *.

Polygono-Potamogetonetum natantis Soó (1927) 1964 –
Wasserknöterich-Schwimmlaichkraut-Gesellschaft
(Syn. Potamogetono-Polygonetum natantis [Soó 1927] R. Knapp et Stoffers 1962, Polygonetum amphibii Doll 1980)

V *Potamogeton natans* – Schwimmendes Laichkraut
V *Polygonum amphibium natans* – Wasser-Knöterich

Zerstreut in meso- bis schwach eutrophen Kleingewässern, häufig in Teichen der Mittelgebirgsvorländer, auch in Heideteichen und Grubenrestseen, z. T. mit starken Wasserstandsschwankungen, beide Arten bilden auch Landformen, teilweise nur Massenvorkommen einer der beiden Arten.
▽ Im Bergland zurückgehend V, *.

Potamogetonetum nodosi Segal (1964) 1965 – Knotenlaichkraut-Gesellschaft

A *Potamogeton nodosus* – Knoten-Laichkraut
K *Potamogeton pectinatus* – Kamm-Laichkraut

Selten in tiefen, eutrophen Still- und langsam fließenden Gewässern in der planaren und kollinen Stufe, vor allem in großen Flüssen und Kanälen des Tieflandes Nordwestdeutschlands.
▽ Stark gefährdet (2), *.

Trapetum natantis Th. Müller et Görs 1960 – Wassernuss-Gesellschaft

A *Trapa natans* – Wassernuss

Zerstreut in eutrophen, vor allem phosphatreichen, sich stark erwärmenden Stillgewässern mit Wassertiefen um 1 bis 2 m, in warm-gemäßigten subkontinentalen Lagen. Mittelelbe, Schwarze Elster, Niederlausitz, Oberrhein, westliches Tertiärhügelland Bayerns.
▽ Durch Wasserverschmutzung und damit verbundene Abnahme der Sichttiefe stark gefährdet 2, *.

Nymphoidetum peltatae (All. 1922) Bellot 1951 – Seekannen-Gesellschaft

A *Nymphoides peltata* – Seekanne
K *Potamogeton crispus* – Krauses Laichkraut

Selten in flachen, sommerwarmen und windgeschützten, eutrophen, vor allem stickstoffreichen Stillgewässern mit alkalischer Wasserreaktion, besonders in Altwässern der Stromauen in subkontinentaler Lage. Wasserstände stark schwankend, von 20 bis 100 cm. Oder, Elbe, Havel, Weser, Ems, Rhein, Mosel, Donau und Zuflüsse.
▽ Durch Hypertrophierung gefährdet 3, (2), im Tiefland stark gefährdet 2, gebietsweise inzwischen erloschen, *.

Ranunculion aquatilis Pass. 1964 – Wasserhahnenfuß-Gesellschaften

V *Ranunculus aquatilis* – Gemeiner Wasserhahnenfuß
V *Callitriche palustris* – Gemeiner Wasserstern

Artenarme Gesellschaften von Wasserpflanzen mit kleinen Schwimmblättern, unempfindlich gegenüber größeren Wasserstandsschwankungen. Die Arten können längeres Trockenfallen in Landformen überdauern, so weit der schlammige Boden selbst noch nass ist.
▽ Stark bis sehr stark gefährdet, *.
BT amphibische Wasserfeder- u. Wasserhahnenfußbestände (L 3.3 u. L 3.6 u. L 3.9.4.3)

1 Von *Ranunculus*-Arten bestimmt 2
1* Von *Hottonia palustris* bestimmt, in flachen, halbschattigen, mesotrophen Waldtümpeln und Gräben **Ranunculo-Hottonietum palustris** S. 235
2 *Ranunculus*-Arten neben kleinen Schwimmblättern auch haarförmig zerschlitzte Blätter aufweisend 3
2* Von *Ranunculus hederaceus* (ohne haarförmig zerschlitzte Blätter) und *Callitriche palustris* beherrscht, in kalkarmen, flachen Kleingewässern mit sandigem Untergrund, Nordwestdeutschland **Ranunculetum hederacei** S. 235
3 Von *Ranunculus aquatilis* bestimmt, in unbeschatteten, eutrophen, flachen, oft austrocknenden Kleingewässern **Ranunculetum aquatilis** S. 235
3* Von *Ranunculus ololeucos* bestimmt, in nährstoffarmen, zuweilen trockenfallenden dystrophen Kleingewässern. Nur sehr selten im nordwestdeutschen Tiefland: (zu **Isoeto-Littorelletea**, s. S. 241) **Ranunculetum ololeuci** S. 246

Ranunculetum aquatilis Sauer 1945 – Gesellschaft des Gemeinen Wasserhahnenfußes (incl. Ranunculetum peltati Sauer 1947, Ranunculetum peltati [Segal 1965] Weber-Oldecop 1969)

V/A *Ranunculus aquatilis* agg. (dom.) – Gemeiner Wasserhahnenfuß
V *Callitriche palustris* – Gemeiner Wasserstern
H *Ranunculus trichophyllus* – Haarblättriger Wasserhahnenfuß

Zerstreut in eutrophen, unbeschatteten und sich leicht erwärmenden flachen und trockenfallenden Wiesengräben, Flutmulden, Weidetümpeln und Söllen mit lehmig-tonigem Untergrund. Vom Tiefland bis ins Bergland.
▽ Gefährdet 3, *.

Ranunculetum hederacei (R. Tx. et Diem. 1936) Libb. 1940 – Gesellschaft des Efeublättrigen Hahnenfußes
(Syn. Ranunculetum hederacei Schnell 1939)

A *Ranunculus hederaceus* – Efeublättriger Hahnenfuß
Callitriche palustris – Gemeiner Wasserstern

Sehr selten in kalkarmen, seichten Kleingewässern wie Gräben, Tümpel, Quellteiche mit klarem Wasser über sandigem Grund. Im subatlantisch geprägten Gebiet Nordwestdeutschlands bis Nordwest-Mecklenburg und nordwestliches Sachsen-Anhalt. Auch auf Pionierstandorten in Baggergräben.
▽ Durch Grundwassersenkung, Eutrophierung und Zerstörung der Wuchsorte stark gefährdet 2, gebietsweise vom Verschwinden bedroht 1, §.

Ranunculo-Hottonietum palustris R. Tx. 1937 – Wasserfeder-Gesellschaft
(incl. Callitricho-Hottonietum [R. Tx. 1937] Segal 1965)

A *Hottonia palustris* (dom.) – Wasserfeder
V *Ranunculus aquatilis* – Gemeiner Wasserhahnenfuß

Zerstreut bis selten in meso- bis schwach eutrophen, phosphatarmen, halbschattigen, flachen Waldtümpeln und langsam fließenden Gräben, die trockenfallen können, auf unterschiedlichem Untergrund wie Sand und Flachmoortorf, oft im Kontakt mit Erlenbruchwäldern. Vor allem in der planaren, aber auch in der kollinen Stufe.
▽ Gefährdet 3, im Bergland stark gefährdet 2, *.

Ranunculion fluitantis Neuhäusl 1959 – Fließwasser-Gesellschaften

V *Ranunculus fluitans* – Flutender Wasserhahnenfuß
V *Ranunculus peltatus* – Schild-Wasserhahnenfuß
V *Sparganium emersum* ssp. *fluitans* – Einfacher Igelkolben
V *Callitriche cophocarpa* – Stumpfkantiger Wasserstern
V *Veronica beccabunga* f. *submersa* – Bach-Ehrenpreis

Wasserpflanzen-Gesellschaften in ± schnellfließenden Gewässern. Die an die Strömung angepassten Arten oder Unterarten, Varietäten und Formen von auch in Stillgewässern vorkommenden Wasserpflanzen bilden dichte Schwaden aus zahlreichen langen, flutenden Sprossen, die starke vegetative Vermehrung aufweisen. Wichtig für die Selbstreinigung abwasserbelasteter Fließstrecken. Zeigerpflanzen für die Sauberkeit bzw. Abwasserbelastung der Gewässer.
▽ Durch starke Wasserverschmutzung und -eutrophierung generell gefährdet und in vielen Fluss- und Bachabschnitten schon restlos vernichtet, §, *.
BT Strömungsresistente Wasserhahnenfuß- u. Wassersterngesellschaften (L 4.1–4.2.3)

1 Von *Ranunculus fluitans* und *Callitriche*-Arten bestimmt 2
1* Bestände neben *Ranunculus fluitans* und/oder *Ranunculus peltatus* mit *Berula erecta, Potamogeton*-Arten und *Sparganium emersum* 5
2 In schnellfließenden, flachen, sauberen, nährstoffarmen Fließgewässern, Untergrund kiesig bis geröllreich, mit Wassermoosen 3
2* *Ranunculus fluitans*-Bestände mit verschiedenen *Potamogeton*-Arten über sandig-schlammigem Grund in weniger schnell fließenden, tieferen, nährstoffreicheren Fließgewässern
Ranunculetum fluitantis S. 236
3 Auftreten von *Callitriche hamulata* 4
3* Auftreten von *Callitriche stagnalis* **Veronico beccabungae-Callitrichetum stagnalis** S. 237
4 Neben *Callitriche hamulata* bestimmt *Ranunculus fluitans* die Bestände
Callitricho hamulatae-Ranunculetum fluitantis S. 236
4* Neben *Callitriche hamulata* bestimmt *Myriophyllum alterniflorum* die Bestände
Callitricho hamulatae-Myriophylletum alterniflori S. 237
5 (1*) Bestände von *Ranunculus peltatus* in schnellfließenden, sauberen Fließgewässern der Mittelgebirge und ihrer Vorländer **Callitricho hamulatae-Ranunculetum fluitantis** S. 236
5* Nicht vom Wasserhahnenfuß bestimmte Bestände 6
6 Von *Berula erecta* f. *submersa* und *Callitriche*-Arten bestimmte Bestände in kalk- und sauerstoffreichen Gewässern der planaren und kollinen Stufe
Ranunculo-Sietum erecti submersi S. 237
6* Von schmalblättrigen Laichkräutern bestimmte Bestände 7
7 Von *Groenlandia densa (= Potamogeton densus)* mit ± gegenständigen, ungestielten, lanzettlichen Blättern beherrscht **Groenlandietum densae** S. 237
7* Von *Potamogeton*-Arten bestimmt. 8
8 Von *Potamogeton coloratus* mit gestielten lanzettlichen Blättern bestimmt, mit zarten Schwimmblättern **Potamogetonetum colorati** S. 228
8* Von *Potamogeton*-Arten mit linealischen Blättern bestimmt 9
9 Von *Potamogeton berchtoldii* und *P. crispus* bestimmte Bestände in eutrophen Gewässern
Callitricho-Potamogetonetum berchtoldii S. 238
9* Von *Potamogeton pectinatus* f.*interruptus* und *Sparganium emersum* f.*fluitans* bestimmte Bestände in abwasserbelasteten, stark eutrophen bis polytrophen Fließgewässern
Sparganio emersi-Potamogetonetum pectinati S. 238

Ranunculetum fluitantis (All. 1922) W. Koch 1926 – Fluthahnenfuß-Gesellschaft
(Syn. Potamogetono-Ranunculetum fluitantis W. Koch 1926)

V *Ranunculus fluitans* – Flutender Wasserhahnenfuß
K *Potamogeton crispus* – Krauses Laichkraut
K *Potamogeton pectinatus* – Kamm-Laichkraut
H *Potamogeton natans* – Schwimmendes Laichkraut

Zerstreut in tieferen, schnell bis weniger schnell fließenden,nährstoffreicheren, aber sauberen, unbeschatteten Fließgewässern der planaren und kollinen Stufe, über sandigem bis schlammigem Grund (verschiedene Untereinheiten). Von Mecklenburg-Vorpommern und Brandenburg bis Oberbayern und Baden-Württemberg.
▽ Durch Hypertrophierung und Gewässerbaumaßnahmen stark gefährdet (2), §, *.

Callitricho hamulatae-Ranunculetum fluitantis Oberd. 1957 – Wasserstern-Fluthahnenfuß-Gesellschaft
(Syn. Ranunculo-Callitrichetum hamulatae Oberd. 1957 em. Th. Müller 1977 nom. inv.; incl. Callitricho-Ranunculetum penicillati Dethioux et Noirf. 1985)

V *Ranunculus fluitans* – Flutender Wasserhahnenfuß
V *Ranunculus peltatus* – Schild-Wasserhahnenfuß
A *Ranunculus penicillatus* – Pinselblättriger Wasserhahnenfuß
A *Callitriche hamulata* f. *submersa* – Haken-Wasserstern

H *Fontinalis antipyretica* – Brunnenmoos
H *Hygrohypnum ochraceum* – Wasserschlafmoos

Zerstreut in schnellfließenden, klaren, kühlen, flachen, nährstoff- und kalkarmen Fließgewässern der Mittelgebirge und ihrer Vorländer (Forellengewässer), Untergrund kiesig bis geröllreich. Gebietsweise nur mit *Ranunculus peltatus*, mit *R. penicillatus* auch in stärker eutrophierten Bereichen.
▽ Stark gefährdet (2), 3, §.

Callitricho hamulatae-Myriophylletum alterniflori (Steusloff 1939) Weber-Oldecop 1967 – Hakenwasserstern-Tausendblatt-Gesellschaft

T *Myriophyllum alterniflorum* – Wechselblütiges Tausendblatt
H *Callitriche hamulata* – Haken-Wasserstern
V *Ranunculus peltatus* – Schild-Wasserhahnenfuß

Sehr selten, oft fragmentarisch, in kalkarm-oligotrophen, sommerkühlen Fließgewässern über sandig-kiesigem Untergrund im atlantisch getönten Bereich des norddeutschen Tieflandes. Heidebäche der Lüneburger Heide, Münsterland.
▽ Durch Eutrophierung und Gewässerbaumaßnahmen gefährdet 3, §.

Ranunculo-Sietum erecti submersi (Roll 1939) Th. Müller 1962 – Berlen-Gesellschaft
(Syn. Veronico-Beruletum erecti [Roll 1939] Pass. 1982; incl. Callitrichetum obtusangulae Seib. 1962)

T *Berula erecta* f. *submersa* (= *Sium erectum*) – Berle
T *Veronica anagallis-aquatica* f. *submersa* – Gauchheil-Ehrenpreis
V *Ranunculus fluitans* – Flutender Wasserhahnenfuß
V *Callitriche cophocarpa* – Stumpfkantiger Wasserstern
V *Veronica beccabunga* f. *submersa* – Bach-Ehrenpreis
H *Callitriche platycarpa* – Flachfrüchtiger Wasserstern
H *Callitriche obtusangula* f. *submersa* – Nussfrüchtiger Wasserstern

Zerstreut in kühlen, kalk- und sauerstoffreichen, schnellfließenden Gewässern (Forellengewässern) der planaren bis montanen Stufe. Jungmoränengebiete Norddeutschlands von Holstein bis Vorpommern und Brandenburg, Kalkhügelländer, Oberrheinebene, Oberbayern.
▽ Durch Eutrophierung zurückgehend V, §, *.

Veronico beccabungae-Callitrichetum stagnalis (Oberd. 1957) Th. Müller 1962 – Teichwasserstern-Gesellschaft

A *Callitriche stagnalis* – Teich-Wasserstern
V *Veronica beccabunga* f. *submersa* – Bach-Ehrenpreis
H *Montia fontana* – Bach-Quellkraut

Selten in klaren, kalten, sauerstoffreichen, kalk- und nährstoffarmen Bächen von der planaren bis zur montanen Stufe, oft Quellbäche. Süd-Schwarzwald, Baar; auch in Nordrhein-Westfalen und Schleswig-Holstein.
▽ Durch Eutrophierung zurückgehend (V), §.

Groenlandietum densae Bolòs 1957 – Fischkraut-Gesellschaft
(Syn. Groenlandietum densae [Oberd. 1957] Korneck 1962

A *Groenlandia densa* (= *Potamogeton densus*) – Fischkraut

Selten in klaren, kalkreichen, oligo- bis mesotrophen Fließgewässern in subatlantisch und submediterran geprägten Gebieten. Schleswig-Holstein, Oberrheingebiet.

▽ Vor allem durch Gewässerverschmutzung gefährdet 3, im Tiefland stark gefährdet 2, §.

Callitricho-Potamogetonetum berchtoldii Pass. 1982 –
Gesellschaft von Berchtolds Laichkraut

A *Potamogeton berchtoldii* – Berchtolds Laichkraut
A *Callitriche stagnalis* – Teich-Wasserstern
V *Callitriche cophocarpa* – Stumpfkantiger Wasserstern
K *Potamogeton crispus* – Krauses Laichkraut

Zerstreut in eutrophen, seltener mesotrophen, halbschattigen Gräben und Bächen geringer Fließgeschwindigkeit über sandigem, wenig verschlammtem Untergrund. Mecklenburg-Vorpommern, Brandenburg, Sachsen.
▽ Zurückgehend (V), D, §.

Sparganio emersi-Potamogetonetum pectinati Hilb. 1971 –
Igelkolben-Kammlaichkraut-Gesellschaft
(Syn. Sparganio-Potamogetonetum interrupti [Hilb. 1971] H. E. Weber 1976; incl. Butometum vallisneriifolii D. Schmidt 1981)

K *Potamogeton pectinatus* f. *interruptus* – Kamm-Laichkraut
K *Potamogeton crispus* – Krauses Laichkraut
V *Sparganium emersum* ssp. *fluitans* – Einfacher Igelkolben
A *Butomus umbellatus* f. *vallisneriifolius* – Schwanenblume

Häufig in abwasserbelasteten, eutrophen bis polytrophen, kalkhaltigen, oft unbeschatteten Fließgewässern über schlammigem Grund (Cyprinidengewässer), durch Eutrophierung weit verbreitet. Bei geringer Fließgeschwindigkeit Beziehungen zum Sparganio-Sagittarietum (s. S. 000).
▽ Bei sehr starker Gewässerverschmutzung gebietsweise zurückgehend (V), allgemein nicht gefährdet, §.

10.3 **Utricularietea intermedio-minoris** den Hartog et Segal 1964 – Kleinwasserschlauch-Moorschlenken-Gesellschaften

K *Utricularia intermedia* – Mittlerer Wasserschlauch
K *Utricularia minor* – Kleiner Wasserschlauch
K *Utricularia ochroleuca* – Ockergelber Wasserschlauch

Sehr kleinflächig ausgebildete, artenarme Wasserpflanzen-Gesellschaften im Schlenkenbereich von Flach- und Zwischenmooren, im Verlandungsbereich von Heidegewässern, Moortümpeln, Torfstichen im dystrophen und oligo-mesotrophen Bereich mit Wassertiefen um 30–50 cm, selten bis 1,50 m über basischem bis mäßig saurem Torfschlamm, gekennzeichnet von schwimmenden Klein-Wasserschlauch-Arten (*Utricularia* div. spec.) und im Wasser flutenden Moosen, häufig mit Röhrichten und Seggenriedern verzahnt.
▽ Durch Grundwasserabsenkung, Verheidung der Moore und Eutrophierung stark gefährdet, §.

Nur 1 Ordnung:

Utricularietalia intermedio-minoris Pietsch 1965

1 In oligo- bis mesotroph-sauren Kleingewässern, Auftreten von Torfmoosen *(Sphagnum)*
Sphagno-Utricularion minoris S. 239

1* In oligo- bis mesotroph-basischen bis schwach sauren Kleingewässern. Auftreten von Braunmoosen (*Scorpidium scorpioides, Drepanocladus fluitans, D. aduncus*)
Scorpidio-Utricularion minoris S. 240

Sphagno-Utricularion minoris Th. Müller et Görs 1960 – Torfmoosreiche Klein-Wasserschlauch-Gesellschaften

V *Sphagnum cuspidatum* – Torfmoos
V *Sphagnum obesum* – Torfmoos
V *Sphagnum recurvum* – Torfmoos
V *Sphagnum fallax* – Torfmoos
V *Sphagnum inundatum* – Torfmoos
K *Utricularia intermedia* – Mittlerer Wasserschlauch
K *Utricularia minor* – Kleiner Wasserschlauch
K *Utricularia ochroleuca* – Ockergelber Wasserschlauch
H *Drosera intermedia* – Mittlerer Sonnentau

Torfmoosreiche Klein-Wasserschlauch-Gesellschaften in oligotroph- bis mesotroph-sauren, vor allem dystrophen Kleingewässern über Torfsubstrat.
▽ §.
BT Schlenken und Kolke von Hochmooren (S 1.1) u. wasserreiche Torfstiche (S 1.4.1)

1 Auftreten von *Utricularia minor* und *Utricularia intermedia*, lokal auch von *Aldrovanda vesiculosa*, Fehlen von Torfmoosen *(Sphagnum*-Arten)
Utricularietum intermedio-minoris S. 239
1* Neben den *Utricularia*-Arten (teilweise *U.minor* oder *U.ochroleuca* dominant) Auftreten von im Wasser flutenden *Sphagnum- und Sparganium*-Arten. 2
2 *Sphagnum*-reiche *Utricularia*-Bestände. 3
2* Flutende Rasen von schmalblättrigen *Sparganium*-Arten mit *Sphagnum*. 4
3 Ausgesprochene Torfmoosgesellschaft **Sphagnetum cuspidato-obesi** S. 239
3* *Utricularia*-Arten neben den Torfmoosen bestandsbestimmend
Sphagno-Utricularietum ochroleucae S. 240
4 (2*) Flutende Rasen von *Sparganium minimum* **Sphagno-Sparganietum minimi** S. 240
4* Flutende Rasen von *Sparganium angustifolium* **Sphagno-Sparganietum angustifolii** S. 240

Utricularietum intermedio-minoris Pietsch 1965 – Gesellschaft des Mittleren und Kleinen Wasserschlauchs (incl. Utriculario minoris-Aldrovandetum vesiculosae Pietsch 1975)

K *Utricularia intermedia* – Mittlerer Wasserschlauch
K *Utricularia minor* – Kleiner Wasserschlauch
H *Aldrovanda vesiculosa* – Wasserfalle

In flachen, etwa bis 40 cm tiefen oligo- bis mesotroph-sauren Moor- und Heidegewässern, Schlenken und Gräben von Flach- und Zwischenmooren. Mecklenburg, Brandenburg, Niederlausitz, Oberlausitzer Niederung, in Brandenburg lokal mit *Aldrovanda vesiculosa* (Plagesee, Parsteiner See).
▽ Stark gefährdet (2), §.

Sphagnetum cuspidato-obesi R. Tx. et Hübschm. 1958 – Spießtorfmoos-Ohrentorfmoos-Gesellschaft

V *Sphagnum cuspidatum* var. *plumosum* – Spieß-Torfmoos
V *Sphagnum auriculatum* f. *obesum* – Ohren-Torfmoos
K *Utricularia minor* – Kleiner Wasserschlauch

Torfmooswatten in sehr nährstoffarmen, sauren, flachen (10–50 cm), braun gefärbten dystrophen Moorkolken, Torfstichen und Heidetümpeln von der planaren bis zur

montanen Stufe, z.T. reine Torfmoosbestände, z.T. mit *Utricularia minor* und *Juncus bulbosus*. Zerstreut im norddeutschen Tiefland, vor allem im Emsland, in der Westfälischen Bucht, am Niederrhein, auch im Voralpengebiet.
▽ Gefährdet (3), §.

Sphagno-Utricularietum ochroleucae (A. Schum. 1937) Oberd. 1957 –
Torfmoosreiche Gesellschaft des Ockergelben Wasserschlauchs
(incl. Sphagno-Utricularietum minoris Fijalk.1960 em. Pietsch 1975)

V *Sphagnum cuspidatum* (opt.) – Torfmoos
V *Sphagnum obesum* – Torfmoos
V *Sphagnum recurvum* – Torfmoos
K *Utricularia intermedia* – Mittlerer Wasserschlauch
K *Utricularia minor* – Kleiner Wasserschlauch
K *Utricularia ochroleuca* – Ockergelber Wasserschlauch

In flachen, etwa bis 30 cm tiefen, sich leicht erwärmenden und zeitweise trockenfallenden dystrophen, oligo- bis mesotroph-sauren Kleingewässern mit Torfuntergrund (Moorschlenken, Heidegewässer, Abzugsgräben von Torfstichen), teilweise *Utricularia minor*, teilweise *Utricularia ochroleuca* dominant. Im norddeutschen Pleistozängebiet, auch im Südschwarzwald.
▽ Stark gefährdet 2, im Tiefland gefährdet 3, §.

Sphagno-Sparganietum minimi R.Tx. 1937 –
Torfmoos-Zwergigelkolben-Gesellschaft

V *Sphagnum cuspidatum* – Torfmoos
V *Sphagnum fallax* – Torfmoos
V *Sphagnum obesum* – Torfmoos
V *Sphagnum recurvum* – Torfmoos
T *Sparganium natans (= S. minimum)* – Zwerg-Igelkolben
K *Utricularia intermedia* – Mittlerer Wasserschlauch
K *Utricularia minor* – Kleiner Wasserschlauch
H *Drosera intermedia* – Mittlerer Sonnentau

In mäßig tiefen oligotroph-sauren Kleingewässern als flutende Rasen auf flacher Torfauflage über Sand oder auf torfdurchmischtem Sand.
▽ Stark gefährdet (2), §.

Sphagno denticulati-Sparganietum angustifolii R. Tx. 1937 –
Gesellschaft des Schmalblättrigen Igelkolbens

A *Sparganium angustifolium (= S. affine)* – Schmalblättriger Igelkolben
V *Sphagnum cuspidatum* – Torfmoos
V *Sphagnum obesum* – Torfmoos
H *Juncus bulbosus* – Knollen-Binse

Sehr selten in dystrophen und oligotrophen Heidegewässern (Weiher, Torfstiche) im ozeanisch geprägten Gebiet des nordwestdeutschen Tieflandes (Westfalen, Nordwest-Niedersachsen), in Schleswig-Holstein bereits verschollen.
▽ Stark gefährdet 2, im Bergland vom Verschwinden bedroht 1, §.

Scorpidio-Utricularion minoris Pietsch 1965 – Braunmoosreiche Klein-Wasserschlauch-Gesellschaften

K *Utricularia intermedia* – Mittlerer Wasserschlauch
K *Utricularia minor* – Kleiner Wasserschlauch
K *Utricularia ochroleuca* – Ockergelber Wasserschlauch

V *Scorpidium scorpioides* – Skorpionmoos
V *Drepanocladus fluitans* – Sichelmoos
V *Drepanocladus aduncus* – Sichelmoos
V *Calliergon giganteum* – Schönmoos

Braunmoosreiche Klein-Wasserschlauch-Gesellschaften im oligo- bis mesotroph-basischen bis schwach sauren Bereich.
▽ §.

1 Bestände von *Utricularia intermedia, Scorpidium scorpioides* und/oder *Drepanocladus*-Arten beherrscht **Scorpidio-Utricularietum minoris** S. 241
1* Bestände von *Sparganium minimum* beherrscht **Sparganietum minimi** S. 241

Scorpidio-Utricularietum minoris (Ilschner 1959) Th. Müller et Görs 1960 – Braunmoosreiche Gesellschaft des Kleinen Wasserschlauches
(incl. Drepanoclado-Utricularietum Th. Müller et Görs 1960, Utricularietum intermediae Segal 1965)

K *Utricularia intermedia* – Mittlerer Wasserschlauch
K *Utricularia minor* – Kleiner Wasserschlauch
V *Scorpidium scorpioides* – Skorpionmoos
V *Drepanocladus aduncus* – Sichelmoos

Sehr selten von oligo- bis mesotroph-basischen bis kalkreichen Flachgewässern und Mooren im boreal-subatlantisch geprägten pleistozänen Tiefland vom Emsland bis Mecklenburg und Brandenburg, in der Oberpfalz, Frankenalb, z. T. mit *Aldrovanda vesiculosa.*
▽ Stark gefährdet 2, in den Alpen zurückgehend V, §.

Sparganietum minimi Schaaf 1925 – Zwergigelkolben-Gesellschaft

A *Sparganium natans (= S. minimum)* (dom.) – Zwerg-Igelkolben
K *Utricularia intermedia* – Mittlerer Wasserschlauch
K *Utricularia minor* – Kleiner Wasserschlauch
H *Juncus bulbosus* – Knollen-Binse

In mesotrophen, schwach sauren Kleingewässern wie Schlenken und Gräben in Mooren, Torfstichen und Heidegewässern ohne geschlossene dicke Torfschicht, auch in Restgewässern von Sand-, Kies- und Braunkohlenabbau direkt auf Sand- und Kiesuntergrund, in Untereinheiten mit flutenden Moosrasen und *Juncus bulbosus.* Subatlantisch getöntes pleistozänes Tiefland, vor allem küstennahe Gebiete, Niederrhein, Westfalen, Niedersachsen, Niederlausitz, ferner im Voralpengebiet und in der Oberpfalz.
▽ Durch Grundwasserabsenkung, Eutrophierung und Verschmutzung stark gefährdet 2, in den Alpen gefährdet 3, §.

10.4 **Isoeto-Littorelletea uniflorae** Br.-Bl. et Vlieg. in Vlieg. 1937 – Strandling-Gesellschaften

K *Littorella uniflora* – Strandling
K *Potamogeton polygonifolius* – Knöterich-Laichkraut
K *Juncus bulbosus* – Zwiebel-Binse
K *Apium inundatum* – Untergetauchter Scheiberich
K *Luronium natans* – Schwimmendes Froschkraut
K *Baldellia ranunculoides* – Igelschlauch
K *Eleocharis multicaulis* – Vielstängelige Sumpfsimse

Niedrigwüchsige, subaquatisch oder amphibisch lebende Pflanzengemeinschaften im Litoral schwach saurer, nährstoffarmer bis mäßig nährstoffreicher Gewässer. Gelegentlich Dominanzgesellschaften z. B. von *Littorella uniflora, Juncus bulbosus* und *Veronica scutellata*. Die bestandsbildenden Arten sind mit wurzelnden Ausläufern gut an die jahreszeitlichen Wasserspiegelschwankungen angepasst. Nährstoffe, besonders Stickstoff, werden in der Überschwemmungsphase festgelegt und in der Austrocknungsphase unter Sauerstoffzutritt freigesetzt. Pioniergesellschaften mit geringer Produktion und damit Sukzession im kiesigen bis sandigen Protopedon-Verlandungsbereich oligotropher Gewässer der Pleistozängebiete, aber auch in oligohalinen Dünengewässern der Küsten und auf schlammigem, meist torfhaltigem Substrat von Heideweihern und Moorgewässern.

▽ Durch Eutrophierung und Melioration sehr stark gefährdet, §.

BT Subaquatisch-amphibische Litoralgesellschaften oligotropher bis mäßig nährstoffreicher Gewässer (L 3.1–9.6)

Im Gebiet nur 1 Ordnung:

Littorelletalia uniflorae W. Koch 1926 – Strandling-Gesellschaften

1 Bestände am Bodensee mit *Deschampsia littoralis, Myosotis rehsteineri* und *Armeria purpurea* **Deschampsion littoralis** S. 242

1* Bestände ohne die genannten Arten 2

2 Bestände in lichten Klarwasserseen mit Quarzsanduntergrund ohne nennenswerte organische Auflage mit *Isoetes lacustris, Ranunculus reptans* und *Myriophyllum alternifolium*. Sehr lange überflutet **Littorellion uniflorae** S. 243

2* Bestände nicht in lichten Klarwasserseen, ohne die genannten Arten 3

3 Bestände in schwach brackigen, wechselnassen Bereichen der Boddenränder und Dünentäler mit *Samolus valerandi* **Samolo-Baldellion** S. 244

3* Bestände nicht in brackigen Bereichen, ohne die genannte Art. 4

4 Atlantisch-boreal verbreitete Gesellschaften in mäßig nährstoffreichen wechselnassen Uferzonen von Flachgewässern. Bezeichnende Arten sind *Eleocharis multicaulis, Hydrocotyle vulgaris, Scirpidiella fluitans, Potamogeton polygonifolius* und *Pilularia globulifera* **Hydrocotylo-Baldellion** S. 245

4* Meist lange Zeit überflutete, dichte Vegetationsteppiche in basenreicheren Bereichen mit wechselndem Wasserstand an natürlichen und künstlichen Gewässern. Verbreitungsschwerpunkt im subkontinentalen Raum. Wichtige Art ist *Eleocharis acicularis* **Eleocharition acicularis** S. 244

Deschampsion littoralis Oberd. et Dierß. in Dierß. 1975 – Uferschmielen-Gesellschaft

V *Deschampsia littoralis* – Ufer-Schmiele
V *Myosotis rehsteineri* – Bodensee-Vergissmeinnicht
V *Armeria purpurea* – Purpur-Grasnelke

Späteiszeitliche Reliktbestände einer am Bodensee endemischen Vegetation. Im Überschwemmungsbereich mit einer Überschwemmungszeit von 1–4 Monaten.

▽ Durch Badebetrieb und Eutrophierung sehr stark gefährdet, §.

BT Endemische Bodensee-Uferschmielen-Bestände (L 3.1.6.5)

Im Gebiet nur 1 Assoziation:

Deschampsietum rhenanae Oberd. ex Th. Müller et Görs 1960 – Bodensee-Uferschmielen-Gesellschaft

V *Deschampsia littoralis* (= *D. rhenana*) – Ufer-Schmiele
V *Myosotis rehsteineri* – Bodensee-Vergissmeinnicht

V *Armeria purpurea* – Purpur-Grasnelke
T *Allium schoenoprasum* – Schnittlauch

Im oligotrophen, kiesigen Eulitorial am Bodensee, auf 1–4 Monate überschwemmten Standorten. Gelegentlich auch an Quellaustritten im Nahbereich des Bodensees und fragmentarisch an Uferpartien des Starnberger Sees.
▽ Vom Verschwinden bedroht 1, §.

Littorellion uniflorae W. Koch 1926 – Brachsenkraut-Gesellschaften

(Syn. Isoetion lacustris Nordh. 1937, Lobelio-Isoetion Pietsch 1966 p.p., Subularion Hadač 1971 p.p., Ranunculion reptantis R. Tx., J. M. Géhu et Dierß. in Dierß.1972)

V *Isoetes lacustris* – Gewöhnliches Brachsenkraut
V *Isoetes echinospora* – Igelsporiges Brachsenkraut
V *Ranunculus reptans* – Ufer-Hahnenfuß
V *Myriophyllum alterniflorum* – Wechselblütiges Tausendblatt

Vorwiegend untergetaucht lebende, rasenartig-lockere Gesellschaften in sauer-nährstoffarmen Klarwasserseen mit Quarzsanduntergrund, ohne nennenswerte organische Auflage.
▽ Sehr seltene, gebietsweise bereits verschwundene Pflanzengesellschaften des jungpleistozänen Tieflandes. Noch vorhandene Bestände bedürfen des strengsten Schutzes. Jede Eutrophierung ist zu vermeiden, §.
BT Oligotrophe Heideseen auf reinen Quarzsanden (L 3.1.6.1)

1 Bestände mit *Isoetes echinospora* und *Subularia aquatica* **Isoetetum echinosporae** S. 243
1* Bestände ohne die genannten Arten 2
2 Bestände mit *Isoetes lacustris* bzw. *Lobelia dortmanniana* **Isoeto-Lobelietum** S. 243
2* Bestände ohne die genannten Arten, aber mit *Myriophyllum alterniflorum, Ranunculus reptans* **Myriophyllo-Littorellietum** S. 244

Isoetetum echinosporae W. Koch 1926 – Gesellschaft des Stachelsporigen Brachsenkrautes

A *Subularia aquatica* – Pfriemenkresse
V *Isoetes echinospora* – Igelsporiges Brachsenkraut
V *Isoetes lacustris* – Gewöhnliches Brachsenkraut
V *Myriophyllum alterniflorum* – Wechselblütiges Tausendblatt

Spätglaziale Reliktgesellschaft in subaquatischen Flachuferzonen des Feldsees und des Titisees im Südschwarzwald auf sandigen Rohböden mit organischen Beimengungen.
▽ Durch Abwässer und Tourismus akut vom Verschwinden bedroht 1, im Tiefland verschwunden 0, §.

Isoeto-Lobelietum R. Tx. 1937 – Lobelien-Brachsenkraut-Grundrasen

A *Lobelia dortmanniana* – Wasser-Lobelie
V *Isoetes lacustris* – Gewöhnliches Brachsenkraut

Unterwasserrasen in flachen, nährstoffarmen, schwach sauren Klarwasserseen über reinem, hellem Sandgrund ohne organische Auflage. Disjunkt in atlantischen Tieflagen Norddeutschlands und in montanen Lagen des Schwarzwaldes. In Westmecklenburg offenbar verschwunden.
▽ Durch Eutrophierung der Gewässer akut vom Verschwinden bedroht 1, §.

Myriophyllo-Littorelletum Jeschke 1959 – Tausendblatt-Strandling-Grundrasen

V *Myriophyllum alterniflorum* – Wechselblütiges Tausendblatt
V *Ranunculus reptans* – Ufer-Hahnenfuß
K *Littorella uniflora* – Strandling

Unterwasserrasen an flachen, sandigen Ufern schwach saurer Klarwasserseen mit geringem Nährstoffgehalt. Sehr selten in Sanderlandschaften des jungpleistozänen Tieflandes. In Mecklenburg-Vorpommern und in Nordwestdeutschland noch anzutreffen.
▽ Die Bestände bedürfen des strengsten Schutzes. Durch Eutrophierung und Zerstörung vom Verschwinden bedroht (1), §.

Samolo-Baldellion Schaminée et Westh. 1990 – Salzbungen-Igelschlauch-Gesellschaften

V *Samolus valerandi* – Salzbunge
K *Baldellia ranunculoides* – Igelschlauch
V *Juncus articulatus var.littoralis* – Strand-Gliederbinse
V *Carex scandinavica* – Skandinavische Segge

Pflanzengemeinschaften im Bereich wechselnasser, schwach brackiger Standorte im atlantisch-subatlantischen Küstenbereich. An der Ostsee noch an den Boddenrändern und in Dünentälern.
▽ Durch Grundwasserabsenkungen stark gefährdet, §.

Im Gebiet nur 1 Assoziation:

Samolo-Littorelletum Westh.1943 – Salzbungen-Igelschlauch-Gesellschaft
(Syn. Littorello-Echinodoretum R. Tx. et Prsg. 1942)

V *Samolus valerandi* – Salzbunge
K *Baldellia ranunculoides* – Igelschlauch
K *Littorella uniflora* – Strandling

Sehr seltene Gesellschaft mit kleinflächigen, niedrigwüchsigen Beständen auf schwach salzhaltigen, wechselnassen Standorten, vor allem an den Boddenküsten Mecklenburg-Vorpommerns, auch in zeitweise überfluteten Dünentälern und nährstoffarmen Tümpeln. Fragmentarisch ausgebildet auch in Brandenburg.
▽ Akut vom Verschwinden bedroht 1, §.
BT Wechselnasse bis schwach brackige Dünentäler (L 3.3.6.3)

Eleocharition acicularis Pietsch 1967 em. Dierß. 1975 – Nadelsumpfsimsen-Gesellschaften

(Syn. Littorellion uniflorae W. Koch 1926 p.p.)

V *Eleocharis acicularis* – Nadel-Sumpfsimse
V *Elatine hexandra* – Sechsmänniges Tännel
V *Marsilea quadrifolia* – Kleefarn

Von der Nadel-Sumpfsimse beherrschte Bestände basenreicher Wechselwasserzonen natürlicher und künstlicher Gewässer. Weit in niederschlagsärmere Landschaften vordringend.

∇ Durch übermäßige Eutrophierung und Verschmutzung der Gewässer gefährdet, §.
BT Dichte Teppiche basenreicher Wechselwasserzonen (L 3.1–9.6.4)

Im Gebiet nur 1 Assoziation:

Littorello-Eleocharitetum acicularis Chonard 1924 – Strandling-Nadelsumpfsimsen-Gesellschaft
(Syn. Littorello-Eleocharitetum acicularis Jouanne 1925, Eleocharitetum acicularis W. Koch 1926 em. Oberd. 1957)

V *Eleocharis acicularis* – Nadel-Sumpfsimse
K *Littorella uniflora* – Strandling

Niedrigwüchsige, teppichartige Bestände, die im Wesentlichen von *Eleocharis acicularis* aufgebaut werden, auf sandig-schlammigen, flachen Ufern schwach saurer, mäßig nährstoffhaltiger Seen, Fischteiche, Baggerseen und auf Schlammbänken trockenfallender Talsperren.
∇ Obwohl noch weitflächig zerstreut vorkommend, doch durch übermäßige Eutrophierung und Verschmutzung der Gewässer gefährdet 3, §.

Hydrocotylo-Baldellion R. Tx. et Dierß. in Dierß. 1972 – Wassernabel-Igelschlauch-Gesellschaften

(Syn. Helodo-Sparganion Br.-Bl. et R. Tx. 1943 ex Oberd. 1957, Hypericion elodis Th. Müller et Görs 1960 p. p.)

V *Hypericum elodes* – Sumpf-Hartheu
V *Scirpidiella fluitans* – Flutende Tauchsimse
V *Eleocharis multicaulis* – Vielstängelige Sumpfsimse
K *Baldellia ranunculoides* – Igelschlauch
T *Hydrocotyle vulgaris* – Wassernabel

Atlantisch verbreitete, niedrigwüchsige Pflanzenbestände in mäßig nährstoffreichen, wechselnassen Uferzonen von Flachgewässern über organischem Bodensubstrat.
∇ Durch starke Gewässerverschmutzung und übermäßige Eutrophierung gefährdet, §.
BT Wechselnasse Flachgewässer über organischen Bodensubstraten (L 3.1–9.6.2)

1 Bestände durch *Ranunculus ololeucos* charakterisiert **Ranunculetum ololeuci** S. 246
1* Bestände nicht durch *Ranunculus ololeucos* charakterisiert 2
2 Von *Pilularia globulifera* (Pillenfarn) beherrschte Bestände mesotropher Flachwasserstandorte mit Wasserschwankungen **Pilularietum globuliferae** S. 245
2* Bestände nicht von *Pilularia globulifera* beherrscht 3
3 Niedrige, flutende, meist ganzjährig von Wasser bedeckte Bestände von *Scirpidiella fluitans* und/oder *Potamogeton polygonifolius* **Scirpetum fluitantis** S. 246
3* Bestände nicht von *Scirpidiella fluitans* und/oder *Potamogeton polygonifolius* aufgebaut . . . 4
4 Amphibische, dichte Rasen von *Eleocharis multicaulis* auf Flachwasserstandorten, die bis zu 3 Monaten trockenfallen **Eleocharitetum multicaulis** S. 246
4* Durch *Apium inundatum* ausgezeichnete Strandlingsrasen wechselnasser Uferzonen von oligo- bis mesotrophen Gewässern und Dünentälern **Littorello-Apietum inundati** S. 246

Pilularietum globuliferae R. Tx. ex Th. Müller et Görs 1960 – Pillenfarn-Gesellschaft

A *Pilularia globulifera* – Pillenfarn

Von *Pilularia globulifera* beherrschte Pionierbestände von Flachwasserstandorten mit Wasserstandsschwankungen. Als niedrigwüchsige, hellgrüne dichte Geflechte, die aus fädigen, binsenartigen Blättern des Pillenfarns und seiner Kriechsprosse gebildet werden, leicht kenntlich. Oft nur sporadisch auftretend. Früher noch als zerstreut in Norddeutschland angegeben, jetzt dort (Niedersachsen, Westfalen) wie in Mittel- und Süddeutschland selten (Oberrheinebene, Mainfranken, Thüringen, Altmark, Lausitz).

▽ Bei fehlender Entschlammung von konkurrenzkräftigeren Pflanzen verdrängt, heute nur noch sehr selten, stark gefährdet 2, §.

Eleocharitetum multicaulis (All. 1922) R. Tx. 1937 –
Gesellschaft der Vielstängeligen Sumpfsimse
(incl. Carici-Deschampsietum setaceae Pietsch 1964)

A *Deschampsia setacea* – Borstblatt-Schmiele
V *Eleocharis multicaulis* – Vielstängelige Sumpfsimse
K *Juncus bulbosus* – Zwiebel-Binse

Amphibische, meist dichtwachsende, von *Eleocharis multicaulis* beherrschte euatlantische Rasen nährstoffarmer Seen, Heideweiher, Moortümpel und Fischteiche sowie saurer Tagebaugewässer. Die Bestände benötigen Trockenphasen von 2–3 Monaten für ihre Entwicklung. Sehr selten in Mecklenburg-Vorpommern, in der Niederlausitz und Oberlausitzer Niederung.

▽ Durch Eutrophierung und Melioration sehr selten geworden und stark bis sehr stark gefährdet 2, im Bergland vom Verschwinden bedroht 1, §.

Scirpetum fluitantis All. 1922 – Gesellschaft der Flutenden Tauchsimse
(incl. Hyperico elodis-Potamogetonetum polygonifolii = Hyperico-Potametum oblongi [All. 1921] Br.-Bl. et R. Tx. 1952 p. p.)

A *Scirpidiella fluitans* (= *Scirpus f.*) – Flutende Tauchsimse
K *Potamogeton polygonifolius* (= *P. oblongus*) – Knöterich-Laichkraut

Flutende, von *Scirpidiella fluitans* und/oder *Potamogeton polygonifolius* aufgebaute Bestände in meist ganzjährig von Wasser bedeckten, nährstoffarmen sauren Heidegewässern über sandig-schlammigem Grund im pleistozänen Tiefland. Vereinzelt auch in der Lausitz. In der Altmark auch in Abflussgräben von Niedermooren.

▽ Durch übermäßige Wasserverschmutzung und Eutrophierung sehr selten geworden und stark gefährdet 2, §.

Littorello-Apietum inundati Fröde 1958 – Strandling-Flutsellerie-Gesellschaft
(Syn. Apio-Littorelletum [Fröde 1950] Oberd.1962)

A *Apium inundatum* – Flutsellerie, Untergetauchter Scheiberich
K *Littorella uniflora* – Strandling
H *Ranunculus flammula* var. *gracilis* – Zierlicher Brennender Hahnenfuß

Durch das Auftreten von *Apium inundatum* und *Ranunculus flammula* var.*gracilis* ausgezeichnete Bestände in nährstoffarmen Dünentümpeln des Küstengebietes (Nordseeinseln, Hiddensee). Im Binnenland in Heidegräben und Fischteichen mit sandigem Grund, an Viehtränken und Flussaltarmen in atlantisch-subatlantischen Landschaften. Vereinzelt auch in Wiesengräben mit sandigem Grund in der Niederlausitz.

▽ Durch Eutrophierung und Melioration vom Verschwinden bedroht (1), §.

Ranunculetum ololeuci H. E. Weber 1988 –
Gesellschaft des Reinweißen Hahnenfußes

A *Ranunculus ololeucos* – Reinweißer Hahnenfuß
V *Eleocharis multicaulis* – Vielstängelige Sumpfsimse
K *Juncus bulbosus* – Zwiebel-Binse

In oligotrophen und dystrophen, zuweilen trockenfallenden Kleingewässern lockere Schwimmblattdecken ausbildend. In Nordwestdeutschland früher verbreitet, heute sehr selten geworden.
▽ Vom Verschwinden bedroht (1), §.

10.5 **Montio-Cardaminetea** Br.-Bl. et R. Tx. ex Klika et Hadač 1944 – Quellflur-Gesellschaften

K *Cardamine amara* – Bitteres Schaumkraut
K *Stellaria alsine* – Quell-Sternmiere
K *Brachythecium rivulare* – Kurzkapselmoos
K *Philonotis fontana* – Quellmoos
K *Epilobium alsinifolium* – Mieren-Weidenröschen
K *Bryum schleicheri* – Birnmoos
H *Deschampsia cespitosa* – Rasen-Schmiele

Kleinflächig ausgebildete, natürliche bis naturnahe, moosreiche Gesellschaften an sickerfeuchten, quelligen Standorten mit sauberem, bewegtem, sauerstoffreichem und kühlem Oberflächenwasser geringer Temperatur, in Quellbereichen (Quellsümpfen) von Bächen und Flüssen ± ring- oder streifenförmig angeordnet. Polsterbildende Moose mit hohen Anteilen. Verbreitungsschwerpunkt im Hochgebirge, in außeralpinen Gebieten zurücktretend, jedoch auch von der planaren bis zur montanen Stufe anzutreffen. Verzahnung und Überlagerung mit Geo-Alliarion (S. 180) und Filipendulion (S. 334).
▽ §.

Im Gebiet nur 1 Ordnung:

Montio-Cardaminetalia Pawł. in Pawł. et al. 1928 – Quellflur-Gesellschaften

In den Hochlagen der Kalk- und Silikatalpen außerhalb Deutschlands sind noch weitere Quellflur-Moosgesellschaften anzutreffen.

1 An kalkarmen, sauren bis neutralen Sicker- oder Sumpf-Quellstandorten (Weichwasserquellen) 2
1* An Kalkquellstandorten, auf überrieseltem Kalktuff, sehr moosreich, mit *Cratoneurum*-Arten, *Riccardia pinguis, Philonotis calcarea,* z. T. reine Moosgesellschaften
Cratoneurion commutati S. 249
2 An kühlen, beschatteten Quellstandorten der planaren bis montanen Stufe, neben Moosen häufig mit höheren Pflanzen wie *Stellaria alsine, Montia fontana, Chrysosplenium*-Arten
Cardamino-Montion S. 247
2* An sehr kalten, unbeschatteten Quellstandorten der subalpin-alpinen Stufe, reichlich mit Lebermoosen, mit *Scapania*-Arten, *Pohlia*-Arten und *Saxifraga stellaris*
Marsupello-Scapanion S. 249

Cardamino-Montion Br.-Bl. 1925 – Silikat-Quellfluren
(Syn. Montio-Cardaminion amarae Br.-Bl.1925)

V *Chrysosplenium oppositifolium* – Gegenblättriges Milzkraut
V *Chrysosplenium alternifolium* – Wechselblättriges Milzkraut
V *Montia fontana* – Bach-Quellkraut
V *Diobelon squarrosum* – Diobelon-Moos
K *Cardamine amara* – Bitteres Schaumkraut
K *Stellaria alsine* – Quell-Sternmiere

An kalkarmen, sauren bis neutralen Quellstandorten der planaren bis montanen Stufe.
▽ §.
BT montane kalkarme Quellfluren (L 2.1–3.1.1) u. Waldquellfluren (L 2.3.3)

1 Von *Cardamine amara* und *Chrysosplenium*-Arten bestimmt 2
1* Bestände von Moosen *(Philonotis seriata, Ph.fontana, Diobelon squarrosum)* und *Montia fontana* beherrscht **Philonotido-Montietum fontanae** S. 248
2 Massenbestände von *Cardamine amara, Chrysosplenium oppositifolium* und *Chr. alternifolium* **Cardamino-Chrysosplenietum oppositifolii** S. 248
2* Von *Carex remota, Cardamine flexuosa, Lysimachia nemorum* bestimmt, *Cardamine amara* und *Chrysosplenium*-Arten vorhanden **Caricetum remotae** S. 248

Cardamino amarae-Chrysosplenietum oppositifolii Br.-Bl. 1926 em. Niem., Heinr. et Hilb.1973 – Bitterschaumkraut-Milzkraut Quellflurgesellschaft
(Syn. Chrysosplenio-Cardaminetum amarae [R. Tx. 1937] Maas 1959; incl. Cardaminetum amarae [Br.-Bl. 1926] R. Tx. 1937, Cardamino-Chrysosplenietum alternifolii [R. Tx. 1937] Maas 1959, Pellio epiphyllae-Chrysosplenietum oppositifolii Maas 1959, Chrysosplenietum oppositifolii Schlüt. 1966, Chrysosplenietum oppositifolii Oberd. et Phil. in Oberd. 1977)

K *Cardamine amara* – Bitteres Schaumkraut
V *Chrysosplenium oppositifolium* (dom.) – Gegenblättriges Milzkraut
V *Chrysosplenium alternifolium* – Wechselblättriges Milzkraut
H *Stellaria nemorum* – Hain-Sternmiere

An Quellbächen, Sickerhängen und Gräben mit sauberem, schnellfließendem, aber nicht nährstoffarmem Wasser, beschattet. Von der planaren (Schleswig-Holstein, Rügen, Endmoränenlandschaften) bis zur montanen Stufe der mittel- und süddeutschen Mittelgebirge.
▽ Zurückgehend V, im Tiefland gefährdet 3, §.

Caricetum remotae (Kästn. 1941) Schwick. 1944 – Winkelseggen-Quellflurgesellschaft
(Syn. Carici remotae-Cardaminetum flexuosae [Kästn. 1941] Oberd. 1957)

A *Carex remota* (dom.) – Winkel-Segge
A *Cardamine flexuosa* – Wald-Schaumkraut
A *Lysimachia nemorum* – Hain-Gilbweiderich
V *Chrysosplenium oppositifolium* – Gegenblättriges Milzkraut
V *Chrysosplenium alternifolium* – Wechselblättriges Milzkraut
K *Cardamine amara* – Bitteres Schaumkraut

Zerstreut in weniger schnell sickernden, kalkarmen, beschatteten Waldquellbereichen von der planaren bis zur montanen Stufe.
▽ Zurückgehend (V), §.

Philonotido-Montietum fontanae (Br.-Bl. 1915) Büker et R. Tx. in Büker 1942 – Quellkraut-Quellflurgesellschaft
(Syn. Montietum rivularis Br.-Bl. 1915; incl. Bryo schleicheri-Montietum rivularis Br.-Bl. 1925, Bryo-Philonotidetum seriatae Luq. 1926, Stellario alsines-Montietum Franzi 1984)

A *Philonotis seriata* – Quellmoos
A *Sedum villosum* – Behaarte Fetthenne
V *Montia fontana* – Bach-Quellkraut
V *Diobelon squarrosum* – Diobelon-Moos
K *Philonotis fontana* – Quellmoos
T *Pinguicula vulgaris* – Echtes Fettkraut

Sehr selten und kleinflächig an unbeschatteten kalkarmen Quellbereichen und kleinen Gräben von der planaren bis zur subalpinen Stufe, schwerpunktmäßig im Bergland.
▽ Stark gefährdet 2, im Tiefland vom Verschwinden bedroht 1, im Bergland gefährdet 3, §.

Marsupello-Scapanion Geissler 1976 – Weichwasser-Quellfluren der alpinen und subalpinen Stufe

(Syn. Philonotidion seriatae Hinterlang 1992)

V *Scapania paludosa* – Sumpf-Spatenmoos
V *Scapania uliginosa* – Moor-Spatenmoos
V *Marsupella emarginata* – Geldbeutelmoos
V *Marsupella sphacelata* – Geldbeutelmoos
V *Nardia compressa* – Mantelmoos
V *Saxifraga stellaris* – Stern-Steinbrech

Weichwasser-Quellflurgesellschaften auf kalkfreien, nicht beschatteten Standorten mit langsam rieselndem sehr kaltem Wasser. Alpen, in den höchsten Lagen der Silikat-Mittelgebirge verarmt.
▽ Potenziell gefährdet, §.
BT alpine kalkarme Quellfluren (L 2.1–3.1.2)

1	Mit *Scapania paludosa*	**Scapanietum paludosae** S. 249
1*	Mit *Scapania uliginosa*	**Scapanietum uliginosae** S. 249

Beide *Scapania*-Arten schwierig voneinander zu trennen.

Scapanietum paludosae K. Müll. 1938 – Sumpfspatenmoos-Gesellschaft

V/A *Scapania paludosa* – Sumpf-Spatenmoos

Selten an kalten Quellstellen mit geringer Wasserbewegung, pH schwach sauer. In der subalpinen Stufe. Hoch-Schwarzwald, Bayerischer Wald, Fichtelgebirge, Allgäu.
▽ Sehr selten (R), §.

Scapanietum uliginosae (Sjörs 1946) Dahl 1957 – Moorspatenmoos-Gesellschaft

V/A *Scapania uliginosa* – Moor-Spatenmoos

Selten an Quellen auf kalkfreiem Gestein in den Alpen und in den Hochlagen von Schwarzwald und Bayerischem Wald.
▽ Sehr selten (R), §.

Cratoneurion commutati W. Koch 1928 – Kalk-Quellflur-Gesellschaften

V *Cratoneurum commutatum* – Starknervmoos
V *Cratoneurum filicinum – Starknervmoos*
V *Philonotis calcarea* – Quellmoos
V *Bryum pseudotriquetrum* – Birnmoos
T *Riccardia pinguis* – Ohnnervmoos
K *Cardamine amara* – Bitteres Schaumkraut

Quellflurgesellschaften an humusarmen Kalkquellstandorten im unmittelbaren Einflussbereich der Quellwasseraustritte, mit Bildung von Kalktuff durch Kalziumkarbonatausfällung aus dem Quellwasser, auch an überrieselten Kalktuffbänken, von der Ostseeküste bis in die Alpen.

∇ Gesellschaften mit unterschiedlichen Gefährdungsgraden, §.
BT Quellfluren, kalkreich (L 2.1–3.2)

1 Neben den Kalktuffmoosen auch höhere Pflanzen bestandsbestimmend, vor allem *Cardamine amara* und *Equisetum telmateja* **Cratoneuro-Cardaminetum amarae** S. 250
1* ± reine Moosgesellschaften auf Kalktuff und überrieselten Kalkfelsen 2
2 Massenbestände von *Cratoneurum*-Arten 4
2* Massenbestände anderer Moose 3
3 Massenbestände von *Eucladium verticillatum* **Eucladietum verticillati** S. 251
3* Massenbestände von *Catoscopium nigritum* **Catoscopietum nigriti** S. 251
4 (2) Von *Cratoneurum commutatum* beherrscht, an Kalkquellen und auf Kalktuff von der planaren bis in die subalpine Stufe **Cratoneuretum commutati** S. 250
4* Von *Cratoneurum commutatum* var. *falcatum* beherrscht, an überrieselten Kalkfelsen und in Kalksümpfen der alpinen Stufe **Cratoneuretum falcati** S. 250

Cratoneuro filicini-Cardaminetum amarae Maas 1959 –
Starknervmoos-Schaumkraut-Quellflur
(Syn. Cardamino-Cratoneuretum filcini Kornaś et Medwecka-Kornaś 1967 p. p.)

K *Cardamine amara* – Bitteres Schaumkraut
V *Cratoneurum commutatum* – Starknervmoos
V *Cratoneurum filicinum* – Starknervmoos
T *Equisetum telmateja* – Riesen-Schachtelhalm

Zerstreut in kalkreichen Quellsümpfen, an Quellaustritten auf humosem Kalkschlamm im jungpleistozänen Tiefland (Schleswig-Holstein, Rügen, Mittel-Mecklenburg) und im Hügelland.
∇ Vom Verschwinden bedroht (1), §.

Cratoneuretum commutati Aich. 1933 – Starknervmoos-Quelltuff-Gesellschaft
(Syn. Cratoneuretum filicino-commutati [Kuhn 1937] Phil. et Oberd. 1977; incl. Pinguiculo vulgaris-Cratoneuretum Oberd.1957, Cochleario pyrenaicae-Cratoneuretum commutati [Oberd. 1957] Th. Müller 1961, Cardamino-Cratoneuretum filicini Kornaś et Medwecka-Kornaś 1967 p. p.)

V/A *Cratoneurum commutatum* (dom.) – Starknervmoos
V *Cratoneurum filicinum* – Starknervmoos
V *Philonotis calcarea* – Quellmoos
K *Cardamine amara* – Bitteres Schaumkraut
H *Ctenidium molluscum* – Kamm-Moos

Seltene Moosgesellschaft auf ständig sickerfeuchten und überrieselten Kalk- und Mergelstandorten, vor allem Kalktuffbänken. Kalkalpen und Alpenvorland, Schwäbische und Fränkische Alb, mitteldeutsches Kalkhügelland, Kreidestandorte auf Rügen.
∇ Gefährdet 3, im Tiefland stark gefährdet 2, einzelne Ausbildungen vom Verschwinden bedroht, §.

Cratoneuretum falcati Gams 1927 –
Gesellschaft des Sichelblättrigen Starknervmooses
(Syn. Cratoneuro-Arabidetum jaquinii W. Koch 1928, Arabido bellidifoliae-Cratoneuretum falcati W. Koch 1928 nom. inv.)

A *Cratoneurum commutatum var. falcatum* – Sichelblättriges Starknervmoos
A *Arabis soyeri (= A.jaquinii, = A.bellidifolia)* – Glanz-Gänsekresse
A *Saxifraga aizoides* (opt.) – Fetthennen-Steinbrech

Selten auf überrieselten Kalkfelsen und in Kalksümpfen in der subalpinen und alpinen Stufe. Berchtesgadener und Ammergauer Alpen, Ammergebirge, Karwendel, Allgäu.
∇ §.

Eucladietum verticillati All. 1922 ex W. Braun 1968 –
Schönastmoos-Kalktuff-Gesellschaft

A *Eucladium verticillatum* – Schönastmoos
V *Cratoneurum commutatum* – Starknervmoos
H *Ctenidium molluscum* – Kamm-Moos

Sehr seltene Moosgesellschaft auf meist steilen, ± senkrechten Flächen von Kalktuff (Travertin) an oligotroph-kalkreichen Quellen. Kalkalpen, Alpenvorland, Kalkhügelland (Thüringen, Süd-Niedersachsen).
▽ Sehr selten (R), §.

Catoscopietum nigriti (Langer 1958) W. Braun 1968 –
Schwarzkopfmoos-Kalktuff-Gesellschaft

A *Catoscopium nigritum* – Schwarzkopfmoos
V *Cratoneurum commutatum* – Starknervmoos

Sehr seltene Moosgesellschaft als Erstbesiedler auf festem Kalktuff oberhalb des Fließwassersaums. Kalkalpen, Alpenvorland, Rhön.
▽ Sehr selten (R), §.

10.6 **Phragmito-Magnocaricetea** Klika in Klika et Novák 1941 – Röhrichte und Großseggenriede

(Syn. Phragmitetea australis R. Tx. et Prsg. 1942)

K *Iris pseudacorus* – Wasser-Schwertlilie
K *Lycopus europaeus* – Ufer-Wolfstrapp
K *Lysimachia vulgaris* – Gemeiner Gilbweiderich
K *Lythrum salicaria* – Gemeiner Blutweiderich
K *Galium palustre* – Sumpf-Labkraut

Röhrichte und Großseggenriede, die in der Zonierung eines Gewässers an die eigentlichen Wasserpflanzengesellschaften anschließen, in starken Maße von Gräsern und Grasartigen wie Seggen (*Carex*), Rohrkolben (*Typha*), Teichbinsen (*Schoenoplectus*) aufgebaut werden, deren Sprosse nur im unteren Bereich im Wasser stehen, während der größte Teil des Pflanzenkörpers aus dem Wasser ragt, oder die in nassen, stark grundwasserbeeinflussten Böden wurzeln.
▽ §.

1 Von Röhrichtarten der Gattungen *Phragmites, Typha, Schoenoplectus, Bolboschoenus, Cladium, Sparganium, Equisetum, Acorus, Eleocharis, Glyceria* oder nicht grasartigen Vertretern der Gattungen *Rorippa, Oenanthe, Cicuta, Sagittaria, Alisma, Mimulus, Nasturtium, Epilobium, Scrophularia* beherrscht **Phragmitetalia australis** S. 251

1* Von Großseggen *(Carex), Calamagrostis canescens, Scirpus radicans* oder *Phalaris arundinacea* beherrscht (bei *Phalaris arundinacea* s. auch Glycerio-Sparganion, S. 259) **Magnocaricetalia** S. 262

Phragmitetalia australis W. Koch 1926 em. Pign. 1953 – Röhrichte

O *Phragmites australis* – Gewöhnliches Schilf
O *Glyceria maxima* – Wasser-Schwaden
O *Schoenoplectus lacustris* – Gemeine-Teichsimse
O *Sium latifolium* – Breitblättriger Merk
O *Alisma plantago-aquatica* – Gemeiner Froschlöffel

Die Röhrichte stehen in der Gewässerzonierung zwischen der Schwimmblattvegetation und den Großseggenrieden. Bei größeren Wassertiefen sind »Wasser-Röhrichte« mit Beteiligung von Wasserpflanzen ausgebildet, die über sehr artenarme Dominanzgesellschaften der bestandsbestimmenden Röhrichtarten, teilweise Einartbestände, weiter landwärts in artenreichere »Land-Röhrichte« (*Solanum dulcamara*-Subass.) übergehen, bei denen der Grundwasserspiegel nur wenig über Flur oder teilweise nahe unter Flur liegt. Wichtig für Uferschutz, biologische Selbstreinigung des Wassers und als Biotop für die Tierwelt.

∇ Gefährdet, §.

1 Relativ schmale, auf dem Wasser schwimmende Schwingkanten bildend, in organogenen Decken wurzelnd **Cicution virosae** S. 261

1* Keine Schwingdecken bildend, in unterschiedlicher Breite auf dem Gewässergrund oder den Randbereichen des Gewässers wurzelnd 2

2 Von hohen Röhrichtarten der Gattungen *Phragmites, Typha, Schoenoplectus, Bolboschoenus, Cladium, Glyceria, Equisetum* oder von den weniger hohen Arten *Sparganium erectum, Acorus calamus, Rorippa amphibia, Oenanthe aquatica* beherrscht 3

2* Von weniger hohen Vertretern der Gattungen *Eleocharis, Sagittaria, Alisma, Glyceria, Sparganium, Hippuris* oder von *Nasturtium officinale, Mimulus guttatus, Epilobium hirsutum, Scrophularia umbrosa* beherrscht 4

3 Von *Bolboschoenus maritimus* und/oder *Schoenoplectus tabernaemontani* dominierte Röhrichte, meist im Brackwasser im Einflussbereich der Nord- und Ostsee (Tidebereich der Flussmündungen, Bodden) und an Binnensalzstellen **Bolboschoenion maritimi** S. 255

3* Nicht von den genannten Arten dominierte Röhrichte, die anderen unter 2 genannten Arten bestimmen die Bestände **Phragmition australis** S. 252

4 Von meist aufrechten Röhrichtarten beherrscht, an Rändern von Stillgewässern, mit *Eleocharis palustris, Hippuris vulgaris, Sagittaria sagittifolia, Sparganium emersum, Alisma plantago-aquatica, Alisma gramineum* **Eleocharito-Sagittarion sagittifoliae** S. 257

4* Von z.T. niederliegenden, z.T. flutenden Röhrichtarten beherrscht, an Fließgewässern, mit *Phalaris arundinacea, Glyceria plicata, Glyceria fluitans, Sparganium emersum, Mimulus guttatus, Veronica beccabunga, Nasturtium officinale, Epilobium hirsutum, Scrophularia umbrosa* **Glycerio-Sparganion emersi** S. 259

Phragmition australis W. Koch 1926 em. Pass. 1964 – Großröhrichte

O *Phragmites australis* – Gewöhnliches Schilf
V *Typha latifolia* – Breitblättriger Rohrkolben
V *Typha angustifolia* – Schmalblättriger Rohrkolben
O *Glyceria maxima* – Wasser-Schwaden
V *Sparganium erectum* – Ästiger Igelkolben

Meist hochwüchsige, seltener mittelhoch wachsende Großröhrichte an stehenden und langsam fließenden Gewässern. Die bestandsbestimmenden Röhrichtarten bilden Dominanzgesellschaften aus, von denen einige (*) auch als Faciesbildungen in die umfangreiche Assoziation des **Scirpo-Phragmitetum australis** W. Koch 1926 gestellt werden. Untergliederung der Assoziationen (oder Aufstellung von Klein-Assoziationen) nach Wassertiefe, Trophiegrad und Salzeinfluss möglich.

∇ Gefährdet durch Uferausbau, Freizeitbetrieb auf Gewässern (Bootsverkehr, Wellenschlag), Intensivierung der Fischwirtschaft, starke Eutrophierung und hohen Besatz an Tieren der Gewässerhabitate. §.

BT Großröhrichte (L 3.1–2 u. L 3.5–9.5) und Röhrichte der Süßwasser-Tidebereiche (H 3.1.3)

1 Von *Phragmites australis* beherrscht **Phragmitetum australis** S. 253

1* Nicht von *Phragmites australis* beherrscht 2

2 Von *Typha* beherrscht, besonders auf schlammigem Grund. 3

2* Nicht von *Typha* beherrscht 4
3 Von *Typha latifolia* beherrscht **Typhetum latifoliae** S. 253
3* Von *Typha angustifolia* beherrscht **Typhetum angustifoliae** S. 253
4 (2*) Von *Schoenoplectus lacustris* beherrscht, häufig in Herden vor dem eigentlichen Röhrichtgürtel in großen Wassertiefen **Scirpetum lacustris** S. 253
4* Nicht von *Schoenoplectus lacustris* beherrscht 5
5 Von *Equisetum fluviatile* beherrscht **Equisetetum fluviatilis** S. 254
5* Nicht von *Equisetum fluviatile* beherrscht 6
6 Von *Cladium mariscus* beherrscht **Cladietum marisci** S. 254
6* Nicht von *Cladium mariscus* beherrscht 7
7 Von *Glyceria maxima* beherrscht **Glycerietum maximae** S. 254
7* Nicht von *Glyceria maxima* beherrscht 8
8 Gelb- und weißblühende, nicht grasartige Röhrichtarten wie *Rorippa amphibia, Oenanthe aquatica* sind dominant **Rorippo-Oenanthetum aquaticae** S. 255
8* Beide Arten nicht dominant 9
9 Bestände von *Sparganium erectum* **Sparganietum erecti** S. 254
9* Bestände von *Acorus calamus* **Acoretum calami** S. 254

Phragmitetum australis (Gams 1927) Schmale 1939 – Schilf-Röhricht*

O *Phragmites australis* (dom.) – Gemeines Schilf

Verbreitet in Randbereichen von Seen, Altwässern, Teichen auf sandigem und Torfuntergrund, weniger auf Schlamm, weite pH-, Nährstoff- und Wassertiefenamplitude (Untereinheiten), Verbreitungsschwerpunkt im mesotrophen bis schwach eutrophen Bereich, auf stark eutrophen-polytrophen Standorten deutlich zurückgehend.
▽ Starker Schilfrückgang durch Eutrophierung und starke Belastung durch Erholung, Bebauung und Verkehr; zurückgehend V, bis gefährdet (3), manche Untereinheiten stark gefährdet (2), §.

Typhetum latifoliae (Soó 1927) Now. 1930 – Breitblattrohrkolben-Röhricht*
(Syn. Sparganio-Typhetum latifoliae [Hueck 1941] D. Schmidt 1980, Typhetum angustifolio-latifoliae [All. 1922] Schmale 1939 p. p.)

V *Typha latifolia* (dom.) – Breitblättriger Rohrkolben

Im Randbereich von Stillgewässern mit stärker schlammigem Untergrund im eutrophen bis polytrophen Bereich,
▽ §.

Typhetum angustifoliae (All. 1922) Pign. 1953 – Schmalblattrohrkolben-Röhricht*
(Syn. Typhetum angustifolio-latifoliae [All. 1922] Schmale 1939 p. p.)

V *Typha angustifolia (dom.)* – Schmalblättriger Rohrkolben

Häufig in Randbereichen von Stillgewässern mit weniger schlammigem Untergrund im meso- bis schwach eutrophen Bereich, oft auf sandigem Substrat, nach Schilfrückgang auch in polytrophen Gewässern mit Schlammuntergrund.
▽ Zurückgehend V, im Bergland gefährdet 3, §.

Scirpetum lacustris (All. 1922) Chouard 1924 – Teichsimsen-Röhricht

O *Schoenoplectus lacustris (= Scirpus l.)* (dom.) – Gemeine Teichsimse

Häufig in mesotrophen und eutrophen Gewässern, an den tiefsten Stellen des Röhrichtbereiches (Wassertiefe 0,5–1,5 m), in lockeren Herden vor dem eigentlichen Röhrichtgürtel, häufig wind- und wellenexponiert, Untergrund sandig, ohne Torfanteil.
▽ Durch Schlammablagerung zurückgehend V, §.

Cladietum marisci All. 1922 ex Zobrist 1935 – Schneiden-Röhricht
(Syn. Phragmito-Cladietum Pass. [1964] 1978; incl. Utriculario-Cladietum Jeschke [1963] 1986 und Drepanoclado-Cladietum Succ. [1970] 1986 in H. D. Knapp, Jeschke u. Succ. 1986)

A *Cladium mariscus* (dom.) – Binsen-Schneide

Vorkommen vom oligo- und mesotroph-alkalischen und -sauren bis zum eutrophen Bereich über Schlamm, Ton und Kalkmudde, von Wassertiefen über 0,5 m bis zum Wasserstand dicht unter Flur, häufig in Mecklenburg-Vorpommern, Brandenburg und im Alpenvorland, selten im Oberrheingebiet, in Nordwestdeutschland, in der Oberpfalz, in Sachsen-Anhalt und Thüringen. Einheitlichkeit und Zuordnung umstritten, teilweise zu Magnocaricetalia gestellt.
∇ Stark gefährdet 2, manche Untereinheiten vom Verschwinden bedroht, §.

Glycerietum maximae (Now. 1930) Hueck 1931 – Wasser-Schwaden-Röhricht
(incl. Bidentio tripartitae-Glycerietum maximae Succ. ex Krisch 1974, Ranunculo repentis-Glycerietum maximae Succ. ex Krisch 1974)

O *Glyceria maxima* (dom.) – Wasser-Schwaden

An Rändern von Altwässern, Teichen und Senken im eutrophen bis polytrophen Bereich, auch an langsam fließenden Gewässern dichte Bestände bildend, verträgt langandauernde (ca. 120–150 Tage) und hohe Überflutungen, wie auch längeres Trockenfallen; in Süd- und Mitteldeutschland häufig, in nährstoffärmeren Lagen Norddeutschlands seltener, fehlt im Bergland und Alpenraum
Durch Eutrophierung mit Ausbreitungstendenz.
∇ §.

Sparganietum erecti (Roll 1938) Phil. 1973 – Igelkolben-Röhricht*

A *Sparganium erectum* (dom.) – Ästiger Igelkolben

Zerstreut im Flachwasser an Rändern eutropher Teiche und Tümpel mit Schlammuntergrund, hauptsächlich im planar-kollinen Raum,
∇ §.

Acoretum calami Dagys 1932 – Kalmus-Röhricht*
(Syn. Acoretum calami (Eggl. 1933) Schulz 1941; incl. Rorippo amphibiae-Acoretum calami Pass. 1999, Rumici hydrolapathi-Acoretum calami [Schulz 1941] Pass. 1999)

A *Acorus calamus* (dom.) – Kalmus

Zerstreut an Rändern eutropher Kleingewässer mit schlammigem Grund und langsam fließender Flüsse, verträgt Austrocknung; der aus Indien stammende Kalmus breitet sich in Mitteleuropa seit dem 17. Jahrhundert vegetativ aus, vor allem Flusstäler im wärmeren Tief- und Hügelland, fehlt im Alpenraum
∇ Im Bergland zurückgehend V, §.

Equisetetum fluviatilis (Steffen 1931) Wilzek 1935 – Teichschachtelhalm-Röhricht*
(incl. Alismato plantaginis-Equisetetum [Steffen 1931] Pass. 1999, Phragmito australis-Equisetetum fluviatilis Pass. [1965] 1999)

A *Equisetum fluviatile* (dom.) – Teich-Schachtelhalm

Zerstreut in nährstoffärmeren, mesotroph-schwach sauren Teichen, oft die gesamte Teichfläche bewachsen, von der planaren bis zur submontanen Stufe.
▽ Durch intensive Teichwirtschaft zurückgehend V, §.

Rorippo-Oenanthetum aquaticae Lohm. 1950 –
Sumpfkresse-Wasserpferdesaat-Gesellschaft
(Syn. Oenantho aquaticae-Rorippetum amphibiae Lohm. 1950)

A *Oenanthe aquatica* – Wasser-Pferdesaat
H *Rorippa amphibia* – Wasser-Sumpfkresse

Zerstreut in nährstoffreichen Gräben, Tümpeln, Teichen und Altwässern über schlammigem Untergrund, schattenertragend, im Frühjahr lange überstaut (über 250 Tage), im Sommer austrocknend.
▽ Durch Vernichtung von Kleingewässern zurückgehend V, im Bergland gefährdet 3, §.

Bolboschoenion maritimi Dahl et Hadač 1941 – Brackwasserröhrichte

V *Bolboschoenus maritimus* (dom.) – Strandsimse
V *Schoenoplectus tabernaemontani* – Salz-Teichsimse
O *Phragmites australis* – Gewöhnliches Schilf

Großröhrichte vorwiegend des Brackwassers im Einflussbereich der Nord- und Ostsee im Gezeitenbereich der Flussmündungen (z. B. Elbe, Ems, Weser) und in den Bodden sowie an Binnensalzstellen.
▽ §.
BT Brackwasserröhrichte (H 1.3.2.1) u. Strandsimsenröhrichte (H 2.1–2.1–3.5)

1	Von *Bolboschoenus maritimus* beherrscht	**Bolboschoenetum maritimi** S. 255
1*	Von *Schoenoplectus tabernaemontani* beherrscht	**Scirpetum tabernaemontani** S. 255

Scirpetum tabernaemontani Soó (1927) 1947 – Salzteichsimsen-Röhricht (Abb. 25)

V *Schoenoplectus tabernaemontani* (dom.) (= *Scirpus t.*) – Salz-Teichsimse

Zerstreut in mesotrophen Gewässern, auch bei schwach brackigem Wasser, z. B. an der Küste und an Binnensalzstellen, in salzhaltigen Gräben und Bewässerungsspeichern mit stark schwankendem Wasserstand.
▽ Im Bergland gefährdet 3, §.

Bolboschoenetum maritimi van Langend. 1931 – Strandsimsen-Röhricht (Abb. 24)
(Syn. Scirpetum maritimi (Br.-Bl. 1932) R. Tx. 1937, Schoenoplecti triquetri-Bolboschoenetum maritimi Zonnefeld 1960, Bolboschoenetum maritimi Eggl. 1933; incl. Astero tripolii-Phragmitetum Krisch 1974, Phragmito-Scirpetum maritimi Tyler 1969)

V *Bolboschoenus maritimus* (dom.) (=*Scirpus m.*) – Strandsimse
V *Schoenoplectus triqueter* – Dreikant-Teichsimse
H *Aster tripolium* – Salz-Aster

Häufig im Gezeitenbereich der Nordsee, im Boddenbereich der Ostsee und an Salzstellen des Binnenlandes, dort bei hohem Chloridgehalt, aber auch an Flussufern und an Sekundärstandorten (Oberrhein, Main, Neckar, Donau), oft dem Phragmitetum vorgelagert.

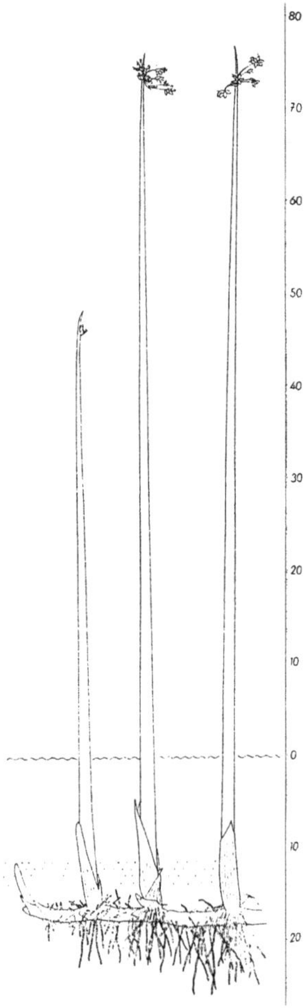

Abb. 24 (links). Bewurzelung von *Bolboschoenus maritimus*. Nach FUKAREK 1961, SCHUBERT et al. 1995.

Abb. 25 (rechts). Bewurzelung von *Schoenoplectus tabernaemontani*. Nach FUKAREK 1961 aus SCHUBERT et al. 1995.

▽ Zurückgehend V, durch Wasserbaumaßnahmen und Tourismus regional gefährdet (3), §.

Eleocharito-Sagittarion sagittifoliae Pass. 1964 – Kleinröhrichte

V *Sagittaria sagittifolia* – Pfeilkraut
V *Alisma plantago-aquatica* – Gemeiner Froschlöffel
H *Sparganium emersum* – Einfacher Igelkolben
H *Eleocharis palustris* – Gewöhnliche Sumpfsimse

Kleinröhrichte nährstoffreicher, stehender und langsam fließender flacher Gewässer in besonnter Lage, mit sich leicht erwärmendem Wasser mit größeren Wasserstandsschwankungen, anstelle von Großröhrichten infolge windexponierter Lage und anthropogener Einflüsse und Beweidung.
▽ Gefährdet durch Auffüllung flacher Senken, Überstauung, Grundwasserabsenkung, Uferverbauung und intensive Teichwirtschaft, §.

1 Von der Sumpfsimse (*Eleocharis palustris, E. uniglumis)*, der Schwanenblume (*Butomus umbellatus*) oder der Reisquecke *(Leersia oryzoides)* bestimmt 2
1* Von Pflanzen mit breiteren Blättern bestimmt 6
2 Von *Leersia oryzoides* oder *Butomus umbellatus* beherrscht 3
2* Bestände mit *Eleocharis uniglumis, E.palustris* und teilweise mit *Hippuris vulgaris* 4
3 Von *Leersia oryzoides* beherrschte Rasen **Leersietum oryzoidis** S. 258
3* Von *Butomus umbellatus* beherrschte Bestände **Butometum umbellati** S. 258
4 (2*) Von *Hippuris vulgaris* und *Eleocharis palustris* bestimmt **Eleocharito-Hippuridetum vulgaris** S. 258
4* Von *Eleocharis uniglumis* oder *E.palustris* beherrschte rasenartige Bestände 5
5 Von *Eleocharis palustris* beherrscht **Eleocharitetum palustris** S. 258
5* Von *Eleocharis uniglumis* beherrscht **Eleocharitetum uniglumis** S. 258
6 (1*) Von *Sagittaria sagittifolia, Sparganium emersum* und *Alisma plantago-aquatica* bestimmt **Sagittario-Sparganietum emersi** S. 257
6* Von *Alisma*-Arten beherrscht 7
7 Von *Alisma plantago-aquatica* beherrscht, *Alopecurus geniculatus* und *A.aequalis* stark vertreten **Alopecuro-Alismetum plantagini-aquaticae** S. 257
7* Von *Alisma lanceolatum* beherrscht **Alismetum lanceolati** S. 258

Sagittario-Sparganietum emersi R. Tx. 1953 – Pfeilkraut-Igelkolben-Kleinröhricht (Syn. Sparganio-Sagittarietum sagittifoliae R. Tx. 1953)

V *Sagittaria sagittifolia* (dom.) – Pfeilkraut
H *Sparganium emersum* (dom.) – Einfacher Igelkolben
V *Alisma plantago-aquatica* – Gemeiner Froschlöffel
H *Butomus umbellatus* – Schwanenblume

Verbreitet an schlammigen, eutrophen, phosphatreichen Uferrändern stehender und langsam fließender Gewässer mit starken Wasserstandsschwankungen, vor allem in den großen Stromtälern und im norddeutschen Tiefland.
▽ Zurückgehend V, §.

Alopecuro aequalis-Alismetum plantagini-aquaticae Bolbrinker 1984 – Froschlöffel-Kleinröhricht

V *Alisma plantago-aquatica* (dom.) – Gemeiner Froschlöffel
T *Alopecurus geniculatus* – Knick-Fuchsschwanz
T *Alopecurus aequalis* – Rotgelber Fuchsschwanz

Zerstreut in eutrophen, lehmigen, wasserüberstauten Ackersenken, an Söllen inmitten von Äckern. Durchdringung mit Arten des Bidention.
▽ §.

Alisinetum lanceolati Zahlh. 1979 – Lanzettfroschlöffel-Gesellschaft

A *Alisma lanceolatum* (dom.) – Lanzett-Froschlöffel

Selten im warmen Tiefland auf kalkreichen, mäßig nährstoffreichen, unbeschatteten Flachwasserstandorten, die trocken fallen können, auch in überstauten Ackermulden.
▽ Gefährdet 3, im Flachland stark gefährdet 2, §.

Butometum umbellati (Konczak 1968) Phil. 1973 – Schwanenblumen-Kleinröhricht (Syn. Sagittario-Butometum umbellati [Konczak 1968] Pass. 1999)

A *Butomus umbellatus* (dom.) – Schwanenblume
V *Sagittaria sagittifolia* – Pfeilkraut

Zerstreut in eutrophen Flachwasserbereichen von Altwässern und Seen in Fluss- und Stromtälern, mit Verbreitungsschwerpunkt in subkontinentalen, sommerwarmen Gebieten, z. B. Oder, Mittelelbe, Saale, Donau, Oberrhein; kann auch als *Butomus umbellatus*-reiche Ausbildung des Sagittario-Sparganietum emersi gewertet werden.
▽ Zurückgehend V, §.

Eleocharitetum palustris Schennikow 1919 – Gesellschaft der Gewöhnlichen Sumpfsimse

H *Eleocharis palustris* (dom.) – Gewöhnliche Sumpfsimse

Häufig an eutrophen, unbeschatteten trockenfallenden, schlammigen Teichrändern, Senken, Grubenrestseen und Tümpeln, oft Sekundärstandorte mit Beweidung und Trittwirkung.
▽ §.

Eleocharito-Hippuridetum vulgaris Pass. 1955 – Sumpfsimsen-Tannenwedel-Kleinröhricht

A *Hippuris vulgaris* (dom.) – Tannenwedel
H *Eleocharis palustris* – Gewöhnliche Sumpfsimse

Selten in Randbereichen sommerwarmer, mäßig nährstoffreicher stehender bis langsam fließender Gewässer, oft längere Zeit überstaut. Zeitweiliges Trockenfallen wird ertragen.
▽ Durch starke Eutrophierung, Ausbleiben der Beweidung stark gefährdet (2), §.

Eleocharitetum uniglumis Almqu. 1929 – Gesellschaft der Einspelzigen Sumpfsimse (Syn. Eleocharitetum uniglumis W. Braun 1968)

A *Eleocharis uniglumis* – Einspelzige Sumpfsimse

Zerstreut auf basenreichen, oft kalkoligotrophen, nassen, auch salzhaltigen Flachmoortorf- und Schlickböden, oft in Kontakt mit dem Cladietum marisci, auch an Sekundärstandorten.
▽ §.

Leersietum oryzoidis (Eggl. 1933) Pass. 1957 – Reisquecken-Röhricht (Syn. Glycerio fluitantis-Leersietum oryzoidis Pass. [1955] 1999)

A *Leersia oryzoides* (dom.) – Reisquecke
T *Glyceria fluitans* – Flutender Schwaden
H *Alisma plantago-aquatica* – Gemeiner Froschlöffel

Seltenes Pionierröhricht auf nährstoff- und basenreichen Schlammböden mit schwankendem Wasserstand an verschmutzten Gräben, Fluss-, Teich- und Seeufern in sommerwarmen Gebieten, oft in Kontakt und Durchdringung mit Bidention (s. S. 365 unter Bidenti-Polygonetum hydropiperis). Westfalen, Elbe, Dümmer, Weser, Schleswig-Holstein, Spreewald, Oberrhein, sehr selten auch in Oberbayern.

▽ Durch Grabenausbau und Grundwassersenkung gefährdet 3, im Flachland stark gefährdet 2, §.

Glycerio-Sparganion emersi Br.-Bl. et Siss. in Boer 1942 – Bachröhrichte

(Syn. Sparganio-Glycerion fluitantis Br.-Bl. et Siss. in Boer 1942 nom. inv.)

V *Glyceria fluitans* – Flutender Schwaden
V *Veronica beccabunga* – Bach-Ehrenpreis, Bachbunge
V *Berula erecta* – Berle

Röhrichtbestände an Rändern von Gräben und Bächen, teils hochwüchsige, krautreiche Grasbestände, teils niedrigwüchsige Krautbestände. Beteiligung von Feuchtwiesenarten und Hochstauden, die randlich am Ufer wurzeln und ins offene Wasser vordringen.

▽ Allgemein gefährdet durch Eutrophierung, Verschmutzung, Gewässerausbau und Grundwasserabsenkung, §.

BT Fließgewässer-Röhrichte und Bach-Kleinröhrichte (L 4.1–4.3–4)

1 Von Gräsern bestimmt 2
1* Von Kräutern bestimmt 5
2 Von *Phalaris arundinacea* beherrscht, an Flüssen der Gebirge und ihrer Vorländer **Rorippo sylvestris-Phalaridetum arundinacae** S. 260
2* Von *Glyceria*-Arten bestimmt 3
3 Von *Glyceria notata* beherrscht **Glycerietum plicatae** S. 260
3* Von *Glyceria fluitans* bestimmt 4
4 Von *Glyceria fluitans* und *Sparganium emersum* beherrscht **Sparganio emersi-Glycerietum fluitantis** S. 259
4* Neben *Glyceria fluitans* sind *Mimulus guttatus* und *Veronica beccabunga* stark vertreten, Wiesenbäche im Mittelgebirge **Veronico beccabungae-Mimuletum guttati** S. 260
5 (1*) Niedrigwüchsige Bestände in Bächen mit *Nasturtium* oder *Helosciadium* 6
5* Buntblühende hohe Bestände von *Epilobium hirsutum, Scrophularia umbrosa* und *Filipendula ulmaria* an langsam fließenden Feld- und Wiesengräben **Epilobio hirsuti-Scrophularietum umbrosae** S. 260
6 *Nasturtium*-Bestände in schnellfließenden, sauberen, flachen Bächen **Nasturtietum officinalis** S. 260
6* *Helosciadium nodiflorum*-Bestände in langsam fließenden, sauberen, manchmal schwach salzhaltigen Bächen und Gräben **Helosciadietum nodiflori** S. 261

Sparganio emersi-Glycerietum fluitantis Br.-Bl. ex W. Koch 1926 – Gesellschaft des Einfachen Igelkolbens und Flutenden Schwadens

(Syn. Glycerietum fluitantis Eggl. 1933, Glycerietum fluitantis Wilzek 1935)

V *Glyceria fluitans* – Flutender Schwaden
V *Berula erecta* – Berle
H *Sparganium emersum* – Einfacher Igelkolben

Zerstreut an nährstoffarmen, sauerstoffreichen Gräben und Bächen, auch Teichrändern, auf meist kalkarmem Untergrund, amphibisch lebend, aufrecht und im Wasser flutend, vom Tiefland bis ins Bergland.

▽ §.

Veronico beccabungae-Mimuletum guttati Niem. 1965 – Gauklerblumen-Bachröhricht

A *Mimulus guttatus* – Gauklerblume
V *Veronica beccabunga* – Bach-Ehrenpreis, Bachbunge

An unbeschatteten, nicht regulierten Wiesenbächen und -gräben mit kühlem, sauerstoffreichem, nicht kalkreichem Wasser; Thüringer Wald, Erzgebirge, Harz, Lüneburger Heide.
▽ Stark gefährdet (2), §.

Glycerietum plicatae (Kulcz. 1928) Oberd. 1954 – Faltschwaden-Bachröhricht
(incl. Scrophulario-Glycerietum notatae Maas 1959)

A *Glyceria notata (= G.plicata)* – Falt-Schwaden
V *Berula erecta* – Berle

Selten in schnell fließenden, kalk- und nährstoffreichen Bächen; vom Tiefland bis zum Bergland.
▽ Zurückgehend (V), §.

Rorippo sylvestris-Phalaridetum arundinaceae Kopecký 1961 – Rohrglanzgras-Flussuferröhricht
(Syn. Stellario nemorum-Phalaridetum arundinaceae Niem. 1965)

T *Phalaris arundinacea* – Rohr-Glanzgras
H *Rorippa sylvestris* – Wilde Sumpfkresse

Oberhalb der Mittel-Wasserlinie an Fließgewässern der montan-submontanen Stufe mit kiesigem, sandigem und lehmigem Untergrund und stark schwankendem Wasserstand.
▽ §.

Epilobio hirsuti-Scrophularietum umbrosae Niem., Heinr. et Hilb. 1973 – Gesellschaft des Rauharigen Weidenröschens und der Flügel-Braunwurz

A *Epilobium hirsutum* – Rauhaariges Weidenröschen
A *Scrophularia umbrosa* – Flügel-Braunwurz
H *Phalaris arundinacea* – Rohr-Glanzgras
H *Filipendula ulmaria* – Großes Mädesüß

Zerstreut an unbeschatteten, gefälleschwachen Bächen und Gräben über nährstoffreichem Substrat. Hügelländer und Mittelgebirgsvorländer, Sachsen-Anhalt, Thüringen, Bayern.
▽ §.

Nasturtietum officinalis Seib. 1962 – Brunnenkressen-Gesellschaft
(incl. Nasturtietum microphylli Phil. in Oberd. 1977)

A *Nasturtium officinale* – Echte Brunnenkresse
A *Nasturtium microphyllum* – Kleinblättrige Brunnenkresse
V *Veronica beccabunga* – Bach-Ehrenpreis, Bachbunge

Zerstreut in schnell fließenden, sauberen, flachen Bächen und Gräben, auch Quellbächen, meist über kalkhaltigem Untergrund, *Nasturtium microphyllum* i. A. auf basenärmeren Standorten als *N. officinale*. Von Schleswig-Holstein bis Oberbayern.
▽ Gefährdet 3, §.

Helosciadietum nodiflori (Maire 1924) Br.-Bl. 1931 – Knotensellerie-Gesellschaft (Syn. Apietum nodosi [Maire 1924] Br.-Bl. 1952, Apietum nodiflori Br.-Bl. 1953, Apio-Sietum Phil. 1973)

A *Apium nodiflorum (= Helosciadium n.)* – Knotenblütiger Sellerie, Knotensellerie
V *Berula erecta* – Berle

Äußerst selten in klaren, sauberen, nährstoffreichen, langsam fließenden flachen Gewässern im atlantisch getönten Gebiet. Oberrheingebiet, in Schleswig-Holstein verschwunden.
▽ Stark gefährdet 2, gebietsweise vom Verschwinden bedroht (1), §.

Cicution virosae Hejný 1960 – Schwingkantenriede

V *Cicuta virosa* – Wasserschierling
V *Calla palustris* – Sumpf-Calla, Schlangenwurz
V *Rumex hydrolapathum* – Hoher Ampfer, Fluss-Ampfer

Schwingdecken und -kanten bildende Gesellschaften an den Rändern dystropher und mesotropher Gewässer, bei starker Eutrophierung auch polytropher Gewässer. Sie entwickeln ein eigenes organogenes Substrat, das auf dem Wasser schwimmt und dem Wasserstand folgt, sodass sich Wasserstandsschwankungen nicht durch Überstauung auswirken. Oft dem übrigen Röhricht vorgelagert, gelegentlich schwimmende Inseln bildend.
▽ §.

1 Hohe *Carex*-Bestände 2
1* Niedrige Pflanzenbestände von *Calla palustris* oder *Menyanthes trifoliata* dominiert, in dystrophen und mesotroph-sauren Gewässern 3
2 Bestände mit *Carex pseudocyperus, Cicuta virosa, Lysimachia thyrsiflora* in meso- bis schwach eutrophen Gewässern **Cicuto virosae-Caricetum pseudocyperi** S. 261
2* Bestände mit *Carex paniculata* und *Rumex hydrolapathum* in polytrophen Gewässern (s. auch **Caricetum paniculatae** S. 263) **Rumici hydrolapathi-Caricetum paniculatae** S. 261
3 (1*) Bestände von *Calla palustris* **Calletum palustris** S. 262
3* Bestände von *Menyanthes trifoliata* **Carici-Menyanthetum trifoliatae** S. 262

Cicuto virosae-Caricetum pseudocyperi Boer et Siss. in Boer 1942 – Wasserschierling-Scheinzyperseggen-Schwingkante

V *Carex pseudocyperus* – Scheinzyper-Segge
V *Cicuta virosa* – Wasserschierling
H *Lysimachia thyrsiflora* – Strauß-Gilbweiderich
H *Potentilla palustris* – Sumpf-Blutauge
H *Ranunculus lingua* – Zungen-Hahnenfuß

Zerstreut auf ± unbefestigten, ca.10–50 cm mächtigen organogenen Schwingdecken am Rande dystropher sowie meso- bis schwach eutropher Gewässer in windgeschützter Lage.
▽ Gefährdet 3, §.

Rumici hydrolapathi-Caricetum paniculatae Succ. 1988 – Rispenseggen-Schwingried

T *Carex paniculata* – Rispen-Segge
V *Rumex hydrolapathum* – Hoher Ampfer, Fluss-Ampfer

Als Schwingdecke in polytrophen Gewässern.
▽ §.

Calletum palustris (Osv. 1923) van den Berghen 1952 – Calla-Schwingdecke
(Syn. Cicuto-Calletum palustris [van den Berghen 1952] Schaminée et Weeda in Schaminèe et al. 1995)

V *Calla palustris* (dom.) – Sumpf-Calla, Schlangenwurz

Als Schwingdecke am Rande dystropher und mesotroph-saurer Moorgewässer, auch an stark verschlammten Teichen. Zerstreut in Norddeutschland, in Mitteldeutschland sehr selten.
▽ Stark gefährdet (2), §.

Carici-Menyanthetum trifoliatae Soó 1955 – Fieberklee-Gesellschaft

A *Menyanthes trifoliata* – Fieberklee

Selten auf Torfschlamm meso- bis dystropher Kleingewässer, ins offene Wasser vordringend. Norddeutsches Tiefland.
▽ Stark gefährdet (2), §.

Magnocaricetalia Pign. 1953 – Großseggen-Riede

O *Carex acutiformis* – Sumpfsegge
O *Carex disticha* – Zweizeilige Segge
O *Phalaris arundinacea* – Rohr-Glanzgras
O *Peucedanum palustre* – Sumpf-Haarstrang
O *Scutellaria galericulata* – Gemeines Helmkraut

Hochwüchsige, meist artenarme Seggen- und Grasriede, die sich in der Abfolge der Verlandungsgesellschaften eines Gewässers landwärts an die Röhrichte anschließen, mit diesen (besonders den Landröhrichten) durch zahlreiche Arten verbunden, in Bezug auf Höhe und Zeitdauer in geringerem Maße wasserüberstaut, in den meisten Fällen potenziell waldbestockt (Erlenbruchwaldstandorte). Das nur unvollständig zersetzte organische Material führt zur Bildung von Seggentorfen. Gehölze durch frühere Nutzung, im Wesentlichen einschürige Mähnutzung für Streuzwecke, fehlend, enger Kontakt zu Feuchtwiesen.
▽ Bei Ausbleiben der Mahd, bei Eutrophierung und Entwässerung starker Rückgang durch Verkrautung und Verbuschung, bei stärkerer Nutzung und Düngung Umwandlung in Feuchtwiesen, §.
BT Großseggenriede (S2.1)

Im Gebiet nur 1 Verband:

Caricion elatae W. Koch 1926 – Großseggen-Riede
(Syn. Magnocaricion W. Koch 1926; incl. Caricion gracilis [Neuhäusl 1957] Géhu 1961, Caricion rostratae Bal.-Tul. 1963)

BT Großseggenriede (S 2.1.1–2)

1 Hohe Grasbestände 2
1* Hohe Bestände von Seggen (*Carex*) oder anderen Cyperaceen 3
2 Bestände von *Phalaris arundinacea* beherrscht **Phalaridetum arundinaceae** S. 267
2* Bestände von *Calamagrostis canescens* bestimmt
Peucedano palustris-Calamagrostietum canescentis S. 267
3 (1*) Dichte Bestände des hohen *Scirpus radicans*, (seltenes Uferried)
Scirpetum radicantis S. 267

3* *Carex*-Bestände 4
4 Deutlich bultiger Wuchs der beherrschenden Seggen-Arten (*Carex elata* var. *dissoluta* wächst jedoch rasig) 5
4* Rasiger Wuchs der herrschenden Seggen-Arten 7
5 Massenbestände der verschiedenährigen *Carex elata* **Caricetum elatae** S. 263
5* Bestände anderer Großseggen-Arten, diese gleichährig. 6
6 Massenbestände von *Carex paniculata* **Caricetum paniculatae** S. 263
6* Massenbestände von *Carex appropinquata* **Caricetum appropinquatae** S. 264
7 (4*) Bestände von verschiedenährigen *Carex*-Arten mit aufgeblasenen Schläuchen. 8
7* Bestände von *Carex*-Arten ohne aufgeblasene Schläuche 9
8 Massenbestände von *Carex rostrata*, schwingrasenbildend, in nährstoffarmen Gewässern **Caricetum rostratae** S. 264
8* Massenbestände von *Carex vesicaria*, in nährstoffreicheren Gewässern mit stärkeren Wasserschwankungen **Caricetum vesicariae** S. 264
9 (7*) Massenbestände gleichähriger Seggen 10
9* Massenbestände verschiedenähriger, rasig wachsender Großseggen 11
10 Massenbestände von *Carex vulpina* **Caricetum vulpinae** S. 266
10* Massenbestände von *Carex disticha* **Caricetum distichae** S. 266
11 (9*) *Carex aquatilis*-Ried an mesotrophen Niedermoorstandorten, nur in Nordwestdeutschland **Drepanoclado-Caricetum aquatilis** S. 267
11* Andere *Carex*-Arten bestandsbestimmend 12
12 Bestände von *Carex buekii* (Mittelelbe, Oberpfalz) **Caricetum buekii** S. 266
12* Massenbestände anderer *Carex*-Arten. 13
13 Massenbestände von *Carex atherodes* **Caricetum atherodis** S. 264
13* Massenbestände anderer *Carex*-Arten. 14
14 Massenbestände von *Carex gracilis* oder *C. oenensis*. 15
14* Massenbestände von *Carex acutiformis* oder *C. riparia* 16
15 Massenbestände von *Carex gracilis* **Caricetum gracilis** S. 264
15* Massenbestände von *Carex oenensis* (Alpenvorland) **Caricetum oenensis** S. 265
16 (14*) Massenbestände von *Carex riparia* **Galio palustris-Caricetum ripariae** S. 266
16* Massenbestände von *Carex acutiformis* **Caricetum acutiformis** S. 266

Caricetum elatae W. Koch 1926 – Steifseggen-Ried
(incl. Scorpidio-Caricetum dissolutae W. Braun 1968, Scutellario galericulatae-Caricetum elatae [W. Koch 1926] Pass. 1964, Rumici hydrolapathi-Caricetum elatae [Vahle in Prsg. et al. 1990) Pass. 1999)

A *Carex elata* (dom.) – Steif-Segge

Hohes bultiges Großseggenried im Verlandungsbereich von Gewässern auf neutral bis mäßig saurem, mesotrophem bis mäßig eutrophem Bruchwaldtorf, wechselnass bei stagnierendem Wasser; zerstreut in Norddeutschland und im Alpenvorland, in Mitteldeutschland und Nordbayern selten. *Carex elata* var. *dissoluta* auf kalkoligotrophen Standorten im Alpenvorland wächst nicht bultig, gemeinsam mit den Moosen *Scorpidium scorpioides* und *Calliergon trifarium*.
▽ Gefährdet 3, §.

Caricetum paniculatae Wangerin 1916 ex v. Rochow 1951 – Rispenseggen-Ried
(incl. Valeriano-Caricetum paniculatae Jeschke [1964] 1986, Eupatorio-Caricetum paniculatae [R. Tx. 1962] Pass. 1999)

A *Carex paniculata* (dom.) – Rispen-Segge

Bultiges Großseggenried im Verlandungsbereich von Gewässern, von Seeufern bis zugewachsenen Gräben, an wasserzügigen und quelligen, neutral-meso- bis -eutrophen Standorten (Quell-Hangmoore), die namengebende Art kann Schwingdecken bilden (s. Rumici hydrolapathi-Caricetum paniculatae S. 261). Vom Tiefland bis ins Bergland.

Zerstreut im norddeutschen Jungpleistozän und im montanen Süd- und Westdeutschland, in Mitteldeutschland selten.
▽ Zurückgehend V, im Flachland gefährdet 3, besonders auf nährstoffärmeren Standorten stark gefährdet (2), §.

Caricetum appropinquatae (W. Koch 1926) Aszód 1936 – Wunderseggen-Ried, Schwarzkopfseggen-Ried
(Syn. Caricetum paradoxae Soó 1938)

A *Carex appropinquata* (dom.) – Wunder-Segge, Schwarzkopf-Segge

Bultiges, nur kniehohes Großseggenried auf meso- bis schwach eutrophen, meist kalkhaltigen, quelligen Torfstandorten mit geringen Wasserstandsschwankungen im Kontakt mit Zwischenmoorgesellschaften und Kleinseggenrieden. Selten im norddeutschen Tiefland, im Alpenvorland, in der Rheinebene, der Schwäbischen und Fränkischen Alb und der Oberpfalz.
▽ Stark gefährdet 2, in den Alpen zurückgehend V, §.

Caricetum rostratae Rübel 1912 ex Osv. 1923 em. Dierß. – Schnabelseggen-Ried
(incl. Caricetum inflatae-vesicariae W. Koch 1926 p. p., Sphagno-Caricetum rostratae Jeschke [1964] 1986 in H. D. Knapp, Jeschke et Succ. 1986, Typho latifoliae-Caricetum rostratae Succ. [1970] 1986 in H. D. Knapp, Jeschke et Succ. 1986, Galio palustris-Caricetum rostratae Pass. 1999)

A *Carex rostrata* (dom.) – Schnabel-Segge
T *Lysimachia thyrsiflora* – Strauß-Gilbweiderich
T *Potentilla palustris* – Blutauge

Rasiges Seggenried auf kalkarmen oligo- bis mesotrophen, auch dystrophen Standorten, am Rande von Moorgewässern, auf armen Standorten Ausbildung von Schwingrasen mit Torfmoosen. Vom norddeutschen Tiefland über die Mittelgebirge bis zum Alpenvorland und zu den Alpen.
▽ Gefährdet 3, §.

Caricetum vesicariae Chouard 1924 – Blasenseggen-Ried

A *Carex vesicaria* (dom.) – Blasen-Segge

Rasiges Seggenried am Rande von Gewässern und in Senken mit starken Wasserschwankungen, auf meso- bis eutrophen Schlammböden vom norddeutschen Tiefland bis Süddeutschland, Standorte trockener als beim Caricetum rostratae.
▽ Zurückgehend V, §.

Caricetum atherodis W. Fischer 1974 – Grannenseggen-Ried

A *Carex atherodes* – Grannen-Segge

Sehr seltenes rasiges Seggenried, z. T. mit *Carex vesicaria* vergesellschaftet, an Rändern von Kleingewässern und Ackersenken, meist im eutrophen Bereich. Brandenburgische Grundmoräne (Nauener Platte), Unterelbe bei Hamburg.
▽ Sehr selten (R), §.

Caricetum gracilis Almqu. 1929 – Schlankseggen-Ried

A *Carex gracilis* (dom.) (= *C. acuta*) – Schlank-Segge

Zerstreut auftretendes rasiges artenarmes Großseggenried auf eutrophen Standorten im Grundwasserbereich, auch in tiefgelegenen, uferfernen Auenbereichen mit hohem, oft

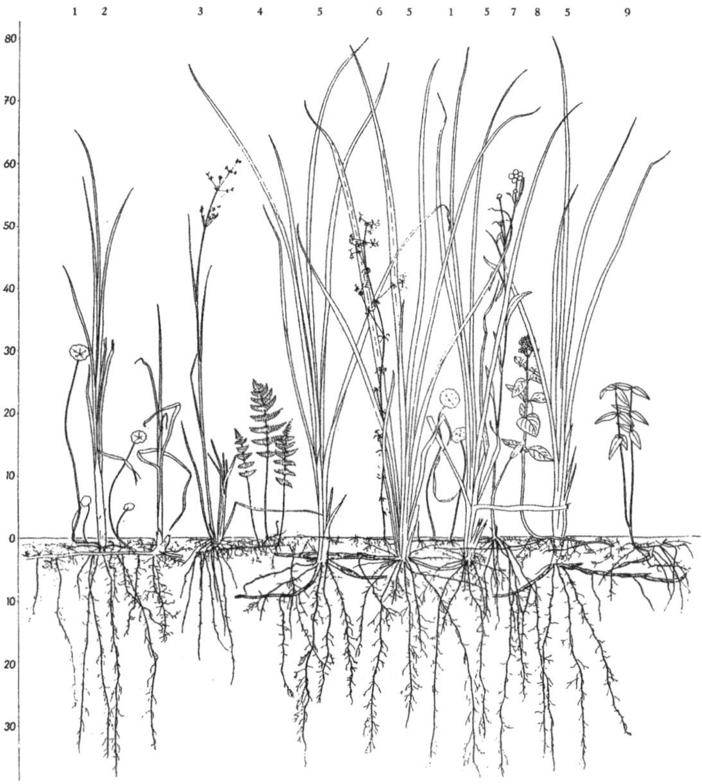

Abb. 26. Halbschematisches Vegetationsprofil des Galio palustris-Caricetum ripariae. 1 = *Hydrocotyle vulgaris*, 2 = *Carex acutiformis*, 3 = *Juncus articulatus*, 4 = *Thelypteris palustris*, 5 = *Carex riparia*, 6 = *Galium palustre*, 7 = *Ranunculus flammula*, 8 = *Mentha aquatica*, 9 = *Lysimachia vulgaris*. Nach Fukarek 1961 aus Schubert et al. 1995.

stagnierendem Grundwasserstand und Überschwemmungsdauer von 150 bis 270 Tagen (Seggentorf, Bruchwaldtorf); Kontakt mit Feuchtwiesen, einschürige Mähnutzung vor allem für Streugewinnung, jetzt vielfach Wegfall der Nutzung und Übergang zu Staudenfluren.

▽ Zurückgehend V, §.

Caricetum oenensis Seib. 1962 ex Bal.-Tul. et al. in Grabh. et Muc. 1993 – Innseggen-Ried

(Syn. Caricetum randalpinae nom. prov.)

A *Carex × oenensis* (dom.) – Bastard-Inn-Segge
Carex randalpina – Inn-Segge

Sehr hohe rasige Bestände der zum Verwandtschaftskreis von *Carex gracilis* gehörenden Inn-Segge und ihres Bastards mit *Carex gracilis* treten selten auf sickernassen bis -feuchten, nährstoffarmen Kalkschlammstandorten an Gewässerrändern im Alpenvorland (Lech, Isar, Inn, Salzach) auf.
∇ Durch Entwässerung gefährdet (3), §.

Galio palustris-Caricetum ripariae Bal.-Tul. et al. 1993 – Uferseggen-Ried (Abb. 26)
(Syn. Caricetum ripariae (Soó 1928) R. Knapp et Stoffers 1962, Caricetum ripario-acutiformis Kob. 1930 p. p., non Caricetum ripariae Maire 1924)

A *Carex riparia* (dom.) – Ufer-Segge

Rasiges Großseggenried an Gewässerrändern und in überstauten Senken auf eutrophem und kalkreichem Seggentorf, tiefer gelegen und länger überstaut als das Caricetum gracilis. Zerstreut in den Stromauen und in den Marschgebieten der Küsten.
∇ Durch Grundwassersenkung, Entwässerung und Freizeitbetrieb zurückgehend V, §.

Caricetum distichae Steffen 1931 – Gesellschaft der Zweizeiligen Segge
(Syn. Caricetum intermediae Steffen 1931, Caricetum distichae Jonas 1933)

O *Carex disticha* (dom.) – Zweizeilige Segge

Zerstreut auftretendes rasiges Großseggenried auf nährstoffreichen Niedermoorböden in Senken und Mulden mit nicht sehr hoch anstehendem Grundwasser in Kontakt mit Nasswiesen und dem Schlankseggenried, früher unregelmäßig zu Einstreuzwecken gemäht.
∇ Stark gefährdet durch Entwässerung, Nutzungsänderung und Nutzungsaufgabe (2), §.

Caricetum acutiformis Eggl. 1933 – Sumpfseggen-Ried
(Syn. Caricetum ripario-acutiformis Kob. 1930 p. p.)

O *Carex acutiformis* (dom.) – Sumpf-Segge

Rasiges Großseggenried, zerstreut an humosen, basenreichen, staunassen Gewässerufern und Flutmulden, die zeitweise oberflächlich trocken fallen.
∇ Zurückgehend (V), §.

Caricetum vulpinae Now. 1927 – Fuchsseggen-Ried

A *Carex vulpina* (dom.) – Fuchs-Segge

Rasiges Großseggenried auf eutrophen, wechselnassen, zeitweise (ca. 50 bis 90 Tage) wasserüberstauten Lehm- und Tonböden in abflusslosen Flutmulden und Senken. Verzahnung mit Flutrasen. Selten im Jungmoränengebiet von Mecklenburg-Vorpommern, in den Stromtälern von Weser, Elbe, Oder und Donau und im nordbayerisch-sächsisch-thüringischen Raum.
∇ Durch Gewässerregulierungen, Entwässerungen und Eindeichungen gefährdet 3, §.

Caricetum buekii Hejný et Kopecký in Kopecký et Hejný 1965 –
Gesellschaft der Banater Segge

A *Carex buekii* – Banater Segge

Selten auf eutrophen, kalkarmen, relativ trockenen Standorten in der Oberpfalz (Donau, Naab, Regen) und im Mittelelbegebiet, mit zahlreichen Hochstaudenarten.
∇ Gefährdet 3, §.

Drepanoclado-Caricetum aquatilis Nordh. 1928 – Wasserseggen-Ried
(Syn. Lysimachio thyrsiflorae-Caricetum aquatilis Neum. 1957)

A *Carex aquatilis* – Wasser-Segge

Sehr selten auf mesotrophen Niedermoorstandorten in Nordwestdeutschland.
▽ Stark gefährdet 2, §.

Scirpetum radicantis Hejný in Hejný et Husák 1978 – Gesellschaft der Wurzelnden Simse
(Syn. Scirpetum radicantis Zahlh. 1979)

A *Scirpus radicans* (dom.) – Wurzelnde Simse
H *Carex gracilis* – Schlanksegge
O *Phalaris arundinacea* – Rohr-Glanzgras
H *Rorippa amphibia* – Wasserkresse

Selten an nährstoffreichen schlammigen Ufern, bis 70 cm hohes Uferried; bayerisches Donaugebiet und an der Oder bei Lebus (Brandenburg), in Mecklenburg verschollen.
▽ Stark gefährdet 2, im Flachland vom Verschwinden bedroht 1, §.

Phalaridetum arundinaceae Libb. 1931 – Rohrglanzgras-Röhricht
(incl. Urtico-Phalaridetum Succ. 1988)
(s. auch S. 260 Montane Fluss-Rohrglanzgras-Röhrichte)

O *Phalaris arundinacea* (dom.) – Rohr-Glanzgras

Häufig auf eutrophen, humosen, schlickreichen wasserzügigen, wechselnassen Standorten an Gewässerrändern und in Senken im Überschwemmungsbereich der großen Flussauen, Überschwemmungsdauer zwischen 30 und 190 Tagen schwankend, im Sommer Grundwasserstand stark sinkend. Vorkommen von der planaren bis zur submontanen Stufe. Hochwüchsige und ertragreiche Bestände mit hohem Futterwert bis zum Schieben der Blütenstände (Militzwiesen im Havelland und Spreewald). Nutzungswegfall und Entwässerung führen zu Brennnessel-Rohrglanzgras-Staudenröhrichten, die zu den nitrophilen Säumen überleiten.
▽ §.

Peucedano palustris-Calamagrostietum canescentis H. E. Weber 1978 – Sumpfreitgras-Ried
(incl. Cirsio palustris-Calamagrostietum canescentis Pass. 1984, Lythro-Senecionetum sylvatici Pass. 1981)

A *Calamagrostis canescens* (dom.) – Sumpf-Reitgras
O *Peucedanum palustre* – Sumpf-Haarstrang
H *Cirsium palustre* – Sumpf-Kratzdistel
K *Lythrum salicaria* – Gemeiner Blutweiderich

Hohe Grasbestände auf im Frühjahr häufig überstauten basenarmen Bruchwaldstandorten, nach Abholzung oder nach Entwässerung und Aufgabe der Grünlandnutzung.
▽ Gefährdet (3), §.

11 Pflanzengesellschaften der Sümpfe und Moore

11.1 Isoeto-Nanojuncetea bufonii Br.-Bl. et R. Tx. ex Westh., van Dijk et Passchier 1946 – Zwergbinsen-Gesellschaften

K *Cyperus fuscus* – Braunes Zypergras
K *Gnaphalium uliginosum* – Sumpf-Ruhrkraut
K *Spergularia rubra* – Rote Schuppenmiere
K *Juncus bufonius* – Kröten-Binse
K *Limosella aquatica* – Schlammling, Schlammkraut
K *Peplis portula* – Sumpfquendel
K *Plantago intermedia* – Kleiner Wegerich
K *Lindernia procumbens* – Liegendes Büchsenkraut
K *Lindernia dubia* – Großes Büchsenkraut
K *Riccia glauca* – Sternlebermoos
K *Lythrum hyssopifolia* – Ysop-Blutweiderich
K *Gypsophila muralis* – Mauer-Gipskraut
K *Juncus pygmaeus* – Zwerg-Binse

Sehr niedrige, kurzlebige, annuelle Pionierpflanzengesellschaften auf offenen, feuchten bis nassen, schlammigen bis lehmigen und sandigen, unbeschatteten Standorten wie abgelassenen und austrocknenden Fisch- und Dorfteichen, Altwasser- und Seeufern, Talsperren, Sand-, Kies- und Lehmgruben, Grabenböschungen, krumenfeuchten Äckern und vernässten Wegrändern. Standorte häufig anthropogen, durch schnelle Standortsveränderung auch schnelle Vegetationsdynamik und Veränderung, Hauptentwicklung im Spätsommer und Herbst, häufig geringe Flächenausdehnung und fragmentarische Ausbildung. Zahlreiche floristische Seltenheiten, Samen bleiben im Boden unter Wasser oft viele Jahre keimfähig.
BT einjähriger Bewuchs trockengefallener Teichböden und Ackersenken (L 3.1–9.7)

Im Gebiet nur 1 Ordnung:

Nanocyperetalia Klika 1935
(Syn. Cyperetalia fusci [Klika 1935] Müller-Stoll et Pietsch 1963)

1 Pflanzenbestände periodisch entwässerter, natürlicher oder künstlich angelegter Wasserbecken (Altwässer, Fischteiche, Stauseen) nach Trockenfallen bzw. Ablassen des Wassers, nährstoffreichere Standorte, bei optimalen Verhältnissen dichte niedrige Rasen bildend, mit *Eleocharis ovata, Carex bohemica, Limosella aquatica, Riccia*-Arten **Elatino-Eleocharition ovatae** S. 269

1* Lückige und kleinflächige Pflanzenbestände außerhalb klar abgegrenzter Wasserbecken an wechselfeuchten, weniger lange flach wasserüberstauten Kleinstandorten wie Wegen, Pfützen, Uferrändern, Dünentälern, Ackersenken 2

2 Auf salzhaltigen Böden und Flächen hoher Nitratkonzentration, mit *Cyperus flavescens, Centaurium pulchellum, Samolus valerandi* **Cyperion flavescentis** S. 272

2* Nicht auf salzhaltigen Böden, auf nur kurzfristig wassergesättigten oder überstauten, meist sandigen Standorten. Böden verdichtet, sauer, nährstoffarm, mit *Radiola linoides, Illecebrum verticillatum, Juncus capitatus, Centunculus minimus, Hypericum humifusum, Anthoceros*-Arten **Radiolion linoidis** S. 270

Elatino-Eleocharition ovatae (Pietsch et Müller-Stoll 1968) Pietsch 1973 – Teichboden-Gesellschaften

(Syn. Elatino-Eleocharition ovatae Pietsch 1965 [invalid], Eleocharition ovatae Phil. 1968, Nanocyperion flavescentis W. Koch 1926 p. p.)

K *Limosella aquatica* – Schlammling, Schlammkraut
V *Elatine alsinastrum* – Quirl-Tännel
V *Elatine triandra* – Dreimänniges Tännel
V *Ludwigia palustris* – Heusenkraut
V *Riccia bifurca* – Sternlebermoos
V *Riccia cavernosa* – Sternlebermoos

BT Teichböden (L 3.1–2. u. 5–9.7.1)

1 Von *Eleocharis ovata, Carex bohemica* und *Eleocharis acicularis* bestimmt **Eleocharito ovatae-Caricetum bohemicae** S. 269
1* Andere Arten dominieren . . . 2
2 Von *Limosella aquatica* und *Cyperus fuscus* bestimmt . . . 3
2* Von *Peplis portula* bestimmt **Elatino alsinastri-Peplidetum portulae** S. 270
3 Von *Limosella aquatica* und *Cyperus fuscus* beherrscht **Cypero fusci-Limoselletum aquaticae** S. 269
3* Bestandsbildendes Auftreten anderer Arten . . . 4
4 Neben *Limosella aquatica* und *Cyperus fuscus* von *Elatine alsinastrum* und *Juncus tenageia* beherrscht **Elatino alsinastri-Juncetum tenageiae** S. 270
4* Von *Schoenoplectus supinus* bestimmt **Junco bufonii-Schoenoplectetum supini** S. 270

Eleocharito ovatae-Caricetum bohemicae Klika 1935 – Zypergrasseggen-Gesellschaft

(Syn. Caricetum cyperoidis Eggler 1933; incl. Lindernio-Eleocharitetum ovatae Pietsch 1961, Peplido-Eleocharitetum ovatae Pietsch 1973, Gnaphalio uliginosi-Caricetum bohemicae [Eggl. 1933] Pass. 1999)

A *Eleocharis ovata* – Ei-Sumpfsimse
A *Carex bohemica* – Zypergras-Segge
V *Ludwigia palustris* – Heusenkraut
K *Lindernia procumbens* – Liegendes Büchsenkraut
H *Eleocharis acicularis* – Nadel-Sumpfsimse

Auf nackten, lehmig-tonigen Böden abgelassener mesotropher Teiche, hoher Wassergehalt des Bodens, hohe Luftfeuchtigkeit der bodennahen Luftschicht. Jungpleistozänes Tiefland, Niederlausitz, Oberlausitzer Niederung, Thüringen, Erzgebirgsvorland, Oberrhein, Main, Neckar, Ober- und Mittelfranken, Oberpfalz.

▽ Stark gefährdet 2, im Bergland gefährdet 3, *.

Cypero fusci-Limoselletum aquaticae (Oberd.1957) Korneck 1960 – Schlammling-Flur

(incl. Riccio-Limoselletum [Korneck 1960] Phil. 1968, Peplido-Limoselletum Phil. 1968)

K *Limosella aquatica* – Schlammling, Schlammkraut
K *Cyperus fuscus* – Braunes Zypergras
A *Coleanthus subtilis* – Scheidenblütgras
A *Spergularia echinosperma* – Igelsamige Schuppenmiere
T *Botrydium granulatum* – (Alge)
V *Riccia cavernosa* – Sternlebermoos

Auf nackten, sandigen bis schlammigen, freigefallenen, kalkreichen bis kalkarmen Böden an Rändern von Seen, Altwässern, Flüssen, Teichen und Talsperren. Vom norddeutschen Tiefland bis zur Donau und zum Oberrhein.

▽ Gefährdet 3, §, *.

Elatino alsinastri-Peplidetum portulae Pietsch 1968 –
Tännelkraut-Sumpfquendel-Gesellschaft
(Syn. *Peplis portula*-Gesellschaft Phil. 1968; incl. Gnaphalio uliginosi-Peplidetum portulae [Phil. 1968] Pass. 1999)

V *Elatine alsinastrum* – Quirl-Tännel
V *Ludwigia palustris* – Heusenkraut
K *Peplis portula* (opt.) – Sumpfquendel

Zerstreut auf kalkarmen, sauren, nassen, im Frühjahr zeitweise flach überstauten, sandig-lehmigen bis lehmig-tonigen Böden. Lausitz, Brandenburg, Mecklenburg-Vorpommern, Oberrheingebiet.
▽ Stark gefährdet (2).

Elatino alsinastri-Juncetum tenageiae Libb. 1932 – Tännel-Sandbinsen-Gesellschaft

V *Elatine alsinastrum* – Quirl-Tännel
T *Juncus tenageia* – Sand-Binse
K *Peplis portula* - Sumpfquendel
K *Cyperus fuscus* – Braunes Zypergras

Zerstreut und unbeständig auf eutrophen, mäßig basenreichen, sandigen bis lehmigen und tonigen, zeitweise überstauten und langsam abtrocknenden Standorten vernässter Ackersenken, Sölle und Feldtümpel; wärmeliebend. Jungpleistozän von Schleswig-Holstein bis Brandenburg, Niederrhein, Westfalen, Mittelfranken, Oberrheingebiet.
▽ Stark gefährdet (2), *.

Junco bufonii-Schoenoplectetum supini (Hoffmann 1996) Pass. 1999 –
Gesellschaft der Liegenden Teichsimse

A *Schoenoplectus supinus* – Liegende Teichsimse
K *Juncus bufonius* – Kröten-Binse

Sehr selten und unbeständig an periodisch überschwemmten Tümpeln, Altwasserrändern und Pseudosöllen mit lehmig-schlickigem Boden in sommerwarmen Gebieten. Brandenburg.
▽ Sehr stark gefährdet (1).

Radiolion linoidis (Riv. Goday 1961) Pietsch 1973 – Zwergflachs-Gesellschaften

(Syn. Nanocyperion flavescentis W. Koch 1926 p. p., Juncion bufonii Phil. 1968)

V *Gnaphalium luteoalbum* – Gelbweißes Ruhrkraut
V *Radiola linoides* – Zwergflachs
V *Hypericum humifusum* – Liegendes Hartheu
V *Juncus capitatus* – Kopf-Binse
V *Anthoceros punctatus* – Hornmoos

Niedrigwüchsige, kleinflächige und lückige Bestände auf wechselfeuchten Kleinstandorten an Wegen, Pfützen, Ufern, Dünentälern.
BT Zwergpflanzengesellschaften wechselfeuchter Standorte (L 3.3–4.7.2)

1 Außer von *Gnaphalium uliginosum, Juncus bufonius, Plantago intermedia* und *Peplis portula* von *Centunculus minimus, Hypericum humifusum, Riccia glauca* und *Anthoceros*-Arten bestimmt, häufig auch nur reiches Auftreten der erstgenannten Arten; krumenfeuchte Äcker, Ackersenken **Centunculo-Anthocerotetum punctati** S. 271

1* Die Arten um *Centunculus minimus* ohne Bedeutung für den Bestandsaufbau. Hervortreten anderer Arten 2
2 Von *Gypsophila muralis* und *Potentilla supina* bestimmt
Gypsophilo muralis-Potentilletum supinae S. 272
2* Nicht von *Gypsophila muralis* und *Potentilla supina* bestimmt. 3
3 Von *Illecebrum verticillatum* und *Spergularia rubra* bestimmt
Spergulario rubrae-Illecebretum verticillati S. 272
3* Andere Arten beherrschen die Bestände 4
4 Von *Radiola linoides* und *Juncus tenageia* bestimmt
Junco tenageiae-Radioletum linoidis S. 272
4* Andere Arten bestimmen die Bestände 5
5 Von *Isolepis setacea, Stellaria uliginosa* und *Blasia pusilla* bestimmt
Stellario uliginosae-Scirpetum setaceae S. 271
5* Von *Cicendia filiformis* bestimmt, nur sehr selten im nordwestdeutschen Tiefland
Cicendietum filiformis S. 271

Stellario uliginosae-Scirpetum setacei (W. Koch 1926) Libb. 1932 – Schuppensimsen-Gesellschaft

(Syn. Scirpo setacei-Stellarietum uliginosae Libb. 1932; incl. Hydrocotylo-Isolepidetum setaceae [Doll 1978] Pass. 1999)

A *Isolepis setacea (= Scirpus setaceus)* - Borstige Schuppensimse
H *Stellaria uliginosa* – Quell-Sternmiere
T *Blasia pusilla* – Blasiusmoos

Zerstreut auf verdichteten, zeitweise überstauten, kalkarmen, humosen Sand- und Lehmböden, oft in halbschattiger Lage an wenig befahrenen Waldwegen, an Viehtränken, Grabenausstichen und anderen Feuchtflächen. Von Nordrhein-Westfalen, Niedersachsen und Schleswig-Holstein bis Brandenburg und Sachsen, Oberrheingebiet, Schwarzwald, Schwäbische Alb.

▽ Gefährdet 3, *.

Centunculo-Anthocerotetum punctati W. Koch ex Libb. 1932 – Kleinling-Gesellschaft

A *Centunculus minimus* – Acker-Kleinling
V *Juncus capitatus* – Kopf-Binse
V *Hypericum humifusum* – Liegendes Hartheu
V *Anthoceros punctatus* – Hornmoos
V *Anthoceros laevis* – Hornmoos
K *Sagina procumbens* – Liegendes Mastkraut
K *Juncus bufonius* – Kröten-Binse
K *Riccia glauca* – Sternlebermoos

Charakteristische Zwergbinsen-Gesellschaft in feuchten, meist kalkarmen, zeitweise sehr flach überstauten, verdichteten Ackersenken, Panzerspuren, auch an Pfützenrändern. Kulturpflanzen und zahlreiche höhere Ackerwildpflanzen kümmern (Grenzstandorte der Ackernutzung), Standorte zeitweilig auch brachliegend. Verbreitet im Pleistozän, zerstreut im Hügelland, in den Gebirgsvorländern und Mittelgebirgen.

▽ Vor allem durch intensive Bewirtschaftung, Eutrophierung, Drainage, aber auch durch Herausnahme der Flächen aus der Ackernutzung stark gefährdet 2, im Flachland vom Verschwinden bedroht 1, *.

Cicendietum filiformis All. 1922 – Zindelkraut-Gesellschaft

(Syn. Radiolo-Cicendietum filiformis [All. 1922] Julve 1993)

A *Cicendia filiformis* – Zindelkraut, Fadenenzian
V *Radiola linoides* – Zwergflachs

Sehr selten auf offenen, periodisch überfluteten, nährstoffarmen Sandflächen, weit seltener mit lehmig-tonigen Anteilen, an Heideweihern, in Feuchtheiden, an Gräben und Bodenabgrabungen im ozeanisch geprägten nordwestdeutschen Tiefland und auf den Ostfries. Inseln, Vorposten im Spessart, in der Eifel, im Oberrheingebiet.

▽ Vor allem durch Eutrophierung und Entwässerung, aber auch durch Sukzession stark gefährdet 2, im Bergland vom Verschwinden bedroht 1, §.

Junco tenageiae-Radioletum linoidis Pietsch (1961) 1963 – Sandbinsen-Zwergflachs-Gesellschaft

(incl. Ranunculo gracilis-Radioletum linoidis Hueck ex Libb. 1939)

V *Radiola linoides* – Zwergflachs
T *Juncus tenageia* – Sand-Binse
V *Hypericum humifusum* – Niederliegendes Hartheu

Selten und kleinflächig, meist streifenförmig auf offenen, sauren, nährstoffarmen und nassen Sand- und Torfböden an Heideteichen, in Feuchtheiden, Dünentälern, Sandgruben. Nord- und Ostseeküstenbereich, Niederlausitz, Prignitz, Altmark, Oberfranken, Oberrheingebiet.

▽ Vom Verschwinden bedroht (1), §.

Spergulario rubrae-Illecebretum verticillati Diem., Siss. et Westh. 1940 em. Siss. 1957 – Knorpelmieren-Gesellschaft

(Syn. Panico-Illecebretum Diem., Siss. et Westh. 1940, Illecebretum verticillati R. Tx. 1950)

A *Illecebrum verticillatum* – Knorpelmiere
K *Spergularia rubra* – Rote Schuppenmiere

Sehr selten auf offenen, mesotroph-sauren, nährstoffarmen, feuchten, zeitweise wasserüberstauten Sand- und lehmigen Sandböden, an wenig befahrenen Wegen und Pionierstandorten in Sand- und Kiesgruben, Ackersenken, Grabenrändern, Fahrspuren auf Truppenübungsplätzen. Norddeutsche Pleistozängebiete, Oberpfalz.

▽ Stark gefährdet 2, im Bergland vom Verschwinden bedroht 1, *.

Gypsophilo muralis-Potentilletum supinae (Ambrož 1939) Pietsch (1961) 1963 – Gesellschaft des Niedrigen Fingerkrautes

(Syn. Junco bufonii-Gypsophiletum muralis [Ambrož 1939] Pietsch 1996)

A *Potentilla supina* – Niedriges Fingerkraut
K *Gypsophila muralis* – Acker-Gipskraut

Selten auf nackten, sandigen bis sandig-kiesigen, nährstoffarmen Böden an Teichrändern, Sand- und Kiesgruben, Wegen, Ackerstandorten. Pleistozänes Tiefland, Franken, Südwestdeutschland.

▽ Gefährdet 3, *.

Cyperion flavescentis (W. Koch 1926) Pietsch 1973 – Gesellschaften des Gelblichen Zypergrases

(Syn. Nanocyperion W. Koch 1926 p. p.)

V *Cyperus flavescens* – Gelbliches Zypergras
V *Centaurium pulchellum* – Zierliches Tausendgüldenkraut
V *Sagina nodosa* – Knotiges Mastkraut
T *Samolus valerandi* – Salzbunge

Auf Salzböden und Flächen hoher Nitratkonzentration.

BT Zwergpflanzengesellschaften auf Standorten mit erhöhter Bodensalzkonzentration (L 3.1–9.7.3)

1 Auftreten von *Blackstonia acuminata* und/oder *B. perfoliata*, nur im Oberrheintal **Erythraeo-Blackstonietum** S. 273

1* *Blackstonia* fehlt in den von *Cyperus flavescens* und *C. fuscus* beherrschten Beständen **Cyperetum flavescentis** S. 273

Cyperetum flavescentis W. Koch ex Aich. 1933 –
Gesellschaft des Gelblichen Zypergrases

(incl. Samolo-Cyperetum flavescentis Müller-Stoll et Pietsch 1985, Cyperetum flavescentis-fusci W. Koch 1926 em. Phil. 1968, Cypero fusci-Samoletum valerandi Müller-Stoll et Pietsch 1965)

V *Cyperus flavescens* – Gelbliches Zypergras
V *Centaurium pulchellum* – Zierliches Tausendgüldenkraut
K *Cyperus fuscus* – Braunes Zypergras

Sehr selten und kleinflächig auf verdichteten und zeitweise überstauten offenen, nassen und nährstoffreichen, lehmig-sandigen Stellen an Wegen und wenig betretenen Gewässerufern im pleistozänen Tiefland, an Aushubstellen und Sand- und Kiesgruben, auch auf salzhaltigen Böden im Kontakt mit Salzrasen. Vom norddeutschen Tiefland bis ins Alpenvorland.

▽ Stark gefährdet 2, im Tiefland vom Verschwinden bedroht 1, *.

Erythraeo-Blackstonietum Oberd. 1957 – Bitterlings-Gesellschaft

A *Blackstonia acuminata (=B. serotina)* – Später Bitterling
A *Blackstonia perfoliata* – Durchwachsener Bitterling
T *Samolus valerandi* – Salzbunge
V *Centaurium pulchellum (= Erythraea pulchella)* – Zierliches Tausendgüldenkraut

Sehr selten an der Ostgrenze ihres Vorkommens im Oberrheintal an Fahrspuren der Rheindämme auf wechselfeuchten, kalkreichen und salzhaltigen Schlickböden. Von manchen Autoren auch zum Cyperetum flavescentis gestellt.

▽ Vom Verschwinden bedroht, neueres Material nicht bekannt (1), *.

11.2 **Scheuchzerio-Caricetea nigrae** (Nordh. 1936) R. Tx. 1937 – Kleinseggengesellschaften der Nieder- und Zwischenmoore sowie der Hochmoorschlenken

K *Carex nigra* (= *C. fusca*) – Wiesen-Segge, Braun-Segge
K *Carex panicea* – Hirse-Segge
K *Eriophorum angustifolium* – Schmalblättriges Wollgras
K *Eriophorum gracile* – Zierliches Wollgras
K *Sphagnum subsecundum* – Torfmoos
K *Sphagnum contortum* – Torfmoos
K *Drepanocladus revolvens* – Sichelmoos
K *Calliergon trifarium* – Schönmoos

Von Kleinseggen, Binsen und Wollgräsern aufgebaute, oft moosreiche Gesellschaften, die an ihren natürlichen Standorten in der Nähe von Gewässern oder im Lagg von Hochmooren gehölzfrei sind. Ihr Boden wird von Grund-, Quell- oder Sickerwasser ständig durchtränkt und trocknet nur oberflächlich ab. In der gesamten eurosibirischen Region verbreitet, kommen sie besonders gehäuft in Moorbereichen und in Dünentälern der Pleistozängebiete und in der submontanen bis subalpinen Stufe der Gebirge vor. Als Biotop von Glazialrelikten besonders wertvoll.

▽ Oft inmitten landwirtschaftlicher Nutzgebiete gelegen, sind sie durch Eutrophierung und Melioration stark gefährdet. Bei Entwässerung unterliegt der Niedermoortorf

ihrer Standorte einer starken Mineralisation, wobei der frei werdende Stickstoff eine nitrophile Staudenvegetation fördert. Im Allgemeinen stark gefährdet, §.
BT Schlenken, Kolke (S 1.1)

1 Pioniergesellschaften in Hochmoorschlenken und in der Uferzone oligo- oder dystropher Gewässer sowie in mesotrophen Nieder- u. Zwischenmooren, mit *Scheuchzeria palustris, Rhynchospora alba, Rh. fusca, Drosera intermedia, Carex lasiocarpa* und *Potentilla palustris* **Scheuchzerietalia palustris** S. 274
1* Gesellschaften nicht in Hochmoorschlenken und ohne die genannten Arten 2
2 Torfbildende Kleinseggengesellschaften im Bereich kalkarmer, aber nicht zu nährstoffarmer Gewässer und im Lagg von Hochmooren, mit *Carex echinata* und *C. canescens* **Caricetalia nigrae** S. 277
2* Kleinseggengesellschaften kalkoligotropher Verlandungssümpfe, Quell- und Rieselfluren, mit *Eriophorum latifolium, Schoenus ferrugineus, Primula farinosa* und *Eleocharis quinqueflora* **Caricetalia davallianae** S. 280

Scheuchzerietalia palustris Nordh. 1937 – Pioniergesellschaften von Moorschlenken

O *Scheuchzeria palustris* – Blasenbinse
O *Carex limosa* – Schlamm-Segge
O *Sphagnum denticulatum* – Torfmoos
O *Sphagnum lindbergii* – Torfmoos
O *Sphagnum inundatum* – Torfmoos

Pioniergesellschaften in Hochmoorschlenken und in der Uferzone oligo- und dystropher Gewässer, besonders im Bereich von Zwischenmooren. Auf nassen, nackten Torf- und Sandböden. Hauptverbreitung der Gesellschaften boreal-ozeanisch.
BT Schlenken, Kolke (S 1.1)

1 Gesellschaften in Hochmoorschlenken und auf nassen, torfigen Sanden, mit *Scheuchzeria palustris, Rhynchospora alba, Rh. fusca, Drosera intermedia, Eriophorum angustifolium* und *Carex limosa* **Rhynchosporion albae** S. 274
1* Gesellschaften auf mesotrophen Nieder- und Zwischenmooren, mit *Carex lasiocarpa, Calamagrostis neglecta, Menyanthes trifoliata* und *Potentilla palustris* **Caricion lasiocarpae** S. 275

Rhynchosporion albae W. Koch 1926 – Schnabelried-Schlenkengesellschaften

V *Rhynchospora alba* – Weißes Schnabelried
V *Rhynchospora fusca* – Braunes Schnabelried
V *Drosera intermedia* – Mittlerer Sonnentau
V *Drosera longifolia* – Langblättriger Sonnentau
O *Scheuchzeria palustris* – Blasenbinse
V *Sphagnum recurvum* – Torfmoos
V *Sphagnum balticum* – Torfmoos

Gesellschaften nasser, nährstoffarmer, dystropher, episodisch wassergefüllter Rinnen, Schlenken, Moorblänken im Bereich von Hoch- und Zwischenmooren und auf locker gelagertem Torf und Torfschlamm von Feuchtheiden. Meist nur kleinflächig in den Mooren der Gebirge und des pleistozänen Tieflandes.
▽ Stark durch Melioration und Eutrophierung gefährdet, §.
BT Schlenken, Kolke der Hochmoore (S 1.1)

1 Gesellschaft auf wenigstens zeitweise abtrocknendem, nacktem, nährstoffarmem Torf und feucht-humosen Torfböden, mit viel *Rhynchospora alba* **Sphagno tenelli-Rhynchosporetum albae** S. 275

1* Gesellschaft auf ständig wassergesättigten, nicht austrocknenden Torfstandorten 2
2 Gesellschaft mit *Carex limosa* und *Scheuchzeria palustris*, in Hoch- und Zwischenmoorschlenken, sowie an Schwingrasenkanten **Caricetum limosae** S. 275
2* Gesellschaft mit *Eriophorum angustifolium* und *Sphagnum cuspidatum*, an dystrophen Gewässerrändern und regenerierenden Torfstichen **Sphagno-Eriophoretum angustifoliae** S. 275

Sphagno tenelli-Rhynchosporetum albae Osv. 1923 em. Dierß. 1982 – Schnabelriedgesellschaft

(Syn. Rhynchosporetum albae Osv. 1923 em. W. Koch 1926, incl. Scheuchzerio-Rhynchosporetum albae [W. Koch 1926] Succ. 1974, Rhynchosporetum fuscae R. Tx. 1937, Juncetum bulbosi Oberd. 1957)

A *Lycopodiella inundata* – Gewöhnlicher Moorbärlapp
V *Rhynchospora alba* – Weißes Schnabelried
V *Rhynchospora fusca* – Braunes Schnabelried
V *Drosera intermedia* – Mittlerer Sonnentau
H *Juncus bulbosus* – Zwiebel-Binse
H *Sphagnum tenellum* – Torfmoos

Auf offenem, nacktem, längere Zeit überschwemmtem, aber zeitweise auch abtrocknendem Torf und humosem Sandboden, in den Zwischen- und Hochmoorbereichen der Pleistozängebiete und Gebirge.

▽ Trotz der relativen Häufigkeit der Bestände sind sie durch Melioration und Eutrophierung gefährdet 3, §.

Caricetum limosae Paul 1910 em. Osv. 1923 – Schlammseggen-Blasenbinsen-Gesellschaft

(Syn. Caricetum limosae Br.-Bl. 1928; incl. Scheuchzerietum palustris R. Tx. 1937)

V *Drosera longifolia* – Langblättriger Sonnentau
O *Carex limosa* – Schlamm-Segge
O *Scheuchzeria palustris* – Blasenbinse

Selten gewordene Gesellschaft nasser Schlenken von Hochmooren. Auch am Ufer hochmoorartig verlandender Moorseen. Auf mäßig basenhaltigen bis sauren Torfböden, die nicht oberflächlich abtrocknen.

▽ Durch Trockenlegung der Standorte und Eutrophierung gefährdet 3, im Tiefland stark gefährdet 2, §.

Sphagno-Eriophoretum angustifoliae (Hueck 1925) R. Tx. 1958 em. Succ. 1974 nom. inv. – Torfmoos-Wollgras-Gesellschaft

K *Eriophorum angustifolium* – Schmalblättriges Wollgras
H *Sphagnum cuspidatum* – Torfmoos
H *Sphagnum fallax* – Torfmoos

Wenigartige Gesellschaft an dystrophen Gewässerrändern regenerierender Torfstiche und an dystrophen Moorseen, oft große Schwingrasen bildend. Sowohl im Tiefland als auch im Bergland im Bereich mesotroph-saurer Kessel-, Verlandungs- und Durchströmungsmoore.

▽ Durch Melioration und Eutrophierung gefährdet (3), §.

Caricion lasiocarpae van den Berghen in Lebrun et al. 1949 – Mesotrophe Zwischenmoor-Gesellschaften

(Syn. Eriophorion gracilis Prsg. in Oberd. 1957)

V *Calamagrostis stricta* – Moor-Reitgras
V *Carex lasiocarpa* – Faden-Segge

V *Carex diandra* – Draht-Segge
V *Carex heleonastes* – Schlenken-Segge
V *Menyanthes trifoliata* – Fieberklee
V *Potentilla palustris* – Blutauge
V *Sphagnum riparium* – Torfmoos
V *Sphagnum obtusum* – Torfmoos

Sehr seltene Gesellschaften auf mesotrophen Zwischenmooren, an Moorgewässern und in Heideweihern Schwingrasen bildend. Sekundär auch in Torfstichgewässern.

▽ Als Biotope von Glazialrelikten sehr wertvoll, durch Melioration und Eutrophierung vom Verschwinden bedroht, §.

BT Schwingrasen (S 1.2)

1 Bestände mit *Carex heleonastes* **Caricetum heleonastae** S. 277
1* Bestände ohne *Carex heleonastes* 2
2 Bestände mit herdenbildender *Carex lasiocarpa* auf nassen, basenreichen, z. T. kalkhaltigen, anmoorigen bis torfigen Böden **Caricetum lasiocarpae** S. 276
2* Bestände ohne herdenbildende *Carex lasiocarpa* 3
3 Bestände mit herdenbildender *Carex diandra*, auf nassen, schwach bis mäßig sauren Torfschlammböden **Scorpidio-Caricetum diandrae** S. 276
3* Bestände mit *Carex chordorrhiza*, auf nassen, aber nur schwach sauren bis basenreichen Torfböden **Drepanoclado-Caricetum chordorrhizae** S. 277

Caricetum lasiocarpae Osv. 1923 em. Dierß. 1982 – Fadenseggen-Gesellschaft (Syn. Caricetum lasiocarpae W. Koch 1926; incl. Acrocladio-Caricetum diandro-lasiocarpae Succ. [1970] in H. D. Knapp et al. 1985, Drepanoclado-Caricetum diandro-lasiocarpae Succ. [1970] in H. D. Knapp et al. 1985, Eriophoro-Caricetum lasiocarpae [Vollm. 1947] Pass. 1964, Sphagno-Caricetum lasiocarpae Steffen 1931 em. Pass. 1964)

V *Carex lasiocarpa* – Faden-Segge
V *Sphagnum obtusum* – Torfmoos
V *Potentilla palustris* – Blutauge
V *Calamagrostis stricta* – Moor-Reitgras
T *Hydrocotyle vulgaris* – Wassernabel

Trittfeste Schwingrasen auf nassen, mesotrophen Torfstandorten oder Schlenkenvegetation im Hochmoorkomplex und im Lagg oligotropher Moore. Noch relativ weit verbreitet in Pleistozängebieten und im Bergland.

▽ Durch Eutrophierung und Melioration stark gefährdet 2, in den Alpen zurückgehend V, §.

Scorpidio-Caricetum diandrae Osv.1923 – Drahtseggen-Gesellschaft (Syn. Caricetum diandrae Osv. 1923 em. Jonas 1932; incl. Eriophoro-Caricetum diandrae Jeschke 1959)

V *Carex diandra* – Draht-Segge
V *Menyanthes trifoliata* – Fieberklee
K *Eriophorum angustifolium* – Schmalblättriges Wollgras
K *Drepanocladus revolvens* – Sichelmoos

Selten auf schwach bis mäßig sauren Torfböden, in seicht überschwemmten Flachmoorschlenken und Schwingrasen in der Verlandungszone von Seen, Hauptvorkommen im Bergland und in den Alpen.

▽ Durch Melioration und Eutrophierung stark gefährdet 2, im Tiefland vom Verschwinden bedroht 1, §.

Drepanoclado-Caricetum chordorrhizae Osv. 1925 – Strickwurzelseggen-Gesellschaft

(Syn. Amblystegio scorpioidis-Caricetum chordorrhizae Osv. 1925, Caricetum chordorrhizae Paul et Lutz 1941; incl. Rhynchosporo-Caricetum chordorrhizae [Paul et Lutz 1941] Oberd. 1957, Eriophoro gracilis-Caricetum chordorrhizae Rossk. 1971)

A *Carex chordorrhiza* – Strickwurzel-Segge
V *Potentilla palustris* – Blutauge
K *Eriophorum angustifolium* – Schmalblättriges Wollgras
V *Sphagnum obtusum* – Torfmoos
T *Aulacomnium palustre* – Streifensternmoos
H *Drepanocladus revolvens* – Sichelmoos

Auf nassen, aber nur schwach sauren bis basenreichen Torfböden. Reliktassoziation mit boreal-kontinentaler Hauptverbreitung. Sehr selten in Brandenburg, im Bodenseegebiet und im Alpenvorland.

▽ Stark gefährdet 2, im Tiefland vom Verschwinden bedroht 1, §.

Caricetum heleonastae Paul et Lutz 1941 ex Oberd. 1957 – Schlenkenseggen-Gesellschaft

V *Carex heleonastes* – Schlenken-Segge
T *Meesia triquetra* – Bruchmoos

Seltene Schwingrasen im bayerischen Alpenvorland auf basenreichen bis mäßig sauren Torfböden.

▽ Vom Verschwinden bedrohte Eiszeit-Reliktgesellschaft 1, im Tiefland verschwunden 0, §.

Caricetalia nigrae (W. Koch 1926) Nordh. 1936 em. Br.-Bl. 1949 – Braunseggen-Sumpfgesellschaften

K *Carex nigra* (= *C. fusca*) – Wiesen-Segge, Braun-Segge
O *Carex canescens* – Grau-Segge
O *Carex echinata* – Igel-Segge
O *Carex paupercula* – Riesel-Segge
O *Viola palustris* – Sumpf-Veilchen
O *Agrostis canina* – Hunds-Straußgras
O *Sphagnum teres* – Torfmoos
O *Calliergon stramineum* – Schönmoos
O *Calliergon sarmentosum* – Schönmoos

Torfbildende Kleinseggengesellschaften im Bereich kalkarmer, aber nicht zu nährstoffarmer Gewässer, auch im Lagg von Hochmooren. Auf sicker- bis staunassen Flach- und Quellmooren vom Flachland bis zu den Gebirgen.

▽ Durch Entwässerung und Eutrophierung zunehmend in ihren Beständen gefährdet, §.

BT Braunseggensümpfe u. a. kalkarme Riede (S 2.2.1)

Im Gebiet nur 1 Verband:

Caricion nigrae W. Koch 1926 em. Klika 1934 – Braunseggensümpfe

(Syn. Caricion canescenti-goodenowii Nordh. 1937)

1 Alpine Bestände mit *Eriophorum scheuchzeri* **Eriophoretum scheuchzeri** S. 279
1* Bestände ohne *Eriophorum scheuchzeri* **2**

2 Bestände mit *Carex trinervis* **Caricetum trinervi-nigrae** S. 279
2* Bestände ohne *Carex trinervis* 3
3 Bestände basenreicher, aber kalkfreier Sumpfstandorte mit *Parnassia palustris, Carex demissa* und *Carex pulicaris* **Campylio stellati-Caricetum dioicae** S. 278
3* Bestände ohne die genannten Arten 4
4 Dunkelgrüne, von *Juncus acutiflorus* beherrschte Bestände nasser Quellwasserstandorte (siehe **Juncetum acutiflori** S. 333)
4* Nicht von *Juncus acutiflorus* beherrschte Bestände 5
5 Bestände geprägt von *Juncus filiformis* und Kleinseggen, sowie durch Auftreten von *Pedicularis palustris*. Auf nassen Niedermoorböden und in Verlandungszonen von Heideweihern **Pediculari palustris-Juncetum filiformis** S. 279
5* Bestände nicht von *Juncus filiformis* geprägt 6
6 Bestände mit vorherrschender *Carex canesens* und *Agrostis canina* über dichten *Sphagnum cuspidatum*-Teppichen **Carici canescentis-Agrostietum caninae** S. 279
6* Bestände mit viel *Carex nigra*, ferner auch *Carex canescens, C. echinata* und *Viola palustris* auf stark sauren, torfigen Standorten **Caricetum nigrae** S. 278

Campylio stellati-Caricetum dioicae Osv. 1925 em. Dierß. 1982 – Herzblatt-Wiesenseggen-Gesellschaft

(Syn. Parnassio-Caricetum nigrae Oberd. 1957 em.Görs 1977, Parnassio-Caricetum pulicaris [Oberd.1957] Görs 1963; incl. Bartsio-Caricetum nigrae Bartsch 1949, Willemetio-Caricetum nigrae Phil. 1963, Selino-Caricetum nigrae Phil. 1963, Sphagno warnstorfiani-Eriophoretum latifolii Rybn. 1974, Menyantho trifoliatae-Sphagnetum teretis Warén 1926 em. Dierß. 1982)

A *Carex pulicaris* – Floh-Segge
A *Carex demissa* – Aufsteigende Gelbsegge
K *Carex nigra (= C. fusca)* – Wiesen-Segge, Braun-Segge
K *Carex panicea* – Hirse-Segge
T *Parnassia palustris* – Sumpf-Herzblatt
T *Pinguicula vulgaris* – Echtes Fettkraut
H *Carex dioica* – Zweihäusige Segge
H *Campylium stellatum* – Goldschlafmoos

Auf basenreichen, aber kalkfreien Flachmooren der Gebirge und im norddeutschen Tiefland, gelegentlich auch auf nassen Sekundärstandorten.

▽ Durch Eutrophierung und Entwässerung stark gefährdet 2, im Tiefland vom Verschwinden bedroht 1, §.
Das Bartsio-Caricetum nigrae Bartsch 1949 wird in der Roten Liste getrennt als gefährdet 3, geführt, das Menyantho trifoliatae-Sphagnetum teretis Warén 1926 als vom Verschwinden bedroht 1.

Caricetum nigrae J. Braun 1915 – Wiesenseggen-Gesellschaft

(Syn. Caricetum goodenowii J. Braun 1915, Caricetum fuscae J. Braun 1915, Junco-Caricetum nigrae R. Tx. [1937] 1952; incl. Sphagno-Caricetum canescentis [R. Tx. 1937] Pass. 1964 p. p.)

K/V *Carex nigra (= C. fusca)* (dom.) – Wiesen-Segge, Braun-Segge
O *Carex canescens* – Grau-Segge
O *Carex echinata* – Igel-Segge
O *Viola palustris* – Sumpf-Veilchen

In viele Untereinheiten gliederbare Kleinseggengesellschaft auf basenarmen, meist stark sauren, torfigen Standorten, vor allem der Mittelgebirge und Alpen.

▽ Durch Entwässerung und Eutrophierung gefährdet 3, §.

Carici canescentis-Agrostietum caninae R. Tx. 1937 –
Hundsstraußgras-Grauseggen-Gesellschaft
(incl. Sphagno-Caricetum canescentis [R. Tx. 1937] Pass. 1964)

O *Carex canescens* – Grau-Segge
O *Agrostis canina* – Hunds-Straußgras
K *Eriophorum angustifolium* – Schmalblättriges Wollgras
H *Hydrocotyle vulgaris* – Wassernabel
H *Sphagnum cuspidatum* – Torfmoos

Von kalkfreiem Wasser durchsickerte Flachmoorgesellschaft, oft am Rande eutrophierter Heideweiher, vor allem im Tiefland und in den Mittelgebirgen. Über dichten *Sphagnum cuspidatum*-Teppichen beherrschen *Carex canescens* und *Agrostis canina* den Aufbau der Gesellschaft.
▽ Durch Entwässerung und Eutrophierung, die eine Weiterentwicklung zu mesotrophen Seggenrieden einleiten, gefährdet (3), §.

Pediculari palustris-Juncetum filiformis (Jonas 1933)Prsg. et R. Tx. in R. Tx 1957 –
Sumpfläusekraut-Fadenbinsen-Gesellschaft
(non Juncetum filiformis R. Tx. 1937)

A *Juncus filiformis* – Faden-Binse
A *Pedicularis palustris* – Sumpf-Läusekraut
K *Carex panicea* – Hirse-Segge
K *Carex echinata* – Igel-Segge
K *Eriophorum angustifolium* – Schmalblättriges Wollgras

Von der Faden-Binse geprägte Kleinseggensümpfe auf nassen Niedermoorböden in Fluss- und Bachniederungen und in der Verlandungszone von Heideweihern, im nördlichen Tiefland (Niedersachsen, Schleswig-Holstein, Mecklenburg-Vorpommern, Brandenburg).
▽ Durch Entwässerung und Eutrophierung gefährdet (3), §.

Eriophoretum scheuchzeri (Rübel 1911) Fries 1913 –
Gesellschaft von Scheuchzers Wollgras

A *Eriophorum scheuchzeri* – Scheuchzers Wollgras
K *Carex nigra (= C. fusca)* – Wiesen-Segge, Braun-Segge
T *Saxifraga stellaris* – Stern-Steinbrech

Artenarme, arktisch-alpin verbreitete Verlandungsgesellschaft auf basenarmen, im Sommer oft trockenfallenden Böden an Tümpeln und offenen Wasserstellen der alpinen Stufe in den nördlichen Kalkalpen.
▽ §.

Caricetum trinervi-nigrae Westh. 1947 – Dreinervseggen-Gesellschaft
(Syn. Caricetum trinervi-fuscae Westh. 1947)

A *Carex trinervis* – Dreinerv-Segge
K *Carex nigra* (= *C. fusca*) – Wiesen-Segge, Braun-Segge
T *Salix repens* – Kriech-Weide
T *Juncus alpinus* – Alpen-Binse
T *Drepanocladus sendneri* – Sichelmoos

Von Riedgräsern beherrschte seltene natürliche Sumpfgesellschaft in alten, sauren Dünentälern der Ost- und Nordfriesischen Inseln.
▽ Gefährdet 3, §.

Caricetalia davallianae Br.-Bl.1949 – Kalkkleinseggenriede und Rieselflur-Gesellschaften

(Syn. Tofieldietalia Prsg. in Oberd. 1949)

O *Eriophorum latifolium* – Breitblättriges Wollgras
O *Eriophorum gracile* – Zierliches Wollgras
O *Eleocharis quinqueflora* – Wenigblütige Sumpfsimse
O *Primula farinosa* – Mehl-Primel
O *Schoenus nigricans* – Schwarzes Kopfried
O *Equisetum variegatum* – Bunter Schachtelhalm
O *Liparis loeselii* – Sumpf-Glanzkraut
O *Campylium stellatum* – Goldschlafmoos

Sehr seltene, artenreiche Pflanzengesellschaften auf Kalkflachmooren und Rieselfluren mit kalk- oder zumindest basenreichen, nassen Torf- bzw. Schlammböden, auch als Verlandungsgesellschaften mesotropher Seen.
▽ Durch Entwässerung sehr stark gefährdet, §.

1 Hochalpin-arktische Pioniergesellschaften offener Schwemmsandböden mit *Tofieldia pusilla, Carex microglochin* und *Typha minima* **Caricion atrofuscae-saxatilis** S. 284
1* Niedrigwüchsige, artenreiche Gesellschaften kalkreicher, aber nährstoffarmer Niedermoore von der planaren bis zur unteren alpinen Stufe ohne die genannten Arten **Caricion davallianae** S. 280

Caricion davallianae Klika 1934 – Kalkflachmoorgesellschaften und Verlandungsgesellschaften mesotropher Seen

(Syn. Eriophorion latifolii Br.-Bl. et R. Tx. 1943; incl. Eleocharition pauciflorae Pass. 1964)

V *Carex dioica* – Zweihäusige Segge
V *Carex flava* – Gelb-Segge
V *Carex davalliana* – Davall-Segge
V *Baeothryon alpinum* – Alpen-Haarsimse
V *Schoenus ferrugineus* – Rostrotes Kopfried
V *Pinguicula vulgaris* – Echtes Fettkraut
V *Epipactis palustris* – Sumpf-Sitter, Sumpfwurz
V *Tofieldia calyculata* – Kelch-Simsenlilie

Artenreiche, niedrigwüchsige Gesellschaften kalkreicher aber nährstoffarmer Niedermoore im Bereich von Verlandungssümpfen, aber auch von Quellen und Rieselfluren. Von der planaren bis zur unteren alpinen Stufe reichend.
▽ Vor allem in Norddeutschland sind die Bestände vom Aussterben bedroht, §.
BT Davallseggen- u. a. Kalkniedermoore (S 2.2.2)

1 Bestände mit *Schoenus nigricans* 2
1* Bestände ohne *Schoenus nigricans* 3
2 Bestände mit *Orchis palustris* auf quelligen Verlandungsmooren, an Seen und in sumpfigen Niederungen **Junco obtusiflori-Schoenetum nigricantis** S. 281
2* Bestände ohne *Orchis palustris* aber mit *Juncus balticus, Liparis loeselii, Campylium stellatum, C. polygamum* in feuchten primären Dünentälern der Nordseeinseln **Junco baltici-Schoenetum nigricantis** S. 283
3 Bestände mit *Juncus anceps* und *Gentianella amarella* ssp. *uliginosa* **Parnassio-Juncetum atricapilli** S. 283
3* Bestände ohne die genannten Arten 4
4 Bestände mit *Baeothryon alpinum* , in der oberen subalpinen und alpinen Stufe der Gebirge **Amblystegio intermedii-Scirpetum austriaci** S. 283
4* Bestände ohne *Baeothryon alpinum* 5
5 Bestände mit *Carex frigida*, in den Alpen **Caricetum frigidae** S. 284

5* Bestände ohne *Carex frigida* 6
6 Bestände mit *Primula farinosa* und *Schoenus ferrugineus*, auf kalkreichen Durchströmungsmooren in Jungpleistozängebieten **Schoenetum ferruginei** S. 281
6* Bestände ohne die genannten Arten 7
7 Bestände mit *Carex davalliana* und *Valeriana dioica*, auf mit kalkreichem Wasser durchrieselten Böden **Caricetum davallianae** S. 281
7* Bestände ohne die genannten Arten 8
8 Bestände mit *Juncus subnodulosus* und *Epipactis palustris*, an Kalk-Quellmooren und im Verlandungsgürtel mesotroph-kalkhaltiger Seen **Juncetum subnodulosi** S. 282
8* Bestände mit *Eleocharis quinqueflora*, auf Niedermoorstandorten mit hoher Basensättigung **Eleocharitetum pauciflorae** S. 283

Junco obtusiflori-Schoenetum nigricantis All. 1921 – Gesellschaft des Schwarzen Kopfriedes

(Syn. Orchio palustris-Schoenetum nigricantis [All. 1921] W. Koch 1926, Schoenetum nigricantis [W. Koch 1926] em. Oberd. 1957)

A *Orchis palustris* – Sumpf-Knabenkraut
O *Schoenus nigricans* (dom.) – Schwarzes Kopfried
T *Juncus subnodulosus* (= *J. obtusiflorus*) – Stumpfblütige Binse
O *Campylium stellatum* – Goldschlafmoos
K *Drepanocladus revolvens* – Sichelmoos

Sehr seltene Pflanzengesellschaft in sumpfigen Niederungen, auf quelligen Verlandungsmooren, an Seen und in kalkreichen, feuchten Dünentälern in den Jungpleistozängebieten Schleswig-Holsteins und Mecklenburg-Vorpommerns. Lokal noch im Stienitzseegebiet in Brandenburg. In Süddeutschland im Oberrhein- und Bodenseegebiet, weiterhin in der Eifel, in der Niederrheinischen Bucht, in Westfalen bei Lengerich sowie im Alpenvorland.

▽ Stark gefährdet 2, im Tiefland und den Alpen vom Verschwinden bedroht 1, §.

Schoenetum ferruginei du Rietz 1925 -Gesellschaft des Rostroten Kopfriedes

(Syn. Schoenetum subalpinum W. Koch 1926, Primulo farinosae-Schoenetum ferruginei Oberd. 1957)

V/A *Schoenus ferrugineus* – Rostrotes Kopfried
V *Pinguicula vulgaris* – Echtes Fettkraut
O *Primula farinosa* – Mehl-Primel
O *Eriophorum latifolium* – Breitblättriges Wollgras

Seltene Pflanzengesellschaft auf mesotroph-kalkreichen Durchströmungsmooren in der Montanstufe des Alpenvorlandes und der Alpen sowie im jungpleistozänen Tiefland.

▽ Durch Trockenlegung gefährdet 3, im Tiefland vom Verschwinden bedroht 1, §.

Caricetum davallianae Dut. 1924 – Davallseggen-Gesellschaft

(Syn. Valeriano-Caricetum davallianae [Kuhn 1937] Oberd. 1962)

V/A *Carex davalliana* – Davall-Segge
V *Pinguicula vulgaris* – Echtes Fettkraut
H *Valeriana dioica* – Kleiner Baldrian
O *Campylium stellatum* – Goldschlafmoos

Sehr seltene Kleinseggen-Gesellschaft auf kalkreichen Quellmooren. Tuffaufbauend. Von den Alpen bis in das westherzynische Hügelland und ins Weserbergland.

▽ Durch Entwässerungsmaßnahmen gefährdet 3, im Tiefland vom Verschwinden bedroht 1, im Bergland stark gefährdet 2, §.

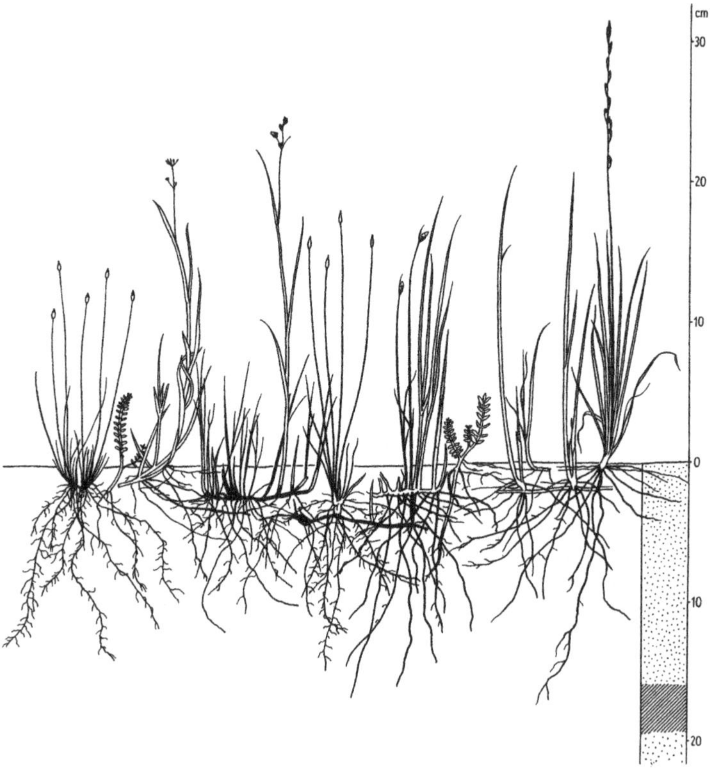

Abb. 27. Halbschematisches Vegetationsprofil einer Ges. der Armblütigen Sumpfsimse (Eleocharidetum pauciflorae) auf der Halbinsel Darß. Nach FUKAREK 1961 aus SCHUBERT 1991. Es sind dargestellt von links nach rechts: *Eleocharis quinqueflora* (= *E. pauciflora*), *Glaux maritima*, *Juncus articulatus*, *Eleocharis quinqueflora*, *Blysmus compressus*, *Glaux maritima*, *Blysmus rufus*, *Triglochin palustre*.

Juncetum subnodulosi W. Koch 1926 – Gesellschaft der Stumpfblütigen Binse (incl. Eleocharido-Juncetum subnodulosi Pass. 1964, Campylio-Juncetum subnodulosi [Jeschke 1959] Kloss 1965, Drepanoclado-Cladietum Succ. [1970] 1985, Trollio europaei-Juncetum subnodulosi [Vollm. 1947] Oberd. 1957, Crepido paludosae-Juncetum subnodulosi [Libb. 1932 em. R. Tx. 1937] Pass. 1964)

A *Juncus subnodulosus* – Stumpfblütige Binse
A *Dactylorhiza incarnata* – Steifblättriges Knabenkraut
V *Carex flava* – Gelb-Segge
V *Epipactis palustris* – Sumpf-Sitter, Sumpfwurz
A *Calliergonella cuspidata* – Schönmoos

An wechselfeuchten, quelligen Stellen in Auen und in Verlandungsgürteln mesotroph-

kalkhaltiger Seen, auch auf kalkreichen Quellmooren sowohl im Tief- als auch im Hügelland.
▽ Durch Trockenlegung vom Verschwinden bedroht (1), §.

Eleocharitetum pauciflorae Lüdi 1921 – Gesellschaft der Armblütigen Sumpfsimse (Abb. 27)
(Syn. Eleocharetum quinqueflorae Zobr. ex W. Braun 1968; incl. Scorpidio-Eleocharitetum quinqueflorae [Succ. 1974] H. D. Knapp et al. 1985, Triglochino-Eleocharitetum quinqueflorae [Fuk. 1961] Pass. 1964)

A *Eleocharis quinqueflora* (= *E. pauciflora*) – Armblütige Sumpfsimse
T *Triglochin palustre* – Sumpf-Dreizack

Seltene Pioniergesellschaft in kalkreichen Schlenken von Schwingrasen. Vom Alpenvorland bis zu den Küsteninseln und zum jungpleistozänen Tiefland und westherzynischen Hügelland.
▽ Durch Trockenlegen stark gefährdet 2, in den Alpen gefährdet 3, §.

Junco baltici-Schoenetum nigricantis Westh. ex Westh. et van Oosten 1991 – Gesellschaft der Baltischen Binse und des Schwarzen Kopfriedes
(Syn. Salici repentis-Schoenetum nigricantis R. Tx. 1955)

A *Juncus balticus* – Baltische Binse
O *Schoenus nigricans* – Schwarzes Kopfried
O *Liparis loeselii* – Sumpf-Glanzkraut
O *Campylium stellatum* – Goldschlafmoos

In feuchten, jungen Dünentälern der Nordseeinseln. Standorte mit starker Fluktuation des Grundwassers, bei Sturmfluten aber nicht mehr vom Salzwasser erfasst.
▽ Durch Absenken von Grundwasser und durch Kaninchenfraß vom Verschwinden bedroht 1, §.

Parnassio-Juncetum atricapilli Westh. ex Westh. et al. 1995 –
Gesellschaft des Sumpfherzblattes und der Zweischneidigen Binse
(Syn. Gentiano-Centaurietum vulgaris Br.-Bl. et de Leeuw 1936 p. p., Centaurio-Saginetum moliniformis Diem., Siss. et Westh. 1940 p. p.)

A *Juncus anceps* (= *J. atricapillus*) – Zweischneidige Binse
A *Gentianella amarella* ssp. *uliginosa* – Sumpf-Enzian
V *Epipactis palustris* – Sumpf-Sitter, Sumpfwurz
T *Centaurium littorale* – Strand-Tausendgüldenkraut

Niedrigwüchsige, buntblühende Gesellschaft in Dünentälern der West- und Ostfriesischen Inseln. Auf frischen bis feuchten, stark humosen, kalk- und salzhaltigen Sanden. Auf sekundäre Standorte übergehend.
▽ Vom Verschwinden bedroht 1, §.

Amblystegio intermedii-Scirpetum austriaci Nordh. 1928 em. Dierß. 1982 –
Gesellschaft des Stumpfdeckelmooses und der Alpen-Haarsimse
(Syn. Trichophoretum alpini (Bartsch 1928) W. Braun 1969 p. p., Drepanoclado-Trichophoretum Dierß. et Dierß. 1984)

A *Baeothryon cespitosum (= Scirpus austriacus, = Trichophorum austriacum) – Rasige Haarsimse*
A *Baeothryon alpinum* (=*Trichophorum a.*) – Alpen-Haarsimse
V *Carex dioica* – Zweihäusige Segge
H *Amblystegium intermedium* – Stumpfdeckelmoos

Selten in der subalpinen und unteren alpinen Stufe des Schwarzwaldes (am Feldberg) und der Alpen auf flachgründigen, wasserzügigen oder überrieselten Torfsubstraten, oft zur Kaskadenbildung neigend.
▽ Stark gefährdet (2), §.

Caricetum frigidae Rübel 1911 – Eisseggen-Gesellschaft

A *Carex frigida* – Eis-Segge
V *Carex flava* ssp. *oederi* – Oeders Segge
V *Pinguicula vulgaris* – Echtes Fettkraut
T *Soldanella alpina* – Alpen-Troddelblume, Gewöhnliches Alpenglöckchen
T *Aster bellidiastrum* – Alpen-Maßlieb
T *Bartsia alpina* – Alpenhelm

An hochalpinen Reliktpflanzen reiche Gesellschaft auf überrieselten Mineralböden in Karmulden, in Rinnen und Mulden kalter Rieselbäche in den Alpen und im Schwarzwald
▽ Gefährdet 3, im Bergland sehr selten R, §.

Caricion atrofusco-saxatilis Nordh. 1943 – Alpigene Schwemmufer-Gesellschaften

(Syn. Caricion bicoloris-atrofuscae Nordh. 1936, Caricion maritimae Br.-Bl. in Volk 1939, Caricion juncifoliae Br.-Bl. in Volk 1939)

V *Carex atrofusca* – Schwarzrote Segge
V *Carex microglochin* – Kleingrannige Segge
V *Carex maritima* – Simsen-Segge
V *Typha minima* – Zwerg-Rohrkolben
V *Kobresia simpliciuscula* – Schuppenried
V *Juncus triglumis* – Dreiblütige Binse
V *Tofieldia pusilla* – Zwerg-Simsenlilie

Schwemmufer- und Rieselflur-Gesellschaften offener, alpiner Schwemmsandböden. Gekennzeichnet durch zahlreiche nordisch-zirkumpolare Arten mit Reliktstandorten in den Alpen (arktisch-alpine Disjunktion). In Deutschland vielfach nur in verarmter Form ausgebildet.
▽ Sehr seltene Gesellschaften, §.
BT Alpine Schwemmufer-Gesellschaften und Rieselfluren (S 2.2.3)

Bestände mit vorherrschender *Kobresia simpliciuscula* an quelligen Standorten **Astero bellidiastro-Kobresietum simpliciusculae** S. 284
1* Bestände ohne vorherrschende *Kobresia simpliciuscula* 2
2 Bestände durch vorherrschende *Carex maritima* und *Juncus arcticus* gekennzeichnet. Auf Gletschermoränen **Caricetum maritimae** S. 285
2* Bestände ohne die genannten Arten, bis in die subalpinen Bereiche herabsteigend. Vielleicht besser zum Verband des Caricion davallianae zu stellen 3
3 Bestände mit *Juncus alpinus* **Juncetum alpini** S. 285
3* Bestände mit *Typha minima* **Equiseto variegati-Typhetum minimae** S. 285

Astero bellediastro-Kobresietum simpliciusculae (Br.-Bl. in Nadig 1942) Dierß. 1982 – Alpenmaßlieb-Schuppenried-Gesellschaft
(Syn. Kobresietum simpliciusculae Br.-Bl. in Nadig 1942)

V *Kobresia simpliciuscula* – Schuppenried
V *Tofieldia pusilla* – Zwerg-Simsenlilie
T *Tofieldia calyculata* – Kelch-Simsenlilie
T *Baeothryon cespitosum* – Rasige Haarsimse

Selten auf wasserzügigen Hängen und an sandigen, nicht staunassen Bachufern, an berieselten Felsen und auf Kiesbänken der Alpenbäche, Berchtesgaden.
▽ Sehr selten (R), §.

Caricetum maritimae Br.-Bl. 1918 – Binsenseggen-Gesellschaft
(Syn. Caricetum juncifoliae Br.-Bl. 1918, Caricetum incurvae Br.-Bl. 1918, *Juncus arcticus*-Ges.?)

A *Carex maritima* – Binsen-Segge
A *Carex bicolor* – Zweifarbige Segge
A *Juncus arcticus* – Arktische Binse

Nur selten entlang von Gletscherbächen auf Feinsandschüttungen in den Zentralalpen.
▽ Unbeständige, sehr seltene und stark gefährdete Gesellschaft, fehlt in Deutschland.

Juncetum alpini Phil. 1960 – Alpenbinsen-Gesellschaft
(Syn. Juncetum alpino-articulati (Oberd. 1957) Phil. 1960, Caricetum paniceo-lepidocarpae W. Braun 1968; incl. *Equisetum variegatum*-Ges. Oberd. 1957)

A *Juncus alpinus* – Alpen-Binse
V *Equisetum variegatum* – Bunter Schachtelhalm
T *Calamagrostis pseudophragmites* – Ufer-Reitgras
O *Campylium stellatum* – Goldschlafmoos

Kleinflächige Bestände auf feuchten bis nassen Sand- und Kiesaufschüttungen, in Quellsümpfen und Kalkflachmooren. Bis ins Alpenvorland absteigend. Ob zum Caricion davallianae?
▽ Stark gefährdet 2, §.

Equiseto variegati-Typhetum minimae Br.-Bl. in Volk 1939 –
Gesellschaft des Bunten Schachtelhalmes und des Zwerg-Rohrkolbens

A *Typha shuttleworthii* – Shuttleworths Rohrkolben
V *Equisetum variegatum* – Bunter Schachtelhalm
V *Typha minima* – Zwerg-Rohrkolben

Auf schlick- und tonreichen, kalkhaltigen Schwemmsandböden in ruhigen Buchten der Alpenflüsse (Lech, Inn) und in Hochwasserrinnen. Ob Zugehörigkeit zum Caricion davallianae?
▽ Durch Gewässerregulierungen vom Verschwinden bedroht (1), §.

11.3 **Oxycocco-Sphagnetea** Br.-Bl. et R. Tx. ex Westh. et al. 1946 em. Schub. 1995 – Hochmoorbulten-Gesellschaften

(Syn. Vaccinietea uliginosi Lohm. et R. Tx. in R. Tx. 1955, Vaginato-Sphagnetea Duv. ex Malm. 1968)

K *Eriophorum vaginatum* – Scheidiges Wollgras
K *Oxycoccus palustris* – Gewöhnliche Moosbeere
K *Andromeda polifolia* – Rosmarinheide, Gränke
K *Vaccinium uliginosum* – Rauschbeere
K *Drosera rotundifolia* – Rundblättriger Sonnentau
K *Carex pauciflora* – Wenigblütige Segge
K *Sphagnum magellanicum* – Torfmoos
K *Sphagnum rubellum* – Torfmoos
K *Polytrichum strictum* – Frauenhaarmoos

Torfmoosreiche Pflanzengesellschaften der Bulten von Hoch- und Übergangsmooren. Bezeichnend für die Standorte sind starke Torfhorizonte mit Nährstoffarmut und hoher Azidität. Die Kationenversorgung der Pflanzen erfolgt ausschließlich durch Niederschlagswasser.

▽ Durch Entwässerung und Torfstich sowie durch Eutrophierung sind viele der Hochmoorbulten-Gesellschaften durch Verheidung stark beeinträchtigt. Pflege- und Erneuerungsmaßnahmen sind dringend erforderlich, da die Moore wichtige Wasserreservoire der Landschaften darstellen, §.

BT Hochmoor-Bultkomplexe (S 1.3)

1 Bestände mit *Sphagnum fuscum, Oxycoccus palustris, Betula nana* und *Rubus chamaemorus* **Sphagnetalia magellanici** S. 286

1* Bestände mit *Narthecium ossifragum, Odontoschisma sphagni* und *Erica tetralix* **Erico-Sphagnetalia papillosi** S. 287

Sphagnetalia magellanici (Pawł. 1928) Kästn. et Flößn. 1933 – Zentraleuropäische Hochmoorbulten-Gesellschaften

(Syn. Sphagnetalia medii Kästn. et Flößn. 1933, Sphagnetalia fusci [Br.-Bl. 1920] R. Tx. 1955, Erico-Sphagnetalia Schwick. 1940 p. p., Eriophoro vaginati-Sphagnetalia papillosi R. Tx. in R. Tx. et al. 1972)

O *Oxycoccus palustris* – Gewöhnliche Moosbeere
O *Betula nana* – Zwerg-Birke
O *Rubus chamaemorus* – Moltebeere
O *Sphagnum fuscum* – Torfmoos
O *Mylia anomala* – Mylia-Moos

Hochmoorbultengesellschaften der humiden Mittel- und Hochgebirge Zentraleuropas.

▽ Alle Gesellschaften sind durch Eutrophierung und Wasserentzug sehr stark gefährdet, §.

BT Hochmoore, zwergstrauchreich, subkontinental montan (S 1.3.2)

Im Gebiet nur 1 Verband:

Sphagnion magellanici (Malc. 1929) Kästn. et Flößn. 1933 em. Dierß. in Oberd. 1977 – Zentraleuropäische Hochmoorbulten-Gesellschaften

(Syn. Sphagnion medii Kästn. et Flößn. 1933, Sphagnion fusci [Br.-Bl. 1920] R. Tx. 1955, Sphagnion europaeum Schwick. 1940)

1 Vorherrschende Hochmoorbulten-Gesellschaft mit *Sphagnum magellanicum, Sph. fuscum, Oxycoccus palustris* und *Eriophorum vaginatum* **Sphagnetum magellanici** S. 286

1* Bestände durch das verstärkte Auftreten anderer Arten gekennzeichnet 2

2 Bestände durch hochstetes Vorkommen von *Baeothryon cespitosum, Carex pauciflora* und *Vaccinium uliginosum* charakterisiert **Eriophoro-Trichophoretum cespitosi** S. 287

2* Bestände nicht durch diese Arten gekennzeichnet, sondern durch *Ledum palustre* und *Mylia anomala* **Ledo-Sphagnetum magellanici** S. 287

Sphagnetum magellanici (Malc. 1929) Kästn. et Flößn. 1953 – Torfmoosbulten-Gesellschaft

(Syn. Sphagnetum fusci Luq. 1926, Sphagnetum medii Kästn. et Flößn. 1933, Eriophoro-Sphagnetum recurvi Hueck 1925, Sphagnetum medii et rubelli Schwick. 1933; non Sphagnetum magellanici Sukopp 1959 ex Neuh. 1969)

K *Sphagnum magellanicum* – Torfmoos
O *Sphagnum fuscum* – Torfmoos

T *Sphagnum recurvum* – Torfmoos
K *Oxycoccus palustris* – Gewöhnliche Moosbeere
K *Andromeda polifolia* – Rosmarinheide, Gränke
K *Eriophorum vaginatum* – Scheidiges Wollgras

Torfmoosreiche Bultengesellschaft auf Hoch- und Übergangsmooren mit nährstoffarmen, stark sauren, mächtigen Torfschichten. Mit zahlreichen Untergesellschaften, die standörtlich verschiedenen Wasserstufen und Mineralbodenwassereinflüssen entsprechen. Besonders gut in den Hochmooren der Mittelgebirge entwickelt. Auch geographisch weiter gliederbar.
▽ Durch Torfabbau, Entwässerung und Eutrophierung gefährdet 3, im Tiefland stark gefährdet 2, §.

Eriophoro-Trichophoretum cespitosi (Zlatn. 1928) Rübel 1933 em. Dierß. in Oberd. 1977 – Wollgras-Rasenhaarsimsen-Gesellschaft
(Syn. Trichophoro-Sphagnetum fusci R. Tx. 1937, Scirpetum austriaci Osv. 1923 em. Steiner 1992)

T *Baeothryon cespitosum (=Trichophorum c., =Scirpus austriacus)* (dom.) – Rasen-Haarsimse
K *Eriophorum vaginatum* – Scheidiges Wollgras
K *Carex pauciflora* – Wenigblütige Segge
K *Vaccinium uliginosum* – Rauschbeere
O *Sphagnum fuscum* – Torfmoos

Im Bergland (Harz, Thüringer Wald Bayerischer Wald, Hochschwarzwald) sowie in den Alpen und Voralpen vorkommende Hochmoorbulten-Gesellschaft, die sich durch das gehäufte Auftreten von *Baeothryon cespitosum* leicht erkennen lässt. Besiedelt vor allem von Torfabschwemmung betroffene Flächen, in denen die Rasen-Haarsimse mit ihrem tiefreichenden intensiven Wurzelsystem eine stabilisierende Funktion ausübt.
▽ Durch Torfabbau gefährdet 3, im Bergland stark gefährdet 2, §.

Ledo-Sphagnetum magellanici Sukopp ex Neuhäusl 1969 – Sumpfporst-Torfmoos-Gesellschaft
(Syn. Sphagnetum magellanici Sukopp ex Neuhäusl 1969)

T *Ledum palustre* – Sumpfporst
O *Mylia anomala* – Mylia-Moos
K *Sphagnum magellanicum* – Torfmoos

Nordisch-kontinentale Hochmoorbulten-Gesellschaft im östlichen Niedersachsen, im Südosten Schleswig-Holsteins, z. B. im Salemer Moor bei Ratzeburg, in Mecklenburg-Vorpommern und in Brandenburg, durch *Ledum palustre* ausgezeichnet.
▽ Durch Torfabbau und Eutrophierung stark gefährdet 2, im Tiefland gefährdet 3, im Bergland vom Verschwinden bedroht 1, §.

Erico-Sphagnetalia papillosi (Schwick. 1940) Br.-Bl. 1949 em. Schub. hoc loco – Ozeanisch-subozeanische Hochmoorbultengesellschaften

O *Narthecium ossifragum* – Beinbrech
O *Erica tetralix* – Glocken-Heide
O *Odontoschisma sphagni* – Schlitzkelchmoos
O *Hypnum jutlandicum* – Schlafmoos
O *Sphagnum papillosum* – Torfmoos

Ozeanisch-subozeanisch verbreitete Hochmoorbultengesellschaften auf wachsenden Hochmooren.
▽ Durch Eutrophierung und Entwässerung sind alle Bestände sehr stark gefährdet, §.
BT Hochmoore, torfmoosreiche Bultkomplexe (S 1.3.1)

Im Gebiet nur 1 Verband (da der Verband Ericion tetralicis in die Klasse der Zwergstrauchheiden der Calluno-Ulicetea, s. S. 144 gestellt wird):

Oxycocco-Ericion tetralicis (Nordh. 1936) R. Tx. em. Moore 1968 – Ozeanisch-subozeanische Hochmoorbultengesellschaften

BT Torfmoosreiche Hochmoor-Bultkomplexe (S 1.3.1)

Im Gebiet nur 1 Assoziation:

Erico-Sphagnetum magellanici (Osv. 1923) Moore 1968 –
Glockenheiden-Torfmoos-Gesellschaft

T *Erica tetralix* – Glocken-Heide
O *Narthecium ossifragum* – Beinbrech
O *Sphagnum papillosum* – Torfmoos
O *Odontoschisma sphagni* – Schlitzkelchmoos
K *Sphagnum magellanicum* – Torfmoos
K *Sphagnum rubellum* – Torfmoos

Hochmoorbultengesellschaft wachsender Bulte in ozeanischen Gebieten (Nordrhein-Westfalen, Niedersachsen, Schleswig-Holstein) in der küstennahen Region Mecklenburgs ausklingend.
▽ Durch Eutrophierung und Wasserentzug stark gefährdet 2, im Bergland vom Verschwinden bedroht 1, §.

12 Pflanzengesellschaften der Dünen, Wiesen, Trocken- und Magerrasen

12.1 **Ammophiletea arenariae** Br.-Bl. et R. Tx. 1943 ex Westh. et al. 1946 – Stranddünen-Gesellschaften

K *Eryngium maritimum* – Stranddistel
K *Lathyrus maritimus* – Strand-Platterbse
K *Calystegia soldanella* – Strand-Winde

Vordünen- und Dünengesellschaften der Sandküsten. Die Pflanzen sind an Sandüberwehung und Salzeinwirkung angepasst. Durch Auffangen und Befestigen des Flugsandes und die Bildung von Primär- und Sekundärdünen für die Strandbefestigung von großer Bedeutung.
▽ Gefahr der Zerstörung durch Erholungsnutzung, §.

Im Gebiet nur 1 Ordnung:

Ammophiletalia arenariae Br.-Bl.1933 – Stranddünen-Gesellschaften

1 Primärdünen auf dem den Weißdünen vorgelagerten Strand, durch *Elytrigia juncea* und *Honckenya peploides* aufgebaut **Agropyro-Honckenyion peploidis** S. 289
1* Von *Ammophila arenaria* aufgebaute Weißdünen **Ammophilion arenariae** S. 289

Agropyro-Honckenyion peploidis R. Tx. in Br.-Bl. et R. Tx. 1952 – Strandquecken-Vordünen-Gesellschaften

BT Vordünen (H 1.2.2.3).

Im Gebiet nur 1 Assoziation:

Elymo-Agropyretum juncei Br.-Bl.et de Leeuw 1936 em. R. Tx. 1957 – Strandroggen-Strandquecken-Gesellschaft
(Syn. Minuartio-Agropyretum juncei R. Tx. [1937] 1955)

A *Elytrigia juncea* (=*Agropyron junceum*) – Strand-Quecke
H *Elymus arenarius* – Strandroggen
T *Honckenya peploides* – Salzmiere

Oft einartige Pflanzengesellschaft auf dem den Weißdünen vorgelagerten Strand. Nur kleinflächig entwickelt, bildet kleine, bis 60 cm hohe Vordünen. Von den Badegästen meist zerstört. Noch gut am Gellen auf Hiddensee entwickelt.
▽ Allgemein nicht gefährdet, in Mecklenburg-Vorpommern stark gefährdet (2), §.

Ammophilion arenariae Br.-Bl.1933 em. R. Tx. 1955 – Strandhafer-Weißdünen-Gesellschaften

BT Strandhaferdünen (H 1.2.2.4)

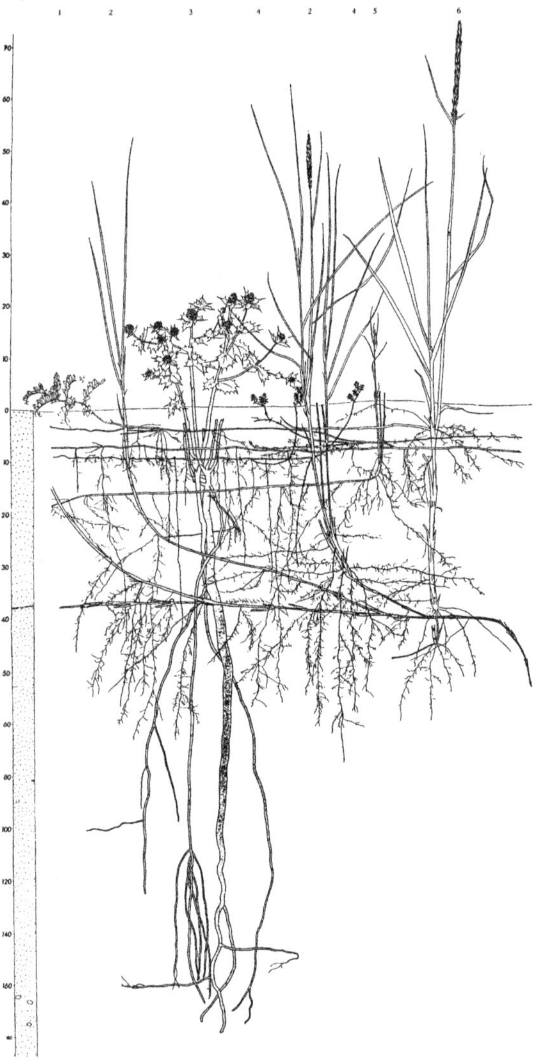

Abb. 28. Halbschematisches Vegetationsprofil des Elymo-Ammophiletum arenariae. Nach FUKAREK 1961 aus SCHUBERT et al. 1995. 1 = *Lathyrus maritimus*, 2 = *Ammophila arenaria*, 3 = *Eryngium maritimum*, 4 = *Honckenya peploides*, 5 = *Elytrigia juncea*, 6 = *Elymus arenarius*.

Im Gebiet nur 1 Assoziation:

Elymo-Ammophiletum arenariae Br.-Bl. et de Leeuw 1936 – Strandhafer-Weißdüne (Abb. 28)

A *Ammophila arenaria* – Strandhafer
A *Elymus arenarius* – Strandroggen
H *Elytrigia juncea* – Strand-Quecke
H × *Calammophila baltica* – Bastard-Strandhafer
H *Calamagrostis epigejos* – Land-Reitgras
H *Hieracium umbellatum* – Dolden-Habichtskraut
K *Eryngium maritimum* – Stranddistel
K *Lathyrus maritimus* – Strand-Platterbse

Auf salzarmen, trockenen Dünensanden, die noch nicht entkalkt sind. Oft windexponiert. Gelegentlich aus Anpflanzungen des Strandschutzes hervorgegangen. Bei Festlegung des Sandes kommen zu den Dünengräsern noch zahlreiche weitere trockenresistente Arten hinzu. Durch weit verzweigte Wurzelsysteme und Tolerierung der Sandüberwehung geeignete Pflanzengesellschaft zur Festigung der Küstendünen. Dient dem Küstenschutz.

∇ Muss vor Betritt bewahrt werden, regional gefährdet (3), §.

12.2 **Koelerio-Corynephoretea** Klika in Klika et Novák 1941 – Schiller- und Silbergras-Pionierrasen

(incl. Sedo-Scleranthetea Br.-Bl.1955 em. Th. Müller 1961, Corynephoretea Br.-Bl. et R. Tx. 1943 em. R. Tx. 1955)

K *Sedum acre* – Scharfer Mauerpfeffer
K *Sedum sexangulare* – Milder Mauerpfeffer
K *Arenaria serpyllifolia* – Quendel-Sandkraut
K *Erophila verna* – Frühlings-Hungerblümchen
K *Filago minima* – Zwerg-Filzkraut
K *Holosteum umbellatum* – Dolden-Spurre
K *Trifolium campestre* – Feld-Klee
K *Agrostis capillaris* – Rotes Straußgras
K *Cladonia alcicornis* – Elchgeweih-Becherflechte

Lückige, wärme- und trockenheitsertragende, lichtbedürftige Pionierrasen mit niedrigwüchsigen, konkurrenzschwachen Arten. Die Böden sind oft unentwickelte Ranker oder Rendzinen auf exponierten Fels-, Grus- oder Sandstandorten. Gelegentlich gehen diese Pionierrasen auch auf Sekundärstandorte wie Mauerkronen, Eisenbahn- und Straßenanlagen sowie Lagerplätze über und zeigen dann eine gewisse Ruderalisierung.

∇ §.

BT Sand-Magerrasen (T 6.2.1–2.4)

1 Pionierrasen auf Lockersandböden mit geringem Kalkgehalt oder auf kalkfreien Quarzsandflächen **Corynephoretalia canescentis** S. 291
1* Pionierrasen auf anderen Standorten 2
2 Pionierrasen auf Felsgrus und Felsbändern mit vielen ausdauernden, wasserspeichernden Arten und Sommerannuellen. Auch auf Dächer, Mauerkronen und Schotter übergehend **Sedo-Scleranthetalia** S. 302
2* Pionierrasen auf festgelegten Sandböden, oft mit Elementen der Trockenrasen durchsetzt **Festuco-Sedetalia acris** S. 300

Corynephoretalia canescentis Klika 1934 – Silbergrasreiche Pionierrasen

O *Corynephorus canescens* – Silbergras
O *Spergula morisonii* – Frühlings-Spergel

O *Teesdalia nudicaulis* – Bauernsenf
O *Trifolium arvense* – Hasen-Klee
O *Carex arenaria* – Sand-Segge
O *Rumex tenuifolius* – Schmalblättriger Sauerampfer
O *Ornithopus perpusillus* – Vogelfuß
O *Polytrichum piliferum* – Frauenhaarmoos

Offene, subatlantische Pionierrasen auf Lockersandböden oder kalkfreien Quarzsandflächen. Die vorherrschenden einjährigen oder kurzlebigen Pflanzen bedingen einen oft jährlichen oder innerhalb weniger Jahre starken Wechsel des Artenbestandes und damit eine hohe Dynamik.

1 Von *Corynephorus canescens* beherrschte offene Pionierrasen lockerer Sandböden und kalkarmer, grusiger, sommertrockener Porphyr- und Kreidesandsteinböden **Corynephorion canescentis** S. 292
1* Pionierrasen nicht von *Corynephorus canescens* bestimmt und auf anderen Standorten 2
2 Pionierrasen auf festgelegten Sanden, oft mit Dominanz von *Aira praecox* oder *Aira caryophyllea* **Thero-Airion** S. 295
2* Von *Koeleria albescens* und *Festuca rubra* ssp. *arenaria* beherrschte Pionierrasen auf noch kalkbeeinflussten Strandwällen **Koelerion arenariae** S. 298

Corynephorion canescentis Klika 1934 – Silbergras-Pionierrasen

O *Corynephorus canescens* (dom.) – Silbergras
O *Rumex tenuifolius* – Schmalblättriger Ampfer
O *Teesdalia nudicaulis* – Bauernsenf
O *Spergula morisonii* – Frühlings-Spergel
K *Agrostis capillaris* – Rotes Straußgras
O *Polytrichum piliferum* – Frauenhaarmoos
H *Ceratodon purpureus* – Hornzahnmoos
K *Cladonia alcicornis* – Elchgeweih-Becherflechte
V *Cladonia floerkeana* – Floerkes Becherflechte
V *Cornicularia aculeata* – Hornflechte

Von *Corynephorus canescens* bestimmte, offene Pionierrasen auf lockeren Sandböden. Im Binnenland auch auf sommertrockenen, grusigen Porphyr- und Kreidesandstein-Verwitterungsböden. Oft mit vielen Moosen und Flechten. Hauptverbreitung im subatlantischen Westeuropa,
▽ §.
BT Silbergrasfluren offener Flugsande (T 6.2.1.4.4)

1 Offene Pionierrasen auf trockenen, nährstoffarmen Binnendünen und Lockersanden sowie sandigen, nährstoffarmen Sekundärstandorten auf Brachäckern, Wegrändern, Sandgruben **Spergulo morisonii-Corynephoretum canescentis** S. 292
1* Pionierrasen auf anderen Standorten 2
2 Pionierrasen auf grusigen, durchlässigen Porphyr- und Kreidesandstein-Verwitterungsböden. Mit Arten der Trockenrasen durchsetzt **Festuco pallentis-Corynephoretum canescentis** S. 295
2* Offene Pionierrasen der Flugsande auf Graudünen der Küsten und Inseln **Helichryso-Jasionetum** S. 295

Spergulo morisonii-Corynephoretum canescentis (R. Tx. 1928) Libb. 1933 – Frühlingsspergel-Silbergras-Rasen (Abb. 29)

(incl. Ornithopodo-Corynephoretum Pass.1960, Spergulo-Festucetum psammophilae Pass. 1960)

O *Corynephorus canescens* – Silbergras
O *Spergula morisonii* – Frühlings-Spergel

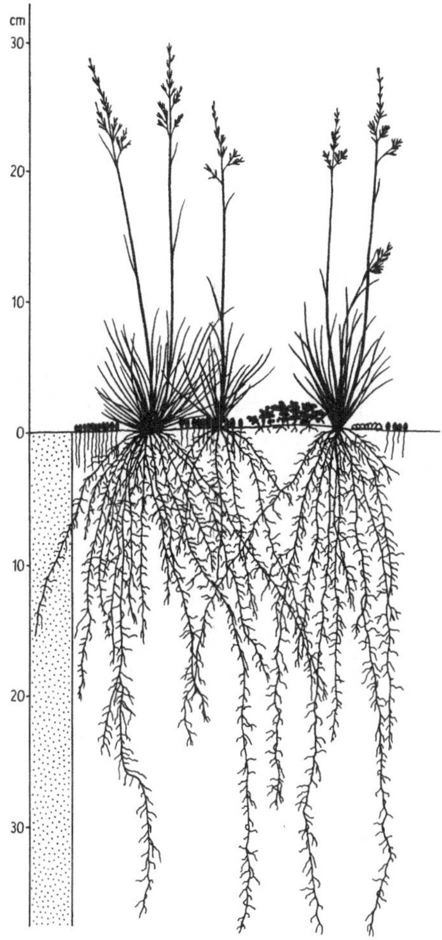

Abb. 29. Halbschematisches Vegetationsprofil eines flechtenreichen Silbergrasrasens (Spergulo morisonii-Corynephoretum canescentis) auf dem Darß. Nach FUKAREK 1961 aus SCHUBERT 1991.

O *Teesdalia nudicaulis* – Bauernsenf
O *Carex arenaria* – Sand-Segge
O *Rumex tenuifolia* – Schmalblättriger Ampfer
O *Ornithopus perpusillus* – Vogelfuß
K *Agrostis capillaris* – Rotes Straußgras

Offene Pioniergesellschaft stark oligotropher Standorte auf trockenen, nährstoffarmen Binnendünen und Lockersanden. Naturnahe Standorte sehr selten, meist auf anthro-

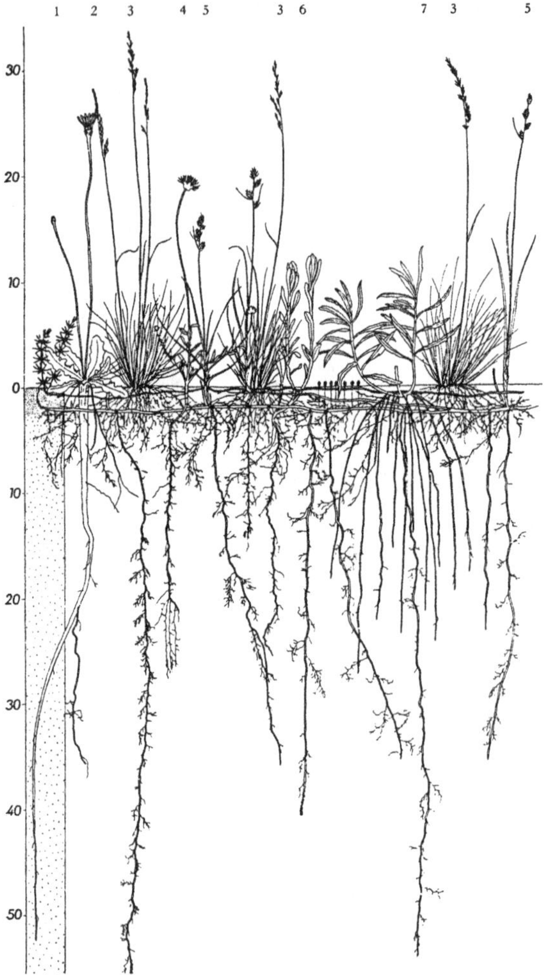

Abb. 30. Halbschematisches Vegetationsprofil des Strohblumen-Sandknöpfchen-Rasens (Helichryso-Jasionetum). Nach FUKAREK 1961 aus SCHUBERT et al. 1995. 1 = *Galium verum*, 2 = *Hypochoeris radicata*, 3 = *Festuca ovina*, 4 = *Jasione montana*, 5 = *Carex arenaria*, 6 = *Helichrysum arenarium*, 7 = *Hieracium umbellatum*; ferner *Polytrichum piliferum*.

pogen stark veränderten Standorten wie Brachäckern, Kahlschlägen, Sandgruben, Wald- und Wegrändern auf kalkfreien, kolloid- und nährstoffarmen, lockeren Sanden. Im fortgeschrittenen Bodenbildungsvorgang oft Beginn einer Podsolierung.

▽ Zurückgehend V, §.

Helichryso-Jasionetum Libb.1940 – Strohblumen-Sandknöpfchen-Rasen (Abb. 30)
(Syn. Helichryso-Jasionetum Pietsch 1998; incl. Violo-Corynephoretum canescentis [Böch. 1941] Westh. in Westh. et al. 1946)

A *Viola canina* var. *dunensis* – Dünen-Hundsveilchen
A *Jasione montana* var. *litoralis* – Berg-Sandknöpfchen
O *Corynephorus canescens* – Silbergras
O *Carex arenaria* – Sand-Segge
H *Helichrysum arenarium* – Sand-Strohblume

Offener Pionierrasen auf Flugsanden von Graudünen in Küstennähe. Mit vielen Moosen und Flechten im Komplex der Xeroserien der Dünenvegetation, auch auf Folgestandorten des Braunkohlenbergbaus.
▽ Oft von der Invasion durch *Campylopus introflexus*, einem neophytischen Moos der temperaten Zone der Südhemisphäre, bedroht V, §.

Festuco pallentis-Corynephoretum canescentis Schub. 1974 – Blauschwingel-Silbergrasflur
(Syn. Festuco cinereae-Corynephoretum canescentis Schub. 1974)

O *Corynephorus canescens* (dom.) – Silbergras
O *Rumex tenuifolius* – Schmalblättriger Ampfer
T *Festuca pallens* – Bleicher Schwingel
T *Koeleria macrantha* – Zierliches Schillergras
T *Thymus serpyllum* – Sand-Thymian
T *Artemisia campestris* – Feld-Beifuß

Silbergrasreicher Pionierrasen auf nährstoffarmen, unentwickelten, durchlässigen, sandig-grusigen Porphyr- und Kreidesandstein-Verwitterungsböden im Mitteldeutschen Trockengebiet.
▽ Durch Nährstoffeintrag stark gefährdet 3 (2), §.

Thero-Airion R. Tx. 1951 ex Oberd. 1957 – Kleinschmielen-Rasen

V *Aira praecox* – Frühe Haferschmiele
V *Aira caryophyllea* – Nelkenschmiele
V *Scleranthus polycarpos* – Triften-Knäuel
V *Festuca filiformis* – Haar-Schafschwingel
O *Ornithopus perpusillus* – Vogelfuß
K *Filago minima* – Zwerg-Filzkraut
K *Agrostis capillaris* – Rotes Straußgras
H *Hieracium pilosella* – Kleines Habichtskraut
H *Ceratodon purpureus* – Hornzahnmoos

Wenig beständige, offene, weitgehend von kleinwüchsigen Annuellen aufgebaute Pionierrasen mit subatlantischem Verbreitungscharakter. Auf festgelegten Sanden im Komplex mit Silbergrasrasen, auf oder am Rande von Pfaden, Wegen oder Fahrspuren und auf Campingplätzen.
BT Kleinschmielenrasen auf festgelegten Sanden (T 6.2.1.4.5)

1 Einartiger Pionierrasen auf humosem, festgelegtem Sand, nur von *Carex arenaria* dominiert **Caricetum arenariae** S. 298
1* Pionierrasen nicht allein von *Carex arenaria* aufgebaut 2
2 Pioniergesellschaft mit *Micropyrum tenellum (= Nardurus lachenalii)* **Narduretum lachenalii** S. 298
2* Pioniergesellschaften ohne die genannte Art 3

3 Pionierrasen auf sandigen und kiesigen Brachflächen und Rohböden, durch Auftreten von *Vulpia myuros* und *V. bromoides* charakterisiert **Filagini-Vulpietum** S. 296
3* Pionierrasen ohne *Vulpia*-Arten 4
4 Pionierrasen durch Massenauftreten von *Aira praecox* bestimmt, auf schwach humosen Sanden **Airetum praecocis** S. 296
4* Pionierrasen ohne Auftreten von *Aira praecox* 5
5 Pionierrasen durch das Massenauftreten von *Aira caryophyllea* charakterisiert. In wintermilden Klimalagen **Airo caryophylleae-Festucetum ovinae** S. 296
5* Pionierrasen ohne Massenauftreten von *Aira caryophyllea* 6
6 Pionierrasen mit *Thymus serpyllum* und *Festuca filiformis* **Thymo-Festucetum ovinae** S. 297
6* Pionierrasen ohne Vorherrschen der genannten Arten. 7
7 Pionierrasen mit Vorherrschen von *Agrostis vinealis* und Auftreten von *Teesdalia nudicaulis* und *Spergula morisonii* **Agrostietum vinealis** S. 297
7* Pionierrasen ohne die genannten Arten, durch *Tuberaria guttata* charakterisiert **Agrostio-Tuberarietum** S. 297

Airetum praecocis Schwick. ex Krausch 1967 – Pionierrasen der Frühen Haferschmiele

V *Aira praecox* (dom.) – Frühe Haferschmiele
O *Rumex tenuifolius* – Schmalblättriger Ampfer
K *Agrostis capillaris* – Rotes Straußgras
H *Hieracium pilosella* – Kleines Habichtskraut
H *Hypochoeris radicata* – Gewöhnliches Ferkelkraut
H *Ceratodon purpureus* – Hornzahnmoos

Auf sandigen Böden an Waldrändern, Waldwegen, an gestörten Standorten inmitten von Kiefern- und Eichen-Birkenwäldern, auf abgegrabenen Dünen, aufgeschüttetem Sand und in Sandgruben häufig anzutreffender Pionierrasen, der vom Massenauftreten von *Aira praecox* bestimmt wird. Im Bereich des Hügel- und Berglandes auch auf Felsvorsprüngen. Nach regenreichen Frühjahren und milden Wintern besonders üppig entwickelt.

▽ Gegen Betritt und Befahren relativ unempfindlich, breitet sie sich zunehmend auf Zeltplätzen aus, anderenorts gefährdet 3, §.

Airo caryophylleae-Festucetum ovinae R. Tx. ex Korneck 1974 – Nelkenschmielen-Schafschwingel-Gesellschaft

V *Aira caryophyllea* (dom.) – Nelkenschmiele
V *Festuca filiformis* (dom.) – Haar-Schafschwingel
V *Scleranthus polycarpos* – Triften-Knäuel
K *Agrostis capillaris* – Rotes Straußgras
H *Cerastium semidecandrum* – Fünfmänniges Hornkraut

Auf flachgründigen, nährstoffarmen, grusigen Silikatgestein-Verwitterungsböden im Bereich von Traubeneichen-Mischwäldern auftretender, nur wenige Zentimeter hoch werdender Pionierrasen, der von *Aira caryophyllea* und *Festuca filiformis*, einer Kleinart von *Festuca ovina*, bestimmt wird. Gelegentlich auch auf Sand, der etwas humos geworden ist.

▽ Gefährdet 3, §.

Filagini-Vulpietum Oberd. 1938 – Filzkraut-Federschwingel-Rasen

A *Vulpia myuros* (dom.) – Mäuseschwanz-Federschwingel
A *Vulpia bromoides* – Trespen-Federschwingel
K *Filago minima* – Zwerg-Filzkraut
K *Agrostis capillaris* – Rotes Straußgras
H *Spergularia rubra* – Rote Schuppenmiere

Relativ seltener und unbeständiger submediterran-subatlantischer Pionierrasen auf Brachäckern oder Wegrändern im Bereich der Buntsandstein- und Kreidesandstein-Verwitterungsböden in Thüringen und Sachsen-Anhalt, aber auch auf Sandböden in Brandenburg, in Nordwestdeutschland, dem Oberrheingebiet und Rheinland-Pfalz. Die niedrigwüchsigen, lockeren Bestände werden vor allem durch *Vulpia myuros* bestimmt. Anmerkung: Gesellschaft wird in der Roten Liste Deutschlands in ein Filagini-Vulpietum bromoidis Oberd. 1938 nom. mut. propos. und ein Vulpietum myuri Phil. 1973 getrennt.
▽ Gefährdet (3), §.

Thymo-Festucetum ovinae R. Tx. 1955 – Thymian-Schafschwingel-Rasen

V/A *Festuca filiformis* – Haar-Schafschwingel
V *Scleranthus polycarpos* – Triften-Knäuel
H *Thymus serpyllum* (dom.) – Sand-Thymian

Meist kleinflächig entwickelter, wärmeliebender Pionierrasen auf nährstoffarmen, sandigen bis grusigen Böden. Auffällig durch die dominanten *Thymus serpyllum*-Polster und *Festuca filiformis*-Horste.
▽ Gefährdet (3), §.

Agrostietum vinealis Kob. 1930 corr. Kratzert et Dengler 1999 – Pionierrasen des Schmalrispigen Straußgrases
(Syn. Teesdalio-Sperguletum morisonii Schub. 1974, Agrostietum coarctatae [Kob. 1930] R. Tx. in Dierß. 1972)

A *Agrostis vinealis* (= *A. coarctata*) (dom.) – Schmalrispiges Straußgras
V *Scleranthus polycarpos* – Triften-Knäuel
O *Spergula morisonii* – Frühlings-Spergel
O *Teesdalia nudicaulis* – Bauernsenf
K *Polytrichum piliferum* – Frauenhaarmoos
V *Cladonia floerkeana* – Floerkes Becherflechte
H *Ceratodon purpureus* – Hornzahnmoos
H *Cladonia chlorophaea* – Grünlichgraue Becherflechte

Auf sandigen bis kiesig-sandigen, oberflächlich etwas verdichteten Böden, oft als Folgegesellschaft von Silbergrasrasen. Sehr kryptogamenreiche Pionierrasen, die vor allem durch *Agrostis vinealis* bestimmt werden. Auf festgelegten Binnendünen, Waldrandblößen und Wegrändern nicht selten.
▽ Gefährdet 3, §.

Agrostio-Tuberarietum guttati Schub. 1974 – Straußgras-Sandröschen-Gesellschaft

A *Tuberaria guttata* – Sandröschen
K *Agrostis capillaris* – Rotes Straußgras
K *Filago minima* – Zwerg-Filzkraut
T *Hypericum perforatum* – Tüpfel-Hartheu
T *Euphorbia cyparissias* – Zypressen-Wolfsmilch
T *Calluna vulgaris* – Heidekraut
T *Bryum argenteum* – Silber-Birnmoos
O *Polytrichum piliferum* – Frauenhaarmoos

Seltener, niedrigwüchsiger, submediterran-subatlantischer Pionierrasen auf sandigen, trockenen, nährstoffarmen, sonnigen Böden an Straßenböschungen, inmitten lückiger Zwergstrauchheiden in der Altmark und im südlichen Brandenburg.
▽ Vom Aussterben bedroht 1, §.

Caricetum arenariae Steffen 1931 – Sandseggen-Rasen

O/A *Carex arenaria* (dom.) – Sand-Segge

Bei ungestörter Entwicklung sich aus Silbergrasrasen durch Festlegen und Humifizierung des Sandes entwickelnd. An der Ostsee-Küste z. B. auf dem Gellen auf Hiddensee großflächig. Die Bestände werden nur von *Carex arenaria* aufgebaut.
▽ Zurückgehend V, *.

Narduretum lachenalii Korneck 1975 – Dünnschwingel-Gesellschaft

A *Micropyrum tenellum (=Nardurus lachenalii)* – Dünnschwingel

Subatlantisch-submediterrane, wärmeliebende Pionier-Gesellschaft auf flachgründigen Graniten und Gneisen in Süd-Baden. Auch sekundär auf Wegen und Pfaden.
▽ Gesellschaft kommt nicht mehr in Deutschland vor. Wahrscheinlich ausgestorben 0 (D), §.

Koelerion arenariae R. Tx. 1937 corr. Guterm. et Muc. 1993 – Schillergrasfluren

(Syn. Koelerion albescentis R. Tx. 1937)

V *Festuca rubra ssp.arenaria* – Sand-Rotschwingel
V *Galium verum* var. *maritimum* – Echtes Labkraut
V *Koeleria arenaria* – Weißliches Schillergras
V *Bromus thominii* – Dünen-Trespe
O/V *Silene otites* – Ohrlöffel-Leimkraut

Pioniergesellschaften der festgelegten, trockenen, noch wenig entkalkten Dünensande von Graudünen der Küsten der Nord- und Ostsee. Im Ostseebereich nur relativ selten entwickelt, lokal auch in Sandgebieten Süddeutschlands. Meist lückige, moos- und flechtenreiche Rasengesellschaften.
▽ Durch das Eindringen des Neophyten-Mooses *Campylopus introflexus* lokal gefährdet, §.

1 Durch das Auftreten von *Phleum arenarium* ausgezeichnete Pionierrasen auf wenig entkalkten, noch überwehten Dünen **Tortulo-Phleetum arenarii** S. 298
1* Auf Graudünen mit ruhenden, entkalkten Sanden auftretende geschlossene Rasen, ohne *Phleum arenarium* **Festuco-Galietum veri** S. 298

Tortulo-Phleetum arenarii (Mass. 1908) Br.-Bl. et de Leeuw 1936 – Sandlieschgras-Rasen

A *Phleum arenarium* – Sand-Lieschgras
A *Tortula ruraliformis* – Drehzahnmoos

Pionierrasen auf leicht übersandeten, basenreichen Küstendünen der Nordseeinseln. Auf übersandeten Strandwällen der Ostseeküste nur noch sehr fragmentarisch (z. B. Hiddensee) ausgebildet.
▽ Stark gefährdet 2, §.

Festuco-Galietum veri (Onno 1933) Br.-Bl. et de Leeuw 1936 – Schafschwingel-Labkraut-Rasen (Abb. 31)

(Syn. *Galium verum-Festuca filiformis*-Gesellschaft incl. Agrostio-Poetum humilis R. Tx. ex Menke 1969 = Agrostio-Poetum subcaeruleae R. Tx. et Prsg. 1951)

A *Galium verum* var. *maritimum* – Echtes Labkraut
V *Festuca rubra* ssp. *arenaria* – Sand-Rotschwingel

Abb. 31. Halbschematisches Vegetationsprofil eines Schafschwingel-Labkraut-Rasens (Festuco-Galietum veris). Nach Fukarek 1961 aus Schubert 1991. Es sind dargestellt von links nach rechts: *Calamagrostis epigejos*, × *Calammophila baltica*, *Hieracium umbellatum*, *Festuca rubra*, × *Calammophila baltica*, *Carex arenaria*, *Galium verum*, × *Calammophila baltica*, *Viola tricolor* ssp. *tricolor* var. *maritima*, *Calamagrostis epigejos*, *Galium verum*.

V *Silene otites* – Ohrlöffel-Leimkraut
V *Bromus thominii* – Dünen-Trespe

Weideunempfindlicher Pionierrasen, der vor allem von *Festuca rubra* aufgebaut wird. Auf festgelegten und bereits etwas entkalkten Graudünen, die keine Übersandung mehr erfahren, vor allem an der Nordseeküste und auf Nordseeinseln.
▽ Zurückgehend V, §.

Festuco-Sedetalia acris R. Tx. 1951 – Schwingel-Mauerpfeffer-Gesellschaften

O *Artemisia campestris* – Feld-Beifuß
O *Hypochoeris radicata* – Gewöhnliches Ferkelkraut
O *Thymus serpyllum* – Sand-Thymian
O *Silene otitis* – Ohrlöffel-Leimkraut
O *Helichrysum arenarium* – Sand-Strohblume
O *Festuca ovina* – Schaf-Schwingel
K *Agrostis capillaris* – Rotes Straußgras

Pionierrasen auf mineralkräftigen Sand- und Grusböden. Im Bereich thermophiler Wälder als Relikte kontinentaler Sandtrockenrasen extrazonal verbreitet.
▽ Durch zunehmende Eutrophierung gefährdet, §.

1 Durch *Koeleria glauca* ausgezeichnete Bestände auf trockenen, durchlässigen Sandböden **Koelerion glaucae** S. 300
1* Weitgehend geschlossene, niedrige Rasen ohne *Koeleria glauca*, mit *Armeria elongata* **Armerion elongatae** S. 301

Koelerion glaucae (Volk 1931) Klika 1935 – Blauschillergras-Rasen

V *Koeleria glauca* – Blau-Schillergras
V *Onosma arenaria* – Sand-Lotwurz
V *Medicago minima* – Zwerg-Schneckenklee
V *Dianthus arenarius* – Sand-Nelke

Reliktgesellschaften der postglazialen Wärmezeit im kontinental-subkontinental sarmatischen Bereich, auf Binnendünen der Unterelbe und in den Dünengebiete der Oberrheinebene sowie auf den Mainzer Sanden ausklingend.
▽ Sehr stark gefährdet, §.
BT Blauschillergras-Sandsteppen (T 6.2.1–2.4.7)

1 Bestände mit *Festuca polesica* **Festucetum polesicae** S. 301
1* Bestände ohne die genannte Art 2
2 Bestände mit *Alyssum arenarium, Jurinea cyanoides* und *Kochia laniflora* **Jurineo cyanoidis-Koelerietum glaucae** S. 301
2* Bestände ohne die genannten Arten, dafür mit *Festuca psammophila, Hieracium echioides, Silene chlorantha* und *Astragalus arenarius* **Festuco psammophilae-Koelerietum glaucae** S. 300

Festuco psammophilae-Koelerierietum glaucae (Kob. 1930) Klika 1931 – Blauschillergras-Sandschwingel-Rasen
(Syn. Koelerio glaucae-Festucetum psammophilae Klika 1931)

A *Festuca psammophila* – Sand-Schwingel
A *Hieracium echioides* – Natterkopf-Habichtskraut
V *Dianthus arenarius* – Sand-Nelke
V *Koeleria glauca* – Blau-Schillergras
H *Silene chlorantha* – Grünblütiges Leimkraut

Auf durchlässigen, trockenen, humushaltigen, sich leicht erwärmenden Sanden in ebener bis meist südexponierter Lage in kontinentalen Pleistozängebieten. Bevorzugt werden Talsandterrassen, Sanderflächen und Binnendünen in Brandenburg und der Nordlausitz, sowie große Stromtäler wie das der Oder.
▽ Durch Ruderalisierung und Verbuschung stark gefährdet 2, §.

Jurineo cyanoidis-Koelerietum glaucae Volk 1931 –
Sandsilberscharten-Blauschillergras-Gesellschaft

A *Alyssum arenarium* – Sand-Steinkraut
A *Jurinea cyanoides* – Sand-Silberscharte
A *Kochia laniflora* – Sand-Radmelde
V *Onosma arenaria* – Sand-Lotwurz
T *Gypsophila fastigiata* – Ebensträußiges Gipskraut
T *Silene conica* – Kegel-Leimkraut

Seltene Reliktgesellschaft des frühen Postglazials auf den Mainzer Sanden und in der nördlichen Oberrheinebene.
▽ Sehr stark gefährdet 1, §.

Festucetum polesicae Regel 1928 – Sandnelken-Dünenschwingel-Rasen
(Syn. Diantho arenarii – Festucetum polesicae R. Tx. 1951)

A *Festuca polesica* – Dünen-Schwingel
V *Dianthus arenarius* – Sand-Nelke

Seltene, aus dem Baltikum bis zur vorpommerschen Ostseeküste vordringende Rasengesellschaft auf kalkhaltigen Sanden, oft auf Küstendünen.
▽ Stark gefährdet 2, §.

Armerion elongatae Krausch 1961 – Grasnelken-Gesellschaften

(Syn. Plantagini-Festucion ovinae Pass. 1964; incl. Koelerio-Phleion phleoides Korneck 1974 p.p.)

V *Armeria elongata* – Gewöhnliche Grasnelke
V *Dianthus deltoides* – Heide-Nelke
V *Trifolium striatum* – Streifen-Klee
O *Artemisia campestris* – Feld-Beifuß
H *Cerastium arvense* – Acker-Hornkraut
H *Galium verum* – Echtes Labkraut

Dicht schließende Rasen auf trockenwarmen, nährstoffarmen, sandigen bis kiesigen Böden der Pleistozängebiete, in die oft Arten der basiphilen Xerothermrasen eindringen. Auch auf tiefgründigen Silikatböden der Hügelländer.
▽ Obwohl noch weitverbreitet, sind die Bestände durch die zunehmende Eutrophierung im Rückgang begriffen, §.
BT Grasnelkenfluren (T 6.2.4.3)

1 Rasengesellschaft durch Vorherrschen von *Festuca trachyphylla* und Auftreten von *Silene chlorantha, Centaurea stoebe* und *Phleum phleoides* ausgezeichnet, auf wärmebegünstigten, trockenen Standorten **Sileno-Festucetum brevipilae** S. 302
1* Rasengesellschaften ohne die genannten Arten, aber *Dianthus deltoides* und *Armeria elongata* sind hochstet **Diantho deltoidis-Armerietum elongatae** S. 301

Diantho deltoidis-Armerietum elongatae Krausch 1959 –
Heidenelken-Grasnelken-Rasen
(incl. Agrostietum Hueck 1931)

V/A *Dianthus deltoides* – Heide-Nelke
V/A *Armeria elongata* – Gewöhnliche Grasnelke
O *Helichrysum arenarium* – Sand-Strohblume
H *Potentilla argentea* – Silber-Fingerkraut
H *Conyza canadensis* – Kanadisches Berufkraut
H *Trifolium arvense* – Hasen-Klee

Mesophiler Sandtrockenrasen auf humosen, mineralkräftigen Sand- und Kiesböden sowohl im Flach- als auch im Hügelland weit verbreitet. Besiedelt oft Brachland, Weg- und Straßenränder als Ersatzgesellschaft azidophiler Eichen-Mischwälder.
▽ Gefährdet 3, §.

Sileno-Festucetum brevipilae Lib. 1933 corr. Kratzert et Dengler 1999 – Ohrlöffel-Leimkraut-Raublattschwingel-Rasen

(Syn. Armerio-Festucetum trachyphyllae (Libb. 1933) R. Knapp 1948 ex Hohenester 1960 Sileno-Festucetum trachyphyllae Libb. 1933; incl. Galio-Agrostidetum Mahn 1965, Pulsatillo-Phleetum phleoidis Pass. 1959, Centaureo rhenanae-Festucetum ovinae Krausch 1959 em. Kow. et Lang 1994)

A *Festuca brevipila* (= *F. trachyphylla*) – Raublatt-Schwingel
H *Silene chlorantha* – Grünblütiges Leimkraut
H *Phleum phleoides* – Steppen-Lieschgras
H *Centaurea stoebe* – Rispen-Flockenblume
H *Chondrilla juncea* – Großer Knorpellattich

In Pleistozängebieten auf sandigen bis kiesig-sandigen, durchlässigen Böden, in Hügelländern auf wärmegetönten Standorten mittel- bis tiefgründiger Silikatverwitterungsböden. In subkontinental getönten, niederschlagsärmeren Landschaften Brandenburgs und Sachsen-Anhalts, bevorzugt auf südexponierten Hängen, auf Kuppen, trockenen Talsand-Terrassen und aufgelassenen Sand- und Kiesgruben.
▽ Durch zunehmende Eutrophierung stark gefährdet 2, §.

Sedo-Scleranthetalia Br.-Bl. 1955 – Mauerpfefferreiche Pionier-Gesellschaften

O *Festuca pallens* – Bleicher Schwingel (im weiten Sinne)
O *Anthericum liliago* – Große Graslilie
K *Sedum acre* – Scharfer Mauerpfeffer
K *Sedum sexangulare* – Milder Mauerpfeffer

Pionier-Gesellschaften auf Felsgrus und Felsbändern. Durch ausdauernde, wasserspeichernde und starke Austrocknung ertragende Arten ausgezeichnet. Gehen sekundär auch auf Dächer, Mauerkronen und Schotter über.
▽ §.

1 Subalpine und alpine Fetthennen- und Hauswurz-Gesellschaften mit *Sempervivum arachnoideum, Sempervivum tectorum* und *Sedum annuum* **Sedo-Scleranthion** S. 307
1* Bestände ohne die genannten Arten und meist in tieferen Lagen 2
2 Pioniergesellschaften auf saurem, mineralkräftigem Silikatfelsgrus trockenwarmer Standorte, durch Arten wie *Thymus serpyllum, Scleranthus perennis, Rumex acetosella* und *Polytrichum piliferum* gekennzeichnet **Polytricho-Festucion pallentis** S. 302
2* Pioniergesellschaften auf basischem Kalkfelsgrus, durch Arten wie *Thymus praecox, Asperula cynanchica, Alyssum alyssoides* gekennzeichnet **Alysso-Sedion** S. 304

Polytricho-Festucion pallentis Schub. 1974 – Kolline Silikatfelsgrus- und Felsband-Gesellschaften

(incl. Seslerio-Festucion pallentis Klika 1931 em. Korneck 1974 p.p., Sedo albi-Veronicion dillenii Oberd. ex Korneck 1974)

V *Scleranthus perennis* – Ausdauerner Knäuel
O/V *Thymus serpyllum* – Sand-Thymian

O *Festuca pallens* – Bleicher-Schwingel
H *Rumex acetosella* – Kleiner Sauerampfer
H *Polytrichum piliferum* – Frauenhaarmoos
H *Bryum argenteum* – Silber-Birnenmoos

Auf saurem aber mineralkräftigem Felsgrus, auf Silikatgesteinsböden trockenwarmer Standorte. Böden meist flachgründige, feinerdearme Protoranker. Natürliche primäre Dauergesellschaften auf schwer zugänglichen Felsnasen und Felsbändern von Durchbruchstälern.

▽ §.

BT Wärmeliebende Silikat-Felsrasen (T 6.1.1)

1 Auf schwer zugänglichen Felsen der Durchbruchstäler am Rande von Mittelgebirgen, durch das Auftreten von *Festuca pallens* und *Dianthus gratianopolitanus* charakterisiert **Diantho gratianopolitani-Festucetum pallentis** S. 303

1* Pflanzengesellschaft nicht mit den genannten Arten und auf anderen Standorten 2

2 Lokalassoziation des Kaiserstuhles mit *Veronica verna* und *Allium montanum* **Festuco-Veronicetum vernae** S. 303

2* Assoziation außerhalb des Kaiserstuhles und ohne die genannten Arten 3

3 Auf sehr flachgründigen, feinerdearmen, sauren Silikatgesteinsverwitterungsböden, die im Sommer stark austrocknen, durch das Vorherrschen von *Festuca pallens* und *F. ovina* und hochstete Auftreten von *Thymus serpyllum* charakterisiert **Thymo-Festucetum pallentis** S. 304

3* Auf flachgründigen, feinerdearmen Silikatgesteinsverwitterungsböden, die aber frühjahrsfrisch sind und im Frühsommer nicht so stark austrocknen. Durch *Gagea bohemica* und *Veronica dillenii* gekennzeichnet **Gageo bohemicae-Veronicetum dillenii** S. 304

Festuco-Veronicetum vernae Oberd. ex Moravec 1967 –
Berglauch-Frühlingsehrenpreis-Gesellschaft
(Syn. Allio montani-Veronicetum vernae Oberd. ex Korneck 1975)

A *Allium montanum* s. str. – Berg-Lauch
V/A *Veronica verna* – Frühlings-Ehrenpreis
K *Sedum acre* – Scharfer Mauerpfeffer
H *Sedum rupestre* – Felsen-Fetthenne

Pioniergesellschaft auf den Tephritfelsköpfen und -klippen bei Achkarren am Kaiserstuhl.

▽ Stark gefährdet 2, §.

Diantho gratianopolitani-Festucetum pallentis Gauckl. 1938 –
Pfingstnelken-Blauschwingelflur
(incl. Astero-Festucetum pallentis Stöck. 1962, Hieracio-Dianthetum gratianopolitani Stöck. 1962, Sedo-Festucetum pallentis Marstaller 1969, Armerio serpentini-Festucetum pannonicae Gauckl. 1954)

O *Festuca pallens* (= *F. cinerea* ssp. *pallens*) – Bleicher Schwingel
A *Dianthus gratianopolitanus* – Pfingst-Nelke
A *Aster alpinus* – Alpen-Aster
A *Hieracium schmidtii* – Bleiches Habichtskraut
A *Sedum album* – Weißer Mauerpfeffer
H *Lychnis viscaria* – Pechnelke
H *Solidago virgaurea* – Gewöhnliche Goldrute

Auf Felspodesten und schmalen Felsbändern widerstandsfähiger Gesteine, insbesondere von Durchbruchstälern am Rande der Mittelgebirge kleinflächig auftretende Pionierrasen, die durch das hochstete Auftreten von *Festuca pallens* gekennzeichnet sind. Standorte sind trocken, aber im Winter oft mit Eiskappen besetzt, im Frühjahr stark durchfeuchtet, trocknen im Sommer stark aus, weshalb es zu keinem dichten Bestandsschluss kommt.

▽ Gefährdet 3, §.
BT Silikat-Felsbandrasen (T 6.1.1.3.1)

Thymo-Festucetum pallentis Mahn 1959 corr. – Sandthymian-Blauschwingel-Rasen (Syn. Thymo-Festucetum cinereae Mahn 1959; incl. Vincetoxico-Festucetum ovinae Mahn 1965)

O/A *Festuca pallens* (= *F. cinerea* ssp. *pallens*) – Bleicher Schwingel
V/A *Thymus serpyllum* – Sand-Thymian
T *Vincetoxicum hirundinaria* – Schwalbenwurz
H *Festuca ovina* – Schaf-Schwingel
H *Rumex acetosella* – Kleiner Sauerampfer
H *Polytrichum piliferum* – Frauenhaarmoos
K *Cladonia alcicornis* – Elchgeweih-Becherflechte
H *Ceratodon purpureus* – Hornzahnmoos

Auf sehr flachgründigen, feinerdearmen, sauren Silikatgesteinsverwitterungsböden auf südexponierten Hängen oder in Plateaulage vorkommender, lockerer Pionierrasen mit zahlreichen Kryptogamen. Die Rankerböden erwärmen sich im Sommer stark und trocknen extrem aus. Vor allem in wärmegetönten, niederschlagsarmen Hügelländern.
▽ Gefährdet 3, §.

Gageo bohemicae-Veronicetum dillenii Korneck 1975 – Felsengoldstern-Ehrenpreis-Gesellschaft
(Syn. Festuco-Veronicetum dillenii Oberd. 1957, Gageo saxatilis-Veronicetum dillenii [Oberd. 1957] Korneck 1974)

A *Gagea bohemica* – Felsen-Goldstern
V *Veronica dillenii* – Dillenius-Ehrenpreis
V *Veronica verna* – Früher Ehrenpreis
H *Saxifraga tridactylites* – Finger-Steinbrech
H *Cerastium pumilum* – Zwerg-Hornkraut
H *Cerastium semidecandrum* – Fünfmänniges Hornkraut
K *Erophila verna* – Hungerblümchen
K *Holosteum umbellatum* – Spurrre

Auf flachgründigen, grusigen, sauren Silikatgesteinsverwitterungsböden, die frühjahrsfrisch sind. Eine vorwiegend von einjährigen Pflanzen aufgebaute Pioniergesellschaft, die ihre Entwicklung bereits abgeschlossen hat, wenn ihre flachgründigen Grusstandorte im Frühsommer auszutrocknen beginnen.
▽ Gefährdet 3, §.

Alysso-Sedion Oberd. et Th. Müller in Th. Müller 1961 – Steinkraut-Mauerpfeffer-Gesellschaften

(Syn. Seslerio-Festucion cinereae Klika 1931 p.p.)

V *Thymus praecox* – Frühblühender Thymian
V *Potentilla arenaria* – Sand-Fingerkraut
V *Acinos arvensis* – Gewöhnlicher Steinquendel
V *Alyssum alyssoides* – Kelch-Steinkraut
V *Alyssum montanum* – Berg-Steinkraut
V *Thlaspi perfoliatum* – Durchwachsenblättriges Hellerkraut
V *Asperula cynanchica* – Hügel-Meier

Vor allem in Hügelländern auf trockenwarmen Kalkfelsköpfen und grusigen bis schotterigen Kalk- und Gipsverwitterungsböden auftretende, an *Sedum*-Arten reiche,

offene Pionierrasen. Sekundär auch auf Dächern, Mauerkronen und Schotterstandorten.
▽ §.
BT Wärmeliebende Kalk-Felsgrusfluren (T 6.1.2.1)

1 Durch *Jovibarba globifera* ausgezeichnete Gesellschaft auf Dolomit der Fränkischen Alb **Sempervivetum soboliferae** S. 305
1* Bestände ohne *Jovibarba globifera* 2
2 Durch *Poa compressa* und *Saxifraga tridactylites* ausgezeichnete Pionierbestände auf Mauerkronen, selten auch auf exponierten Kalkfelsen, auch auf Bahnkörpern auftretend **Saxifrago tridactylitis-Poetum compressae** S. 305
2* Pioniergesellschaft nicht durch die genannten Arten charakterisiert, nicht auf Mauerkronen . 3
3 Pioniergesellschaft durch das Vorherrschen von *Melica ciliata* gekennzeichnet, auf Kalkschotterböden und Karbonatfelsbändern **Teucrio botryos-Melicetum ciliatae** S. 306
3* Pioniergesellschaft ohne Vorherrschen von *Melica ciliata* 4
4 Pioniergesellschaft durch das hochstete Auftreten von *Teucrium montanum*, *Alyssum montanum* und Vorherrschen von *Festuca pallens* bestimmt **Alysso-Festucetum pallentis** S. 306
4* Pioniergesellschaft ohne die genannten Arten und ohne Vorherrschaft von *Festuca pallens* . . 5
5 Pionierflur durch Vorherrschaft von *Poa badensis* und Sedum acre charakterisiert **Poo badensis-Allietum montani** S. 306
5* Pioniergesellschaft ohne gehäuftes Auftreten von *Poa badensis* 6
6 Pionergesellschaft mit Häufung von *Sedum album* und *Alyssum alyssoides* **Alysso alyssoidis-Sedetum albi** S. 305
6* Pioniergesellschaft ohne Häufung der genannten Arten, dafür mit Häufung von Annuellen wie *Erophila verna* und *Cerastium pumilum* **Cerastietum pumili** S. 307

Sempervivetum soboliferi Korneck 1975 – Gesellschaft der Sprossenden Hauswurz

A *Jovibarba globifera* (= *Sempervivum soboliferum*) – Sprossender Donarsbart
H *Sedum album* – Weiße Fetthenne

Lokalassoziation auf Dolomit der Fränkischen Alb.
▽ §.

Saxifrago tridactylitis-Poetum compressae (Kreh 1945) J. M. Géhu et Lericq 1957 – Gesellschaft des Fingersteinbrechs und Platthalm-Rispengrases

A *Saxifraga tridactylites* – Finger-Steinbrech
A *Poa compressa* – Platthalm-Rispengras
T *Bromus tectorum* – Dach-Trespe
T *Bromus sterilis* – Sterile Trespe
K *Sedum acre* – Scharfer Mauerpfeffer

Häufig auf Mauerkronen mit Mörtelfugen vorkommende Initialgesellschaft. Gelegentlich auch auf flachgründiger Feinerde über Kalkfelsen. Auch auf Bahnkörpern auftretend.
▽ Gefährdet (3), §.

Alysso alyssoidis-Sedetum albi Oberd. et Th. Müller 1961 –
Gesellschaft des Kelchsteinkrautes und des Weißen Mauerpfeffers
(incl. Sedo sexangularis-Sempervivetum tectorum Bornk. 1961 em. Muc. 1993)

V *Alyssum alyssoides* – Kelch-Steinkraut
H *Sedum album* – Weißer Mauerpfeffer
K *Sedum acre* – Scharfer Mauerpfeffer
K *Sedum sexangulare* – Milder Mauerpfeffer
T *Anthemis tinctoria* – Färber-Hundskamille
T *Arenaria serpyllifolia* – Quendel-Sandkraut

Auf exponierten Kalkfelsen über flachgründiger Protorendzina, aber auch sekundär auf Lesesteinhaufen, Steinschüttungen, alten Mauern, Dächern und Erdanrissen.
▽ Gefährdet 3, §.

Teucrio botryos-Melicetum ciliatae Volk 1937 –
Traubengamander-Wimperperlgras-Gesellschaft
(incl. Erysimo-Melicetum ciliatae Mahn 1959, Allio senescentis-Melicetum ciliatae Reichh. 1975)

V/A *Melica ciliata* – Wimper-Perlgras
V *Thymus praecox* – Früher Thymian
K *Sedum acre* – Scharfer Mauerpfeffer
T *Bupleurum falcatum* – Sichel-Hasenohr
T *Teucrium botrys* – Trauben-Gamander
T *Carlina vulgaris* – Golddistel
T *Euphorbia cyparissias* – Zypressen-Wolfsmilch
T *Teucrium chamaedrys* – Edel-Gamander

Auf grobskelettigen, noch bewegten Kalkschotterböden, auf Felsbändern und Felspodesten des Muschel- und Zechsteinkalkes mit geringmächtigen Feinerdeauflagen, am Fuße von Bergstürzen auftretende, in mehrere Lokalassoziationen gliederbare Initialgesellschaft.
▽ Zurückgehend V, §.
BT Felsbandrasen auf Kalk (T 6.1.2.2)

Alysso montani-Festucetum pallentis Preis 1939 –
Gamander-Blauschwingel-Gesellschaft
(Syn. Alysso-Festucetum cinereae Preis. 1939; incl. Teucrio-Festucetum cinereae Mahn 1959)

V/A *Alyssum montanum* – Berg-Steinkraut
V *Thymus praecox* – Früher Thymian
V *Potentilla arenaria* – Sand-Fingerkraut
O *Festuca pallens* – Bleicher Schwingel
K *Sedum acre* – Scharfer Mauerpfeffer
T *Teucrium montanum* – Berg-Gamander

An südexponierten Hängen auf extrem trockenen, warmen Standorten und in offenen Plateaulagen auf Kalken und Gips im Bereich der niederschlagsärmeren Hügelländer. Die Erosion an den Hängen schafft immer wieder offene Flächen, auf denen die pflanzliche Wiederbesiedlung von neuem beginnen kann.
▽ Gefährdet 3, §.

Poo badensis-Allietum montani Gauckl. 1957 –
Gesellschaft des Badener Rispengrases und des Berglauches =
Gesellschaft des Mauerpfeffers und Badener Rispengrases
(Syn. Sedo-Poetum badensis Mahn 1965; incl. Polytrichio-Allietum montani Korneck 1975)

A *Poa badensis* – Badener Rispengras
V *Thymus praecox* – Früher Thymian
K *Sedum acre* – Scharfer Mauerpfeffer
T *Teucrium chamaedrys* – Edel-Gamander

Im östlichen Helme-Unstrutland selten auf äußerst flachgründigen Felspodesten und Gesteinsböden. Nur lückig schließende Initialgesellschaft.
▽ Stark gefährdet 2, zur Erhaltung bedarf sie der Freistellung und der Beseitigung von beschattenden Gehölzen, §.

Cerastietum pumili Oberd. et Th. Müller in Th. Müller 1961 – Zwerghornkraut-Gesellschaft

A *Cerastium pumilum* – Zwerg-Hornkraut
K *Arenaria serpyllifolia* – Quendel-Sandkraut
K *Erophila verna* – Hungerblümchen
K *Sedum sexangulare* – Milder Mauerpfeffer
K *Sedum acre* – Scharfer Mauerpfeffer
T *Festuca rupicola* – Furchen-Schwingel
T *Poa bulbosa* – Zwiebel-Rispengras

Kleinflächig auf Porphyr- und Rogensteinpodesten oder auf Erdanrissen innerhalb von Xerothermrasen vor allem im Bereich der Trockengebiete.
∇ Gefährdet 3, §.

Sedo-Scleranthion Br.-Bl. 1955 – Subalpine und alpine Fetthennen- und Hauswurzgesellschaften

V *Sempervivum tectorum* – Dach-Hauswurz
V *Sedum annuum* – Einjährige Fetthenne

Pioniergesellschaften auf Silikatfelsen der subalpinen und alpinen Stufe der Gebirge.
∇ Sehr stark gefährdete Pflanzengesellschaften, §.
BT Alpine Felsgrus-(Hauswurz-) Fluren (T 5.1.1.4)

1 Bestände durch *Sempervivum arachnoideum* gekennzeichnet **Scleranthо biennis-Sempervivetum arachnoidei** S. 307
1* Bestände durch *Silene rupestris* und *Sedum annuum* gekennzeichnet, ohne *Sempervivum arachnoideum* **Sileno rupestris-Sedetum annui** S. 307

Scleranthо biennis-Sempervivetum arachnoidei Br.-Bl. 1955 – Gesellschaft der Spinnweben-Hauswurz

A *Sempervivum arachnoideum* – Spinnweben-Hauswurz
V *Sempervivum tectorum* – Dach-Hauswurz
V *Sedum annuum* – Einjährige Fetthenne
H *Scleranthus perennis* – Ausdauernder Knäuel
H *Sedum album* – Weiße Fetthenne

Pioniergesellschaft auf Felsbuckeln, besonnten, kalkarmen Felsböden. In der subalpinen und alpinen Stufe der Alpen, nur in den Allgäuer Hochalpen.
∇ Sehr selten R, §.

Sileno rupestris-Sedetum annui Oberd. 1957 – Felsenleimkraut-Mauerpfeffer-Gesellschaft

A *Silene rupestris* – Felsen-Leimkraut
V *Sedum annuum* – Einjährige Fetthenne
H *Sedum album* – Weiße Fetthenne

Silikatholde, alpigene Pioniergesellschaft in subalpiner Lage des Südschwarzwaldes auf Felsköpfen. Sekundär auch auf Mauerkronen und Dächern. Ob nur verarmte Ausbildung der vorhergenannten Gesellschaft?
∇ Extrem selten R, §.

12.3 Festuco-Brometea Br.-Bl. et R. Tx. in Br.-Bl. 1949 – Schwingel-Trespen-Trocken- und Halbtrockenrasen

K *Galium verum* – Echtes Labkraut
K *Carex humilis* – Zwerg-Segge

K *Pimpinella saxifraga* – Kleine Pimpinelle
K *Asperula cynanchica* – Hügel-Meier
K *Dianthus carthusianorum* – Karthäuser-Nelke
K *Sanguisorba minor* – Kleiner Wiesenknopf
K *Salvia pratensis* – Wiesen-Salbei
K *Carlina vulgaris* – Golddistel
H *Avenula pratensis* – Echter Wiesenhafer, Trift-Hafer
H *Euphorbia cyparissias* – Zypressen-Wolfsmilch
H *Thymus praecox* – Früher Thymian
H *Koeleria macrantha* – Zierliches Schillergras

Von kleinflächigen natürlichen, vom Wald primär freien Standorten ausgehend, durch Eingriffe des Menschen größerflächig ausgebreitete, basiphile Trocken- und Halbtrockenrasen. Besonders gut in niederschlagsarmen, kontinentalen Landschaften des Hügel- und Flachlandes entwickelt. Auf basenreichen Böden mit weiten Amplituden der Temperatur, der Luft- und Bodenfeuchte. Durch das Auftreten einer Reihe von submediterranen und kontinentalen Arten ausgezeichnet. Hauptblühaspekt im Frühjahr, ein zweites, schwächeres Optimum im Herbst. Tiefreichende intensive Durchwurzelung des Bodens. Durch Sommer- und Winterruhe der Bodenorganismen Anhäufung von organischer Substanz im Boden.

▽ Bei Nachlassen von Mahd und Beweidung unterliegen die meisten Standorte durch fehlenden Entzug von Biomasse gegenwärtig einer raschen Wiederbewaldung. Gefördert wird dieser Vorgang durch die Eutrophierung aus der Luft. Ohne Pflegeeingriffe sind die meisten der artenreichen Xerothermrasen nicht zu erhalten, §.

BT Trocken- und Halbtrockenrasen (T.6.2)

1 Durch submediterrane und subozeanische Arten wie *Bromus erectus, Helianthemum nummularium* und *Hippocrepis comosa* ausgezeichnete Trocken- und Halbtrockenrasen, besonders in Gebieten oder an wärmegetönten Standorten mit geringerer Winterkälte **Brometalia erecti** S. 313

1* Durch kontinentale Arten wie *Festuca valesiaca, F. rupicola* und *Scabiosa canescens* ausgezeichnete Trocken- und Halbtrockenrasen, besonders in kontinentalen Landschaften und an Standorten mit hoher Temperatur- und Feuchtigkeitsamplitude **Festucetalia valesiacae** S. 308

Festucetalia valesiacae Br.-Bl. et R. Tx. 1943 ex Br.-Bl. 1949 – Kontinentale Schwingel-Trocken- und Halbtrockenrasen

O *Festuca valesiaca* – Walliser Schwingel
O *Festuca rupicola* – Furchen-Schwingel
O *Potentilla arenaria* – Sand-Fingerkraut
O *Phleum phleoides* – Steppen-Lieschgras
O *Centaurea stoebe* – Rispen-Flockenblume
O *Scabiosa canescens* – Graue Skabiose
O *Scabiosa ochroleuca* – Gelbe Skabiose
O *Pseudolysimachium spicatum* – Ähren-Blauweiderich

Auf basenreichen Gesteinsverwitterungsböden mit einem höheren Feinerdegehalt an exponierten Standorten mit starker Wärme- und Feuchtigkeitsamplitude, vor allem in kontinentaleren Landschaften. In der Artenzusammensetzung von kontinentalen Pflanzen bestimmt.

▽ Als Exklaven der Steppenvegetation Osteuropas und Asiens sind sie nur an exponierten Extremstandorten natürlich, an denen sich die Waldgesellschaften durch die Ungunst der edaphischen und klimatischen Bedingungen auflichteten. Durch die Tätigkeit des Menschen stark in ihrem Areal erweitert, würden sie bei Aufhören der anthropogenen Beeinflussung wieder in ihren Arealen zurückgehen. Pflegemaßnahmen sind deshalb für diese artenreichen, gefährdeten Lebensgemeinschaften zu ihrem Erhalt unbedingt erforderlich, §.

BT Subkontinentale Trocken- und Halbtrockenrasen (T 6.2.2.3)

1 Sehr artenreiche, in der Grasnarbe nicht völlig geschlossene Trockenrasen auf trocken-warmen Standorten in meist südgenäherten Expositionen. Durch Arten wie *Stipa capillata, St. joannis, Achillea setacea* und das gehäufte Aufkommen von *Festuca valesiaca* gekennzeichnet **Festucion valesiacae** S. 309

1* In der Grasnarbe geschlossene Halbtrockenrasen auf basenhaltigen Böden mit mittlerer Verwitterungstiefe und ausgeglichenerem Wasserhaushalt. Durch Arten wie *Brachypodium pinnatum, Cirsium acaule* und *Astragalus danicus* ausgezeichnet **Cirsio-Brachypodion** S. 311

Festucion valesiacae Klika 1931 – Kontinentale Schwingel- Trockenrasen

(Syn. Festuco-Stipion Krausch 1961, Astragalo-Stipion R. Knapp 1944)

O *Festuca valesiaca* – Walliser Schwingel
V *Stipa capillata* – Haarpfriemengras
V *Stipa joannis* – Johannis-Federgras, Echtes F.
V *Stipa pulcherrima* – Großes Federgras
V *Achillea setacea* – Feinblättrige Schafgarbe
V *Oxytropis pilosa* – Steppen-Fahnenwicke
V *Astragalus exscapus* – Stängelloser Tragant
V *Euphorbia seguieriana* – Steppen-Wolfsmilch

Durch das Vorherrschen kontinentaler Arten ausgezeichnete Trockenrasen auf trocken-warmen Extremstandorten in meist südgenäherter Exposition. Vorwiegend in niederschlagsarmen, kontinentalen Landschaften. Die Rasennarbe ist meist nicht geschlossen, sodass zwischen den Grashorsten zahlreiche Frühjahrsephemere gedeihen können.

▽ Die sehr artenreichen Bestände sollten durch Pflegemaßnahmen vor Wiederbewaldung der Standorte und vor Ruderalisierung durch N-Eintrag geschützt werden. Meist stark gefährdet, da sie nur an wenigen Stellen natürliche kleine Vorkommen haben, §.

BT Federgras-Steppenrasen (T 6.2.2.3.2)

1 Trockenrasen mit *Allium sphaerocephalum, Seseli hippomarathrum* und *Festuca duvalii* **Allio-Stipetum capillatae** S. 309

1* Trockenrasen ohne sie genannten Arten 2

2 Trockenrasen durch das hochstete Auftreten von *Festuca valesiaca, F. rupicola, Thymus praecox, Asperula cynanchica* und *Carex humilis* charakterisiert **Festuco valesiacae-Stipetum capillatae** S. 310

2* Trockenrasen ohne die genannten Arten, aber mit *Festuca trachyphylla, Hieracium echioides, Helichrysum arenarium* **Potentillo arenariae-Stipetum capillatae** S. 311

Allio-Stipetum capillatae (R. Knapp 1944) Korneck 1974 – Knopflauch-Pfriemengras-Gesellschaft

(incl. Trinio-Stipetum capillatae [R. Knapp 1944] Oberd. 1957, Erysimo-Stipetum R. Knapp 1944)

A *Festuca duvalii* – Duvals Schwingel
A *Allium sphaerocephalom* – Kugelköpfiger Lauch, Knopf-Lauch
A *Seseli hippomarathrum* – Pferde-Sesel
V *Stipa capillata* – Haarpfriemengras

Trockenrasen auf kalkreichen Standorten zwischen Mainfranken und Nahetal.

▽ Stark gefährdet 2, §.

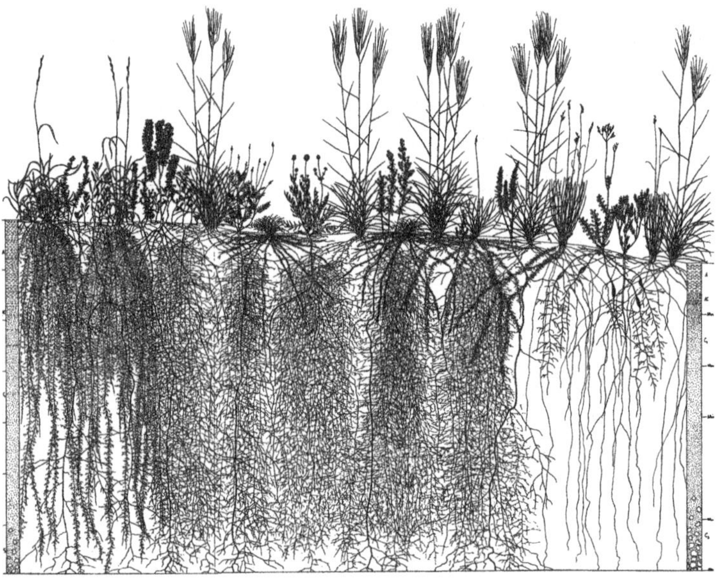

Abb. 32. Halbschematisches Vegetationsprofil eines Trockenrasens des Walliser Schwingels und Haarpfriemengrases (Festuco valesiacae-Stipetum capillatae). Nach MAHN 1954 aus SCHUBERT et al. 1995. Von links nach rechts: *Brachypodium pinnatum, Galium verum, Astragalus danicus, Adonis vernalis, Stipa capillata, Onobrychis arenaria, Carex humilis, Scabiosa ochroleuca, Festuca rupicola, Euphorbia cyparissias, Festuca valesiaca, Filipendula vulgaris, Oxytropis pilosa.*

Festuco valesiacae-Stipetum capillatae Sillinger 1931 –
Trockenrasen des Walliser Schwingels und Haarpfriemengrases (Abb. 32)
(Syn. Festuco valesiacae-Stipetum capillatae Mahn 1959 em. Schub. 1995 incl. Geranio-Stipetum capillatae Mahn 1965, Teucrio montani-Stipetum capillatae Mahn 1965, Erysimo-Festucetum valesiacae [Klika 1932] Schub. 1974)

V/A *Stipa capillata* – Haarpfriemengras
V *Stipa joannis* – Johannis-Federgras, Echtes F.
V *Stipa pulcherrima* – Großes Federgras
V *Achillea setacea* – Feinblättrige Schafgarbe
O *Festuca valesiaca* – Walliser Schwingel
O *Festuca rupicola* – Furchen-Schwingel
O *Scabiosa ochroleuca* – Gelbe Skabiose
K *Carex humilis* – Zwerg-Segge

Artenreiche Trockenrasen in niederschlagsarmen, kontinentalen Landschaften des Mitteldeutschen Trockengebietes an trockenwarmen Extremstandorten. Die Böden stellen Protorendzinen oder Rendzinen dar. Im Komplex mit Trockenwäldern im Waldrandbereich mit Arten wie *Geranium sanguineum, Inula hirta* und *Origanum vulgare* aus dem Waldsaum. Auf geringermächtigen Karbonat- und Gipsverwitterungsböden oft mit *Teucrium montanum* und *Anthericum liliago*. Im nördlichen und östlichen Harzvorland auch in etwas artenärmeren Formen, z.T. ohne *Stipa*, mit Dominanz von *Festuca valesiaca* auf Sekundärstandorten wie Lößhängen an Straßenrändern.

∇ Stark gefährdet 2, in ihren Beständen stark rückgängig, §.

Potentillo arenariae-Stipetum capillatae (Hueck 1931) Krausch 1961 – Trockenrasen des Sandfingerkrautes und Haarpfriemengrases
(Syn. Stipetum capillatae [Hueck 1931] Krausch 1960 p.p.)

V *Stipa capillata* – Haarpfriemengras
T *Festuca brevipila* (= *F. trachyphylla*) – Raublatt-Schwingel
T *Hieracium echioides* – Natternkopf-Habichtskraut
T *Helichrysum arenarium* – Sand-Strohblume
T *Artemisia campestris* – Feld-Beifuß
O *Potentilla arenaria* – Sand-Fingerkraut

Trockenrasen auf steilen, überwiegend südexponierten Hang- und Kuppenstandorten, auf lockeren, kalkhaltigen, sandig-lehmigen Böden in kontinentalen Landschaften des Pleistozängebietes. Zahlreiche kontinentale Arten der Trockenrasen des Mitteldeutschen Trockengebietes fehlen in der Artenzusammensetzung.

∇ Stark gefährdet 2, §.

Cirsio-Brachypodion Hadač et Klika in Klika et Hadač 1944 – Kontinentale Halbtrockenrasen

V *Brachypodium pinnatum* – Fieder-Zwenke
V *Cirsium acaule* – Stängellose Kratzdistel
V *Astragalus danicus* – Dänischer Tragant
V *Fragaria viridis* – Knack-Erdbeere, Knackelbeere
V *Prunella grandiflora* – Großblütige Braunelle
V *Adonis vernalis* – Frühlings-Adonisröschen
V *Potentilla heptaphylla* – Rötliches Fingerkraut
V *Potentilla neumanniana* – Frühlings-Fingerkraut
V *Medicago falcata* – Sichel-Luzerne
H *Plantago media* – Mittlerer Wegerich

Auf basenhaltigen Böden meist mittlerer Verwitterungstiefe und gelegentlicher Überdeckung mit pleistozänem Material (Löß). Der Wasserhaushalt der Standorte ist relativ ausgeglichen, das Bestandesgefüge dicht, geschlossen, Gräser dominieren. Die geschlossene Rasennarbe erschwert das Aufkommen wärmeliebender Ruderalelemente, kann dagegen das Aufkommen von Arten wärmeliebender Gebüsche und Xerothermwälder auf den überwiegend anthropogen waldfreien Standorten nicht verhindern.

∇ Die artenreichen, gefährdeten Halbtrockenrasen benötigen unbedingt eine Mahd oder Beweidung, da sich bei ausbleibender Bearbeitung sehr rasch Gehölze ansiedeln, §.

BT Frühlingsadonis-Fiederzwenkenrasen (T 6.2.2.3.1)

1 Halbtrockenrasen durch die Vorherrschaft von *Stipa stenophylla* charakterisiert
Stipetum stenophyllae S. 312

1* Halbtrockenrasen nicht von *Stipa stenophylla* beherrscht. 2

2 Halbtrockenrasen des Mitteldeutschen Trockengebietes und des Gipskeupers Mainfrankens mit *Festuca rupicola*, *Astragalus danicus* und *Asperula cynanchica*
Festuco rupicolae-Brachypodietum pinnati S. 313

2* Halbtrockenrasen kontinentaler Landschaften ohne die genannten Arten, aber mit *Trifolium montanum*, *Thymus pulegioides* und *Festuca trachyphylla*
Adonido-Brachypodietum pinnati S. 313

Abb. 33. Halbschematisches Vegetationsprofil eines Halbtrockenrasens – Furchenschwingel-Fiederzwenken-Halbtrockenrasen (Festuco rupicolae-Brachypodietum pinnatum) auf tiefgründigem Lehm über Porphyr bei Halle. Nach Mahn 1957 aus Schubert 1991. Von links nach rechts: *Brachypodium pinnatum* (nicht blühend), *Filipendula vulgaris, Brachypodium pinnatum, Euphorbia cyparissias, Festuca rupicola, Salvia pratensis, Brachypodium pinnatum* (blühend), *Scabiosa canescens, Brachypodium pinnatum, Achillea millefolium, Centaurea scabiosa, Potentilla alba, Brachypodium pinnatum, Plantago lanceolata, Brachypodium pinnatum.*

Stipetum stenophyllae (Podp. 1930) Meusel 1938 –
Halbtrockenrasen des Schmalblättrigen Federgrases
(incl. Genisto pilosae-Stipetum stenophyllae Korneck 1974)

A *Stipa stenophylla* (dom.) – Schmalblättriges Federgras, Rossschweif-F.
V *Achillea setacea* – Feinblättrige Schafgarbe
V *Fragaria viridis* – Knack-Erdbeere, Knackelbeere
V *Astragalus danicus* – Dänischer Tragant

Durch die Vorherrschaft von *Stipa stenophylla* bestimmter, sehr seltener Halbtrockenrasen. Syntaxonomisch zwischen den kontinentalen Trocken- und Halbtrockenrasen stehend. Auf ± tiefgründigen Feinerdedecken (degradierter Tschernosem) über anstehendem Gestein. Vom Nahegebiet, von den Harslebener Bergen im nördlichen Harzvorland und Kyffhäuser beschrieben.

▽ Stark gefährdet (2), §.

Festuco rupicolae-Brachypodietum pinnati Mahn 1959 em. Schub. 1995 – Furchenschwingel-Fiederzwenken-Halbtrockenrasen
(incl. Bupleuro-Brachypodietum pinnati Mahn 1965, Festucetum rupicolae [Gauckl. 1938] Schub. 1954)

O *Festuca rupicola* – Furchen-Schwingel
V *Brachypodium pinnatum* – Fieder-Zwenke
K *Asperula cynanchica* – Hügel-Meier
H *Avenula pratensis* – Echter Wiesenhafer, Trift-Hafer
H *Eryngium campestre* – Feld-Mannstreu
H *Medicago lupulina* – Hopfenklee

Auf mittel- bis tiefgründigen Lockergesteinsböden, vor allem Löß im Mitteldeutschen Trockengebiet. Auch über Karbonatgestein an wärmegetönten Standorten, mit relativ ausgeglichenem Feuchtehaushalt. In den kontinentalen Landschaften der Trockengebiete noch weit verbreitet, aber durch Eutrophierung und Wiederbewaldung der Standorte rückgängig, z. T. mit Dominanz von *Festuca rupicola*.
▽ Im Komplex der kontinentalen Trocken- und Halbtrockenrasen gefährdeter Halbtrockenrasen, der unbedingt der Mahd oder Beweidung zu seiner Existenz bedarf (3), §.

Adonido-Brachypodietum pinnati (Libb. 1933) Krausch 1961 – Adonisröschen-Fiederzwenken-Halbtrockenrasen
(incl. Cirsio-Trifolietum montani Wollert 1964, Scorzonero-Brachypodietum pinnati Gauckl. 1957, Adonis vernalis-Brachypodietum rupestris-Gesellschaft Schuhw. 1990)

V *Brachypodium pinnatum* – Fieder-Zwenke
T *Trifolium montanum* – Berg-Klee
T *Thymus pulegioides* – Gewöhnlicher Thymian
T *Briza media* – Zittergras
T *Festuca brevipila* – Raublatt-Schwingel
T *Campanula sibirica* – Sibirische Glockenblume

Auf wärmegetönten, tiefgründigen Lehmböden, optimal entwickelt in den Trockengebieten, außerhalb des Mitteldeutschen Trockengebietes an kontinentalen Elementen verarmt.
▽ Stark gefährdeter Halbtrockenrasen, der unbedingt einer Pflege bedarf, 2, §.

Brometalia erecti (W. Koch 1926) Br.-Bl. 1936 – Submediterrane Trespen-Trocken- und Halbtrockenrasen

O *Centaurea scabiosa* – Skabiosen-Flockenblume
O *Scabiosa columbaria* – Tauben-Skabiose
O *Koeleria pyramidata* – Großes Schillergras
O *Hippocrepis comosa* – Hufeisenklee
O *Helianthemum nummularium* – Gewöhnliches Sonnenröschen
O *Bromus erectus* – Aufrechte Trespe
O *Anthyllis vulneraria* – Wundklee

Artenreiche Trocken- und Halbtrockenrasen auf basenreichen Böden an trocken-warmen Standorten in Landschaften mit geringer Winterkälte und hohen Sommertemperaturen. Optimal in den südlichen Hügelländern entwickelt. In der Artenzusammensetzung dominieren submediterrane und subozeanisch verbreitete Sippen. Im Mitteldeutschen Trockengebiet dringen auch kontinentale Arten in die Bestände ein.

▽ Gefährdete Pflanzengemeinschaften, die zunehmend der Verbuschung und Wiederbewaldung unterliegen. Vor allem an nicht so extrem trockenen Standorten bedürfen sie zu ihrem Erhalt der Pflege durch Mahd oder Beweidung, §.
BT Submediterrane Trocken- und Halbtrockenrasen (T 6.2.2.2)

1 Lückige Trockenrasen auf flachgündigen, oft steilen und südexponierten Standorten, die im Sommer stark austrocknen. Mit Zwergsträuchern wie *Teucrium chamaedrys* und *T. montanum* oder mit *Thalictrum minus* und *Festuca pallens* **Xerobromion** S. 314
1* Dichtschließende Halbtrockenrasen auf tiefgründigen Standorten, auf sommerwarmen aber nicht extrem austrocknenden Böden. Meist als Ersatzgesellschaft früherer Eichen- oder Rotbuchenwälder. Mit *Gentianella germanica, G. ciliata, Primula veris* und *Ranunculus bulbosus* **Bromion erecti** S. 317

Xerobromion (Br.-Bl. et Moor 1938) Moravec in Holub et al.1967 – Submediterrane Trespen- Trockenrasen

(incl. Seslerio-Xerobromion Oberd. 1957, Koelerio-Phleion phleoidis Korneck 1974 p.p.)

V *Teucrium chamaedrys* – Edel-Gamander
V *Teucrium montanum* – Berg-Gamander
V *Teucrium botrys* – Trauben-Gamander
V *Thalictrum minus* – Kleine Wiesenraute
V *Allium senescens* – Berg-Lauch
T *Festuca pallens* – Bleicher Schwingel

Lückige Trockenrasen auf meist unentwickelten, flachgündigen, basenreichen Böden auf extrem trockenen, warmen Standorten, oft in steiler, südexponierter Hanglage. Hauptentwicklung im Frühjahr, ein zweiter Blühaspekt gelegentlich im Herbst. Im Bestandesaufbau durch submediterrane Zwergsträucher und trockenheitsertragende Horstgräser ausgezeichnet. Dazwischen oft trockenresistente Flechten und Moose.
▽ Trotz der extremen Standorte, die keine Mahd und intensive Beweidung gestatten, dringen Gehölze in die Bestände ein, deren Entfernung notwendig ist, wenn diese Trockenrasen erhalten werden sollen, §.
BT Submediterrane Trockenrasen (T 6.2.2.2.1)

1 Trockenrasen mit dominierender *Sesleria albicans* 2
1* Trockenrasen im Aufbau nicht von *Sesleria albicans* bestimmt 4
2 Trockenrasen auf Gipsverwitterungsböden mit *Gypsophila fastigiata* und *Fumana procumbens* **Fumano-Seslerietum** S. 315
2* Trockenrasen ohne die genannten Arten. 3
3 Trockenrasen auf Kalkverwitterungsböden ohne die genannten Arten, mit *Bupleurum falcatum, Epipactis atrorubens* und *Teucrium chamaedrys* **Teucrio-Seslerietum** S. 315
3* Trockenrasen auf Abwitterungshalden von Weißjura-Felsen mit *Globularia punctata* **Bromo-Seslerietum** S. 316
4 (1*) Trockenrasen mit *Phleum phleoides* 5
4* Trockenrasen ohne *Phleum phleoides* 6
5 Trockenrasen mit *Pulsatilla vernalis*, in östlichen Pleistozängebieten **Pulsatillo vernalis-Phleetum phleoides** S. 315
5* Trockenrasen mit *Genistella sagittalis* **Genistello sagittalis-Phleetum phleoidis** S. 316
6 (4*) Trockenrasen mit *Leontodon incanus* und *Pulsatilla vulgaris* **Pulsatillo-Caricetum humilis** S. 316
6* Trockenrasen ohne die genannten Arten. 7
7 Trockenrasen mit *Carex halleriana* und *Fumana procumbens* **Xerobrometum** S. 316
7* Trockenrasen ohne die genannten Arten, mit dominanter *Carex humilis*, mit *Helianthemum canum* und *Trinia glauca* **Trinio-Caricetum humilis** S. 315

Pulsatillo vernalis-Phleetum phleoides Pass. 1959 –
Küchenschellen-Steppenlieschgras-Trockenrasen

T *Phleum phleoides* – Steppen-Lieschgras
A *Pulsatilla vernalis* – Frühlings-Küchenschelle
T *Festuca brevipila* – Raublatt-Schwingel
A *Pulsatilla pratensis* – Wiesen-Küchenschelle
K *Dianthus carthusianorum* – Karthäuser-Nelke

Auf lehmig-kiesigen Böden in exponierter warm-trockener Lage auf Moränenkuppen, am Rande von Mergel- und Kiesgruben, besonders in Mecklenburg-Vorpommern und West-Brandenburg.
▽ Durch Eutrophierung in ihrem Bestand zunehmend stark gefährdet (2), §.

Trinio-Caricetum humilis Volk in Br.-Bl. et Moor 1938 em. Schub. 1995 –
Faserschirm-Zwergseggen-Trockenrasen
(Syn. Helianthemo-Xerobrometum Schub. 1974; incl. Brachypodio-Anthericetum H. D. Knapp et Reichh. 1973)

A *Trinia glauca* – Blaugrüner Faserschirm
A *Helianthemum canum* – Graues Sonnenröschen
V *Teucrium montanum* – Berg-Gamander
V *Teucrium chamaedrys* – Edel-Gamander
O *Helianthemum nummularium* – Gewöhnliches Sonnenröschen
O *Hippocrepis comosa* – Hufeisenklee
K *Carex humilis* – Zwerg-Segge
K *Thymus praecox* – Früher Thymian
H *Cirsium acaule* – Stängellose Kratzdistel

An Hangkanten der Muschelkalksteilstufen, auf Oberhängen von Muschelkalkschotterhalden, aber auch auf flachgründigen Südhängen und auf Hochflächen mit unentwickelten, skelettreichen Kalkgesteinsverwitterungsböden in Thüringen und Sachsen-Anhalt, im Würzburger Wellenkalkgebiet an der Fränkischen Saale und im Tauber-Gebiet. Lückiger und zwergwüchsiger Trockenrasen mit Vorherrschen submediterraner Trockenrasenarten.
▽ Trotz der extremen Standorte ist eine gelegentliche Beweidung der gefährdeten Bestände empfehlenswert, gefährdet 3, §.

Fumano-Seslerietum W. Schub. 1963 – Nadelröschen-Blaugras-Trockenrasen
(Syn. Koelerio-Seslerietum Oberd. 1957 p. p.)

T *Sesleria albicans* – Blaugras
A *Gypsophila fastigiata* – Ebensträußiges Gipskraut
T *Fumana procumbens* – Nadelröschen
T *Alyssum montanum* – Berg-Steinkraut
T *Thesium linophyllum* – Mittleres Vermeinkraut

Auf Gipszersatzböden an süd- und westexponierten Hängen an der Südabdachung des Kyffhäusers. Stabilisierung der Hänge durch das intensive, weit reichende Wurzelsystem von *Sesleria albicans*.
▽ Gelegentliche Beweidung der gefährdeten Bestände ist wegen des Aufkommens von Gehölzen zu empfehlen (3), §.

Teucrio-Seslerietum Volk 1937 em. Schub. 1995 – Gamander-Blaugras-Trockenrasen
(incl. Epipactis-Seslerietum [Lohm. 1953] W. Schub. 1963, Amelanchiero-Seslerietum W. Schub. 1963, Thymo-Seslerietum W. Schub. 1963)

V/A *Teucrium chamaedrys* – Edel-Gamander
V *Teucrium botrys* – Trauben-Gamander

T *Sesleria albicans* – Blaugras
T *Asperula cynanchica* – Hügel-Meier
T *Epipactis atrorubens* – Braunrote Sitter

An steilen, schotterüberlagerten Hängen des Muschel- oder Devonkalkes in Thüringen und Sachsen-Anhalt, im Mainfränkischen Gebiet und im Taubertal sowie in den Jura-Felsenklippen. Auf extrem flachgründigen Protorendzinen. Der lückige Trockenrasen besitzt eine wichtige schotterstauende Funktion.

▽ Obwohl die Wiederbewaldung nur sehr langsam vor sich geht, ist ein Aufkommen wärmeliebender, trockenheitsertragender Gehölze in den gefährdeten Beständen zu verzeichnen, 3, §.

Bromo-Seslerietum (Kuhn 1937) Oberd. 1957 – Kugelblumen-Blaugras-Gesellschaft

O *Bromus erectus* – Aufrechte Trespe
T *Globularia bisnagarica (= G. punctata)* – Echte Kugelblume
T *Sesleria albicans* – Blaugras
H *Festuca rupicola* – Furchen-Schwingel

Blaugrasreiche Trockenrasen im Schwäbischen und Fränkischen Jura auf steinigen Abwitterungshalden der Weißjura-Felsen.

▽ Gefährdet (3), §.

Genistello sagittalis-Phleetum phleoidis Korneck 1974 – Flügelginster-Glanzlieschgras-Gesellschaft
(incl. Viscario-Festucetum heterostachyos [Issler 1929] Br.-Bl. ex Oberd. 1957 em. Korneck 1974 corr. Oberd. 1978, Agrostio-Brometum Issler 1929)

A *Genistella sagittalis* – Flügel-Ginster
T *Phleum phleoides* – Steppen-Lieschgras, Glanz-Lieschgras
H *Potentilla neumanniana* – Frühlings-Fingerkraut
H *Carex caryophyllea* – Frühlings-Segge

Trockenrasen auf flachgründigen,sauren Rankern im Rhein- und Moseltal.

▽ Stark gefährdet 2, §.

Pulsatillo-Caricetum humilis Gauckl. 1938 em. Oberd. et Korneck 1976 – Küchenschellen-Zwergseggen-Gesellschaft
(incl. Helichryso-Festucetum sulcatae Hohenester 1960)

T *Pulsatilla vulgaris* – Gewöhnliche Küchenschelle
T *Leontodon incanus* – Grauer Löwenzahn
T *Stipa pennata* ssp. *austriaca* – Österreichisches Federgras
K *Carex humilis* – Zwerg-Segge
H *Centaurea stoebe* – Rispen-Flockenblume
H *Silene otites* – Ohrlöffel-Leimkraut

Dealpin-kontinental getönter Trockenrasen im Regensburger Raum. Von Ostbayern bis zur Frankenalb und im Donautal aufwärts bis Beuron. Auf Kalken und Dolomitsanden.

▽ Gefährdet 3, §.

Xerobrometum Br.-Bl. 1915 em. 1931 – Trespen-Trockenrasen

A *Carex halleriana* – Grundstielige Segge
A *Stipa pennata* ssp. *pennata* – Federgras
A *Linum tenuifolium* – Schmalblättriger Lein
T *Globularia bisnagarica* – Echte Kugelblume
T *Fumana procumbens* – Nadelröschen
K *Bromus erectus* – Aufrechte Trespe

Wärmezeitliche Reliktgesellschaft, an stark geneigten, meist südexponierten Felsflanken auf Kalk oder vulkanischem Gestein.
▽ Gefährdet 3, §.

Bromion erecti Koch 1926 – Submediterrane Halbtrockenrasen
(Syn. Mesobromion erecti Br.-B. et Moor 1936; incl. Seslerio-Mesobromion Oberd. 1957)

V *Gentianella germanica* – Deutscher Enzian
V *Gentianella ciliata* – Fransen-Enzian
V *Primula veris* – Wiesen-Primel
V *Ranunculus bulbosus* – Knolliger Hahnenfuß
V *Carlina acaulis* – Silberdistel
V *Anthyllis vulneraria* – Wundklee
K *Bromus erectus* – Aufrechte Trespe
T *Carex flacca* – Blaugrüne Segge

Von submediterranen und subozeanischen Arten beherrschte Halbtrockenrasen mit vollständigem Bestandsschluss auf basenreichen Böden, die einen relativ ausgeglichenen Wärme- und Wasserhaushalt haben. Die Biomasseproduktion ist relativ hoch, weshalb die Bestände, so weit es die Relieffaktoren zulassen, landwirtschaftlich durch Mahd oder Beweidung genutzt werden.
▽ Bei Aufhören der landwirtschaftlichen Nutzung setzt eine Wiederbewaldung ein, die relativ rasch über Gebüschstadien zu Xerothermwäldern führt. Ein Erhalt dieser gefährdeten Halbtrockenrasen ist nur bei Beibehaltung der Mahd oder Beweidung möglich, §.
BT Trespen-Halbtrockenrasen (T 6.2.2.2.3)

1 Bestände durch das Vorherrschen von *Sesleria albicans* bestimmt 2
1* Bestände nicht durch das Vorherrschen von *Sesleria albicans* bestimmt 3
2 Bestände durch das Vorkommen von *Carex sempervirens, Campanula scheuchzeri* und *Polygala chamaebuxus* ausgezeichnet **Carlino acaulis-Caricetum sempervirentis** S. 320
2* Bestände ohne die genannten Arten, dafür mit *Polygala amara, Gymnadenia conopsea* und *Carex ornithopoda* **Polygalo amarae-Seslerietum albicantis** S. 317
3 (1*) Bestände durch das Vorherrschen von *Avenula pratensis* und durch das Auftreten säuretoleranter Arten wie *Danthonia decumbens*, *Genista tinctoria, Lychnis viscaria* und *Festuca ovina* bestimmt **Filipendulo vulgaris-Helictotrichetum pratensis** S. 319
3* Bestände nicht durch das Auftreten säuretoleranter Arten und das Vorherrschen von *Avenula pratensis* bestimmt. 4
3 Bestände mit starkem Aufkommen von *Bromus erectus*, meist nicht beweidet **Onobrychido-Brometum erecti** S. 318
4* Bestände ohne starkes Aufkommen von *Bromus erectus*, meist regelmäßig beweidet **Gentiano-Koelerietum pyramidatae** S. 318

Polygalo amarae-Seslerietum variae (Lohm.1953) R. Tx. 1955 – Kreuzblümchen-Blaugras-Halbtrockenrasen
(incl. Parnassio-Seslerietum W. Schub. 1963, Helianthemo-Seslerietum W. Schub. 1963)

T *Sesleria albicans* (= *S. varia*) – Blaugras
A *Polygala amara* – Bitteres Kreuzblümchen
A *Carex ornithopoda* – Vogelfuß-Segge
T *Gymnadenia conopsea* – Große Händelwurz
T *Carex digitata* – Finger-Segge
O *Helianthemum nummularium* – Gewöhnliches Sonnenröschen
T *Tortella tortuosa* – Gedrehtes Spiralzahnmoos

Auf nord- bis westexponierten Hängen des Muschel- oder Devonkalkes bzw. des Gipses. Von Hessen bis zum Weserbergland und in den Süntel, im Harz, Kyffhäuser und in Thüringen, an Standorten, an denen der Wald aus orographischen Gründen zurücktritt. Die Rendzinaböden sind in ihrem Wasserhaushalt relativ ausgeglichen. Meist in niederschlagsreicheren Landschaften.

▽ Die gefährdeten Bestände unterliegen einer zunehmenden Besiedlung durch Gehölze, 3, §.

Onobrychido-Brometum erecti Th. Müller 1968 –
Esparsetten-Trespen-Halbtrockenrasen
(Syn. Mesobrometum Br.-Bl. in Scherr. 1925; incl. Gentiano vernae-Brometum Kuhn 1937, Medicagini-Avenetum pubescentis de Leeuw 1936 = Thalictro-Brometum erecti Knörzer 1960)

O *Bromus erectus* (dom.) – Aufrechte Trespe
A *Onobrychis viciifolia* – Saat-Esparsette
V *Carlina acaulis* – Silberdistel
T *Orchis militaris* – Helm-Knabenkraut
T *Ophrys insectifera* – Fliegen-Ragwurz
T *Gymnadenia conopsea* – Große Händelwurz
T *Aster amellus* – Berg-Aster

Durch das Vorherrschen von *Bromus erectus* und einer großen Anzahl wärmeliebender und nicht weidefester Arten ausgezeichneter Halbtrockenrasen mit vielen Orchideen. Vor allem an den Unterhängen der Muschelkalksteilstufen und an den Unterhängen der Gipshänge. Durch Lößeintrag oder Überrollung des Rötsockels mit Muschelkalkschotter kam es an Unterhängen zu nährstoffreichen Standorten, die durch Mahdnutzung und nur gelegentliche Beweidung gehölzfrei gehalten wurden.

▽ Nachlassende Nutzung führt deutlich zu einer Zunahme wärmeliebender Gehölze. Erneute Mahdnutzung, verbunden mit einem Zurückdrängen des Gehölzjungwuchses ist als Pflegemaßnahme zur Erhaltung der gefährdeten orchideenreichen Bestände zu empfehlen, 3, §.

Gentiano-Koelerietum pyramidatae R. Knapp ex Bornk. 1960 –
Enzian-Schillergras-Halbtrockenrasen
(Syn. Carlino acaulis-Brometum Oberd. 1957 p. p.)

V *Gentianella germanica* – Deutscher Enzian
V *Gentianella ciliata* – Fransen-Enzian
O *Koeleria pyramidata* – Großes Schillergras
O *Helianthemum nummularium* – Gewöhnliches Sonnenröschen
K *Avenula pratensis* – Trift-Hafer
H *Galium verum* – Echtes Labkraut
H *Potentilla neumanniana* – Frühlings-Fingerkraut
H *Carex caryophyllea* – Frühlings-Segge
H *Ononis spinosa* – Dornige Hauhechel
H *Cirsium acaule* – Stängellose Kratzdistel

Regelmäßig durch Schafe beweidete und dadurch verbissene, kurzgrasige Halbtrockenrasen auf relativ tiefgründig verwitterten Kalkschottertriften in wärmegetönten Hügelländern.

▽ Beibehaltung der Schafstrift ist als Pflegemaßnahme wichtig, da sonst wärmeliebende Gehölze eine rasche Wiederbewaldung einleiten, gefährdet 3, §.

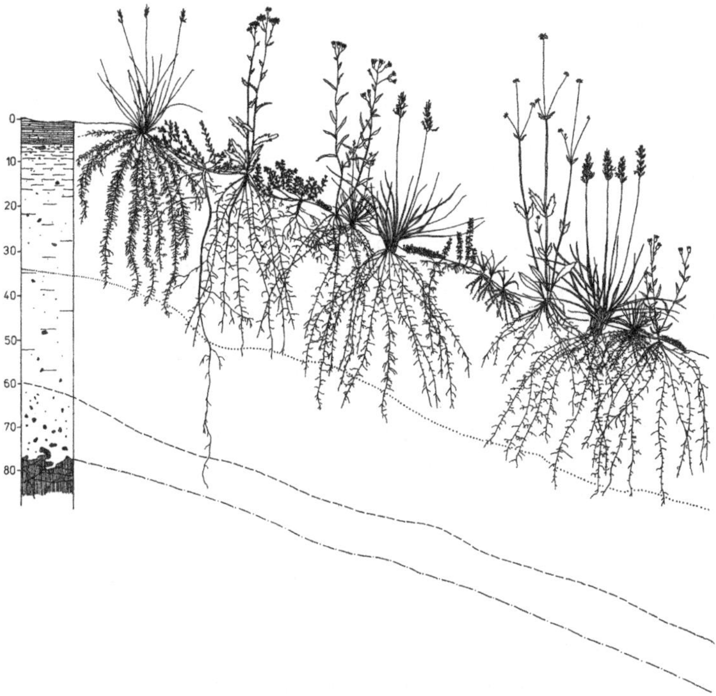

Abb. 34. Halbschematisches Vegetationsprofil der Mädesüß-Wiesenhafer-Gesellschaft (Filipendulo vulgaris-Helictotrichetum pratensis). Nach Mahn 1954 aus Schubert et al. 1995. Von links nach rechts: *Danthonia decumbens, Genista tinctoria, Serratula tinctoria, Helianthemum nummularium, Hieracium umbellatum, Festuca ovina, Avenula pratensis* (= *Helictotrichon pratensis*), *Galium boreale, Luzula campestris, Succisa pratensis, Avenula pratensis, Hieracium umbellatum.*

Filipendulo vulgaris-Helictotrichetum pratensis Mahn (1959) 1965 – Mädesüß-Wiesenhafer-Gesellschaft (Abb. 34)
(incl. Viscario-Avenetum Oberd. 1949)

K *Avenula pratensis* (= *Helictotrichetum pratensis*) – Trift-Hafer
H *Festuca ovina* – Schaf-Schwingel
T *Danthonia decumbens* – Dreizahn
T *Genista tinctoria* – Färber-Ginster
T *Filipendula vulgaris* – Kleines Mädesüß

Auf mitteltiefgründigen, lessivierten Braunerden in niederschlagsarmen Gebieten der Hügelländer.

▽ Zur Erhaltung der Gesellschaft ist eine Beweidung unbedingt erforderlich, gefährdet 3, §.

Carlino acaulis-Caricetum sempervirentis Lutz et Paul 1947 –
Gesellschaft der Silberdistel und der Horstsegge
(Syn. Mesobrometum erecti praealpinum Oberd. 1950)

V *Carlina acaulis* – Silberdistel
T *Carex sempervirens* – Horst-Segge
T *Sesleria albicans* – Blaugras
T *Campanula scheuchzeri* – Scheuchzers Glockenblume
T *Polygala chamaebuxus* – Zwergbuchs
T *Orchis ustulata* – Brand-Knabenkraut

Ungedüngte, vorwiegend einschürig gemähte oder damit im Wechsel beweidete, artenreiche Kalkmagerwiese mit einer Kombination von Pflanzen der Halbtrockenrasen und alpiner Rasen auf Kalk. Verbreitet auf Rendzina-Böden der Kalkalpen Oberbayerns und der Schwäbischen Alb.
▽ Stark gefährdet 2, §.

12.4 Molinio-Arrhenatheretea R. Tx. 1937 – Wirtschaftsgrünland

K *Poa pratensis* – Wiesen-Rispengras
K *Poa trivialis* – Gewöhnliches Rispengras
K *Festuca rubra* – Rot-Schwingel
K *Briza media* – Zittergras
K *Anthoxanthum odoratum* – Ruchgras
K *Alopecurus pratensis* – Wiesen-Fuchsschwanz
K *Achillea millefolium* – Gewöhnliche Schafgarbe
K *Lathyrus pratensis* – Wiesen-Platterbse
K *Vicia cracca* – Vogel-Wicke
K *Festuca pratensis* – Wiesen-Schwingel
K *Holcus lanatus* – Wolliges Honiggras
K *Ranunculus acris* – Scharfer Hahnenfuß
K *Cardamine pratensis* – Wiesen-Schaumkraut
K *Centaurea jacea* – Wiesen-Flockenblume
K *Cerastium holosteoides* – Gewöhnliches Hornkraut
K *Rumex acetosa* – Großer Sauerampfer
K *Taraxacum officinale* – Gewöhnlicher Löwenzahn
K *Trifolium repens* – Weiß-Klee
K *Trifolium pratense* – Rot-Klee

Von Gräsern und Grasartigen beherrschte, landwirtschaftlich für Futter- oder Einstreuzwecke genutzte Grünland-Gesellschaften (Futterwiesen, Streuwiesen und Weiden) des frischen, feuchten und wechselfeuchten Bereiches und Gesellschaften der Feuchtwiesensäume auf ursprünglich waldbestockten Flächen in Fluss- und Bachtälern, großen alluvialen Niederungen und in Hanglagen des Hügel- und Berglandes. Verbreitet auf Niedermoorstandorten des pleistozänen Tieflandes, in den großen Flussauen und im Bergland, insgesamt in den letzten Jahrzehnten flächenmäßig zurückgegangen und floristisch stark verarmt. Zahlreiche Arten entstammen ursprünglich der Vegetation von Wäldern, nitrophilen Säumen und Uferbereichen.
▽ Ohne Nutzung und damit verbundene Entnahme von Pflanzenmasse durch Mahd (ein-, zwei- oder mehrschürig) oder Beweidung kommt es zur Entwicklung von Staudenfluren und Gehölzen. Seit den 70er Jahren des 20. Jahrhunderts einerseits durch Intensivierungsmaßnahmen (Entwässerung, Düngung, Umbruch, Neuansaat, häufige und zeitige Mahd) in starkem Maße Verdrängung des Dauergrünlandes durch arten-, vor allem kräuterarmes Saatgrasland oder Umwandlung in Ackerflä-

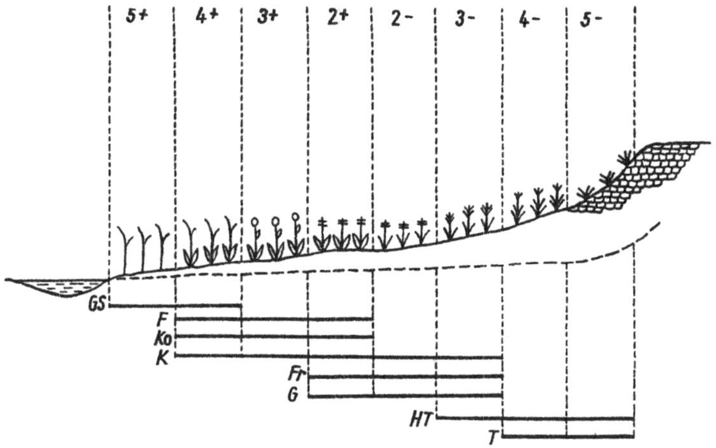

Abb. 35. Vegetationsprofil der Wiesenvegetation in einem Flusstal im Thüringer Hügelland. Nach Hundt 1964 aus Schubert et al. 1995. GS = Großseggenried, F = Feuchtwiese, Ko = Kohldistelwiese, K = Kammgrasweiden, Fr = Frischwiese, G = Glatthaferwiese, HT = Halbtrockenrasen, T = Trockenrasen.
Schlankseggenried (Caricetum gracilis)
Engelwurz-Kohldistel-Wiese (Angelico sylvestris-Cirsietum oleracei)
Kohldistel-Glatthaferwiese (Arrhenatheretum elatioris, Cirsium oleraceum-Subass.)
Typische Glatthaferwiese (Arrhenatheretum elatioris, typ. Subass.)
Salbei-Glatthaferwiese (Arrhenatheretum elatioris, Salvia pratensis-Subass.)
Esparsetten-Trespen-Halbtrockenrasen (Onobrychido-Brometum)
Faserschirm-Zwergseggen-Trockenrasen (Trinio-Caricetum humilis)

chen, andererseits Aufgabe der Nutzung und Brachfallen nicht intensivierbaren Grünlandes.

BT Wiesen und Weiden (T 7)

1 Artenarme Grasbestände, sehr arm an Wiesenkräutern, vielfach mit Ackerunkräutern, Ruderal- und Kriechrasenarten durchsetzt, oft Drillreihen noch zu erkennen **Saatgrasland** S. 340

1* Meist krautreichere Grasbestände, Dauergrünland 2

2 Frischwiesenarten dominieren, z. B. *Arrhenatherum elatius, Bromus hordeaceus, Trisetum flavescens, Dactylis glomerata, Heracleum sphondylium, Pimpinella major, Leucanthemum vulgare, Veronica chamaedrys* **Arrhenatheretalia elatioris** S. 321

2* Feuchtwiesenarten dominieren, z. B. *Deschampsia cespitosa, Cirsium palustre, Lychnis flos-cuculi, Filipendula ulmaria, Achillea ptarmica, Equisetum palustre, Molinia coerulea, Juncus*-Arten **Molinietalia caeruleae** S. 330

Arrhenatheretalia elatioris (Pawł. 1928) R. Tx. 1931 – Frischwiesen und -weiden

O *Dactylis glomerata* – Gewöhnliches Knaulgras
O *Avenula pubescens* – Flaumhafer
O *Galium mollugo* – Wiesen-Labkraut
O *Leucanthemum vulgare* – Wiesen-Margerite
O *Veronica chamaedrys* – Gamander-Ehrenpreis

O *Bromus hordeaceus* – Weiche Trespe
O *Pimpinella major* – Große Pimpinelle
O *Heracleum sphondylium* – Wiesen-Bärenklau
O *Anthriscus sylvestris* – Wiesen-Kerbel
O *Vicia sepium* – Zaun-Wicke

1 Frischwiesen in Mähnutzung 2
1* Weiderasen und kurz gehaltene Parkrasen. 3
2 Frischwiesen der planaren und kollinen Stufe, Vorherrschen von *Arrhenatherum elatius* **Arrhenatherion elatioris** S. 322
2* Gebirgs-Frischwiesen mit viel *Trisetum flavescens*, mit *Alchemilla vulgaris*, *Geranium sylvaticum* **Polygono-Trisetion flavescentis** S. 327
3 (1*) Weiderasen und Parkrasen der planaren bis montanen Stufe **Cynosurion cristati** S. 325
3* Weiderasen der subalpinen und alpinen Stufe **Poion alpinae** S. 329

Arrhenatherion elatioris (Br.-Bl. 1925) W. Koch 1926 – Planar-kolline Frischwiesen

(incl. Agrostio-Festucion rubrae Puşcaru 1956)

V *Arrhenatherum elatius* – Glatthafer
V *Pastinaca sativa* – Pastinak
V *Campanula patula* – Wiesen-Glockenblume

Umfasst die ertragreichen, hochwüchsigen, von Glatthafer und Wiesen-Fuchsschwanz beherrschten Fettwiesen und die weniger ertragreichen, von Rot-Schwingel und Rot-Straußgras beherrschten Magerwiesen ärmerer Standorte von der planaren bis zur submontanen Stufe. Die Wasserstufen reichen von frisch-feucht bis frisch-trocken, die Standorte sind acker- und weidefähig, dadurch durch Umbruch, Ackernutzung oder Grasansaat, aber auch durch Überdüngung stark zurückgegangen. Bestandsaufbau der Fettwiesen durch ausgeglichene Mischung von Ober-, Mittel- und Untergräsern sowie Kräutern gekennzeichnet. Fettwiesen zwei- bis dreischürig, Magerwiesen ein- bis zweischürig.

BT Glatthafer-Talfettwiesen (T 7.1.2) u. Rotschwingelwiesen (T 7.1.1)

1 Wiesen von Mittel- und Untergräsern bestimmt, reichlich *Festuca rubra, Agrostis capillaris, Briza media* und *Anthoxanthum odoratum*, nährstoffärmere Standorte 2
1* Wiesen mit hohem Anteil der Obergräser, reichlich *Arrhenatherum elatius, Trisetum flavescens* und *Alopecurus pratensis*, nährstoffreiche Standorte 3
2 Auftreten von *Lychnis viscaria, Thlaspi alpestre, Dianthus deltoides;* im Mulde- und Elbhügelland (Sachsen), auf Sand **Viscario-Festucetum rubrae** S. 325
2* Auftreten von *Polygala vulgaris, Potentilla erecta, Luzula campestris* **Plantagini lanceolatae-Festucetum rubrae** S. 325
3 (1*) Kräuterarme, hochwüchsige Fuchsschwanz- (*Alopecurus pratensis*-) Wiesen in Flussauen **Galio molluginis-Alopecuretum pratensis** S. 325
3* Wiesen nicht von *Alopecurus pratensis* beherrscht, *Arrhenatherum elatius* oder *Trisetum flavescens* dominieren 4
4 Goldhafer-(*Trisetum flavescens*-)Wiesen in hochkollinen bis submontanen Lagen mit geringem Anteil von Arten der planar-kollinen Frischwiesen (Arrhenatherion) wie *Crepis biennis, Arrhenatherum elatius.* Polygono-Trisetion-Arten wie *Geranium sylvaticum, Crepis mollis, Poa chaixii* fehlen . . . . **Poo-Trisetetum flavescentis** S. 324
4* Glatthafer-(*Arrhenatherum elatius*-)Wiesen. 5
5 Neben Glatthafer auch Goldhafer stärker vorhanden, Auftreten von *Alchemilla vulgaris*, Ausfall wärmeliebender Arten wie *Crepis* biennis, hochkollin-submontane Lagen **Alchemillo vulgaris-Arrhenatheretum elatioris** S. 324
5* Glatthaferwiesen im planar-kollinen Bereich, Goldhafer selten oder fehlend 6
6 Ertragreiche frische Glatthaferwiesen mit *Geranium pratense, Pastinaca sativa, Crepis biennis*, trockenere Ausbildungen auch mit *Salvia pratensis, Ranunculus bulbosus, Bromus erectus* (Subass.) **Arrhenatheretum elatioris** S. 324

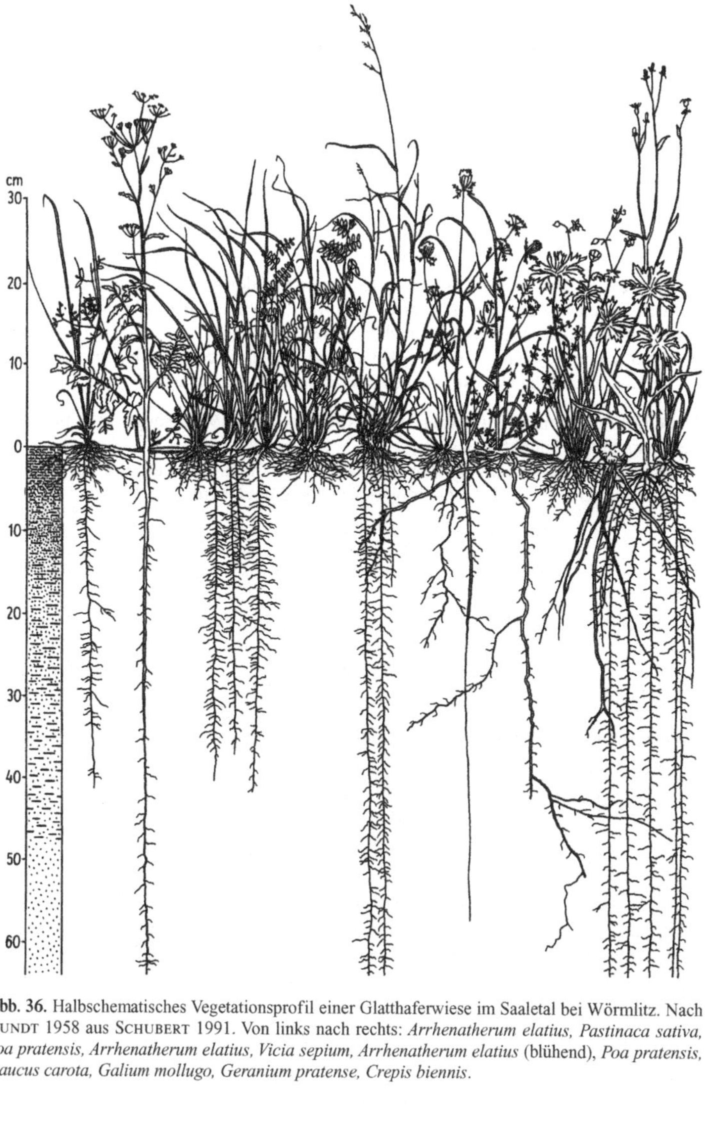

Abb. 36. Halbschematisches Vegetationsprofil einer Glatthaferwiese im Saaletal bei Wörmlitz. Nach HUNDT 1958 aus SCHUBERT 1991. Von links nach rechts: *Arrhenatherum elatius, Pastinaca sativa, Poa pratensis, Arrhenatherum elatius, Vicia sepium, Arrhenatherum elatius* (blühend), *Poa pratensis, Daucus carota, Galium mollugo, Geranium pratense, Crepis biennis*.

6* Ruderale Ausbildung der Glatthaferwiese an Straßenrändern, mit *Tanacetum vulgare, Artemisia vulgaris, Cirsium arvense*, unregelmäßig gemäht

Tanaceto vulgaris-Arrhenatheretum elatioris S. 324

Arrhenatheretum elatioris J. Braun 1915 – Glatthafer-Wiese (Abb. 36)
(Syn. Arrhenatheretum medioeuropaeum Oberd. 1952, Dauco carotae-Arrhenatheretum elatioris [Bl.-Bl. 1919] Görs 1966 Pastinaco-Arrhenatheretum Pass. 1964 em. Westh. et den Held 1969; incl. Heracleo-Arrhenatheretum Pass. 1964, Arrhenatheretum subatlanticum R. Tx. 1955)

A *Geranium pratense* – Wiesen-Storchschnabel
A *Tragopogon pratense* – Wiesen-Bocksbart
A *Crepis biennis* – Wiesen-Pippau
V *Arrhenatherum elatius* – Glatthafer
V *Pastinaca sativa* – Pastinak
T *Daucus carota* – Wilde Möhre

Häufig auf frischen, nährstoffreichen, lehmigen Standorten in warmen planaren und kollinen Lagen mit geringen Niederschlägen (bis 600 mm/Jahr), sehr ertragreich, mit hoher Futterqualität, hochwüchsig, mehrschürig.
▽ Artenreiche Bestände stark zurückgegangen, häufig überdüngt und artenarm, vielfach Umwandlung in Acker oder in Saatgrasland, zurückgehend V, *.

Alchemillo vulgaris-Arrhenatheretum elatioris (Oberd. 1957) Sougn. et Limb. 1963 – Frauenmantel-Glatthaferwiese
(Syn. Arrhenatheretum montanum Oberd. 1952; incl. Centaureo nigrae-Arrhenatheretum Oberd. 1957, Melandrio-Arrhenatheretum Oberd. 1957)

V *Arrhenatherum elatius* – Glatthafer
T *Trisetum flavescens* – Goldhafer
T *Alchemilla vulgaris* agg. (häufig *A. monticola, A. xanthochlora)* – Gewöhnlicher Frauenmantel

Auf frischen, mäßig nährstoffreichen, lehmigen Standorten in höheren kollinen und submontanen Lagen mit Jahresniederschlägen um 600–800 mm, Mittelgebirge und ihre Vorländer. Zurücktreten der wärmebedürftigen Arten.
▽ Gefährdet (3), *.

Tanaceto vulgaris-Arrhenatheretum elatioris A. Fischer 1985 – Rainfarn-Glatthafer-Wiese

V *Arrhenatherum elatius* – Glatthafer
T *Artemisia vulgaris* – Gewöhnlicher Beifuß
T *Cichorium intybus* – Wegwarte
T *Cirsium arvense* – Acker-Kratzdistel
T *Convolvulus arvensis* – Acker-Winde
T *Tanacetum vulgare* – Rainfarn

Häufig auf frischen, nährstoffreichen Standorten an Straßenrändern und -böschungen in Siedlungen und auf Industriegelände, verarmt auch auf Kiesbänken der unteren und mittleren Bereiche der Alpenflüsse als oft artenärmere ruderale Ausbildung bei unregelmäßiger Mahd. In Ausbreitung.

Poo-Trisetetum flavescentis R. Knapp 1951 – Submontane Goldhaferwiese
(incl. Deschampsio-Trisetetum Schub. et Köhl. 1964)

T *Trisetum flavescens* – Goldhafer
T *Alchemilla vulgaris* – Gewöhnlicher Frauenmantel

Auf frischen bis wechselfrischen nährstoffreichen Standorten in den hochkollin-submontanen Lagen der mittel- und süddeutschen Mittelgebirge, als Goldhafer-Wiese der unteren Lagen noch zum Arrhenatherion gehörend.
▽ Gefährdet 3, *.

Galio molluginis-Alopecuretum pratensis Hundt (1954) 1968 – Fuchsschwanz-Wiese (incl. Alopecuretum pratensis Regel 1925, Chrysanthemo-Rumicetum thyrsiflori Walther in R. Tx. ex Walther 1977, Ranunculo repentis-Alopecuretum pratensis Krisch 1974)

A *Poa palustris* – Sumpf-Rispengras
O *Galium mollugo* – Wiesen-Labkraut
K *Alopecurus pratensis* (dom.) – Wiesen-Fuchsschwanz

Häufig auf wechselfrischen bis sommertrockenen, nährstoffreichen, lehmig-tonigen Gleyböden auf den Überschwemmungsflächen der Flussauen (mit Ausnahme der Mulden und Senken), sehr ertragreich mit hoher Futterqualität, hochwüchsig, arm an Kräutern.
▽ Zurückgehend V gebietsweise gefährdet 3, *.

Plantagini lanceolatae-Festucetum rubrae Scam. 1956 – Spitzwegerich-Rotschwingel-Wiese
(Syn. Polygalo vulgaris-Festucetum rubrae Pass. [1963] 1964)

K *Festuca rubra* – Rot-Schwingel
K *Briza media* – Gewöhnliches Zittergras
K *Anthoxanthum odoratum* – Gewöhnliches Ruchgras
T *Polygala vulgaris* – Gewöhnliches Kreuzblümchen
T *Potentilla erecta* – Tormentill, Blutwurz
T *Agrostis capillaris* – Rot-Straußgras
H *Luzula campestris* – Gewöhnlichen Hainsimse, Hasenbrot
H *Euphrasia rostkoviana* – Großblütiger Augentrost

Nur noch selten auf frischen, sauren bis schwach sauren, mäßig nährstoffreichen sandigen Lehmen. Obergräser fehlen, Untergräser stark entwickelt, ertragsarm. Altpleistozängebiete und Hügelland mit ärmerem Ausgangsgestein.
▽ Häufig durch Düngung in Glatthafer-Wiesen überführt, stark gefährdet (2), *.

Viscario-Festucetum rubrae Hundt 1958 – Pechnelken-Rotschwingel-Wiese

K *Festuca rubra* – Rot-Schwingel
T *Lychnis viscaria* – Pechnelke
T *Thlaspi alpestre* – Gebirgs-Hellerkraut
T *Viola tricolor* – Wildes Stiefmütterchen
T *Dianthus deltoides* – Heide-Nelke
T *Silene vulgaris* – Gewöhnliches Leimkraut

Selten auf frischen, mäßig nährstoffhaltigen Sanden im Mulde- und Elbhügelland (Sachsen u. Sachsen-Anhalt). Inzwischen meist durch Düngung und Bewässerung in hochproduktive Grasländereien oder Äcker überführt.
▽ Stark gefährdet (2), *.

Cynosurion cristati R. Tx. 1947 – Weiderasen und Parkrasen

V *Cynosurus cristatus* – Kammgras
V *Lolium perenne* – Deutsches Weidelgras
V *Phleum pratense* – Wiesen-Lieschgras
V *Leontodon autumnalis* – Herbstlöwenzahn
V *Bellis perennis* – Gänseblümchen
K *Trifolium repens* – Weiß-Klee
T *Plantago major* – Breit-Wegerich

Vom Großvieh beweidete, gedüngte Weiderasen, in denen die Untergräser und andere niedrigwüchsige Arten dominieren, vor allem tritt- und weidefeste Arten mit Ausläufern und Rosetten, hemikryptophyten- und fabaceenreich. Der ständige Einfluss von Viehtritt, Verbiss und Düngung ist größer als der der Wasserstufen. Ständiges Kurzhalten durch vielfaches Abmähen oder Scheren nach geringem Aufwuchs zeigt gleiche Wirkungen (Parkrasen, Scherrasen).
BT Intensiv-Fettweiden der Tieflagen (T 7.2.1)

1 Kurzrasig gehaltene Park- oder Scherrasen oder artenarme Weidelgrasrasen mit Anteilen von Trittpflanzen, hauptsächlich im Siedlungsbereich (Grünanlagen, Sportplätze, an Wegen und Straßenrändern vorkommend), meist nicht vom Vieh beweidet, auch anderweitig landwirtschaftlich nicht genutzt 2
1* Rasen außerhalb von Siedlungen, vom Vieh beweidet, nur selten gemäht 3
2 Sehr artenarmer, relativ stark betretener Rasen, von *Lolium perenne* dominiert; neben weit verbreiteten Cynosurion-Arten treten einige Trittpflanzen auf (*Plantago major, Poa annua*); oft an Grünanlagenrändern, auf Sportplätzen **Lolietum perennis** S. 326
2* Artenreichere, kurzrasig geschnittene Park- und Scherrasen der Grünanlagen in Siedlungen, *Lolium perenne* dominiert nicht allein, ist aber meist vorhanden, Trittpflanzen fehlen oder sind selten **Festuco commutatae-Crepidetum capillaris** S. 327
3 (1*) Neben *Cynosurus cristatus* dominieren Gräser und Kräuter nährstoffarmer, saurer Standorte wie *Festuca rubra, Agrostis capillaris, Luzula campestris* **Festuco rubrae-Cynosuretum cristati** S. 327
3* Neben *Cynosurus cristatus* dominieren Arten nährstoffreicher Standorte, vor allem *Lolium perenne, Trifolium repens T. hybridum* und *Ranunculus repens* **Cynosuro cristati-Lolietum perennis** S. 326

Lolietum perennis Gams 1927 – Weidelgras-Breitwegerich-Trittrasen
(Syn. Junco-compressi-Plantaginetum Br.-Bl. et Moor 1935, Lolieto-Juncetum compressi Moor 1936, Lolium perenne-Matricaria suaveolens-Ass. [Beger 1930] R. Tx. 1937, *Lolium perenne*-Ass. Felf. 1942, Lolio-Plantaginetum Beger 1930)

V *Lolium perenne* – Deutsches Weidelgras
T *Plantago major* – Breit-Wegerich
T *Poa annua* – Einjähriges Rispengras
K *Achillea millefolium* – Gewöhnliche Schafgarbe
K *Trifolium repens* – Weiß-Klee

Gesellschaft der Sportplätze, betretenen Grünanlagenränder mit trittresistenten Arten, relativ artenarm. Übergang zum Cynosuro cristati-Lolietum perennis in Abhängigkeit von der Tritt- und Mahdintensität fließend.

Cynosuro cristati-Lolietum perennis Br.-Bl. et de Leeuw 1936 – Weidelgras-Kammgras-Weide, Fettweide
(Syn. Lolio perennis-Cynosuretum cristati [Br.-Bl. et de Leeuw 1936] R. Tx. 1937; incl. Junco-Cynosuretum Sougn. 1957, Alopecuro-Cynosuretum Pass. 1969)

V *Cynosurus cristatus* – Kammgras
V *Lolium perenne* – Deutsches Weidelgras
K *Trifolium repens* – Weiß-Klee
H *Trifolium hybridum* – Schweden-Klee
H *Ranunculus repens* – Kriech-Hahnenfuß

Häufig auf frischen bis feuchten nährstoffreichen, schwach sauren bis neutralen Standorten in der planaren, kollinen und submontanen Stufe, in Altpleistozängebieten zurücktretend, Fettweide, durch häufige Einsaat vielfach fragmentarisch.
▽ Gefährdet 3, *.

Festuco rubrae-Cynosuretum cristati R. Tx. in Büker 1942 – Rotschwingel-Kammgras-Weide, Magerweide
(Syn. Luzulo-Cynosuretum Meisel 1966; incl. Alchemillo-Cynosuretum [Oberd. 1950] Th. Müller in Oberd. 1967)

V *Cynosurus cristatus* – Kammgras
K *Festuca rubra* (dom.) – Rot-Schwingel
K *Anthoxanthum odoratum* – Gewöhnliches Ruchgras
T *Luzula campestris* – Gewöhnliche Hainsimse
H *Agrostis capillaris* (dom.) – Rot-Straußgras

Zerstreut auf frischen, mäßig nährstoffhaltigen, wenig gedüngten Standorten im pleistozänen Tiefland und in höheren Lagen der Mittelgebirge und Voralpen, Magerweide.
▽ Früher z. T. durch Düngung und Wiesenpflege aus Borstgrasrasen hervorgegangen, jetzt durch weitere Düngung zurückgehend, gefährdet (3), *.

Festuco commutatae-Crepidetum capillaris Hülb. et Kienast ex Kienast 1978) – Gänseblümchen-Rotschwingel-Pippau-Parkrasen
(Syn. Bellidetum perennis Gutte 1984, Trifolio repentis-Veronicetum filiformis N. Müller 1988)

A *Veronica filiformis* – Faden-Ehrenpreis
V *Bellis perennis* (dom.) – Gänseblümchen
V *Lolium perenne* – Deutsches Weidelgras
K *Festuca rubra* – Rot-Schwingel
K *Trifolium repens* – Weiß-Klee

Häufig auf schwach betretenen, nicht beregneten, frischen, nährstoffreichen lehmigen Standorten. Park- oder Scherrasen in städtischen Siedlungen, vielfach aus Einsaatmischungen hervorgegangen, sehr häufig im noch sehr niedrigen Zustand gemäht (z. T. bis zu 30 mal im Jahr), reich an Untergräsern, Kriechtrieb- und Rosettenpflanzen.
BT Scher- u. Parkrasen (T 9.5.1)

Polygono-Trisetion Br.-Bl. et R. Tx. ex Marschall 1947 – Gebirgs-Frischwiesen

V *Trisetum flavescens* – Goldhafer
V *Geranium sylvaticum* – Wald-Storchschnabel
V *Crepis mollis* – Weicher Pippau
V *Alchemilla vulgaris* agg. (häufig *A. monticola)* – Gewöhnlicher Frauenmantel
V *Centaurea pseudophrygia* – Perücken-Flockenblume
V *Hypericum maculatum* – Kanten-Hartheu
T *Poa chaixii* – Berg-Rispengras
T *Phyteuma spicatum* – Ährige Teufelskralle
T *Phyteuma orbiculare* – Kopfige Teufelskralle
T *Lathyrus linifolius* – Berg-Platterbse
T *Ranunculus polyanthemos* – Vielblütiger Hahnenfuß

Submontane und montane Goldhafer- und Rotschwingel-Wiesen auf frischen, lehmigen Standorten, reich an Mittelgräsern und Kräutern.
▽ Im Rückgang, gefährdet 3, *.
BT Goldhafer-Bergfettwiesen (T 7.1.3)

1 Wiesen von Mittel- und Untergräsern bestimmt, reichlich *Festuca rubra, Agrostis capillaris* . 2
1* Wiesen von Goldhafer (*Trisetum flavescens*) bestimmt 3
2 Rotschwingel-Wiese der submontanen Stufe, mit *Trisetum flavescens*
Phyteumato-Festucetum rubrae S. 328

2* Montane einschürige Rotschwingel-Wiese mit *Meum athamanticum, Galium harcynicum, Arnica montana, Nardus stricta* **Meo-Festucetum rubrae** S. 328

3 (1*) Goldhafer-Wiese der montanen Stufe, mit *Crepis mollis, Geranium sylvaticum* **Geranio sylvatici-Trisetetum flavescentis** S. 328

3* Goldhafer-Wiese mit Trockensaum- und Halbtrockenrasen-Arten (*Laserpitium latifolium, Trifolium alpestre, Geranium sanguineum* bzw. *Brachypodium pinnatum, Cirsium acaule*), auf Kalk im Rübeländer Devonkalkgebiet des Harzes **Laserpitio latifolii-Trisetetum flavescentis** S. 328

Geranio sylvatici-Trisetetum flavescentis R. Knapp ex Oberd. 1957 – Waldstorchschnabel-Goldhafer-Wiese

(Syn. Trisetetum flavescentis Hundt 1964; incl. Cirsio heterophylli-Trisetetum Hundt 1964, Astrantio-Trisetetum R. Knapp 1942)

A *Phyteuma nigrum* – Schwarze Teufelskralle
V *Trisetum flavescens* – Goldhafer
V *Crepis mollis* – Weicher Pippau
V *Geranium sylvaticum* – Wald-Storchschnabel
H *Hypericum maculatum* – Kanten-Hartheu
T *Phyteuma spicatum* – Ährige Teufelskralle
T *Poa chaixii* – Berg-Rispengras
T *Centaurea nigra* – Schwarze Flockenblume

Auf frischen, nährstoffreichen, sauren bis schwach sauren Standorten der montanen Stufe der mittel- und süddeutschen Mittelgebirge und der Voralpen, in letzteren mit *Astrantia major, Campanula scheuchzeri, Rumex alpestris.*

▽ Durch Überdüngung und Nutzungsaufgabe, stark gefährdet 2, *.

Laserpitio latifolii-Trisetetum flavescentis Hundt 1964 – Laserkraut-Goldhafer-Wiese

V *Trisetum flavescens* – Goldhafer
T *Laserpitium latifolium* – Breitblättriges Laserkraut
T *Trifolium alpestre* – Wald-Klee, Hügel-Klee
T *Sanguisorba minor* – Kleiner Wiesenknopf
T *Cirsium acaule* – Stängellose Kratzdistel
T *Scabiosa columbaria* – Tauben-Skabiose

Selten auf mäßig trockenen bis frischen, kalkreichen, neutral-basischen Standorten im Rübeländer Devonkalkgebiet des Harzes, mit Auftreten von Arten der Trockensäume und Halbtrockenrasen.

▽ Vor allem durch Brachfallen stark gefährdet (2), §.

Phyteumato-Festucetum rubrae Pass. 1968 – Teufelskrallen-Rotschwingel-Wiese

(incl. Lathyro linifolii-Hypericetum maculati Hundt 1964)

V/A *Phyteuma spicatum* – Ährige Teufelskralle
V *Trisetum flavescens* – Goldhafer
K *Festuca rubra* (dom.) – Rot-Schwingel
T *Lathyrus linifolius* – Berg-Platterbse
H *Agrostis capillaris* (dom.) – Rot-Straußgras
H *Hypericum maculatum* – Kanten-Hartheu

Auf frischen, mäßig nährstoffversorgten, sauren bis schwach sauren, sandig-lehmigen Standorten in der submontanen Stufe.

▽ Durch Düngung häufig in Goldhafer-Wiesen überführt, gefährdet (3), *.

Meo-Festucetum rubrae J. et M. Bartsch 1940 – Bärwurz-Rotschwingel-Wiese

(Syn. Geranio-sylvatici-Festucetum rubrae [Issler 1942] Pass. 1969; incl. Cirsio-Meetum Hundt 1964)

K *Festuca rubra* (dom.) – Rot-Schwingel
H *Agrostis capillaris* (dom.) – Rot-Straußgras

T *Meum athamanticum* – Bärwurz
T *Galium harcynicum* – Harz-Labkraut
T *Luzula luzuloides* – Schmalblättrige Hainsimse
T *Arnica montana* – Arnika, Berg-Wohlverleih
T *Nardus stricta* – Borstgras

Auf frischen, lehmigen, steinigen, sauren bis schwach sauren, nährstoffarmen Standorten der montanen Stufe der Mittelgebirge von Schwarzwald, Eifel, Taunus bis Harz, Thüringer Wald, Erzgebirge. Durch Düngung und Pflege aus Borstgrasrasen entstanden, einschürig.
▽ Durch intensive Nutzung, aber auch durch Nutzungsaufgabe, stark gefährdet 2, *.

Poion alpinae Oberd. 1950 – Alpine Fettweiden, Milchkrautweiderasen

V *Poa alpina* – Alpen-Rispengras
V *Phleum alpinum* – Alpen-Lieschgras
V *Crepis aurea* – Gold-Pippau
V *Trifolium badium* – Braun-Klee
V *Ligusticum mutellina* – Alpen-Mutterwurz
T *Polygonum viviparum* – Knöllchen-Knöterich

Alpine und subalpine Fettweiden auf tiefgründigen und nährstoffreichen, frischen, lehmig-tonigen Standorten der Alpen, bei starker Beweidung auf silikatreichem Gestein Entwicklung zu Borstgrasrasen, bei Überdüngung zu Alpenampfer-Lägerfluren. Als Milchkräuter werden die liguliflore Compositen bezeichnet.
▽ Durch Nutzungsaufgabe aber auch durch Übernutzung und zu starken Betritt gefährdet.
BT Alpenrispengras-Fettweiden der Hochlagen (T 7.2.2) und Ur-Fettweiden (T 3.4.3)

1 Fettweide der subalpinen Stufe, in den Alpen bei 1500–2200 m, mit *Poa alpina, Festuca rubra, Trifolium repens, Prunella vulgaris* **Crepido-Festucetum rubrae** S. 329
1* Fettweide der alpinen Stufe, in den Alpen über 2200 m, mit *Festuca violacea, Trifolium thalii* **Trifolio thalii-Festucetum violaceae** S. 330

Crepido aureae-Festucetum rubrae Lüdi 1948 – Goldpippau-Rotschwingel-Weiderasen

(Syn. Prunello vulgaris-Poetum alpinae Oberd. 1950, Poo alpinae-Prunelletum vulgaris Oberd. 1957)

V *Poa alpina* – Alpen-Rispengras
V *Crepis aurea* – Gold-Pippau
V *Ligusticum mutellina* – Alpen-Mutterwurz
K *Festuca rubra* – Rot-Schwingel
K *Trifolium repens* – Weiß-Klee
T *Prunella vulgaris* – Gewöhnliche Braunelle
T *Plantago atrata* – Berg-Wegerich
T *Veronica alpina* – Alpen-Ehrenpreis

Hauptsächlich von Rindern beweidete, sehr produktive Weiderasen in der Umgebung der Almen in der subalpinen Stufe auf tiefgründigen, nährstoffreichen, frischen Standorten anstelle des ursprünglichen Nadelwaldes und der Krummholzgebüsche der nördlichen Kalkalpen.
▽ *, §.

Trifolio thalii-Festucetum violaceae Br.-Bl. in Br.-Bl. et Jenny 1926 – Weiderasen des Schwarzvioletten Schwingels
(Syn. Trifolietum thalii Rübel 1912)

A *Festuca puccinellii (= F. violacea)* – Schwarzvioletter Schwingel
A *Trifolium thalii* – Rasiger Klee
A *Agrostis alpina* – Alpen-Straußgras

Hauptsächlich von Schafen beweidete natürliche und halbnatürliche Weiderasen in der alpinen Stufe über 2200 m auf primär gehölzfreien, lange Zeit schneebedeckten Standorten, mit zahlreichen Leguminosen, ursprünglich nur von Gämsen beweidet. Allgäuer Hochalpen.
▽ Zurückgehend V, §.

Molinietalia caeruleae W. Koch 1926 – Feucht- und Wechselfeuchtwiesen

O *Deschampsia cespitosa* – Rasen-Schmiele
O *Lychnis flos-cuculi* – Kuckucks-Lichtnelke
O *Filipendula ulmaria* – Großes Mädesüß
O *Achillea ptarmica* – Sumpf-Schafgarbe
O *Cirsium palustre* – Sumpf-Kratzdistel
O *Galium uliginosum* – Moor-Labkraut
O *Colchicum autumnale* – Herbst-Zeitlose
O *Dactylorhiza majalis* – Breitblättriges Knabenkraut
O *Angelica sylvestris* – Wald-Engelwurz
O *Sanguisorba officinalis* – Großer Wiesenknopf
O *Juncus effusus* – Flatter-Binse
O *Juncus conglomeratus* – Knäuel-Binse
O *Selinum carvifolia* – Kümmel-Silge
T *Equisetum palustre* – Sumpf-Schachtelhalm,

Gesellschaften des Graslandes und der grünlandnahen Staudenfluren des feuchten und wechselfeuchten Bereiches.
BT Feucht- u. Nasswiesen (T 7.3)

1 Staudenfluren an Bach- und Wiesenrändern, mit dominantem Auftreten von *Geranium palustre, Pseudolysimachium longifolium, Epilobium hirsutum, Filipendula ulmaria*, grasarm (s. auch unter **Petasito hybridi-Chaerophyllion hirsuti**-Hochstaudenfluren S. 163) **Filipendulion ulmariae** S. 334
1* Grasreiche Feucht- und Wechselfeucht-Wiesen und -weiden 2
2 Bultige Pfeifengras-(*Molinia caerulea-*)Wiesen auf feuchten bis wechselfeuchten Standorten **Molinion caeruleae** S. 336
2* Bestände nicht vom Pfeifengras bestimmt 3
3 Feuchtwiesen und -weiden sehr nährstoffreicher Standorte, mit *Caltha palustris, Cirsium oleraceum, Angelica sylvestris, Bromus racemosus, Holcus lanatus, Scirpus sylvaticus*, auch *Juncus subnodulosus* und *Juncus acutiflorus* **Calthion palustris** S. 330
3* Wiesenbestände weniger nährstoffreicher Standorte. *Deschampsia cespitosa* ist mit ihren Horsten bestandsbestimmend, wechselfeuchte Standorte **Deschampsion cespitosae** S. 338

Calthion palustris R. Tx.1937 – Feuchtwiesen ± nährstoffreicher Standorte
(incl. Juncion acutiflori Br.-Bl. 1947)

V *Caltha palustris* – Sumpf-Dotterblume
V *Carex nigra* – Wiesen-Segge
V *Cirsium oleraceum* – Kohl-Kratzdistel, Kohldistel
V *Crepis paludosa* – Sumpf-Pippau

V *Lotus uliginosus* – Sumpf-Hornklee
V *Polygonum bistorta* – Wiesen-Knöterich
V *Bromus racemosus* – Trauben-Trespe
V *Geum rivale* – Bach-Nelkenwurz
V *Myosotis palustris* – Sumpf-Vergissmeinnicht

Zweischürige, ertragreiche Feuchtwiesen, binsenreiche Bestände, meist feuchte Weiden, nährstoffreicher, gedüngter Standorte, sowohl auf mineralischen Feuchtböden als auch auf entwässerten Moor- und Anmoorböden, basenreich und kalkhaltig (Hügelland, Jungmoränengebiet) oder kalkarm (Altpleistozän).

▽ Im Rückgang durch Entwässerung, Überdüngung, Beweidung, Brachfallen oder Aufforstung, *.

BT Sumpfdotterblumen-Wiesen (T 7.3.5)

1 Von *Juncus subnodulosus* bestimmt, Kalkflachmoor-Gesellschaft mit *Eriophorum latifolium, Valeriana dioica, Parnassia palustris* (siehe **Juncetum subnodulosi** S. 282)
1* Nicht von *Juncus subnodulosus* bestimmt. 2
2 Von *Carex cespitosa* bestimmt **Caricetum cespitosae** S. 331
2* Nicht von *Carex cespitosa* bestimmt 3
3 Von *Scirpus sylvaticus* bestimmt, kleinflächig in anderen Wiesen-Gesllschaften ausgebildet . 4
3* Nicht von *Scirpus sylvaticus* bestimmt 5
4 Mit *Trollius europaeus, Chaerophyllum hirsutum, Alchemilla vulgaris, Polygonum bistorta*, in der montanen Stufe **Polygono bistortae-Scirpetum sylvatici** S. 332
4* Ohne diese Arten, mit *Angelica sylvestris* und *Lotus uliginosus,* in der planaren und kollinen Stufe **Angelico sylvestris-Scirpetum sylvatici** S. 332
5 (2*) Hochwüchsige, stauden- und ertragreiche Feuchtwiesen mit *Cirsium oleraceum, Angelica sylvestris* und *Polygonum bistorta* auf basen- und nährstoffreichen, gleichmäßig feuchten Standorten 6
5* Weniger hochwüchsige, staudenarme Feuchtwiesen mit reichlich *Holcus lanatus,* beweidete Flächen mit *Juncus*-Arten, auf schwach bis mäßig sauren, mäßig nährstoffreichen Standorten 7
6 Mit *Trollius europaeus, Chaerophyllum hirsutum, Alchemilla vulgaris, Polygonum bistorta, Colchicum autumnale* und *Cirsium rivulare* in der submontan-montanen Stufe **Trollio europaei-Cirsietum oleracei** S. 332
6* Ohne diese Arten, mit *Angelica sylvestris*, mit und ohne *Polygonum bistorta*, vom pleistozänen Tiefland bis in die submontane Stufe **Angelico sylvestris-Cirsietum oleracei** S. 332
7 (5*) Durch starkes Auftreten von *Juncus acutiflorus*, *J. filiformis* oder *J. effusus* charakterisierte Bestände 8
7* Bestände nicht durch die Vorherrschaft von *Juncus*-Arten bestimmt 10
8 Von *Juncus effusus* beherrscht, mit *J. conglomeratus*, auf staunassen, verdichteten Weidestandorten **Epilobio-Juncetum effusi** S. 334
8* Nicht von *Juncus effusus* beherrscht. 9
9 Von *Juncus acutiflorus* beherrscht, auf quelligen Moorstandorten **Juncetum acutiflori** S. 333
9* Von *Juncus filiformis* beherrscht **Juncetum filiformis** S. 334
10 (7*) Dominanz von *Bromus racemosus*, mit *Lotus uliginosus* und (selten) *Senecio aquaticus*, im subatlantischen Klimabereich, mit geringen Grundwasserschwankungen **Senecioni aquatici-Brometum racemosi** S. 333
10* Dominanz von *Holcus lanatus*, im gemäßigt kontinentalen Klimabereich, mit größeren Grundwasserschwankungen **Loto uliginosi-Holcetum lanati** S. 333

Caricetum cespitosae (Cajander 1905) Steffen 1931 – Rasenseggen-Gesellschaft

A *Carex cespitosa* (dom.) – Rasen-Segge

Niederwüchsige Seggengesellschaft auf anmoorigen Standorten. Verbreitungsschwerpunkt in Brandenburg, Schleswig-Holstein, Mecklenburg, auch Schwäbische Alb und Oberpfalz

▽ Gefährdet 3, §.

Angelico sylvestris-Scirpetum sylvatici Pass. 1955 – Engelwurz-Waldsimsen-Wiese (Syn. Scirpetum sylvatici Rałski 1931 p. p., Scirpetum sylvatici Maloch 1935 em. Schwick. 1944 p. p.)

V *Lotus uliginosus* – Sumpf-Hornklee
O *Angelica sylvestris* – Wald-Engelwurz
H *Scirpus sylvaticus* (dom.) – Wald-Simse

Zerstreut und kleinflächig auf kühl-feuchten, quelligen Quell- und Hangmoorstandorten mit schwach saurer bis neutraler Reaktion von der planaren bis zur kollinen Stufe. Nährstoffversorgung und Durchlüftung günstiger als in der umgebenden Wiesenfläche.
▽ Zurückgehend V, §.
BT Waldsimsen-Quellwiesen (T 7.3.8)

Polygono bistortae-Scirpetum sylvatici (Schwick. 1944) Oberd. 1957 – Wiesenknöterich-Waldsimsen-Wiese

V *Polygonum bistorta* – Wiesen-Knöterich
V *Crepis paludosa* – Sumpf-Pippau
H *Scirpus sylvaticus* (dom.) – Wald-Simse
T *Trollius europaeus* – Trollblume
T *Chaerophyllum hirsutum* – Rauhaariger Kälberkropf

Zerstreut und kleinflächig auf ähnlichen Standorten wie das Angelico-Scirpetum sylvatici entwickelt. In der montanen Stufe, stellenweise in die subalpine Stufe aufsteigend, vereinzelt in quellwasserbeeinflussten Bachtälern bis ins Tiefland reichend.
▽ Zurückgehend V, §.
BT Waldsimsen-Quellwiesen (T 7.3.8)

Angelico sylvestris-Cirsietum oleracei R. Tx. 1937 – Engelwurz-Kohldistel-Wiese (incl. Polygono bistortae-Cirsietum oleracei R. Tx. 1951, Thalictro-Cirsietum oleracei Pass. [1955] 1964, Cirsietum cani R. Tx. et Prsg. 1951 ex Klapp 1965, Scirpo-Cirsietum cani Bal.-Tul. 1973)

V *Cirsium oleraceum* – Kohl-Kratzdistel, Kohldistel
V *Polygonum bistorta* – Wiesen-Knöterich
O *Angelica sylvestris* – Wald-Engelwurz

Dicht- und hochwüchsige, stauden- und ertragreiche, gedüngte Feuchtwiese, verbreitet auf nährstoffreichen, kalkhaltigen, ± gleichmäßig feuchten, mineralischen Gleyböden und Niedermoorböden vom pleistozänen Tiefland bis zum submontanen Gebirgsvorland. Wasserstand ca. 30–40 cm unter Flur. Nicht in den großen Flusstälern, sondern häufig in den Bachtälern.
▽ Gefährdet 3, einige Ausbildungen auch stark bis sehr stark gefährdet 2–1, §.
BT Kohldistelwiesen (T 7.3.6) u. staudenreiche Nasswiesen mit Schlangenknöterich (T 7.3.9)

Trollio europaei-Cirsietum oleracei (Kuhn 1937) Oberd. 1957 – Trollblumen-Kohldistel-Wiese
(incl. Trollio-Polygonetum bistortae Niem. [1962] 1964, Chaerophyllo hirsuti-Polygonetum bistortae Hundt 1964, Cirsietum rivularis Now. 1928, Trollio-Cirsietum rivularis Oberd. 1957)

A *Cirsium rivulare* – Bach-Kratzdistel
V *Cirsium oleraceum* – Kohl-Kratzdistel, Kohldistel
V *Polygonum bistorta* – Wiesen-Knöterich
V *Geum rivale* – Bach-Nelkenwurz

O *Colchicum autumnale* – Herbst-Zeitlose
T *Trollius europaeus* – Trollblume
T *Chaerophyllum hirsutum* – Rauhaariger Kälberkropf
T *Alchemilla vulgaris* agg. – Gewöhnlicher Frauenmantel

Zerstreut auf basen- und nährstoffreichen, neutralen bis schwach sauren, grundwasserbeeinflussten Standorten in Talsohlen von Tälern der submontan-montanen Stufe. Bayerischer Alpenraum und Vorland, Schwarzwald, Eifel, Sauerland, Schwäbische Alb, Eichsfeld, Harz, Thüringen, Erzgebirge, selten auch in Ost-Brandenburg.
▽ Durch Entwässerung, Intensivierung und Nutzungsaufgabe stark gefährdet 2, §.
BT Staudenreiche Nasswiesen mit Schlangenknöterich (T 7.3.9)

Senecioni aquatici-Brometum racemosi (R. Tx. et Prsg. 1951) Lenski 1953 – Traubentrespen-Wiese
(Syn. Bromo-Senecionetum aquatici Lenski 1953; incl. Loto uliginosi-Brometum racemosi Pass. [1964] 1977, Achilleo-Brometum racemosi Oberd. 1957 p.p.)

A *Senecio aquaticus* – Wasser-Greiskraut
V *Bromus racemosus* (dom.) – Trauben-Trespe
V *Lotus uliginosus* – Sumpf-Hornklee
K *Holcus lanatus* – Wolliges Honiggras

Intensiv bewirtschaftete, staudenarme, ein- bis zweischürige Feuchtwiese von mäßigem Futterwert auf kalkarmen, schwach bis mäßig sauren, mäßig nährstoffreichen Moor- und Niederungsböden im subatlantischen Klimabereich, mit hohem Grundwasserstand und geringen Grundwasserschwankungen. Von der planaren bis in die montane Stufe aufsteigend. Vor allem im nordwestdeutschen Tiefland, auch in Mecklenburg, Sachsen-Anhalt, Hessen, Süd-Thüringen, Nord-Bayern und im Schwarzwald.
▽ Durch Überdüngung, Entwässerung, aber auch durch Brachfallen, stark gefährdet 2, §.
BT Wassergreiskrautwiesen (T 7.3.4)

Loto uliginosi-Holcetum lanati Pass. (1964) 1977 – Honiggras-Wiese

K *Holcus lanatus* (dom.) – Wolliges Honiggras
V *Lotus uliginosus* – Sumpf-Hornklee

Staudenarme Feuchtwiese von mäßigem Futterwert auf schwach bis mäßig sauren Standorten im gemäßigt kontinentalen Klimabereich, mit größeren Grundwasser-Schwankungen. Vorpommern, Ost-Brandenburg, Elbe-Havelgebiet.
▽ Zurückgehend (V), §.

Juncetum acutiflori Br.-Bl. 1915 – Gesellschaft der Spitzblütigen Binse
(Syn. Crepido-Juncetum acutiflori [Br.-Bl. 1915] Oberd. 1957; incl. Potentillo-Juncetum acutiflori [Br.-Bl. 1915] Pass. 1964, Anagallido tenellae-Juncetum acutiflori [Phil. 1963] Oberd. 1983, Caro verticillati-Juncetum acutiflori [Korneck 1962] Oberd. 1983)

A *Juncus acutiflorus* (dom.) – Spitzblütige Binse
V *Carex nigra* – Wiesen-Segge
V *Crepis paludosa* – Sumpf-Pippau
O *Dactylorhiza majalis* – Breitblättriges Knabenkraut

Selten und kleinflächig auf nassen bis feuchten, quelligen, mesotroph-sauren Hang- und Quellmoor-Standorten vom subatlantisch getönten Bereich Schleswig-Holsteins, Südwest-Niedersachsens und Mecklenburgs, Brandenburgs, der Altmark, bis in die montanen Lagen der Mittelgebirge und Voralpen. Geringer Futterwert, gute Futterpflanzen

kaum vertreten. Das Anagallido tenellae-Juncetum acutiflori besitzt nur Einzelvorkommen in Südbaden und ist nur durch die kleine, zarte, ozeanisch verbreitete Art *Anagallis tenella* gekennzeichnet. Das Caro verticillati-Juncetum acutiflori wurde nur einmal an der elsässischen Grenze belegt und ist nur durch *Carum verticillatum* vom Juncetum acutiflori unterschieden (inzwischen Vorkommen erloschen).
▽ Durch Eutrophierung, Entwässerung und durch Brachfallen stark gefährdet 3, §.
BT Atlantische *Juncus acutiflorus* u. *J. conglomeratus*-reiche Wiesen (T 7.3.10)

Epilobio-Juncetum effusi (Walther 1950) Oberd. 1957 – Flatterbinsen-Weide
(Syn. Juncetum effusi [Walther 1950] Pass. 1964)

O *Juncus effusus* (dom.) – Flatter-Binse
O *Juncus conglomeratus* – Knäuel-Binse
T *Epilobium palustre* – Sumpf-Weidenröschen

Zerstreut auf stau- oder sickernassen, verdichteten, kalkarmen, aber nährstoffreichen Standorten auf stark betretenen, vom Weidevieh zerstampften Bereichen von Standweiden vom norddeutschen Tiefland bis in die hochmontane Stufe der Mittelgebirge und Voralpengebiete.
▽ Durch standortsverbessernde Maßnahmen der Landwirtschaft und intensive Nutzung gefährdet 3, §.

Juncetum filiformis R. Tx. 1937 – Fadenbinsen-Wiese

A *Juncus filiformis* – Faden-Binse

Auf mesotrophen Flachmoorstandorten in subozeanischen Gebieten Nordwestdeutschlands bis Mecklenburg, Vorposten bis in die Lausitz, auch in niederschlagsreichen Silikatgebirgen.
▽ Stark gefährdet 1, §.
BT Fadenbinsen-Sümpfe (T 7.3.7)

Filipendulion ulmariae (Br.-Bl. 1947) Lohm. in Oberd. et al. 1967 – Gesellschaften der Feuchtwiesensäume

(Syn. Filipendulo-Cirsion oleracei Duv. 1946)

V *Geranium palustre* – Sumpf-Storchschnabel
O *Filipendula ulmaria* – Großes Mädesüß
T *Epilobium hirsutum* – Rauhaariges Weidenröschen
T *Epilobium parviflorum* – Kleinblütiges Weidenröschen
T *Hypercium tetrapterum* – Flügel-Hartheu
T *Lysimachia vulgaris* – Gewöhnlicher Gilbweiderich
T *Lythrum salicaria* – Gewöhnlicher Blutweiderich
T *Symphytum officinale* – Gewöhnlicher Beinwell

Von mahd- und beweidungsempfindlichen Hochstauden beherrschte, grasarme bandförmige Wiesensäume im feuchten, nährstoffreichen Bereich an Grabenböschungen und -rändern, Uferwällen, Wald- und Gebüschrändern. Nach Auflassung von Feuchtwiesen (fehlende Mahd) auch flächige Ausbildung. Auftreten von Arten nitrophiler Säume wie *Urtica dioica* und *Aegopodium podagraria.* Gefährdung vor allem durch Entwässerung und starke Düngung des angrenzenden Grünlandes (Ruderalisierung).
BT Mädesüß-Uferfluren (L 5.2.5.4).

1 Mit *Geranium palustre*, auf nährstoff- und basenreichen Standorten
Filipendulo ulmariae-Geranietum palustris S. 335

Abb. 37. Halbschematisches Vegetationsprofil durch eine Mädesüß-Sumpfstorchschnabel-Gesellschaft (Filipendulo ulmariae-Geranietum palustris). ELLENBERG 1978 nach MAYER 1939 aus SCHUBERT 1991. Von links nach rechts: *Carex gracilis, Phalaris arundinacea, Carex acutiformis, Geranium palustre, Filipendula ulmaria* mit *Calystegia sepium, Caltha palustris, Galium mollugo, Colchicum autumnale, Carex gracilis*; Bodenaufschluß 15 cm.

1* Ohne *Geranium palustre* 2
2 Mit *Valeriana officinalis* und *Epilobium hirsutum*, auf nährstoffreichen Standorten
Valeriano officinalis-Filipenduletum ulmariae S. 335
2* Mit *Achillea ptarmica* und *Selinum carvifolium*, auf ärmeren Standorten
Achilleo ptarmicae-Filipenduletum ulmariae S. 336

Filipendulo ulmariae-Geranietum palustris W. Koch 1926 –
Mädesüß-Sumpfstorchschnabel-Staudengesellschaft (Abb. 37)
(incl. Valeriano-Polemonietum caerulei Rossk. 1971)

O *Filipendula ulmaria* (dom.) – Großes Mädesüß
A *Geranium palustre* – Sumpf-Storchschnabel

Auf nährstoff- und basenreichen, feuchten Standorten an Graben- und Röhrichträndern vom norddeutschen Tiefland bis in die submontanen Lagen der Mittelgebirge und Alpen. Bei Brachfallen von Feuchtgrünland auch flächiges Auftreten.
▽ Durch Entwässerung, Grabenpflege und Uferverbau, zurückgehend (V), §.

Valeriano officinalis-Filipenduletum ulmariae (Passchier et Westh. 1942) Siss. in Westh. et al. 1946 ex van Donselaar 1961 – Baldrian-Mädesüß-Staudengesellschaft

A *Valeriana officinalis* agg.(in Süd-Deutschland meist *V. procurrens)* – Echter Baldrian

O *Filipendula ulmaria* (dom.) – Großes Mädesüß
T *Epilobium hirsutum* – Rauhaariges Weidenröschen

Häufig auf nährstoffreichen Standorten in Tälern von der planaren bis zur montanen Stufe, auch in kalkarmen Gebieten.
▽ §.

Achilleo ptarmicae-Filipenduletum ulmariae Pass. 1971 –
Sumpfgarben-Mädesüß-Staudengesellschaft

O *Filipendula ulmaria* (dom.) – Großes Mädesüß
O *Achillea ptarmica* – Sumpf-Schafgarbe
O *Juncus effusus* – Flatter-Binse
O *Selinum carvifolium* – Kümmel-Silge

Auf ärmeren Standorten von der planaren bis zur submontanen Stufe.
▽ §.

Molinion caeruleae W. Koch 1926 –
Feuchtwiesen nährstoffarmer Standorte, Pfeifengras-Streuwiesen

V *Molinia caerulea* (opt.) – Pfeifengras
V *Serratula tinctoria* – Färber-Scharte
V *Inula salicina* – Weidenblättriger Alant
V *Carex tomentosa* – Filz-Segge
V *Epipactis palustris* – Sumpf-Sitter, Sumpfwurz
V *Dianthus superbus* – Pracht-Nelke
V *Betonica officinalis* – Gewöhnliche Betonie, Heilziest
V *Allium angulosum* – Kantiger Lauch
V *Silaum silaus* – Wiesen-Silau
V *Gentiana pneumonanthe* – Lungen-Enzian
V *Succisa pratensis* – Teufelsabbiss
O *Selinum carvifolia* – Kümmel-Silge
T *Potentilla erecta* – Tormentill, Blutwurz
T *Carex flacca* – Blaugrüne Segge
T *Carex panicea* – Hirse-Segge
T *Galium boreale* – Nordisches Labkraut

Einschürige, ungedüngte, bultige Pfeifengraswiesen auf feuchten und wechselfeuchten Standorten, in Gebieten mit ausgeprägter Weidewirtschaft in der Vergangenheit im Frühherbst, wenn die Halme des Pfeifengrases (*Molinia caerulea*) bereits strohig sind, für Einstreuzwecke gemäht (Streuwiesen).
▽ Inzwischen nur noch selten und kleinflächig durch Pflegemaßnahmen erhalten. Weiträumig durch Düngung, Entwässerung und zeitigen Schnitt in Futterwiesen umgewandelt, bei Einstellung der Nutzung Verkrautung und Verbuschung. Stark gefährdet, §.
BT Kalk-Pfeifengraswiesen (T 7.3.2) u. bodensaure Pfeifengraswiesen (T 7.3.1)

1 Auf kalkreichen Niedermoorstandorten 2
1* Auf sauren Gley- und Moorstandorten, mit *Juncus acutiflorus*, *Succisa pratensis*, *Achillea ptarmica*, *Hydrocotyle vulgaris* **Junco acutiflori-Molinietum caeruleae** S. 338
2 Lückig, mit Braunmoosteppich am Boden, mit *Parnassia palustris*, *Polygala vulgaris*, *Pinguicula vulgaris* **Parnassio-Molinietum caeruleae** S. 338
2* Krautreich und reichblütig, mit *Betonica officinalis*, *Inula salicina*, *Cirsium tuberosum*, *Serratula tinctoria*, *Dianthus superbus*, *Galium verum* **Molinietum caeruleae** S. 337

Abb. 38. Halbschematisches Vegetationsprofil des Molinietum caeruleae. Nach FUKAREK 1961 aus SCHUBERT et al. 1995. 1 = *Rumex acetosa*, 2 = *Scorzonera humilis*, 3 = *Ranunculus polyanthemos*, 4 = *Molinia caerulea*, 5 = *Nardus stricta*, 6 = *Trifolium montanum*, 7 = *Succisa pratensis*, 8 = *Potentilla erecta*, 9 = *Polygala vulgaris*, 10 = *Carex pulicaris*, 11 = *Linum catharticum*, 12 = *Rhinanthus serotinus*, 13 = *Lychnis flos-cuculi*, 14 = *Danthonia decumbens*, 15 = *Thalictrum flavum*, 16 = *Vicia cracca*, 17 = *Briza media*, 18 = *Centaurea jacea*, 19 = *Cerastium holosteoides*, 20 = *Holcus lanatus*, 21 = *Carex panicea*, 22 = *Serratula tinctoria*, 23 = *Hydrocotyle vulgaris*, 24 = *Plantago lanceolata*, 25 = *Luzula campestris*, 26 = *Cirsium palustre*.

Molinietum caeruleae W. Koch 1926 –
Knollenkratzdistel-Pfeifengras-Wiese, basikline Pfeifengras-Wiese, (Abb. 38)

(Syn. Eu-Molinietum W. Koch 1926; incl. Cirsio tuberosi-Molinietum caeruleae [W. Koch 1926] Oberd. et Prsg. 1967, Allio angulosi-Molinietum caeruleae [Wilzek 1935] Pass. 1955, Gentiano asclepiadeae-Molinietum [Oberd. 1957] Görs in Oberd. 1979, Oenantho lachenalii-Molinietum Phil. 1960, Galio borealis-Molinietum W. Koch 1926 em. Phil. 1960, Allio suaveolentis-Molinietum caeruleae [Görs in Oberd. 1979] Oberd. 1983, Tetragonolobo-Molinietum Zoller 1954, Diantho superbi-Molinietum caeruleae Pass. 1957, Stachyo-Molinietum caeruleae [R. Tx. 1937] Pass. 1964 em. Klötzli 1969)

A *Cirsium tuberosum* – Knollen-Kratzdistel
A *Allium suaveolens* – Duft-Lauch
A *Tetragonolobus maritimus* – Gelbe Spargelerbse
V *Molinia caerulea* – Pfeifengras
V *Inula salicina* – Weidenblättriger Alant
V *Betonica officinalis* – Gewöhnliche Betonie, Heilziest
V *Dianthus superbus* – Pracht-Nelke
V *Epipactis palustris* – Sumpf-Sitter, Sumpfwurz
V *Ophioglossum vulgatum* – Natternzunge
V *Serratula tinctoria* – Färber-Scharte
V *Allium angulosum* – Kantiger Lauch
H *Galium verum* – Echtes Labkraut
T *Galium boreale* – Nordisches Labkraut

Auf feuchten bis wechselfeuchten, neutralen bis kalkreichen, mäßig entwässerten, oligo- bis mesotrophen Niedermoorstandorten (Kalkniedermoore) in den Jungmoränenlandschaften und Stromtälern, im Kalkhügelland, im Alpenvorland, in den Tälern der Alpenflüsse und am Bodensee, krautreich und buntblütig. Geographisch und in Bezug zum Bodenwasserhaushalt stark untergliedert. Extensive einschürige Nutzung bei fehlender oder sehr geringer Düngung.

▽ Häufig stark verändert und eutrophiert. Bei Nutzungsaufgabe Verkrautung und Verbuschung. Durch Entwässerung, Intensivierung, Düngung und Überführung in andere Nutzungen stark bis sehr stark gefährdet 2, §.

BT Kalk-Pfeifengraswiesen (T 7.3.2)

Parnassio palustris-Molinietum caeruleae (Libb. 1928) Pass. 1964 – Sumpfherzblatt-Pfeifengras-Wiese

(incl. Pinguiculo-Parnassietum [Libb. 1928] Pass. 1964, Junco subnodulosi-Molinietum caeruleae [Succ. 1967] Pass. 1999)

V *Molinia caerulea* – Pfeifengras
O *Deschampsia cespitosa* – Rasen-Schmiele
T *Carex nigra* – Wiesen-Segge
T *Carex panicea* – Hirse-Segge
T *Parnassia palustris* – Sumpf-Herzblatt
T *Pinguicula vulgaris* – Echtes Fettkraut
T *Polygala vulgaris* – Gewöhnliches Kreuzblümchen
T *Gentianella amarella* – Bitterer Enzian

Auf mäßig entwässerten, oligo- bis mesotrophen kalkreichen Moor- und Sandböden im Jungpleistozän, lückig, mit dichtem Braunmoosteppich.

▽ Sehr stark gefährdet (1), §.

Junco acutiflori-Molinietum caeruleae Prsg. in R. Tx. et Prsg. 1953 – Binsen-Pfeifengras-Wiese, azidikline Pfeifengras-Wiese

(Syn. Junco-Succisietum Prsg. in R. Tx. et Prsg. 1953 em. Pass. 1964; incl. Violo stagninae- Molinietum caeruleae Pass. 1955)

V *Molinia caerulea* – Pfeifengras
V *Succisa pratensis* – Teufelsabbiss
O *Achillea ptarmica* – Sumpf-Schafgarbe
O *Deschampsia cespitosa* – Rasen-Schmiele
T *Juncus acutiflorus* – Spitzblütige Binse
T *Viola stagnina* – Gräben-Veilchen
T *Hydrocotyle vulgaris* – Wassernabel
H *Inula britannica* – Wiesen-Alant

Auf nährstoff- und basenarmen, sauren, mäßig entwässerten, nassen bis wechselfeuchten Gley-, Anmoor- und Moorböden. Von den Küstengebieten Schleswig-Holsteins und Mecklenburg-Vorpommerns über die Pleistozänlandschaften von Nordrhein-Westfalen und Niedersachsen bis Brandenburg und Sachsen, auch in Thüringen und Nordost-Bayern. Einschürig oder extensiv beweidet.

▽ Durch Düngung, Kalkung und Entwässerung weitgehend verändert und zurückgedrängt. Stark gefährdet 2, §.

BT Bodensaure Pfeifengraswiesen (T 7.3.1)

Deschampsion cespitosae Horvatić 1930 – Wechselfeuchte Wiesen

(Syn. Cnidion dubii Bal.-Tul. 1966)

V *Cnidium dubium* – Brenndolde
V *Viola stagnina* – Gräben-Veilchen

V *Ranunculus auricomus* – Goldschopf-Hahnenfuß
O *Deschampsia cespitosa* – Rasen-Schmiele
O *Sanguisorba officinalis* – Großer Wiesenknopf
K *Alopecurus pratensis* – Wiesen-Fuchsschwanz
T *Galium boreale* – Nordisches Labkraut.
T *Silaum silaus* – Wiesen-Silau
H *Ranunculus repens* – Kriech-Hahnenfuß
H *Allium angulosum* – Kanten-Lauch
H *Serratula tinctoria* – Färber-Scharte

Wenig ertragreiche Wiesen auf stark wechelfeuchten, nur mäßig nährstoffhaltigen, tonreichen Standorten im Überflutungsbereich der kontinental beeinflussten Stromtäler und ihrer Seitentäler, mit langer sommerlicher Trockenphase, häufig von *Deschampsia cespitosa* beherrscht. Auftreten von Kriechrasenarten.
▽ Durch Düngung und Beweidung gefährdet.
BT Brenndoldenwiesen östlicher Stromtäler (T 7.3.3)

1 Neben den auch im Molinion auftretenden Wechselfeuchtezeigern wie *Silaum silaus, Allium angulosum, Serratula tinctoria, Sanguisorba officinalis* und *Ranunculus auricomus* Auftreten von Wechseltrockenzeigern wie *Filipendula vulgaris, Peucedanum officinale, Galium verum*, in höher gelegenen Auenbereichen mit stärkerer sommerlicher Bodenaustrocknung **Filipendulo vulgaris-Ranunculetum polyanthemi** S. 340
1* Wechselfeuchte Lagen, Wechseltrockenzeiger fehlen 2
2 Auftreten von *Silaum silaus, Sanguisorba officinalis, Galium boreale, Serratula tinctoria* **Sanguisorbo officinalis-Silaetum silai** S. 339
2* Außer *Silaum silaus* mit *Cnidium dubium, Ranunculus auricomus*, Dominanz von *Deschampsia cespitosa* **Cnidio dubii-Deschampsietum cespitosae** S. 339

Sanguisorbo officinalis-Silaetum silai (Klapp 1951) Vollr. 1965 – Silgen-Wiesenknopf-Wiese

O *Sanguisorba officinalis* – Großer Wiesenknopf
O *Colchicum autumnale* – Herbst-Zeitlose
O *Deschampsia cespitosa* – Rasen-Schmiele
O *Selinum carvifolia* – Kümmel-Silge
K *Alopecurus pratensis* – Wiesen-Fuchsschwanz
T *Silaum silaus* – Wiesen-Silau
T *Galium boreale* – Nordisches Labkraut
H *Serratula tinctoria* – Färber-Scharte

Blütenreiche Wiesengesellschaft von geringem Futterwert, früher verbreitet auf wechselfeuchten, mäßig nährstoffhaltigen, kalkreichen bis -armen, lehmig-tonigen, gleyartigen Böden in Überschwemmungsbereichen der wärmebegünstigten Stromtäler, die im Sommer jedoch einen stark absinkenden Grundwasserspiegel aufweisen.
▽ Inzwischen stark zurückgedrängt, stark gefährdet (2), §.

Cnidio dubii-Deschampsietum cespitosae (Walther 1950) Hundt 1958 ex Pass.1960 – Brenndolden-Rasenschmielen-Wiese

(incl. Ranunculo auricomi-Deschampsietum cespitosae Scam. 1956, Stellario-Deschampsietum Freitag 1957, Cnidio venosi-Violetum stagninae Walther in R. Tx. 1954 ex Phil. 1960, Violo-Cnidietum Walther in R. Tx. 1954 ex Phil.1960, Cnidio dubii-Violetum pumilae [Korneck 1962] Bal.-Tul.1969)

O *Deschampsia cespitosa* (dom.) – Rasen-Schmiele
O *Galium uliginosum* – Moor-Labkraut
V *Ranunculus auricomus* – Goldschopf-Hahnenfuß
V *Cnidium dubium* – Brenndolde
V *Viola stagnina* – Gräben-Veilchen (sehr selten)

T *Allium angulosum* – Kanten-Lauch
T *Thalictrum flavum* – Gelbe Wiesenraute
T *Silaum silaus* – Wiesen-Silau

Ein- bis zweischürige Wiese auf stark wechselfeuchten, sauren bis neutralen Auenlehmböden mittlerer und höhergelegener Bereiche und Moorstandorten auf Überschwemmungsflächen in den Auen. Durch Dominanz von Rasenschmielenhorsten geringer Futterwert.

▽ Durch Entwässerung, Eindeichung, Intensivierung oder Aufgabe der Nutzung sehr stark gefährdet 1, §.

Filipendulo vulgaris-Ranunculetum polyanthemi Hundt 1958 – Vielblütenhahnenfuß-Rasenschmielen-Wiese

A *Ranunculus polyanthemos* – Vielblütiger Hahnenfuß
V *Ranunculus auricomus* – Goldschopf-Hahnenfuß
O *Deschampsia cespitosa* – Rasen-Schmiele
O *Sanguisorba officinalis* – Großer Wiesenknopf
T *Galium boreale* – Nordisches Labkraut
T *Inula salicina* – Weidenblättriger Alant
T *Betonica officinalis* – Gewöhnliche Betonie, Heilziest
T *Filipendula vulgaris* – Kleines Mädesüß
T *Peucedanum officinale* – Echter Haarstrang
T *Serratula tinctoria* – Färber-Scharte
T *Iris sibirica* – Sibirische Schwertlinie
T *Allium angulosum* – Kanten-Lauch
T *Silaum silaus* – Wiesen-Silau
H *Galium verum* – Echtes Labkraut

Auf wechseltrockenen, tonigen Auenböden in höher gelegenen Auenbereichen an Mittelelbe, Untermulde, Elster-Luppe-Aue und Oderbruch. *Deschampsia cespitosa* verweist auf die starke Frühjahrsdurchfeuchtung des Bodens, *Filipendula vulgaris* u.a. auf die starke Austrocknung im Sommer.

▽ Inzwischen sehr stark zurückgedrängt. Sehr stark gefährdet 1, §.

Saatgrasland

K *Poa pratensis* – Wiesen-Rispengras, Wiesenrispe
K *Trifolium repens* – Weiß-Klee
K *Trifolium pratense* – Rot-Klee
K *Alopecurus pratensis* – Wiesen-Fuchsschwanz
H *Dactylis glomerata* – Gewöhnliches Knaulgras
H *Phleum pratense* – Wiesen-Lieschgras
H *Lolium perenne* – Deutsches Weidelgras
H *Lolium multiflorum* – Welsches Weidelgras
H *Trifolium hybridum* – Schweden-Klee
(wichtige Ansaatgräser und -leguminosen)

Auf frischen Standorten der Arrhenatheretalia elatioris und seit den 70er Jahren nach Grundwasserabsenkungen in starkem Maße auf ehemaligem Feuchtgrünland (Molinietalia caeruleae) nach Wiesenumbruch Einsaat artenarmer Gras- und Gras-Klee-Gemische, die bei starker mineralischer und Gülledüngung hohe Erträge liefern. Nach einigen Jahren Ertragsabfall und Verqueckung (Massenauftreten von *Elytrigia repens* vgl. S. 398), Neuansaat. Außer den angesäten Gräsern und Leguminosen durch anfängliche Lückigkeit, durch hohe Nährstoffversorgung und Bodenverdichtung Auftreten von Segetalarten (vor allem *Stellaria media, Capsella bursa-pastoris, Veronica arvensis, Cirsium arvense)*, nitrophilen Ruderalarten (*Urtica dioica, Rumex obtusifolius*), Tritt-

und Flutrasenarten (*Poa annua, Ranunculus repens*). Im Verlaufe der Zeit Eindringen standortgerechter Frisch- bzw. Feuchtwiesenarten, auf Niedermoorböden starker Schwund der Ansaatgräser und Entwicklung ruderaler Queckenrasen. Bei jungen Ansaaten Standortaussagen durch Segetalarten, bei älteren Beständen Zuordnung zu Ordnungen oder Verbänden der Molinio-Arrhenatheretea durch Grünlandarten, die vom Umland im Laufe der Zeit wieder eindringen, möglich.

12.5 **Agrostietea stoloniferae** Oberd. in Oberd. et al. 1967 em. Klotz hoc loco – Flutrasen u. feuchte bis nasse ausdauernde Trittrasen

K *Agrostis stolonifera* – Kriech-Straußgras
K *Carex hirta* – Behaarte Segge
K *Inula britannica* – Wiesen-Alant
K *Juncus compressus* – Zusammengedrückte Binse
K *Juncus inflexus* – Blaugrüne Binse
K *Lysimachia nummularia* – Pfennig-Gilbweiderich
K *Plantago intermedia* – Kleiner Wegerich
K *Potentilla anserina* – Gänse-Fingerkraut
K *Potentilla reptans* – Kriechendes Fingerkraut
K *Ranunculus repens* – Kriechender Hahnenfuß

Die Klasse umfasst in dieser Abgrenzung sowohl die Flutrasen als auch ausdauernde Trittpflanzengesellschaften frischer bis feuchter Standorte. Gegenüber den Wiesen und Weiden (Molinio-Arrhenatheretea) sind die Gesellschaften meist negativ gekennzeichnet, weil einige typische Wiesen-Arten hohe Wasserstände bzw. starke Trittbeeinflussung nicht ertragen können. Die ausdauernden Trittrasen und -fluren der Waldwege sind oft auch durch eine ganze Reihe von Feuchtigkeitszeigern gekennzeichnet, sodass deren Anschluss an die Agrostietea möglich erscheint.

▽ Zahlreiche Gesellschaften sind im Rückkgang begriffen, da immer größere Flächen melioriert wurden und werden.

BT Tritt- und Flutrasen (T 7.4)

Die Klasse hat im Gebiet 2 Ordnungen:

Plantagini-Prunellietalia Ellmauer et Muc. in Muc. et al. 1993 und **Potentillo-Polygonetalia** R. Tx. 1947

(Syn. Potentilletalia anserinae Oberd. 1949, Plantaginetalia majoris R. Tx. [1947] 1950, Festucetalia arundinaceae Doing 1963, Trifolio fragiferi-Agrostietalia stoloniferae [Oberd. in Oberd. et al. 1967] R. Tx. 1970, Agrostietalia stoloniferae Oberd. in Oberd. et al. 1967)

1 Mesophile bis feuchte Trittrasen und -fluren, selten überschwemmt, häufig auf und an Waldwegen, Dominanz ausdauernder trittresistenter Arten, *Prunella vulgaris, Plantago intermedia, Poa annua, Juncus tenuis, Juncus compressus* **Plantagini-Prunellietalia** S. 342

1* Gesellschaften feuchter, teilweise überschwemmter Standorte an Wasserläufen und stehenden Gewässern mit wechselndem Wasserstand, auch in nassen Senken. Im Sommer oft austrocknend, z. T. auch beweidet. Typisch und oft dominierend sind *Agrostis stolonifera, Potentilla anserina, P. reptans, Alopecurus geniculatus*, aber auch höherwüchsige Arten wie *Festuca arundinacea, Juncus inflexus, Rumex crispus* und *Mentha longifolia* können vorkommen **Potentillo-Polygonetalia** S. 343

Plantagini-Prunellietalia Ellmauer et Muc. in Muc. et al. 1993 – Breitwegerich-Braunelle-Gesellschaften

K *Plantago intermedia* – Kleiner Wegerich
T *Epilobium montanum* – Berg-Weidenröschen
T *Festuca gigantea* – Riesen-Schwingel
T *Fragaria vesca* – Wald-Erdbeere
T *Poa annua* – Einjähriges Rispengras
T *Prunella vulgaris* – Gewöhnliche Braunelle
T *Trifolium repens* – Weiß-Klee

Von ausdauernden Arten dominierte Trittgesellschaften feuchter bis nasser Standorte, insbesondere in Wäldern und an Waldrändern, aber auch außerhalb der Wälder in Dörfern. Es dominieren niedrige breitblättrige Kräuter. Gräser treten zurück. Relativ artenarme und oft auch nur kleinflächig entwickelte Gesellschaften. Sie kommen vom Flachland bis ins Gebirge vor, mit zunehmender Höhenlage trifft man sie häufiger an. Die Standorte sind fast immer schattig und betreten. Aufgrund des Vorkommens einiger Molinio-Arrhenatheretea-Arten wird der Verband von einigen Autoren auch in diese Klasse gestellt, die syntaxonomische Stellung ist umstritten. Die Ordnung und der Verband sind primär durch Trennarten aus den Wäldern und nitrophilen Säumen sowie der Flutrasen charakterisiert.
▽ Die Gesellschaften sind weitgehend ungefährdet.
BT Ausdauernde Wegerich-Trittrasen (T 7.4.3)

Mit 1 Verband

Plantagini-Prunellion Eliáš 1980 – Feuchte bis nasse Trittrasen

Arten des Verbandes siehe Ordnung.

1 *Juncus tenuis* dominiert oder ist zumindet häufig **Juncetum macri** S. 342
1* *Juncus tenuis* fehlt 2
2 *Juncus compressus* häufig, Agrostis stolonifera und Trifolium repens meist vorkommend **Junco compressi-Trifolietum repentis** S. 342
2* *Juncus compressus* fehlt oder ist nur mit einzelnen Individuen vertreten 3
3 *Poa supina* dominiert, nur montane bis subalpine Lagen **Alchemillo-Poetum supinae** S. 343
3* *Poa supina* fehlt, *Prunella vulgaris, Ranunculus repens, Poa annua* kennzeichnend **Prunello-Ranunculetum repentis** S. 343

Juncetum macri (Diemont et al. 1940) R. Tx. – Gesellschaft der Zarten Binse
(Syn. Juncetum tenuis Schwick. 1944, Juncetum macri R. Knapp 1948, Plantagini-Juncetum macri Oberd. 1957, Juncetum macri Brun-Hool 1962, *Veronica-Juncus tenuis*-Gesellschaft Pass 1979)

A *Juncus tenuis* (=*J. macer*) (dom.) – Zarte Binse
H *Plantago major* – Breit-Wegerich
H *Poa annua* – Einjähriges Rispengras
H *Prunella vulgaris* – Gewöhnliche Braunelle

Vom Neophyten *Juncus tenuis* dominierte Gesellschaft, die oft als schmale Streifen entlang von Wegen (oft beschattet) ausgebildet ist.
In Ausbreitung.

Junco compressi-Trifolietum repentis Eggl. 1933 – Platthalmbinsen-Gesellschaft
(Syn. Juncetum compressi Br.-Bl. 1918, Junco compressi-Parvocyperetum Libb. 1932, Juncus compressus-Blysmus compressus-Assoziation Moor 1936, Blysmo-

Juncetum compressi R. Tx. 1950; incl. Ass.-Gr. Juncetum compressi Pass. 1979, *Alchemilla-Juncus compressus*-Gesellschaft Pass. 1979)

K/A *Juncus compressus* (dom.) – Platthalm-Binse
K *Agrostis stolonifera* – Kriech-Straußgras
K *Plantago intermedia* – Kleiner Wegerich

Mäßig betretene Bestände im Kontakt zu Wiesen und Mooren. Die Böden sind lehmig-tonig und z. T. leicht salzhaltig. Es bestehen sowohl Übergänge zu den Weidelgrasrasen (Cynosurion) als auch zu Seggengesellschaften (Caricion davallianae).
▽ Leicht zurückgehend, aber noch nicht gefährdet, *.

Alchemillo-Poetum supinae Aich. 1933 corr. Oberd. 1971 –
Läger-Rispengras-Gesellschaft
(Syn. Poo variae-Saginetum Oberd. 1957, Poetum variae (Aich. 1933) Wendelb. 1971, Poetum supinae Brun-Hool 1962; incl. *Trifolium repens-Poa supina*-Gesellschaft Oberd. 1971, Poetum supinae (Oberd. 1957) Brun-Hool 1962 em. Gutte 1972)

A *Poa supina* – Läger-Rispengras
H *Plantago major* – Breit-Wegerich
H *Trifolium repens* – Weiß-Klee

Vom Läger-Rispengras dominierte ausdauernde Trittgesellschaft der montanen bis subalpinen Lagen. In allen Mittelgebirgen und den Alpen sehr häufig. Ellmauer et Muc. in Muc. et al. 1993 stellen sie in eine neue Ordnung (Alchemillo-Poion supinae) innerhalb der Molinio-Arrhenatheretea.

Prunello-Ranunculetum repentis Winterh. 1963 – Wegerich-Braunellen-Gesellschaft
(Syn. Prunello vulgaris-Plantaginetum Faliński 1963, Alchemillo-Prunetum vulgaris Pass. 1979, *Prunella vulgaris-Plantago major*-Gesellschaft Oberd. 1953, *Agrostis tenuis-Plantago major*-Gesellschaft Oberd. 1983, *Prunella vulgaris*-Agrostietea-Gesellschaft Schall 1988, *Agrostis capillaris*-Agrostietea-Gesellschaft Schall 1988)

T *Prunella vulgaris* – Gewöhnliche Braunelle
T *Sagina procumbens* – Niederliegendes Mastkraut
H *Plantago major* – Breit-Wegerich
H *Poa annua* – Einjähriges Rispengras
H *Trifolium repens* – Weiß-Klee

Weit verbreitete Gesellschaft der schattigen Waldwege. Vom Tief- bis ins Bergland verbreitet. Meist bandförmig ausgeprägt.

Potentillo-Polygonetalia R. Tx. 1947 – Kriechstraußgras-Rasen

(Syn. Potentilletalia anserinae Oberd. 1949, Plantaginetalia majoris R. Tx. [1947] 1950, Festucetalia arundinaceae Doing 1963, Trifolio fragiferi-Agrostietalia stoloniferae [Oberd. in Oberd. et al. 1967] R. Tx. 1970, Agrostietalia stoloniferae Oberd. in Oberd. et al. 1967)

O *Carex hirta* – Behaarte Segge
O *Inula britannica* – Wiesen-Alant
O *Juncus inflexus* – Blaugrüne Binse
O *Festuca arundinacea* – Rohr-Schwingel
K/O *Agrostis stolonifera* – Kriech-Straußgras

Gesellschaften feuchter und/oder periodisch überschwemmter Standorte. An den verschiedensten Gewässern vorkommend, aber auch in feuchten Senken in der offenen Landschaft. z. T. sind die Bestände beweidet. Die Artenzusammensetzung hängt von der Grundwasser- und der Überflutungsdynamik sowie der Beweidung ab. Vereinzelt können auch Versalzungen auftreten. Nicht umfassend bearbeitet, viele lokale Assoziationen publiziert, die nicht alle aufgenommen werden konnten, die aber zum Teil eigenständig sind (z. B. Hordeetum nodosi Krisch 1974, Potentillo-Inuletum britannici Pass. et Faliński 1967, Carici-Apietum repentis [Fuk. et Voigtländer 1982] Pass. 1999, Ranunculo-Gratioletum officinalis Pass. 1999, *Cotula coronopifolia*-Gesellschaft u. a.).
▽ Durch Meliorationsmaßnahmen, Deich- und Gewässerausbau z. T. gefährdet.
BT Feuchtpionier- und Flutrasen (T 7.4.1)

Die Ordnung hat nur 1 Verband:

Potentillion anserinae R. Tx. 1947 – Flutrasen

(Syn. Lolio-Potentillion R. Tx. 1947, Potentillion anserinae Oberd. 1949, Agrostion stoloniferae Görs in Oberd. et al. 1967, Eu-Agropyro-Rumicion Westh. et den Held 1969, Juncion inflexi R. Knapp 1971, Blysmo-Juncion compressi R. Knapp 1971, Verbenion supinae Slavn. 1951; incl. Ranunculo repentis-Rumicenion crispi Hejný et Kopecký in Hejný et al. 1979)

Charakteristische Arten siehe Ordnung und Klasse.

1 *Alopecurus geniculatus* dominierend, *Agrostis stolonifera* und *Ranunculus repens* häufig **Ranunculo repentis-Alopecuretum geniculati** S. 345
1* *Alopecurus geniculatus* dominiert nicht . . . 2
2 Relativ dichter *Agrostis stolonifera*-Rasen . . . 3
2* Andere Gräser und oder Kräuter dominierend, *Agrostis stolonifera* aber meist noch vorhanden 4
3 *Agrostis stolonifera*-Rasen mit *Trifolium fragiferum* und z. T. anderen salztoleranten Arten **Trifolio fragiferi-Agrostietum stoloniferae** S. 345
3* *Agrostis stolonifera*-Rasen ohne *Trifolium fragiferum* und weiteren salztoleranten Arten, *Rumex crispus* und *Ranunculus repens* häufig **Rumici crispi-Agrostietum stoloniferae** S. 345
4 (2*) *Festuca arundinacea* dominiert, *Dactylis glomerata* subdominant **Dactylido-Festucetum arundinaceae** S. 346
4* *Festuca arundinacea* dominiert nicht, Bestände anders aufgebaut . . . 5
5 *Elytrigia repens* dominiert, *Rumex crispus* häufig, *Agrostis stolonifera* meist vorhanden, oft Dauergesellschaft feuchter bis nasser Brachen **Rumici crispi-Agropyretum repentis** S. 346
5* Andere Artenzusammensetzung . . . 6
6 *Poa humilis* (*Poa pratensis* agg.) kommt gemeinsam mit *Elytrigia repens* vor **Poo irrigatae-Agropyretum repentis** S. 346
6* Andere Artenzusammnensetzung . . . 7
7 *Deschampsia media* dominiert, nur Rheintal zwischen Karlsruhe und Mannheim **Potentillo-Deschapsietum mediae** S. 346
7* Andere Artenzusammensetzung, höherer Kräuteranteil . . . 8
8 *Rumex obtusifolius* dominiert, *Poa trivialis* häufig **Poo trivialis-Rumicetum obtusifolii** S. 347
8* Andere Artenzusammensetzung . . . 9
9 Gesellschaften mit relativ hochwüchsigen Arten wie *Juncus inflexus* . . . 10
9* Gesellschaften ohne großen Anteil hochwüchsiger Arten, niedrige ausläuferbildende Kräuter dominieren neben den Gräsern . . . 11
10 *Juncus inflexus* bestandesbildend, *Mentha longifolia* häufig, Gesellschaft der Bachufer, feuchter Senken auf extensiven Weiden, an Viehtränken **Junco inflexi-Menthetum longifoliae** S. 347
10* *Mentha longifolia* fehlt, durch *Mentha suaveolens* ersetzt, neben *Juncus inflexus Potentilla reptans* häufig **Potentillo-Menthetum suaveolentis** S. 347
11 (9*) *Potentilla anserina* dominiert ***Potentilla anserina*-Gesellschaft** S. 347

11* Andere Ausläuferarten dominieren **12**
12 *Potentilla reptans* dominiert **Potentilla reptans-Gesellschaft** S. 348
12* *Ranunculus repens* bestandesbildend **Ranunculus repens-Gesellschaft** S. 348

Ranunculo repentis-Alopecuretum geniculati R. Tx. 1937 – Knickfuchsschwanz-Gesellschaft

(Potentillo anserinae-Alopecuretum geniculati R. Tx. (1937) 1947, Rumici crispi-Alopecuretum geniculati R. Tx. 1950, *Ranunculus repens-Rorippa silverstris*-Ass. Nordhagen 1943)

A *Alopecurus geniculatus* (dom.) – Knick-Fuchsschwanz
K *Agrostis stolonifera* – Kriech-Straußgras
K *Ranunculus repens* – Kriech-Hahnenfuß

Weit verbreiteter Kriechrasen im Überschwemmungsbereich bzw. in zeitweise unter Wasser stehenden Senken auf Wiesen und Weiden. Die Böden sind lehmig-tonig und meist nährstoffreich. Die angegebenen Arten dominieren die Bestände. In Deutschland weit verbreitet, insbesondere in den Auen der großen Ströme und anderen Feuchtgebieten.
▽ Durch Meliorationssmaßnahmen leicht im Rückgang, im Bergland zurückgehend V, §.

Trifolio fragiferi-Agrostietum stoloniferae Sykora 1982 nom. inv. – Erdbeerklee-Straußgras-Flutrasen

(Gemeenschap van *Agrostis stolonifera* subvar. salina en *Trifolium fragiferum* Westh. 1947)

A *Trifolium fragiferum* – Erdbeer-Klee
K *Agrostis stolonifera* – Kriech-Straußgras

Hauptvorkommen an den Küsten (Nord- und Ostseeküste) außerhalb der Überflutungsbereiche der Meere, oft beweidete Rasen auf mehr oder weniger sandigen Böden, vereinzelt weitere Salzzeiger möglich (*Odontites verna*, *Plantago coronopus*). *Potentilla anserina* kann faziesbildend auftreten. Im Binnenland nur kleinflächig auf z. T. oberflächig versalzten Böden (Sachsen-Anhalt)
▽ Gesellschaft durch Melioration und andere landwirtschaftliche Maßnahmen zurückgehend V, §.

Rumici crispi-Agrostietum stoloniferae Moor 1958 – Straußgras-Gesellschaft

(Syn. Rorippo-Agrostietum stoloniferae [Moor] 1958 Oberd. et Th. Müller in Th. Müller 1961, Agrostietum stoloniferae [Moor 1958] Lang 1967, Rorippo-Agrostietum prorepentis sensu auct., Rorippo-Agrostietum albae sensu auct.)

K *Agrostis stolonifera* (dom.) – Kriech-Straußgras
K *Ranunculus repens* (subdom.) – Kriech-Hahnenfuß
T *Rorippa sylvestris* (subdom.) – Wilde Sumpfkresse
H *Rumex crispus* – Krauser Ampfer

Gesellschaft der Auen, siedelt vornehmlich auf sandig-kiesigen Rohböden und Anschwemmungen (Schlick). Ausläufer- bzw. Kriechpflanzen dominieren, können dichte Rasen bilden, auf Primärstandorten bzw. als junge Sukzessionsphasen.
Rasen können auch sehr locker aufgebaut sein. Gesellschaft kommt oft verzahnt mit Glanzgrasröhrichten und Bidentetea-Gesellschaften vor. An den meisten deutschen Flüssen vorkommend vom Norden bis ins Alpenvorland.
▽ Durch Flussausbau z. T. leicht zurückgehend, aber noch nicht gefährdet, *.

Dactylido-Festucetum arundinaceae R. Tx. ex Lohm. 1953 – Rohrschwingel-Rasen (Syn. Potentillo-Festucetum arundinaceae [R. Tx. 1937] Nordh. 1940 p. p., *Festuca arundinacea-Dactylis glomerata*-Ass. R. Tx. 1950; incl. Ass.-Gr. Festucetum arundinacea Pass 1964 p. p.)

O/A *Festuca arundinacea* (dom.) – Rohr-Schwingel
H *Dactylis glomerata* (subdom.) – Gewöhnliches Knaulgras
H *Achillea millefolium* – Gewöhnliche Schafgarbe
H *Trifolium repens* – Weiß-Klee

Die namengebenden Arten dominieren in den Beständen. Die Gesellschaft trifft man im Bereich der Flussauen aber auch auf nicht gepflegten Wiesen und Weiden sowie an feuchten Gräben. Die Gesellschaft ist hauptsächlich in wärmegetönten Tieflagen und Stromtälern in ganz Deutschland verbreitet. Es gibt aber relativ wenig Belegmaterial.
∇ Die Bestandesentwicklung ist schwer abschätzbar, Rückgänge der Gesellschaft waren zu verzeichnen, *.

Rumici crispi-Agropyretum repentis Hejný in Hejný et al. 1979 – Ampfer-Quecken-Gesellschaft

H *Elytrigia repens* (=*Agropyron repens*) (dom.) – Gewöhnliche Quecke
K *Agrostis stolonifera* – Kriech-Straußgras
H *Rumex crispus* – Krauser Ampfer
H *Urtica dioica* – Große Brennnessel

Gesellschaft nähstoffreicher Auenböden, die als Sukzessionsstadium brachgefallenen Grünlandes oder von Ackerbrachen angesehen werden muss. Auch wenig gepflegte Uferstreifen werden besiedelt. Die Quecke dominiert, daneben kommen aber typische Flutrasenarten vor. Gesellschaft wurde bislang kaum berücksichtigt, da sie keine eigenen Kennarten hat und nur negativ charakterisiert ist.
∇ Ungefährdet, z. T. durch Brachen zunehmend.

Poo irrigatae-Agropyretum repentis R. Tx. 1957 – Rispengras-Quecken-Gesellschaft

T *Poa humilis* (= *P. irrigata*, = *P. subcaerulea*; Kleinart von *Poa pratensis*) – Bläuliches Wiesen-Rispengras
K *Agrostis stolonifera* – Kriech-Straußgras
H *Elytrigia repens* (= *Agropyron repens*) – Gewöhnliche Quecke

In den Flusstälern auf den Aulehmdecken Nordwestdeutschlands verbreitete Gesellschaft. Sehr auffällig durch die Färbung des Bläulichen Wiesen-Rispengrases. Auch Angaben von der Oder liegen vor. Gesamtverbreitung und Differenzierung der Gesellschaft noch weitgehnd unbekannt.
∇ *.

Potentillo-Deschampsietum mediae Oberd. 1957 – Binsenschmielengesellschaft

A *Deschampsia media* – Binsen-Schmiele

Gesellschaft kommt nur in periodisch überschlickten Flutmulden des Rheintales zwischen Karlsruhe und Mannheim vor. Die Gesellschaft hat eine rein mediterrane Hauptverbreitung. Achtung, die namengebende Art kann auch in Molinion-Gesellschaften vorkommen.
∇ Aufgrund von Meliorationsmaßnahmen und der natürlichen Seltenheit ist die Gesellschaft vom Verschwinden bedroht 1, §.

Poo trivialis-Rumicetum obtusifolii Hülb. 1969 –
Gesellschaft des Stumpfblättrigen Ampfers
(Syn. Rumicetum obtusifolii Th. Müller 1974)

T *Rumex obtusifolius* – Stumpfblättriger Ampfer
K *Ranunculus repens* – Kriechender Hahnenfuß
H *Poa trivialis* – Gewöhnliches Rispengras

Degradierte Standorte in den Flussauen, auf sandig-lehmigen Böden und auf Rohauböden. Gesellschaft wird von Agrostietea-Arten bestimmt. Das Vorkommen von *Rumex obtusifolius* kennzeichnet Übergänge zum Arction (Artemisietea).

Es fehlt eine komplexe Bearbeitung der Gesellschaften mit *Rumex obtusifolius*.

▽ *.

Junco inflexi-Menthetum longifoliae Lohm. 1953 –
Gesellschaft der Graugrünen Binse
(Syn. Juncetum glauci Sillinger 1929, Myosotido-Juncetum inflexi Pass. (1964) 1983; incl. *Mentha-Agropyron*-Gesellschaft Lipp. 1966, *Mentha-Juncus inflexus*-Gesellschaft Pass. 1964)

A *Mentha longifolia* (subdom.) – Ross-Minze
O *Juncus inflexus* (dom.) – Graugrüne Binse
H *Rumex crispus* – Krauser Ampfer

Typische Gesellschaft der Bachufer, periodisch wasserführender Gräben und Viehtränken, sehr nährstoffreiche, vergleyte bzw. anmoorige Böden. Im Gesamtgebiet vorkommend.

▽ Leichte Rückgangstendenz durch Standortverluste, *.

Potentillo-Menthetum suaveolentis Oberd. 1952 –
Gesellschaft der Rundblättrigen Minze

A *Mentha suaveolens* – Rundblättrige Minze
O *Juncus inflexus* (dom.) – Graugrüne Binse

Gesellschaft ähnelt sehr dem Junco inflexi-Menthetum longifoliae, *Mentha longifolia* kann auch auftreten. Eigenständigkeit dieser Gesellschaft ist fraglich. Sie kommt nur im Oberrheingebiet vor.

▽ Durch Meliorationsmaßnahmen stark gefährdet (2), *.

***Potentilla anserina*-Gesellschaft** – Gänsefingerkraut-Gesellschaft
(Syn. Potentilletum anserinae Pass. 1964; non Potentilletum anserinae Rapaics 1927, non Lolio-Potentilletum anserinae R. Knapp 1948)

K *Potentilla anserina* (dom.) – Gänse-Fingerkraut
K *Agrostis stolonifera* – Kriech-Straußgras

Absolute Dominanz der namengebenden Art. Typische Dorfgesellschaft, an Teichen, von Geflügel stark beweideten Flächen. Typische »Gänseweiden«. Arten des Malvion (Sisymbrietea) und der Polygono-Poetea annuae meist mit vertreten. In Deutschland ursprünglich weit verbreitet.

▽ Durch Rückgang der Geflügelhaltung in den Dörfern gefährdet, aber es sind Ersatzbiotope vorhanden (stark von Hunden frequentierte Grünanlagenränder) *.

***Potentilla reptans*-Gesellschaft** – Gesellschaft des Kriechenden Fingerkrautes
(Syn. Potentilletum reptantis Eliáš 1974, Potentilletum reptantis Eliáš 1978, Prunello-Potentilletum reptantis Eliáš 1978; non *Potentilla reptans-Inula britannica*-Gesellschaft Pass. 1964)

K *Potentilla reptans* (dom.) – Kriechendes Fingerkraut
H *Achillea millefolium* – Gewöhnliche Schafgarbe
H *Glechoma hederacea* – Efeublättriger Gundermann
H *Polygonum aviculare* – Vogel-Knöterich

Gesellschaft der Straßen-, Weg- und Grabenränder, an Zäunen und Gebäuden. Verbreitungsschwerpunkt in Dörfern. Dominanz der namengebenden Art, vereinzelt kommen auch Vertreter der Polygono-Poetea vor. Übergänge zur Ordnung Plantagini-Prunellietalia bestehen. In Deutschland ist die Gesellschaft weit verbreitet.

***Ranunculus repens*-Gesellschaft** – Kriechhahnenfuß-Gesellschaft
(Syn. Ranunculetum repentis R. Knapp 1946, Ranunculetum repentis R. Knapp 1948, Ranunculetum repentis R. Knapp ex Oberd. 1957 Agrostio-Ranunculetum repentis (R. Knapp ex Oberd. 1957) Oberd. et al. 1967, Potentillo-Ranunculetum repentis (R. Knapp ex Oberd. 1957) Pass. 1983)

K *Ranunculus repens* (dom.) – Kriech-Hahnenfuß
K *Agrostis stolonifera* – Kriech-Straußgras
H *Poa trivialis* – Gewöhnliches Rispengras

Dominanz der namengebenden Art, die »teppichähnliche« Bestände ausbildet. Primäre Vorkommen im Überschwemmungsbereich der Flüsse, auch auf nassen Brachen, an Straßen-, Wiesenrändern und auf feuchten bis nassen Ruderalstandorten.
▽ *.

12.6 **Nardetea strictae** Oberd. 1949 – Bodensaure Borstgrasrasen

K *Nardus stricta* (dom.) – Borstgras
K *Avenella flexuosa* – Schlängelschmiele
K *Danthonia decumbens* – Dreizahn
K *Festuca ovina* – Schaf-Schwingel
K *Potentilla erecta* – Blutwurz
K *Carex pilulifera* – Pillen-Segge
K *Luzula campestris* – Gewöhnliche Hainsimse, Hasenbrot
K *Holcus lanatus* – Weiches Honiggras
K *Antennaria dioica* – Katzenpfötchen

Durch Vorherrschaft von *Nardus stricta* bestimmte, artenarme, einschichtige Rasen auf bodensauren, nährstoffarmen Standorten, auf abgelegenen Waldwiesen und in ortsfernen Randlagen der Dorffluren. Einmalige Mahd im Jahr erbringt nur geringen Heuertrag.
▽ Bei der Intensivierung der landwirtschaftlichen Produktion wurden die meisten dieser Standorte in ertragreichere Wiesen und Weiden umgewandelt. Weiterer Rückgang der Borstgrasrasen ist durch den starken anthropogenen Stickstoffeintrag in den Boden zu erwarten. Eine Erhaltung der sehr selten gewordenen stark gefährdeten Borstgrasrasen ist nur durch jährlichen Nährstoffentzug (Mahd) ohne Düngung möglich, §.
BT Borstgrasrasen (T 6.2.1.5)

Im Gebiet nur 1 Ordnung:

Nardetalia strictae Oberd. ex Prsg. 1949 – Bodensaure Borstgrasrasen

1 Durch arktisch-alpine Arten wie *Diphasiastrum alpinum* und *Leucorchis albida* ausgezeichnete hochmontan-subalpine Borstgrasrasen **Nardion** S. 349
1* Borstgrasrasen nicht durch arktisch-alpine Arten ausgezeichnet, nicht in den Kammlagen der Mittelgebirge 2
2 Bestände durch feuchte- bis nässeliebende Arten wie *Juncus squarrosus* und *Carex nigra* ausgezeichnet, auf feucht-nassen Standorten **Juncion squarrosi** S. 353
2* Bestände nicht durch die genannten feuchte- bis nässeliebenden Arten ausgezeichnet, dafür Vorkommen von *Viola canina* und *Polygala vulgaris* **Violo caninae-Nardion** S. 350

Nardion Br.-Bl. in Br.-Bl. et Jenny 1926 – Borstgrasrasen

(Syn. Eu-Nardion Oberd. 1949, Nardo-Trifolion Prsg. 1949)

V *Campanula barbata* – Bärtige Glockenblume
V *Diphasiastrum alpinum* – Alpen-Flachbärlapp
V *Gentiana kochiana* – Stängelloser Enzian
V *Leontodon helveticus* – Schweizer Löwenzahn
V *Leucorchis albida* – Weißzunge
V *Potentilla aurea* – Gold-Fingerkraut
K *Nardus stricta* (dom.) – Borstgras

Hochmontane und subalpine Borstgrasrasen. Auf kalkarmen, sauerhumosen Lehmen und steinigen Böden. Von 1000 m bis 2200 m ü. NN aufsteigend. Oft Ersatzgesellschaften ehemaliger Wald- oder Knieholzbestände.

▽ Durch Änderung der traditionellen Bewirtschaftung, durch Eutrophierung und durch Verbuschung sowie Wiederbewaldung sehr stark zurückgehend, §.

BT Bärwurz-Magerrasen, montane und subalpine Borstgrasrasen (T 6.2.1.5.4)

1 Bestände mit *Geum montanum, Campanula barbata, Gentiana kochiana* und *Gentiana punctata* **Geo montani-Nardetum strictae** S. 349
1* Bestände ohne die genannten Arten 2
2 Bestände mit *Viola lutea, Selinum pyrenaicum* und *Potentilla crantzii* **Violo lutei-Nardetum strictae** S. 350
2* Bestände ohne die genannten Arten 3
3 Bestände mit *Leontodon helveticus, Gentiana lutea* und *Potentilla aurea* **Leontodonto helvetici-Nardetum strictae** S. 349
3* Bestände ohne die genannten Arten aber mit *Pulsatilla alba, Diphasiastrum alpinum* und *Hieracium alpinum* **Lycopodio-Nardetum** S. 350

Geo montani-Nardetum strictae Lüdi 1948 – Bergnelkenwurz-Borstgrasrasen

(incl. Nardetum strictae [Rüb. 1911] Br.-Bl. 1949 em. Oberd. 1950 = Nardetum alpigenum Br.-Bl. 1926, Aveno versicoloris-Nardetum Oberd. 1957)

V *Campanula barbata* – Bärtige Glockenblume
V *Gentiana kochiana* – Stängelloser Enzian
K *Nardus stricta* (dom.) – Borstgras
T *Gentiana punctata* – Tüpfel-Enzian
T *Geum montanum* – Berg-Nelkenwurz

Hochmontane bis subalpine Borstgrasrasen der Nordalpen, meist stark beweidet. Auf trockenen, sauren Böden, vor allem im Bereich der Almen.

▽ Durch Aufgabe der traditionellen Bewirtschaftung und durch Eutrophierung zunehmend gefährdet 3, §.

Leontodonto helvetici-Nardetum strictae Bartsch 1940 – Borstgrasrasen mit Schweizer Löwenzahn

A *Leontodon helveticus* – Schweizer Löwenzahn
A *Potentilla aurea* – Gold-Fingerkraut

K *Nardus stricta* (dom.) – Borstgras
T *Gentiana lutea* – Gelber Enzian

Gegenüber den Borstgrasrasen der Alpen an alpinen Arten verarmte Bestände mit einigen Glazialrelikten im Hochschwarzwald auf dem Feldberg und Belchen.
▽ Stark gefährdet 2, §.

Violo lutei-Nardetum strictae (Issler 1927) Oberd. 1957 –
Vogesen-Stiefmütterchen-Borstgrasrasen

A *Viola lutea* – Vogesen-Stiefmütterchen
A *Potentilla crantzii* – Zottiges Fingerkraut
K *Nardus sticta* (dom.) – Borstgras
T *Selinum pyrenaicum* – Pyrenäen-Silge

Nicht in Deutschland, in den Hochlagen der Vogesen (Frankreich) auf sauren, trockenen Böden an stark beweideten Stellen.

Lycopodio-Nardetum Prsg. 1953 – Alpenbärlapp-Borstgrasrasen
(incl. Pulsatillo-Nardetum R. Tx. 1937)

A *Pulsatilla alba* – Brocken-Küchenschelle, Brockenanemone
V *Diphasiastrum alpinum* (= *Lycopodium alpinum*) – Alpen-Flachbärlapp
K *Nardus stricta* (dom.) – Borstgras
T *Luzula sudetica* – Sudeten-Hainsimse
T *Homogyne alpina* – Gewöhnlicher Alpenlattich
T *Leucorchis albida* – Weißzunge
T *Rhinanthus pulcher* – Alpen-Klappertopf
T *Solidago virgaurea* ssp. *minuta* – Alpen-Goldrute

Durch das Auftreten arktisch-alpiner Sippen charakterisierte Borstgrasrasen auf dem Fichtelberg und Brocken, im Bayrischen Wald und Böhmerwald in Höhen um 1000 m ü. NN auf vom Menschen geschaffenen, betretenen Waldblößen und auf Weideflächen.
▽ Früher zur Streunutzung gemäht, werden sie jetzt oft nicht mehr bewirtschaftet und unterliegen einem Aufkommen von azidophilen Zwergsträuchern. Nur Mahd oder Beweidung kann die letzten vom Aussterben bedrohten Bestände erhalten, 1, §.

Violo caninae-Nardion strictae (Schwick. 1944) Ellenb. 1978 – Hundsveilchen-Borstgrasrasen

(Syn. Violion caninae Schwick. 1944, Nardo-Galion saxatilis Prsg. 1949 p.p.)

V *Viola canina* – Hunds-Veilchen
K *Nardus stricta* (dom.) – Borstgras
K *Antennaria dioica* – Katzenpfötchen
H *Polygala vulgaris* – Gewöhnliches Kreuzblümchen
H *Hieracium pilosella* – Kleines Habichtskraut
H *Veronica officinalis* – Echter Ehrenpreis

Nur noch selten anzutreffende Borstgrasrasen auf sauren, nährstoffarmen, durch den Betritt des Weideviehes verdichteten Böden in vernachlässigten, ortsfernen Lagen des Tief-, Hügel- und Berglandes.
▽ Verbliebene, sehr stark gefährdete Bestandsreste können nur erhalten werden, wenn durch Mahd oder Beweidung ein jährlicher Nährstoffentzug erfolgt und jegliche Düngung unterbleibt, anderenfalls gehen sie in ertragreichere Wiesen bzw. Weiden über oder bewalden sich, §.
BT Borstgrastriften der Tieflagen auf trockenen Böden und Flügelginster-Weiden. (T 6.2.1.5.1 u. 3)

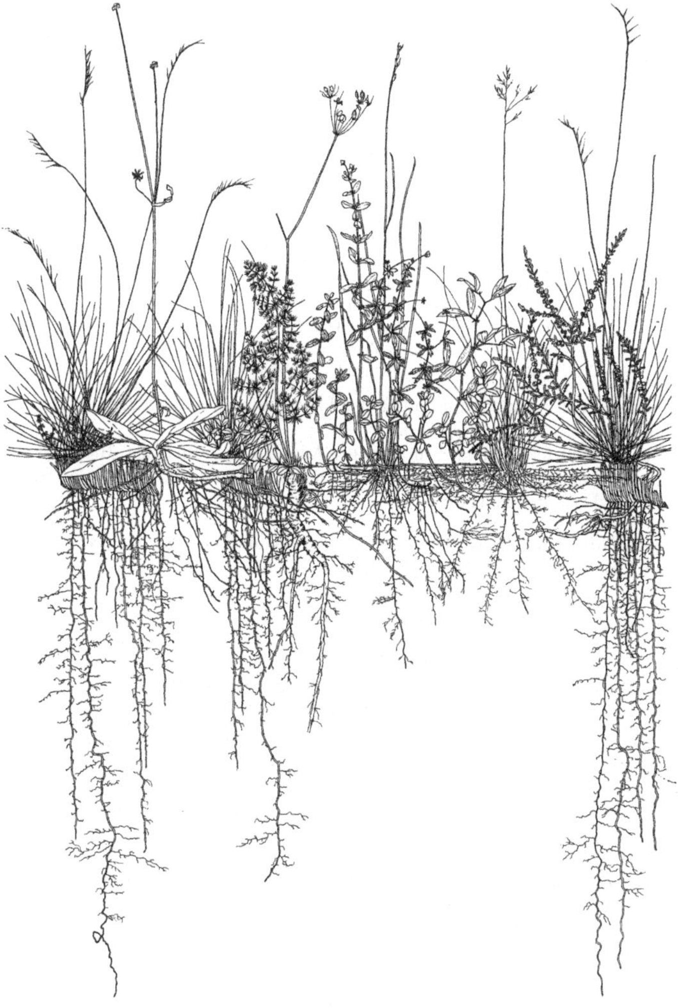

Abb. 39. Halbschematisches Vegetationsprofil eines Kantenhartheu-Kreuzblümchenrasens (Hyperico maculati-Polygaletum vulgaris). SCHUBERT et al. 1995. Von links nach rechts: *Galium harcynicum, Nardus stricta, Arnica montana, Nardus stricta, Vaccinium myrtillus, Veronica officinalis, Meum athamanticum, Hypericum maculatum, Danthonia decumbens, Potentilla erecta, Lathyrus linifolius, Avenella flexuosa, Calluna vulgaris, Nardus stricta.*

1 Bestände durch das hochstete Vorkommen von *Genistella sagittalis* augezeichnet **Festuco-Genistelletum sagittalis** S. 352

1* Bestände ohne die genannte Art 2

2 Borstgrasrasen der Mittelgebirge, durch Arten wie *Meum athamanticum, Arnica montana* und *Galium harcynicum* ausgezeichnet **Hyperico maculati-Polygaletum vulgaris** S. 352

2* Borstgrasrasen ohne die genannten Arten, in Tief- und Hügelländern **Polygalo-Nardetum strictae** S. 352

Hyperico maculati-Polygaletum vulgaris Prsg. 1950 in Klapp 1951 – Kantenhartheu-Kreuzblümchenrasen (Abb. 39)

K *Nardus stricta* (dom.) – Borstgras
T *Hypericum maculatum* – Kanten-Hartheu
T *Arnica montana* – Arnika
T *Meum athamanticum* – Bärwurz
T *Galium harcynicum* – Harz-Labkraut
T *Lathyrus linifolius* – Berg-Platterbse
T *Polygala vulgaris* – Gewöhnliches Kreuzblümchen

Auf sehr offenen Standorten, in ortsfernen Lagen auf sauren, ungedüngten Böden der Mittelgebirge.

▽ Nur noch in letzten Resten in geringer Ausdehnung vorhanden. Biomasseentzug durch Mahd und Vermeiden jeglicher Düngung ist für den Erhalt der Bestände dringend erforderlich (1), §.

Polygalo-Nardetum strictae Oberd. 1957 – Kreuzblümchen-Borstgrasrasen (incl. Botrychio-Polygaletum vulgaris Prsg. 1950)

K *Nardus stricta* (dom.) – Borstgras
V *Viola canina* – Hunds-Veilchen
H *Dianthus deltoides* – Heide-Nelke
H *Galium pumilum* – Heide-Labkraut
T *Hypericum perforatum* – Tüpfel-Hartheu, Johanniskraut
T *Polygala vulgaris* – Gewöhnliches Kreuzblümchen

Auf sauren, nährstoffarmen Böden, die nicht von Grund- oder Stauwasser beeinflusst sind, in ortsfernen, vernachlässigten Lagen der Tief- und Hügelländer, auch im Alpenraum.

▽ Nur noch in Resten vorhanden. Zum Erhalt Mahd und Vermeiden der Düngung notwendig, stark gefährdet 2, §.

Festuco-Genistelletum sagittalis Issler 1927 – Schwingel-Flügelginster-Gesellschaft (incl. Aveno-Genistelletum sagittalis Oberd. 1957, Polygono vivipari-Genistelletum sagittalis [Kuhn 1937] Th. Müller 1978 = Aveno pratensis-Genistelletum Oberd. 1957 p.p.)

K *Nardus stricta* (dom.) – Borstgras
K *Antennaria dioica* – Katzenpfötchen
T *Genistella sagittalis* – Flügel-Ginster
T *Festuca rubra* – Rot-Schwingel
T *Poa chaixii* – Berg-Rispengras
H *Dianthus deltoides* – Heide-Nelke
H *Galium pumilum* – Heide-Labkraut

Magerweiden in den Hochlagen des Schwarzwaldes und der Schwäbischen Alb auf basenreichen Rankern. Auf Tertiärschottern auch in Bayern. In mehrere Untereinheiten geographisch und standörtlich teilbar.

▽ Durch Düngung, Eutrophierung und Nutzungsaufgabe stark gefährdet 2, §.

Juncion squarrosi Oberd. 1978 – Gesellschaft der Sparrigen Binse

V *Juncus squarrosus* – Sparrige Binse
T *Carex nigra* – Wiesen-Segge, Braun-Segge
T *Carex panicea* – Hirse-Segge
T *Viola palustris* – Sumpf-Veilchen
T *Hydrocotyle vulgaris* – Gewöhnlicher Wassernabel
T *Molinia caerulea* – Pfeifengras
K *Nardus stricta* – Borstgras

Auf feucht-nassen, nährstoffarmen, z. T. anmoorigen Standorten und auf abgetorften Mooren. Oft im Kontakt zu Feuchtheiden, Feuchtwiesen und Kleinseggenrieden. Optimal in subatlantisch getönten, niederschlagsreicheren Landschaften der Pleistozängebiete.

▽ Meist nur kleinflächig entwickelt, bedürfen sie des Schutzes vor Trockenlegung der Standorte, §.

BT Feuchte Borstgrasrasen (T 6.2.1.5.2)

1 Bestände auf nassen, ständig vom Wasser durchrieselten Torfabbauflächen auf oligotroph-sauren Hang- und Regenmooren, mit *Eriophorum vaginatum, E. angustifolium* und *Sphagnum* sp.
Eriophoro-Nardetum strictae S. 353

1* Bestände nicht mit den genannten Arten, auf grundwasserbeeinflussten Sanden und Kiesen und auf geringmächtigen Versumpfungsmooren, mit *Pedicularis sylvatica*
Nardo-Juncetum squarrosi S. 353

Nardo-Juncetum squarrosi Nordh. 1922 – Borstgras-Binsenrasen
(incl. Gentiano pneumonanthes-Nardetum strictae Prsg. 1950, Carici-Nardetum strictae Pass. 1964)

V *Juncus squarrosus* – Sparrige Binse
K *Nardus stricta* (dom.) – Borstgras
T *Pedicularis sylvatica* – Wald-Läusekraut
T *Dactylorhiza maculata* – Geflecktes Knabenkraut
T *Lotus uliginosus* – Sumpf-Hornklee

Auf sauren, nährstoffarmen, grund- oder stauwasserbeeinflussten Sanden, Kiesen und auf geringmächtigen Versumpfungsmooren, auf Gleyböden. Oft bandförmig auf Wegen und an Wegrändern bei Bodenverdichtung entwickelt. Vom Tief- bis zum Bergland, vor allem in niederschlagsreicheren Landschaften. Dort gelegentlich mit *Genista anglica, Gentiana pneumonanthe* und *Erica tetralix.*

▽ Stark gefährdet 2, §.

Eriophoro vaginati-Nardetum strictae Hempel 1974 – Scheidenwollgras-Borstgrasrasen

K *Nardus stricta* (dom.) – Borstgras
T *Eriophorum vaginatum* – Scheidiges Wollgras
T *Eriophorum angustifolium* – Schmalblättriges Wollgras
Sphagnum palustre – Sumpf-Torfmoos

Selten auf nassen, ständig vom Wasser durchrieselten Torfabbauflächen, auf oligotroph-sauren Hang- und Regenmooren des Erzgebirges.

▽ Durch Abtorfung oder Entwässerung stark gefährdet (2), §.

12.7 **Seslerietea albicantis** Oberd. 1978 corr. 1990 – Alpine Blaugrasrasen (Syn. Elyno-Seslerietea Br.-Bl. 1948 p. p.)

K *Anthyllis vulneraria* ssp. *alpestris* – Alpen-Wundklee
K *Astragalus frigidus* – Gletscher-Tragant

K *Helianthemum nummularium* ssp. *grandiflorum* – Großblütiges Sonnenröschen
K *Pulsatilla alpina* – Alpen-Küchenschelle
K *Globularia cordifolia* – Herzblättrige Kugelblume
K *Galium anisophyllum* – Ungleichblättriges Labkraut
K *Gentiana nivalis* – Schnee-Enzian
K *Sesleria albicans* – Blaugras

Vorwiegend primäre, buntblumige Rasengesellschaften der subalpinen und alpinen Höhenstufe. Auf Lawinen- und Schotterbahnen auch in tiefere Lagen absteigend. Vorwiegend aus alpinen und submediterranen Florenelementen zusammengesetzt. Sie besiedeln basenreiche, mild oder neutral reagierende, oft steinige, initiale Humusböden.
∇ §.
BT Alpine Kalkrasen (T 3.4.2)

Im Gebiet nur 1 Ordnung:

Seslerietalia albicantis Br.-Bl. in Br.-Bl. et Jenny 1926 em. Oberd. 1957 – Alpine Blaugras-Gesellschaften

Subalpine bis alpine Rasengesellschaften auf Kalk, deren Bestände von Gräsern und Sauergräsern bestimmt werden.

1 Trockenheit ertragende Rasengesellschaften auf trockenen Rendzinen und wenig entwickelten, initialen Böden. 2
1* Frische Böden bevorzugende, höherwüchsige Rasengesellschaften auf lockeren, tiefgründigen Mergelböden. 3
2 Kurzgrasige Rasen auf Gipfeln, Windecken, Graten und Felssimsen der alpinen und subnivalen Stufe. Prägendes Element ist *Carex firma* **Caricion firmae** S. 354
2* Strukturierte, oft treppig gegliederte Rasen auf flachgründigen, skelettreichen, trockenen, steilen Hängen und Halden in der alpinen und subalpinen Stufe. Prägendes Element ist *Sesleria albicans* **Seslerion coeruleae** S. 355
3 (1*) Von *Carex ferruginea* geprägte, artenreiche Urwiesen der subalpinen Stufe auf steilen Mergelhängen **Caricion ferrugineae** S. 355
3* Von *Calamagrostis varia* geprägte Hochgrasbestände der subalpinen bis hochmontanen Stufe auf kalkreichen, wechselfrischen Tonböden **Calamagrostion variae** S. 356

Caricion firmae Gams 1936 – Polsterseggen-Gesellschaften
(Syn. Loiseleurion calcicolum Wendelb. 1971)

V *Carex firma* – Polster-Segge
V *Androsace chamaejasme* – Wimper-Mannsschild
V *Chamorchis alpina* – Zwergorchis
T *Silene acaulis* – Stängelloses Leimkraut

Kurzgrasige Rasen auf Gipfeln, Windecken, Graten und Felssimsen im Bereich harter Karbonatgesteine in der alpinen bis subnivalen Stufe. Bei entsprechender Exposition (Eislöcher) auch tiefer herabsteigend.

Im Gebiet nur 1 Assoziation:
BT Trockenheitsertragende Polsterseggen-Rasen (T 3.4.2.1)

Caricetum firmae Rübel 1911- Polsterseggen-Rasen
(Syn. Caricetum firmae Br.-Bl. in Br.-Bl. et Jenny 1926)

A *Crepis jacquinii* – Felsen-Pippau
A *Saxifraga caesia* – Graugrüner Steinbrech

V *Carex firma* (dom.) – Polster-Segge
V *Chamorchis alpina* – Zwergorchis

Physiognomisch durch die starren, graugrünen, lückig stehenden Polster von *Carex firma* auffallende Rasengesellschaft der alpinen Stufe. Auf feinerdearmen Graten und Hängen der aus kompakten Kalken oder Dolomiten aufgebauten Gebirge. Schneearme, windexponierte, trockene, skelettreiche Standorte besiedelnd. In initialen Stadien mit viel *Dryas octopetala, Salix retusa* und *Saxifraga caesia*, auf windgefegten Standorten mit *Carex mucronata* und auf humusreicheren Böden mit *Festuca pumila*. Große soziologische Mannigfaltigkeit.
▽ §.

Seslerion coeruleae Br.-Bl. in Br.-Bl. et Jenny 1926 – Alpine Blaugras-Gesellschaften

(Syn. Seslerion albicantis Br.-Bl. in Br.-Bl. et Jenny 1926 corr. Oberd. 1983, Astero-Seslerion Hadač 1962)

V *Biscutella laevigata* – Glattes Brillenschötchen
V *Gentiana clusii* – Kalk-Glockenenzian
V *Helianthemum alpestre* – Alpen-Sonnenröschen
V *Pedicularis rostratocapitata* – Kopfiges Läusekraut

Auf feinerdearmen Graten und Hängen der unteren alpinen Stufe der Kalkalpen. Auf initialen Humuskarbonatböden als meist primärer Magerrasen. Trockenheitsertragend.
▽ §.
BT Trockenheitsertragende Polsterseggen- und Blaugras-Horstseggenrasen (T 3.4.2.1)

Im Gebiet nur 1 Assoziation:

Seslerio-Caricetum sempervirentis Br.-Bl. in Br.-Bl. et Jenny 1926 – Blaugras-Horstseggen-Rasen

(Syn. Seslerio-Sempervirentetum Br.-Bl. in Br.-Bl. et Jenny 1926)

T *Carex sempervirens* (dom.) – Horst-Segge
A *Oxytropis jacquinii* – Berg-Spitzkiel
A *Leontopodium alpinum* – Edelweiß
K *Sesleria albicans* – Blaugras
T *Nigritella nigra* – Schwarzes Kohlröschen
T *Hieracium villosum* – Woll-Habichtskraut
T *Senecio doronicum* – Gämswurz-Greiskraut
T *Sedum atratum* – Schwärzliche Fetthenne

Durch Gräser und Seggen sowie durch buntblühende Stauden ausgezeichnete, artenreiche Rasen auf frischeren Standorten an Hängen und in Mulden auf wenig entwickelten, humusarmen, aber basenreichen Böden, die zum Teil noch in Bewegung sind. In Lawinenbahnen und unter Felsabstürzen von der alpinen bis in die subalpine Stufe absteigend. Geographische Rassen in den West- und Ostalpen ausbildend.
▽ §.

Caricion ferrugineae G. et J. Br.-Bl. 1931 – Rostseggen-Gesellschaften

V *Carex ferruginea* – Rost-Segge
V *Pedicularis foliosa* – Reichblättriges Läusekraut
V *Trifolium badium* – Braun-Klee

T *Knautia dipsacifolia* – Wald-Witwenblume
T *Geranium sylvaticum* – Wald-Storchschnabel
T *Pimpinella major* – Große Pimpinelle

Artenreiche, alpine Rasengesellschaften auf lockeren, frischen, oft von Sickerwasser durchrieselten, tiefgründigen Mergelböden. Oft an steilen Hängen. Hohe Phytomasse-produktion. Von den Bayrischen Alpen bis in die Schwäbische Alb.
▽ §.
BT Alpine Kalkrasen auf oft durchrieselten, frischen Böden (Rostseggenrasen) (T 3.4.2.2)

Im Gebiet nur 1 Assoziation:

Caricetum ferrugineae Lüdi 1921 – Rostseggen-Rasen

V *Carex ferruginea* – Rost-Segge
A *Phleum hirsutum* – Rauhhaariges Lieschgras
A *Festuca pulchella* – Zierlicher Schwingel
V *Pedicularis foliosa* – Reichblättriges Läusekraut
K *Pulsatilla alpina* – Alpen-Küchenschelle
T *Astrantia bavarica* – Bayrische Sterndolde
T *Crepis bocconi* – Berg-Pippau

Artenreiche, dichte und wuchskräftige Rasen auf frischen, wasserzügigen, basenreichen Böden der alpinen bis subalpinen Stufe, vor allem der Außenketten der Alpen. Sowohl auf unentwickelten Humuskarbonatböden als auch auf mullartigen Rankern. Standorte im Bereich der Waldgrenze oft durch den Menschen erweitert. Soziologisch sehr mannigfaltig, bilden sie Subassoziationen und geographische Rassen aus. Rasen ergeben geschätztes Wildheu.
▽ §.

Calamagrostion variae Sillinger 1929 – Buntreitgras-Gesellschaften

V *Calamagrostis varia* – Bunt-Reitgras
V *Gymnadenia odoratissima* – Duft-Händelwurz
V *Laserpitium siler* – Berg-Laserkraut
T *Achnatherum calamagrostis* – Raugras

Hochgrasrasen mit meist dominierender *Calamagrostis varia* auf kalkreichen aber nährstoffarmen, wechselfrischen Tonböden an steilen, rutschigen Hängen.
▽ §.

Im Gebiet nur 1 Assoziation:

Origano-Calamagrostietum variae Lipp. ex Thiele 1978 – Dost-Buntreitgras-Rasen (Syn. Laserpitio-Calamagrostietum variae (Kuhn 1937) Th. Müller 1961; incl. Laserpitio-Seslerietum variae Moor 1957)

V *Calamagrostis varia* (dom.) – Bunt-Reitgras
K *Sesleria albicans* – Blaugras
H *Polygala chamaebuxus* – Zwergbuchs
T *Anemone narcissiflora* – Narzissen-Windröschen, Berghähnlein
T *Laserpitium latifolium* – Breitblättriges Laserkraut
T *Aster bellidiastrum* – Alpenmaßlieb
T *Origanum vulgare* – Gewöhnlicher Dost

Auf steilen Mergelhalden in der montanen bis subalpinen Stufe der Alpen und am Nordfuss der Schwäbischen Alb, wo der Kalkschutt des Gebirgstraufes auf den unterlagernden Mergel stürzt, dort an alpigenen Arten verarmt.
▽ In der Schwäbischen Alp gefährdet 3, §.

12.8 **Caricetea curvulae** Br.-Bl. 1948 – Alpine Krummseggen-Rasen

(Syn. Juncetea trifidi Hadač in Klika et Hadač 1944)

K *Agrostis rupestris* – Felsen-Straußgras
K *Avenula versicolor* – Bunt-Hafer
K *Carex curvula* – Krumm-Segge
K *Gentiana kochiana* – Stängelloser Enzian
K *Gentiana punctata* – Tüpfel-Enzian
K *Gentiana purpurea* – Purpur-Enzian
K *Potentilla aurea* – Gold-Fingerkraut

Dichte alpine Primärrasen mit bestandsbildenden Gräsern oder Sauergräsern auf karbonatfreien Substraten bzw. versauerten Böden. Im deutschen Alpenanteil nur ausklingend entwickelt. Arktisch-alpine Florenelemente herrschen vor.
▽ §.

1 Artenarme alpine Rasengesellschaften, die durch *Carex curvula* oder *Juncus trifidus* bestimmt werden **Caricetalia curvulae** S. 357
1* Artenreiche, buntblütige subalpin-alpine Lawinar- und Urwiesen bodensaurer Standorte mit *Festuca*- und *Agrostis*-Arten **Festucetalia spadiceae** S. 358

Caricetalia curvulae Br.-Bl. in Br.-Bl. et Jenny 1926 – Alpine Krummseggen-Rasen

O *Androsace obtusifolia* – Stumpfblättriger Mannsschild
O *Oreochloa disticha* – Zweizeiliges Kopfgras
O *Campanula alpina* – Alpen-Glockenblume
O *Phyteuma hemisphaerica* – Halbkugelige Teufelskralle
O *Tanacetum alpinum* – Alpen-Margerite

Weitverbreitet, artenarme, alpine Rasengesellschaften auf sauren Braunerden, Pseudogleyen, Podsolen, Terra fusca und Rankern.
▽ §.
BT Alpine Sauerbodenrasen (T 3.4.1)

1 Kurzgrasige, von *Carex curvula* bestimmte Rasen **Caricion curvulae** S. 357
1* Von der Kleinbinse *Juncus trifidus* bestimmte Pionierrasen **Juncion trifidi** S. 358

Caricion curvulae Br.-Bl. in Br.-Bl. et Jenny 1926 – Alpine Krummseggen-Rasen

K *Carex curvula* (dom.) – Krumm-Segge
O *Oreochloa disticha* – Zweiteiliges Kopfgras
V *Veronica bellidioides* – Gänseblumen-Ehrenpreis
V *Minuartia recurva* – Krummblättrige Miere

Kurzgrasige, von *Carex curvula* bestimmte alpine Rasen auf bodensauren Standorten. In Deutschland nur in den höchsten Lagen der Allgäuer Fleckenmergelberge.

Im Gebiet nur 1 Assoziation:

Caricetum curvulae Rübel 1911 – Krummseggen-Rasen
(Syn. Primulo-Caricetum curvulae Oberd. 1957 p.p.; incl. Caricetum curvulae Br.-Bl. in Br.-Bl. et Jenny 1926)

K *Carex curvula* (dom.) – Krumm-Segge
O *Oreochloa disticha* – Zweizeiliges Kopfgras
K *Agrostis rupestris* – Felsen-Straußgras
K *Avenula versicolor* – Bunt-Hafer
H *Primula minima* – Zwerg-Primel
T *Senecio carniolicus* – Krainer Greiskraut

Von *Carex curvula* beherrschte, bereits im Sommer bräunlich erscheinende, kurzgrasige, alpine Primärrasen auf sauerhumosen, kalkarmen Böden. Oft, besonders bei windexponierten Standorten mit vielen Flechten (*Cetraria nivalis, C. islandica, Alectoria ochroleuca, Thamnolia vermicularis, Cornicularia aculeata, Cladonia rangiferina*). In den Alpen verbreitet, in Deutschland aber fehlend.
∇ §.

Juncion trifidi Krajina 1933 – Alpine Kleinbinsen-Rasen

V *Juncus trifidus* (dom.) – Dreispaltige Binse
H *Primula minima* – Zwerg-Primel
H *Campanula alpina* – Alpen-Glockenblume

Von *Juncus trifidus* beherrschte Pionierrasen auf kryoturbaten Böden oder auf sauren Humusauflagen. In Deutschland nur in Anklängen z.B. auf dem Arber-Gipfel (Bayerischer Wald) zu finden.

Im Gebiet nur 1 Assoziation:

Juncetum trifidi Szafer et al. 1923 em. Krajina 1933 –
Gesellschaft der Dreispaltigen Binse

V *Juncus trifidus* (dom.) – Dreispaltige Binse

Von der Kleinbinse *Juncus trifidus* beherrschte, artenarme Pionierrasen des Arber- und Osser-Gipfels auf Felsgesimsen. Verarmte Ausbildung der Assoziation.
∇ Durch Tourismus stark gefährdet 2, §.

Festucetalia spadiceae Barbero 1970 em. Grabh. 1993 – Alpine, bodensaure Schwingel-Wiesen

O *Festuca paniculata* – Rispen-Schwingel
O *Campanula barbata* – Bärtige Glockenblume
O *Hypochoeris uniflora* – Einköpfiges Ferkelkraut
O *Erigeron alpinus* – Alpen-Berufkraut
O *Veronica fruticulosa* – Halbstrauchiger Ehrenpreis

Bunte und artenreiche, produktionskräftige Wildheu-Mahdwiesen und Weiden der subalpinen bis alpinen Stufe auf steilen, sonnenexponierten und oft felsigen Hängen, bedeutsam für die Befestigung der Lawinare. In Deutschland nur in Anklängen.
∇ §.

Im Gebiet nur 1 Verband:

Agrostion schraderianae Grabh. 1993 –
Alpine Straußgras-Sauerbodenwiesen

V *Agrostis agrostiflora* (= *A. schraderiana*) – Schilf-Straußgras
V *Alchemilla alpina* – Alpen-Frauenmantel
V *Pedicularis recutita* – Gestutztes Läusekraut
V *Gnaphalium norvegicum* – Norwegisches Ruhrkraut

Artenarme, von *Agrostis agrostiflora* beherrschte alpin-subalpine Wiesen. Gelegentlich ist *Festuca violacea* subdominant. Auf bodensauren, erosionsgefährdeten, gestörten Hängen, Lawinenbahnen und berasten Schutthängen.

Im Gebiet nur 1 Assoziation:

Pediculari recutitae-Agrostietum schraderianae Grabh. 1993 –
Straußgras-Lawinare und -Schneewiesen
(Syn. Agrostietum tenellae Lüdi 1921)

V/A *Agrostis agrostiflora (= A. schraderiana)* – Schilf-Straußgras
V *Alchemilla alpina* – Alpen-Frauenmantel
V *Pedicularis recutita* – Gestutztes Läusekraut
T *Anthoxanthum alpinum* – Alpen-Ruchgras
T *Geum montanum* – Berg-Nelkenwurz
T *Potentilla aurea* – Gold-Fingerkraut

Von *Agrostis agrostiflora* beherrschte, alpine Urwiesen an der Basis von Ruhschutthalden, auf denen der Lawinenschnee lange liegen bleibt. Seltener auf erosionsaktiven Rasenhängen. Dichte, frischgrüne, erosionshemmende Rasen bildend, die sogar Skipisten besiedeln. In Deutschland von Allgäuer und Berchtesgadener Alpen beschrieben.
▽ §.

12.9 **Carici rupestris-Kobresietea bellardii** Ohba 1974 –
Arktisch-alpine Nacktried-Rasen
(Syn. Kobresio-Elynetea Oberd. 1957, Elyno-Seslerietea Br.-Bl. 1948 p.p.)

K *Elyna myosuroides (= Kobresia m.)* – Nacktried
K *Minuartia verna* – Frühlings-Miere
K *Carex rupestris* – Felsen-Segge
K *Potentilla crantzii* – Zottiges Fingerkraut
K *Dryas octopetala* – Silberwurz
K *Silene acaulis* – Stängelloses Leimkraut

Alpine, primäre Rasenvegetation auf dünnen Rohhumusdecken über basenreichen Ausgangsgesteinen, z. B. über Kalkgestein im Berchtesgadener Raum. Neben basiphilen treten gelegentlich auch azidophile Arten im Bestand auf. Oft mit Rasengesellschaften der Seslerietea albicantis mosaikartig verbunden. Auf windexponierten, schneearmen Graten und Windecken bis zur nivalen Stufe vorkommend. Vorwiegend von arktisch-alpinen Pflanzen bestimmt.
▽ §.

Im Gebiet nur 1 Ordnung:

Oxytropido-Kobresietalia Oberd. ex Albr. 1969 –
Alpin-Pyrenäische Nacktried-Rasen
(Syn. Elynetalia myosuroides Oberd. 1957)

Im Gebiet nur 1 Verband:

Oxytropido-Elynion Br.-Bl. 1949 – Alpin-Pyrenäische Nacktried-Rasen

An schneefreie Hochgebirgsstandorte angepasste Rasen der Alpen. In Deutschland in den Allgäuer Alpen und im Berchtesgadener Raum.
BT Nacktriedrasen (T 3.2.3)

1 Fast ausschließlich durch *Elyna myosuroides* geprägte, wind- und kälteharte Rasengesellschaft schneearmer Grate und Windecken der oberen alpinen Stufe **Elynetum myosuroidis** S. 360
1* Bestände nicht ausschließlich durch die Vorherrschaft von *Elyna myosuroides* geprägt 2
2 Fast nur von *Carex rupestris* beherrschte Rasen auf frischen, basenreichen, flachgründigen Steinböden der alpinen bis nivalen Stufe **Caricetum rupestris** S. 360
2* Bestände nicht durch *Carex rupestris* geprägt. 3
3 Bestände durch *Carex curvula* ssp. *rosae* charakterisiert, daneben sind *Festuca pumila, Elyna myosuroides* und *Sesleria albicans* hochstet **Elyno-Caricetum rosae** S. 361
3* Bestände mit vorherrschender *Agrostis alpina* auf bereits versauernden Böden *Agrostis alpina*-**Gesellschaft** S. 361

Elynetum myosuroidis Rübel 1911 – Alpine Nacktried-Rasen

(Syn. Kobresietum bellardii (Brockm.-Jer. 1907) Br.-Bl. 1913, Trifido-Elynetum Schiechtl et al. 1985)

K *Elyna myosuroides* (dom.) – Nacktried
A *Cerastium alpinum* – Alpen-Hornkraut
A *Erigeron uniflorus* – Einköpfiges Berufkraut
A *Antennaria carpatica* – Karpaten-Katzenpfötchen
A *Saussurea alpina* – Echte Alpenscharte
H *Lloydia serotina* – Faltenlilie
H *Astragalus australis* – Südlicher Tragant
H *Carex atrata* – Geschwärzte Segge

Wind- und kälteharte Rasengesellschaft schneearmer Grate und Windecken der oberen alpinen Stufe, oft bis in die nivale Stufe emporreichend. Sie ist hohen Sommer- und tiefen Wintertemperaturen sowie raschem Frostwechsel bei Strahlungswetter ausgesetzt. Standorte überwiegend primärer Natur. Auf dünnen, zur Versauerung neigenden Rohhumusdecken über Kalkgestein oder kalkreichem Silikatgestein mit hohem mineralischen Feinerdegehalt. Neben basiphilen auch azidophile Pflanzen. Viele arktisch-alpin verbreitete Sippen am Bestandesaufbau beteiligt.
▽ Gefährdet 3, §.

Caricetum rupestris E. et S. Pign. 1985 – Felsenseggen-Rasen

K *Carex rupestris* (dom.) – Felsen-Segge
K *Silene acaulis* – Stängelloses Leimkraut
T *Draba dubia* – Frost-Felsenblümchen
T *Minuartia cherlerioides* – Polster-Miere

Fast ausschließlich von *Carex rupestris* aufgebaute alpine Rasen auf felsigen Graten, Kanten und Spalten harten Karbonatgesteins in der alpinen bis nivalen Stufe. Die Gesellschaft ist für Deutschland nicht nachgewiesen. Vorkommen der namengebenden Art am Aggenstein lässt nicht unbedingt auf ein Vorkommen der Gesellschaft schließen.
▽ §.

Elyno-Caricetum rosae Erschbamer 1992 – Kalk-Krummseggen-Rasen
(Syn. Caricetum rosae Pitschm. et al. 1974)

A *Carex curvula* ssp. *rosae* – Krumm-Segge
K *Elyna myosuroides* – Nacktried
H *Agrostis alpina* – Alpen-Straußgras
H *Festuca pumila* – Zwerg-Schwingel
H *Sesleria albicans* – Blaugras
H *Oxytropis montana* – Berg-Spitzkiel
H *Astragalus alpinus* – Alpen-Tragant

Krummseggen-Rasen auf Kalk, durch *Carex curvula* ssp. *rosae* geprägt. Im Bestand hochstet basiphile Arten wie *Elyna myosuroides, Festuca pumila* und *Sesleria albicans*. Vor allem auf Kalk-Glimmerschiefern und nicht dolomitisierten Kalken. Die Gesellschaft ist für Deutschland nicht nachgewiesen.
▽ §.

***Agrostis alpina*-Gesellschaft** – Alpenstraußgras-Gesellschaft

H *Agrostis alpina* – Alpen-Straußgras

Dauerpionierbestände auf mäßig trockenen Feinschuttstandorten mit beginnender Bodenversauerung in der alpinen Stufe. Vom Berchtesgadener Raum beschrieben.

Chenopodion glauci Hejný 1974 – Gesellschaften des Graugrünen Gänsefußes

(Syn. Chenopodion fluviatile R. Tx. in Poli et J. Tx. 1960, Chenopodion rubri Soó 1968, Chenopodion rubro-polyspermi [R. Tx. in Poli et J. Tx. 1960] Pass. 1978)

V *Atriplex prostrata* – Spieß-Melde
V *Chenopodium glaucum* – Graugrüner Gänsefuß
V *Chenopodium polyspermum* – Vielsamiger Gänsefuß
V *Chenopodium rubrum* – Roter Gänsefuß

Gesellschaften der Ufer größerer Fließgewässer (Mittel- und Unterläufe) auf periodisch abgelagerten Sedimenten, als Streifen bzw. Säume entlang den Flüssen, meist deutliche Zonierungen vorhanden. Oft werden kiesig-sandige, z. T. aber auch schlammige und extrem nährstoffreiche Substrate besiedelt. Im Gebiet an allen größeren Flüssen häufig. Vorkommen aber auch in Kläranlagen, Rieselfeldern, Absetzbecken und an Dunglagerplätzen.

▽ Gesellschaften sind z. T. im Rückgang, aber meist nicht gefährdet, *.

BT Stickstoffliebende Flussmelden-Gesellschaften (L 5.2.4.2)

1 Lockere, sehr niederwüchsige Bestände auf Sand- und Kiesbänken der großen Flüsse und an Talsperren, Vorkommen von *Corrigiola littoralis, Rorippa palustris* und *Chenopodium polyspermum* **Rorippo palustris-Corrigioletum littoralis** S. 368

1* Oft dichtere, meist höherwüchsige Bestände, *Corrigiola littoralis* fehlt oder nur beigesellt . . 2

2 *Xanthium albinum* z. T. dominierend, nur an Elbe, Havel, Saale und Oder **Xanthio albini – Chenopodietum rubri** S. 369

2* *Xanthium albinum* fehlt, *Chenopodium*-Arten, *Atriplex prostrata*, *Polygonum*-Arten, *Bidens frondosa* und/oder *Brassica nigra* dominieren 3

3 Hochwüchsige Gesellschaft, *Brassica nigra* dominiert, meist im Kontakt zu Galio-Urticetea-Gesellschaften **Bidenti tripartiti-Brassicetum nigrae** S. 370

3* *Brassica nigra* nicht bestandsbildend, nur mit einzelnen Individuen vertreten oder fehlend . . 4

4 *Polygonum brittingeri* vorkommend, daneben *Polygonum lapathifolium*, *Polygonum mite* und *Bidens*-Arten häufig **Chenopodio rubri-Polygonetum brittingeri** S. 370

4* *Polygonum brittingeri* fehlt 5

4 *Chenopodium ficifolium* kommt meist gemeinsam mit *Atriplex prostrata* vor, typisch für aufgelassene Misthaufen und Absetzbecken der Zuckerindustrie **Chenopodietum ficifolii** S. 370

5* Chenopodium ficifolium fehlt oder ist nur mit wenigen Exemplaren vertreten, andere *Chenopodium-*, *Polygonum-* und *Atriplex*-Arten bestimmen die Bestände 6

6 *Atriplex prostrata* dominierend, weitere halophile Arten neben *Puccinellia distans*, *Spergularia*-Arten und häufig auch *Aster tripolium* beigesellt, daneben *Chenopodium rubrum* stark am Bestandsaufbau beteiligt, oft an Gewässerufern mit hoher Salzlast und in industriellen Absetzbecken **Bidenti-Atriplicetum prostratae** S. 371

6* *Aster tripolium* fehlt, *Atriplex prostrata* nur vereinzelt vorkommend oder fehlend, andere halophile Arten deutlich zurücktretend, *Chenopodium-* und *Polygonum*-Arten dominieren . . 7

7 *Chenopodium rubrum*, z. T. auch *Chenopodium glaucum* bestimmen das Bild der Bestände, *Polygonum laphatifolium* häufig, *Atriplex prostrata* gelegentlich mit geringerer Deckung vorhanden, vereinzelt *Puccinellia distans*, an Dunglagerplätzen, Absetzbecken der Zuckerindustrie und z. T. an sehr verschlammten Flussufern **Chenopodietum rubri** S. 371

7* *Chenopodium rubrum* und *Chenopodium glaucum* fehlen oder haben nur einen geringen Anteil an der Gesamtdeckung der Bestände, *Polygonum lapathifolium* dominiert, daneben kommen *Echinochloa crus-galli* und *Tripleurospermum maritimum* vor, auf Klärschlamm und in Absetzbecken der Zuckerindustrie, vereinzelt auch an verschlammten Flussufern **Echinichloo crus-galli-Polygonetum lapathifolii** S. 371

Rorippo-Corrigioletum littoralis Malc. 1929 – Hirschsprung-Gesellschaft

(Syn. Chenopodio polyspermi-Corrigioletum litoralis (Malc. 1929) Hülb. et R. Tx. in R. Tx. 1979; incl. Corrigioletum littoralis Malc. 1929)

A *Corrigiola littoralis* – Hirschsprung

Abb. 41. Halbschematischer Querschnitt durch die Elbspitzkletten-Gesellschaft (Xanthio albini-Chenopodietum rubri). Aus Wisskirchen 1995. Von links nach rechts: *Rumex maritimus, Chenopodium glaucum, Chenopodium ficifolium, Tripleurospermum maritimum, Plantago intermedia, Polygonum lapathifolium, Chenopodium rubrum, Xanthium albinum, Bidens frondosa, Chenopodium polyspermum, Atriplex prostrata, Bidens radiata, Chenopodium rubrum, Polygonum lapathifolium, Rorippa palustris, Rumex maritimus, Polygonum hydropiper, Artemisia annua.*

Sehr niedrigwüchsige Pflanzengesellschaft auf grusigem, sandig-kiesigem Material. Stellt die erste Zone zum Wasser dar, bei leichten Hochwassern immer überflutet, erreicht keinen vollen Bestandesschluss (Vegetationsbedeckung meist unter 60%). Übergänge zu Zwergbinsengesellschaften bestehen. Die Hauptvorkommen der Gesellschaft befinden sich am Mittel- und Unterlauf der Elbe. Vorkommen auch an der Oder, seltener an Rhein und Weser. Sekundäre Bestände findet man an den Ufern von Talsperren und auch Stauteichen.

▽ Außer an der Elbe durch Flussausbau und Uferverbauung gefährdet 3, *.

Xanthio albini-Chenopodietum rubri Lohm. et Walther in Lohm. 1950 – Elbspitzkletten-Gesellschaft (Abb. 41)

(Syn. Xanthio-Atriplicetum prostratae Pass. 1964)

A *Xanthium albinum* (dom.) – Elbe-Spitzklette
K *Rorippa palustris* – Gewöhnliche Sumpfkresse
H *Amaranthus bouchonii* – Bouchons Amaranth
H *Amaranthus emarginatus* – Ufer-Amaranth
H *Artemisia annua* (an der Elbe) – Einjähriger Beifuß
H *Pulicaria vulgaris* – Kleines Flohkraut

Flussufergesellschaft auf kiesig-schottrigem Substrat, bei leichten Hochwassern überflutet. Meist mehr oder weniger lockere Bestände. Hauptverbreitung an der mittleren und unteren Elbe, an der unteren Saale, an der Havel und an der Oder. Sich in den letzten Jahren ausbreitend (Weser). An Rhein und Mosel wird *Xanthium albinum* z. T. durch *Xanthium saccharatum* ersetzt. Letztere Art baut entsprechende Dominanzgesellschaften auf. Gesellschaft breitet sich aus.

▽ *.

Bidenti tripartiti-Brassicetum nigrae All. 1922 –
Schwarzsenf-Gesellschaft

(Syn. Cuscuto-Brassicetum nigrae Volk in R. Tx. 1950 p.p., *Brassica nigra-Polygonum lapathifolium* – Gesellschaft Lohm. 1970, Sisymbrio-Brassicetum nigrae Krusem. in Westh. et al. 1946)

A *Brassica nigra* (dom.) – Schwarzer Senf
V *Atriplex prostrata* – Spieß-Melde
T *Atriplex sagittata* (= *A. nitens*) – Glanz-Melde
T *Calystegia sepium* – Zaun-Winde
T *Cuscuta europaea* – Europäische Seide

Saumartig ausgebildete Gesellschaft, die an Ufern im Bereich zwischen Mittelwasser und mittlerem Hochwasser vorkommt. Sie nimmt die Zwischenzone zwischen den meist von annuellen dominierten Zweizahngesellschaften (Bidentetea) und den ausdauernden nitrophilen Flussufer-Gesellschaften (Convolvuletalia) ein. Sie wurde deshalb auch von den verschiedenen Autoren unterschiedlich eingeordnet (vgl. S. 173). Sie kommt an den mittleren und unteren Flussabschnitten der Elbe, Saale, Unstrut, Rhein, Neckar, Mosel, Main vor. Gesellschaft scheint ihr potenziell mögliches Verbreitungsgebiet besiedelt zu haben.
▽ *.

Chenopodio rubri-Polygonetum brittingeri Lohm. 1950 –
Donau-Knöterich-Gesellschaft

A *Polygonum brittingeri* – Donau-Knöterich
V *Chenopodium polyspermum* – Vielsamiger Gänsefuß
V *Chenopodium rubrum* – Roter Gänsefuß
K *Polygonum lapathifolium* – Ampferblättriger Knöterich

Charakteristische Flussufergesellschaft im Wasserschwankungsbereich zwischen der Mittel- und Niedrigwasserlinie. Es werden weniger Schlammböden als mäßig verschlammte Kies- und Sandböden besiedelt. Viele Arten zeigen in dieser Gesellschaft prostraten Wuchs. Meist wird kein vollständiger Bestandesschluss erreicht. Die Gesellschaft kommt an fast allen größeren deutschen Flüssen (Rhein, Elbe, Weser, Ems, Neckar u. a.) vor. Selbst an Mittelgebirgsbächen (z. B. im Harz) sind fragmentarische Bestände anzutreffen.
▽ Durch zunehmende Verschlammung der Flussufer wird die Gesellschaft von anderen Assoziationen abgelöst, zurückgehend V, *.

Chenopodietum ficifolii Hejný in Hejný et al. 1979 –
Gesellschaft des Feigenblättrigen Gänsefußes

(Syn. Chenopodietum ficifolii Dihoru 1977; incl. *Chenopodium ficifolium*-Gesellschaft Phil. 1983)

A *Chenopodium ficifolium* (dom.) – Feigenblättriger Gänsefuß
V *Chenopodium glaucum* – Graugrüner Gänsefuß
K *Polygonum lapathifolium* – Ampferblättriger Knöterich
H *Chenopodium album* – Weißer Gänsefuß

Von *Chenopodium ficifolium* bestimmte Gesellschaft. Sie ist typisch für aufgelassene Dunghaufen, Absetzbecken der Zuckerindustrie und auch auf Klärschlämmen verbreitet. Das Vorkommen dieser Gesellschaft in Deutschland ist nur ungenügend dokumentiert. Es gibt Angaben aus Niedersachen und Südwestdeutschland. Die Gesellschaft befindet sich insbesondere auf den erwähnten Industriestandorten in Ausbreitung.
▽ *.

Bidenti-Atriplicetum prostratae Poli et J. Tx. 1960 corr. Gutermann et Muc. 1993 – Zweizahn-Spießmelden-Gesellschaft
(Syn. Bidenti-Atriplicetum hastatae Poli et J. Tx. 1960)

V *Atriplex prostrata* (= *A. hastata*) (dom.) – Spieß-Melde
V *Chenopodium glaucum* – Graugrüner Gänsefuß
V *Chenopodium rubrum* – Roter Gänsefuß
T *Puccinellia distans* – Gewöhnlicher Salzschwaden
T *Aster tripolium* (vereinzelt) – Strand-Aster

Dominanzgesellschaft von *Atriplex prostrata*, wird von niederliegenden bzw. niedrige Pflanzen dominiert. Auf schweren Tonböden, an Abwasserbecken, Kläranlagen und Rieselfeldern, auch an stark verschlammten Uferpartien salzbelasteter Flüsse. Besonders häufig in Mitteldeutschland (Werra, Unstrut, Elster-Luppe-Aue) aber auch an Lippe und Leine, bei Münster und im Oberrheingebiet.

▽ Gesellschaft hat sich mit der zunehmenden Versalzung in den Industriegebieten ausgebreitet. Nach Abnahme der Salzlast von zahlreichen Flüssen müsste auch ein Rückgang der Gesellschaft zu erwarten sein, *.

Chenopodietum rubri Timár 1947 –
Gesellschaft des Graugrünen und Roten Gänsefußes
(Syn. Chenopodietum glauco-rubri Lohm. in Oberd. 1957, incl. *Chenopodium rubrum*-Gesellschaft van den Berghen 1951, *Chenopodium glaucum-rubrum*-Gesellschaft Lohm. in Poli et J. Tx. 1960)

V *Chenopodium glaucum* – Graugrüner Gänsefuß
V *Atriplex prostrata* – Spieß-Melde
V *Chenopodium rubrum* – Roter Gänsefuß
T *Chenopodium album* – Weißer Gänsefuß

Die genannten *Chenopodium*-Arten bestimmen die Physiognomie der Gesellschaft, wobei es sowohl lockere und auch sehr dichte Ausbildungsformen geben kann. Die lockeren Bestände sind oft durch oberflächige Bodenverfestigung reich an annuellen trittresistenten Arten wie *Polygonum aviculare* und *Poa annua*. Je nach Versalzung treten *Atriplex prostrata* und *Puccinellia distans* auf. Die Assoziation kann als Zentralassoziation des Verbandes betrachtet werden. Die Gesellschaft ist typisch für nitratreiche Standorte (Jaucherinnen, Ränder von Dunghaufen, Dorfteichen wenn noch von Enten nd Gänsen genutzt), tritt aber auch auf Industrieflächen (z. B. auf Schlacken) auf. Die Gesellschaft ist in Deutschland weit verbreitet

▽ In den Dörfern nimmt die Gesellschaft sehr stark ab, in den Industriegebieten eher zu. Keine generelle Gefährdung, aber allgemein zurückgehend V.

Echinochloo crus-galli-Polygonetum laphatifolii Soó et Csürös 1947 –
Hühnerhirsen-Ampferknöterich-Gesellschaft
(Syn. Echinochloo-Polygonetum lapathifolii Timár 1947)

T *Echinochloa crus-galli* (dom.) – Hühnerhirse
V *Chenopodium glaucum* – Graugrüner Gäsefuß
K *Polygonum lapathifolium* (dom.) – Ampfer-Knöterich
H *Tripleurospermum maritimum* – Geruchlose Kamille

Die Bestände der Gesellschaft trifft man an stark verschlammten Flussufern in Kontakt zu Agrarflächen, auf Schlämmen der Kläranlagen und Rieselfelder und in den Absetzbecken der Zuckerindustrie. Die Gesellschaft wird sowohl von typischen Bidentetea-Arten als auch weit verbreiteten Arten der Äcker charakterisiert. Aus Deutschland liegen kaum Angaben vor. Wahrscheinlich ist diese Gesellschaft in den kontinentalen Gebieten häufiger.

▽ Angaben zur Häufigkeit und zu Entwicklungstrends fehlen, *.

13.3 **Polygono arenastri-Poetea annuae** Riv.-Mart. 1975 corr. Riv.-Mart. et al. 1991 – Klasse der Einjährigen Trittpflanzengesellschaften

(Syn. Coronopo-Polygonetea Lohm. 1970, Plantaginetea majoris R. Tx. et Preising in R. Tx. 1950 em Oberd. et al. 1967 p.p.)

K *Matricaria discoidea* (= *M. matricarioides*) – Strahlenlose Kamille
K *Polygonum aviculare* agg. – Vogel-Knöterich
K *Poa annua* – Einjähriges Rispengras

Zur Klasse gehören alle Trittpflanzengesellschaften, in denen die einjährigen Arten dominieren. Typische Standorte sind Wege, Plätze, Fahrrinnen, Spielplätze, nicht zu stark betretenes Pflaster. Neben der direkten mechanischen Beeinflussung der Pflanzen, kommt es vermittelt über die Bodenverdichtung zu zahlreichen Veränderungen der abiotischen Bedingungen, die die Trittpflanzen tolerieren müssen. Deshalb ist die Artenzahl relativ gering. Typisch ist der prostrate Wuchs. Die Syntaxa beziehen sich auf die Kleinart *Polygonum arenastrum* aus dem *Polygonum aviculare*-Aggregat. Die Gesellschaften sind in der Holarktis weit verbreitet.

Im Gebiet nur 1 Ordnung:

Polygono arenastri-Poetalia annuae R. Tx. in Géhu et al. 1972 corr. Riv.-Mart. et al. 1991

(Syn. Plantaginetalia majoris R. Tx. (1947) 1950 p.p., Coronopodo-Polygonetalia Lohm. 1970, Polygono avicularis-Poetalia annuae R. Tx. in Géhu et al. 1972, Potentillo-Polygonetalia R. Tx. 1947 p.p.)

BT Kurzlebige Tritt-Pionierrasen (T 7.4.2)

1 Dominanz von *Sagina procumbens*, *Bryum argenteum* und/oder *Spergularia rubra*, Nelkengewächse haben einen hohen Anteil am Gesellschaftsaufbau, Standorte relativ nährstoffarm und feucht **Saginion procumbentis** S. 372

1* Dominanz von *Polygonum aviculare agg.*, *Poa annua*, *Lepidium ruderale*, *Matricaria discoidea*, *Lolium perenne; Sagina procumbens* fehlt oder tritt deutlich zurück **Matricario matricarioidis-Polygonion arenastri** S. 373

Saginion procumbentis R. Tx. et Ohba in Géhu et al. 1972 – Mastkraut-Trittgesellschaften

V *Sagina procumbens* – Liegendes Mastkraut
T *Bryum argenteum* – Silber-Birnmoos

Trittgesellschaften feuchterer, z. T. nährstoffärmerer und saurer Standorte. Vegetationsbedeckung meist sehr gering, häufig reine Pflasterritzengesellschaften. Nelkengewächse sind relativ häufig. Im Gebiet sehr verbreitet von der Ebene bis ins Gebirge.

BT Kurzlebige Tritt-Pionierrasen (T 7.4.2)

1 Bestände von *Sagina procumbens* und *Bryum argenteum* bestimmt, oft typische Pflasterritzen-Gesellschaft **Sagino procumbentis-Bryetum argentei** S. 373

1* Bestände nicht von *Sagina procumbens* und *Bryum argenteum* bestimmt, keine typische Pflasterritzen-Gesellschaft 2

2 *Herniaria glabra* dominiert, häufig sind weiterhin *Medicago lupulina, Potentilla argentea, Poa annua, Plantago major* **Rumici acetosellae-Spergularietum rubrae** S. 373

2* Neben *Spergularia rubra* sind *Veronica serpyllifolia, Poa supina, Cerastium holosteoides* für die Bestände typisch **Veronico serpyllifoliae-Spergularietum rubrae** S. 373

Sagino procumbentis-Bryetum argentei Diem. et al. 1940 –
Mastkraut-Pflasterritzen-Gesellschaft

(incl. Ass.-Gr. Saginetum procumbentis Pass. 1964)

V/A *Sagina procumbens* – Niederliegendes Mastkraut
K *Poa annua* – Einjähriges Rispengras
H *Bryum argenteum* (dom.) – Silber-Birnmoos

Weitverbreitete Gesellschaft, insbesondere in Pflasterritzen und an Mauern vorkommend.

Rumici acetosellae-Spergularietum rubrae Hülb. 1973 –
Spörgel-Bruchkraut-Trittgesellschaft

(Syn. Spergulario-Herniarietum glabrae Gödde 1987, Herniarietum glabrae (Hohenester 1960) Hejný et Jehlík 1975; incl. *Spergularia echinosperma-Herniaria*-Gesellschaft Pass. 1964)

A *Herniaria glabra* – Kahles Bruchkraut
A *Spergularia rubra* – Rote Schuppenmiere
T *Medicago lupulina* – Hopfen-Luzerne
T *Potentilla argentea* – Silber-Fingerkraut

Lückige, offene Gesellschaft auf Schotter- und verfestigten Sandböden, in Siedlungen und auf Bahnanlagen. Besonders in den Pleistozängebieten häufig.

Veronico serpyllifoliae-Spergularietum rubrae Pass. ex Muc. 1993 –
Quendelehrenpreis-Schuppennieren-Trittgesellschaft

A? *Spergularia rubra* – Rote Schuppenmiere
A *Veronica serpyllifolia* – Quendel-Ehrenpreis
T *Poa supina* – Läger-Rispengras
T *Cerastium holosteoides* – Gewöhnliches Hornkraut

Montane Variante des Sagino-Bryetum. Besiedelt vergleichbare Standorte wie diese Gesellschaft. Im Gebiet ungenügend untersucht und belegt. Eigenständigkeit der Assoziation ist umstritten. Vorkommen in Deutschland ungenügend bekannt (Mittelgebirge und Alpen).

Matricario matriocarioidis-Polygonion arenastri Riv.-Mart. 1975 corr. Riv.-Mart. et al. 1991 – Vogelknöterich-Gesellschaften

(Syn. Polygonion avicularis Br.-Bl. 1931, Polygonion avicularis Br.-Bl. ex Aich. 1933, Polygono-Coronopion Siss. 1969, Matricario-Polygonion avicularis Riv.-Mart. 1975, Chamomillo-Polygonion avicularis Ladero et al. 1981)

K/V *Matricaria discoidea* (= *M. matricarioides*) – Strahlenlose Kamille
K/V *Polygonum aviculare* agg. – Vogel-Knöterich
K/V *Poa annua* – Einjähriges Rispengras
H *Lolium perenne* – Deutsches Weidelgras

Trittgesellschaften trockener und wechselfeuchter, meist sonniger Standorte. Knöterichgewächse dominieren (*Polygonum aviculare agg.*). Viele Arten mit prostratem Wuchs. Überall im Gebiet weit verbreitet.
BT Kurzlebige Tritt-Pionierrasen (T 7.4.2)

1 *Sclerochloa dura* in den Beständen stets vertreten
Sclerochlo durae-Polygonetum arenastri S. 374
1* *Sclerochloa dura* fehlt **2**

2 *Eragrostis minor* in den Beständen stets vertreten
Eragrostio minoris-Polygonetum arenastri S. 374
2* *Eragrostis minor* fehlt 3
3 *Cynodon dactylon* in den Beständen stets vertreten **Plantagini-Cynodontetum dactyli** S. 374
3* *Cynodon dactylon* fehlt 4
4 *Coronopus squamatus* in den Beständen stets vertreten
Poo annuae-Coronopetum squamati S. 375
4* *Coronopus squamatus* fehlt 5
5 *Oxalis corniculata* ist häufig, *Euphorbia humifusa* kommt vor
Chamaesyco humifusae-Oxalidetum corniculatae S. 375
5* *Euphorbia humifusa* fehlt, wenn *Oxalis corniculata* vorhanden, dann nur in Einzelexemplaren 6
6 *Polygonum aviculare* agg., *Plantago major* bestimmen die Bestände
Matricario matricarioidis-Polygonetum arenastri S. 375
6* *Poa annua* ist Hauptbestandesbildner **Poetum annuae** S. 375

Sclerochloo durae-Polygonetum arenastri Soó ex Korneck 1969 corr. Muc. 1993 – Hartgras-Trittgesellschaft

(Syn. Sclerochloo-Polygonetum avicularis Soó 1945, Sclerochloo-Polygonetum avicularis Soó ex Korneck 1969)

A *Sclerochloa dura* – Hartgras
K *Polygonum arenastrum* (dom.) – Vogel-Knöterich
H *Plantago major* – Breit-Wegerich

Die Bestände findet man auf stark betretenen oder befahrenen Feldwegen, auf Lehm oder Löß. Im Gebiet sehr seltene Gesellschaft, nur Thüringer Becken, Nordharzvorland, Raum Halle, mit Hauptverbreitungsschwerpunkt in Südosteuropa.
▽ Aufgrund der Seltenheit und des Ausbaus von Feldwegen gefährdet 3.

Eragrostio minoris-Polygonetum arenastri Oberd. 1954 corr. Muc. 1993 – Liebesgras-Trittgesellschaft

(Syn. Eragrostio-Polygonetum avicularis Oberd. 1954, Polygonetum calcati Lohm. 1975)

A *Eragrostis minor* – Kleines Liebesgras
K *Polygonum aviculare* agg. (dom.) – Vogel-Knöterich

Trittgesellschaft sehr warmer Standorte, Böden oft grusig, dunkel. Häufig in den Innenstädten (Wärmeinseln) und auf Bahngelände. Der Schwerpunkt der Vorkommen liegt in Süddeutschland (Nordbayern, Baden-Württemberg), aber auch in Thüringen. In Norddeutschland meist nur auf Bahngelände und in Innenstädten.

Plantagini-Cynodontetum dactyli Brun-Hool 1962 – Hundszahn-Trittrasen

(Syn. »Cynodon dactylon-ass.« Felf. 1942)

A *Cynodon dactylon* – Gewöhnlicher Hundszahn
K *Polygonum aviculare* agg. – Vogel-Knöterich
H *Lolium perenne* – Deutsches Weidelgras
H *Plantago major* – Breit-Wegerich

Cynodon dactylon ist in den Beständen neben den anderen typischen einjährigen Trittpflanzen stets vertreten. Die Art treibt im Jahr relativ spät aus und blüht erst im Spätsommer oder Herbst. Deshalb fällt sie oft nicht auf.
In thermisch begünstigten Lagen in Städten, Häfen, auf Bahnanlagen kommt diese Gesellschaft vereinzelt im Gebiet vor. Die Verbreitung in Deutschland ist bisher nur ungenügend bekannt. Das Hauptverbreitungsgebiet liegt in Südeuropa.

Poo annuae-Coronopetum squamati (Oberd. 1957) Gutte 1966 – Krähenfuß-Trittgesellschaft

(Syn. Lolio-Plantaginetum coronopetosum squamati Oberd. 1957, Coronopo-Matricarietum coronopetosum Siss. 1969, Coronopo-Polygonetum avicularis Oberd. 1971)

A *Coronopus squamatus* – Gewöhnlicher Krähenfuß
K *Poa annua* – Einjähriges Rispengras
K *Polygonum aviculare* agg. – Vogel-Knöterich
H *Plantago major* – Breit-Wegerich

Gesellschaft der trockenen, sommerwarmen Gebiete des Tief- und Hügellandes. Oft auf schweren Lehm- und verdichteten Lößböden, auch auf Höfen, Gänseängern, an Jauche-rinnen und Bauernhäusern.
▽ Durch die Verstädterung der Dörfer gefährdet 3.

Chamaesyco-humifusae-Oxalidetum corniculatae Forstner in Muc. 1993 – Gesellschaft des Gehörnten Sauerklees

A *Euphorbia humifusa* (= *Chamaesyce humifusa*) – Niederliegende Wolfsmilch
A *Oxalis corniculata* – Gehörnter Sauerklee
K *Poa annua* – Einjähriges Rispengras
K *Polygonum aviculare* agg. – Vogel-Knöterich

Die Bestände der Gesellschaft sind auf Friedhofs- und Gartenwegen und an Wegrändern in Kontakt zu Gartenflächen zu finden. Auf steinigen, sandig-lehmigen Böden. Vorkommen in Deutschland noch unbekannt. Wahrscheinlich in Süddeutschland und in größeren Städten.
▽ Vorkommen und Gefährdung unbekannt (D).

Matricario matricarioidis-Polygonetum arenastri Th. Müller in Oberd. 1971 – Vogel-Knöterich-Trittgesellschaft

(Syn. Polygonetum avicularis Gams 1927, Lolio perennis-Polygonetum avicularis Br.-Bl. 1930, Polygonetum avicularis Knapp 1945, Plantagini-Polygonetum avicularis R. Knapp ex Pass. 1964, Lolio-Polygonetum arenastri Lohm. 1975, Coronopo-Matricarietum Siss. 1969 p. p., Violo-Matricarietum discoideae Pass. 1979)

K/A *Polygonum aviculare* agg. (dom.) – Vogel-Knöterich
K/V *Matricaria discoidea* (= *M. matricarioides*) – Strahlenlose Kamille
K *Poa annua* – Einjähriges Rispengras
H *Lolium perenne* – Deutsches Weidelgras
H *Plantago major* – Breit-Wegerich

Eine der häufigsten einjährigen Trittgesellschaften überhaupt. Die meisten typischen Arten des Verbandes sind vertreten. Es fehlen lediglich ökologisch anspruchsvollere (Wärmeansprüche, Bodenbedingungen) Trittpflanzen. In Deutschland überall verbreitet.

Poetum annuae Felf. 1942 – Trittgesellschaft des Einjährigen Rispengrases

(Syn.: Poetum annuae R. Knapp 1944, Poetum annuae Gams 1927)

K/A *Poa annua* (dom.) – Einjähriges Rispengras
H *Plantago major* – Breit-Wegerich
H *Taraxacum officinale* – Gewöhnliche Kuhblume, Löwenzahn

Hauptsächlich vom Einjährigen Rispengras dominierte Bestände, meist auf etwas feuchteren und beschatteten Standorten vorkommend. Häufig im Schattbereich einzelner Parkbäume, aber auch in schattigen Hinterhöfen. Floristisch schlecht gekennzeichnete, aber in Deutschland überall sehr häufige Gesellschaft.

13.4 **Sisymbrietea officinalis** Gutte et Hilb. 1975 – Einjährige Ruderalgesellschaften

(Syn. Sisymbrienea Pott [1992] 1995)

K *Sisymbrium officinale* – Gewöhnliche Wegerauke
K *Conyza canadensis* – Kanadisches Berufkraut
K *Bromus hordeaceus* – Weiche Trespe
K *Bromus tectorum* – Dach-Trespe

Einjährige Ruderalgesellschaften auf meist sehr nährstoffreichen, gestörten und offenen Standorten. Sie kommen hauptsächlich in Siedlungen und auf ehemals kultivierten Flächen vor. Siedlungspätze dieser Gesellschaften sind Mülldeponien, Bauschutt, Siedlungsbereiche in Dörfern und Städten, Brachen von Bahnanlagen, Industrie- und Gewerbeflächen aber auch Ränder an Zäunen, Wegen, Gebäuden und Hofflächen. Die Gesellschaften werden von Annuellen (Therophyten) dominiert, sie sind meist der Beginn sekundärer Sukzessionsreihen (Pioniergesellschaften). Bei den Hauptbestandesbildnern handelt es sich häufig um Archaeophyten (vom Neolithikum bis zur Entdeckung Amerikas eingewanderte Arten) und Neoophyten (nach 1500 eingewanderte Arten). In allen Teilen des Gebietes vorkommend.

▽ Durch zunehmende Umgestaltung der städtischen und vor allem der dörflichen Freiflächen (Zurückdrängung der Kleintierhaltung, Verstädterung der Dörfer, intensivere gärtnerische Gestaltung der urbanen Räume, häufigere Pflegemaßnahmen, stärkere Bodenversieglung und Reinigung der Freiflächen) nehmen klassische einjährige Ruderalgesellschaften ab, hingegen breiten sich typische Brachegesellschaften (Industrie-, Verkehrs-, Stadt- und Landwirtschaftsbrachen) und Dominanzgesellschaften besonders resistenter und konkurrenzkräftiger Neophyten aus.

BT Kurzlebige Ruderalfluren (T 8.3) Die Gesellschaften finden sich auch auf Brachen von Kulturpflanzenbeständen oder in Kontakt mit ihnen (T 9) und sind auch typische Bestandteile der Vegetation urban-industrieller u. a. wirtschaftsbezogener Formationen (T 10)

Nur 1 Ordnung:

Sisymbrietalia officinalis J. Tx. in Lohm. et al. 1962 – Raukengesellschaften

(Syn. Sisymbrietalia J. Tx. in Matusz. 1962, Sisymbrietalia J. Tx. in Th. Müller 1963, Sisymbrietalia J. Tx. 1966, incl. Conyzo-Brometalia tectorum Pass. 1988)

1 Vorkommen salztoleranter Arten wie *Salsola kali* ssp. *ruthenica*, *Kochia scoparia* ssp. *densiflora* und/oder typischer ruderaler Schutt- und Sandbesiedler *wie Corispermum leptopterum*, *Chenopodium botrys*, *Plantago arenaria* **Salsolion ruthenicae** S. 385

1* Salztolerante und genannte Sandpionier-Arten kommen nicht vor oder sind keine primären Bestandesbildner. 2

2 Gesellschaften niederliegender und/oder niedrigwüchsiger Annueller wie *Malva neglecta*, *Chenopodium vulvaria* und *Urtica urens*. Selten deutlich zweischichtige Gesellschaftsstruktur, Bestände oft durch Hausgeflügel beeinflusst **Malvion neglectae** S. 380

2* Dominanz höherwüchsiger annueller Arten, kaum von Geflügel beeinflusste Standorte. . . . 3

3 Bestände werden von *Sisymbrium*-Arten und/oder *Lactuca serriola*, *Hordeum murinum* oder annuellen *Bromus*-Arten dominiert, *Senecio viscosus* vereinzelt vorkommend, *Atriplex*-Arten fehlen oder kommen nur in Einzelexemplaren vor **Sisymbrion officinalis** S. 377

3* Bestände werden von *Atriplex*-Arten und/oder *Chenopodium album*, *Chenopodium strictum* dominiert, vereinzelt handelt es sich auch um Dominanzbestände von Neophyten wie *Artemisia annua*, *Artemisia tournefortiana*, *Helianthus annuus*, *Lycopersicon esculentum*, *Iva xanthiifolia* u. a. **Atriplicion nitentis** S. 382

Sisymbrion officinalis R. Tx. et al. in R. Tx. 1950 em. Hejný 1979 – Wegerauken-Gesellschaften

(Syn. Bromo-Hordeion murini Hejný 1978, Atriplici-Sisymbrion Hejný 1978 p. p., Conyzo-Bromion tectorum Pass. 1978; incl. Hordeenion murini R. Knapp 1971, Diplotaxidi-Lactucenion R. Knapp 1971, Conyzo-Hordeenion Holzner 1972, Sisymbrienion officinalis [R. Tx. et al. in R. Tx. 1950] Riv.-Mart. 1975, Bromo-Siymbrienion officinalis Géhu et Géhu-Franck 1983)

V *Sisymbrium altissimum* – Hohe Rauke
V *Crepis capillaris* – Kleinköpfiger Pippau
V *Crepis tectorum* – Dach-Pippau
V *Bromus sterilis* – Taube Trespe

Rauken-, Trespen- und Mäusegersten- Gesellschaften nährstoffreicher, meist frisch gestörter oder neu entstandener Standorte in Siedlungen, auf Baustellen, Deponien, Straßenrändern usw., auch lineare Standorte wie Weg- und Zaunränder, Streifen entlang von Hausmauern und gestörte Ränder an ruderalen Gebüschen und Vorwäldern sind typisch. Die Standorte sind trocken bis frisch. Es dominieren höherwüchsige Rauken-Arten, die mit anderen annuellen Ruderalarten vergesellschaftet sind, *Bromus*-Arten und/oder *Hordeum murinum*.

▽ Die meisten Gesellschaften des Verbandes breiten sich weiter aus, innerhalb von Städten und Dörfern beobachtet man jedoch, verursacht durch verstärkte Pflege und Reinigung der Freiflächen, deutliche Rückgänge der Bestände.

BT Raukenfluren (T 8.3.1), Kompasslattichfluren (T 8.3.1.2), Mäusegerstenfluren (T 8.3.1.3), Raukenfluren (T 8.3.1.4), Melden-Gänsefuß-Pionierfluren (T 8.3.1.5), *Bromus tectorum-Conyza canadensis*-Pionierfluren (T 8.3.1.5). Auch z. T. im Komplex der Biotoptypen Kulturpflanzenbestände (T 9) und urban-industrielle und andere wirtschaftsbezogene Formationen (T 10) vorkommend.

1 Annuelle Trespenarten (*Bromus sterilis*, *Bromus tectorum*) und/oder *Hordeum murinum* sind wichtige Elemente der Bestände. 2

1* Die genannten Arten sind nicht die Hauptbestandesbildner. 4

2 *Bromus tectorum* bestimmend, *Arenaria serpyllifolia*, *Senecio viscosus* und *Conyza canadensis* meist vorhanden, Bestände oft großflächig ausgebildet, selten saumartig, stets auf sandigen Böden **Linario vulgaris-Brometum tectorum** S. 378

2* *Bromus tectorum* weitgehend fehlend, *Hordeum murinum* und/oder *Bromus sterilis* die Bestände bestimmend, diese z. T. saumartig oder kleinflächig ausgebildet 3

3 *Hordeum murinum* stets vorkommend, *Bromus sterilis* z. T. mit vergesellschaftet, Bestände häufig an Mauerfüßen von Gebäuden wachsend **Hordeetum murini** S. 378

3* *Hordeum murinum* fehlt, Dominanzbestände von *Bromus sterilis*, oft unter einzelstehenden Robinien oder als Saum zu Robinienbeständen vorkommend **Brometum sterilis** S. 379

4 (1*) Dominanz von *Descurainia sophia*, daneben kommen häufig *Capsella bursa-pastoris* und *Tripleurospermum maritimum* vor. Typische Ackerunkräuter sind stets vorhanden, *Sisymbrium loeselii* und *Sisymbrium altissimum* fehlen **Capsello-Descurainietum sophiae** S. 379

4* *Sisymbrium*-Arten und/oder *Lactuca serriola*, *Conyza canadensis*, *Panicum capillare* dominieren, *Descurainia sophia* fehlt oder ist nur mit wenigen Individuen im Bestand vertreten. . 5

5 *Sisymbrium loeselii* dominiert, die Bestände sind relativ dicht und hoch **Elymo-Sisymbrietum loeselii** S. 379

5* *Sisymbrium loeselii* fehlt oder kommt nur in wenigen Exemplaren im Bestand vor, *Lactuca* *serriola*, *Conyza canadensis*, *Sisymbrium altissimum*, *Panicum capillare* und /oder andere Arten bestimmen die Bestände 6

6 *Lactuca serriola* und *Conyza canadensis* bestimmen das Bild des Bestandes, häufig kommt *Tripleurospermum maritimum*, vereinzelt *Diplotaxis tenuifolia* vor, *Sisymbrium altissimum* und *Panicum capillare* fehlen meist, Böden lehmig bis kiesig
Erigeronto-Lactucetum serriolae S. 379

6* *Sisymbrium alltissimum*, *Inula graveolens* oder *Panicum capillare* sind wesentlich am Bestandesaufbau beteiligt, *Sisymbrium loeselii* und *Conyza canadensis* beigesellt oder fehlend 7

7 *Inula graveolens* und *Tripleurospermum maritimum* prägen die Bestände
***Inula graveolens-Tripleurospermum maritimum*-Gesellschaft** S. 380

7* *Inula graveolens* fehlt, *Sisymbrium altissimum* oder *Panicum capillare* sind häufig in den Beständen vorhanden 8

8 Lockere Bestände mit Sisymbrium altissimum auf sandig bis kiesigen Böden
Sisymbrietum altissimi S. 380

8* Bestände von *Panicum capillare* oft mit *Amaranthus albus* und *Conyza canadensis* vergesellschaftet **Panicetum capillaris** S. 380

Linario vulgaris-Brometum tectorum R. Knapp 1961 – Dachtrespen-Gesellschaft
(Syn. Bromo-Erigerontetum (R. Knapp 1961) Gutte 1966, Sisymbrio altissimi-Erigeretum canadensis Grüll 1978; incl. Bromo-Erigeretum canadensis sisymbrietosum altissimi Grüll 1979, *Bromus tectorum-Conyza canadensis*-Gesellschaft Brandes et Griese 1991)

A *Arenaria serpyllifolia* – Quendel-Sandkraut
A *Senecio viscosus* – Klebriges Greiskraut
V *Bromus sterilis* – Taube Trespe
K *Bromus tectorum* (dom.) – Dach-Trespe
K *Conyza canadensis* – Kanadisches Berufkraut
T *Diplotaxis tenuifolia* – Schmalblättriger Doppelsame
T *Linaria vulgaris* – Gewöhnliches Leinkraut

Auf Bahngelände, in ruderalisierten Sand- und Kiesgruben, auf Sandplanierungen gedeiht diese sehr lockere, nie vollständigen Bestandesschluss erreichende Gesellschaft. Es kommen neben vielen Sandpionierarten auch thermophile Pflanzen der Eselsdistelfluren (Onopordion acanthii Br.-Bl. et al. 1936) vor. Die Gesellschaft bleibt auf sandige Substrate und die Wärmegebiete Deutschlands beschränkt. Durch Sukzession geht diese Assoziation in andere Ruderalgesellschaften über.
BT Raukenfluren (T 8.3.1)

Hordeetum murini Libb. 1932 – Mäusegersten-Gesellschaft
(Syn. Hordeetum murini All. 1922, Bromo sterilis-Hordeetum murini R. Tx. 1950, Atriplici tataricae-Hordeetum murini (Felf. 1942) R. Tx. 1950, Hordeetum murini pannonicum Slavn. 1951)

A *Hordeum murinum* (dom.) – Mäuse-Gerste
V *Bromus sterilis* – Taube Trespe
K *Bromus hordeaceus* – Weiche Trespe
H *Capsella bursa-pastoris* – Hirtentäschel
H *Taraxacum officinale* – Gewöhnliche Kuhblume, Löwenzahn

Winterannuelle dominieren den Rhythmus der Bestände, meist saumartig an Hausmauern, Zäunen usw. ausgebildet, etwas thermophil, Verbreitungsschwerpunkt in Siedlungen in Süd-, Mittel- und Westdeutschland. In Norddeutschland nur in den Zentren der größeren Städte, fehlt im Bergland.
▽ Rückgang durch zunehmende Pflege der Freiflächen in den Siedlungen, jedoch nicht gefährdet.
BT Mäusegerstenfluren (T 8.3.3)

Brometum sterilis Görs 1966 – Gesellschaft der Tauben Trespe
(Syn. *Bromus sterilis*-Bestände Brandes et Griese 1991)

V/A *Bromus sterilis* (dom.) – Taube Trespe

Häufig als typische Rasen unter einzeln stehenden Bäumen, insbesondere Robinien, z. T. als Säume ausgebildet. *Bromus sterilis* dominiert, vereinzelt nitrophile Saumarten vorkommend (*Chaerophyllum temulum*, *Chelidonium majus*), die Sukzession andeutend. Weit verbreitet in den deutschen Weinbaugebieten, in Norddeutschland selten.
BT Kurzlebige Ruderalfluren (T 8.3)

Capsello-Descurainietum sophiae Muc. 1993 – Sophienrauken-Gesellschaft
(Syn. Lepidio-Sisymbrietum sophiae Pass. 1964, Agropyro-Descurainietum sophiae Brandes 1990, incl. *Descurainia sophia*-Gesellschaft Brandes et Griese 1991)

A *Descurainia sophia* (dom.) – Besenrauke, Sophienrauke
H *Papaver rhoeas* – Klatsch-Mohn
H *Capsella bursa-pastoris* – Hirtentäschel
H *Tripleurospermum maritimum* – Geruchlose Kamille

Relativ dichte, von *Descurania sophia* bestimmte, hochwüchsige annuelle Ruderalflur auf frischen, lehmig-tonigen Erdaufschüttungen, Trümmern, Brach- und Ödland. Häufig am Rande von Äckern, dann sehr reich an Ackerunkräutern. Verbreitung der Gesellschaft in Deutschland noch nicht genau bekannt. Scheint von Süddeutschland nach Norddeutschland zu verarmen, fehlt in den kontinentalen Gebieten Deutschlands.
BT Raukenfluren (T 8.3.1.4)

Elymo repentis-Siymbrietum loeselii Muc. 1993 – Löselrauken-Gesellschaft
(Syn. Sisymbrietum sophiae Kreh 1935, Chenopodio-Sisymbrietum sophiae [Kreh 1935] Pass. 1964, Sisymbrietum loeselii [Kreh 1935] Gutte in Rostanski et Gutte 1971, Sisymbrietum loeselii Fijałk. 1978, Conyzo-Sisymbrietum loeselii W. Fischer 1988)

V/A *Sisymbrium loeselii* (dom.) – Lösels Rauke
H *Tripleurospermum maritimum* (dom.) – Geruchlose Kamille
H *Capsella bursa-pastoris* – Hirtentäschel
H *Elytrigia repens* – Gewöhnliche Quecke

Relativ dichte, hochwüchsige Bestände von *Sisymbrium loeselii* wachsen auf Deponien, Ödland, Erd- und Schlackeaufschüttungen, Böden sind meist sandig-lehmig, z. T. skelett- und nährstoffreich. Gesellschaft kommt bevorzugt in den kontinentalsten und wärmsten Gebieten, in Städten und Industrieballungsräumen vor, u. a. Mitteldeutschland, Rheintal, Mainfranken. Auf Deponien und Industriebrachen in Ausbreitung (zunehmend auch in weniger kontinental getönte Gebiete sich ausbreitend).
BT Raukenfluren (T 8.3.1.4)

Erigeronto-Lactucetum serriolae Lohm. in Oberd. 1957 – Kompasslattich-Gesellschaft
(Syn. Conyzo-Lactucetum sensu auct., Cirsio arvensis-Lactucetum Muc. 1978, incl. Lactuco-Diplotaxietum tenuifoliae Muc. 1978)

V/A *Lactuca serriola* (dom.) – Kompass-Lattich
K *Conyza canadensis* (=*Erigeron canadensis*) (dom.) – Kanadisches Berufkraut
H *Tripleurospermum maritimum* – Geruchlose Kamille
H *Cirsium arvense* – Acker-Kratzdistel

Von *Lactuca serriola*, *Conyza canadensis*, *Tripleurospermum maritimum* primär aufgebaute Bestände auf grusig-schottrigen z.T. auch lehmigen Böden, ganz häufig auf Baustellen, Lehm- und Kiesaufschüttungen und Brachäckern, z.T. kommen Ackerunkräuter vor, die die vorherige Nutzung kennzeichnen. Häufig in Süd- und Mitteldeutschland. Gesellschaft befindet sich in Ausbreitung.
BT Kompasslattichfluren (T 8.3.1.2)

***Inula graveolens-Tripleurospermum maritimum*-Gesellschaft** Dettmar et Sukopp 1991 – Gesellschaft des Klebrigen Alant
(Syn. Inuletum graveolentis Gödde 1986, *Inula graveolens*-Gesellschaft Reidl 1989, incl. *Inula graveolens-Digitaria sanguinalis*-Gesellschaft Dettmar et Sukopp 1991)

A *Inula graveolens* – Klebriger Alant
H *Tripleurospermum maritimum* – Geruchlose Kamille

Durch *Inula graveolens* und *Tripleurospermum maritimum* charakterisierte Gesellschaft. Aufgrund der relativ kurzen Zeit der Ausbreitung noch nicht zuerkannt werden. Die meisten Bestände der Gesellschaft siedeln auf Bergematerial der Zechenbrachen. Der Verbreitungsschwerpunkt liegt im Ruhrgebiet. Ein Nachweis liegt vom Industriehafen Rheinau, Mannheim vor. Die weitere Entwicklung und Ausbreitung der Gesellschaft muss abgewartet werden.
BT Kurzlebige Ruderalfluren (T 8.3), bergbauliche Abraumhalden (T 10.7.6)

Sisymbrietum altissimi Bornk. 1974 – Gesellschaft der Hohen Rauke
(Syn. Lactuco-Sisymbrietum altissimi Lohm. in R. Tx. 1955)

V/A *Sisymbrium altissimum* (dom.) – Hohe Rauke
V *Lactuca serriola* – Kompass-Lattich
V *Sisymbrium loeselii* – Lösels Rauke
K *Bromus tectorum* – Dach-Trespe
H *Tripleurospermum maritimum* – Geruchlose Kamille

Gesellschaft sandig-lehmiger, grusiger, oberflächig verfestigter, meist nährstoffärmerer Böden, häufig in Sand- und Kiesgruben, Häfen, auf Bahngelände und innerstädtischen Brachflächen. Kein vollständiger Bestandesschluss der Vegetation. Hauptbegleiter erreichen meist nicht ihre sonst typische Höhe. In Sand- und Lößgebieten häufiger. Gesellschaft befindet sich in Ausbreitung.
BT Raukenfluren (T 8.3.1.4)

Panicetum capillaris Mititelu et Roman 1988 – Gesellschaft der Haarästigen Rispenhirse
(Syn. Panicetum capillaris Eliáš 1979, Conyzo-Panicetum capillaris Ullmann et Hetzel 1990, incl. *Panicum capillare*-Gesellschaft Hetzel 1988)

A *Panicum capillare* – Haarästige Rispenhirse
K *Conyza canadensis* – Kanadisches Berufkraut
H *Amaranthus retroflexus* – Zurückgebogener Amarant

Von *Panicum capillare* dominierte Gesellschaft aauf Bahnhöfen und entlang von Bahnstrecken, z.T. auch an Rändern von Maisäckern. Verbreitungsschwerpunkt ist Süddeutschland. Gesellschaft befindet sich in Ausbreitung.

Malvion neglectae (Gutte 1966) Hejný 1978 – Wegmalven-Gesellschaften
(incl. Malvenion Gutte 1966)

V *Amaranthus blitum* – Aufsteigender Amaranth
Hyoscyamus niger – Bilsenkraut

Malva neglecta – Weg-Malve
Urtica urens – Kleine Brennnessel

Vorwiegend von stark nitrophilen annuellen Ruderalarten und z. T. auch Garten- und Hackfruchtunkräutern bestimmte Gesellschaften. Typisch dörfliche Ruderalgesellschaften, die meist in Geflügelausläufen, und auf mit Abwasser und Jauche belasteten und z. T. verdichteten Böden vorkommen. Vom Tiefland bis ins Mittelgebirge verbreitet, verarmt mit zunehmender Höhenlage und fehlt in den höchsten Lagen.

▽ Aufgrund der Abnahme der extensiven Geflügelhaltung (freilaufendes Geflügel in den Dörfern) und der zunehmend an städtischen Beispielen sich orientierenden Freiflächengestaltung sind die Gesellschaften stark gefährdet.

BT Wärmeliebende Wegmalvengesellschaften (T 8.3.1.1)

1 *Chenopodium vulvaria* vorkommend, beschränkt auf Wärmegebiete
Malvo neglectae-Chenopodietum vulvariae S. 381

1* *Chenopodium vulvaria* fehlt 2

2 *Anthemis cotula* die Bestände dominierend, *Matricaria discoidea* und *Urtica urens* häufig, *Malva neglecta* fehlt oder nur in wenigen Exemplaren vorhanden
Matricario suaveolentis-Anthemidetum cotulae S. 381

2* *Malva neglecta* oder *Malva pusilla* immer vorkommend, meist dominierend, *Anthemis cotula* fehlt 3

3 *Malva neglecta* kommt stets vor, meist mit *Urtica urens*, z. T. reichere Bestände auch mit zweiter Vegetationsschicht aus *Datura stramonium* und/oder *Hyoscyamus niger*, *Malva pusilla* fehlt
Hyoscyamo nigri-Malvetum neglectae S. 382

3* *Malva pusilla* dominiert **Malvetum pusillae** S. 382

Malvo neglectae-Chenopodietum vulvariae Gutte 1966 – Wegmalven-Gesellschaft
(Syn. Chenopodietum vulvariae Gutte et Pyšek 1976)

A *Chenopodium vulvaria* – Stink-Gänsefuß

Ausschließlich in den warmen, kontinental getönten Gebieten vorkommend.

Wächst an Mauerfüßen, an Mist- und Jaucheausläufen, auf stark nährstoffreichen Böden, die regelmäßig mechanisch gestört werden. Standorte häufig südexponiert. Typische Dorfgesellschaft. *Chenopodium vulvaria* und *Malva neglecta* bestimmen das Bild der Gesellschaft. Vorkommen konzentrieren sich auf Mitteldeutschland, in Norddeutschland nur verarmte Bestände.

▽ Durch zunehmende Verstädterung der Dörfer, Reinigung, Sanierung bzw. Aufbau einer Kanalisation geht die Gesellschaft stark zurück. Vom Verschwinden bedroht 1.

Matricario suaveolentis-Anthemidetum cotulae Dihoru ex Muc. 1987 – Stink-Hundskamillen-Flur
(Syn. Urtico-Anthemidetum cotulae Wollert 1991)

A *Anthemis cotula* – Stink-Hundskamille
A *Matricaria discoidea* (= *M. suaveolens*) – Strahlenlose Kamille
V *Urtica urens* – Kleine Brennnessel
H *Polygonum aviculare* – Vogel-Knöterich
H *Poa annua* – Einjähriges Rispengras

Dörfliche Ruderalgesellschaft, in Geflügelausläufen, an Wegen und Zäunen, Boden sehr nährstoffreich und stark verdichtet, z. T. beschattet. Hauptverbreitung in den Pleistozängebieten, nicht so wärmeliebend wie die anderen Assoziationen des Verbandes.

▽ Rückgang durch zunehmende Verstädterung der Dörfer (Rückgang der Geflügelhaltung, zunehmende Pflege dörflicher Freiflächen. Gefährdet (3).

Hyoscyamo nigri-Malvetum neglectae Aich. 1933 – Wegmalven-Gesellschaft
(Syn. Malvetum neglectae Athenstädt 1941, Malvetum neglectae Felf. 1943, Daturo-Malvetum neglectae Lohm. in R. Tx. 1950, Urtico urentis-Malvetum neglectae Lohm. in R. Tx. 1950.)

A *Hyoscyamus niger* – Bilsenkraut
V/A *Malva neglecta* – Weg-Malve
T *Urtica urens* – Kleine Brennnessel
H *Poa annua* – Einjähriges Rispengras
H *Polygonum aviculare* – Vogel-Knöterich

Typische Ruderalgesellschaft der Dörfer auf lehmigen, nährstoffreichen und häufig verfestigten Böden. Typisch für Geflügelausläufe bzw. für häufig von Geflügel gestörte Standorte an Wegen, Zäunen, Misthaufen usw. Bestände relativ niedrigwüchsig, von *Malva neglecta* dominiert, *Hyoscyamus niger* als namengebende Art sehr selten, oft in den Beständen fehlend. In Deutschland weit verbreitet, fehlt in den höheren Lagen der Mittelgebirge.
▽ Durch Rückgang der Geflügelhaltung und Zunahme der Pflege dörflicher Freiflächen ist die Gesellschaft gefährdet 3.

Malvetum pusillae Morariu 1943 – Gesellschaft der Kleinblütigen Malve

A *Malva pusilla* – Kleinblütige Malve
H *Plantago major* – Breit-Wegerich
H *Polygonum aviculare* – Vogel-Knöterich

Typische dörfliche Ruderalgesellschaft mit Verbreitungsschwerpunkt in Osteuropa. Sie löst das Hyoscyamo-Malvetum neglectae nach Osten und Südosten in Europa ab. In Deutschland kommt sie nur in Brandenburg und vereinzelt in Sachsen-Anhalt vor.
▽ Gesellschaft ist durch Seltenheit aber auch durch Rückgang der Geflügelhaltung und Zunahme der Pflege dörflicher Freiflächen gefährdet 3.

Atriplicion nitentis Pass. 1978 – Gänsefuß-Melden-Pioniergesellschaften

(Syn. Atriplicion tataricae Gutte 1973; incl. Atriplicenion R. Knapp 1971, Chenopodienion ruderale Holzner 1972, Atriplicenion Hejný 1982, Artemisio annuae-Atriplicenion tataricae Muc. in Muc. et Maglocký 1985, Chenopodio stricti-Atriplicenion tataricae Muc. in Krippelová et Muc. 1988)

V *Atriplex sagittata* (=*A. nitens*) – Glanz-Melde
V *Atriplex tatarica* – Tataren-Melde
V *Chenopodium opulifolium* – Schneeballblättriger Gänsefuß
V *Chenopodium strictum* – Gestreifter Gänsefuß
H *Amaranthus retroflexus* – Zurückgebogener Amaranth
H *Solanum nigrum* – Schwarzer Nachtschatten
H *Chenopodium album* – Weißer Gänsefuß

Annuelle Ruderalgesellschaften frischer bis feuchter, hocheutropher, meist humusreicher Standorte, bevorzugt auf nährstoffreichen Lehmböden. Schwerpunkte der Vorkommen sind Kommunalmülldeponien, Kläranlagen, Rieselfelder, Stallanlagen, Dunglagerplätze, Siloanlagen. Es dominiert in den Beständen meist nur eine Art. Die Zahl der Hackfruchtunkräuter und kontinental verbreiteter Neophyten ist hoch. Typisch für den Verband sind die Vorkommen expansiver annueller Arten der *Chenopodiaceae*, *Amaranthaceae* und *Asteraceae*. Die meisten Gesellschaften befinden sich in Ausbreitung.
BT Melden-Gänsefuß-Pionierfluren (T 8.3.1.5)

1 Dominanzbestände von *Atriplex*-Arten, z. T. mit *Descurainia sophia* vergesellschaftet 2
1* Dominanzbestände von *Chenopodium*-Arten und/oder von annuellen Neophyten wie *Artemisia annua, Artemisia tournefortiana, Iva xanthiifolia* u. a. 4
2 Dominanzbestand von *Atriplex oblongifolia* und *Descurainia sophia, Elytrigia repens* häufig, meist an Feldwegen und Ackerrändern **Sisymbrio-Atriplicetum oblongifoliae** S. 383
2* Dominanzbestände anderer *Atriplex*-Arten 3
3 Dominanzbestand von *Atriplex sagittata* **Sisymbrio-Atriplicetum nitentis** S. 383
3* Dominanzbestand von *Atriplex tatarica, Atriplex sagittata* fehlt oder ist nur durch wenige Exemplare im Bestand vertreten, häufig *Sisymbrium loeselii* und/oder *Hordeum murinum* vorkommend **Cynodonto-Atriplicetum tataricae** S. 384
4 (1*) Dominanzbestände von *Chenopodium*-Arten 5
4* Dominanzbestände von Neophyten wie *Lycopersicon esculentum, Artemisia tournefortiana, Artemisia annua, Iva xanthiifolia* 6
5 *Chenopodium strictum* im Bestand vorhanden, weiter *Chenopodium album, Tripleurospermum maritimum* **Chenopodietum stricti** S. 384
5* *Chenopodium strictum* fehlt, *Chenopodium album* dominiert die Bestände, z. T. *Chenopodium suecicum*, dazu zahlreiche Hackfruchtunkräuter ***Chenopodium album*-Gesellschaft** S. 384
6 *Lycopersicon esculentum* und *Amaranthus*-Arten sowie weitere Hackfruchtunkräuter dominieren die Bestände **Helianthemo-Lycopersicetum** S. 384
6* *Lycopersicon esculentum* fehlt, andere Arten dominieren. 7
7 Annuelle *Artemisia*-Arten dominieren. 8
7* *Iva xanthiifolia* dominiert, annuelle *Artemisia*-Arten fehlen oder kommen nur in einzelnen Exemplaren vor **Iva xanthiifolia-Gesellschaft** S. 385
8 *Artemisia annua* dominiert, *Tripleurospermum maritimum* meist vorkommend, begleitende Artengruppen von Bestand zu Bestand z. T. sehr verschieden ***Artemisia annua*-Gesellschaft** S. 385
8* *Artemisia tournefortiana* dominiert, *Artemisia annua* fehlt, Vorkommen bisher nur aus Leipzig bekannt ***Artemisia tournefortiana*-Gesellschaft** S. 385

Sisymbrio-Atriplicetum oblongifoliae Oberd. 1957 –
Gesellschaft der Langblättrigen Melde
(Syn. Oblongifoliae-Atriplicetum nitentis Pass. 1964, Descurainio-Atriplicetum oblongifoliae sensu auct.)

A *Atriplex oblongifolia* – Langblättrige Melde
T *Descurainia sophia* – Sophienrauke, Besenrauke
H *Elytrigia repens* – Gewöhnliche Quecke
H *Tripleurospermum maritimum* – Geruchlose Kamille

Dominanz von *Atriplex oblongifolia* und *Descurainia sophia*. Häufig Ackerunkräuter am Gesellschaftsaufbau beteiligt. Wächst auf Böschungen, Ödland, an Ackerrändern und Feldwegen. Böden sind trocken, sandig bis lehmig, nährstoffreich. Typische Gesellschaft der Agrarlandschaft, meist außerhalb von geschlossenen Siedlungen vorkommend. Besonders häufig in den Lößgebieten. In Ausbreitung.

Sisymbrio-Atriplicetum nitentis Oberd. ex Mahn et Schub. 1962 –
Glanzmelden-Gesellschaft
(Syn. Atriplicetum nitentis R. Knapp 1945, Atriplicetum nitentis R. Knapp 1948, Atriplicetum nitentis R. Knapp ex Scherr. 1955, Sisymbrio-Atriplicetum nitentis Oberd. 1957, Descurainio-Atriplicetum nitentis sensu auct., Atriplicetum acuminatae sensu auct.)

V/A *Atriplex sagittata* (=*A. nitens*) – Glanzmelde
H *Tripleurospermum maritimum* – Geruchlose Kamille
H *Chenopodium album* – Weißer Gänsefuß

Von *Atriplex sagittata* dominierte Bestände. Auf Lehmaufschüttungen, Kommunalmülldeponien, Ablagerungen landwirtschhaftlicher Abprodukte, Mistausläufen, Kläranlagen, Rieselfeldern und in den Auen großer Ströme. Böden sind frisch bis feucht, sehr nährstoff- und oft auch humusreich. Die Gesellschaft kommt von Niedersachsen, Brandenburg, Sachsen-Anhalt, Sachsen, Thüringen bis in das Maingebiet und den Oberrheingraben vor. In Ausbreitung.

Cynodonto-Atriplicetum tataricae Morariu 1943 – Tataren-Melden-Fluren
(Syn. Ariplicetum tataricae Prodan 1923, Atriplicetum tataricae Ubriczy 1949, Sisymbrio-Atriplicetum tataricae Grüll 1971)

V/A *Atriplex tatarica* – Tataren-Melde
T *Sisymbrium loeselii* – Lösels Rauke
H *Tripleurospermum maritimum* – Geruchlose Kamille

Atriplex tatarica dominiert den Bestand und ist in der Höhe sehr variabel. Auf nährstoffreichen, trockenen und z. T. auch versalzten Böden an Straßenrändern, auf Bahnanlagen und besonders Deponien vorkommend. Gesellschaft bleibt streng auf die kontinentalsten Gebiete Sachsen-Anhalts beschränkt. In Ausbreitung.

Chenopodietum stricti (Oberd. 1957) Pass. 1964 – Ruderales Gänsefuß-Gestrüpp
(Syn. Chenopodietum ruderale Oberd. 1957, Chenopodietum stricti Oberd. in Oberd. et al. 1967, Galiopsio-Chenopodietum ruderale [Oberd. 1957] Holzner 1972)

V/A *Chenopodium strictum* – Gestreifter Gänsefuß
H *Chenopodium album* – Weißer Gänsefuß
H *Atriplex patula* – Spreizende Melde
H *Polygonum persicaria* – Floh-Knöterich
H *Sonchus oleraceus* – Kohl-Gänsedistel
H *Tripleurospermum maritimum* – Geruchlose Kamille

Durch Gänsefuß-Arten bestimmte Pioniergesellschaft auf Erdaufschüttungen, Planierungen und Deponien. Die namengebende Kennart bleibt auf die Wärmegebiete Deutschlands mit Schwerpunkt Süddeutschland beschränkt und ist relativ selten. Die meisten Gänsefußbestände können hier nicht angeschlossen werden (vgl. *Chenopodium album*-Gesellschaft). Seltene Ruderalgesellschaft.

Helianthemo-Lycopersicetum Holzner 1972 – Sonnenblumen-Tomaten-Gesellschaft
(Syn. Papaveri somniferi-Solanetum lycopersici Pfeiffer 1940, Solanetum nigri Felf. 1942, *Solanum lycopersicon*-Gesellschaft Steubing et Hildebrand 1980)

A *Lycopersicon esculentum* – Tomate
A *Helianthus annuus* – Sonnenblume
H *Chenopodium album* – Weißer Gänsefuß
H *Polygonum lapathifolium* – Ampfer-Knöterich

Verwilderte Kulturpflanzen wie die Tomate und die Sonnenblume dominieren neben Hackfruchtunkräutern. Die Gesellschaft kommt auf Kommunalmülldeponien, in Kläranlagen, auf Rieselfeldern und Schlammablagerungen größerer Flüsse vor. Hauptverbreitungsgebiet ist das Tief- und Hügelland. Es bestehen Übergänge zu den Zweizahngesellschaften (Bidentetea), wenn die Bestände auf Schlamm in der Nähe von Flussufern wachsen. In Ausbreitung.

***Chenopodium album*-Gesellschaft** – Gesellschaft des Weißen Gänsefußes
(Syn. Chenopodietum albi-viridis Hejný [1974] 1979, Chenopodio rubri-Atriplicetum patulae Gutte 1966 p. p.)

H *Chenopodium album* – Weißer Gänsefuß
H *Amaranthus retroflexus* – Zurückgebogener Amaranth

H *Tripleurospermum maritimum* – Geruchlose Kamille
H *Atriplex patula* – Spreizende Melde

Sehr verbreitete von *Chenopodium album* dominierte Gesellschaft mit vielen annuellen Hackfrucht- und z. T. auch Halmfruchtunkräutern. Sehr variabel in der Artenzusammensetzung. Auf lehmigen, sehr nährstoffreichen Böden, Aufschüttungen, Planierungen, Deponien, Rieselfeldern, Trümmergrundstücken, Öd- und Brachland. Syntaxonomische Bewertung ist unklar.

***Iva xanthiifolia*-Gesellschaft** – Rispenkraut-Gesellschaft
(Syn. Ivetum xanthiifoliae Fijałk. 1967)

A? *Iva xanthiifolia* – Rispenkraut

Von *Iva xanthiifolia* dominierte Gesellschaft, meist mit *Atriplex*- und *Sisymbrium*-Arten. Assoziationsrang ist fraglich.

Siedelt auf trockenen bis frischen, nährstoffreichen Böden an Straßenrändern und auf Deponien in den kontinentalsten Gebieten, Verbreitung in Deutschland ungenügend bekannt.

***Artemisia annua*-Gesellschaft** – Gesellschaft des Einjährigen Beifußes
(Syn. Artemisietum annuae Fijałk. 1967, Artemisietum annuae Todor et al. 1971, incl. sociatia de *Artemisia annua* Morariu 1943)

A? *Artemisia annua* – Einjähriger Beifuß

Die meist dichten *Artemisia annua*-Bestände findet man in Dörfern im kontinentalen Teil Mitteldeutschlands und im Flussuferbereich der Elbe und Saale in Sachsen-Anhalt *(ob zwei verschiedene Gesellschaften ?)*. Die soziologische Bindung und Amplitude ist im Gebiet nicht endeutig geklärt, deshalb wird von einer Assoziationszuordnung vorläufig abgesehen. Stark in Ausbreitung.

***Artemisia tournefortiana*-Gesellschaft** – Gesellschaft des Armenischen Beifußes
(Syn. *Artemisia tournefortiana*-Gesellschaft Gutte 1969)

A? *Artemisia tournefortiana* – Armenischer Beifuß

Dichte, bis 3 m hohe Bestände des Armenischen Beifußes. Bisher nur aus Leipzig bekannt. Bestandesentwicklung ungewiss.

Salsolion ruthenicae Phil.1971 – Ukrainesalzkraut-Fluren

(Syn. Conyzo-Senecion viscosi Eliáš 1986, incl. Bromo-Corispermenion R. Knapp 1971)

V *Corispermum leptopterum* – Schmalflügeliger Wanzensame
V *Plantago arenaria* – Sand-Wegerich
V *Salsola kali* ssp. *ruthenica* – Ukraine-Salzkraut
V *Amaranthus albus* – Weißer Amarant

Sehr standortsspezifische Neophytengesellschaften, die hauptsächlich gestörte trockene Sandböden besiedeln. Typisch für Industrie- und Verkehrsflächen in Großstädten, häufig auch auf Schotterflächen der Bahnanlagen und Häfen. Die bestimmenden Arten sind Wärmekeimer

▽ Die meisten Gesellschaften befinden sich derzeit in z. T. starker Ausbreitung.

1 *Salsola kali* ssp. *ruthenica* dominiert, *Amaranthus retroflexus*, *Amaranthus albus*, *Conyza canadensis* häufig vorkommend, *Corispermum leptopterum*, *Plantago arenaria*, *Kochia scoparia* ssp. *densiflora und Chenopodium botrys* meist fehlend **Salsoletum ruthenicae** S. 386

1* *Salsola kali* ssp. *ruthenica* nur mit geringer Artmächtigkeit vorkommend oder fehlend, in den Beständen neben ruderalen Sandpionieren *Corispermum leptopterum* oder *Plantago arenaria*, *Chenopodium botrys* oder *Kochia scoparia* ssp. *densiflora* vertreten 2
2 *Chenopodium botrys* und *Microrrhinum minus* bestimmend, *Corispermum leptopterum*, *Kochia scoparia* ssp. *densiflora* und *Plantago indica* fehlend oder nur mit wenigen Exemplaren präsent, auf trockenen Aufschüttungen, Trümmerschutt, Schlacke, Schotter
Chenopodietum botryos S. 386
2* *Chenopodium botrys* fehlt, *Corispermum leptopterum* oder *Plantago arenaria*, *Kochia scoparia* ssp. *densiflora* bestimmend, meist auf sandig-kiesigen Substrate 3
3 *Corispermum leptopterum* neben ruderalen Sandpionieren bestimmend, *Plantago arenaria und Kochia scoparia* ssp. *densiflora* fehlen, schwach ruderalisierte Sandflächen
Bromo-Corispermetum leptopteri S. 386
3* *Plantago arenaria* oder *Kochia scoparia* ssp. *densiflora* vorhanden, z. T. dominierend, *Corispermum leptopterum* fehlt oder nur sehr selten mit wenigen Exemplaren vorkommend 4
4 *Plantago arenaria* kommt in den Beständen vor, *Kochia scoparia* ssp. *densiflora* fehlt
Plantagini indicae-Senecionetum viscosi S. 387
4* *Kochia scoparia* ssp. *densiflora* dominiert, *Plantago arenaria* fehlt
Kochietum densiflorae S. 387

Salsoletum ruthenicae Phil. 1971 – Ukraine-Salzkraut-Gesellschaft
(Syn. Amarantho retroflexi-Salsoletum ruthenicae Pass. [1984] 1988, Conyzo-Amaranthetum retroflexi Pass. 1988 p. p.)

V/A *Salsola kali* ssp. *ruthenica* – Ukraine-Salzkraut
V *Amaranthus albus* – Weißer Amaranth
K *Conyza canadensis* – Kanadisches Berufkraut
H *Amaranthus retroflexus* – Zurückgebogener Amaranth

Von *Salsola kali* ssp. *ruthenica* und *Amaranthus*-Arten dominierte Gesellschaft des Bahngeländes. Auf dunklem Schotter, auf Asche oder sandigen Substraten direkt im Gleisbereich wachsend. Meist sehr lockere Bestände. Zentralassoziation des Verbandes. In den wärmeren Gebieten Deutschlands häufig, Verbreitungsschwerpunkt in den kontinentalen Räumen, besonders Mittel- und Nordostdeutschland. Fehlt in den höheren Lagen der Mittelgebirge. Sich stetig ausbreitend.
BT Salzkrautfluren auf urban-industriellen Sonderstandorten (T 8.3.2)

Chenopodietum botryos Sukopp 1971 – Kleb-Gänsefuß-Gesellschaft
(Syn. Chaenarrhino-Chenopodietum botryos Sukopp 1971, incl. *Chenopodium botrys*-Gesellschaft Phil. 1971)

A: *Chenopodium botrys* – Kleb-Gänsefuß
H *Microrrhinum minus* (= *Chaenarrhinum minus*) – Klaffmund

Chenopodium botrys, *Microrrhinum minus* und weitere ruderale Sandpionierarten bestimmen das Bild der sehr lockeren Bestände der Gesellschaft. Siedelt auf meist kalkreichen sandigen, sandig-kiesigen Substraten, auf Schlacke und Trümmerschutt. In Pleistozän-Gebieten häufiger. Vorkommen aus Berlin, Brandenburg, Mannheim, Ludwigshafen, dem Oberrheingebiet und mittleren Neckartal bekannt. Kaum Bestandesänderungen. Durch Sukzession verschwindende Standorte werden durch neu entstehende kompensiert.

Bromo-Corispermetum leptopteri Siss. et Westh. in Westh. et al. ex Siss. 1950 – Gesellschaft der Schmalflügeligen Wanzensame
(Syn. Corispermetum leptopteri [Siss. 1950] Berger-Landefeld et Sukopp 1965, Salsolo ruthenicae-Corispermetum leptopteri [Siss. 1950] Korneck 1974)

V/A *Corispermum leptopterum* – Schmalflügliger Wanzensame
K *Bromus tectorum* – Dach-Trespe

K *Conyza canadensis* – Kanadisches Berufkraut
H *Senecio viscosus* – Klebriges Greiskraut

Sehr lockere Bestände von *Corispermum leptopterum*, *Bromus tectorum*, *Senecio viscosus* und Sandpionierarten gebildet. Je nach Grad der Ruderalisierung/Eutrophierung Arten armer Sande wie *Corynephorus canescens* oder reicherer Standorte wie *Oenothera biennis* vorkommend.

Gestörte Sandtrockenrasen und Dünen, Sandgruben, Sandaufschüttungen sind bevorzugte Standorte. Durch Sukzession werden sie mehr oder weniger schnell von anderen Gesellschaften abgelöst. Schwerpunkt der Vorkommen in den nord- und mitteldeutschen Pleistozängebieten, in Süddeutschland im Donau-Isar-Hügelland sowie im Viernheim-Darmstädter Sandgebiet. Ausbreitung der namengebenden Arten durch Materialtransporte.

Plantagini indicae-Senecionetum viscosi Eliáš 1986 – Sandwegerich-Gesellschaft (Syn. Plantaginetum indicae Phil. 1971, Setario-Plantaginetum arenariae Pass. 1988)

V/A *Plantago arenaria* (= *P. indica*) – Sand-Wegerich
K *Bromus tectorum* – Dach-Trespe
K *Conyza canadensis* – Kanadisches Berufkraut

Sehr lückige von *Plantago arenaria* bestimmte Gesellschaft. Meist kalkhaltige, sandig-kiesige Böden, die stärker verfestigt sind. Deshalb kaum auf frischen Sandschüttungen. In Sandgebieten nicht selten. Auch auf Bahngelände, Gleisschotter und Schlacke. Verbreitungsschwerpunkt in Niedersachsen, Brandenburg und Sachsen-Anhalt, auch im Oberrheingebiet. Bestände nicht gefährdet.

Kochietum densiflorae Gutte et Klotz 1985 – Besenradmelden-Gesellschaft (Syn. Kochietum scopariae Dihoru 1977)

A *Kochia scoparia* ssp. *densiflora* – Besen-Radmelde
V *Salsola kali* ssp. *ruthenica* – Ukraine-Salzkraut

Kochia scoparia ssp. *densiflora* dominiert die Bestände, neben den Salsolion-Arten kommen *Atriplex*- und *Sisymbrium*-Arten vor. Einzelne Bestände zeigen Übergänge zu Sisymbrion- und Atriplicion-Gesellschaften. Die Bestände siedeln hauptsächlich auf Bahngelände und Deponien mit nährstoffreichen, trockenen bis frischen, oft versalzten Böden. Die meisten Vorkommen gibt es derzeit in Mitteldeutschland (kontinentalste Gebiete). Starke Ausbreitung insbesondere entlang der Bahnlinien nach Norden, Westen und Süden (Nürnberg).

13.5 **Artemisietea vulgaris** Lohm. et al. ex v. Rochow 1951 em. Dengler 1997 – Eurosibirische ruderale Beifuß- und Distelgesellschaften und Queckenrasen

(Syn. Onopordetea acanthii Br.-Bl. 1964, Onopordo-Sisymbrietea Görs 1966 p.p. incl. Agropyretea intermedii-repentis (Oberd. et al 1967) Th. Müller et Görs 1969, Onopordetea Br.-Bl. 1967, Meliloto-Artemisietea absinthii Eliáš 1981)

K *Artemisia vulgaris* – Gewöhnlicher Beifuß
K *Carduus acanthoides* – Stachel-Distel, Wege-Distel
K *Cirsium vulgare* – Lanzett-Kratzdistel
K *Elytrigia repens* (=*Agropyron r.*) – Gewöhnliche Quecke
K *Linaria vulgaris* – Gewöhnliches Leinkraut
K *Silene latifolia* (=*S. alba*) – Weiße Lichtnelke

Die Klasse umfasst alle ausdauernden Ruderalgesellschaften und die ruderalen bis halbruderalen Queckenpionierrasen. Ihr Vorkommen beschränkt sich ausnahmslos auf ruderale, d. h. gestörte und meist auch sehr nährstoffreiche Standorte. In der Sukzession handelt es sich um Folgegesellschaften der Raukengesellschaften (Sisymbrietea). Die Bestände werden primär von zweijährigen bzw. hapaxanthen (monokarpen) und ausdauernden Stauden und/oder ruderalen und halbruderalen ausdauernden Pioniergräsern aufgebaut. Die wichtigsten Standorte sind das Öd- und Brachland, Dungplätze, dörfliche und städtische Biotope überhaupt. Viele Gesellschaften sind auf das Tief- und Hügelland konzentriert (Wärmeansprüche). Wenige gehen auch ins Bergland über.

Typisch für die Ruderalgesellschaften dieser Klasse sind zahlreiche Neophyten, wie z. B.: amerikanische *Aster*-Arten, *Artemisia verlotiorum*, *Erigeron annuus*, *Gypsophila perfoliata*, *Helianthus tuberosus*, *H.* × *laetiflorus*, *Impatiens glandulifera*, *Reynoutria japonica*, *R. sachalinensis*, *Rudbeckia laciniata*, *Solidago canadensis*, *S. gigantea*. Diese fügen sich in bestehende Gesellschaften ein, führen zu Fazies dieser Gesellschaften oder bilden eigene Gesellschaften. Ein großer Teil dieser Arten bleibt allerdings nicht auf die Gesellschaften dieser Klasse beschränkt, sondern dringt insbesondere auch in die Gesellschaften der Galio-Urticetea ein. Wenn die Arten eigenständige Gesellschaften bilden, wurden diese mit aufgenommen. Sind es typische Dominanzbestände, deren soziologische Stellung unklar ist, werden sie als ranglose Gesellschaften mit aufgenommen.

▽ In der Klasse gibt es sowohl sich ausbreitende als auch gefährdete Gesellschaften. Während die Gesellschaften der Brachen ungefährdet sind, gehen die Bestände der dörflichen Ruderalvegetation zurück.

BT Ausdauernde Ruderalfluren (T 8.2.2)

1 In den Beständen dominieren meist mehrjährige, oft im Sommer und Herbst bunt blühende Kräuter, ausdauernde Gräser treten in unterschiedlichen Anteilen auf, dominieren aber nicht die Bestände **Onopordetalia acanthii** S. 388

1* In den oft artenarmen Beständen dominieren ausdauernde Gräser (Rhizomgeophyten, meist *Elytrigia repens*) **Agropyretalia repentis** S. 398

Onopordetalia acanthii Br.-Bl. et R. Tx. ex Klika et Hadač 1944 – Beifuß-, Kletten-, Natternkopf- und Distelgesellschaften

(Syn. Onopordetalia acanthii Br.-Bl. et R. Tx. 1943, Artemisietalia R. Tx. 1947, Meliloto-Artemisietalia Eliáš 1979)

O *Arctium minus* – Kleine Klette
O *Ballota nigra* ssp. *nigra* – Schwarznessel
O *Malva sylvestris* – Wilde Malve

Die Ordnung umfasst alle primär von ausdauernden Kräutern aufgebauten Ruderalgesellschaften. Viele von ihnen kommen auf thermophilen und subthermophilen Standorten vor. Die Böden sind oft gestört, frisch geschüttet, lehmig bis sandig und weisen oft einen hohen Skelettanteil auf. Die meisten Gesellschaften findet man im Tief- und Hügelland, die Klasse reicht maximal bis zur submontanen und montanen Stufe. Besonders häufig sind in den Beständen Korbblütler, Schmetterlingsblütler und Kreuzblütler anzutreffen. Archaeophyten und Neophyten können hohe Anteile in den Beständen haben.

▽ In der Ordnung gibt es sowohl sich ausbreitende als auch gefährdete Gesellschaften. Während die Gesellschaften der Brachen ungefährdet sind, gehen die Bestände der dörflichen Ruderalvegetation zurück.

BT Eselsdistel-und Wolldistelfluren (T 8.2.2.5)

1 Vorkommen wärmeliebender Arten (viele Distelarten) wie *Onopordon acanthium*, *Carduus acanthoides*, *C. nutans*, ferner *Cynoglossum officinale*, *Lappula squarrosa*, *Reseda luteola*, *Artemisia absinthium*, vereinzelt auch *Sisymbrium austriacum*. Meist auf nährstoffreichen lehmigen bis lehmig-sandigen Böden in Dörfern und um Tierbaue in der offenen Landschaft, auch auf Felsvorsprüngen, die von Tieren als Aufenthaltsort genutzt werden 2

1* Vorkommen anderer Arten. 3

2 Es dominieren *Sisymbrium austriacum*, *Asperugo procumbens und Chenopodium foliosum*, Bestände unter Felsüberhängen (Balmen) und auf Wildlägern **Erysimo wittmannii-Hackelion** S. 389

2* Vorkommen anderer Arten wie *Onopordon acanthium*, *Carduus acanthoides*, *C. nutans*, *Cynoglossum officinale* **Onopordion acanthii** S. 390

3 (1*) Subthermophile Arten, darunter auffällig viele Schmetterlingsblütler, dominieren wie *Melilotus alba*, *M. officinalis*, *Medicago lupulina*, *M. × varia*. Weiterhin Auftreten von *Echium vulgare*, *Linaria vulgaris*, *Picris hieracioides*, *Hypericum perforatum*, *Saponaria officinalis*, *Oenothera biennis* s.l., *Tanacetum vulgare*, Böden oft steinig und durchlässig, typisch auf Bahngelände, Abbauflächen (Steinbrüche, Kiesgruben und anderen Bergbauflächen) usw., Bestände meist relativ locker **Dauco-Melilotion** S. 392

3* Hochwüchsige, oft mehrjährige, stark nitrophile Arten dominieren wie z. B. *Arctium lappa*, *A. minus*, *A. tomentosum*, *Ballota nigra*, *Conium maculatum*, *Malva sylvestris*, *Leonurus cardiaca*, *Rumex obtusifolius*, *Chenopodium bonus-henricus*. Schmetterlingsblütler kaum vorhanden, Böden meist nitratreich und wenig steinig **Arction lappae** S. 395

Erysimo wittmannii-Hackelion Bernátová 1986 – Balmen- und Wildlägergesellschaften
(incl. Asperugenion procumbentis R. Knapp 1971)

V *Hackelia deflexa* – Herabgebogene Hackelie
V *Asperugo procumbens* – Schlangenäuglein

Verband der Balmen- und Wildlägergesellschaften, die durch den Einfluss von Wildtieren (z. B. Gämse, Hirsch, Reh oder auch Greifvögel und Kleinsäuger) entstehen. Es handelt sich somit um natürliche Ruderalgesellschaften. Kennzeichnend für die Standorte sind die ständigen mechanischen Störungen, die Anreicherung von Nährstoffen durch Kot der Tiere und durch relative Trockenheit (Regenschatten durch vorstehende Felswände). Diese Gesellschaften sind bislang in Deutschland nur wenig untersucht worden. Die Vorkommen konzentrieren sich auf die Mittelgebirge und Alpen, nur vereinzelt im Hügelland.
▽ Die aktuelle Datenlage gestattet keine Angaben zur Gefährdung des Verbandes.
BT Halbhöhlen (Balmen) (T 5.3.1)

Bisher nur 1 Assoziation für Deutschland angegeben, das Vorkommen der Hackelien-Erdbeerspinat-Gesellschaft – **Hackelio deflexae-Chenopodietum foliosi** Bernátová 1986 in Deutschland ist unklar.

Sisymbrio austriaci-Asperuginetum procumbentis Rebh. 1931 – Balmengesellschaft der Österreichischen Rauke

A Sisymbrium austriacum – Österreichische Rauke
V Asperugo procumbens – Schlangenäuglein

Gesellschaft der Kalkfelsüberhänge, an Grotten- und Höhleneingängen. Aufgrund zahlreicher annueller Ruderalarten in der Gesellschaft wurde sie oft ins Sisymbrion gestellt. Kommt vor allem in der Schwäbischen Alb vor. Fragmentarische Bestände gibt es an Muschelkalkhängen im Saaletal. Vorkommen in den Alpen sind nicht sicher.
▽ Durch Bergsteiger und Touristen werden Felsabhänge z. T. stark gestört, stark gefährdet 2.

Onopordion acanthii Br.-Bl. in Br.-Bl. et al. 1936 – Wärmeliebende Eselsdistelgesellschaften

(Syn. Onopordion Br.-Bl. 1926, Artemision absinthii Eliáš 1979, Cirsio-Verbascion Eliáš 1986, Marrubion peregrini Slavn. 1951, Artemision absinthii Lakušić et al. 1975, Potentillo-Artemision absinthii Eliáš 1982)

V *Onopordon acanthium* – Eselsdistel
V *Carduus nutans* – Nickende Distel
V *Cynoglossum officinale* – Echte Hundszunge
V *Lappula squarrosa* – Kletten-Igelsame
V *Reseda luteola* – Große Resede
V *Artemisia absinthium* – Wermut

Meist typisch dörfliche Ruderalgesellschaften mit hohem Archaeophytenanteil. Der ursprüngliche Verbreitungsschwerpunkt sind Störstellen um Tierbaue, insbesondere im Bereich von Trocken- und Halbtrockenrasen. Vorkommen auch an Acker- und Wegrändern, insbesondere in thermisch begünstigten Gebieten. Der Verbreitungsschwerpunkt der meisten Gesellschaften liegt im Tief- und Hügelland.

▽ Die meisten Gesellschaften des Verbandes gehen flächenmäßig zurück und/oder verarmen floristisch. Der Gefährdungsgrad der Gesellschaften ist sehr unterschiedlich. Die Verstädterung der Dörfer ist der Hauptgrund für Gefährdungen.

BT Eselsdistel- und Wolldistelfluren (T 8.2.2.5).

1 *Onopordon acanthium* dominiert und bestimmt das Bild der Bestände **Onopordetum acanthii** S. 390
1* *Onopordon acanthium* ist nicht Hauptbestandesbildner oder fehlt 2
2 *Cirsium eriophorum* prägt die Bestände **Cirsietum eriophori** S. 391
2* *Cirsium eriophorum* ist nicht Hauptbestandesbildner oder fehlt 3
3 *Stachys germanica* in den Beständen vertreten, fast ausschließlich Standorte in gestörten Trocken- und Halbtrockenrasen, insbesondere um Tierbaue **Stachyo-Carduetum acanthoidis** S. 391
3* *Stachys germanica* fehlt 4
4 *Cynoglossum officinale* dominiert, *Lappula squarrosa* meist ebenfalls vorkommend, oft kleinflächige Bestände um Tierbaue **Lappulo echinatae-Cynoglossetum officinalis** S. 391
4* Andere Arten dominieren 5
5 Relativ dichte *Carduus acanthoides*-Bestände **Carduetum acanthoidis** S. 391
5* *Carduus acanthoides* dominiert nicht oder fehlt, *Artemisia absinthium* und *Potentilla argentea* oder *Reseda lutea* und *Carduus nutans* prägen die Bestände 6
6 *Artemisia absinthium* und *Potentilla argentea* prägen die Bestände **Potentillo argentae-Artemisietum absinthii** S. 391
6* *Reseda lutea* und *Carduus nutans* prägen die Bestände **Resedo-Carduetum nutantis** S. 392

Onopordetum acanthii Libb. 1932 – Eselsdistel-Gesellschaft

(Syn. Onopordetum acanthii Br.-Bl. in Br.-Bl.et al. 1936; incl. Carduo acanthoidis-Onopordetum acanthii Soó 1945, Onopordetum pannonicum Slavn. 1951, Lappulo heteracanthae-Onopordetum acanthii Br.-Bl. 1961)

V/A *Onopordon acanthium* – Eselsdistel
O *Ballota nigra* – Schwarznessel
K *Carduus acanthoides* – Stachel-Distel, Wege-Distel

Von *Onopordon acanthium* dominierte Bestände, die oft zweischichtig sind. Viele zweijährige Arten, aber auch zahlreiche Vertreter der kurzlebigen Ruderalgesellschaften (Sisymbrietea) kommen vor. Typische Dorfgesellschaft in den wärmebegünstigten Teilen des Tief- und Hügellandes. Von Süden und Osten Deutschlands nach Nordwesten verarmend.

▽ Durch Verstädterung der Dörfer gefährdet 3.

Cirsietum eriophori Oberd. ex Th. Müller 1966 – Wolldistel-Gesellschaft
(Syn. Cirsietum eriophori Oberd. 1957)

A *Cirsium eriophorum* – Wollkopf-Kratzdistel, Wolldistel
V *Carduus nutans* – Nickende Distel
K *Cirsium vulgare* – Lanzett-Kratzdistel

Von *Cirsium eriophorum* geprägte Bestände, in den Kalkgebieten des Hügel- und Berglandes an Straßen- und Wegrändern, auf gestörten Extensivweiden. Die Gesellschaft kommt von der planaren bis montanen Stufe in Süddeutschland vor, nach Norden bis Thüringen.
▽ Bestände gehen zurück (V), *.

Stachyo germanicae-Carduetum acanthoidis Weinert in Gutte 1966 – Gesellschaft des Deutschen Ziest

A *Stachys germanica* – Deutscher Ziest
K *Carduus acanthoides* – Stachel-Distel, Wege-Distel
V *Cynoglossum officinale* – Echte Hundszunge
H *Agrimonia eupatoria* – Kleiner Odermennig
H *Torilis japonica* – Gewöhnlicher Klettenkerbel

Typische Ruderalgesellschaft gestörter Trockenrasen (Tierbaue), aufgelassener Obstgärten mit Konzentration in den Trockengebieten Mitteldeutschlands (Raum Halle, Naumburg, Jena, Hainleite).
▽ Durch Sukzession gefährdet 3,*.

Lappulo echinatae-Cynoglossetum officinalis Klika 1935 – Hundszungen-Gesellschaft

V/A *Lappula squarrosa* (=*L. echinata*) – Kletten-Igelsame
V/A *Cynoglossum officinale* – Echte Hundszunge

Kleinflächig ausgebildete Gesellschaft in gestörten Trocken- und Halbtrockenrasen (Tierbaue, aufgewühlte Flächen). Deshalb viele Arten der Trocken- und Halbtrockenrasen als Begleiter vorkommend. Konzentration der Vorkommen in den sommerwarmen Gebieten Deutschlands. Genaue Verbreitung noch ungenügend bekannt. Bestände der Gesellschaft hängen von der Wühltätigkeit der Tiere ab.
▽ Bestände gehen zurück V, *.

Carduetum acanthoidis Felf. 1942 – Gesellschaft der Wegedistel
(Syn. Carduetum acanthoidis Morariu 1943)

K *Carduus acanthoides* (dom.) – Stachel-Distel, Wege-Distel
O *Ballota nigra* – Schwarznessel
O *Daucus carota* – Wilde Möhre
K *Artemisia vulgaris* – Gewöhnlicher Beifuß
H *Achillea millefolium* – Gewöhnliche Schafgarbe
H *Dactylis glomerata* – Gewöhnliches Knaulgras

Dominanzbestände von *Carduus acanthoides*, in den trockensten und stark kontinentalen Räumen Deutschlands auf Öd- und Brachland, an Böschungen und Wegrändern. Meist großflächig entwickelt. Assoziationsrang umstritten, Verbreitung ungenügend bekannt.
▽ Gefährdung ungenügend bekannt.

Potentillo argenteae-Artemisietum absinthii Faliński 1965 – Wermut-Gesellschaft
(Syn. Artemisietum absinthii Todor et al. 1971)

A *Artemisia absinthium* – Wermut
K *Carduus acanthoides* – Stachel-Distel, Wege-Distel

T *Potentilla argentea* – Silber-Fingerkraut
H *Elytrigia repens* (= *Agropyron r.*) – Gewöhnliche Quecke

Die Gesellschaft ist relativ artenreich und ersetzt das Tanaceto-Artemisietum in den stark kontinentalen Gebieten auf sehr trockenen, z. T. durchlässigen Standorten. Die namengebenden Arten der Assoziation sind für das Erkennen der Gesellschaft die bestimmenden. *Artemisia vulgaris* fehlt oder tritt stark zurück (zeigt oft Trockenheitsschäden). Bisher nur wenig belegt. Vorkommen aus Niedersachsen, Sachsen-Anhalt, Sachsen und Thüringen bekannt.
▽ Wahrscheinlich nicht gefährdet.

Resedo-Carduetum nutantis Siss. 1950 – Reseden-Nickdistel-Gesellschaft

V/A *Carduus nutans* – Nickende Distel
T *Reseda lutea* – Gelbe Resede

Zentralassoziation des Verbandes, typisch für Störstellen in Trocken- und Halbtrockenrasen. Insbesondere auf basenreichen, lehmig-sandigen Böden und an Feldwegen. Typisch für Kalk- und Lößgebiete Süddeutschlands, aber auch in Norddeutschland.
▽ Wahrscheinlich nicht gefährdet.
BT Reseden-Fluren auf basenreichen, trockenen Substraten (T 8.2.2.4)

Dauco-Melilotion Görs ex Gutte 1972 – Möhren-Steinklee-Gesellschaften

(Syn. Dauco-Melilotion Görs 1966 ex Oberdorfer et al. 1967, Tussilaginion Szabó 1971)

V *Medicago lupulina* – Hopfen-Luzerne, Hopfen-Klee
V *Medicago × varia* – Saat-Luzerne
V *Melilotus alba* – Weißer Steinklee
V *Melilotus officinalis* – Echter Steinklee
V *Picris hieracioides* – Gewöhnliches Bitterkraut
K *Linaria vulgaris* – Gewöhnliches Leinkraut
T *Hypericum perforatum* – Tüpfel-Hartheu

Leicht thermophile, schwach nitrophile Gesellschaften auf skelettreichen, wasserdurchlässigen Substraten im Bahnbereich, an Straßenrändern, in Steinbrüchen, Kiesgruben, auf Industriedeponien. Hoher Anteil an Schmetterlingsblütlern, artenreich. In Deutschland weit verbreitet.
▽ Durch zunehmende Eutrophierung und Herbizideinsatz entlang der Verkehrswege im Rückgang.
BT Honigklee und Natternkopf-Fluren (T 8.2.2.2)

1 Artenreiche Bestände mit *Melilotus alba, M. officinalis, Echium vulgare, Reseda lutea, Achillea millefolium, Linaria vulgaris* **Echio-Melilotetum** S. 393
1* Steinclee-Arten treten zurück, andere Artenzusammensetzung 2
2 *Picris hieracioides, Daucus carota, Crepis biennis* bestimmen die Bestände **Dauco-Picridetum** S. 393
2* Andere Artenzusammensetzung 3
3 *Berteroa incana* dominiert, Bestände ohne und mit *Centaurea diffusa* 4
3* *Berteroa incana* fehlt oder ist nur mit wenigen Individen in den Beständen vertreten 5
4 *Berteroa incana* dominiert, *Centaurea diffusa* und Salsolion-Arten fehlen **Berteroetum incanae** S. 393
4* *Berteroa incana, Centaurea diffusa* und oft auch Salsolion-Arten vorhanden **Centaureo diffusae-Berteroetum incanae** S. 394
5 (3*) Dichte Bestände mit *Tanacetum vulgare, Artemisia vulgaris, Cirsium arvense, Elytrigia repens*, dazu weitere Onopordetalia- und Molinio-Arrhenatheretea-Arten **Tanaceto-Artemisietum vulgaris** S. 394

5* Andere Artenzusammensetzung 6
6 *Tussilago farfara* dominiert, dazu mehrere Dauco-Melilotion-Arten
Poo-Tussilaginetum farfarae S. 394
6* *Tussilago farfara* fehlt oder tritt zurück 7
7 *Glaucium flavum* bestimmt die Bestände **Glaucietum flavi** S. 394
7* *Glaucium flavum* fehlt 8
8 *Gypsophila perfoliata* kennzeichnet die Bestände, *Diplotaxis tenuifolia, Calamagrostis epigejos* und z. T. neben Dauco-Melilotion-Arten noch Vertreter des Salsolion vorkommend
Gypsophilo perfoliatae-Diplotaxietum tenuifoliae S. 395
8* *Gypsophila perfoliata* fehlt, *Anthemis tinctoria* bestimmt das Bild der Bestände, daneben *Poa compressa, Convolvulus arvensis* und z. T. verschiedene Trocken- und Halbtrockenrasenarten
Poo compressae Anthemidetum tinctoriae S. 395

Echio-Melilotetum R. Tx. 1947 – Natternkopf-Steinklee-Gesellschaft
(Syn. Echio-Meliloteteum R. Tx. 1942, Melilotetum albi-officinalis Siss. 1950, Linario vulgaris-Echietum vulgaris Slavn. 1951, Echio-Artemisietum Zoller 1974, Artemisio-Melilotetum albi Hadač 1978; incl. Artemisio-Oenotheretum rubricaulis Pass. 1977)

A *Echium vulgare* – Gewöhnlicher Natternkopf
V/A *Melilotus alba* – Weißer Steinklee
V/A *Melilotus officinalis* – Echter Steinklee
H *Oenothera biennis* agg. – Gewöhnliche Nachtkerze
H *Reseda lutea* – Gelbe Resede

Sehr arten- und blütenreiche Pflanzengesellschaft der Bahnanlagen, Abbauflächen und Deponien, die Böden sind skelettreich.
▽ Durch Pflege der Bahnanlagen mit Herbiziden zurückgehend (V).

Dauco-Picridetum Görs 1966 – Möhren-Bitterkraut-Gesellschaft

V/A *Picris hieracioides* – Gewöhnliches Bitterkraut
H *Daucus carota* – Wilde Möhre
H *Achillea millefolium* – Gewöhnliche Schafgarbe
H *Crepis biennis* – Wiesen-Pippau

Weit verbreitete und typische Gesellschaft von Brachen in den Trocken-, Löß- und Lehmgebieten, relativ artenreich und lange Zeit persistent. Oft ein Sukzessionsstadium auf Acker- und Weinbergsbrachen, in der Sukzession geht es häufig in halbruderale Rasenbestände (Agropyretalia) über. Verbreitungsschwerpunkt der Gesellschaft in Süd- und Mitteldeutschland. Bestände durch Ausdehnung der Brache zunehmend.

Berteroetum incanae Siss. et Tideman in Siss. 1950 – Graukressen-Gesellschaft
(Syn. Verbasco-Berteroetum Pass. 1959; non Centaureo diffusae-Berteroetum incanae Oberd. 1957)

A *Berteroa incana* (dom.) – Graukresse
H *Daucus carota* – Wilde Möhre
H *Anchusa officinalis* – Gewöhnliche Ochsenzunge
H *Centaurea stoebe* – Rispen-Flockenblume
H *Plantago lanceolata* – Spitz-Wegerich

Gesellschaft durch die Dominanz der namengebenden Art bestimmt. Es fehlen stets Salsolion-, Eragrostietalia-Arten und *Centaurea diffusa*. Sie siedelt auf sandigen, lehmigen und skelettreichen Böden, auf Öd- und Brachland, auch auf längere Zeit trockengefallenen Standorten an Flussufern. Bestände durch Ausdehnung der Brache zunehmend.
BT Graukresse-Fluren auf Sand (T 8.2.2.1)

Centaureo diffusae-Berteroetum incanae Oberd. 1957 – Flockenblumen-Graukressen-Gesellschaft
(non Berteroetum incanae Siss. et Tideman in Siss. 1950)

A *Centaurea diffusa* – Sparrige Flockenblume
A *Berteroa incana* (dom.) – Graukresse
T *Salsola kali* ssp. *ruthenica* – Ukraine-Salzkraut
T *Sisymbrium altissimum* – Hohe Rauke
H *Rumex thyrsiflorus* – Rispen-Sauerampfer

Seltene Gesellschaft mit *Centaurea diffusa* und Salsolion-Arten (vgl. S. 000), häufig auf Schotter und Asche, oft auf Industriedeponien, Hafen- und Bahnanlagen sowie Böschungen von Sandgruben. Vorkommen im Rhein-, Neckar-, Main- und Donaugebiet, seltener in Thüringen, Sachsen, Sachsen-Anhalt und Brandenburg.

Tanaceto-Artemisietum vulgaris Br.-Bl. ex Siss. 1950 – Rainfarn-Beifuß-Gesellschaft
(Syn. *Tanacetum-Artemisia-Urtica*-Ass. Br.-Bl. 1930, Artemisietum vulgaris R. Tx. 1942, Artemisietum vulgaris R. Tx. 1947, Tanaceto-Artemisietum Br.-Bl. 1931 corr. 1949)

A *Tanacetum vulgare* – Rainfarn
K *Artemisia vulgaris* – Gewöhnlicher Beifuß
K *Elytrigia repens* (= *Agropyron r.*) – Gewöhnliche Quecke
H *Arrhenatherum elatius* – Glatthafer

Dichte und hohe Bestände ausdauernder Stauden und Gräser, sehr stabile und dauerhafte Gesellschaft, eine der häufigsten Ruderalgemeinschaften überhaupt. Siedelt auf Öd- und Brachland und an Straßenrändern. In Deutschland weit verbreitet. Durch Zunahme von Brachen in Ausbreitung
BT Rainfarn-, Beifuß-Gestrüppe (T 8.2.2.3)

Poo compressae-Tussilaginetum R. Tx. 1931 – Huflattich-Gesellschaft
(non Tussilaginetum farfarae Oberd. 1949)

A *Tussilago farfara* – Huflattich
V *Melilotus alba* – Weißer Steinklee
O *Daucus carota* – Wilde Möhre
K *Artemisia vulgaris* – Gewöhnlicher Beifuß
H *Cirsium arvense* – Acker-Kratzdistel
H *Equisetum arvense* – Acker-Schachtelhalm
H *Poa compressa* – Platthalm-Rispengras

Dominanz-Gesellschaft des Huflattichs, auf schweren lehmig-tonigen Böden, wechselfeuchter Standorte. Typisch für Böschungen, Aufschüttungen und Halden (insbesondere Braunkohlentagebaugebiete). Die Begleitarten kennzeichnen diese Gesellschaft als Dauco-Melilotion-Gesellschaft. Andere Huflattich-Dominanzbestände müssen aufgrund anderer Begleitarten in das Arction oder auch in die Agropyretalia bzw. Epilobietea gestellt werden. Sie sind dort als Dominanzgesellschaften oder Fazies anderer Assoziationen anzusprechen. Eine Bearbeitung der Huflattich-Gesellschaften steht noch aus. In der Bergbaufolgelandschaft und auf anderen Brachen stark in Ausbreitung.
BT Huflattich-Pionierfluren (T 8.4)

Glaucietum flavi (Gutte 1972) Klotz 1981 – Gesellschaft des Gelben Hornmohns

A *Glaucium flavum* – Gelber Hornmohn
O *Daucus carota* – Wilde Möhre
K *Elytrigia repens* (= *Agropyron r.*) – Gewöhnliche Quecke

Durch die namengebende Art gekennzeichnete Bestände. Bisher nur selten aus Mitteldeutschland (Thüringen, Sachsen-Anhalt) und aus Nordfrankreich bekannt. Siedelt hauptsächlich auf Halden, Böschungen industrieller Absetzanlagen und Abbauflächen. Die Substrate sind sehr verschieden (Asche, Rohboden, Gipskeuper), meist keine gewachsenen Böden.
∇ Selten (R).

Gypsophilo perfoliatae-Diplotaxietum tenuifoliae Klotz 1981 – Gipskraut-Doppelsame-Gesellschaft

A *Gypsophila perfoliata* – Durchwachsenblättriges Gipskraut
H *Diplotaxis tenuifolia* – Schmalblättriger Doppelsame

Neben den beiden namengebenden Arten und Vertretern der Onopordetalia treten Salsolion-Arten auf (*Salsola kali* ssp. *ruthenica*). Typisch für Industriedeponien, häufig auf Braunkohlenbergbauflächen. Es handelt sich meist um technogene Substrate und nicht um gewachsene Böden. Sie sind oft salzhaltig (Aschen) und basisch. Verbreitete Gesellschaft in Sachsen-Anhalt, Sachsen, Brandenburg und Nordost-Thüringen. In den letzten zwei Jahrzehnten starke Ausbreitung.

Poo compressae-Anthemidetum tinctoriae Th. Müller et Görs ex Brandes 1986) Oberd. 1970 – Platthalmrispengras-Färberhundskamillen-Gesellschaft
(incl. Achilleo nobilis-Melicetum thuringiacae Korneck 1974)

A *Anthemis tinctoria* – Färber-Hundskamille
T *Achillea nobilis* – Edel-Schafgarbe
T *Artemisia campestris* – Feld-Beifuß
H *Achillea millefolium* – Gewöhnliche Schafgarbe
H *Poa angustifolia* – Schmalblättriges Rispengras
H *Poa compressa* – Platthalm-Rispengras

Typische Gesellschaft gestörter, flachgründiger Standorte, meist über Fels, auf Mauerkronen und an steinigen Böschungen, aber auch auf Bahngelände.
Steht in der Artenzusammensetzung den Trocken- und Halbtrockenrasengesellschaften nahe.
∇ Durch Eutrophierung und Flurbereinigung leicht zurückgehend (V), *.

Arction lappae R. Tx. 1937 – Kletten-Gesellschaften

(Syn. Rumicion obtusifolii Gutte 1972; incl. Eu-Arctienion Siss. in Westh. et al. 1946)

V *Arctium lappa* – Große Klette
V *Armoracia rusticana* – Meerrettich
V *Leonurus cardiaca* – Herzgespann
V *Rumex obtusifolius* – Stumpfblättriger Ampfer
O/V *Ballota nigra* ssp. *nigra* – Schwarznessel

Verband der hochwüchsigen, stark nitrophilen, ausdauernden Ruderalgesellschaften. Typische Gesellschaften hocheutropher Substrate, wie Kommunalmülldeponien, Absetzbecken der Zuckerindustrie, Kläranlagen, Rieselfelder, Bauernhöfe, Dunglagerplätze usw. Zwischen den hochwüchsigen Stauden bzw. unter ihnen können sich Annuelle (oft Winterannuelle) halten und entwickeln.
∇ Die einzelnen Gesellschaften sind unterschiedlich gefährdet. Typische Dorfgesellschaften gehen zurück.
BT Kletten- und Stinknessel-Fluren (T 8.2.2.6)

1 Von Kletten (*Arctium*-Arten) dominierte, hochwüchsige Gesellschaften 2
1* Klettenarten dominieren nicht oder fehlen 3
2 *Arctium tomentosum, Ballota nigra* ssp. *nigra, Carduus acanthoides, Daucus carota* sind häufig, *Arctium lappa, Rumex obtusifolius* sind selten oder fehlen **Arctietum lappae** S. 396
2* *Arctium lappa, A. minus, Aegopodium podagraria, Rumex obtusifolius* sind bestimmend, *Arctium tomentosum, Ballota nigra* ssp. *nigra, Carduus acanthoides* und *Daucus carota* sind selten oder fehlen gänzlich **Arctio-Artemisietum** S. 396
3 (1*) *Malva sylvestris, Ballota nigra* ssp. *nigra, B. nigra* ssp. *alba, Malva neglecta, Chenopodium bonus-henricus* in den Beständen häufig vertreten, wenige Exemplare von *Arctium*-Arten . . 4
3* Die unter (3) genannten Arten fehlen oder sind nur sehr selten in den Beständen zu finden . . 6
4 Ballota nigra ssp. alba kommt vor **Lamio albi-Ballotetum albae** S. 397
4* Ballota nigra ssp. alba fehlt 5
5 *Malva sylvestris* und *Ballota nigra* ssp. *nigra* kommen vor, *Chenopodium bonus-henricus* fehlt, Galio-Alliarion und Aegopodion-Arten sind selten oder fehlen **Balloto-Malvetum sylvestris** S. 397
5* *Chenopodium bonus-henricus* dominiert die Gesellschaft, häufig Galio-Alliarion- und Aegopodion-Arten vertreten **Urtico urentis-Chenopodietum boni-henrici** S. 397
6 (3*) *Conium maculatum* dominiert die oberste Schicht der Bestände **Hyoscyamo-Conietum maculati** S. 397
6* *Conium maculatum* fehlt 7
7 *Cirsium arvense* und *C. vulgare* dominieren **Cirsietum lanceolati-arvensis** S. 398
7* *Cirsium arvense* dominiert nicht 8
8 *Solidago canadensis* dominiert ***Solidago canadensis*-Gesellschaft** S. 398
8* *Erigeron annuus* dominiert ***Erigeron annuus*-Gesellschaft** S. 398

Arctietum lappae Felf. 1942 – Kletten-Gesellschaft
(Syn. Leonuro-Arctietum tomentosi (Felf. 1942) Lohm. in R. Tx. 1950, Balloto-Leonuretum v. Rochow 1951, Leonuro-Ballotetum nigrae Slavn. 1951)

A *Arctium tomentosum* (dom.) – Filz-Klette
O *Ballota nigra* ssp. *nigra* – Schwarznessel
K *Artemisia vulgaris* – Gewöhnlicher Beifuß
T *Carduus acanthoides* – Stachel-Distel, Wege-Distel
T *Daucus carota* – Wilde Möhre
H *Urtica dioica* – Große Brennnessel

Sehr hohe Klettenfluren mit vielen nitrophilen Begleitern. Typisch für Müll- und Dunglagerplätze, aufgelassene Stallanlagen und Bauernhöfe. In Süd-, Mittel- und Nordostdeutschland weit verbreitet mit Verbreitungsschwerpunkt in den kontinentalen Gebieten. In Teilgebieten noch zunehmend.

Arctio-Artemisietum vulgaris Oberd. et al. ex Seybold et Th. Müller 1972 – Kletten-Beifuß-Gesellschaft
(Syn. Artemisietum vulgaris R. Knapp 1948, Arctio-Artemisietum Oberd. et al. 1967)

A *Arctium lappa* (dom.) – Große Klette
K *Artemisia vulgaris* (dom.) – Gewöhnlicher Beifuß
T *Aegopodium podagraria* – Giersch, Geißfuß
T *Rumex obtusifolius* – Stumpfblättriger Ampfer

Ruderale Hochstaudenflur auf nitratreichen, feuchten, frischen bis mäßig trockenen Standorten im Siedlungsbereich. Im Unterschied zum Arctietum lappae sind Arten der Galio-Urticetea (Aegopodion) und Wiesenarten in den Beständen vorhanden. Gesellschaft der kühleren, feuchteren und nicht so kontinentalen Räume. In Deutschland weit verbreitet und weitgehend konstant.

Lamio albi-Ballotetum albae Lohm. 1970 – Taubnessel-Schwarznessel-Gesellschaft

A *Ballota nigra* ssp. *alba* – Schwarznessel
H *Lamium album* – Weiße Taubnessel

Typisch dörfliche Ruderalgesellschaft, geographische Vikariante des Balloto-Malvetum. Vorkommen westlich der Linie Rhön – Main – Neckar – oberes Donautal – westlicher Bodensee (OBERDORFER 1983). An Mauerfüßen, Wegen und Hecken.
▽ Durch Umgestaltungen in den Dörfern zurückgehend (V).

Balloto-Malvetum sylvestris Gutte 1966 – Schwarznessel-Käsepappel-Gesellschaft
(Syn. Malvetum silvestris Todor et al. 1971)

A *Malva sylvestris* – Große Käsepappel, Wilde Malve
O *Ballota nigra* ssp. *nigra* – Schwarznessel
T *Hordeum murinum* – Mäuse-Gerste
T *Malva neglecta* – Weg-Malve
H *Galium aparine* – Kleb-Labkraut
H *Urtica dioica* – Große Brennnessel

Typische Gesellschaft der Dörfer und landwirtschaftlichen Anlagen, oft saumartig entwickelt, an Hausmauern, Zäunen. Winterannuelle oft vergesellschaftet (*Hordeum murinum, Bromus sterilis*), d.h. Arten der Sisymbrietea kommen vor. Von Süd- bis Norddeutschland verbreitet, wird im Westen vom Lamio-Ballotetum albae abgelöst.
▽ Durch zunehmende Verstädterung der Dörfer leicht im Rückgang (V).

Urtico urentis-Chenopodietum boni-henrici R. Tx. 1937 –
Gesellschaft des Guten Heinrich
(Syn. Chenopodio-Urticetum urentis Siss. in Westh. et al. 1946, Balloto nigrae-Chenopodietum boni-henrici Lohm. in R. Tx. 1950 p.p., Arctio-Chenopodietum boni-henrici Oberd. 1957, Chenopodio-Rumicetum obtusifolii Oberd. 1957, Chenopodietum boni-henrici Seybold et Th. Müller 1972)

A *Chenopodium bonus-henricus* (dom.) – Guter Heinrich
O *Ballota nigra* ssp. *nigra* – Schwarznessel
H *Aegopodium podagraria* – Giersch, Geißfuß
H *Rumex obtusifolius* – Stumpfblättriger Ampfer
H *Urtica dioica* (dom.) – Große Brennnessel

Klassische Dorfgesellschaft, die oft saumartig an Mauern von Gehöften, Misthaufen, Viehstallungen, Gartenzäunen ausgebildet ist. Ist typisch für den kollinen bis hochmontanen Bereich. Im Tiefland fehlt sie meist oder ist selten.
▽ Durch die Verstädterung der Dörfer im Tief- und Hügelland gefährdet 3, sonst noch verbreitet, aber zurückgehend (V).

Hyoscyamo-Conietum maculati Slavn. 1951 – Gesellschaft des Gefleckten Schierling
(Syn. Lamio-Conietum maculati Oberd. 1957, Conietum maculati Pop 1968)

A *Conium maculatum* (dom.) – Gefleckter Schierling
O *Ballota nigra* ssp. *nigra* – Schwarznessel
K *Artemisia vulgaris* – Gewöhnlicher Beifuß
K *Elytrigia repens* (= *Agropyron r.*) – Gewöhnliche Quecke
H *Lamium album* – Weiße Taubnessel
H *Galium aparine* – Kletten-Labkraut, Klebkraut

Typische Gesellschaft auf Ablagerungen organischen Materials (Mist, verrottetes Stroh, Müll). Häufig auf Absetzbecken der Zuckerindustrie, in Kläranlagen und auf Rieselfeldern. Verschiedentlich auch an Flussufern. Deutlich zweischichtige Bestände, oberste

Schicht von *Conium maculatum* gebildet. Darunter auch annuelle Arten. Häufigkeit der Gesellschaft nimmt von Süden und Südosten nach Nordwesten in Deutschland ab, in einzelnen Gebieten in Ausbreitung.
▽ Im Bergland gefährdet 3.

Cirsietum lanceolati-arvensis Morariu 1972 – Kratzdistel-Gesellschaft
(Syn. *Cirsium arvense-Cirsium vulgare*-Gesellschaft Th. Müller In Seybold et Th. Müller 1972, *Cirsium vulgare*-Gesellschaft Pass. 1984)

K *Cirsium vulgare* (=*Cirsium lanceolatum* (dom.)) – Lanzett-Kratzdistel
H *Cirsium arvense* – Acker-Kratzdistel
H *Urtica dioica* – Große Brennnessel

Die von den Kratzdisteln und der Brenn-Nessel dominierte Gesellschaft ist häufig auf Ackerbrachen zu finden und scheint die Klettengesellschaften im montanen Bereich zu ersetzen. Aus dem Gebiet liegen noch keine eingehenden Untersuchungen vor.
▽ Zur Häufigkeit und Gefährdung liegen noch keine ausreichenden Daten vor.

***Solidago canadensis*-Gesellschaft** – Kanadagoldruten-Gesellschaft

H *Solidago canadensis* (dom.) – Kanadische Goldrute
K *Artemisia vulgaris* – Gewöhnlicher Beifuß
H *Arrhenatherum elatius* – Glatthafer
H *Dactylis glomerata* – Gewöhnliches Knaulgras

Es handelt sich um eine Dominanzgesellschaft der namengebenden Art. Die anderen Arten sind nur beigesellt und oft durch die Konkurrenz der Goldrute geschwächt. Einzelne Polykormone von *Solidago canadensis* können sich auch in andere Artemisietea-Gesellschaften einnischen. In Ausbreitung.

***Erigeron annuus*-Gesellschaft** – Gesellschaft des Einjährigen Berufkrautes
(incl. Stenactini-Solidaginetum Oberd. 1957, *Erigeron annuus*-Gesellschaft Görs 1968)

H *Erigeron annuus* (dom.) – Einjähriges Berufkraut,Feinstrahl-Berufkraut
H *Arrhenatherum elatius* – Glatthafer
K *Artemisia vulgaris* – Gewöhnlicher Beifuß

Es handelt sich um eine Dominanzgesellschaft der namengebenden Art. Die Eigenständigkeit der Gesellschaft und ihre Zugehörigkeit zum Verband ist offen, eventuell auch zum Dauco-Melilotion. Angaben aus verschiedenen Teilen Deutschlands liegen vor, ein klarer Verbreitungsschwerpunkt ist bislang nicht erkennbar. Bestandesentwicklung unklar.

Agropyretalia repentis Oberd. et al. ex Th. Müll et Görs 1969 – Quecken-Rasen, ruderale Halbtrockenrasen

(Syn. Agropyretalia repentis Oberd. et al. 1967)

K/O *Elytrigia repens* (= *Agropyron r.*) – Gewöhnliche Quecke
H *Cerastium arvense* – Acker-Hornkraut
H *Convolvulus arvensis* – Ackerwinde
H *Equisetum arvense* – Acker-Schachtelhalm
H *Poa angustifolia* – Schmalblättriges Rispengras
H *Poa compressa* – Platthalm-Rispengras

Die Klasse umfasst Pionierrasengesellschaften auf trockenen oder wechseltrockenen Standorten, die meist nährstoffreich und lehmig bis tonig sind. Sie sind oft sehr artenarm und wenig durch spezifische Taxa charakterisiert. Es fehlen eigene Charakter- und Trennarten. Somit ist die Ordnung gegenüber der Klasse nur negativ gekennzeichnet. Die Gesellschaften stellen oft ein erstes oder zweites Sukzessionsstadium auf gestörten Flächen dar, die sich im Kontakt zu Wiesen, Trocken- und Halbtrockenrasen befinden. Auch bilden sie Übergangsbestände zwischen den genannten Vegetationseinheiten und Äckern, Öd- und Brachlandflächen. Es dominiert meist nur eine Grasart (*Elytrigia repens*). Viele Arten in den Beständen haben die Fähigkeit zur vegetativen Ausbreitung (Rhizomgeophyten, Ausläuferpflanzen).

∇ Die meisten Gesellschaften der Ordnung sind sehr häufig und nicht gefährdet.

BT Halbruderale Qeucken-Trockenfluren (T 7.5.2)

Im Gebiet nur 1 Verband:

Convolvulo-Agropyrion repentis Görs 1966 – Quecken- und queckenreiche Halbtrockenrasen

Relativ heterogener Verband von ruderalen Rasen, die meistens durch die Dominanz einer konkurrenzkräftigen Grasart bestimmt werden.

BT Halbruderale Qeucken-Trockenfluren, mesophile Bestände (T 7.5.2.1)

1 *Petasites spurius* dominiert, Gesellschaft der Küsten (Dünen) und Flussufer großer Ströme in Norddeutschland **Petasitetum tomentosi** S. 400
1* *Petasites spurius* fehlt 2
2 *Tussilago farfara* dominiert **Agropyro repentis-Tussilaginetum farfarae** S. 400
2* *Tussilaga farfara* fehlt oder ist nur mit einzelnen Individuen vertreten 3
3 *Cardaria draba* tritt dominant oder subdominant auf **Lepido drabae-Agropyretum repentis** S. 400
3* *Cardaria draba* nicht dominant oder subdominant 4
4 *Falcaria vulgaris* kommt in den Beständen vor, daneben Arten der Halbtrockenrasen, *Elytrigia repens* dominiert **Falcario vulgaris-Agropyretum repentis** S. 400
4* Andere Artenzusammensetzung 5
5 Halbtrockenrasenarten sind typisch, besonders *Melica transsilvanica* **Melico transsilvanicae-Agropyretum repentis** S. 400
5* *Melica transsilvanica* fehlt 6
6 *Diplotaxis tenuifolia* charakterisiert die Bestände **Diplotaxidi tenuifoliae-Agropyretum repentis** S. 401
6* *Diplotaxis tenuifolia* fehlt 7
7 *Asparagus officinalis* und *Chondrilla juncea* charakterisieren die Bestände **Asparago officinalis-Chondrilletum junceae** S. 401
7* Andere Artenzusammensetzung 8
8 *Rumex thyrsiflorus* ist häufig, dazu einige Sandtrockenrasenarten, in einigen Beständen auch *Allium schoenoprasum* **Agropyro repentis-Rumicetum thyrsiflori** S. 401
8* Andere Artenzusammensetzung 9
9 *Rubus caesius* dominiert neben *Elytrigia repens* **Elymo repentis-Rubetum caesii** S. 401
9* Andere Artenzusammensetzung 10
10 *Elytrigia repens* dominiert, beigesellt sind nur wenige Ruderalarten der Sisymbrietea, einzelne Ackerunkräuter und ausdauernde Arten wie *Convolvulus arvensis*, Bestände gegenüber den anderen Assoziationen nur negativ charakterisiert **Convolvulo arvensis-Agropyretum repentis** S. 402
10* *Elytrigia repens* dominiert nicht, andere Gräser dominieren 11
11 *Calamagrostis epigejos* dominiert **Rubo-Calamagrostietm epigeji** S. 402
11* *Calamagrostis epigejos* dominiert nicht 12
12 *Poa pratensis* und *P. compressa* dominieren **Poetum ancipiti-compressae** S. 402
12* *Bromus inermis* dominiert, daneben *Elytrigia repens* **Convolvulo-Brometum inermis** S. 402

Petasitetum tomentosi Steffen 1931 – Filzpestwurz-Gesellschaft
(Syn. Saponario officinalis-Petasitetum spurii Pass. ex Walther 1977; incl. *Petasites spurius-Saponaria alluvionalis*-[Onopordon acanthii]-Gesellschaft Pass. 1964)

A *Petasites spurius* (= *P. tomentosus*) – Filzige Pestwurz
H *Saponaria officinalis* – Gewöhnliches Seifenkraut

Die Bestände der Gesellschaft siedeln auf sommerwarmen, trockenen, kiesigen Standorten im Bereich der Dünengesellschaften des Ammophilion und an den sandigen Ufern der großen Flüsse (Elbe, Havel, Spree, Oder) Ostdeutschlands. Eine Angliederung an das Ammophilion scheint möglich zu sein.
▽ Gefährdungssituation unklar G, *.

Agropyro repentis-Tussilaginetum farfarae Pass. 1989 – Quecken-Huflattich-Gesellschaft
(non Poo-Tussilaginetum farfarae R. Tx. 1931)

T *Tussilago farfara* (dom.) – Huflattich

Im Unterschied zum Poo-Tussilaginetum fehlen die Dauco-Melilotion-Arten *wie Melilotus albus, M. officinalis* und andere. Es dominiert *Tussilago farfara*, weitere wichtige Arten sind *Elytrigia repens*, *Convolvulus arvensis* und *Equisetum arvense*.

Die Gesellschaft siedelt auf Aufschüttungen, Brachen. Sie ist überall in Deutschland häufig. Der Assoziationsrang ist umstritten.

Lepidio drabae-Agroyretum repentis Th. Müller et Görs 1969 – Pfeilkressen-Quecken-Pionierrasen
(Syn. Cardario-Agropyretum sensu auct.; non Lepidietum drabae Timár 1950)

A *Cardaria draba* (= *Lepidium draba*) (dom.) – Pfeilkresse
K *Elytrigia repens* (= *Agropyron r.*) – Gewöhnliche Quecke
H *Convolvulus arvensis* – Ackerwinde

Die sich durch Wurzelausläufer schnell ausbreitende Pfeilkresse bestimmt das Bild der Gesellschaft. Sie siedelt an Straßen- und Bahnböschungen, auf Baustellen und Ödland. Sie ist auf die wärmsten und trockensten Gebiete konzentriert. Breitet sich in der letzten Zeit aber auch darüber hinaus in ganz Deutschland aus.

Falcario vulgaris-Agropyretum repentis Th. Müller et Görs 1969 – Sichelmöhren-Quecken-Rasen

A *Falcaria vulgaris* – Sichelmöhre
K *Elytrigia repens* (= *Agropyron repens*) – Gewöhnliche Quecke
H *Achillea millefolium* – Gewöhnliche Schafgarbe
H *Eryngium campestre* – Feld-Mannstreu

Diese Gesellschaft ist geprägt von halbruderalen Halbtrockenrasenarten. Sie konzentriert sich auf die wärmsten und trockensten Gebiete Süd- und Mitteldeutschlands. Bevorzugt werden Lößböden besiedelt. Sehr häufige Ackerrandgesellschaft.

Melico transsilvanicae-Agropyretum repentis Th. Müller in Görs 1966 – Siebenbürger Perlgras-Gesellschaft
(Syn. Agropyro-Lactucetum Serglhuber 1974, Agropyro-Lactucetum Serglhuber in Hübl et Holzner 1977)

A *Melica transsilvanica* (dom.) – Siebenbürgener Perlggras
K *Elytrigia repens* (= *Agropyron r.*) – Gewöhnliche Quecke
H *Poa angustifolia* – Schmalblättriges Rispengras

Die namengebenden Arten der Gesellschaft prägen die Bestände. Sie kommen auf Löß- und Kalkböden vor und stehen meist im Kontakt zu thermophilen und z.T. nitrophilen Gebüschen. Der Verbreitungsschwerpunkt der Gesellschaft liegt in Süd- und Mitteldeutschland (Thüringen und Sachsen-Anhalt). In den anderen Teilen Deutschlands ist die Gesellschaft selten.

▽ Durch Eutrophierung leicht gefährdet, selten R, *.

Diplotaxidi tenuifoliae-Agropyretum repentis Phil. in Th. Müller et Görs 1969 – Doppelsame-Quecken-Rasen

(Syn. Chondrillo-Agropyretum Phil. in Oberd. et al. 1967)

F *Diplotaxis tenuifolia* (dom.) – Schmalblättriger Doppelsame
K *Elytrigia repens* (= *Agropyron r.*) – Gewöhnliche Quecke
T *Chondrilla juncea* – Knorpellattich
T *Euphorbia cyparissias* – Zypressen-Wolfsmilch
H *Convolvulus arvensis* – Ackerwinde
H *Poa angustifolia* – Schmalblättriges Rispengras

Thermophile, auf Löß vorkommende Bestände mit Arten der Halbtrockenrasen und der Onopordetalia. Der Schwerpunkt der Vorkommen liegt in Süddeutschland.

Asparago officinalis-Chondrilletum junceae Pass. 1978 – Spargel-Knorpellattich-Gesellschaft

A *Asparagus officinalis* – Spargel
A *Chondrilla juncea* – Knorpellattich
K *Elytrigia repens* (= *Agropyron r.*) – Gewöhnliche Quecke

Kontinental verbreitete Ruderalgesellschaft auf Sandbrachen. Vikariante des Diplotaxidi-Agropyretum repentis. Neben den namengebenden Arten kommen Sandpionierarten vor.

Der Verbreitungsschwerpunkt der Gesellschaft liegt in Mecklenburg, Brandenburg und Sachsen-Anhalt. Vorkommen auch aus Niedersachsen, Sachsen und Thüringen bekannt.

Agropyro repentis-Rumicetum thyrsiflori Pass.1989 – Quecken-Rispensauerampfer-Gesellschaft

(incl. Rumici thyrsiflori-Allietum schoenoprasi Pass. 1989)

A *Rumex thyrsiflorus* (dom.) – Rispen-Sauerampfer
K *Elytrigia repens* (= *Agropyron r.*) – Gewöhnliche Quecke

Ruderalgesellschaft auf sandig-lehmigen Böden. Zum Teil in den großen Flussauen, auf Dämmen und Sandbänken. In den Flussgebieten häufig mit Schnittlauch (*Allium schoenoprasum*). Es dominiert der Rispen-Sauerampfer, häufig können auch Arten der Sandtrockenrasen vorkommen. Verbreitung in Deutschland bisher ungenügend bekannt. Schwerpunkt: Mecklenburg-Vorpommern und Brandenburg.

Elymo repentis-Rubetum caesii Dengler 1997

(incl. Groupement à *Rubus caesius* [Convolvulion sepii] Géhu et al. 1972, *Rubus caesius*-[Galio-Calystegietalia sepium]-Gesellschaft Dierschke 1974, Dg. *Rubus caesius*-[Galio-Urticetea/Arrhenatheretalia] Kopecký et Hejný 1990, *Rubus caesius*-[Trifolion medii]-Gesellschaft Dengler 1994 p.p.)

A *Rubus caesius* – Kratzbeere
T *Agrimonia eupatoria* – Kleiner Odermennig
T *Galium aparine* – Kletten-Labkraut, Klebkraut

Bestände der Kratzbeere auf brachgefallenen Wiesen, Eisenbahn-, Straßen- und Wegböschungen, nicht zu nassen Grabenrändern, Lesesteinhaufen, Gebüsch- und Waldsäumen. Die Gesellschaft ist wahrscheinlich subkontinental verbreitet. Aufgrund der ungenügenden Bearbeitung der *Rubus caesius*-Bestände in Deutschland sind Verbreitungsangaben derzeit kaum möglich. Gesellschaft scheint sich auf Brachen auszubreiten.

Convolvulo repentis-Agropyretum repentis Felf. 1943 – Quecken-Rasen
(Syn. Agropyretum repentis Felf. 1942)

K *Elytrigia repens* (= *Agropyron r.*) (dom.) – Gewöhnliche Quecke
H *Convolvulus arvensis* – Ackerwinde

Sehr artenarme, hauptsächlich von *Elytrigia repens* bestimmte Gesellschaft. Häufig an Ackerrändern und auf Brach- und Ödland. Sie kann als Zentralgesellschaft der Klasse bewertet werden, da hier die typischen Arten der Klasse vorkommen. Gegenüber den anderen Assoziationen der Klasse ist diese Gesellschaft nur negativ gekennzeichnet. In Ausbreitung.

Rubo-Calamagrostietum epigeji Coste (1974) 1975 –
Gesellschaft des Land-Reitgrases
(Syn. Ruderale *Calamagrostis epigejos*-[Convolvulo-Agropyrion repentis]-Bestände Brandes 1986, *Calamagrostis epigejos*-[Agropyretalia repentis]-Gesellschaft Muc. 1993, *Calamagrostis epigejos*-[Onopordetalia]-Gesellschaft Muc. 1993, *Calamagrostis epigejos-Galium verum*-[Festucion valesiacae]-Gesellschaft Muc. 1993 p. p., *Calamagrostis epigejos*-[Convolvulo-Agropyrion repentis]-Gesellschaft Dengler 1994; non Calamagrostietum epigeji Jurasz. 1928, vgl. Epilobietea, S. 168)

A *Calamagrostis epigejos* (dom.) – Land-Reitgras
K *Elytrigia repens* (= *Agropyron r.*)- Gewöhnliche Quecke

Dominanzbestände des Landreitgrases auf ruderalen Standorten, wie Öd- und Brachland, Bergbaufolgeflächen, Deponien usw., nicht in oder am Rande von Waldgebieten! Es fehlen typische Waldschlagarten, deshalb keine Epilobietea-Gesellschaft. Es gibt auch Bestände mit Onopordetalia-Arten, die zu dieser Ordnung überleiten. Die Bestände *von Calamagrostis epigejos* sind bislang nicht genügend untersucht worden (vgl. aber Dengler 1997). Starke Ausbreitungstendenz.

Poetum ancipiti-compressae Bornk. 1974 –
Wiesen-Rispen-Platthalm-Rispengras-Gesellschaft

A *Poa compressa* – Platthalm-Rispengras
H *Poa pratensis* agg., meist *P. angustifolia* – Wiesen-Rispengras, Schmalblättriges Rispengras
H *Hypericum perforatum* – Tüpfel-Hartheu

Typische Gesellschaft trockener Standorte der Hafen-, Bahn- und Straßenanlagen, auch am Fuss von Zäunen, auf nicht benutzten, gepflasterten Wegen und Plätzen, auf denen schon eine geringe Humusanreicherung zu erkennen ist.

Im Gebiet weit verbreitet, aber bislang zu wenig beachtet und belegt.

Convolvulo arvensis-Brometum inermis Eliáš 1979 – Rasen der Wehrlosen Trespe

A *Bromus inermis* – Wehrlose Trespe
K *Elytrigia repens* (= *Agropyron r.*) – Gewöhnliche Quecke

Die Gesellschaft wird von Dominanzbeständen von *Bromus inermis* bestimmt. Hinzu treten einige Wiesen-Gräser und weit verbreitete ubiquitäre Arten. Häufig in kontinentalen Lößgebieten, in anderen Gebieten sich auch stark ausbreitend. Typische Gesellschaft von Weg- und Straßenrändern und Brachen.

13.6 **Stellarietea mediae** (Br.-Bl. 1921) R. Tx., Lohm. et Prsg. 1950 em. Schub. 1995 – Vogelmieren-Ackerunkraut-Gesellschaften

(Syn. Violenea arvensis Hüppe et Hofmeister 1990; incl. Chenopodietea Br.-Bl. in Br.-Bl. et al. 1952 p. p.)

K *Viola arvensis* – Feld-Stiefmütterchen
K *Fallopia convolvulus* – Winden-Knöterich
K *Myosotis arvensis* – Acker-Vergissmeinnicht
K *Lamium purpureum* – Purpurrote Taubnessel
K *Lamium amplexicaule* – Stängelumfassende Taubnessel
K *Anagallis arvensis* – Acker-Gauchheil
K *Polygonum persicaria* – Floh-Knöterich

Ackerunkrautgesellschaften, die an einen jährlich ein- bis mehrmaligen Umbruch, mechanische Pflegemaßnahmen, Düngung, Unkrautbekämpfung und andere Kulturmaßnahmen angepasst sind. Sowohl auf Halm- und Hackfruchtäckern, in Gärten und Weinbergen entstandenen Pflanzengemeinschaften, die sich in Abhängigkeit von den jeweiligen Anbaumethoden und den damit verbundenen Standortsveränderungen seit vorgeschichtlicher Zeit bis in die Gegenwart mehrfach geändert haben. Nivellierung der Standorte, Herbizideinsatz, Düngung, eingeengter Fruchtwechsel, verbesserte Saatgutreinigung und die Aufgabe von alten Kulturpflanzen prägen die heutigen Bestände. So sind die speziellen Leinunkrautgesellschaften, die früher in einer eigenen Ordnung, den Lolio remotae-Linetalia J. et R. Tx. in Lohm. et al. 1962, zusammengefasst wurden, trotz noch vorhandenen Leinanbaus nicht mehr anzutreffen. In den agrarisch intensiv genutzten Gebieten haben sich sowohl in Halm- als auch in Hackfruchtkulturen wenigartige Ackerwildkrautbestände mit meist weit verbreiteten, chemisch und mechanisch schwer bekämpfbaren Arten herausgebildet, die in ihrer uniformen Struktur Ausdruck des heutigen Intensivlandbaues sind. Bei der Bestimmung der Assoziationen wird man deshalb häufig bei den höheren Vegetationseinheiten stehen bleiben müssen, da man nur Fragmente der einstigen Unkrautgesellschaften antrifft. Es sei denn, man gelangt zu den neuen, artenarmen Pflanzengemeinschaften der Intensiväcker.

Die Ackerunkrautgesellschaften sind durch all diese Faktoren so eigenständig, dass sie nicht nur als Unterklasse, sondern als eigene Vegetationsklasse angesehen und von den ruderalen, einjährigen Pflanzengesellschaften getrennt werden sollten.
BT Ackerbeikrautfluren (T 9.1)

1 Winter- und Sommerfruchtkulturen auf Kalkverwitterungsböden und basenreichen Lehm- und Tonböden (»Mohnäcker«) mit *Papaver rhoeas, Sinapis arvensis* und *Veronica persica* **Secalietalia** S. 403

1* Winter- und Sommerfruchtkulturen auf basenarmen Böden (»Kornblumenäcker«) mit *Spergula arvensis, Scleranthus annuus* und *Raphanus raphanistrum* **Spergularietalia arvensis** S. 409

Secalietalia Br.-Bl. 1936 – Klatschmohn-Gesellschaften

(Syn. Papaveretalia rhoeadis Hüppe et Hoffm. 1990)

O *Papaver rhoeas* – Klatsch-Mohn
O *Sinapis arvensis* – Acker-Senf
O *Veronica persica* – Persischer Ehrenpreis

O *Thlaspi arvense* – Acker-Hellerkraut
O *Avena fatua* – Flug-Hafer
O *Aethusa cynapium* – Hundspetersilie
O *Veronica polita* – Glanz-Ehrenpreis

Ackerunkrautgesellschaften der Halm- und Hackfruchtäcker, der Weinberge und Gärten auf Kalkverwitterungsböden sowie basenreichen Lehm- und Tonböden (»Mohnäcker«).
BT Kalkreiche Lehmäcker (Mohnäcker) (T 9.1.2)

1 Ackerunkrautgesellschaften auf Kalkverwitterungsböden und basenreichen tiefgründigen Lehmböden mit *Euphorbia exigua, Consolida regalis* und *Lathyrus tuberosus* **Caucalidion platycarpi** S. 404
1* Ackerunkrautgesellschaften der Intensivhackfrüchte und Gärten auf nährstoff- und basenreichen Lehm- und Tonböden, mit *Euphorbia peplus, Mercurialis annua* und *Galinsoga ciliata* **Veronico-Euphorbion** S. 407.

Caucalidion platycarpi (R. Tx. 1950) v. Rochow 1951 – Haftdolden-Gesellschaften

V *Euphorbia exigua* – Kleine Wolfsmilch
V *Sherardia arvensis* – Ackerröte
V *Lathyrus tuberosus* – Knollen-Platterbse
V *Consolida regalis* – Feld-Rittersporn
V *Buglossoides arvensis* – Acker-Steinsame
V *Anagallis foemina* – Blauer Gauchheil
V *Kickxia spuria* – Eiblättriges Tännelkraut
V *Kickxia elatine* – Spießblättriges Tännelkraut
V *Caucalis platycarpos* – Acker-Haftdolde
V *Legusia speculum-veneris* – Echter Frauenspiegel
V *Silene noctiflora* (= *Melandrium noctiflorum*) – Acker-Leimkraut
V *Neslia paniculata* – Finkensame

Basiphile Haftdoldengesellschaften sind vorwiegend auf Kalkverwitterungsböden, Schwarzerden und anderen basenreichen Bodenbildungen, auf Löß, Geschiebe- und Auenlehmböden, sowie Kalklehmen der Kipprohböden des Braunkohlentagebaues zu finden. Ihre Bestände sind auf skelettreichen Böden oft aufgegeben worden oder sie sind auf besten Ackerböden der Schwarzerden durch die intensive Bewirtschaftung der Flächen zu uniformen, arten- und individuenarmen Beständen umgewandelt worden.
▽ Aufgrund des Rückganges gut ausgebildeter Bestände verdient ein Teil der Gesellschaften einen gezielten Naturschutz. Neben Ackerwildkraut-Reservaten können ungespritzte und ungedüngte Ackerrandstreifen zur Erhaltung beitragen.
BT Halmfrucht-Kalkäcker (T 9.1.2.2)

1 Bestände mit *Lathyrus aphaca* **Apero-Lathyretum aphacae** S. 405
1* Bestände ohne *Lathyrus aphaca* 2
2 Bestände mit *Iberis amara* und *Bunium bulbocastanum* **Adonido-Iberidetum amarae** S. 405
2* Bestände ohne die genannten Arten 3
3 Wärmeliebende Ackerunkrautbestände auf skelettreichen, trockenen Kalkverwitterungsböden, mit *Adonis aestivalis, Conringia orientalis* **Caucalido daucoidis-Scandicetum pectinis-veneris** S. 405
3* Bestände ohne die genannten Arten 4
4 Bestände in wenig bearbeiteten, nicht gedüngten Pfingstrosenkulturen auf flachgründigem Muschelkalk, mit *Physalis alkekengi* und *Teucrium botrys* **Physalo alkekengi-Campanuletum rapunculoidis** S. 406
4* Bestände ohne die genannten Arten, nicht in Pfingstrosenkulturen. 5

5 Bestände auf ± tiefgründigen Lehmböden, mit *Silene noctiflora* und *Euphorbia exigua* **Euphorbio exiguae-Melandrietum noctiflori** S. 406
5* Bestände ohne die genannten Arten, wenigartig und nur mit wenigen weiter verbreiteten Arten **Stellario mediae-Papaveretum rhoeadis** S. 406

Apero-Lathyretum aphacae R.Tx. et v. Rochow 1951 nom. inv. Oberd. 1983 – Rankenplatterbsen-Gesellschaft

A *Lathyrus aphaca* – Ranken-Platterbse
V *Legousia speculum-veneris* – Echter Frauenspiegel
V *Sherardia arvensis* – Ackerröte
V *Kickxia spuria* – Eiblättriges Tännelkraut
V *Kickxia elatine* – Spießblättriges Tännelkraut
T *Apera spica-venti* – Windhalm

Auf sommerlich stark austrocknenden, basenreichen Lehm- und Tonböden im Südwesten Deutschlands (Oberrheinisches Hügelland, Rheinniederung oberhalb Mannheim, Kraichgau). Teilweise als Ausbildung mit Säurezeigern in Caucalido-Scandicetum oder Euphorbio-Melandrietum eingegliedert.
▽ Stark gefährdet (2), §.

Adonido-Iberidetum amarae (All. 1922) R. Tx. 1950 – Adonisröschen-Schleifenblumen-Gesellschaft

A *Iberis amara* – Bittere Schleifenblume
A *Bunium bulbocastanum* – Echter Knollenkümmel
V *Caucalis platycarpos* – Acker-Haftdolde
V *Kickxia spuria* – Eiblättriges Tännelkraut
V *Euphorbia exigua* – Kleine Wolfsmilch

Auf skelettreichen, tonigen, basenreichen Böden im Saar- und Moselgebiet.
▽ Selten, sehr stark gefährdet, wohl bereits verschollen, D, §.

Caucalido daucoidis-Scandicetum pectinis-veneris R. Tx. 1937 – Haftdolden-Venuskamm-Gesellschaft
(Syn. Caucalido-Adonidetum flammae R. Tx. 1950; incl. Galio-Adonidetum Schub. et Köhl.1964, Sedo-Neslietum paniculatae Oberd. 1957 p. p.)

A *Adonis aestivalis* – Sommer-Adonisröschen
A *Adonis flammea* – Flammen-Adonisröschen
A *Turgenia latifolia* (= *Caucalis latifolia*) – Turgenie
V *Caucalis platycarpos* – Acker-Haftdolde
A *Conringia orientalis* – Ackerkohl
A *Scandix pecten-veneris* – Venuskamm
A *Galium tricornutum* – Dreihörniges Labkraut
T *Galeopsis angustifolia* – Schmalblättriger Hohlzahn
A *Fumaria vaillantii* – Vaillants Erdrauch

Auf skelettreichen, flach- bis mittelgründigen Karbonatgesteins-Verwitterungsböden (Rendzinen), vor allem an Hangschultern und Plateaurändern und relativ steilen Hängen in bearbeitungstechnisch ungünstigen Lagen vom Oberrheingebiet über Neckargebiet, Schwäbische und Fränkische Alb, Hessen und Süd-Niedersachsen bis Eifel, Thüringen und Sachsen-Anhalt.
▽ Durch ackerbauliche Intensivierungsmaßnahmen kommt es zu Artenverarmung. Durch Düngung und Auflassen der meist nur extensiv zu bearbeitenden Flächen ist die Assoziation in starkem Rückgang begriffen. Die Kennarten *Turgenia latifolia* und *Adonis flammea* sind fast überhaupt nicht mehr anzutreffen. Durch Schaffung

von Ackerwildkraut-Reservaten mit extensiver Bewirtschaftung sollten die stark gefährdeten Reste dieser artenreichen Gesellschaft geschützt werden, stark gefährdet 2, gebietsweise vom Verschwinden bedroht 1, §.

Physalo alkekengi-Campanuletum rapunculoidis Hilb. 1963 –
Blasenkirschen-Ackerglockenblumen-Gesellschaft

A *Physalis alkekengi* – Blasenkirsche
T *Teucrium botrys* – Trauben-Gamander
T *Sanguisorba minor* – Kleiner Wiesenknopf
H *Campanula rapunculoides* – Acker-Glockenblume

In wenig bearbeiteten, nicht gedüngten Pfingstrosenkulturen auf flachgründigem Muschelkalk bei Jena.

▽ Sehr stark gefährdete Ackerflur einer Sonderkultur, nur durch deren Beibehaltung zu schützen, vom Verschwinden bedroht (1), §.

Euphorbio exiguae-Melandrietum noctiflorae G. Müller 1964 –
Gesellschaft der Kleinen Wolfsmilch und des Acker-Leimkrautes
(incl. Papaveri-Melandrietum Wassch.1941 p.p., Lathyro-Melandrietum noctiflori Oberd.1957, *Caucalis-Lathyrus tuberosus*-Gesellschaft Kuhn 1937 p.p., Sedo-Neslietum paniculatae Oberd. 1957, Thlaspio-Veronicetum politae Görs 1966, Kickxietum spuriae Krusem. et Vlieg. 1939)

V/A *Silene noctiflora* (= *Melandrium noctiflorum)* – Acker-Leimkraut
V *Euphorbia exigua* – Kleine Wolfsmilch
V *Lathyrus tuberosus* – Knollen-Platterbse
V *Neslia paniculata* – Finkensame
V *Sherardia arvensis* – Ackerröte
O *Sinapis arvensis* – Acker-Senf
O *Veronica polita* – Glanz-Ehrenpreis

Früher sehr weit verbreitete basiphile Ackerunkrautgesellschaft vom Oberrheingebiet über Süddeutschland bis zu den Bördegebieten (Magdeburger, Köthener und Querfurter Ackerland), den Hügelländern der östlichen Harzumrandung (nordöstliches Harzvorland, Mansfelder Hügelland), dem thüringischen Kalk- und Keuperhügelland sowie den angrenzenden Flussauen reichend. Im Jungpleistozängebiet kommt die Gesellschaft in verarmter Form in der Uckermark und in den Randlagen des Oderbruches, in der Altmärker Wische, auf karbonatreichen Ackerstandorten im Raum Potsdam, auf der mittelmecklenburgischen Moränenplatte und im Oldenburger Raum vor. Die Böden sind im Untergrund meist kalkreiche, tief- bis mittelgründige Löß- und Lehm-Schwarzerden, Löß-Parabraunerden und Lehm-Braunerden. Sekundär auch auf Kalklehmen von Kippböden des Braunkohlentagebaues im sächsischen Lößlehmgebiet.

▽ Das Areal dieser früher weit verbreiteten Gesellschaft wird jetzt weitgehend von artenarmen Beständen eingenommen, die an die Intensivnutzung der Äcker angepasst sind. Gefährdete Reste dieser Assoziation sollten in Ackerwildkraut-Reservaten geschützt werden, gefährdet 3.

Stellario mediae-Papaveretum rhoeadis Schub.1989 –
Vogelmieren-Klatschmohn-Ackerunkrautgesellschaft
(Incl. *Stellaria media*-Ges. Hilb.1973)

O *Papaver rhoeas* – Klatsch-Mohn
H *Stellaria media* – Vogelmiere
O *Avena fatua* – Flug-Hafer
H *Tripleurospermum maritimum* – Geruchlose Kamille

H Matricaria discoidea – Strahlenlose Kamille
H *Galium aparine* – Kletten-Labkraut, Klebkraut

Gegenwärtig auf intensiv genutzten, basenreichen Böden die am weitesten verbreitete Ackerunkrautgesellschaft. Typisch für sie ist ihre Arten- und Individuenarmut. Diagnostisch wichtig ist das Fehlen aller bisher für die verschiedenen Assoziationen des Verbandes genannten Arten. Nur weiter verbreitete Arten des Verbandes, der Ordnung oder Klasse und stickstoffliebende Sippen kommen noch vor.

Veronico-Euphorbion Siss. ex Pass. 1964 – Erdrauch-Wolfsmilch-Intensivhackfrucht- und Gartenunkrautgesellschaften

(Syn. Fumario-Euphorbion Th. Müller in Görs 1966)

V *Chenopodium hybridum* – Unechter Gänsefuß
V *Euphorbia peplus* – Garten-Wolfsmilch
V *Fumaria officinalis* – Gewöhnlicher Erdrauch
V *Mercurialis annua* – Einjähriges Bingelkraut
V *Senecio vulgaris* – Gewöhnliches Greiskraut
V *Solanum nigrum* – Schwarzer Nachtschatten
H *Sonchus oleraceus* – Kohl-Gänsedistel

Auf basischen, nährstoffreichen, lehmigen Böden in Gärten, ortsnahen Gemüsekulturen sowie in Weinbergen. Im Wesentlichen das Areal des Caucalidion platycarpi einnehmend. Gute Bodengare, starke, häufige organische Düngung und zusätzliche Beregnung lassen vermehrt Stickstoff- und Garezeiger aufkommen. Auch Wärmekeimer haben hier ihr Optimum.
BT Nährstoffreiche Lehm- und Tonäcker (T 9.1.2.1).

1 Bestände mit *Geranium rotundifolium*, *Calendula arvensis*, *Allium vineale* und weiteren Frühjahrsgeophyten **Geranio-Allietum vinealis** S. 407
1* Bestände ohne die genannten Arten 2
2 Bestände durch das gehäufte Auftreten von *Mercurialis annua* und *Malva neglecta* ausgezeichnet **Mercurialetum annuae** S. 408
2* Bestände ohne gehäuftes Auftreten der genannten Arten 3
3 Bestände durch gehäuftes Auftreten von *Galinsoga ciliata, Euphorbia peplus* und *Senecio vulgaris* ausgezeichnet **Euphorbio-Galinsogetum ciliatae** S. 408
3* Bestände ohne gehäuftes Auftreten der genannten Arten 4
4 Bestände durch Auftreten von *Fumaria officinalis* und Fehlen von *Amaranthus retroflexus* und *Echinochloa crus-galli* ausgezeichnet **Thlaspio-Fumarietum officinalis** S. 408
4* Bestände sehr arten- und z. T. individuenarm, mit *Amaranthus chlorostachys* und *Echinochloa crus-galli*, auf Intensivhackfruchtäckern, Gemüsefeldern und Gärten **Amarantho-Chenopodietum albi** S. 409

Geranio-Allietum vinealis R. Tx. 1950 ex v. Rochow 1951 – Weinberglauch-Gesellschaft

A *Geranium rotundifolium* – Rundblättriger Storchschnabel
A *Allium vineale* – Weinberg-Lauch
A *Tulipa sylvestris* – Wilde Tulpe
A *Ornithogalum umbellatum* – Dolden-Milchstern
A *Muscari racemosum* – Weinberg-Träubel
T *Calendula arvensis* – Acker-Ringelblume
T *Torilis arvensis* – Feld-Klettenkerbel
T *Valerianella carinata* – Gekieltes Rapünzchen
T *Gagea pratensis* – Wiesen-Goldstern

Sehr wärmebedürftige Pflanzengesellschaft mit vielen Geophyten, deren Blütezeit im Frühling liegt. In wärmegetönten Weinbaugebieten von Südwestdeutschland bis Unterfranken in Rebkulturen.

▽ Durch Änderung der traditionellen Bewirtschaftung, durch Einsaat von Bodendeckern, meist Gräsern, und Mulchen oft nur noch fragmentarisch ausgebildet, im Gebiet um den Kaiserstuhl zurückgehend, aber ungefährdet, sonst stark gefährdet 2, §.

BT Weinberge (T 9.1.2.1.3)

Euphorbio peplidis-Galinsogetum ciliatae (Weinert 1956) Pass.1981 – Gattenwolfsmilch-Zottigknopfkraut-Gesellschaft

(incl. Setario-Veronicetum politae Oberd. 1957 p.p., Veronico politae-Lamietum hybridi Krusem. et Vlieg. 1939, Lamio-Veronicetum politae Kornaś 1950)

A *Galinsoga ciliata* (dom.) – Zottiges Knopfkraut
V *Euphorbia peplus* – Garten-Wolfsmilch
V *Senecio vulgaris* – Gewöhnliches Greiskraut
O *Veronica polita* – Glanz-Ehrenpreis
H *Thlaspi arvense* – Acker-Hellerkraut

Auf nährstoffreichen, mittelschweren Lehmböden von Bayern über Thüringen und Sachsen-Anhalt bis zum märkischen Moränengebiet in Intensivhackfruchtäckern und Hopfenkulturen.

Mercurialetum annuae Krusem. et Vlieg. 1939 – Bingelkraut-Gesellschaft

(incl. Digitario sanguinalis-Mercurialetum annuae R. Tx. 1950, Setario-Veronicetum politae Oberd. 1957 p.p., Setario-Fumarietum J. Tx. 1955 p.p., Amarantho-Fumarietum J. Tx. 1955, Setario verticillatae-Mercurialetum v. Rochow 1948 p.p., Setario viridis-Mercurialetum Hügin 1956, Veronico-Fumarietum J. Tx. 1955 p.p.)

V *Mercurialis annua* – Einjähriges Bingelkraut
V *Euphorbia peplus* – Garten-Wolfsmilch
V *Solanum nigrum* – Schwarzer Nachtschatten
V *Senecio vulgaris* – Gewöhnliches Greiskraut

Vor allem in Gärten und Weinbergen, aber auch auf Intensivhackfruchtäckern im Bereich niederschlagsarmer Landschaften des Hügellandes und der Börden auf basen- und nährstoff- sowie stickstoffreichen Lehmböden, vor allem in Süd- und Mitteldeutschland. Durch das vermehrte Auftreten von Arten mit hohen Anforderungen an Stickstoffversorgung, Bodengare und Wärmehaushalt ausgezeichnet.

BT Bingelkrautfluren (T 9.1.2.1.2)

Thlaspio-Fumarietum officinalis Görs in Oberd. et al. 1967 ex Pass. et Jurko 1975 – Hellerkraut-Erdrauch-Gesellschaft

(Syn. Fumarietum Oberd. 1957 p.p., Veronico agrestis-Fumarietum R. Tx. et Lohm. 1949; incl. Soncho-Veronicetum agrestis Br.-Bl. 1948 em. Th. Müller et Oberd. in Oberd. 1983)

V *Fumaria officinalis* – Gewöhnlicher Erdrauch
O *Veronica persica* – Persischer Ehrenpreis
O *Thlaspi arvense* – Acker-Hellerkraut
H *Sonchus asper* – Raue Gänsedistel
H *Galinsoga parviflora* – Kleinblütiges Knopfkraut

Auf basenreichen aber kalkarmen, frischen, humosen, neutralen bis schwach sauren Lehm- und Tonböden sowie Lößlehmen, seltener auch auf Torfböden. Auf ackerbaulichen Optimalstandorten vom Tief- bis zum Bergland verbreitet, häufig in Gärten.

▽ Im Rückgang V.

Amarantho-Chenopodietum albi Schub. 1989 – Amarant-Gänsefuß-Gesellschaft

T *Amaranthus retroflexus* – Zurückgebogener Amarant
T *Amaranthus chlorostachys* – Grünähriger Amarant
H *Echinochloa crus-galli* – Hühnerhirse
H *Chenopodium album* – Weißer Gänsefuß

Artenarme Ackerunkrautgesellschaft, die sich vorwiegend aus schwer bekämpfbaren, stickstoffliebenden Arten zusammensetzt, die individuenarme und -reiche, dichte Bestände aufweisen können. Auf Intensivhackfruchtäckern, Gemüse- und Maisfeldern, Gärten, auf basenreichen, lehmigen, aber auch sandigen Böden, vom Tief- bis zum Bergland sich zunehmend ausbreitend.

Spergularietalia arvensis Hüppe et Hofmeister 1990 – Ackerspergel-Gesellschaften

(Syn. Centauretalia cyani R. Tx. 1950 p. p., Polygono-Chenopodietalia p. p.; incl. Aperetalia spicae-venti [R. Tx. 1950] J. et R. Tx. in Mal.-Bel. et al. 1960)

O *Spergula arvensis* – Acker-Spergel
O *Scleranthus annuus* – Einjähriger Knäuel
O *Raphanus raphanistrum* – Hederich
O *Rumex acetosella* – Kleiner Sauerampfer
O *Anthemis arvensis* – Acker-Hundskamille
O *Arabidopsis thaliana* – Acker-Schmalwand

Ackerunkraut-Gesellschaften auf basenarmen Böden sowohl in Winter- als auch in Sommerfruchtkulturen (»Kornblumenäcker, Hederichäcker«). Azidophile Arten herrschen vor.
BT Kalkarme Lehmäcker (Kornblumenäcker) (T 9.1.1).

1 Ackerunkrautgesellschaften mit *Apera spica-venti, Centaurea cyanus* und *Vicia hirsuta*, vorwiegend in Halmfruchtäckern oder auf wenig intensiv bearbeiteten Hackfruchtäckern **Aperion spicae-venti** S. 409
1* Ackerunkrautgesellschaften der Intensivhackfruchtäcker und Gärten, die genannten Arten fehlen oder sind nur sehr selten 2
2 Bestände auf sommerwarmen, trockenen Sand- und Sandlehmböden, mit *Galinsoga parviflora, Setaria viridis, Echinochloa crus-galli* und *Digitaria ischaemum* **Panico-Setarion** S. 413
2* Bestände auf frischen bis feuchten Lehmböden, mit *Oxalis fontana, Chenopodium polyspermum* und *Galeopsis speciosa* **Spergulo-Oxalidion** S. 414

Aperion spicae-venti R.Tx. in Oberd. 1949 – Azidophile Windhalm-Gesellschaften

(incl. Arnoserion [Malc., J. et R. Tx. 1960] Oberd. 1983, Aphanion J. et R. Tx. in Mal.-Bel. et al. 1960)

V *Apera spica-venti* – Windhalm
V *Vicia hirsuta* – Rauhaar-Wicke
V *Vicia tetrasperma* – Viersamige Wicke
V *Centaurea cyanus* – Kornblume
V *Veronica arvensis* – Feld-Ehrenpreis
K *Myosotis arvensis* – Acker-Vergissmeinnicht

Ackerunkrautgesellschaften mit Verbreitungsschwerpunkt in Halmfrüchten, aber auch in Hackfrüchten, auf sauren, lehmigen bis sandigen Böden. Azidophile Arten überwiegen. Vom Flachland bis ins Bergland in den höchstgelegenen Ackerstandorten verbreitet.

BT (Sub)atlantische Windhalmäcker (T 9.1.1.1).

1 Bestände auf stark sauren, nährstoffarmen Sandböden, mit *Arnoseris minima, Teesdalia nudicaulis* und *Hypochoeris glabra* **Teesdalio-Arnoseridetum** S. 410
1* Bestände ohne die genannten Arten 2
2 Bestände der Äcker höherer Lagen der Mittelgebirge, mit *Viola tricolor, Holcus mollis* und *Alchemilla vulgaris* **Holco-Galeopsietum** S. 410
2* Bestände ohne die genannten Arten, nicht in höheren Lagen der Mittelgebirge 3
3 Bestände bevorzugt auf leichteren, sauren Sanden, mit *Papaver argemone, Veronica triphyllos* und *Myosotis stricta* **Papaveretum argemones** S. 411
3* Bestände ohne die genannten Arten, bevorzugt auf lehmigen Böden 4
4 Bestände mit *Aphanes arvensis* und *Matricaria recutita* **Aphano-Matricarietum chamomillae** S. 413
4* Arten- und individuenarme Bestände intensiv genutzter Äcker, vor allem mit schwer bekämpfbaren und stickstoffliebenden Arten wie *Apera spica-venti, Tripleurospermum maritimum, Stellaria media, Elytrigia repens, Galium aparine* und *Matricaria discoidea* **Stellario-Aperetum spica-venti** S. 413

Teesdalio-Arnoseridetum minimae (Malc. 1929) R. Tx. 1937 – Bauernsenf-Lämmersalat-Gesellschaft
(Syn. Sclerantho-Arnoseridetum minimae R. Tx. 1937)

A *Arnoseris minima* – Lämmersalat
A *Hypochoeris glabra* – Kahles Ferkelkraut
A *Teesdalia nudicaulis* – Bauernsenf
A *Aphanes microcarpa* – Kleinfrüchtiger Ackerfrauenmantel
A *Anthoxanthum aristatum* – Grannen-Ruchgras

Auf nährstoffarmen, leichten, stark sauren Sandböden in verschiedenen geographischen Rassen in Alt- und Jungpleistozängebieten und Sandsteingebieten Thüringens und Frankens sowie im Oberrheingebiet und Pfälzer Wald. Durch Eutrophierung ist die Gesellschaft vor allem im süd- und mitteldeutschen Raum in andere Assoziationen des Verbandes überführt worden.
▽ Durch Düngung und Auflassung der Äcker sehr selten geworden, durch extensiven Ackerbau ohne Düngung und Kalkung kann sie erhalten werden. Stark gefährdet 2, im Bergland vom Verschwinden bedroht 1, §.
BT Lämmersalatäcker (T 9.1.1.1.1)

Holco-Galeopsietum Hilb. 1967 – Honiggras-Hohlzahn-Gesellschaft
(Syn. Galeopsio-Aphanetum arvensis [Oberd. 1957] Meisel 1962 p.p., Spergulo-Scleranthetum annui [Kuhn 1937] Wilm. 1956 p.p.)

T *Holcus mollis* – Weiches Honiggras
T *Alchemilla vulgaris* – Gewöhnlicher Frauenmantel
T *Viola tricolor* – Wildes Stiefmütterchen
H *Galeopsis tetrahit* – Stechender Hohlzahn
H *Galeopsis bifida* – Kleinblütiger Hohlzahn
H *Lapsana communis* – Gewöhnlicher Rainkohl

Auf Berglehm-Braunerden mittlerer Trophiestufe und stark saurem pH-Wert. Beschränkt auf die höheren Lagen der Mittelgebirge (über 400 m NN).
▽ Durch Auflassen der Äcker, aber auch durch Intensivierung selten geworden. Gefährdet 3, §.

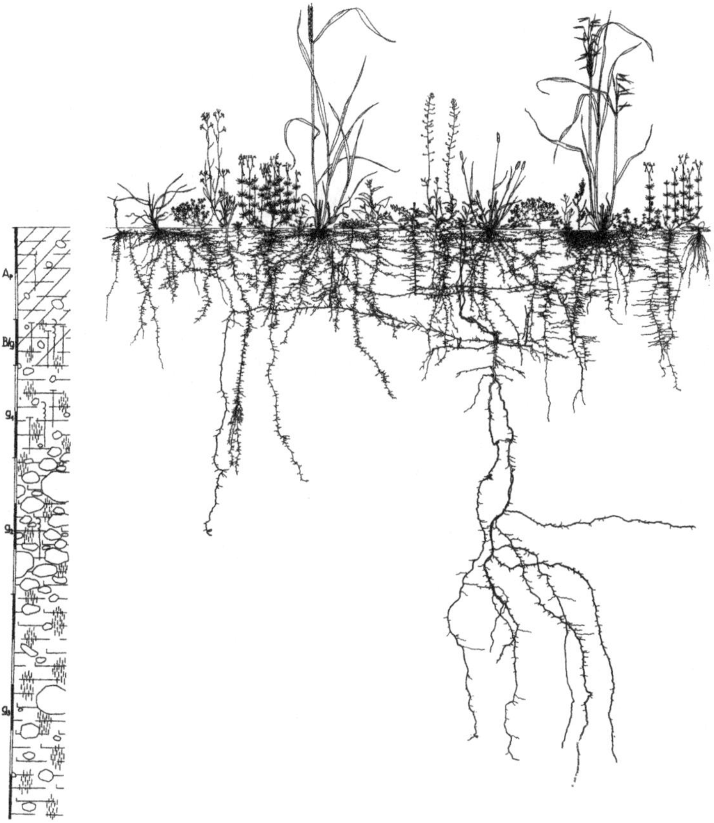

Abb. 42. Halbschematisches Vegetationsprofil der Ackerfrauenmantel-Kamillen-Gesellschaft (Aphano-Matricarietum scleranthetosum/typ. Variante). Nach WIEDENROTH & MÖRCHEN 1964, aus SCHUBERT et al. 1995. Reihenfolge der Arten (oberirdische Triebe bzw. Ausläuferenden und Wurzelsprosse) von links nach rechts: *Elytrigia repens, Scleranthus annuus, Raphanus raphanistrum, Gnaphalium uliginosum, Spergula arvensis, Spergularia rubra, Triticum aestivum, Rumex acetosella, Fallopia convolvulus, Cirsium arvense, Capsella bursa-pastoris, Convolvulus arvensis, Setaria glauca, Scleranthus annuus, Arabidopsis thaliana, Chenopodium album, Avena sativa, Stellaria media, Spergula arvensis, Plantago intermedia.*

Papaveretum argemones (Libb.1932) Krusem. et Vlieg 1939 em. Schub. 1989 – Sandmohn-Gesellschaft

(Syn. Aphano-Matricarietum chamomillae R. Tx. 1937 p.p., Filagini-Aperetum Oberd. 1957; incl. Lycopsietum arvensis Raabe 1944 ex Pass. 1964 em. Th. Müller et Oberd. in Oberd. 1983 p.p.)

A *Papaver argemone* – Sand-Mohn
A *Papaver dubium* – Saat-Mohn
A *Veronica triphyllos* – Dreiteiliger Ehrenpreis

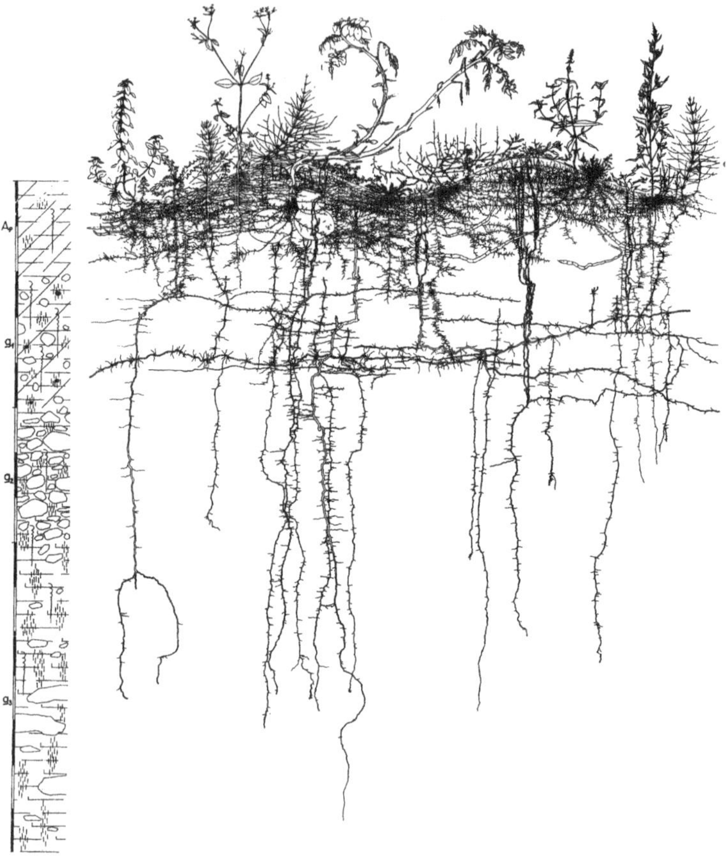

Abb. 43. Halbschematisches Vegetationsprofil der Ackerfrauenmantel-Kamillen-Gesellschaft (Aphano-Matricarietum typicum/*Mentha arvensis*-Variante).). Nach WIEDENROTH & MÖRCHEN 1964, aus SCHUBERT et al. 1995. Reihenfolge der Arten von links nach rechts: *Juncus bufonius, Mentha arvensis, Cirsium arvense, Equisetum arvense, Galinsoga ciliata, Equisetum arvense, Solanum tuberosum, Convolvulus arvensis, Stellaria media, Matricaria maritima, Convolvulus arvensis, Stachys palustris, Poa annua, Convolvulus arvensis, Chenopodium album, Elytrigia repens, Equisetum arvense.*

T *Myosotis stricta* – Sand-Vergissmeinnicht
O *Arabidopsis thaliana* – Acker-Schmalwand

Auf sauren, lehmigen Sanden und sandigen Lehmen in Norddeutschland, vor allem im brandenburgischen und vorpommerschen Raum, nach Westen zu im östlichen Niedersachsen, in Westfalen sowie im nördlichen Oberrheingebiet vorhanden. In Sachsen-Anhalt, Thüringen und Nord-Bayern ausklingend. Verbreitungsschwerpunkt im Wintergetreide.

▽ Gebietsweise sehr unterschiedlich stark gefährdet 2.

Aphano-Matricarietum chamomillae R. Tx. 1937 em. Schub. et Mahn 1968 – Ackerfrauenmantel-Kamillen-Gesellschaft (Abb. 42 u. 43)
(Syn. Setario-Stachyetum arvensis Oberd. 1957 p.p., Spergulo-Chrysanthemetum segetum R. Tx. 1937 p.p.; incl. Aethuso-Galeopsietum G. Müll. 1964, Vicietum tetraspermae [Krusem. et. Vlieg. 1939] Kornaś 1950)

A *Matricaria recutita (= M. chamomilla)* – Echte Kamille
A *Aphanes arvensis* – Acker-Frauenmantel
H *Aethusa cynapium* – Hundspetersilie

Auf kalkarmen, mäßig mit Nährstoffen versorgten Braunerden, lessivierten Böden, Rosterden, Staugleyen und Rankern vom Jungpleistozän bis zu den Lößlehm- und Geschiebelehmgebieten des Hügellandes weit verbreitet. Auch die Sandsteingebiete, die Mittelgebirgsvorländer und niederen Lagen der Mittelgebirge werden vom Aphano-Matricarietum eingenommen. Gegenwärtig durch die Intensivierung der landwirtschaftlichen Nutzung auf vielen Flächen in das Stellario-Aperetum spicae-venti überführt.
▽ Gefährdet 3.
BT Ackerfrauenmantel- und Kamillenäcker (T 9.1.1.1.2)

Stellario-Aperetum spicae-venti Schub.1989 – Vogelmieren-Windhalm-Gesellschaft

H *Stellaria media* – Vogelmiere
V *Apera spica-venti* – Windhalm
H *Tripleurospermum maritimum* – Geruchlose Kamille
H *Matricaria discoidea* – Strahlenlose Kamille
H *Galium aparine* – Kletten-Labkraut, Klebkraut

Arten- und oft auch individuenarme Ackerunkrautgesellschaft, vorwiegend von schwer bekämpfbaren und stickstoffliebenden Arten aufgebaut. Im Gesamtareal des Verbandes zunehmend die anderen Assoziationen ablösend.

Panico-Setarion Siss. in Westh. et al. 1946 – Fingerhirsen-Borstenhirsen-Gesellschaften

(Syn. Spergulo-Erodion J.Tx.1961 em. Pass.1981; incl. Spergulo-Erodenion J. Tx. 1961, Echinochloo-Setarenion [Siss. 1946] R. Tx. 1950 em. Oberd. 1957)

V *Setaria viridis* – Grüne Borstenhirse
V *Digitaria sanguinalis* – Blutrote Fingerhirse
O *Spergula arvensis* – Acker-Spergel
H *Anchusa arvensis* – Acker-Krummhals

Auf Intensivhackfruchtäckern saurer, sandig-lehmiger Böden. Vor allem in Pleistozängebieten verbreitet, auf sommerwarmen, trockenen Standorten.
BT Sommerwarme Sandäcker des Tieflandes (T 9.1.1.2)

1 Bestände der Intensivhackfruchtflächen (Tabak, Gemüse, Spargel), sowie Gärten kalkarmer Sandgebiete wärmerer Pleistozänlandschaften und Hügelländer mit gehäuftem Vorkommen von *Setaria viridis* und *S. pumila* sowie *Digitaria sanguinalis* und *Galinsoga parviflora* **Setario-Galinsogetum** S. 414
1* Bestände ohne gehäuftes Vorkommen der genannten Arten 2
2 Bestände in kühleren, frischeren Lagen der Pleistozänlandschaften, mit *Digitaria ischaemum* **Digitarietum ischaemi** S. 414
2* Bestände ohne *Digitaria ischaemum*, aber mit *Galeopsis tetrahit*, *G. speciosa* und *Anchusa arvensis*. In planaren bis kollinen Lagen **Galeopsio-Sperguletum arvensis** S. 414

Setario-Galinsogetum parviflorae R. Tx. 1950 em. Th. Müller et Oberd. in Oberd. 1983 – Borstenhirsen-Knopfkraut-Gesellschaft

(Syn. Digitario sanguinalis-Galinsogetum parviflorae R. Tx. 1950; incl. Echinochloo-Sperguletum arvensis R. Tx. 1950, Setario sanguinalis-Galinsogetum Oberd. 1957, Erodio-Galinsogetum parviflorae Pass. 1981, Panicetum crus-galli Krusem. et Vlieg. 1940)

V *Setaria viridis* – Grüne Borstenhirse
V *Digitaria sanguinalis* – Blutrote Fingerhirse
T *Setaria pumila* – Fuchsrote Borstenhirse
T *Galinsoga parviflora* – Kleinblütiges Knopfkraut

In kalkarmen, wärmegetönten Sandgebieten in Intensiv-Hackfruchtäckern, und Gärten. Besonders in wärmebegünstigten Landschaften der Pleistozängebiete, aber auch bei Dresden, Meißen und Jessen in Weinbergen.

Galeopsio-Sperguletum arvensis Pass. et Jurko 1957 em. Schub. 1989 – Hohlzahn-Spergel-Gesellschaft

(Syn. Galeopsio-Chenopodietum Oberd. 1957 p. p.; incl. Setario-Stachyetum arvensis Oberd. 1957, Lycopsietum arvensis Raabe 1944 ex Pass. 1964 em. Th. Müller et Oberd. in Oberd. 1983 p. p., Spergulo-Chrysanthemetum segetum Br.-Bl. et de Leeuw ex R. Tx. 1937 p. p.)

T *Anchusa arvensis* – Acker-Krummhals
T *Galeopsis tetrahit* – Stechender Hohlzahn
T *Galeopsis speciosa* – Bunter Hohlzahn
T *Galeopsis bifida* – Kleinblütiger Hohlzahn
O *Spergula arvensis* – Acker-Spergel

Auf frischen bis feuchten, lehmig-sandigen oder grusigen, sauren, aber relativ nährstoffreichen Böden und Niedermooren. In mehreren geographischen Rassen vom Tief- bis zum Bergland verbreitet.
▽ Gefährdet 3.

Digitarietum ischaemi R. Tx. et Prsg. in R. Tx. 1950 – Fadenhirse-Gesellschaft

(Syn. Galeopsio-Digitarietum ischaemi Oberd. et Hügin in Oberd. 1957, Chenopodietum albi Pass. 1964, Echinochloo-Setarietum Krusem. et Vlieg. 1939 em. Krusem. et Vlieg. in Siss., Vlieg. et Westh. 1940 p. p.)

T *Digitaria ischaemum* – Kahle Fingerhirse, Fadenhirse
O *Rumex acetosella* – Kleiner Sauerampfer

Häufig in kühleren, frischeren Lagen der Pleistozängebiete auf basen- und nährstoffarmen, sauren Sanden, insbesondere in Maisäckern. In Süddeutschland selten. Durch die Eutrophierung der Standorte seltener werdend.
▽ Bestände mit weiteren Säurezeigern zurückgehend. *Digitaria ischaemum* selbst wird durch Düngung und Einsatz von Herbiziden nicht beeinträchtigt.

Spergulo-Oxalidion Görs in Oberd. et al. 1967 – Gesellschaften des Vielsamigen Gänsefußes

(Syn. Polygono-Chenopodion polyspermi W. Koch 1926 em. Hüppe et Hofmeister 1990)

V *Chenopodium polyspermum* – Vielsamiger Gänsefuß
V *Oxalis fontana* – Europäischer Sauerklee
V *Erysimum cheiranthoides* – Acker-Schotendotter

Auf nährstoffreichen, humosen, frischen bis feuchten Standorten in Gärten und feldmäßigen Gemüsekulturen, teilweise auch auf andere Sommer- und Winterfruchtkulturen übergreifend. Bevorzugt werden Auen und Niederungen im Flach- und Hügelland. In niederschlagsreicheren Landschaften werden auch Unterhänge und feuchte, ebene Standorte außerhalb der Flusstäler eingenommen.
BT Kalkarme, frische Lehmäcker (T 9.1.1.3)

1 Bestände mit gehäuftem Auftreten von *Euphorbia peplus* und *Aethusa cynapium*, auf frischen bis feuchten Gartenstandorten **Aethuso-Euphorbietum peplidis** S. 415
1* Bestände mit gehäuftem Auftreten von *Chenopodium polyspermum, Erysimum cheiranthoides, Oxalis fontana* und *Rorippa sylvestris*. Bevorzugt auf feuchten, lehmig-tonigen Böden **Chenopodio-Oxalidetum fontanae** S. 415

Aethuso-Euphorbietum peplidis Pass. 1981 – Hundspetersilien-Gartenwolfsmilch-Gesellschaft

T *Euphorbia peplus* – Garten-Wolfsmilch
T *Aethusa cynapium* – Hundspetersilie
V *Oxalis fontana* – Europäischer Sauerklee

Bevorzugt auf stärker humosen, frischen bis feuchten Gartenstandorten in Niederungs- und Hangfußlagen, im Mittelgebirge auch auf ebene, feuchte Hochflächen übergreifend. Häufig in Urstromtälern Brandenburgs.

Chenopodio-Oxalidetum fontanae Siss. 1950 nom. inv. Th. Müller et Oberd. in Oberd. 1983 – Gänsefuß-Sauerklee-Gesellschaft
(incl. Oxalido-Chenopodietum polyspermi Siss. 1942, Panico-Chenopodietum polyspermi Br.-Bl. 1921, Galeopsio-Chenopodietum Oberd. 1957, *Oxalis stricta*-Stachys *annua*-Gesellschaft Pass. 1964, Rorippo-Chenopodietum polyspermi Köhl. 1962, Galeopsietum speciosae Krusem. et Vlieg. 1939 em. Pass. 1959, Aegopodio-Galeopsietum Ries 1991)

V *Chenopodium polyspermum* – Vielsamiger Gänsefuß
V *Oxalis fontana* – Europäischer Sauerklee
V *Erysimum cheiranthoides* – Acker-Schotendotter
T *Rorippa sylvestris* – Wilde Sumpfkresse

In Flusstälern und auf Niedermooren auf feuchten, nährstoffreichen, lehmig-tonigen, ± verdichteten Böden, von der planaren Stufe bis ins Bergland verbreitet gewesen. In mehrere geographische Rassen differenzierbar.
▽ Durch Drainage und hydromeliorative Maßnahmen drastisch zurückgegangen. Gefährdet 3.

Verzeichnis von Autoren pflanzensoziologischer Einheiten in Mitteleuropa mit den häufig verwendeten Abkürzungen ihrer Namen

Werner Hilbig

Adriani	Marcus Jan Adriani (*1908)	NL
Aich.	Erwin Aichinger (1894–1985)	A
Albr.	Jörg Albrecht (*1939)	D
All.	Pierre Allorge (1881–1944)	F
Almqu.	Erik Gustaf Almquist (1892–1974)	S
Alteh.	Carl Altehage (1899–1970)	D
Ambrož	Zdeno Ambrož (*1927)	SK
Arènes	Jean J. Arènes (1898–1960)	F
Aszód	László Aszód	H
Athenstädt	Hans Athenstädt	D
Bal.-Tul.	Emilie Balátová-Tuláčková (*1926)	CZ
Barbero	Marcel Barbero (*1940)	F
Barendr.	Aat Barendregt (*1951)	NL
Barkm.	Jan Johannes Barkman (1922–1990)	NL
Bartsch, J.	Johannes Karl Bartsch (1895–1947)	D
Bartsch, M.	Margarete Schumacher-Bartsch (–1948), Ehefrau von Bartsch, J. D.	D
Baum.	Eugen Baumann (1868–1933)	CH
Beck.	Wilhelm Becker (1914–1941)	D
Beeft.	Willem (Wim) Gerrit Beeftink (*1926)	NL
Beger	Herbert K. E. Beger (1889–1955)	CH
Béguin	Claude Béguin	CH
Béguinot	Augusto Béguinot (1875–1940)	F
Bellot	Francisco Bellot Rodríguez (1911–1983)	E
Bennema	Jaap Bennema	NL
Berger-Landefeld	Ullrich Berger-Landefeld (*1912)	D
Berghen, van den	Constant van den Berghen (*1914)	B
Bergmeier	Erwin Bergmeier (*1957)	D
Bernátová	Dana Bernátová (*1947)	SK
Bertsch	Karl Bertsch (1878–1965)	D
Bilik	Maria Bilik	
Böch.	Tyge Wittrock Böcher (1909–1983)	DK
Bod.	André Bodeux	B
Boer	Arie C. Boer (*1901)	NL
Boerb.	Jan H. A. Boerboom (*1926)	NL
Bogenrieder	Arno Bogenrieder (*1944)	D
Bohn	Udo Bohn (*1939)	D
Bojko	Hugo N. Bojko (*1892)	A/IL
Bolbrinker	Peter Bolbrinker (*1936)	D
Boll.	Reinh. Bolleter	CH
Bolos	Oriol de Bolòs i Capdevila (*1924)	E

Børg.	Frederik Christian Emil Børgesen (1866–1956)	DK
Borhidi	Attila Borhidi (*1932)	H
Borja Carbonell	José Borja Carbonell (1901–1993)	E
Bornk.	Reinhard Bornkamm (*1931)	D
Boşcaiu	Nicolae Boşcaiu (*1925)	RO
Brandes	Dietmar Brandes (*1948)	D
Braun, J.	s. Br.-Bl.	
Braun, W.	Wolfgang Braun (*1935)	D
Br.-Bl. bzw. Br.-Bl. J.	Josias Braun-Blanquet (1884–1980)	CH/F
Br.-Bl. G.	Gabrielle Braun-Blanquet (–1966), Ehefrau von Br.-Bl.	F
Bräut.	Siegfried Bräutigam (*1944)	D
Brockm.-Jer.	Henryk (Heinrich) Brockmann-Jerosch (1879–1939)	CH
Brun-Hool	Josef Brun-Hool (*1920)	CH
Buchwald	Konrad Buchwald (*1915)	D
Bük.	Richard Büker (1913–1941)	D
Burr.	Ernst Burrichter (*1921)	D
Cajander	Aimo Kaarlo Cajander (1879–1943)	FIN
Carb.	Roland Carbiener (*1930)	F
Carst.	Uwe Carstensen (*1925)	D
Černohous	František Černohous (*1940)	CZ
Chouard	Pierre Chouard (1903–1983)	F
Christ.	Willi Christiansen (1885–1966)	D
Cĭrtů	Dumitru Cĭrtů (1933–1996)	RO
Conard	Henry S. Conard (*1874)	USA
Corillion	Robert Corillion (*1908)	F
Coste	Joan Coste	RO
Csürös	Istvan Csürös (*1914)	H
Dagys	J. Dagys	LIT
Dahl	Eilif Dahl (1916–1993)	N
Dambska	Izabella Dambska	PL
Del.-Dus.	Annick Delelis-Dusollier	F
Dengler	Jürgen Dengler (*1967)	D
Denis	Marcel Denis (1897–1929)	F
Dethioux	Maurice-Hubert Dethioux (*1928)	B
Dettmar	Jörg Dettmar	D
Diekjobst	Herbert Diekjobst	D
Diem.	Willem Herbert Diemont (1907–1972)	NL
Dieren, van	J. W. van Dieren	NL
Dierschke	Hartmut Dierschke (*1937)	D
Dierß.	Klaus Dierßen (*1948)	D
Dihoru	Gheorghe Dihoru (*1933)	RO
Dijk	Jacob (Jaap) W. van Dijk (*1922)	NL
Dinter	Wolfgang Dinter	D
Doing bzw. Doing Kraft	Hendrik (Henk) Doing (1927–1996)	NL
Doll	Reinhard Doll (*1941)	D
Donselaar, van	Johannes van Donselaar (*1928)	NL
Dunzendorfer	W. Dunzendorfer	A
Dut.	Dan. Dutoit	CH

Duty	Josef (Joe) Duty (1931–1990)	D
Duv.	Paul Duvigneaud (1913–1991)	B
Dykyjová	Dagmar Dykyjová (*1914)	CZ
Dziubałtowski	Seweryn Dziubałtowski (1883–1944)	PL
Eckmüller	Eckmüller	
Eggl.	Josef Eggler (1896–1963)	A
Eigner	Jürgen Eigner (*1944)	D
Ekl.	Ole A. Eklund (1899–1946)	S/FIN
Eliáš	Pavol Eliáš (*1949)	SK
Ellenb.	Heinz Ellenberg (1913–1997)	D
Ellmauer	Thomas Ellmauer (*1965)	A
Englisch	Thorsten Englisch	A
Ernst	Wilfried Ernst (*1937)	D/NL
Erschbamer	Brigitta Erschbamer (*1955)	A
Etter	Hermann Etter (1912–1997)	CH
Fab.	Albrecht Faber	D
Fabijanowski	Jerzy Fabijanowski (*1916)	PL
Faliński	Janusz Bogdan Faliński (*1934)	PL
Feek.	Willem Feekes (*1907)	NL
Feldner	Rudolf Feldner	D
Felf.	Lajos Felföldy (*1920)	H
Felzines	Jean-Claude Felzines	F
Fijałk.	Dominik Fijałkowski (*1922)	PL
Fischer, A.	Anton Fischer (*1953)	D
Fischer, W.	Wolfgang Fischer (*1931)	D
Flößn.	Otto Willy Flößner (1898–1979)	D
Förster	Manfred Förster (*1936)	D
Fouc. de	Bruno de Foucault	F
Fouquet	Fouquet	
Franz	Wilfried Werner Franz (*1946)	A
Frehner	Hans Konrad Frehner (*1928)	CH
Freitag	Helmut Freitag (*1932)	D
Frey	Eduard Frey (1888–1974)	CH
Friedel	Helmut Friedel (*1901)	A
Fries	Thore C. E. Fries (1886–1930)	S
Fröde	Erhard Fröde (1904–1975)	D
Fuk.	Franz Fukarek (1926–1996)	D
Gaisberg, von	Elisabeth von Gaisberg	D
Gall.	Jean-Daniel Gallandat	CH
Gams	Helmut Gams (1893–1976)	A
Gauckl.	Konrad Gauckler (1898–1983)	D
Géhu-Franck	Jeanne Géhu-Franck, Ehefrau von Géhu	F
Géhu	Jean-Marie Géhu (*1930)	F
Geissler	Patricia Geissler (*1947)	CH
Gillner	Vilhelm Gillner (1918–199?)	S
Gils, van	H. van Gils	NL
Gödde	Michael Gödde (*1956)	D
Goor, van	Andreas Cornelis Joseph van Goor (1881–1925)	B
Görs	Sabine Görs (*1922)	D
Götz	Hans-Günter Götz (*1934)	D
Grabh.	Georg Grabherr (*1946)	A

Graebner	Paul Graebner jun. (1900–1978)	D
Grass	Victoria Grass	A
Greiml.	Josef Greimler (*1952)	A
Griese	Detlef Griese (*1956)	D
Grosser	Karl-Heinz Grosser (*1925)	D
Grüll	František Grüll (*1919)	CZ
Grüneb.	Hans Grüneberg (*1927)	D
Gutte	Peter Gutte (*1939)	D
Guterm.	Walter Gutermann (*1935)	A
Hadač	Emil Hadač (*1914)	CZ
Haffter	Paul Haffter	D
Hailer	Norbert Hailer (*1926)	D
Harmsen	Gerrit W. Harmsen (*1903)	NL
Hartm.	Friedrich-Karl Hartmann (1897–1974)	D
Hartog, den	Kees den Hartog (*1931)	NL
Hegi	Gustav Hegi (1876–1932)	D
Heinis	Fritz Heinis (1883–1970)	CH
Heinken	Thilo Heinken (*1963)	D
Heinr.	Wolfgang Heinrich (*1939)	D
Hejný	Slavomil Hejný (*1924)	CZ
Held, den	Adriana (Anneke) Johanna den Held (*1944)	NL
Hemp	Andreas Hemp (*1958)	D
Hempel	Werner Hempel (*1936)	D
Hetzel	Georg Hetzel (*1954)	D
Hilb.	Werner Hilbig (*1935)	D
Hild	Jochen Hild (*1929)	D
Hildebrand	Renate Hildebrand (= Hildebrand-Vogel) (*1954)	D
Hilitzer	A. Hilitzer	CZ
Hinterlang	Dirk Hinterlang (*1959)	D
Hobohm	Carsten Hobohm	D
Hocq.	Maurice Hocquette	F
Höpflinger	Franz Höpflinger (1913–1983)	A
Hörandl	E. Hörandl	A
Hoffmann	Jörg Hoffmann (*1958)	D
Hofm. A.	Alberto Hofmann (*1908)	I
Hofm. G.	Gerhard Hofmann (*1931)	D
Hofmeister	Heinrich Hofmeister (*1934)	D
Hohenester	Adalbert Hohenester (*1919)	D
Holub	Josef Holub (1930–1999)	CZ
Hölzel	Norbert Hölzel (*1963)	D
Holzner	Wolfgang Holzner (*1942)	A
Horvat	Ivo Horvat (1897–1963)	HR
Horvatić	Stjepan Horvatić (1899–1975)	HR
Hueck	Kurt C. A. Hueck (1897–1965)	D
Hübl	Erich Hübl (*1930)	A
Hübschmann	Alexej von Hübschmann (*1912)	D
Hügin	Gerhard Hügin (1921–1987)	D
Hülb.	Karl-Heinrich Hülbusch (*1936)	D
Huml	Ondřej Huml (*1953)	CZ
Hundt	Rudolf Hundt (*1927)	D
Hüppe	Joachim Hüppe (*1953)	D

Husák	Štepán Husák (*1939)	CZ
Ilschner	Gabriele Ilschner (*1935)	D
Irmscher	Bernd Irmscher	D
Imch.	Alexandre Imchenetzky	F
Issler	Emil Issler (1872–1952)	D/F
Ivers.	Johannes Iversen (1904–1971)	DK
Jahn	Gisela Jahn (*1920)	D
Jakucs	Pál Jakucs (*1928)	H
Jehlík	Vladimír Jehlík (*1940)	CZ
Jenik	Jan Jenik (*1929)	CZ
Jenny bzw. Jenny-Lips	Heinrich Jenny-Lips (*1899)	CH
Jentsch	Helmut Jentsch (*1932)	D
Jeschke	Lebrecht Jeschke (*1933)	D
Jonas	Fritz Jonas	D
Jouanne	Pierre Jouanne	F
Julve	Philippe Julve	F
Jurasz.	Helena Juraszek (1893–1968)	PL
Jurko	Anton Jurko (1924–1997)	SK
Kägi	Heinrich Kägi (1861–1942)	CH
Kaiser	Ernst Kaiser (1885–1961)	D
Karner	Peter Karner	A
Kästn.	Max Kästner (1874–1959)	D
Katz	N. I. Katz	RUS
Kaw.	Y. Kawamura	J
Kehlhofer	Ernst Kehlhofer (1877–1917)	CH
Kersberg	Herbert Kersberg (1907–1983)	D
Kienast	Dieter Kienast (*1945)	CH
Kinlechn.	Gero Kinlechner (*1925)	D
Kisinas	Abromas Kisinas	LT
Klapp	Ernst Ludwig Klapp (*1894)	D
Klauck	Eberhard-Johannes Klauck (*1954)	D
Kleist	Katarzyna (Catherine) Kleist (1888–1971)	PL
Klika	Jaromír Klika (1888–1957)	CZ
Kloss	Klaus Kloss (*1934)	D
Klotz	Stefan Klotz (*1955)	D
Klötzli	Frank Klötzli (*1934)	CH
Knapp, H. D.	Hans Dieter Knapp (*1950)	D
Knapp, R.	Rüdiger Knapp (1917–1985)	D
Knauer	Norbert Knauer (*1923)	D
Knežević	M. Knežević	HR
Knörzer	Karl-Heinz Knörzer (*1920)	D
Kob.	Roman Kobendza (1886–1955)	PL
Koch, H.	Heinrich Koch	D
Koch, K.	Karl Koch	D
Koch, W.	Walo Koch (1896–1956)	CH
Köhl.	Hans Köhler (*1933)	D
Komlódi	Magda Komlódi (*1931)	H
Konczak	Peter Konczak (*1942)	D
König	Dietrich König	D
Kopecký	Karel Kopecký (1933–1998)	CZ

Kornaś	Jan Kazimierz Kornaś (1923–1994)	PL
Korneck	Dieter Korneck (*1935)	D
Kovács	A. J. Kovács	RO
Kow.	Ingo Kowarik	D
Kozłowska	Aniela Kozłowska (1898–1981)	PL
Krajina	Vladimir Joseph Krajina (*1905)	CZ/CND
Kratzert	G. Kratzert	D
Krausch	Heinz-Dieter Krausch (*1928)	D
Krause	Werner Krause (*1911)	D
Kreh	Wilhelm Kreh (1884–1959)	D
Krieger	Hans Otto Krieger (*1913)	D
Krippelová	Terézia Krippelová (*1922)	SK
Krisai	Robert Krisai (*1932)	A
Krisch	Haubold Krisch (*1941)	D
Kropáč	Zdeněk Kropáč (*1927)	CZ
Krusem.	Gideon Kruseman (1904–1992)	NL
Kuhn	Karl Kuhn	D
Kühn	František Kühn (1931–1995)	CZ
Kuhnh.-Lordat	Georges Kuhnholtz-Lordat (auch Kühnholtz-Lordat)	F
Kułcz.	Stanislaw Kułczynski (1895–1975)	PL
Kuoch	Rolf Kuoch (1918–1998)	CH
Küsel	H. Küsel	D
Kvet	Jan Kvet (*1933)	CZ
Ladero	Miguel Ladero Alvarez (*1939)	E
Lak.	Radomir Lakušić	BIH
Lang	Gerhard Lang (*1924)	D
Langend. van	H .J. van Langendonck	B
Langer	Hans Langer (*1933)	D
Lauterborn	Robert Lauterborn (1869–1952)	D
Lebr.	Jean Lebrun(1906–1985)	B
Leeuw, de	Willem Carel de Leeuw (1881–1964)	NL
Leeuwen, van	Chris G. van Leeuwen (*1920)	NL
Leibundgut	Hans Leibundgut (1909–1993)	CH
Lem.	Georges Lemée (*1908)	F
Lenski	Hellmut Lenski (*1928)	D
Lericq	Reneé Lericq	F
Libb.	Wilhelm Libbert (1923–1945)	D
Liepelt	Siegfried Liepelt (*1949)	D
Limb.	Pierre Limbourg (*1936)	B
Lingg	Walter Anton Lingg (1951–1985)	CH
Linkola	Kaarlo Linkola (1888–1942)	FIN
Lipp.	Wolfgang Lippert (*1937)	D
Lohm.	Wilhelm Lohmeyer (*1912)	D
Loiseau	J. E. Loiseau	F
Looman	Jan Looman (*1919)	CND
Lorenzoni	G. G. Lorenzoni	I
Lüdi	Werner Lüdi (1888–1968)	CH
Luq.	Aimé Luquet	F
Lutz	Josef Ludwig Lutz (1907–1963)	D
Maas	Franciscus Maria Maas (*1930)	NL
Maglocký	Štefan Maglocký (*1937)	SK

Mahn	Ernst-Gerhard Mahn (*1930)	D
Maire	Réné Charles Joseph Ernest Maire (1878–1949)	F
Mal.-Bel.	José Vicente Cordeiro Malato-Beliz (1920–1993)	P
Malc.	Gustave Malcuit (1882–1960)	F
Malinowski	Edmund Franciszek Malinowski (1885–1979)	PL
Malm.	Nils Malmer (*1928)	S
Maloch	Miloslav Maloch (1899–1956)	CZ/SK
Margl	Hermann Margl (*1928)	A
Markgr.	Friedrich M. Markgraf (1897–1987)	CH
Markus	Christamaria Markus	D
Marschall	Franz Marschall (*1916)	CH
Marstaller	Rolf Marstaller (*1939)	D
Masclans	Francesco Masclans i Girvès (*1905)	E
Mass.	Jean Massart	B
Mast	Rainer Mast (*1965)	D
Matusz., A.	Aniela Matuszkiewicz (*1917), Ehefrau von Matusz., W.	PL
Matusz. bzw. Matucz., W.	Władysław Matuszkiewicz (*1921)	PL
Mayer	Hannes Mayer (*1922)	D
Mayor	A. Mayor	E
Medwecka-Kornaś	Anna Medwecka-Kornaś (*1923), Ehefrau von Kornaś	PL
Meier	H. Meier	F
Meierott	Lenz Meierott (*1942)	D
Meisel	Klaus Meisel (*1925)	D
Meijer Drees	Ebertus Meijer Drees	NL
Melzer	Arnulf Melzer	D
Menke	Burchard Menke (1932–1993)	D
Meusel	Hermann Meusel (1909–1997)	D
Micev.	Kiril Micevski (*1926)	MK
Mierwald	Ulrich Mierwald (*1955)	D
Mikyška	Rudolf Mikyška (1901–1970)	CZ
Miljan	A. Miljan	EST
Mititelu	Dumitru Mititelu (*1929)	RO
Miyaw.	Akira Miyawaki (*1928)	J
Molinier	R. Molinier	F
Möller	Hans Möller (*1937)	D
Moor	Max Moor (1911–1988)	CH
Moore	John J. Moore (*1927)	IRL
Morariu	Iuliu Morariu (1905–1989)	RO
Moravec	Jaroslav Moravec (*1929)	CZ
Muc.	Ladislav Mucina (*1956)	SK/A
Müller, G.	Gerd K. Müller (*1929)	D
Müller, N.	Norbert Müller (*1951)	D
Müller, Th.	Theo Müller (*1930)	D
Müller-Stoll	Wolfgang R. Müller-Stoll (1909–1994)	D
Nadig	Adolf Nadig	CH
Nauenb.	Johannes Dietrich Nauenburg (*1951)	D
Neuhäusl	Robert Neuhäusl (1930–1991)	CZ

Neuhäuslová-Novotná	Zdenka Neuhäuslová-Novotná (*1934), Ehefrau von Neuhäusl	CZ
Neum.	Alfred Neumann (1916–1973)	D
Nevole	Johann Nevole	A
Niem.	Eberhard Niemann (1929–1994)	D
Noirf.	Albert Noirfalise (*1916)	B
Nordh.	Rolf Nordhagen (1894–1979)	N
Nörr	Monika Nörr, vereh. Koperski (*1943)	D
Novák	Václav Novák (1888–1967)	CZ
Now.	Marian Nowinski (1897–1977)	PL
Oberd.	Erich Oberdorfer (*1905)	D
Ohba	Tatsuyuki Ohba (*1936)	J
Onno	Max Onno (*1903)	A
Oosten, van	M. F. van Oosten (*1917)	NL
Osv.	Karl Hugo Osvald (1892–1970)	N
Pallas	Jens Pallas (*1960)	D
Pallm.	Hans Pallmann (1903–1965)	CH
Pankn.	Willi Panknin (1912–1946)	D
Pass.	Harro Passarge (*1925)	D
Passchier	Hermann Passchier (*1919)	NL
Paucă	Ana-Maria Paucă (1907–1963)	RO
Paul	Hermann Paul (1876–1964)	D
Pãun	Marin Păun (*1924)	RO
Pawł.	Bogumil Pawłowski (1898–1971)	PL
Peppler	Cord Peppler (= Cord Peppler-Lisbach) (*1959)	D
Pfeiffer	Hans H. Pfeiffer (1896–19??)	D
Phil.	Georg Philippi (*1936)	D
Pietsch	Werner Pietsch (*1934)	D
Pign.	Sandro Pignatti (*1930)	I
Pign., E.	Erika Pignatti (= Erika Pignatti-Wikus) (*1930), Ehefrau von Pign.	A/I
Pitschmann	Hans Pitschmann (1922–1997)	A
Podb.	Zbigniew Podbiełkowski (*1921)	PL
Podp.	Josef Podpera (1878–1954)	CZ
Poelt	Josef Poelt (1924–1995)	D/A
Poli	Emilia Poli (*1936)	I
Pop	Ioan Pop (*1922)	RO
Pötsch	Joachim Pötsch (*1933)	D
Pott	Richard Pott (*1951)	D
Preis	Karl Preis (1913–1942)	D
Prodan	Iuliu Prodan (1875–1959)	RO
Prsg.	Ernst Preising (*1911)	D
Puşcaru	Evdochia Puşcaru-Soroceanu (*1902)	RO
Pyšék	Antonín Pyšék (*1929)	CZ
Quantin	André Quantin (*1905)	F
Raabe	Ernst-Wilhelm Raabe (1913–1982)	D
Raabe, U.	Uwe Raabe	D
Raam, van	Joop van Raam	NL
Rałski	Edward Rałski (1901–1940)	PL
Rapaics	Raymund Rapaics (1885–1953)	D
Rauschert	Stephan Rauschert (1931–1986)	D

Rebh.	Evarist Rebholz (1870–1932)	D
Reichh.	Lutz Reichhoff (*1948)	D
Reidl	Konrad Reidl	D
Reif	Albert Reif (*1951)	D
Reinh.	Fritz Reinhold (*1911)	D
Rejm.	Marcel Rejmánek (*1946)	CZ/USA
Richard, F.	Felix Richard (1915–1984)	CH
Richard, J.-L.	Jean-Louis Richard (*1921)	CH
Rietz, du	Gustaf Einar du Rietz (1895–1967)	S
Riv. Goday	Salvador Rivas Goday (1905–1981)	E
Riv.-Mart.	Salvador Rivas-Martinez (*1935), Sohn von Riv. Goday	E
Rochow, v.	Margita von Rochow, vereh. Villaret-von Rochow (1921–1975)	D
Roll	Hartwig Roll (1914–1943)	D
Roman	Nicolae Roman (*1927)	RO
Rossk.	German Rosskopf (*1935)	D
Rostanski	Krzysztof Rostanski (*1930)	PL
Royer	Jean-Marie Royer	F
Rubn.	Konrad Rubner (1886–1974)	D
Rüb.	Eduard August Rübel (1876–1960)	CH
Rühl	Arthur Rühl (*1899)	D
Runge	Fritz Runge (1911–2000)	D
Rybn.	Kamil Rybniček (*1933)	CZ
Šandova	Miroslava Šandova (*1947)	CZ
Sauer	Felix Sauer	D
Scam.	Alexis Scamoni (1911–1993)	D
Schaaf	Gustav Schaaf	D
Schall	Oliver Schall (*1956)	D
Schaminée	Joop H. J. Schaminée (*1957)	NL
Scharfetter	Rudolf Scharfetter (1880–1956)	A
Schennikow	Aleksandr Petrovič Schennikow	RUS
Scherr.	Max Scherrer (*1895)	CH
Schiechtl	Hugo Meinhardt Schiechtl (*1922)	A
Schlag	Bärbel Schlag, vereh. Knauf (*1939)	D
Schlüt.	Heinz Schlüter (*1925)	D
Schmale	Felix Schmale	D
Schmid, E.	Emil Schmid (1891–1982)	CH
Schmidt, D.	Dietrich Schmidt (*1942)	D
Schneid.-Bind.	Erika Schneider-Binder geb. Binder (*1942)	RO/D
Schnell	F. H. Schnell	D
Schnyder	Albert Schnyder (1856–1938)	CH
Schreier	Karl Schreier (*1921)	D
Schröder	Dominicus Schröder	D
Schub.	Rudolf Schubert (*1927)	D
Schub., W.	Waldtraud Schubert (*1929), Ehefrau von R. Schub.	D
Schuhw.	Franz Schuhwerk (*1948)	D
Schulz	M. Schulz	D
Schulze, G.	Gerhard Schulze (*1912)	D
Schum., A.	Albert Schumacher (1893–19??)	D
Schum., W.	Wolfgang Schumacher (*1944)	D

Schwabe	Angelica Schwabe (= A. Schwabe-Braun, A. Schwabe-Kratochwil) (*1950)	D
Schwarzer	Arno Schwarzer	D
Schwick.	Matthias Schwickerath (1892–1974)	D
Schwippl	Isolde Schwippl vereh. Meßner (1934–1961)	D
Segal	Samuel (Sam) Segal (*1933)	NL
Seib.	Paul Seibert (1921–1997)	D
Serglhuber	Manfred Serglhuber	A
Seybold	Siegmund Seybold (*1931)	D
Siede	Eva Siede (*1927)	D
Siegr.	Rudolf Siegrist (1886–1965)	CH
Sillinger	Pavel Sillinger (1905–1938)	SK
Simon	Tibor Simon (*1926)	H
Siss.	Geert Sissingh (1912–1979)	NL
Sjörs	Hugo Sjörs (*1915)	S
Slavn.	Z. Slavnić	SL
Smettan	Hans Wolfgang Smettan (*1947)	D
Smidt, de	Jaques Th. de Smidt (*1932)	NL
Sofron	Jaromír Sofron (*1932)	CZ
Sokołowski	M. Sokołowski	PL
Somsák	Ladislav Šomšák (*1932)	SK
Soó	Reszö von Soó (1903–1980)	H
Söyr.	Niilo Söyrinki (*1907)	FIN
Sougn.	Nicolas Sougnez (*1919)	B
Springer	Siegfried Springer (*1956)	D
Starlinger	Franz Starlinger	A
Starke	Siegfried Starke (–1942)	D
Staszk.	Jerzy Staszkiewicz (*1929)	PL
Ştefan	N. Ştefan	RO
Steffen	Hans Steffen (1891–19??)	D
Steiner	Gert Michael Steiner (*1949)	A
Steubing	Lore Steubing (*1922)	D
Steusloff	Ulrich Steusloff (1883–1953)	D
Stöck.	Gerhard Stöcker (*1932)	D
Stoffers	Antonius Lambertus Stoffers (*1926)	NL
Stoffler	Stoffler	
Stottele	Hans Tillmann Stottele	D
Straka	A. Straka	A
Straub	s. Wolff-Straub	D
Stursa	Jan Štursa (*1943)	CZ
Succ.	Michael Succow (*1941)	D
Suck	Rainer Suck (*1953)	D
Sukopp	Herbert Sukopp (*1930)	D
Sutter	Ruben Sutter	CH
Suz.	Tokio Suzuki (*1911)	J
Sykora	Tomás Sykora (1944–1989)	CZ
Szabó	Szabó	
Szafer	Władysław Szafer (1886–1970)	PL
Täglich	Hans-Günther Täglich (*1925)	D
Täuber	Thomas Täuber (*1965)	D
Theurillat	Jean-Paul Theurillat (*1952)	CH

Thiele	Klaus Thiele (*1940)	D
Thimm	Inge Thimm = Inge Gander-Thimm	A
Thomaser	Josef Thomaser	A
Thorn	Karl Thorn (*1919)	D
Tideman	Pieter Tideman (*1921)	NL
Thill	André Thill (*1924)	B
Timár	Lajos Timár (*1918)	H
Todor	Ion Todor (1914–1981)	RO
Tomaszewicz	Henryk H. Tomaszewicz (*1934)	PL
Traczyk	Tadeusz Marian Traczyk (*1923)	PL
Trepp	Walter Trepp (1911–1992)	CH
Türk	Winfried Türk (*1961)	D
Tx. J.	Jes Tüxen (*1929), Sohn von R. Tx.	D
Tx. bzw. Tx. R.	Reinhold Tüxen (1899–1980)	D
Tyler	Germund Tyler	S
Ubriczy	Gábor Ubriczy (*1919)	H
Uhlig	Johannes Uhlig (1899–1985)	D
Ullmann	Isolde Ullmann	D
Umezu	Y. Umezu	J
Using.	Hartmut Usinger (*1938)	D
Vahle	Hans-Christoph Vahle (*1953)	D
Vierhapper	Friedrich Vierhapper (1876–1932)	A
Vlieg.	Jan Vlieger (1911–1993)	NL
Voderberg	Käthe Voderberg (*1910)	D
Voigtländer	Ulrich Voigtländer	D
Volk	Otto-Heinrich Volk (*1903)	D
Vollm.	Fritz Vollmar (1911–1943)	D
Vollrath	Heinrich Vollrath (*1929)	D
Vries, de	Dinand Marinus de Vries (1900–1979)	NL
Wagner, W.	Wilfried Wagner (*1931)	D
Walbrun	Britta Walbrun (*1959)	D
Wallisch	Karol Wallisch (1901–1934)	PL
Walln.	Susanne Wallnöfer (*1964)	A
Walther	Kurt Herbert Walther (*1910)	D
Wangerin	Walter Leonhard Wangerin (1884–1938)	D
Warchol.	Aurelia Urszula Warcholińska (*1932)	PL
Warén	Harry Warén	FIN
Wassch.	Jacob (Jaap) Wasscher (1911–1966)	NL
Weber, H. E.	Heinrich E. Weber (*1932)	D
Weber, R.	Rolf Weber (*1922)	D
Weber-Oldecop	Dieter Wilhelm Weber-Oldecop (*1933)	D
Weeda	Eduard (Eddy) Johan Weeda (*1952)	NL
Weevers	Th. Weevers	NL
Weinert	Erich Weinert (1931–1999)	D
Wendelb.	Gustav Wendelberger (*1915)	A
Wendelb.-Zelinka	Elfrune Wendelberger-Zelinka (*1926)	A
Westh.	Victor Westhoff (*1916)	NL
Wiegleb	Gerhard Wiegleb (*1948)	D
Wigg.	A. Wigger	D
Wikus	s. Pign. E.	
Wilm.	Ottilie (Otti) Wilmanns (*1928)	D

Wilzek	Ferdinand Wilzek	D
Winteler	Rudolf Winteler	CH
Winterh.	Wulfard Winterhoff (*1932)	D
Wittig	Rüdiger Wittig (*1946)	D
Wójcik	Zdzisława Wójcik (*1915)	PL
Wolff	Peter Wolff (*1933)	D
Wolff-Straub	Rotraud Wolff-Straub (= Rotraud Straub)	D
Wollert	Heinrich Wollert (*1925)	D
Wörz	Arno Wörz (*1957)	D
Wraber, M.	Maks Wraber (1905–1972)	SL
Wraber, T.	Tone Wraber (*1938), Sohn von M. Wraber	SL
Zahlh.	Willy A. Zahlheimer (*1949)	D
Zarz.	Kazimierz Zarzycki (*1930)	PL
Zechmeister	Harald Zechmeister	A
Zeidler	Hans Zeidler (*1915)	D
Zinderen-Bakker, van	Eduard M. van Zinderen-Bakker (*1907)	NL
Zippel	Elke Zippel (*1968)	D
Zlatn.	Alois Zlatník (1902–1979)	CZ
Zobr.	Leo Zobrist	CH
Zoller	Heinrich Zoller (*1923)	CH
Zollitsch	Bertram Zollitsch (*1938)	D
Zólyomi	Bálint Zólyomi (*1908)	H
Zonneveld	Isaak Samuel Zonneveld (*1924)	NL
Zöttl	Heinz W. Zöttl (*1927)	D
Zukr.	Kurt Zukrigl (*1931)	A

Abkürzungen der Länderbezeichnungen

A	Österreich
B	Belgien
BIH	Bosnien und Herzegowina
CH	Schweiz
CND	Kanada
CZ	Tschechische Republik
D	Deutschland
DK	Dänemark
E	Spanien
EST	Estland
F	Frankreich
FIN	Finnland
H	Ungarn
HR	Kroatien
I	Italien
IL	Israel
IRL	Irland
J	Japan
LT	Litauen
MK	Mazedonien
N	Norwegen
NL	Niederlande
PL	Polen
RO	Rumänien
RUS	Rußland
S	Schweden
SK	Slowakei
SL	Slowenien
USA	Vereinigte Staaten von Amerika

Literaturverzeichnis

Es sind nur die Arbeiten aufgeführt, die in der Einleitung und in den Abbildungslegenden zitiert werden.

Bäßler, M., Jäger, E. J., Werner, K. (Hrsg.): Exkursionsflora von Deutschland. Begründet von Werner Rothmaler. Band 2. Gefäßpflanzen: Grundband. 16. stark bearbeitete Auflage. Gustav Fischer, Jena, Stuttgart 1996.

Barkman, J. J., Moravec, J., Rauschert, S.: Code der pflanzensoziologischen Nomenklatur. Vegetatio 67, 3 (1986): 145–195.

Brun-Hool, J.: Ackerunkraut-Fragmentgesellschaften. In: Tüxen, R. (Hrsg.): Anthropogene Vegetation. Jungk, Den Haag 1966, 38–55.

Bundesamt für Naturschutz (Hrsg.), Rennwald, E. (Bearb.): Verzeichnis und Rote Liste der Pflanzengesellschaften Deutschlands. Schriftenreihe f. Vegetationskunde 35 (2001): im Druck.

Dierschke, H.: Zur syntaxonomischen Bewertung schwach gekennzeichneter Pflanzengesellschaften. In: Dierschke, H. (Hrsg.): Syntaxonomie. Ber. Intern. Symp. IVV Rinteln 1980. Cramer, Vaduz 1981, 109–122.

Dierschke, H.: Pflanzensoziologie. Grundlagen und Methoden. Ulmer, Stuttgart 1994.

Dierschke, H.: Molinio-Arrhenatheretea (E1). Kulturgrasland und verwandte Vegetationstypen. Teil 1: Arrhenatheretalia. Wiesen und Weiden frischer Standorte. In: Dierschke, H. (Hrsg.): Synopsis der Pflanzengesellschaften Deutschlands. 3 (1997): 1–74.

Dierssen, K., v. Glahn, H., Hardtke, W., Höper, H., Mierwald, U., Schrautzer, I., Wolf, A.: Rote Liste der Pflanzengesellschaften Schleswig-Holsteins. 2. Aufl. Schriftenr. Landesamt Naturschutz Landschaftspfl. Schleswig-Holstein 4 (1988): 1–197.

Ellenberg, H. Vegetation Mitteleuropas mit den Alpen in ökologischer Sicht. 2. Aufl. Ulmer, Stuttgart 1978.

Friedrichs, K.: Grundsätzliches über die Lebenseinheiten höherer Ordnung und den ökologischen Einheitsfaktor. Naturwissenschaften 15 (1927): 153–157.

Fukarek, F. Die Vegetation des Darß und ihre Geschichte. Pflanzensoziologie 12. Fischer, Jena 1961.

Grabherr, G., Mucina, L. (Hrsg.): Die Pflanzengesellschaften Österreichs. Teil II: Natürliche waldfreie Vegetation. Gustav Fischer, Jena, Stuttgart, New York 1993.

Härdtle, W., Heinken, T., Pallas, J., Welss, W.: Querco-Fagetea (H5). Sommergrüne Laubwälder. Teil 1: Quercion roboris. Bodensaure Eichenmischwälder. In: Dierschke, H. (Hrsg.): Synopsis der Pflanzengesellschaften Deutschlands. 2 (1997): 1–51.

Haeupler, H., Muer, T.: Bildatlas der Farn- und Blütenpflanzen Deutschlands. Ulmer, Stuttgart 2000.

Hendl, M., Marcinek, J., Jäger, E. J.:Allgemeine Klima-, Hydro-, und Vegetationsgeographie. Haack, Gotha 1978.

Hölzel, N.: Erico-Pinetea. Alpisch-Dinarische Karbonat-Trocken-Kiefernwälder. In: Dierschke, H. (Hrsg.): Synopsis der Pflanzengesellschaften Deutschlands. 1(1996): 11–49.

Hundt, R.: Die Bergwiesen des Harzes, Thüringer Waldes und Erzgebirges. Pflanzensoziologie 14, Fischer, Jena 1958.

Hundt, R.: Ein vegetationskundliches Verfahren zur Bestimmung der Wasserstufen im

Grünland. Z. Landeskultur 5 (1964): 161–186.
Knapp, H. D.: Geobotanische Studien an Waldgrenzstandorten des hercynischen Florengebietes. Teil 1. Flora. 168 (1979): 468–510, Teil 2. Flora 169 (1979): 468–510.
Knapp, H. D.: Xerotherme Säume und Buschwälder an natürlichen Waldgrenzstandorten. In: Barkman, J. J., Sykora, K. V. (eds.): Dependent Plant Communities. SPB Academic Publishing. The Hague 1988.
Kopecký, K., Hejný, S.: A new approach to the classification of anthropogenic plant communities. Vegetatio 59 (1974): 17–20.
Lohmeyer, W.: Über einige Neophyten als Bestandesglieder der bach- und flußbegleitenden nitrophilen Staudenfluren in Westdeutschland. Natur u. Landschaft 46, 6 (1971): 166–168.
Mahn, E.-G.: Über die Vegetations- und Standortsverhältnisse einiger Porphyrkuppen bei Halle. Wiss. Z. Univ. Halle, math.-nat. R. 6 (1957): 177–208.
Mahn, E.-G., Schubert, R.: Vegetationskundliche Untersuchungen in der mitteldeutschen Ackerlandschaft. VI. Die Pflanzengesellschaften nördlich von Wanzleben (Magdeburger Börde). Wiss. Z. Univ. Halle math.-nat. R. 11 (1962): 765–816.
Mayer, M.: Ökologisch-pflanzensoziologische Studien über die Filipendula ulmaria-Geranium palustre-Assoziation. Beitr. Geob. Landesaufnahme Schweiz 23 (1939): 1–64.
Meusel, H.: Die Eichenmischwälder des Mitteldeutschen Trockengebietes. Wiss. Z. Univ. Halle math.-nat. R. 1 (1951/52): 49–72.
Meusel, H.: Vegetationskundliche Studien über mitteleuropäische Waldlandschaften. III. Über einige Waldgesellschaften der Insel Rügen. Ber. d. Deutsch. Bot. Ges. 64 (1952): 223–241.
Mucina, L.: Nomenklatorische und syntaxonomische Definitionen, Konzepte und Methoden. In: Mucina, L., Grabherr, G., Ellmauer, Th.(Hrsg.): Die Pflanzengesellschaften Österreichs. Teil I. Anthropogene Vegetation. Gustav Fischer, Jena, Stuttgart, New York 1993a, 19–28.
Mucina, L., Grabherr, G., Ellmauer, T. (Hrsg.): Die Pflanzengesellschaften Österreichs. Teil I: Anthropogene Vegetation. Gustav Fischer, Jena, Stuttgart, New York 1993a.
Mucina, L., Grabherr, G., Wallnöfer, S. (Hrsg.): Die Pflanzengesellschaften Österreichs. Teil III: Wälder und Gebüsche. Gustav Fischer, Jena, Stuttgart, New York 1993b.
Müller, G., Ehwald, E., Förster, I., Reuter, G., Lieberoth, I.: Pflanzenproduktion – Bodenkunde. Deutscher Landwirtschaftsverlag, Berlin 1980.
Oberdorfer, E.: Süddeutsche Pflanzengesellschaften. 2. Stark bearbeitete Auflage. Teil I 1977, Teil II 1978, Teil III 1983, Teil IV 1992. Gustav Fischer, Jena, Stuttgart, New York.
Passarge, H.: Pflanzengesellschaften des nordostdeutschen Flachlandes I. Gustav Fischer, Jena 1964.
Passarge, H., Hofmann, G.: Pflanzengesellschaften des nordostdeutschen Flachlandes II. Gustav Fischer, Jena 1968.
Passarge, H.: Pflanzengesellschaften Nordostdeutschlands. I. Hydro- und Therophytosa. 1996, II. Helocyperosa und Caespitosa. 1999. Cramer Berlin, Stuttgart.
Pawłowski, B: Szata róslinna gór polskich. In: Szafer et al.: Szata róslinna polski II (1959): 189–252.
Pott, R.: Entstehung von Vegetationstypen und Pflanzengesellschaften unter dem Einfluß des Menschen. Düsseldorfer Geobot. Kolloqu. 5 (1988): 27–54.
Pott, R.: Die Pflanzengesellschaften Deutschlands. 2. Aufl. Ulmer, Stuttgart 1995.
Preising, E., Vahle, H.-C., Brandes, D., Hofmeister, H., Tüxen, J., Weber, H. E.: Die Pflanzengesellschaften Niedersachsens. Bestandsentwicklung, Gefährdung und Schutzprobleme. Salzpflanzengesellschaften der Meeresküste und des Binnenlandes.

Naturschutz Landschaftspfl. Niedersachsen 20, 7 (1990a): 1–44.

Preising, E., Vahle, H.-C., Brandes, D., Hofmeister, H., Tüxen, J., Weber, H. E.: Die Pflanzengesellschaften Niedersachsens. Bestandsentwicklung, Gefährdung und Schutzprobleme. Wasser- und Supfpflanzengesellschaften des Süßwassers. Naturschutz Landschaftspfl. Niedersachsen 20, 8 (1990b): 47–161.

Preising, E., Vahle, H.-C., Brandes, D., Hofmeister, H., Tüxen, J., Weber, H. E.: Die Pflanzengesellschaften Niedersachsens. Bestandsentwicklung, Gefährdung und Schutzprobleme. Ruderale Staudenfluren und Saumgesellschaften. Naturschutz Landschaftspfl. Niedersachsen 20, 4 (1993): 1–86.

Preising, E., Vahle, H.-C., Brandes, D., Hofmeister, H., Tüxen, J., Weber, H. E.: Die Pflanzengesellschaften Niedersachsens. Bestandsentwicklung, Gefährdung und Schutzprobleme. Einjährige ruderale Pionier-, Tritt-, und Ackerwildkraut-Gesellschaften. Naturschutz Landschaftspfl. Niedersachsen 20, 6 (1995): 1–92.

Preising, E., Vahle, H.-C., Brandes, D., Hofmeister, H., Tüxen, J., Weber, H. E.: Die Pflanzengesellschaften Niedersachsens. Bestandsentwicklung, Gefährdung und Schutzprobleme. Rasen-, Fels- und Geröllgesellschaften. Naturschutz Landschaftspfl. Niedersachsen 20, 5 (1998): 1–146.

Rodwell, J. S.: British Plant Communities. Vol. 1: Woodlands and Scrub. Cambridge University Press, Cambridge, New York, Port Chester, Melbourne, Sydney 1991a.

Rodwell, J. S.: British Plant Communities. Vol. 2: Mires and Heaths. Cambridge University Press, Cambridge, New York, Port Chester, Melbourne, Sydney 1991b.

Rodwell, J. S.: British Plant Communities. Vol. 3: Grasslands and Montane Communities. Cambridge University Press, Cambridge, New York, Port Chester, Melbourne, Sydney 1992.

Rodwell, J. S.: British Plant Communities. Vol. 4: Aquatic Communities, Swamps and Tall-Herb Fens. Cambridge University Press, Cambridge, New York, Port Chester, Melbourne, Sydney 1995.

Rodwell, J. S.: British Plant Communities. Vol. 5: Maritime Communities and Vegetation of Open Habitats. Cambridge University Press, Cambridge, New York, Port Chester, Melbourne, Sydney 2000.

Schaminée, J. H. J., Stortelder, A. H. F., Westhoff, V.: De Vegetatie van Nederland. Deel 1. Inleiding tot de plantensociologie – grondslagen, methoden en toepassingen. Opulus Press, Uppsala, Leiden 1995a.

Schaminée, J. H. J., Weeda, E. J., Westhoff, V.: De Vegetatie van Nederland. Deel 2. Plantengemeenschappen van wateren, moerassen en natte heiden. Opulus Press, Uppsala, Leiden 1995b.

Schaminée, J. H. J., Stortelder, A. H. F., Weeda, E. J.: De Vegetatie van Nederland. Deel 3. Plantengemeenschappen van graslanden, zomen en droge heiden. Opulus Press, Uppsala, Leiden 1996.

Schaminée, J. H. J., Weeda, E. J., Westhoff, V.: De Vegetatie van Nederland. Deel 4. Plantengemeenschappen van de kust en van binnenlandse pioniermilieus. Opulus Press, Uppsala, Leiden 1998.

Schmidt, P. A.: Übersicht der natürlichen Waldgesellschaften Deutschlands. Schriftenreihe d. Sächsischen Landesanstalt für Forsten 4 (1995): 1–95.

Schubert, R.: Die Schwermetallpflanzengesellshaften des östlichen Harzvorlandes. Wiss. Z. Univ. Halle, math.-nat. R. 3 (1) (1953/54): 51–70.

Schubert, R.: Die zwergstrauchreichen azidiphilen Pflanzengesellschaften Mitteldeutschlands. Pflanzensoziologie 11, Gustav Fischer, Jena 1960.

Schubert, R. (Hrsg.): Lehrbuch der Ökologie. Gustav Fischer, Jena 1991.

Schubert, R.: Vegetationsdynamik von Küstenheiden auf Hiddensee nach Brand und Abplaggen. Frag. Flor. Geobot. Suppl. 2 (2) (1993): 557–575.

Schubert, R.: Zur Gliederung von Pflanzengesellschaften. Ein Diskussionsbeitrag.

Tuexenia 15 (1995): 3–9.

Schubert, R.: Prodromus der Pflanzengesellschaften Sachsen-Anhalts. (2001a): im Druck.

Schubert, R.: Rote Liste der Pflanzegesellschaften Sachsen-Anhalts. (2001b): im Druck.

Schubert, R., Hilbig, W., Klotz, S.: Bestimmungsbuch der Pflanzengesellschaften Mittel- und Nordostdeutschlands. Gustav Fischer Jena, Stuttgart 1995.

Stortelder, A. H. F., Schaminée, J. H. J., Hommel, P. W. F. M.: De Vegetatie van Nederland. Deel 5. Plantengemeenschappen van ruigten, struwelen en bossen. Opulus Press, Uppsala, Leiden 1999.

Sukačev, V. N.: Rastitel'nye soobščestva. Kniga, Moskva-Leningrad 1926.

Täuber, T., Petersen, J.: Isoeto-Nanojuncetea (D1). Zwergbinsengesellschaften. In: Dierschke, H. (Hrsg.): Synopsis der Pflanzengesellschaften Deutschlands. 7 (2000): 1–87.

Verbücheln, G., Hinterlang, D., Pardey, A., Pott, R., Raabe, U., v. d. Weyer, K.:Rote Liste der Pflanzengesellschaften in Nordrhein-Westfalen. Schriftenr. Landesanstalt Ökologie, Bodenordnung u. Forsten/Landesamt für Agrarordnung 5 (1995): 1–318.

Wagenbreth, O., Steiner, W.: Geologische Streifzüge. Deutscher Verlag für Grundstoffindustrie, Leipzig, 1982.

Walentowski, H., Raab, B., Zahlheimer, W. A.: Vorläufige Rote Liste der in Bayern nachgewiesenen oder zu erwartenden Pflanzengesellschaften. 1. Naturnahe Wälder und Gebüsche. Ber. Bayer. Bot. Ges. 61 (Beih.) (1990): 1–62.

Walentowski, H., Raab, B., Zahlheimer, W. A.: Vorläufige Rote Liste der in Bayern nachgewiesenen oder zu erwartenden Pflanzengesellschaften. 2. Wirtschaftswiesen und Unkrautgesellschaften. Ber. Bayer. Bot. Ges. 62 (Beih. 1) (1991a): 1–85.

Walentowski, H., Raab, B., Zahlheimer, W. A.: Vorläufige Rote Liste der in Bayern nachgewiesenen oder zu erwartenden Pflanzengesellschaften. 3. Außeralpine Felsvegetation, Trockenrasen, Borstgrasrasen und Heidegestrüppe, wärmebegünstigte Saumgesellschaften. Ber, Bayer. Bot. Ges. 62 (Beih. 2) (1991b): 1–63.

Walentowski, H., Raab, B., Zahlheimer, W. A.: Vorläufige Rote Liste der in Bayern nachgewiesenen oder zu erwartenden Pflanzengesellschaften. 4. Wasser-, Verlandungs- und Moorgesellschaften, Vegetation oberhalb der alpinen Waldgrenze und alpigene Schwemmlingsfluren (mit Gesamtübersicht Teil I bis IV). Ber. Bayer. Bot. Ges. 62 (Beih. 7) (1992): 1–170.

Weber, H. E.: Franguletea (H1). Faulbaum-Gebüsche. In: Dierschke, H. (Hrsg.): Synopsis der Pflanzengesellschaften Deutschlands. 4 (1998): 1–86.

Weber, H. E.: Rhamno-Prunetea (H2A). Schlehen- und Traubenholunder-Gebüsche. In: Dierschke, H. (Hrsg.): Synopsis der Pflanzengesellschaften Deutschlands. 5 (1999a): 1–108.

Weber, H. E.: Salicetea arenariae (H2B). Dünen-Weiden-Gebüsche. In: Dierschke, H. (Hrsg.): Synopsis der Pflanzengesellschaften Deutschlands. 6 (1999b): 1–37.

Weber, H. E., Moravec, J., Theurillat, J.-P.: International Code of Phytosociological Nomenclature. 3rd. Edition. Journal of Vegetation Science 11 (2000): 739–768.

Westhus, W.: Die Pflanzengesellschaften der Umgebung von Friedeburg (Kreis Hettstedt) und Wanzleben während des Zeitraumes 1978/79 und ihr Vergleich mit Untersuchungsergebnissen von 1958/59 bzw. 1960/61. Diplomarbeit. Mskr. Martin-Luther-Univ. Halle. 1980.

Westhus, W., Heinrich, W., Klotz, S., Korsch, H., Marstaller, S., Pfützenreuter, S., Samietz, R.: Die Pflanzengesellschaften Thüringens. Gefährdung und Schutz. Naturschutzreport 6, 1 (1993): 5–256.

Wiedenroth, E. M., Mörchen, G.: Wurzeluntersuchungen im Aphano-Matricarietum Tx.

37 im Parthegebiet (Bezirk Leipzig). Wiss. Z. Humboldt-Univ. Berlin, math.-nat.. R. 133 (1964): 645–652.

Wisskirchen, R.: Verbreitung und Ökologie von Flußufer-Pioniergesellschaften (Chenopodion rubri) im mittleren und westlichen Europa. Diss. Bot. Cramer, Berlin, Stuttgart 236 (1995): 1–376.

Wisskirchen, R., Haeupler, H.: Standardliste der Farn- und Blütenpflanzen Deutschlands. Ulmer, Stuttgart 1998.

www.vim.de/pflanzges/: Verzeichnis und Rote Liste der Pflanzengesellschaften Deutschlands. Stand: 31. 10. 2000.

Register der Namen der Pflanzengesellschaften (einschließlich Synonyme)

Register der Pflanzennamen

The manufacturer's authorised representative in the EU is Springer Nature Customer Service Centre GmbH, Europaplatz 3, 69115 Heidelberg, Germany. If you have any concerns regarding our products, please contact ProductSafety@springernature.com

Printed and bound by CPI Group (UK) Ltd, Croydon, CR0 4YY
09/09/2026
02213717-0001